수능특강

과학탐구영역 **생명과학Ⅱ**

이 책의 **차례** Contents

이 책의 **구성과 특징** Structure

교육과정의 **핵심 개념 학습**과 **문제 해결 능력** 신장

[EBS 수능특강]은 고등학교 교육과정과 교과서를 분석·종합하여 개발한 교재입니다.
본 교재를 활용하여 대학수학능력시험이 요구하는 교육과정의 핵심 개념과 다양한 난이도의 수능형 문항을 학습함으로써 문제 해결 능력을 기를 수 있습니다. EBS가 심혈을 기울여 개발한 [EBS 수능특강]을 통해 다양한 출제 유형을 연습함으로써, 대학수학능력시험 준비에 도움이 되기를 바랍니다.

충실한 개념 설명과 보충 자료 제공

1. 핵심 개념 정리

주요 개념을 요약·정리하고 탐구 상황에 적용하였으며, 보다 깊이 있는 이해를 돕기 위해 보충 설명과 관련 자료를 풍부하게 제공하였습니다.

과학 돋보기

개념의 통합적인 이해를 돕는 보충 설명 자료나 배경 지식, 과학사, 자료 해석 방법 등을 제시하였습니다.

탐구자료 살펴보기

주요 개념의 이해를 돕고 적용 능력을 기를 수 있도록 시험 문제에 자주 등장하는 탐구 상황을 소개하였습니다.

2. 개념 체크 및 날개 평가

본문에 소개된 주요 개념을 요약·정리하고 간단한 퀴즈를 제시하여 학습한 내용을 갈무리하고 점검할 수 있도록 구성하였습니다.

단계별 평가를 통한 실력 향상

[EBS 수능특강]은 문제를 수능 시험과 유사하게 수능 2점 테스트와 수능 3점 테스트로 구분하여 제시하였습니다. 수능 2점 테스트는 필수적인 개념을 간략한 문제 상황으로 다루고 있으며, 수능 3점 테스트는 다양한 개념을 복잡한 문제 상황이나 탐구 활동에 적용하였습니다.

01 생명 과학의 역사

개념 체크

◆ 훅(Hooke, R.)은 현미경으로 코르크에서 작은 벌집 모양의 구조가 배열된 것을 관찰하여 이를 세포라고 명명하였고, 레이우엔훅은 자신이 만든 현미경으로 침, 호숫물 등을 관찰하고 미생물을 발견하였다.

1. ( )은 자신이 만든 현미경으로 코르크를 관찰하여 벌집 모양의 구조를 발견하고 세포라고 명명하였다.

2. 레이우엔훅은 자신이 만든 단안 렌즈 ( )으로 미생물을 관찰하였다.

※ ○ 또는 ×

3. 하비는 관찰과 실험을 통해 혈액이 체내에서 순환한다는 혈액 순환의 원리를 알아냈다. ( )

4. 아리스토텔레스는 자연 발생설을 주장하였다. ( )

정답

1. 훅
2. 현미경
3. ○
4. ○

1 생명 과학의 역사

(1) 세포와 생리에 관한 연구

① **혈액 순환의 원리(1628년)**: 하비는 관찰과 실험을 통해 혈액이 체내에서 순환한다는 사실을 알아냈으며, 하비의 실험적 연구는 근대 생명 과학을 발전시키는 계기가 되었다.

② **세포의 발견(1665년)**: 훅(Hooke, R.)은 자신이 만든 현미경으로 코르크를 관찰하여 수많은 작은 벌집 모양의 구조가 배열되어 있음을 발견하고, 이를 세포(cell)라고 명명하였다. 현미경의 발명은 세포와 생명체의 연구에 크게 이바지하였다.

훅의 현미경과 세포 그림

③ **세포설의 등장과 확립**

- **식물 세포설(1838년)과 동물 세포설(1839년)**: 슐라이덴은 식물체의 각 부위를 현미경으로 관찰한 후 식물체가 세포로 이루어져 있다는 식물 세포설을 주장하였고, 슈반은 동물체도 식물체와 마찬가지로 세포로 이루어져 있다는 동물 세포설을 주장하였다.
- **세포설의 확립(1855년)**: 피르호는 모든 세포는 세포로부터 생성된다고 주장하고 세포설을 확립하였다. 세포설은 모든 생명체의 기본 단위가 세포임을 밝힌 것으로 세포에 관한 연구를 촉진하였다.

④ **세포 소기관의 발견(1800년대 말)**: 현미경 제작 기술과 세포 염색 기술의 발달에 힘입어 미토콘드리아, 엽록체, 소포체, 골지체 등 세포 소기관과 염색체 등 세포 내 구조물이 발견되었다.

⑤ **캘빈 회로 규명(1948년)**: 캘빈과 벤슨은 방사성 동위 원소인 ^{14}C와 크로마토그래피를 이용하여 이산화 탄소로부터 포도당이 합성되는 경로를 밝혔다.

⑥ **신경의 흥분 전도 연구(1950년대)와 호르몬의 작용 과정 연구(1960년대)**: 호지킨과 헉슬리는 이온의 막 투과도에 따른 활동 전위의 발생을 규명하였고, 서덜랜드는 표적 세포에서 호르몬의 작용 과정을 밝혀내어 생리학 발달에 이바지하였다.

(2) 미생물과 감염병에 관한 연구

① **미생물의 발견(1673년)**: 레이우엔훅은 자신이 만든 단안 렌즈 현미경으로 침, 호숫물, 빗물 등을 관찰하였으며, 단세포 조류, 원생동물, 세균 등의 미생물을 처음 발견하였다.

② **종두법 개발(1796년)**: 제너는 사람에게 소의 천연두(우두)를 접종하여 천연두를 예방할 수 있는 종두법을 개발하였다.

과학 돋보기 | 고대와 중세의 생명 과학 연구

- 아리스토텔레스(B.C. 384~B.C. 322)는 500종 이상의 동물을 관찰하고 분류하였으며 많은 동물을 해부하였다. 이를 바탕으로 그는 동물의 생태, 발생 등에 관한 여러 저서를 남겼으며 자연 발생설을 주장하였다.
- 갈레노스(129~199)는 가축을 해부하여 얻은 지식을 바탕으로 해부학의 기반을 수립하였다.
- 베살리우스(1514~1564)는 인체 해부 경험을 바탕으로 「인체의 구조에 관하여」를 저술하여 인체 해부학의 새로운 지평을 열었다.

아리스토텔레스

③ 백신의 개발과 감염병의 원인 규명(1800년대 말)

- 파스퇴르는 백조목 플라스크(S자형 목의 플라스크)를 이용하여 생물 속생설을 입증하였으며, 저온 살균법, 탄저병 백신과 광견병 백신 등을 개발하여 감염병 예방을 위한 기틀을 마련하였다.
- 코흐는 세균을 배양하고 연구하는 방법을 고안하여 감염병의 원인을 규명하는 과정을 정립하였으며, 탄저균, 결핵균, 콜레라균 등을 발견하였다.

④ 항생 물질 발견(1928년): 플레밍은 세균 배양 접시에 핀 푸른곰팡이에서 세균의 증식을 억제하는 물질인 페니실린을 발견하였다. 이후 항생제인 페니실린의 대량 생산이 가능해지면서 많은 사람들의 생명을 구할 수 있었다.

과학 돋보기 | 파스퇴르와 생물 속생설

- 생물의 자연 발생에 대한 논쟁은 1600년대 이후 200년간 지속되었는데, 이 논쟁에 종지부를 찍은 사람은 「자연 발생설 비판(1861년)」이라는 책을 발표한 파스퇴르였다.
- 파스퇴르는 그림과 같은 백조목 플라스크를 이용한 실험을 통해 그동안 논쟁이 되었던 자연 발생설을 부정하고, 생물 속생설을 입증하였다.

고기즙
고기즙을 플라스크에 넣는다.
열처리를 하여 플라스크의 목 부분을 S자형으로 구부린다.
고기즙을 끓인다.
먼지나 미생물 등이 플라스크의 S자형 유리관 벽에 흡착된다.
고기즙을 식혀서 방치해도 미생물이 생기지 않는다.

파스퇴르의 실험

(3) 유전학과 분자 생물학 분야의 연구

① 유전의 기본 원리 발견(1865년): 멘델은 완두의 교배 실험 결과를 분석하여 부모의 형질은 입자인 유전 인자의 형태로 자손에게 전달된다는 것을 알아냈다. 당시 멘델의 발견은 주목받지 못했으나 1900년대 무렵 여러 과학자에 의해 재발견되었고, 그의 유전에 관한 주요 원리는 멘델의 법칙으로 불리게 되었다.

② 유전자설 발표(1926년): 모건은 각각의 유전자는 염색체의 일정한 위치에 존재한다(유전자설)는 것을 밝혀냈고, 초파리의 염색체 지도를 완성하였다. 이후 초파리의 유전이 자세히 연구되면서 유전학이 크게 발달하였다.

③ 유전자의 기능 규명(1941년): 비들과 테이텀은 하나의 유전자는 하나의 효소 합성에 관한 정보를 갖는다(1유전자 1효소설)고 주장하였다.

④ 유전 물질의 본체 규명(1944년): 에이버리는 폐렴 쌍구균의 형질 전환 실험을 통해 DNA가 유전 물질임을 입증하였다.

⑤ DNA 구조 규명(1953년): 왓슨과 크릭은 DNA 염기 조성의 특징과 X선 회절 사진 등을 종합하여 DNA의 이중 나선 구조를 밝혀냈다. 이후 DNA에 관한 연구가 진행되면서 분자 생물학이 급속히 발달하였다.

개념 체크

- 멘델은 완두 교배 실험을 통해 유전의 기본 원리를 발견하였고, 모건은 초파리 연구를 통해 유전자설을 발표하였다. 에이버리는 폐렴 쌍구균의 형질 전환 실험을 통해 DNA가 유전 물질임을 입증하였고, 왓슨과 크릭은 DNA 구조를 규명하였다.

1. (　　)은 세균 배양 접시에 핀 (　　)에서 세균의 증식을 억제하는 물질인 페니실린을 발견하였다.

2. 비들과 테이텀은 하나의 유전자는 하나의 효소 합성에 관한 정보를 갖는다는 (　　)을 주장하였다.

※ ○ 또는 ×

3. 파스퇴르는 백조목 플라스크를 이용한 실험을 통해 자연 발생설을 부정하고 생물 속생설을 입증하였다. (　　)

4. 왓슨과 크릭이 DNA 구조를 규명한 이후 모건이 유전자설을 발표하였다. (　　)

정답
1. 플레밍, 푸른곰팡이
2. 1유전자 1효소설
3. ○
4. ×

⑥ **유전자 발현의 조절 과정 제시(1961년)와 유전부호 해독(1960년대)**: 자코브와 모노는 대장균에서 유전자 발현이 조절되는 과정(오페론설)을 밝혀냈고, 니런버그와 마테이는 인공 합성된 RNA를 이용하여 유전부호를 해독하였다. 이로써 염기 서열과 단백질의 아미노산 서열 사이의 관계를 알 수 있게 되었다.

⑦ **유전자 재조합 기술 개발(1973년)과 DNA 증폭 기술 개발(1983년)**: 코헨과 보이어는 제한 효소, 플라스미드, DNA 연결 효소를 이용하여 유전자 재조합 기술을 개발하였고, 멀리스는 중합 효소 연쇄 반응(PCR, Polymerase Chain Reaction)을 이용하여 DNA를 짧은 시간에 다량으로 복제하는 기술을 개발하였다.

⑧ **사람의 유전체 사업 완료(2003년)**: 사람 유전체의 염기 서열을 밝혔으며, 이에 따라 유전자 기능의 연구와 생명체 유전 정보 분석의 기틀이 마련되었다.

(4) 생물의 분류와 진화에 관한 연구

① **생물의 분류 체계 정리(1753년)**: 린네는 생물을 체계적으로 분류하는 방법을 제안하였으며, 분류의 기본 단위인 종의 개념을 명확히 하여 종의 학술 명칭(학명)의 표기법인 이명법을 고안하였다.

② **용불용설(1809년)**: 라마르크는 사용하는 형질은 발달하고 사용하지 않는 형질은 퇴화한다는 용불용설을 주장하였다.

③ **자연 선택설의 등장(1859년)**: 다윈은 생물 개체 사이에 변이가 있고 환경에 잘 적응한 개체만 살아남으며, 이러한 변이가 누적되어 진화가 일어난다고 주장하였다. 다윈의 진화론은 생명 과학은 물론 정치와 사회적으로도 많은 영향을 주었다.

2 생명 과학의 연구 방법과 사례

(1) **관찰**: 과학자는 관찰을 통해 자연 현상을 파악하고 자료를 수집하며, 관찰은 창의적 발상을 자극한다.

① **종두법 개발(1796년)**: 제너는 우유 짜는 사람이 소의 천연두(우두)에 걸린 뒤에는 천연두에 걸리지 않는 것을 관찰하고, 우두에 걸린 여성에서 채취한 고름을 한 소년에게 접종하여 천연두 예방에 성공하였다.

② **항생 물질 발견(1928년)**: 플레밍은 세균을 배양하던 중 세균 배양 배지에 우연히 날아든 푸른곰팡이 주변에 세균이 생존하지 못하는 것을 관찰하고, 푸른곰팡이에서 세균을 죽일 수 있는 물질인 페니실린을 발견하였다.

(2) **실험**: 과학자는 실험을 통해 자신의 가설을 검증한다. 실험을 수행하기 위해서는 문헌 조사가 선행되어야 하는 경우가 있고, 실험의 각 변인은 엄밀하게 통제되어야 한다.

① **파스퇴르의 탄저병 백신 실험(1881년)**: 파스퇴르는 대중이 지켜보는 가운데 양을 대상으로 자신이 개발한 탄저병 백신을 이용한 실험을 통해 탄저병 백신의 효능을 증명하였다.

개념 체크

- 린네는 학명 표기법인 이명법을 고안하였고, 플레밍은 항생 물질인 페니실린을 발견하였으며, 파스퇴르는 탄저병 백신 실험을 통해 탄저병 백신의 효능을 증명하였다.

1. 코헨과 보이어는 플라스미드, (   ) 효소, (   ) 효소를 이용하여 유전자 재조합 기술을 개발하였다.

2. 린네는 생물을 체계적으로 분류하는 방법을 제안하였고, 학명의 표기법인 (   )을 고안하였다.

※ ○ 또는 ×

3. 다윈은 개체 사이에 변이가 있고 환경에 잘 적응한 개체만 살아남으며, 이러한 변이가 누적되어 진화가 일어난다고 주장하였다. (   )

4. 플레밍은 관찰을 통해 항생 물질이 있음을 발견하였고, 파스퇴르는 실험을 통해 탄저병 백신의 효능을 증명하였다. (   )

정답

1. 제한, DNA 연결(DNA 연결, 제한)
2. 이명법
3. ○
4. ○

탐구자료 살펴보기 파스퇴르의 탄저병 백신 실험

과정

(가) 건강한 양 48마리 중 24마리는 집단 A로, 나머지 24마리는 집단 B로 구분한다.

(나) A와 B를 표와 같이 처리한다.

집단 \ 시간	1일차	13일차	27일차
A	백신 접종 안 함	백신 접종 안 함	강한 탄저균 주입
B	백신 접종함	백신 접종함	강한 탄저균 주입

(다) 강한 탄저균 주입 2일 후에 양의 상태를 확인한다.

결과

A의 양 중 20마리는 죽고 나머지 4마리도 건강이 좋지 않은 상태였으나 B의 양은 모두 건강하였다.

② **그리피스의 실험**(1928년): 그리피스는 폐렴 쌍구균 실험을 통해 세균의 형질 전환을 확인하였고, 이후 에이버리의 후속 실험과 연구로 DNA가 형질 전환을 일으키는 유전 물질임이 밝혀졌다.

(3) **정보 수집과 분석**: 다른 학자들의 연구 결과를 수집하고 분석함으로써 과학적 성과를 얻을 수 있다.

- DNA 구조 규명(1953년): 왓슨과 크릭은 샤가프에 의해 밝혀진 DNA 염기 조성의 특징과 프랭클린이 촬영한 DNA의 X선 회절 사진 등을 분석하여 DNA의 구조를 규명하였다.

(4) **적절한 실험 기구의 사용**: 실험 기구의 발전은 정밀한 관찰과 실험을 도와 생명 과학 발전에 핵심적인 역할을 하고 있다.

① **현미경**: 광학 현미경의 발명은 세포의 발견으로 이어졌고, 세포를 염색액으로 처리하는 기술의 개발은 많은 세포 소기관의 발견으로 이어졌다. 전자 현미경은 세포의 미세 구조와 바이러스 연구에 핵심적인 역할을 하였다.

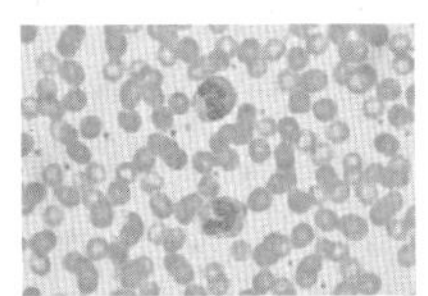

혈구의 광학 현미경 사진

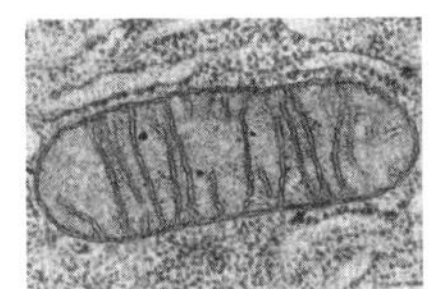
미토콘드리아의 전자 현미경 사진

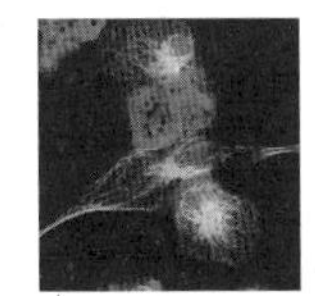
세포의 형광 현미경 사진

② 현대에 이르러서는 PCR 기기, 염기 서열 분석기 등 다양한 장비들이 생명 과학의 연구에 활용되고 있다.

(5) **창의적 발상**

① **유전자 재조합**(1973년): 코헨과 보이어는 제한 효소, 플라스미드, DNA 연결 효소를 이용하면 원하는 유전자를 다른 생물의 DNA에 삽입할 수 있을 것으로 생각하고, 이를 실현해 유전자 재조합 기술을 개발하였다.

② **중합 효소 연쇄 반응(PCR)**(1983년): 멀리스는 DNA 복제에 필요한 물질들만 잘 갖추어진다면 시험관에서도 DNA를 복제시킬 수 있을 것으로 생각하고, 이를 연구하여 중합 효소 연쇄 반응을 개발하였다.

개념 체크

- 코헨과 보이어는 원하는 유전자를 다른 생물의 DNA에 삽입할 수 있는 유전자 재조합 기술을 개발하였고, 멀리스는 DNA 복제에 필요한 물질을 이용하여 DNA를 대량으로 복제하는 기술인 중합 효소 연쇄 반응(PCR)을 개발하였다.

1. 왓슨과 크릭은 프랭클린이 촬영한 DNA의 (　　) 사진을 분석하여 DNA의 구조를 규명하였다.

2. 코헨과 보이어는 (　　) 기술을, 멀리스는 (　　) 기술을 개발하였다.

※ ○ 또는 ×

3. 전자 현미경은 세포의 미세 구조와 바이러스의 연구에 핵심적인 역할을 하였다. (　　)

4. 그리피스는 폐렴 쌍구균 실험을 통해 유전 물질이 DNA임을 밝혔다. (　　)

정답

1. X선 회절
2. 유전자 재조합, 중합 효소 연쇄 반응(PCR) 또는 DNA 증폭
3. ○
4. ×

[24029-0001]

01 표는 생명 과학자들의 주요 성과 (가)~(다)의 내용을 나타낸 것이다. A~C는 다윈, 제너, 레이우엔훅을 순서 없이 나타낸 것이다.

구분	생명 과학자	내용
(가)	A	천연두를 예방할 수 있는 종두법을 개발함
(나)	B	자신이 만든 ㉠현미경으로 미생물을 관찰함
(다)	C	자연 선택에 의한 진화의 원리를 설명함

이에 대한 설명으로 옳은 것만을 〈보기〉에서 있는 대로 고른 것은?

보기
ㄱ. A는 제너이다.
ㄴ. ㉠은 전자 현미경이다.
ㄷ. (다)는 (나)보다 먼저 이룬 성과이다.

① ㄱ ② ㄴ ③ ㄷ ④ ㄱ, ㄷ ⑤ ㄴ, ㄷ

[24029-0002]

02 다음은 생명 과학자들의 주요 성과 (가)~(다)의 내용이다. A와 B는 멘델과 플레밍을 순서 없이 나타낸 것이다.

(가) 코헨과 보이어는 ㉠유전자 재조합 기술을 개발하였다.
(나) A는 완두 교배 실험을 통해 유전의 기본 원리를 발견하였다.
(다) B는 푸른곰팡이에서 페니실린을 발견하였다.

이에 대한 설명으로 옳은 것만을 〈보기〉에서 있는 대로 고른 것은?

보기
ㄱ. A는 멘델이다.
ㄴ. ㉠에 제한 효소가 이용된다.
ㄷ. (가)~(다)를 시대 순으로 배열하면 (다) → (나) → (가)이다.

① ㄱ ② ㄷ ③ ㄱ, ㄴ ④ ㄴ, ㄷ ⑤ ㄱ, ㄴ, ㄷ

[24029-0003]

03 그림은 생명 과학의 주요 성과를 시간 순서에 따라 나타낸 것이다. (가)와 (나)는 생물 속생설 입증과 혈액 순환 원리 발견을 순서 없이 나타낸 것이다.

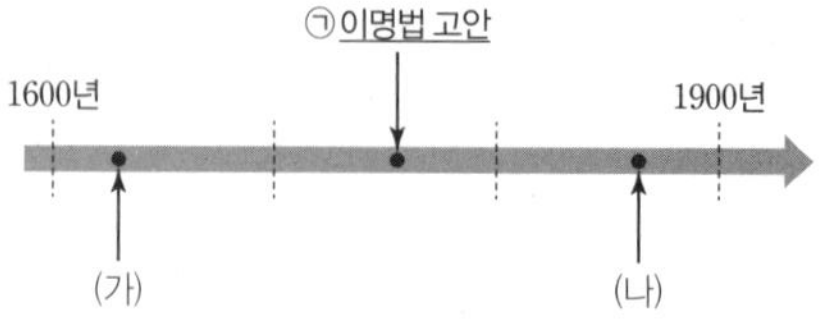

이에 대한 설명으로 옳은 것만을 〈보기〉에서 있는 대로 고른 것은?

보기
ㄱ. ㉠은 하비가 이룬 성과이다.
ㄴ. (가)는 생물 속생설 입증이다.
ㄷ. (나)는 플레밍의 페니실린 발견보다 먼저 이룬 성과이다.

① ㄴ ② ㄷ ③ ㄱ, ㄴ ④ ㄱ, ㄷ ⑤ ㄴ, ㄷ

[24029-0004]

04 다음은 생명 과학자들의 주요 성과 (가)~(라)의 내용이다. ㉠~㉣은 훅, 다윈, 슈반, 아리스토텔레스를 순서 없이 나타낸 것이다.

(가) ㉠은 동물 세포설을 주장하였다.
(나) ㉡은 코르크를 관찰하고 작은 벌집 모양의 배열을 세포라고 명명하였다.
(다) ㉢은 자연 발생설을 주장하였다.
(라) ㉣은 자연 선택설을 주장하였다.

이에 대한 설명으로 옳은 것만을 〈보기〉에서 있는 대로 고른 것은?

보기
ㄱ. ㉠은 슈반이다.
ㄴ. (나)에서 현미경이 사용되었다.
ㄷ. (다)는 (라)보다 먼저 이룬 성과이다.

① ㄱ ② ㄷ ③ ㄱ, ㄴ ④ ㄴ, ㄷ ⑤ ㄱ, ㄴ, ㄷ

[24029-0005]

01 그림은 생명 과학자들의 주요 성과를 시간 순서에 따라 나타낸 것이고, 표는 Ⅰ~Ⅲ을 순서 없이 나타낸 것이다. A와 B는 멀리스와 모건을 순서 없이 나타낸 것이다.

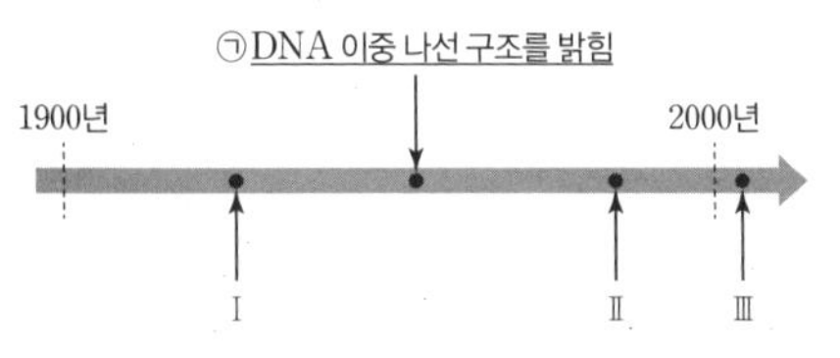

주요 성과(Ⅰ~Ⅲ)
• 사람 유전체 사업을 통해 사람 유전체의 염기 서열을 밝힘 • A는 유전자가 염색체의 일정한 위치에 존재한다는 것을 밝혀냄 • B는 DNA를 대량으로 복제하는 기술을 개발함

이에 대한 설명으로 옳은 것만을 <보기>에서 있는 대로 고른 것은?

보기
ㄱ. A는 모건이다.
ㄴ. ㉠은 멘델이 이룬 성과이다.
ㄷ. Ⅱ는 '사람 유전체 사업을 통해 사람 유전체의 염기 서열을 밝힘'이다.

① ㄱ ② ㄷ ③ ㄱ, ㄴ ④ ㄴ, ㄷ ⑤ ㄱ, ㄴ, ㄷ

유전자가 염색체의 일정한 위치에 존재한다는 유전자설이 제시된 이후 DNA 이중 나선 구조가 밝혀졌고, DNA를 대량으로 복제하는 기술이 개발된 이후 사람 유전체의 염기 서열이 밝혀졌다.

[24029-0006]

02 다음은 생명 과학자들의 주요 성과 (가)~(다)의 내용이다. ⓐ와 ⓑ는 각각 생물 속생설과 자연 발생설 중 하나이다.

(가) 플레밍은 푸른곰팡이에서 ㉠의 증식을 억제하는 물질인 페니실린을 발견하였다.
(나) 그리피스는 폐렴 쌍구균 실험을 통해 ㉡의 형질 전환을 확인하였다.
(다) 파스퇴르는 백조목 플라스크를 이용한 실험을 통해 ⓐ를 부정하고 ⓑ를 입증하였다.

이에 대한 설명으로 옳은 것만을 <보기>에서 있는 대로 고른 것은?

보기
ㄱ. ⓐ는 자연 발생설이다.
ㄴ. 바이러스는 ㉠과 ㉡ 모두에 해당한다.
ㄷ. (나)는 유전부호의 해독보다 먼저 이룬 성과이다.

① ㄱ ② ㄴ ③ ㄱ, ㄷ ④ ㄴ, ㄷ ⑤ ㄱ, ㄴ, ㄷ

그리피스의 형질 전환 실험 이후 니런버그와 마테이는 유전부호를 해독하였다.

02 세포의 특성

개념 체크

◎ 사람의 기관계

기관계	기관
소화계	위, 간, 이자, 소장 등
순환계	심장, 혈관 등
호흡계	폐, 기관, 기관지 등
배설계	콩팥, 방광 등
내분비계	뇌하수체, 갑상샘, 부신 등
신경계	뇌, 척수 등
생식계	정소, 난소, 자궁 등

1. 동물의 조직에는 상피 조직, 근육 조직, 신경 조직, (　　) 조직이 있다.

2. 식물의 조직은 세포 분열이 일어나는 (　　) 조직과 세포 분열 능력이 없는 (　　) 조직으로 나뉜다.

※ ○ 또는 ×

3. 간은 소화계에 속하는 기관이다. (　　)

4. 표피 조직은 분열 조직에 해당한다. (　　)

1 생명체의 유기적 구성

(1) 동물의 유기적 구성

① 동물은 모양과 기능이 비슷한 세포들이 모여 조직을, 여러 조직이 모여 특정한 형태와 기능을 나타내는 기관을, 연관된 기능을 하는 여러 기관이 모여 기관계를, 기능이 서로 다른 여러 기관계가 모여 하나의 개체를 이룬다.

② 동물의 조직
- 상피 조직: 몸 바깥을 덮거나, 몸 안의 기관과 내강을 덮고 있는 조직이다.
- 결합 조직: 다른 조직을 결합시키거나 지지하는 조직이다.
- 근육 조직: 근육 세포로 구성되며, 몸의 근육을 구성하는 조직이다.
- 신경 조직: 신경 세포로 구성되며, 자극을 받아들이고 신호를 전달하는 기능을 하는 조직이다.

③ 동물의 기관과 기관계
- 기관: 여러 조직이 모여 특정 기능을 수행하는 기관을 이룬다. 예 뇌, 심장, 콩팥, 간, 폐, 이자, 혈관 등
- 기관계: 연관된 기능을 하는 기관들이 모여 구성된다. 예 소화계, 순환계, 호흡계, 배설계, 내분비계, 면역계, 신경계, 생식계 등

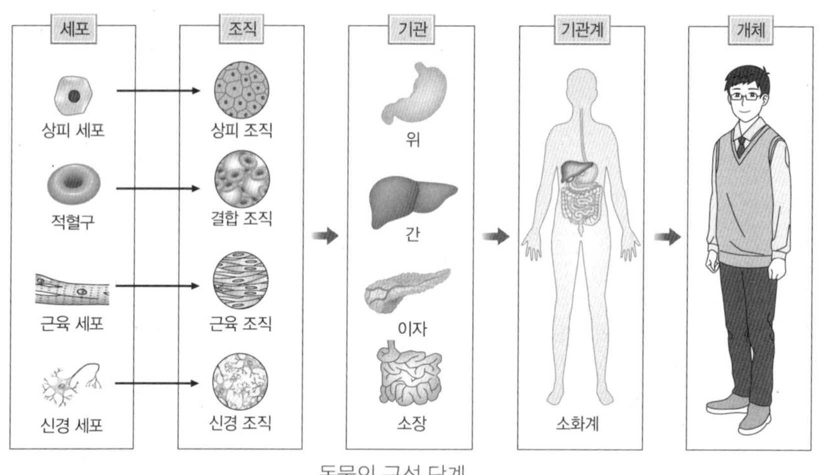

동물의 구성 단계

(2) 식물의 유기적 구성

① 식물은 모양과 기능이 비슷한 세포들이 모여 조직을, 조직이 모여 조직계를, 조직계가 모여 기관을, 기관이 모여 하나의 개체를 이룬다.

② 식물의 조직
- 분열 조직: 세포 분열이 일어나는 생장점과 형성층이 있다.
- 영구 조직: 분열 조직으로부터 분화되어 분열 능력이 없으며, 표피 조직, 유조직, 통도 조직 등이 있다.

정답
1. 결합
2. 분열, 영구
3. ○
4. ×

③ 식물의 조직계

- 표피 조직계: 식물체 내부를 보호하고 수분 출입을 조절하며, 표피, 공변세포, 큐티클층, 뿌리털 등으로 구성된다.
- 관다발 조직계: 물질의 이동 통로인 물관부와 체관부로 구성되며, 형성층이 포함되는 경우도 있다.
- 기본 조직계: 양분의 합성과 저장 기능을 하며 울타리 조직, 해면 조직 등으로 구성된다.

④ 식물의 기관: 뿌리, 줄기, 잎과 같은 영양 기관과 꽃, 열매와 같은 생식 기관이 있다.

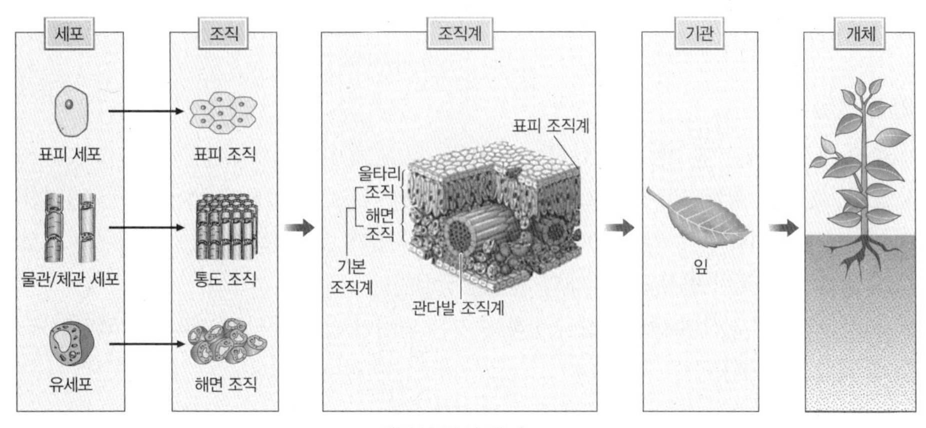

식물의 구성 단계

2 생명체를 구성하는 기본 물질

(1) 탄수화물

① 구성 원소는 탄소(C), 수소(H), 산소(O)이다.

② 주된 에너지원으로 이용되며, 식물 세포벽의 구성 성분이다.

③ 종류에는 단당류, 이당류, 다당류가 있다.

- 단당류: 포도당, 과당, 갈락토스 등이 있다.
- 이당류: 2분자의 단당류가 결합된 화합물로 엿당, 설탕, 젖당 등이 있다.
- 다당류: 수백 또는 수만 분자의 단당류가 결합한 것으로 녹말, 글리코젠, 셀룰로스 등이 있다.

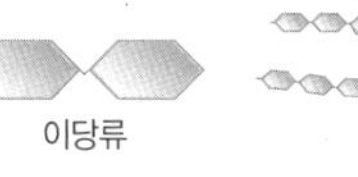

(2) 지질

① 주요 구성 원소는 탄소(C), 수소(H), 산소(O)이다.

② 에너지원으로 이용되며, 세포막과 일부 호르몬의 구성 성분이다.

③ 유기 용매에 잘 녹는다.

④ 종류에는 중성 지방, 인지질, 스테로이드가 있다.

- 중성 지방: 1분자의 글리세롤과 3분자의 지방산이 결합된 화합물로, 에너지 저장과 체온 유지에 중요한 역할을 한다.
- 인지질: 중성 지방에서 지방산 1분자 대신 인산기를 포함한 화합물이 결합한 것으로, 세포막, 핵막 등과 같은 생체막의 주요 구성 성분이다.

개념 체크

▶ 식물의 조직계

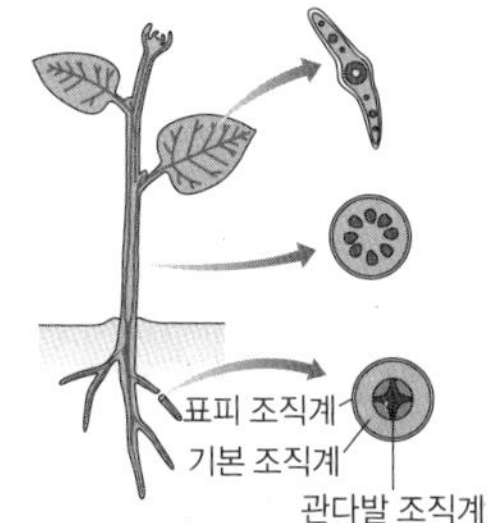

조직계는 식물체 전체에 연속적으로 분포한다.

1. 식물의 구성 단계는 세포 → 조직 → (　　) → (　　) → 개체이다.

2. 울타리 조직과 해면 조직은 모두 (　　) 조직계에 속한다.

※ ○ 또는 ×

3. 포도당, 과당, 갈락토스는 모두 단당류이다. (　　)

4. 인지질은 생체막의 주요 구성 성분이다. (　　)

정답

1. 조직계, 기관
2. 기본
3. ○
4. ○

개념 체크

◘ 물은 생명체를 구성하는 성분 중에서 가장 많은 비율을 차지하는 물질이다.

1. 스테로이드의 한 종류인 ( )은 동물 세포막의 구성 성분이다.

2. 단백질의 기본 단위는 ( )이며, 핵산의 기본 단위는 ( )이다.

※ ○ 또는 ×

3. 2개의 아미노산이 펩타이드 결합으로 연결될 때 물이 생성된다. ( )

4. 단백질과 핵산은 모두 질소(N)를 구성 원소로 가진다. ( )

정답

1. 콜레스테롤
2. 아미노산, 뉴클레오타이드
3. ○
4. ○

• 스테로이드: 4개의 고리가 연결된 구조로, 성호르몬, 부신 겉질 호르몬 등의 구성 성분이다. 대표적인 예로 콜레스테롤이 있으며, 콜레스테롤은 동물 세포막의 구성 성분이다.

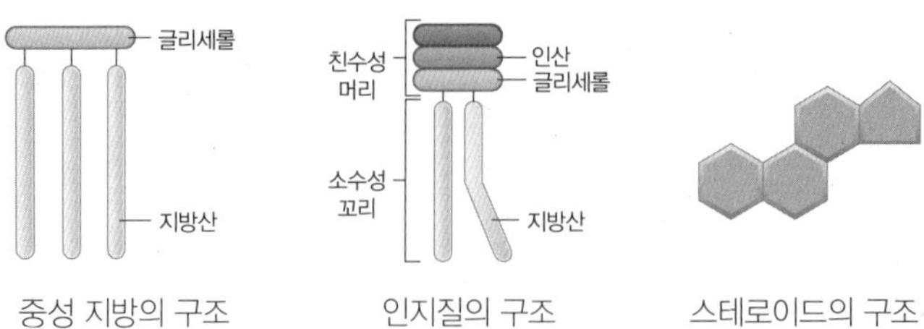

중성 지방의 구조 인지질의 구조 스테로이드의 구조

(3) 단백질

① 주요 구성 원소는 탄소(C), 수소(H), 산소(O), 질소(N)이다.

② 효소, 호르몬, 항체의 주성분으로 물질대사와 생리 작용을 조절하고 방어 작용에 관여한다.

③ 열이나 pH 변화 등에 의해 단백질의 입체 구조가 쉽게 변화되는데, 이를 단백질의 변성이라고 한다. 단백질이 변성되면 원래의 기능을 상실한다.

④ 20종류의 아미노산이 단백질을 구성하는 기본 단위이고, 각각의 아미노산은 펩타이드 결합에 의해 연결된다.

과학 돋보기 아미노산의 구조와 펩타이드 결합

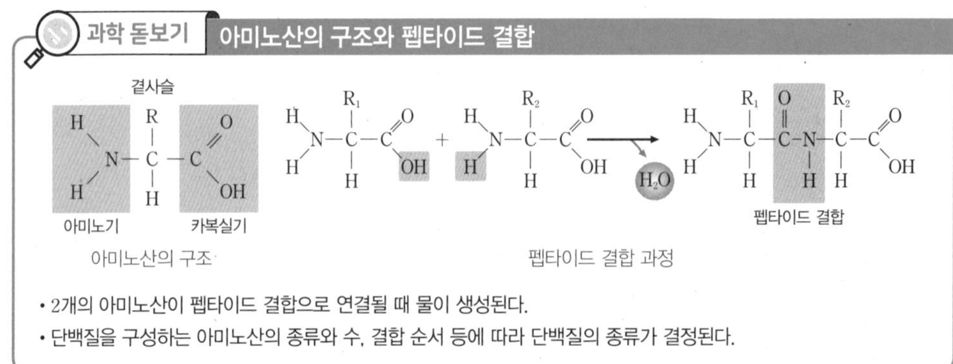

아미노산의 구조 펩타이드 결합 과정

• 2개의 아미노산이 펩타이드 결합으로 연결될 때 물이 생성된다.
• 단백질을 구성하는 아미노산의 종류와 수, 결합 순서 등에 따라 단백질의 종류가 결정된다.

(4) 핵산

① 구성 원소는 탄소(C), 수소(H), 산소(O), 질소(N), 인(P)이다.

② 유전 정보를 저장 및 전달하고 단백질 합성에 관여한다.

③ 기본 단위는 인산, 당, 염기가 1 : 1 : 1로 결합된 뉴클레오타이드이다.

④ 종류에는 DNA와 RNA가 있다.

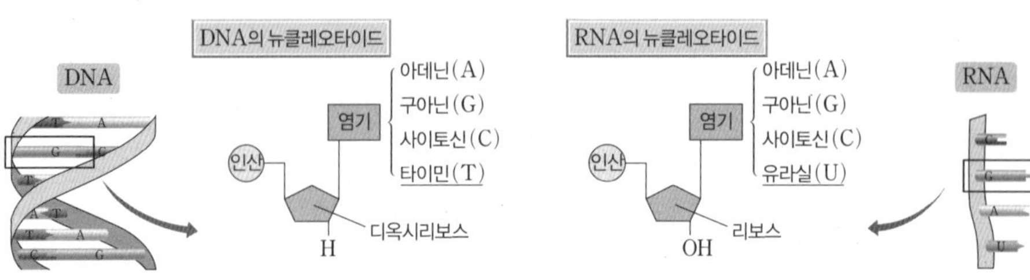

3 세포의 연구 방법

(1) 현미경

세포의 구조를 연구할 때 이용한다.

- **현미경의 종류:** 세포의 연구에 주로 이용되는 현미경으로는 광학 현미경(일반적인 광학 현미경, 위상차 현미경, 형광 현미경)과 전자 현미경(투과 전자 현미경, 주사 전자 현미경)이 있다.

구분	광학 현미경	전자 현미경	
		투과 전자 현미경(TEM)	주사 전자 현미경(SEM)
광원	가시광선	전자선	
해상력	0.2 μm	0.0002 μm	0.005 μm
원리	시료를 투과한 가시광선을 대물렌즈와 접안렌즈로 확대하여 관찰	시료를 투과한 전자선에 의해 스크린에 나타나는 상을 관찰	전자선을 시료에 쪼였을 때 시료 표면에서 방출된 전자에 의해 나타나는 상을 관찰
특징	살아 있는 세포를 관찰할 수 있고 시료의 색깔 구분이 가능함	시료의 단면 구조 관찰이 용이함	시료의 입체 구조 관찰이 용이함

(2) 세포 분획법

세포의 성분 분석과 세포 소기관의 구조와 기능 연구를 위해 이용한다.

① **원리:** 세포를 균질기로 부순 다음 원심 분리기를 이용하여 세포 소기관을 크기와 밀도에 따라 분리한다.

② **과정:** 세포와 농도가 같은 설탕 용액이 든 시험관에 세포를 넣고 저온에서 파쇄한 후 이 파쇄액을 원심 분리한다. 느린 회전 속도에서는 비교적 크고 무거운 핵 등이 가라앉아 분리되고, 회전 속도가 빨라질수록 점차 작은 세포 소기관이 가라앉아 분리된다.

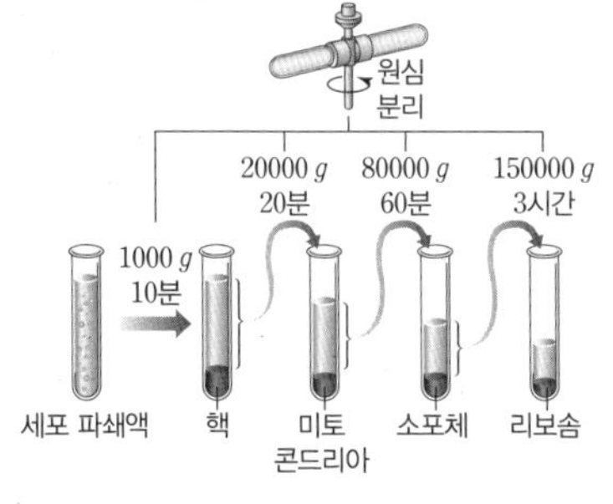

동물 세포의 세포 분획

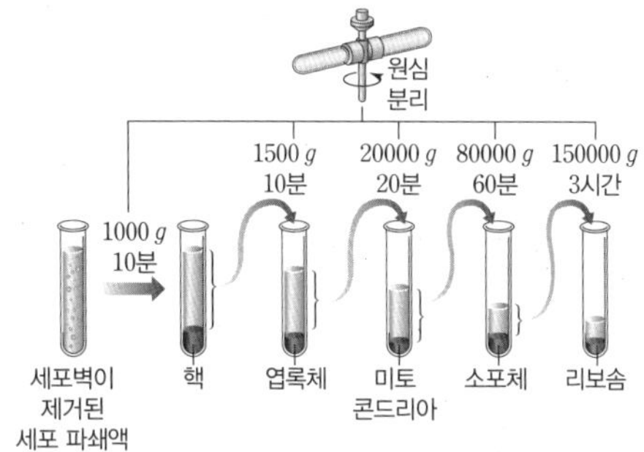

식물 세포의 세포 분획

(3) 자기 방사법

세포 내 물질의 위치와 이동 경로를 알아보고자 할 때 이용한다.

① **원리:** 방사성 동위 원소가 포함된 물질을 세포나 조직에 넣어준 후, 방사성 동위 원소에서 방출되는 방사선을 추적한다.

② **이용의 예:** 방사성 동위 원소로 표지된 아미노산이 들어 있는 배양액에 세포를 배양하면서 시간 경과에 따라 방사선이 방출되는 세포 소기관을 조사하면 세포 내에서 단백질이 합성되어 이동하는 경로를 알 수 있다.

개념 체크

- 해상력은 아주 가까운 거리에 있는 두 점이 확실하게 분리되어 보이는 최소한의 거리이다.
- 방사성 동위 원소는 원자핵이 불안정하여 스스로 붕괴되면서 방사선을 방출하는 동위 원소이다.

1. 광학 현미경은 광원으로 (　　)을, 전자 현미경은 광원으로 (　　)을 이용한다.

2. 자기 방사법은 (　　)에서 방출되는 방사선을 추적하여 세포 내 물질의 위치와 이동 경로를 확인하는 연구 방법이다.

※ ○ 또는 ×

3. 광학 현미경을 이용하여 살아 있는 세포를 관찰할 수 있다. (　　)

4. 주사 전자 현미경(SEM)은 투과 전자 현미경(TEM)보다 시료의 단면 구조를 관찰하기에 적합한 전자 현미경이다. (　　)

정답

1. 가시광선, 전자선
2. 방사성 동위 원소
3. ○
4. ×

개념 체크

◐ 진핵세포에는 핵이 있고, 세포질에는 미토콘드리아, 소포체, 골지체, 리소좀 등과 같은 막으로 둘러싸인 세포 소기관과 리보솜 등 다양한 세포 내 구조물이 존재한다.

1. 핵에는 리보솜을 구성하는 rRNA가 합성되는 장소인 (　　)이 있다.

2. 리보솜은 (　　) 소포체에 붙어 있거나 (　　)에 존재한다.

※ ○ 또는 ×

3. 인은 단백질과 RNA가 많이 모여 있는 부분이며, 단일막 구조이다. (　　)

4. 리보솜은 2개의 단위체(대단위체와 소단위체)로 이루어져 있으며, 막으로 싸여 있지 않다. (　　)

정답

1. 인
2. 거친면, 세포질
3. ×
4. ○

4 세포의 구조와 기능

(1) 세포의 구조

① 세포막으로 둘러싸인 세포는 핵과 세포질로 구분된다.

② 세포질에는 미토콘드리아, 엽록체, 골지체, 소포체, 리보솜, 중심립(중심체) 등 다양한 세포 내 구조물이 존재한다.

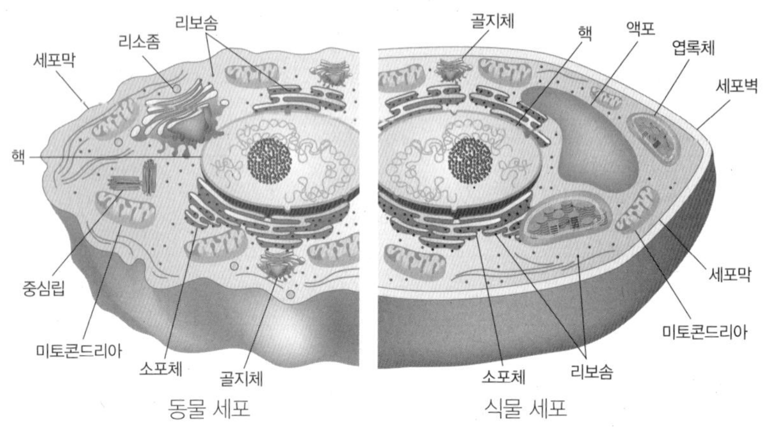

(2) 생명 활동의 중심-핵

① 세포의 생명 활동을 조절하고, 세포의 구조와 기능을 결정하는 유전 물질이 있다. 핵막으로 둘러싸여 있으며, 핵 속에는 염색질과 인이 존재한다.

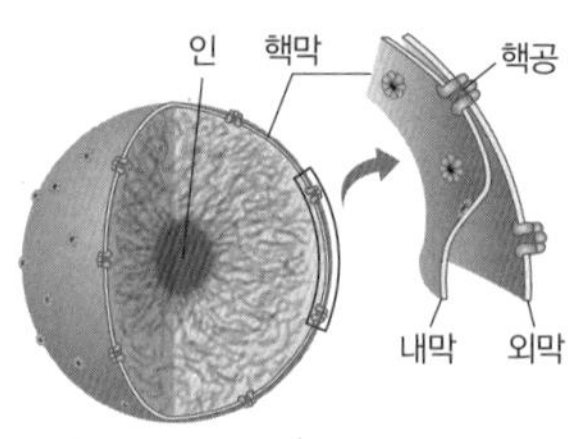

핵의 구조

② 핵 속의 유전 물질(DNA)에 저장된 유전 정보에 의해 단백질이 합성되며, 단백질에 의해 세포 내 대부분의 생명 활동이 조절된다.

③ **핵막**: 외막과 내막의 2중막 구조이고, 외막의 일부는 소포체 막과 연결되어 있다. 핵막에 있는 핵공은 핵과 세포질 사이의 물질 이동 통로가 된다.

④ **염색질**: DNA가 히스톤 단백질 등과 결합한 구조로, 뉴클레오솜이 기본 단위이다.

⑤ **인**: 단백질과 RNA가 많이 모여 있는 부분이며, 막이 없다. 리보솜을 구성하는 rRNA가 합성되는 장소로, 리보솜 합성에 관여한다.

(3) 물질의 합성과 수송

① 리보솜

- 리보솜 RNA(rRNA)와 단백질로 구성된 2개의 단위체(대단위체와 소단위체)로 이루어져 있으며, 막으로 싸여 있지 않다.
- 거친면 소포체에 붙어 있거나 세포질에 존재한다.
- mRNA에 의해 전달되는 유전 정보에 따라 단백질을 합성한다.

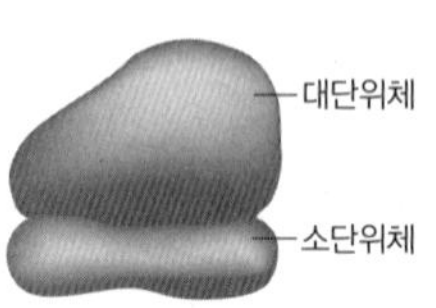

리보솜

② 소포체

- 납작한 주머니나 관 모양의 막이 연결된 형태의 구조물이고, 단일막 구조이다.
- 소포체 막의 일부가 핵막과 연결되어 있다.
- 물질 수송의 통로 역할을 한다.

㉠ 거친면 소포체: 표면에 리보솜이 붙어 있다. 리보솜에서 합성된 단백질을 가공(변형)하고 운반한다.

㉡ 매끈면 소포체: 표면에 리보솜이 붙어 있지 않다. 인지질, 스테로이드와 같은 지질을 합성하고, 독성 물질을 해독하며, Ca^{2+}을 저장한다.

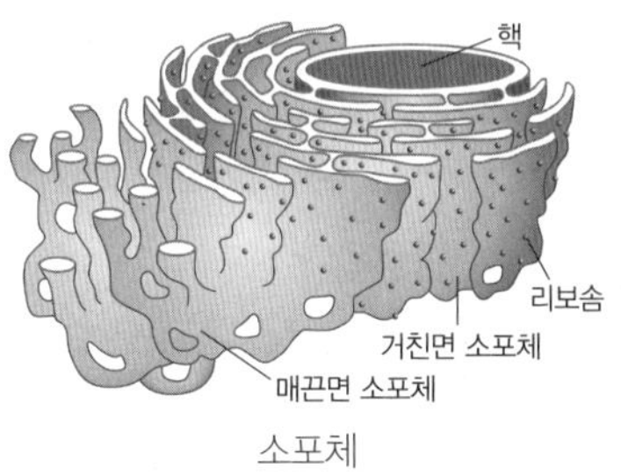

소포체

③ 골지체

- 납작한 주머니 모양의 구조물인 시스터나가 층층이 쌓인 형태이고, 단일막 구조이다.
- 소포체에서 이동해 온 단백질이나 지질을 가공(변형)하고 포장하여, 세포 밖으로 분비하거나 세포의 다른 부위로 이동시킨다.
- 소화샘 세포, 내분비샘 세포와 같은 분비 작용이 활발한 세포에 발달해 있다.

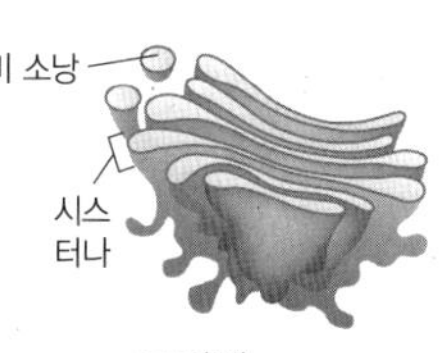

골지체

과학 돋보기 **단백질의 합성과 분비**

- 단백질은 핵에 있는 유전 정보에 따라 리보솜에서 합성되고, 합성된 단백질은 거친면 소포체 안으로 들어가 가공(변형)된다.
- 소포체에서 단백질을 싸고 있는 운반 소낭(수송 소낭)이 떨어져 나와 골지체와 융합한다.
- 골지체에서 단백질을 싸고 있는 분비 소낭(수송 소낭)이 분리된 후 세포막과 융합하면 단백질이 세포 밖으로 분비된다.

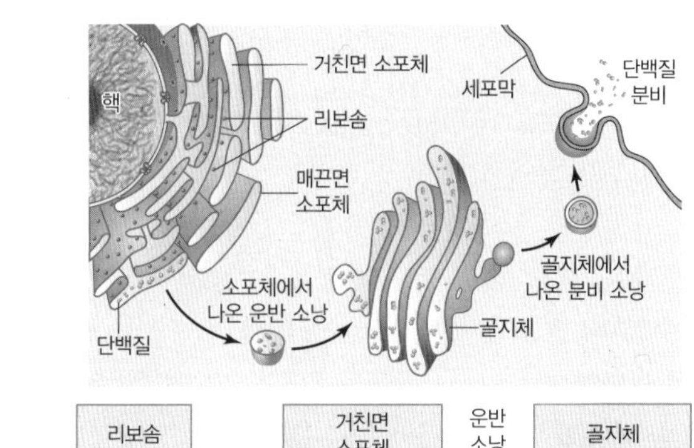

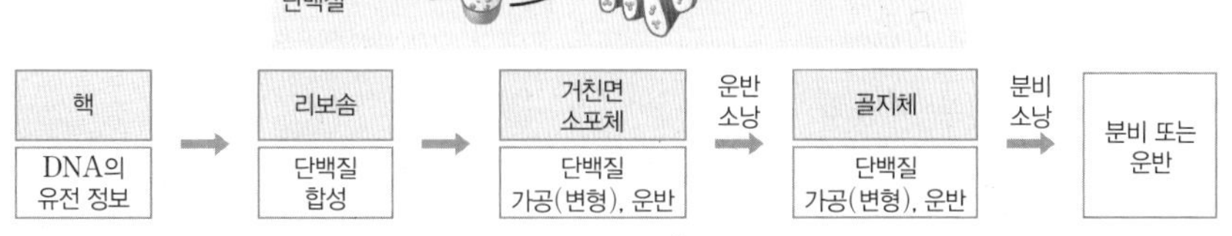

개념 체크

▶ 골지체의 시스터나는 서로 연결되어 있지 않으며 소낭이 떨어져 나와 막에 결합하면서 물질이 이동한다.

1. 소포체 막의 일부는 (　　) 과 연결되어 있다.

2. 골지체는 납작한 주머니 모양의 구조물인 (　　) 가 층층이 쌓인 형태이다.

※ ○ 또는 ×

3. 소포체와 골지체는 모두 단일막 구조이다. (　　)

4. 매끈면 소포체는 인지질, 스테로이드와 같은 지질을 합성하고, 독성 물질을 해독한다. (　　)

정답

1. 핵막
2. 시스터나
3. ○
4. ○

개념 체크

◆ 미토콘드리아는 크리스타 구조를 통해 미토콘드리아 내막의 표면적을 넓혀 ATP를 효율적으로 생산한다.

◆ 가수 분해 효소는 물을 첨가하여 물질을 분해하는 가수 분해 반응의 촉매로 작용한다.

1. (　　)는 엽록체에서 미토콘드리아의 기질에 해당하는 부위로 포도당 합성에 관여하는 다양한 효소가 들어 있다.

2. 리소좀에는 다양한 (　　) 효소가 들어 있어 세포내 소화를 담당한다.

※ ○ 또는 ×

3. 엽록체와 미토콘드리아는 모두 독자적인 DNA와 리보솜을 가진다. (　　)

4. 리소좀은 2중막 구조로 되어 있다. (　　)

정답

1. 스트로마
2. 가수 분해
3. ○
4. ×

(4) 에너지 전환

① 엽록체

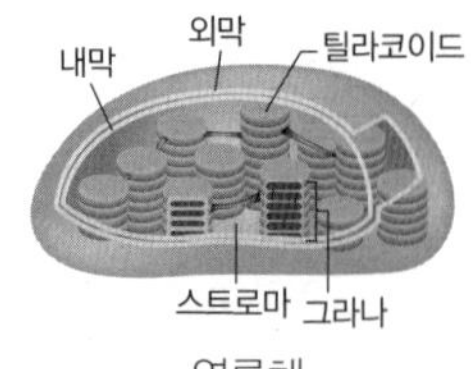

엽록체

- 빛에너지를 화학 에너지로 전환하여 포도당을 합성하는 광합성이 일어나는 장소이다.
- 외막과 내막의 2중막 구조로 되어 있고, 그라나와 스트로마로 구분된다.
- 그라나는 틸라코이드가 쌓여 층을 이룬 구조로 되어 있다. 틸라코이드 막에는 광합성 색소와 단백질이 있다.
- 스트로마는 엽록체에서 미토콘드리아의 기질에 해당하는 부위로 포도당 합성에 관여하는 다양한 효소가 들어 있다. 이곳에 독자적인 DNA와 리보솜이 있어 스스로 복제하여 증식할 수 있다.
- 광합성을 하는 식물과 조류에서 관찰된다.

② 미토콘드리아

미토콘드리아

- 유기물을 분해하여 생명 활동에 필요한 에너지를 얻는 세포 호흡이 일어나는 장소이다. 외막과 내막의 2중막 구조로 되어 있고, 내막은 크리스타를 형성한다.
- 유기물에 저장된 화학 에너지가 ATP 형태의 화학 에너지로 전환된다.
- 내막 안쪽은 기질이라 하며, 이곳에 독자적인 DNA와 리보솜이 있어 스스로 복제하여 증식할 수 있다.
- 간세포와 근육 세포 등과 같이 에너지를 많이 필요로 하는 세포에 다수 분포한다.

③ 엽록체와 미토콘드리아의 비교

구분	공통점	차이점
엽록체	• 2중막 구조 • 독자적인 DNA, 리보솜 존재 • 스스로 복제하여 증식	• 광합성(유기물 합성) • 식물 세포에 존재 • 빛에너지 → 화학 에너지(유기물)
미토콘드리아		• 세포 호흡(유기물 분해) • 식물 세포, 동물 세포에 모두 존재 • 화학 에너지(유기물) → 화학 에너지(ATP)

(5) 물질의 분해와 저장

① 리소좀

- 단일막으로 둘러싸여 있는 작은 주머니 모양으로 골지체의 일부가 떨어져 나와 만들어진다.
- 단백질, 탄수화물, 지질, 핵산 등을 분해하는 다양한 가수 분해 효소가 들어 있어 세포내 소화를 담당한다.
- 세포 내부로 들어온 세균과 같은 이물질, 손상된 세포 소기관과 노폐물을 분해한다.

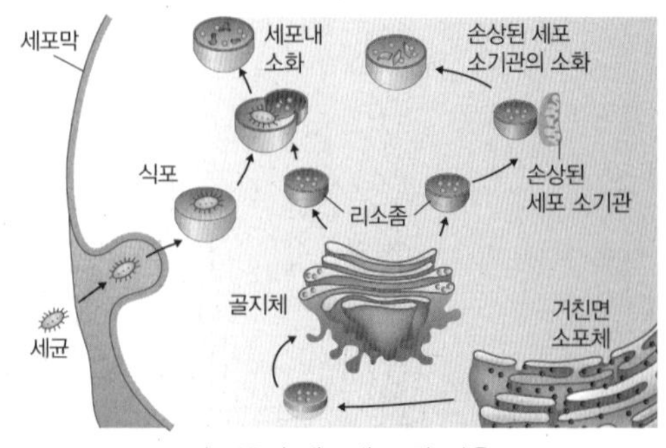

리소좀의 세포내 소화 작용

② 액포

- 단일막으로 둘러싸여 있는 주머니 모양의 세포 소기관이고, 식물 세포에 주로 존재한다.
- 물을 흡수하여 세포의 수분량과 삼투압을 조절한다.
- 영양소나 노폐물을 저장하며, 세포가 성숙해짐에 따라 발달한다.

(6) 세포의 형태 유지와 운동

① 세포 골격

- 단백질 섬유가 그물처럼 얽혀 있는 구조이다.
- 세포 소기관의 위치와 세포의 형태를 결정짓는 역할을 한다.
- 세포 골격의 종류에는 미세 소관, 중간 섬유, 미세 섬유가 있다.

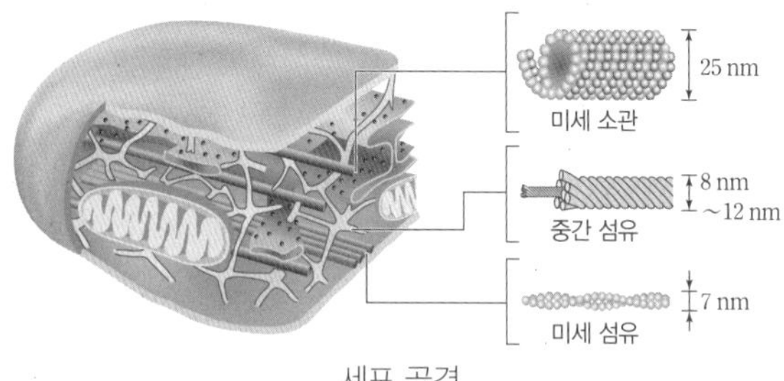

세포 골격

② 편모와 섬모

- 미세 소관으로 이루어진 세포의 운동 기관이다.
- 섬모는 길이가 짧고 수가 많으며, 편모는 길이가 길고 수가 적다.

③ 중심체

- 핵 근처에 위치하며, 직각으로 배열된 중심립 2개로 구성된다.
- 중심립은 미세 소관으로 이루어져 있으며, 세포 분열 시 방추사가 뻗어 나온다.

중심체의 구조

④ 세포벽

- 식물 세포에서 세포 보호 및 형태 유지, 식물체 지지 등의 기능을 한다.
- 물과 용질을 모두 통과시키는 구조로 물질 출입을 조절하지 못한다.
- 식물 세포에서 주성분은 셀룰로스이며, 어린 식물 세포에서는 비교적 얇은 1차 세포벽이 형성되고, 세포가 성숙하면서 1차 세포벽과 세포막 사이에 두껍고 단단한 2차 세포벽이 형성된다.

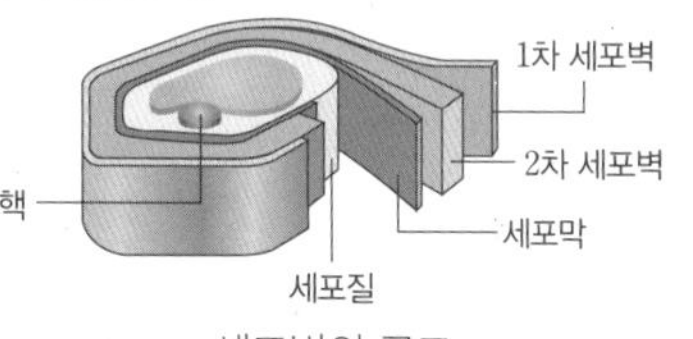

세포벽의 구조

5 원핵세포와 진핵세포

(1) 원핵세포와 진핵세포(동물 세포)의 비교

구분	유전 물질	핵막	세포벽	리보솜	막성 세포 소기관
원핵세포	원형 DNA	없음	있음	있음	없음
진핵세포(동물 세포)	선형 DNA	있음	없음	있음	있음

(2) 원핵세포의 구조

① 일반적으로 원핵세포의 리보솜은 진핵세포의 리보솜과 비교하여 크기가 작고, 구성하는 단백질과 RNA의 종류가 다르다.

② 원핵세포 중 일부는 세포벽 바깥에 피막을 가진다.

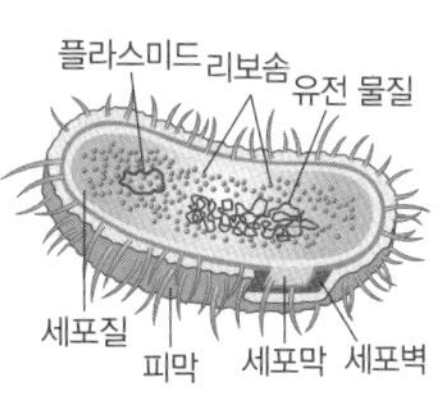

원핵세포

개념 체크

◘ 편모는 사람의 정자 등에서 관찰할 수 있으며, 섬모는 짚신벌레와 같은 섬모충류나 사람의 기관지 등에서 관찰할 수 있다.

1. 세포 골격의 종류에는 미세 소관, 중간 섬유, (　　)가 있다.

2. 중심립은 (　　)으로 이루어져 있으며, 세포 분열 시 방추사 형성에 관여한다.

※ ○ 또는 ×

3. 식물 세포에서 세포벽의 주성분은 셀룰로스이다. (　　)

4. 원핵세포는 원형의 DNA를, 진핵세포는 선형의 DNA를 유전 물질로 갖는다. (　　)

정답

1. 미세 섬유
2. 미세 소관
3. ○
4. ○

[24029-0007]

01 표는 생명체의 구성 단계 중 일부의 특징과 예를 나타낸 것이다. A~C는 기관, 조직, 조직계를 순서 없이 나타낸 것이다.

구성 단계	특징	예
A	식물의 구성 단계에는 있지만, 동물의 구성 단계에는 없다.	?
B	㉠	물관
C	?	꽃

이에 대한 설명으로 옳은 것만을 <보기>에서 있는 대로 고른 것은?

보기
ㄱ. A는 조직계이다.
ㄴ. '여러 조직이 모여 특정한 형태와 기능을 나타낸다.'는 ㉠에 해당한다.
ㄷ. 심장은 동물의 구성 단계 중 C에 해당한다.

① ㄴ ② ㄷ ③ ㄱ, ㄴ ④ ㄱ, ㄷ ⑤ ㄱ, ㄴ, ㄷ

[24029-0008]

02 표는 동물의 구성 단계 일부와 예를 나타낸 것이다. (가)~(다)는 기관, 기관계, 조직을 순서 없이 나타낸 것이다.

구성 단계	예
(가)	ⓐ뇌
(나)	ⓑ상피 조직
(다)	?

이에 대한 설명으로 옳은 것만을 <보기>에서 있는 대로 고른 것은?

보기
ㄱ. ⓐ는 신경계에 속한다.
ㄴ. 근육 세포는 ⓑ를 이룬다.
ㄷ. (다)는 기관계이다.

① ㄱ ② ㄷ ③ ㄱ, ㄴ ④ ㄱ, ㄷ ⑤ ㄴ, ㄷ

[24029-0009]

03 그림 (가)~(다)는 셀룰로스, 인지질, DNA를 순서 없이 나타낸 것이다.

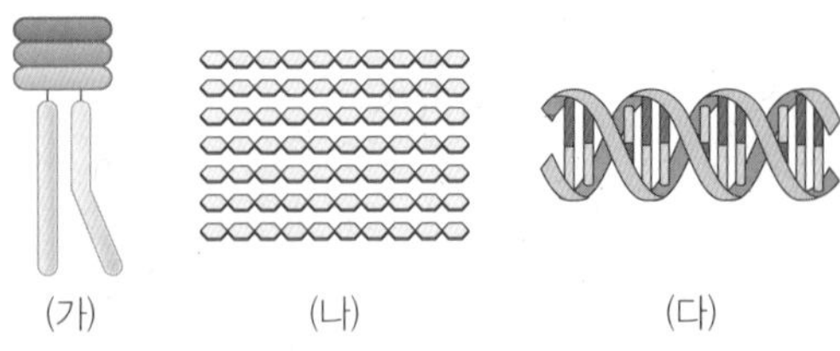

이에 대한 설명으로 옳은 것만을 <보기>에서 있는 대로 고른 것은?

보기
ㄱ. (가)는 세포막의 구성 성분이다.
ㄴ. (나)는 식물 세포벽의 구성 성분이다.
ㄷ. (가)와 (다)의 구성 원소에는 모두 인(P)이 있다.

① ㄴ ② ㄷ ③ ㄱ, ㄴ ④ ㄱ, ㄷ ⑤ ㄱ, ㄴ, ㄷ

[24029-0010]

04 다음은 생명체를 구성하는 물질 ㉠~㉢에 대한 자료이다. ㉠~㉢은 과당, 단백질, 스테로이드를 순서 없이 나타낸 것이다.

- ㉠과 ㉡은 에너지원으로 이용된다.
- ㉠과 ㉢은 호르몬의 구성 성분이다.

이에 대한 설명으로 옳은 것만을 <보기>에서 있는 대로 고른 것은?

보기
ㄱ. ㉠은 항체의 구성 성분이다.
ㄴ. ㉡은 다당류에 해당한다.
ㄷ. 콜레스테롤은 ㉢에 속한다.

① ㄱ ② ㄷ ③ ㄱ, ㄴ ④ ㄱ, ㄷ ⑤ ㄴ, ㄷ

[24029-0011]

05 그림 (가)와 (나)는 녹말과 중성 지방을 순서 없이 나타낸 것이다.

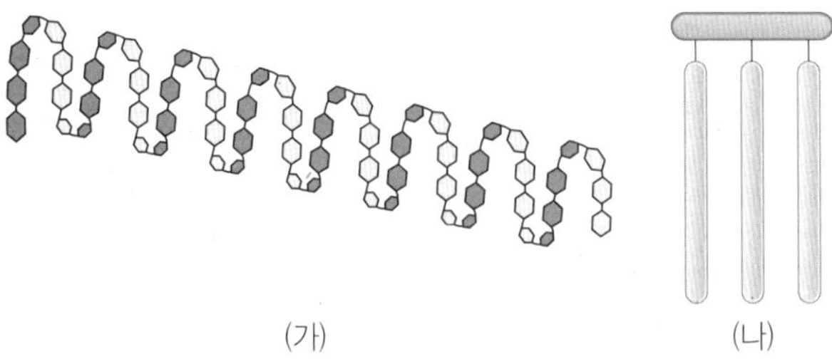

이에 대한 설명으로 옳은 것만을 〈보기〉에서 있는 대로 고른 것은?

보기

ㄱ. (가)의 기본 단위는 아미노산이다.
ㄴ. (나)는 유기 용매에 녹는다.
ㄷ. (가)와 (나)의 구성 원소에는 모두 탄소(C)가 있다.

① ㄴ ② ㄷ ③ ㄱ, ㄴ ④ ㄱ, ㄷ ⑤ ㄴ, ㄷ

[24029-0012]

06 그림은 동물 세포의 구조를 나타낸 것이다. A~C는 골지체, 리보솜, 미토콘드리아를 순서 없이 나타낸 것이다.

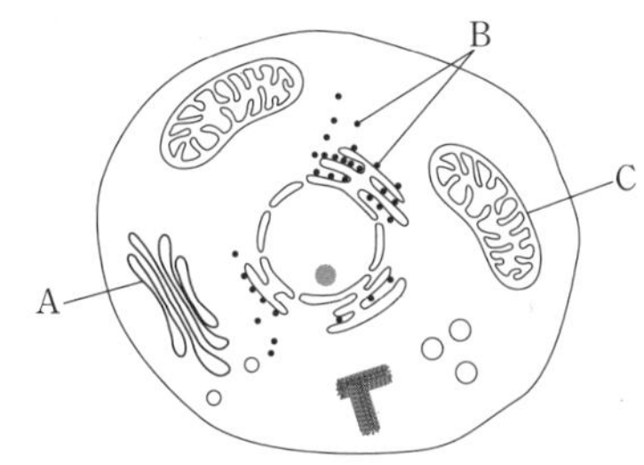

이에 대한 설명으로 옳은 것만을 〈보기〉에서 있는 대로 고른 것은?

보기

ㄱ. A는 크리스타 구조를 갖는다.
ㄴ. B에서 rRNA가 합성된다.
ㄷ. C는 핵산을 갖는다.

① ㄴ ② ㄷ ③ ㄱ, ㄴ ④ ㄱ, ㄷ ⑤ ㄴ, ㄷ

[24029-0013]

07 그림은 식물 세포의 구조를 나타낸 것이다. A~C는 세포벽, 엽록체, 액포를 순서 없이 나타낸 것이다.

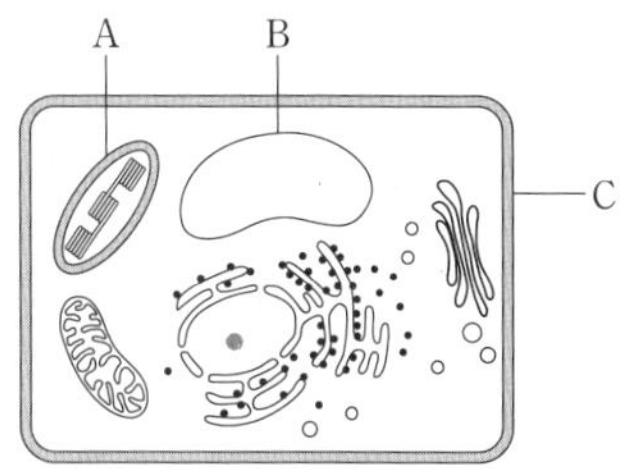

이에 대한 설명으로 옳은 것만을 〈보기〉에서 있는 대로 고른 것은?

보기

ㄱ. A는 광합성이 일어나는 장소이다.
ㄴ. B에서 세포 호흡이 일어난다.
ㄷ. C는 인지질 2중층 구조이다.

① ㄱ ② ㄷ ③ ㄱ, ㄴ ④ ㄱ, ㄷ ⑤ ㄴ, ㄷ

[24029-0014]

08 그림은 어떤 세포에서 일어나는 물질의 이동 과정을 나타낸 것이다. A~C는 거친면 소포체, 골지체, 리소좀을 순서 없이 나타낸 것이다.

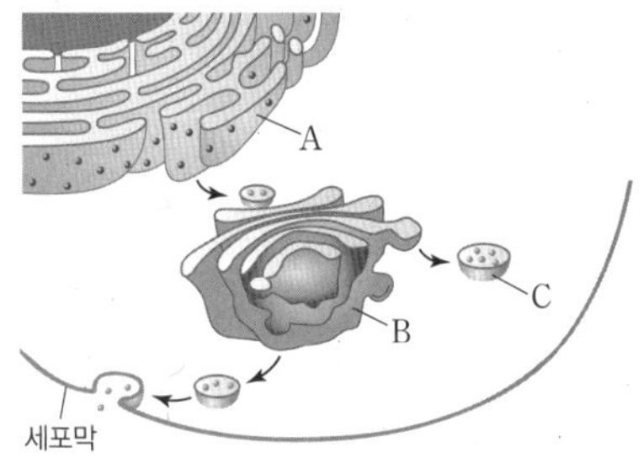

이에 대한 설명으로 옳은 것만을 〈보기〉에서 있는 대로 고른 것은?

보기

ㄱ. A는 골지체이다.
ㄴ. B는 단백질의 분비 작용이 활발한 세포에 발달되어 있다.
ㄷ. C에는 가수 분해 효소가 들어 있다.

① ㄱ ② ㄷ ③ ㄱ, ㄴ ④ ㄱ, ㄷ ⑤ ㄴ, ㄷ

[24029-0015]

09 그림은 동물 세포에서 일어나는 세포내 소화 과정을 나타낸 것이다. A~C는 골지체, 리보솜, 리소좀을 순서 없이 나타낸 것이다.

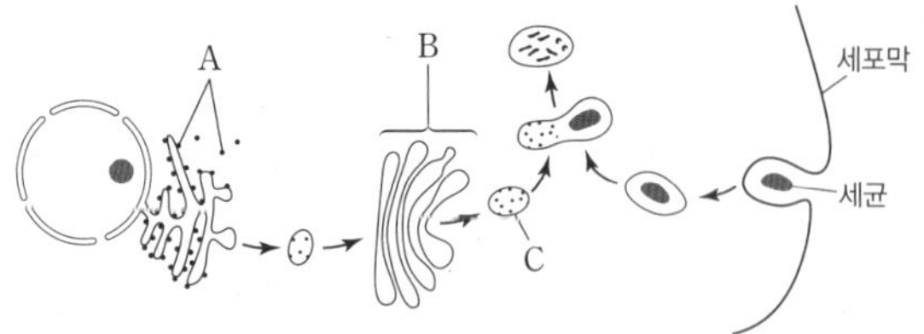

이에 대한 설명으로 옳은 것만을 〈보기〉에서 있는 대로 고른 것은?

보기

ㄱ. A는 인지질 2중층으로 된 막을 갖는다.
ㄴ. B는 시스터나를 갖는다.
ㄷ. C는 세포 내부로 들어온 세균을 분해한다.

① ㄱ ② ㄷ ③ ㄱ, ㄴ ④ ㄱ, ㄷ ⑤ ㄴ, ㄷ

[24029-0016]

10 표는 현미경 (가)와 (나)를 이용하여 짚신벌레를 관찰한 결과를 나타낸 것이다. (가)와 (나)는 주사 전자 현미경과 투과 전자 현미경을 순서 없이 나타낸 것이다.

현미경	(가)	(나)
관찰 결과	세포 내부의 세포 소기관이 관찰된다.	세포 표면의 섬모가 관찰된다.

이에 대한 설명으로 옳은 것만을 〈보기〉에서 있는 대로 고른 것은?

보기

ㄱ. (가)는 광학 현미경에 비해 해상력이 높다.
ㄴ. (나)는 투과 전자 현미경이다.
ㄷ. (가)와 (나)는 모두 전자선을 광원으로 이용한다.

① ㄱ ② ㄴ ③ ㄱ, ㄷ ④ ㄴ, ㄷ ⑤ ㄱ, ㄴ, ㄷ

[24029-0017]

11 그림 (가)와 (나)는 각각 사람의 신경 세포와 대장균 중 하나이다.

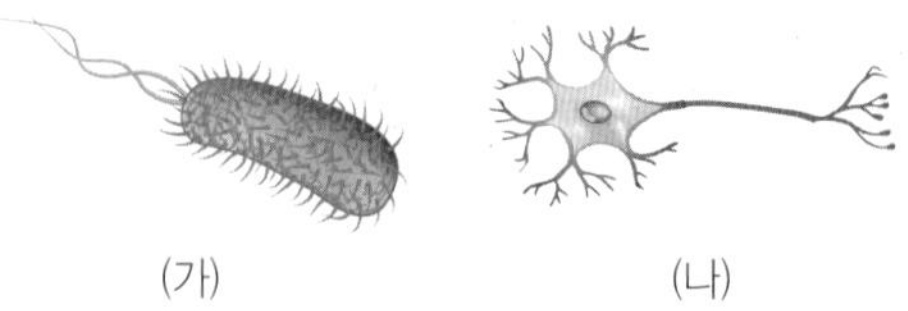

이에 대한 설명으로 옳은 것만을 〈보기〉에서 있는 대로 고른 것은?

보기

ㄱ. (가)는 히스톤 단백질을 갖는다.
ㄴ. (나)는 핵을 갖는다.
ㄷ. (가)와 (나)는 모두 rRNA를 갖는다.

① ㄱ ② ㄷ ③ ㄱ, ㄴ ④ ㄴ, ㄷ ⑤ ㄱ, ㄴ, ㄷ

[24029-0018]

12 표는 세포의 연구 방법 (가)~(다)에 대한 내용을 나타낸 것이다. (가)~(다)는 세포 분획법, 광학 현미경을 이용한 연구 방법, 자기 방사법을 이용한 연구 방법을 순서 없이 나타낸 것이다.

연구 방법	내용
(가)	ⓐ
(나)	원심 분리기를 이용하여 세포 파쇄액으로부터 세포 소기관을 분리한다.
(다)	방사성 동위 원소가 포함된 물질을 세포에 넣어준 후, 방사성 동위 원소에서 방출되는 방사선을 추적한다.

이에 대한 설명으로 옳은 것만을 〈보기〉에서 있는 대로 고른 것은?

보기

ㄱ. '가시광선을 광원으로 이용한다.'는 ⓐ에 해당한다.
ㄴ. (나)를 이용하여 동물 세포로부터 리보솜을 분리할 수 있다.
ㄷ. (다)를 이용하여 방사성 동위 원소로 표지된 단백질의 세포 내 이동 경로를 알 수 있다.

① ㄱ ② ㄴ ③ ㄱ, ㄷ ④ ㄴ, ㄷ ⑤ ㄱ, ㄴ, ㄷ

[24029-0019]

01 그림 (가)는 식물 잎의 단면 구조 일부를, (나)는 동물의 위를 구성하는 조직 일부를 나타낸 것이다. A~C는 신경 조직, 울타리 조직, 표피 조직을 순서 없이 나타낸 것이다.

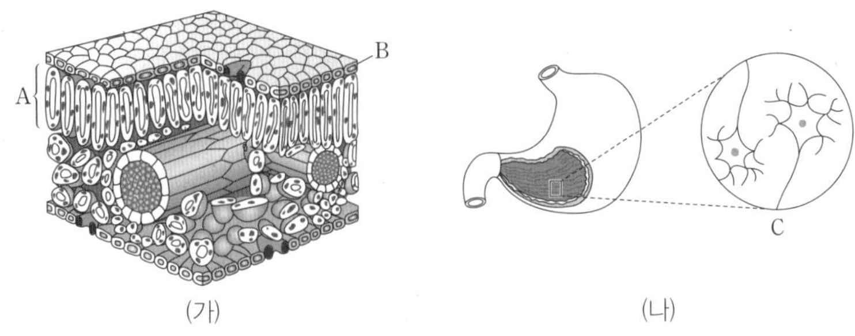

이에 대한 설명으로 옳은 것만을 〈보기〉에서 있는 대로 고른 것은?

보기

ㄱ. A는 기본 조직계에 속한다.
ㄴ. B는 영구 조직에 해당한다.
ㄷ. C와 뉴런은 동물의 구성 단계 중 같은 구성 단계에 해당한다.

① ㄱ ② ㄷ ③ ㄱ, ㄴ ④ ㄱ, ㄷ ⑤ ㄴ, ㄷ

식물의 조직에는 울타리 조직, 해면 조직, 표피 조직, 통도 조직 등이 있고, 동물의 조직에는 상피 조직, 결합 조직, 근육 조직, 신경 조직이 있다.

[24029-0020]

02 그림은 동물의 구성 단계를 예로 나타낸 것이고, 표는 식물의 구성 단계 일부와 예를 나타낸 것이다. A~C는 결합 조직, 순환계, 통도 조직을 순서 없이 나타낸 것이다.

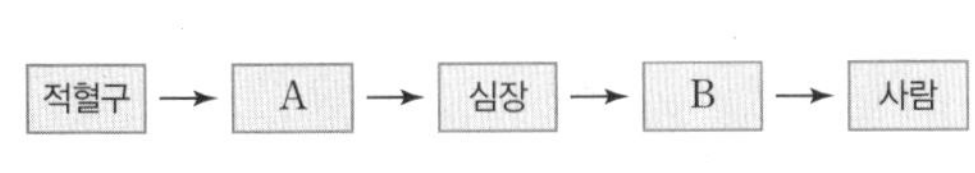

구성 단계	예
조직	C
?	기본 조직계
기관	잎

이에 대한 설명으로 옳은 것만을 〈보기〉에서 있는 대로 고른 것은?

보기

ㄱ. 혈액은 A에 해당한다.
ㄴ. B와 기본 조직계는 생물의 구성 단계 중 같은 구성 단계에 해당한다.
ㄷ. 공변세포는 C를 구성한다.

① ㄱ ② ㄷ ③ ㄱ, ㄴ ④ ㄱ, ㄷ ⑤ ㄴ, ㄷ

식물의 구성 단계에는 조직계가 있고, 동물의 구성 단계에는 기관계가 있다.

글리코젠은 탄수화물의 한 종류이며, DNA는 핵산의 한 종류이다.

[24029-0021]

03 표 (가)는 생명체를 구성하는 물질 A~C에서 특징 ㉠~㉢의 유무를, (나)는 ㉠~㉢을 순서 없이 나타낸 것이다. A~C는 글리코젠, 리보스, DNA를 순서 없이 나타낸 것이다.

물질 \ 특징	㉠	㉡	㉢
A	×	?	×
B	?	ⓐ	○
C	○	○	?

(○: 있음, ×: 없음)

(가)

특징(㉠~㉢)
• 다당류이다. • 구성 원소에 질소(N)가 있다. • 구성 원소에 인(P)이 있다.

(나)

이에 대한 설명으로 옳은 것만을 ⟨보기⟩에서 있는 대로 고른 것은?

보기

ㄱ. ⓐ는 '○'이다.
ㄴ. C의 기본 단위는 뉴클레오타이드이다.
ㄷ. ㉢은 '구성 원소에 인(P)이 있다.'이다.

① ㄴ ② ㄷ ③ ㄱ, ㄴ ④ ㄱ, ㄷ ⑤ ㄴ, ㄷ

아미노산은 단백질을 구성하는 기본 단위이고, 각각의 아미노산은 펩타이드 결합에 의해 연결된다.

[24029-0022]

04 그림은 아미노산의 구조와 펩타이드 결합 형성 과정을 나타낸 것이다. ㉠~㉢은 곁사슬, 아미노기, 카복실기를 순서 없이 나타낸 것이다.

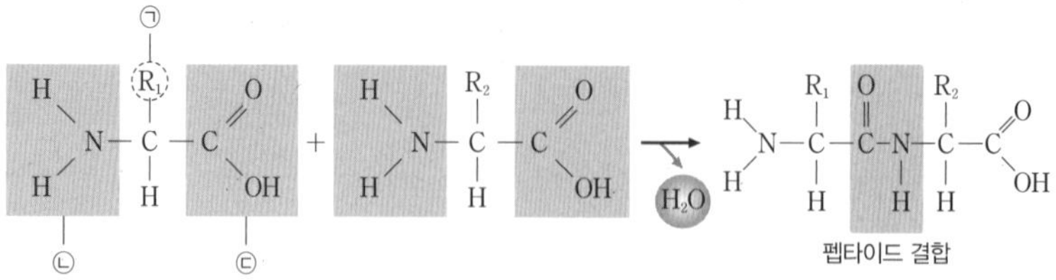

이에 대한 설명으로 옳은 것만을 ⟨보기⟩에서 있는 대로 고른 것은?

보기

ㄱ. ㉠은 아미노산의 종류에 따라 다르다.
ㄴ. ㉡은 카복실기이다.
ㄷ. 펩타이드 결합 형성 과정에 가수 분해 효소가 관여한다.

① ㄱ ② ㄷ ③ ㄱ, ㄴ ④ ㄱ, ㄷ ⑤ ㄴ, ㄷ

[24029-0023]

05 그림은 어떤 세포의 핵 구조를 나타낸 것이다. A~C는 외막, 인, 핵공을 순서 없이 나타낸 것이다.

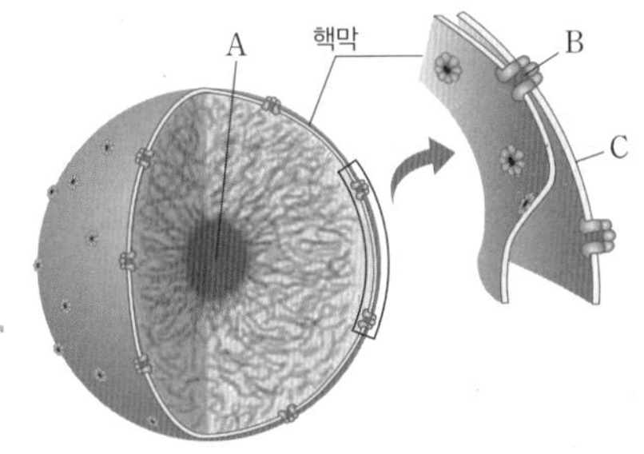

이에 대한 설명으로 옳은 것만을 〈보기〉에서 있는 대로 고른 것은?

보기

ㄱ. A는 단일막 구조이다.
ㄴ. B를 통해 mRNA가 핵에서 세포질로 이동한다.
ㄷ. C의 일부는 소포체 막과 연결되어 있다.

① ㄱ ② ㄴ ③ ㄱ, ㄴ ④ ㄱ, ㄷ ⑤ ㄴ, ㄷ

핵은 핵막으로 둘러싸여 있으며, 핵 속에는 염색질과 인이 존재한다. 핵공은 핵과 세포질 사이의 물질 이동 통로이다.

[24029-0024]

06 그림 (가)~(다)는 미세 섬유, 미세 소관, 중간 섬유를 순서 없이 나타낸 것이다.

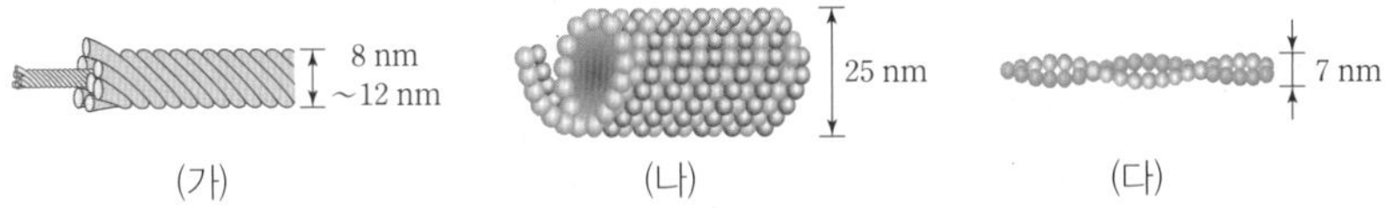

이에 대한 설명으로 옳은 것만을 〈보기〉에서 있는 대로 고른 것은?

보기

ㄱ. (가)는 중간 섬유이다.
ㄴ. 진핵세포에서 편모와 섬모는 (나)로 이루어져 있다.
ㄷ. 중심체는 (다)로 이루어져 있다.

① ㄱ ② ㄴ ③ ㄱ, ㄴ ④ ㄱ, ㄷ ⑤ ㄴ, ㄷ

세포 골격은 단백질 섬유가 그물처럼 얽혀 있는 구조이며, 세포 소기관의 위치와 세포의 형태를 결정짓는 역할을 한다.

원핵세포는 원형의 DNA를 가지며, 진핵세포는 선형의 DNA를 갖는다.

[24029-0025]

07 표는 세포 A~C에서 핵과 ㉠, ㉡의 유무를 나타낸 것이다. A~C는 대장균, 시금치에서 광합성이 일어나는 세포, 토끼의 간세포를 순서 없이 나타낸 것이며, ㉠과 ㉡은 세포벽과 엽록체를 순서 없이 나타낸 것이다.

구분	A	B	C
핵	○	×	ⓐ
㉠	○	×	×
㉡	?	ⓑ	×

(○: 있음, ×: 없음)

이에 대한 설명으로 옳은 것만을 〈보기〉에서 있는 대로 고른 것은?

보기

ㄱ. ㉠은 2중막 구조이다.
ㄴ. ⓐ와 ⓑ는 모두 '○'이다.
ㄷ. B는 원형 DNA를 갖는다.

① ㄴ ② ㄷ ③ ㄱ, ㄴ ④ ㄱ, ㄷ ⑤ ㄱ, ㄴ, ㄷ

원핵세포와 진핵세포는 모두 리보솜이 있으며, 원핵세포에는 핵과 막성 세포 소기관이 없고, 진핵세포에는 핵과 막성 세포 소기관이 있다.

[24029-0026]

08 표 (가)는 세포의 특징 3가지를, (나)는 (가)의 특징 중 세포 A~C가 갖는 특징의 개수를 나타낸 것이다. A~C는 대장균, 사람의 상피 세포, 장미에서 광합성이 일어나는 세포를 순서 없이 나타낸 것이다.

특징
• 리보솜이 있다. • 세포벽에 셀룰로스 성분이 있다. • 핵에 존재하는 유전자의 경우 전사가 일어나는 장소와 번역이 일어나는 장소가 2중막으로 분리되어 있다.

(가)

세포	특징의 개수
A	3
B	2
C	ⓐ

(나)

이에 대한 설명으로 옳은 것만을 〈보기〉에서 있는 대로 고른 것은?

보기

ㄱ. ⓐ는 1이다.
ㄴ. A는 사람의 상피 세포이다.
ㄷ. C의 세포벽에 펩티도글리칸 성분이 있다.

① ㄱ ② ㄴ ③ ㄱ, ㄴ ④ ㄱ, ㄷ ⑤ ㄴ, ㄷ

[24029-0027]

09 그림은 원심 분리기를 이용하여 세포벽이 제거된 식물 세포 파쇄액으로부터 세포 소기관을 분리하는 과정을 나타낸 것이다. A~C는 리보솜, 미토콘드리아, 핵을 순서 없이 나타낸 것이다.

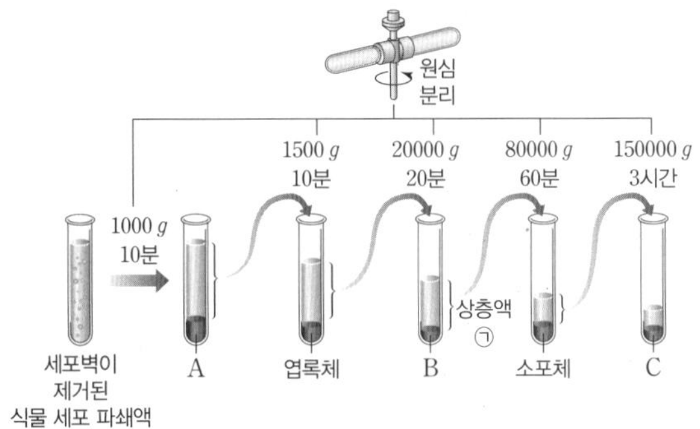

이에 대한 설명으로 옳은 것만을 〈보기〉에서 있는 대로 고른 것은?

보 기

ㄱ. A는 리보솜이다.
ㄴ. ㉠에는 C가 있다.
ㄷ. B에서 유기물의 화학 에너지가 ATP의 화학 에너지로 전환된다.

① ㄴ ② ㄷ ③ ㄱ, ㄴ ④ ㄱ, ㄷ ⑤ ㄴ, ㄷ

세포벽이 제거된 식물 세포 파쇄액을 세포 분획법으로 분리하면 세포 소기관이 크기와 밀도에 따라 분리된다.

[24029-0028]

10 그림 (가)는 식물 세포의 구조를, (나)는 식물 세포벽의 구조를 나타낸 것이다. A와 B는 엽록체와 미토콘드리아를 순서 없이 나타낸 것이며, ㉠과 ㉡은 1차 세포벽과 2차 세포벽을 순서 없이 나타낸 것이다.

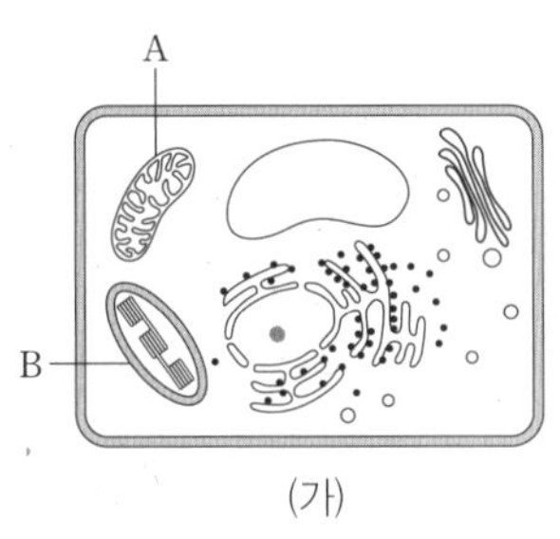

(가)

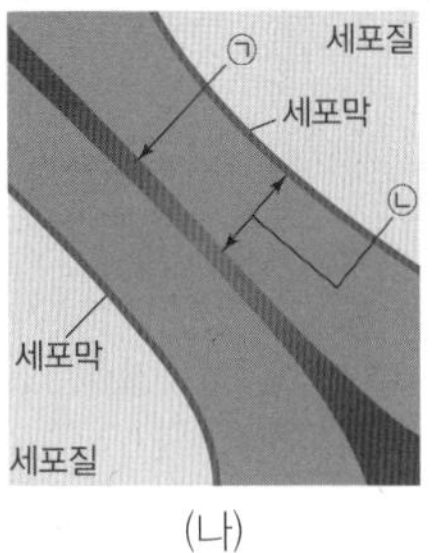

(나)

이에 대한 설명으로 옳은 것만을 〈보기〉에서 있는 대로 고른 것은?

보 기

ㄱ. B의 틸라코이드 막에는 광합성에 필요한 효소가 있다.
ㄴ. A와 B는 모두 복제하여 증식할 수 있다.
ㄷ. ㉠은 ㉡보다 먼저 형성되었다.

① ㄱ ② ㄴ ③ ㄱ, ㄷ ④ ㄴ, ㄷ ⑤ ㄱ, ㄴ, ㄷ

식물 세포에서는 1차 세포벽이 먼저 형성되고, 세포가 성숙하면서 1차 세포벽과 세포막 사이에 2차 세포벽이 형성된다.

03 세포막과 효소

개념 체크

◆ 세포막의 구조적 특성과 유동성 때문에 세포막을 유동 모자이크막이라고 한다.

1. 세포막을 구성하는 주성분은 (　　)과 (　　)이다.

2. 인지질의 (　　) 부분은 세포막의 양쪽으로 배열되어 인지질 (　　)을 형성한다.

3. 세포막에 있는 (　　)은 인지질 2중층에 파묻혀 있거나, 관통하거나, 표면에 붙어 있다.

※ ○ 또는 ×

4. 인지질은 인산이 포함된 소수성 머리 부분과 지방산으로 구성된 친수성 꼬리 부분으로 이루어져 있다. (　　)

5. 세포막에서 막단백질은 유동성을 가진다. (　　)

1 세포막의 구조

(1) 세포막의 특성

① 생명 활동이 일어나고 있는 세포질 바깥쪽을 둘러싸고 있는 막이다.

② 세포와 세포 외부 환경 사이의 물질 출입을 선택적으로 조절한다.

③ 세포 밖의 환경에서 오는 신호를 세포 안으로 전달한다.

④ 세포의 형태를 유지하고, 세포를 보호한다.

⑤ 주성분은 인지질과 단백질이다.

- 인지질: 인산을 포함하는 머리 부분은 친수성, 2개의 지방산으로 이루어진 꼬리 부분은 소수성이다. 세포 안쪽과 바깥쪽은 모두 수용성 환경이므로 친수성 머리는 양쪽으로, 소수성 꼬리는 서로 마주보며 배열되어 2중층을 형성한다.
- 단백질: 대부분 친수성과 소수성 부분을 함께 가지고 있어서 인지질 2중층에 파묻혀 있거나 관통하거나 표면에 붙어 있다.

과학 돋보기 | 막단백질의 기능

세포막에서 인지질은 막의 기본 구조를 형성하고, 막단백질은 다음과 같은 여러 기능을 수행한다.

- 세포 인식: 탄수화물이 붙어 있는 막단백질은 다른 세포의 인식에 관여한다.
- 물질 수송: 수송 단백질은 막을 통한 물질의 이동에 관여한다.
- 신호 전달: 수용체 단백질은 세포 밖의 특정 화학 물질을 인식하여 세포 안으로 신호를 전달한다.
- 효소 작용: 막에 있는 효소 단백질은 세포의 물질대사에 관여한다.

(2) 유동 모자이크막: 세포막에서 인지질과 막단백질은 특정 위치에 고정되어 있지 않고 유동성을 가진다.

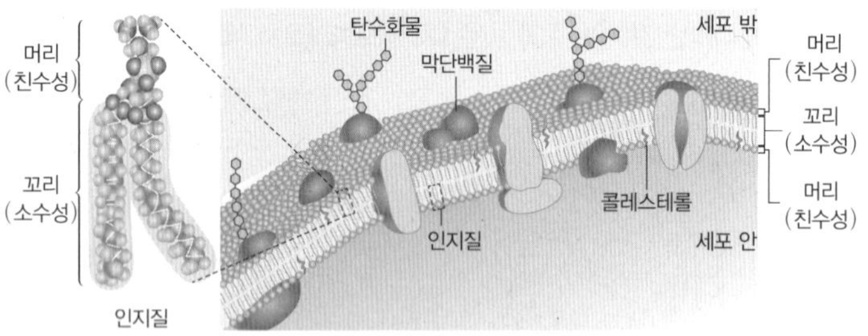

세포막의 구조

과학 돋보기 | 세포막의 유동성 확인 실험

그림은 사람 세포와 생쥐 세포의 막단백질을 서로 다른 색깔의 형광 물질로 표지하고 세포를 융합한 후, 현미경을 이용하여 융합 세포에 있는 막단백질의 분포를 관찰한 결과이다.

- 융합 세포에서 형광색이 골고루 섞인 것을 통해 세포막의 막단백질은 고정되어 있는 것이 아니라 이동한다는 것을 알 수 있다.

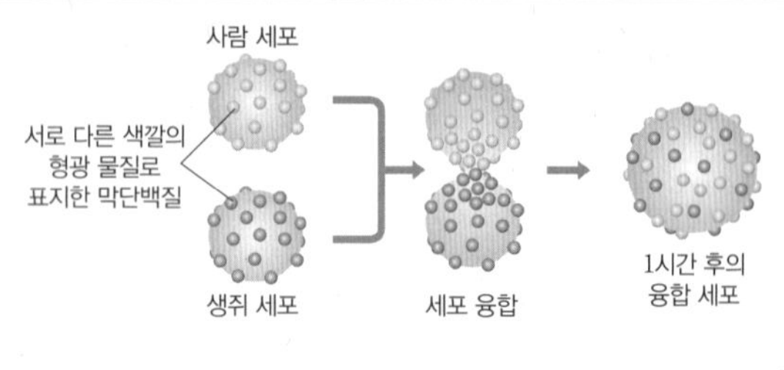

정답

1. 인지질, 단백질(단백질, 인지질)
2. 머리, 2중층
3. 막단백질
4. ×
5. ○

2 세포막의 선택적 투과성

(1) **반투과성 막의 특징**: 막의 구멍보다 크기가 작은 용매나 용질은 통과할 수 있지만, 크기가 큰 물질은 통과할 수 없는 막이다. 예 셀로판 막 등

(2) **세포막의 투과성**

① 세포막은 반투과성 막과 유사한 특징을 갖는다.

② 다양한 막단백질이 물질 수송에 관여하므로 세포의 종류와 환경 조건에 따라 막 투과성이 달라진다.

③ 세포막을 통한 물질 이동은 물질의 종류와 특성에 따라 선택적으로 일어나는데, 이를 선택적 투과성이라고 한다.

- 산소나 이산화 탄소와 같이 크기가 작고 극성이 없는 물질은 인지질 2중층을 쉽게 통과한다.
- 포도당, 아미노산과 같이 극성을 띠거나 이온과 같이 전하를 띠는 물질은 인지질 2중층을 직접 통과하기 어려워 막단백질에 의해 이동한다.

3 세포막을 통한 물질 출입

(1) **확산**

① **확산의 특징**: 농도가 높은 쪽에서 낮은 쪽으로 물질이 이동하며, 분자 운동에 의해 일어나므로 에너지(ATP)가 사용되지 않는다.

② **확산의 종류**

구분	특징
단순 확산	• 물질이 농도 기울기를 따라 인지질 2중층을 직접 통과하여 이동하는 물질 이동 방식이다. 예 폐포와 모세 혈관 사이에서 일어나는 O_2와 CO_2의 기체 교환, 지용성 물질의 이동 등 • 일반적으로 온도가 높고, 물질의 농도 차가 클수록 확산 속도가 빠르다. • 일반적으로 극성이 없고, 지질 용해도가 크며, 분자 크기가 작은 물질이 단순 확산을 통해 잘 이동한다.
촉진 확산	• 물질이 인지질 2중층을 직접 통과하지 않고, 세포막의 수송 단백질을 통해 이동하는 물질 이동 방식이다. 예 신경 세포에서 활동 전위 발생에 따른 세포막을 통한 이온(Na^+, K^+)의 이동, 인슐린 작용에 따른 세포막을 통한 혈중 포도당의 이동 등 • 수송 단백질에는 통로 단백질과 운반체 단백질이 있다. 통로 단백질은 특정 물질이 인지질 2중층을 통과할 수 있도록 통로 역할을 하고, 운반체 단백질은 특정 물질이 결합 부위에 결합한 후 구조 변화를 통해 특정 물질을 운반하는 역할을 한다. • 물질의 농도 차가 일정 수준 이상이면 한정된 수의 수송 단백질이 포화되므로 촉진 확산 속도는 더 이상 증가하지 않고 일정해진다.

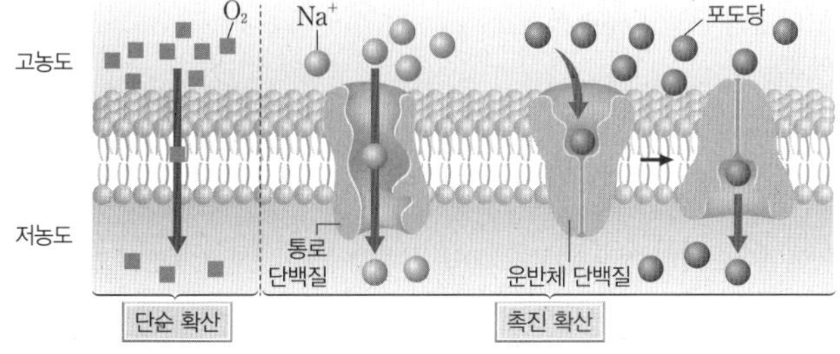

개념 체크

● 단순 확산과 촉진 확산은 모두 농도 기울기에 따라 물질이 이동한다. 촉진 확산에서는 막단백질인 통로 단백질이나 운반체 단백질을 통해 물질이 이동한다.

1. 세포막은 세포 안팎으로의 물질 이동을 조절하는데 이를 (   )이라고 한다.

2. 폐포와 모세 혈관 사이에서 일어나는 산소와 이산화 탄소의 이동은 (   )의 예이다.

3. 촉진 확산은 물질의 농도가 (   )은 쪽에서 (   )은 쪽으로 세포막의 (   )을 통해 물질이 이동하는 방식이다.

※ ○ 또는 ×

4. 일반적으로 단순 확산을 통한 물질 이동 속도는 온도가 높을수록, 세포막을 경계로 농도 차가 클수록 빠르다. (   )

5. 통로 단백질은 특정 물질이 인지질 2중층을 통과할 수 있도록 통로 역할을 한다. (   )

정답

1. 선택적 투과성
2. 단순 확산
3. 높, 낮, 수송 단백질
4. ○
5. ○

탐구자료 살펴보기 단순 확산과 촉진 확산의 비교

자료

그림은 물질의 농도 차에 따른 단순 확산과 촉진 확산의 물질 이동 속도를 나타낸 것이다.

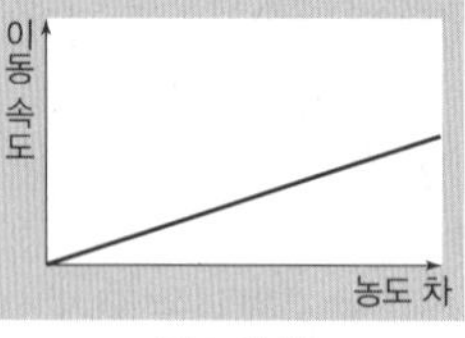

단순 확산

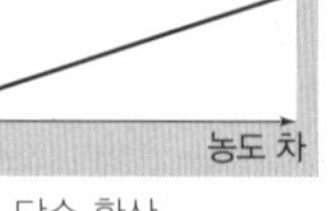

촉진 확산

분석

- 단순 확산에서는 농도 차가 커질수록 물질 이동 속도가 증가한다.
- 촉진 확산에서는 일정 농도 차까지는 물질 이동 속도가 증가하지만, 그 이상에서는 물질 이동 속도가 증가하지 않고 일정해진다.

point

- 단순 확산은 물질이 직접 인지질 2중층을 통과하는 이동 방식이므로, 세포 안과 밖의 농도 차가 클수록 이동 속도가 계속 증가한다.
- 촉진 확산은 수송 단백질을 통해 물질이 이동하는 방식이므로, 세포막에 존재하는 한정된 수의 수송 단백질이 포화되면 이동 속도는 증가하지 않고 일정해진다.

(2) 삼투

① 삼투의 특징

- 용질은 통과하지 않고 물(용매)은 통과할 수 있는 반투과성 막을 사이에 두고 물(용매)의 농도가 높은 쪽에서 낮은 쪽으로 물(용매)이 이동하는 물질 이동 방식이다.
- 삼투는 물(용매)의 확산에 의해 일어나므로 에너지(ATP)가 사용되지 않는다.
- 삼투가 일어날 때 물(용매)의 이동에 의해 반투과성 막이 받는 압력을 삼투압이라고 하며, 삼투압은 반투과성 막을 경계로 용액의 농도 차가 클수록 크다.

탐구자료 살펴보기 삼투

과정

(가) 물 분자는 통과하지만 설탕 분자는 통과하지 못하는 반투과성 막을 U자관에 장치한다.

(나) (가)의 U자관의 한쪽에는 저농도의 설탕 용액을, 다른 쪽에는 고농도의 설탕 용액을 같은 양씩 넣는다.

(다) 일정 시간 후 (나)의 U자관 양쪽의 수면 높이를 확인한다.

저농도의 설탕 용액 / 고농도의 설탕 용액 / 설탕 분자 / H_2O / 반투과성 막 / 물 분자 이동(삼투) / 물 분자 / 반투과성 막 / 설탕 분자와 물 분자가 무리를 형성 / h

결과

- 저농도의 설탕 용액을 넣은 쪽의 수면 높이는 낮아졌고, 고농도의 설탕 용액을 넣은 쪽의 수면 높이는 높아졌다.

point

- 물의 농도가 높은 쪽(저농도의 설탕 용액)에서 물의 농도가 낮은 쪽(고농도의 설탕 용액)으로 물이 이동하는 삼투가 일어났기 때문에 고농도의 설탕 용액을 넣은 쪽의 수면이 올라갔다.
- 반투과성 막이 양쪽 용액으로부터 받는 압력의 차이가 삼투압의 크기이며, 삼투압의 크기는 높이 h에 해당하는 용액 기둥의 압력과 같다.

개념 체크

◘ 반투과성 막을 사이에 두고 용질이 이동하지 못할 때, 물의 농도가 높은 쪽에서 낮은 쪽으로 물이 이동하는 현상을 삼투라고 하며, 이때 반투과성 막에 작용하는 압력을 삼투압이라고 한다.

1. 물질의 농도 차가 증가함에 따라 (　　) 확산을 통한 물질의 확산 속도는 계속 증가하지만, (　　) 확산을 통한 물질의 확산 속도는 계속 증가하지 않고 일정해진다.

2. 삼투가 일어날 때 반투과성 막은 용질의 농도가 (　　) 용액 쪽에서 용질의 농도가 (　　) 용액 쪽으로 물이 이동하려는 압력을 받는데, 이를 (　　)이라고 한다.

3. 삼투가 일어날 때 반투과성 막이 받는 압력은 용액의 농도 차가 클수록 (　　).

※ ○ 또는 ×

4. 삼투는 반투과성 막을 경계로 물의 농도가 높은 쪽에서 낮은 쪽으로 물이 이동하는 현상이다. (　　)

5. 확산과 달리 삼투에 의한 물질의 이동에는 ATP가 사용된다. (　　)

정답

1. 단순, 촉진
2. 낮은, 높은, 삼투압
3. 크다
4. ○
5. ×

② **동물 세포와 식물 세포에서 일어나는 삼투**: 세포벽의 유무로 인해 동물 세포와 식물 세포에서 삼투에 의해 일어나는 현상이 서로 다르다.

구분	저장액	등장액	고장액
동물 세포 (적혈구)	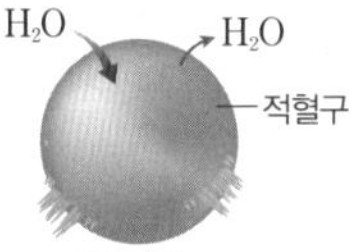 H_2O, H_2O, 적혈구 용혈 현상 유입되는 물의 양이 더 많아 부피가 증가하고, 과도하게 부피가 증가하는 경우 세포막이 터지는 용혈 현상이 일어날 수 있음	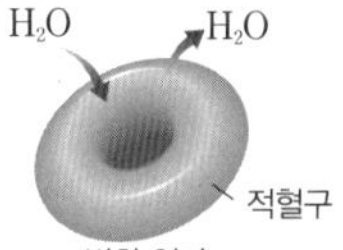 H_2O, H_2O, 적혈구 변화 없다 부피와 농도 변화 없음 (단, 세포 안과 밖으로의 물의 이동은 있으며, 유입량과 유출량이 같음)	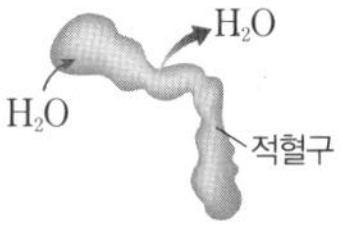 H_2O, H_2O, 적혈구 쭈그러든다 유출되는 물의 양이 더 많아 적혈구가 쭈그러듦
식물 세포 (양파의 표피 세포)	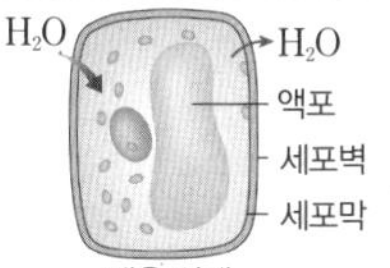 H_2O, H_2O, 액포, 세포벽, 세포막 팽윤 상태 유입되는 물의 양이 더 많아 세포 부피가 커져 팽윤 상태가 됨	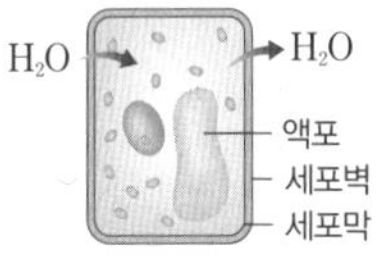 H_2O, H_2O, 액포, 세포벽, 세포막 변화 없다 부피와 농도 변화 없음 (단, 세포 안과 밖으로의 물의 이동은 있으며, 유입량과 유출량이 같음)	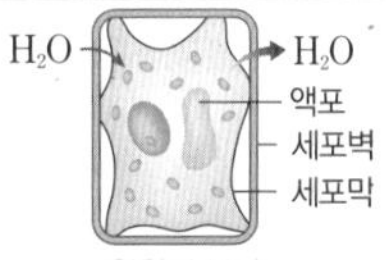 H_2O, H_2O, 액포, 세포벽, 세포막 원형질 분리 유출되는 물의 양이 더 많아 세포막과 세포벽이 분리되는 원형질 분리가 일어남

탐구자료 살펴보기 식물 세포의 삼투압, 팽압, 흡수력의 관계

자료

그림은 고장액에 넣어 원형질 분리가 일어난 식물 세포를 저장액에 넣었을 때 세포 부피에 따른 삼투압, 팽압, 흡수력의 변화를 나타낸 것이다.

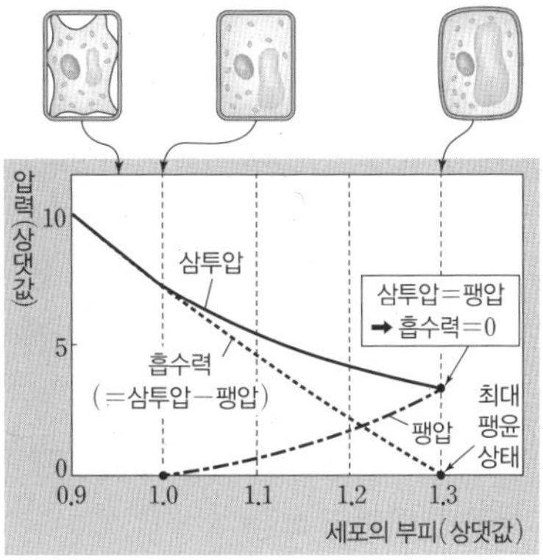

분석

• 원형질 분리가 일어난 세포를 저장액에 넣었으므로 식물 세포 안으로 들어오는 물의 양이 많아져 세포의 부피가 커짐에 따라 세포의 삼투압과 흡수력은 모두 감소하고, 세포의 부피(상댓값)가 1.0일 때부터 팽압은 증가한다.

point

• 삼투압 변화: 삼투 현상에 의해 식물 세포 안으로 물이 유입됨에 따라 세포 내액의 농도가 낮아지므로 식물 세포의 삼투압이 감소한다.
• 팽압 변화: 식물 세포 안으로 물이 들어오면 세포 부피가 커져 세포의 부피(상댓값)가 1.0보다 커지면서 팽압이 나타나며, 세포 안으로 유입되는 물의 양이 많아져 팽윤 상태가 됨에 따라 팽압이 증가한다.
• 흡수력 변화: 식물 세포가 물을 흡수하는 힘인 흡수력은 식물 세포의 삼투압에서 팽압을 뺀 값이다. 식물 세포 안으로 들어오는 물의 양이 많아짐에 따라 삼투압은 감소하고 팽압은 증가하므로 흡수력은 점차 감소한다.
• 세포의 삼투압이 감소하고 팽압이 증가하여 두 값이 같아질 때 흡수력은 0이 되며, 세포의 부피와 팽압이 모두 최대인 최대 팽윤 상태가 된다.

개념 체크

● 식물 세포를 고장액에 넣었을 때 세포막의 일부가 세포벽에서 분리되는 현상을 원형질 분리라고 한다.

● 식물 세포에서 물을 흡수하려는 힘은 흡수력이며, 삼투압에서 팽압을 뺀 값에 해당한다.

1. 저장액에서 식물 세포가 물을 흡수하면 세포 부피가 커져 (　　) 상태가 된다.

2. 적혈구를 (　　)에 넣으면 세포막을 통한 물의 (　　)과 (　　)이 같아서 적혈구의 부피와 농도의 변화가 없다.

3. 동물 세포와 식물 세포에서 삼투에 의해 일어나는 현상이 다른 이유는 (　　)의 유무 때문이다.

※ ○ 또는 ×

4. 등장액에 있던 식물 세포를 저장액에 넣으면 세포 내액의 삼투압이 감소한다. (　　)

5. 등장액에 있던 식물 세포를 고장액에 넣으면 세포 내부로부터 세포벽이 받는 압력은 증가한다. (　　)

정답

1. 팽윤
2. 등장액, 유입량, 유출량(유출량, 유입량)
3. 세포벽
4. ○
5. ×

개념 체크

- 세포막을 사이에 두고 에너지를 사용하여 농도 기울기를 거슬러 물질이 이동하는 방식을 능동 수송이라고 한다.
- ATP 생성을 저해하는 세포 호흡 저해제를 처리하면 ATP를 사용하는 능동 수송을 통한 물질의 이동은 억제된다.

1. 세포 안과 밖에서 특정 물질의 농도가 서로 다르게 유지되는 데 관여하는 물질 이동 방식은 (　　)이다.

2. 능동 수송은 (　　) 단백질을 통해 일어나며, 세포가 (　　)를 사용한다.

3. 세포내 섭취 중 고형 물질을 세포막으로 감싸서 세포 안으로 이동시키는 물질 이동 방식은 (　　)이다.

※ ○ 또는 ×

4. 신경 세포에서는 Na^+-K^+ 펌프를 통한 능동 수송으로 Na^+을 세포 안에서 세포 밖으로 이동시킨다. (　　)

5. 이자 세포에서 인슐린을 합성하여 혈액으로 분비하는 것은 세포외 배출의 예에 해당한다. (　　)

정답

1. 능동 수송
2. 운반체, 에너지
3. 식세포 작용
4. ○
5. ○

(3) 능동 수송

① 세포막을 사이에 두고 물질의 농도가 낮은 쪽에서 높은 쪽으로 에너지를 사용하여 물질을 이동시키는 물질 이동 방식이다.

예 Na^+-K^+ 펌프에 의한 이온 이동, 세뇨관에서 일어나는 포도당의 재흡수, 해조류의 아이오딘(I) 흡수, 소장에서 일어나는 일부 양분 흡수, 뿌리털의 무기염류 흡수 등

② 세포막에 존재하는 운반체 단백질에 의해 일어나며, 특정 물질의 농도가 세포 안과 밖에서 서로 다르게 유지되는 데 이용된다.

과학 돋보기 Na^+-K^+ 펌프

1. 운반체 단백질인 Na^+-K^+ 펌프에서 Na^+ 결합 부위가 세포 안 쪽으로 열린다.
2. Na^+이 운반체 단백질의 Na^+ 결합 부위에 결합하고, 운반체 단백질은 ATP에 의해 인산화된다.
3. 운반체 단백질의 구조가 변형되면서 Na^+은 세포 밖으로 방출되고 K^+ 결합 부위가 열린다.
4. K^+이 운반체 단백질의 K^+ 결합 부위에 결합하고 인산기는 운반체 단백질과 분리된다.
5. 운반체 단백질의 구조가 변형되면서 K^+이 세포 안으로 방출되고, 다시 Na^+ 결합 부위가 열린다.
6. 2～5의 반복을 통해 Na^+ 농도는 세포 안이 세포 밖보다 낮게, K^+ 농도는 세포 안이 세포 밖보다 높게 유지된다.

(4) 세포내 섭취와 세포외 배출

① 세포내 섭취의 특징

- 세포막을 통과할 수 없는 단백질과 같은 세포 밖의 큰 물질을 세포막으로 감싸서 세포 안으로 끌어들이는 물질 이동 방식이다.
- 세포내 섭취에는 미생물이나 세포 조각과 같이 크기가 큰 고형 물질을 세포막으로 감싸서 세포 안으로 이동시키는 식세포 작용과 액체 상태의 물질을 세포막으로 감싸서 세포 안으로 이동시키는 음세포 작용이 있다.

  예 백혈구가 세균이나 감염된 세포를 제거하는 식세포 작용(식균 작용) 등

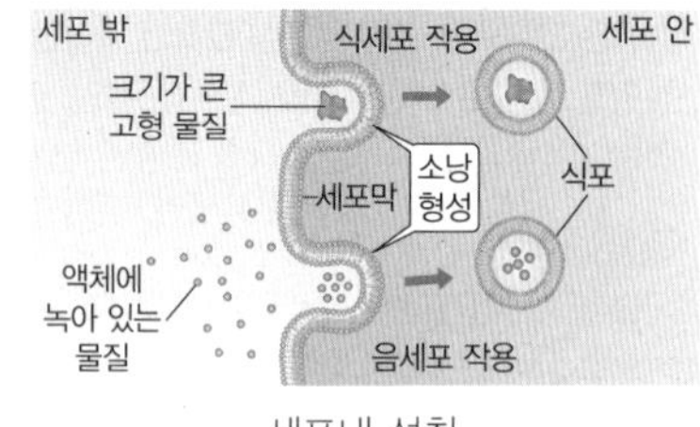

세포내 섭취

- 세포내 섭취가 일어날 때는 에너지가 사용된다.

② 세포외 배출의 특징

- 분비 소낭이 세포막과 융합하면서 분비 소낭 속의 물질(세포 내에서 생성된 효소, 호르몬, 노폐물 등)을 세포 밖으로 내보내는 물질 이동 방식이다.

  예 이자 세포에서 인슐린과 글루카곤의 분비, 뉴런의 축삭 돌기 말단에서 신경 전달 물질 분비 등

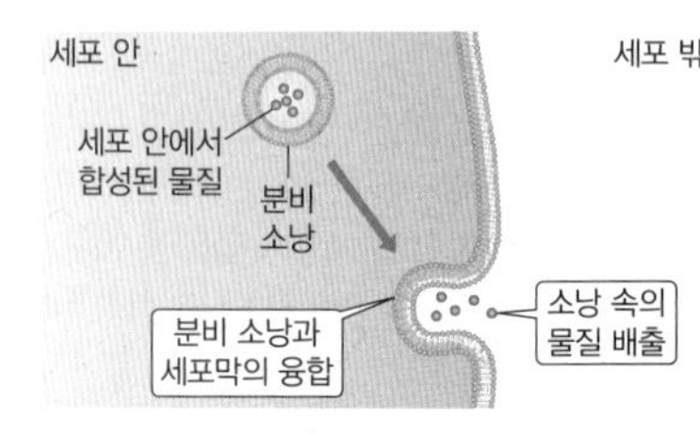

세포외 배출

- 세포외 배출이 일어날 때는 에너지가 사용된다.

탐구자료 살펴보기 리포솜의 활용

자료

그림 (가)는 인지질을 물에 분산시켰을 때 형성되는 인지질 2중층으로 이루어진 구형 또는 타원형의 구조물인 리포솜을, (나)는 리포솜의 활용을 나타낸 것이다.

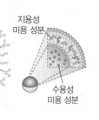

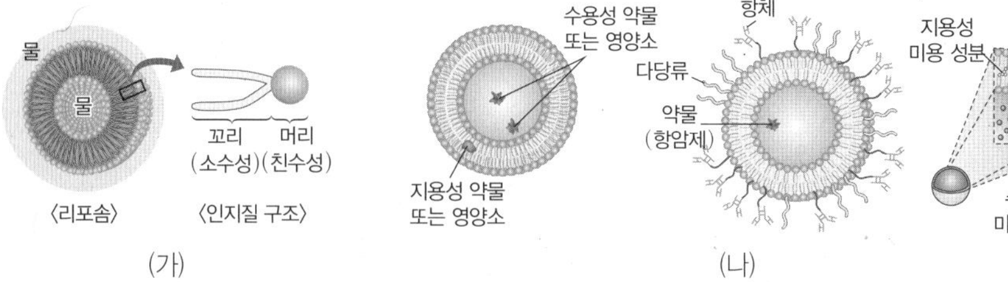

(가) (나)

분석

- 리포솜의 막은 세포막과 유사한 성분과 구조를 가지고 있다.
- 리포솜 내부에 수용성 약물, 수용성 영양소, DNA 등을 담을 수 있고, 리포솜의 막에 지용성 약물, 지용성 영양소 등을 삽입시킬 수 있으며, 이 리포솜은 내부에 담긴 물질을 세포로 운반해 주는 운반체로 이용될 수 있다.
- 면역계에 의한 파괴를 막아 주는 다당류로 코팅하고 표적 세포를 인지하는 항체를 결합시킨 리포솜을 활용하면, 항암제 등의 약물이 암세포 등 치료 대상이 되는 세포에만 선택적으로 작용하도록 할 수 있다.
- 미용 성분을 미세한 리포솜에 담아 캡슐화시키면, 리포솜이 피부의 표피 세포 사이의 틈을 통과하여 피부 깊숙이 있는 진피층까지 미용 성분이 안정적으로 전달될 수 있다.

point

- 리포솜의 막은 세포막과 같이 유동성이 있으며, 인지질로 이루어진 다른 막과 쉽게 융합할 수 있다.
- 리포솜 내부에 특정 물질을 넣어 여러 가지 목적으로 활용할 수 있다.

4 효소의 기능과 특성

(1) 활성화 에너지와 효소의 기능

① 활성화 에너지는 어떤 물질이 화학 반응을 일으키기 위해 필요한 최소한의 에너지이다. 반응물이 활성화 에너지 이상의 충분한 에너지를 가지고 있어야만 화학 반응이 일어난다.

② 활성화 에너지가 낮아지면 반응을 일으킬 수 있는 분자 수가 많아져 반응 속도가 빨라진다.

③ 효소는 반응물인 기질과 결합하여 활성화 에너지를 낮춤으로써 물질대사의 속도를 빠르게 하는 생체 촉매이다.

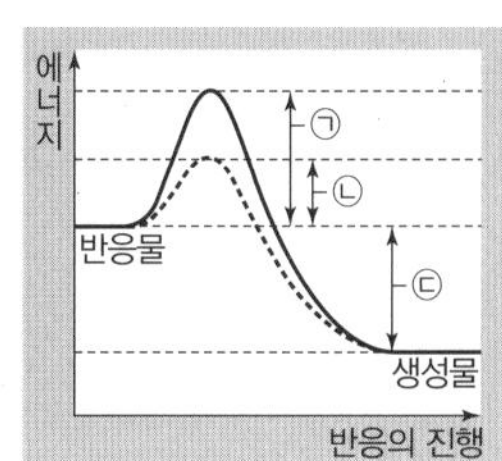

발열 반응(이화 작용)

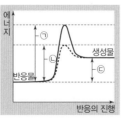

에너지 ㉠ ㉡ ㉢ 반응물 생성물 반응의 진행

흡열 반응(동화 작용)

㉠: 효소가 없을 때의 활성화 에너지
㉡: 효소가 있을 때의 활성화 에너지
㉢: 반응열

개념 체크

◎ 리포솜은 인지질을 물에 분산하면 형성되는 공 모양의 구조물로, 인지질 2중층 형태로 이루어져 수용액 속에서 안정적으로 존재한다.

◎ 효소는 활성화 에너지를 낮춤으로써 화학 반응을 촉진한다.

1. 리포솜은 인지질을 물에 분산시켰을 때 형성된 (　　) 의 구조를 가진 (　　) 또는 타원형의 구조물이다.

2. 화학 반응이 일어나기 위해 필요한 최소한의 에너지를 (　　)라고 한다.

3. 효소는 (　　)과 결합하여 활성화 에너지를 낮춤으로써 반응 속도를 (　　)시키는 생체 촉매이다.

※ ○ 또는 ×

4. 리포솜의 내부 빈 공간에는 지용성 물질을 삽입시킬 수 있다. (　　)

5. 활성화 에너지가 높을수록 더 많은 반응물이 화학 반응에 참여하여 반응 속도가 증가한다. (　　)

정답

1. 인지질 2중층, 구형
2. 활성화 에너지
3. 기질, 증가
4. ×
5. ×

개념 체크

◎ 보조 인자 중에는 주효소에 일시적으로 결합하였다가 반응이 끝나면 분리되어 다른 반응에 참여하는 것도 있지만, 주효소에 결합되어 분리되지 않는 것도 있다.

1. 기질이 효소의 ( )에 결합하여 효소 · 기질 복합체를 형성한다.

2. 효소가 특정한 기질과만 결합하여 작용하는 성질을 효소의 ( )이라고 한다.

3. 전효소는 단백질 성분인 ( )와 비단백질 성분인 ( )로 구성된다.

※ ○ 또는 ×

4. 화학 반응에 참여한 효소는 활성 부위가 변형되어 다시 작용할 수 없다. ( )

5. 주효소와 보조 인자 중 온도와 pH의 영향을 더 적게 받는 것은 보조 인자이다. ( )

(2) 효소의 특성

① 효소는 기질과 결합하는 활성 부위를 갖는다.

② 효소가 활성 부위와 입체 구조가 맞는 특정 기질과 결합하여 효소 · 기질 복합체를 형성하면 반응의 활성화 에너지가 낮아진다.

③ 효소는 반응에서 소모되거나 변형되지 않으며, 반응이 끝난 후 생성물과 분리된 효소는 새로운 기질과 결합하여 다시 반응에 이용된다.

④ 효소는 반응열의 크기에 영향을 주지 않는다.

⑤ 효소는 활성 부위와 입체 구조가 맞는 특정 기질에만 결합하여 작용하는데, 이를 기질 특이성이라고 한다.

예 효소인 수크레이스의 활성 부위에 설탕은 결합하지만 엿당은 결합하지 못하므로 수크레이스는 설탕은 분해하지만 엿당은 분해하지 못한다.

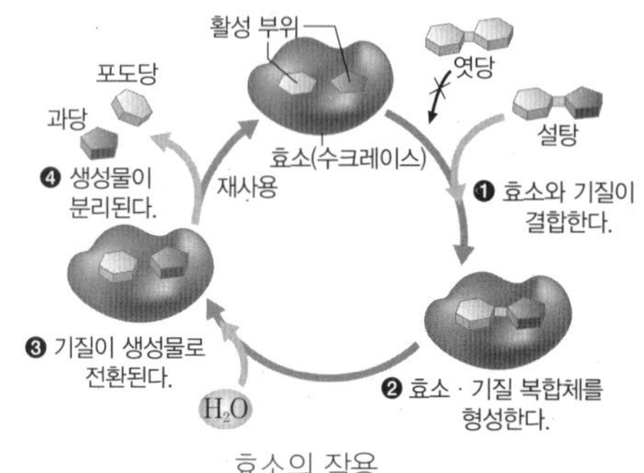

효소의 작용

(3) 효소의 구성과 종류

① **효소의 구성**: 효소 중에는 단백질로만 이루어져 활성을 나타내는 효소와 단백질과 함께 비단백질 성분인 보조 인자가 있어야 활성을 나타내는 효소가 있다.

- 아밀레이스, 펩신과 같은 소화 효소는 단백질 성분만으로 활성을 나타낸다.
- 대부분의 효소는 단백질 성분인 주효소와 비단백질 성분인 보조 인자가 함께 있어야만 활성을 나타낸다. 주효소와 보조 인자가 결합하여 완전한 활성을 가지는 효소를 전효소라고 한다.

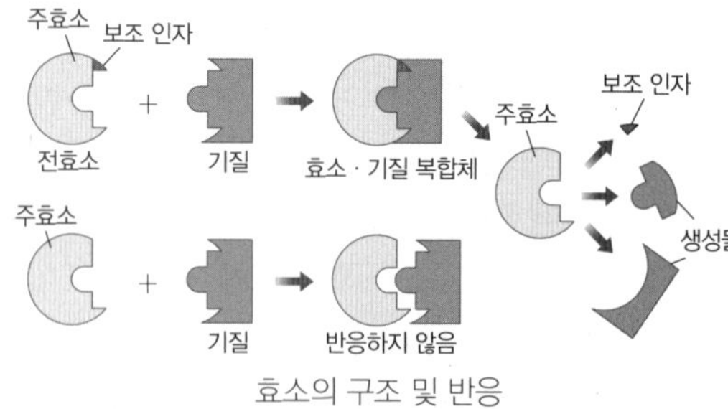

효소의 구조 및 반응

- 주효소는 효소의 단백질 부분이므로 온도와 pH의 영향을 받아 입체 구조가 변하면 효소 · 기질 복합체의 형성이 어렵다.
- 보조 인자는 효소의 비단백질 부분으로 온도와 pH의 영향을 적게 받으며, 보조 인자에는 조효소와 금속 이온이 있다.

조효소	금속 이온
• 보조 인자가 비타민과 같은 유기 화합물인 경우로, 일반적으로 반응이 끝나면 주효소로부터 분리되며, 한 종류의 조효소가 여러 종류의 주효소와 결합하여 이용될 수 있다. 예 NAD^+, $NADP^+$, FAD 등	• 보조 인자인 금속 이온은 일반적으로 주효소와 강하게 결합하고 있어 반응이 끝나도 주효소로부터 분리되지 않는다. 예 철 이온, 구리 이온, 아연 이온, 마그네슘 이온 등

정답
1. 활성 부위
2. 기질 특이성
3. 주효소, 보조 인자
4. ×
5. ○

② **효소의 종류**: 생물체 내에서 일어나는 물질대사의 종류가 다양하므로 물질대사에 관여하는 효소의 종류도 다양하다. 효소는 작용하는 반응의 종류에 따라 6가지로 분류된다.

종류	작용	
산화 환원 효소	수소(H)나 산소(O) 원자 또는 전자를 다른 분자에 전달함	○$-H_2$ ⇄(산화/환원) ○ $+ H_2$
전이 효소	특정 기질의 작용기를 떼어 다른 분자에 전달함	○$-NH_2$ + ● ⟶ ○ + ●$-NH_2$
가수 분해 효소	물 분자를 첨가하여 기질을 분해함	○● $+ H_2O$ ⟶ ○$-H$ + ●$-OH$
부가 제거 효소	가수 분해나 산화에 의하지 않고 기질에서 작용기를 제거하여 이중 결합을 형성하거나 기질에 작용기를 부가하여 단일 결합을 형성함	○● ⇄ ○● + 작용기
이성질화 효소	기질 내의 원자 배열을 바꾸어 이성질체로 전환시킴	○ ⟶ □
연결 효소	에너지를 사용하여 2개의 기질을 연결함	○ + ● ⟶(에너지) ○●

(4) 효소의 활성에 영향을 미치는 요인

① **온도와 pH**: 효소에서 활성이 최대가 되는 온도와 pH를 각각 최적 온도와 최적 pH라고 한다.

- 최적 온도가 될 때까지 온도가 높아질수록 기질이 더 활발하게 효소 활성 부위에 충돌하여 효소·기질 복합체가 더 많이 형성되므로 반응 속도가 빨라진다. 온도가 최적 온도보다 높아지면 효소 활성 부위의 입체 구조가 변성되어 효소·기질 복합체의 형성이 어려워져 반응 속도가 급격히 느려진다.

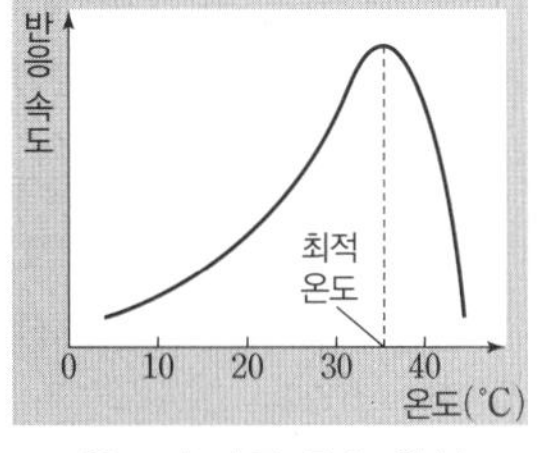

온도에 따른 효소 활성

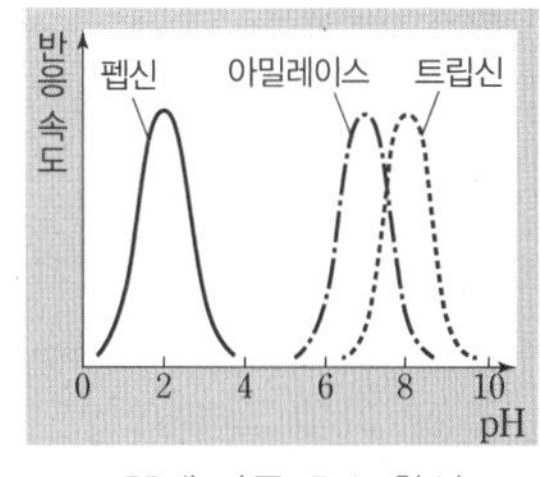

pH에 따른 효소 활성

- 고온에서 효소 활성 부위의 입체 구조가 변성되어 기능을 잃은 효소는 온도를 낮추어도 기능이 회복되지 않는다.
- 최적 pH에서 반응 속도가 가장 빠르고, 최적 pH를 벗어나면 반응 속도가 느려진다.
- 효소 활성이 나타나는 pH 범위를 벗어나면 효소 활성 부위의 입체 구조가 변성되어 효소·기질 복합체의 형성이 어려워져 반응이 일어나지 않게 된다.

② **기질의 농도**: 효소의 농도가 일정할 때 기질 농도가 증가함에 따라 초기 반응 속도는 비례하여 증가하지만, 기질 농도가 어느 수준 이상에서는 초기 반응 속도가 일정하게 유지된다.

- S_1일 때: 기질과 결합하지 않은 효소가 존재하므로 S_1보다 기질 농도가 증가하면 효소·기질 복합체의 농도가 증가하여 초기 반응 속도가 증가한다.
- S_2일 때: 모든 효소가 기질과 결합한 상태이므로 S_2보다 기

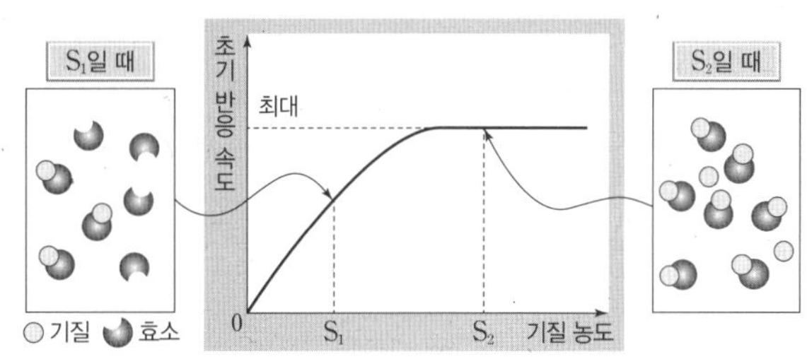

효소의 농도가 일정할 때 기질 농도에 따른 초기 반응 속도

개념 체크

- 효소가 촉매하는 화학 반응의 속도는 효소와 기질이 결합하여 형성되는 효소·기질 복합체의 농도에 비례한다.

1. 효소의 종류 중 기질 내의 원자 배열을 바꿔 분자 구조를 변형하는 반응을 촉매하는 효소는 (　　) 효소이다.

2. 효소가 촉매하는 화학 반응에서 반응 속도가 최대가 될 때의 온도를 (　　)라고 하고, 반응 속도가 최대가 될 때의 pH를 (　　)라고 한다.

3. 최적 pH를 벗어난 환경에서는 효소의 주성분인 (　　)이 변성되어 반응 속도가 감소한다.

※ ○ 또는 ×

4. 전이 효소는 수소(H)나 산소(O) 원자 또는 전자를 다른 분자에 전달하는 반응을 촉매한다. (　　)

5. 온도가 높아질수록 효소에 의한 반응 속도도 계속 증가한다. (　　)

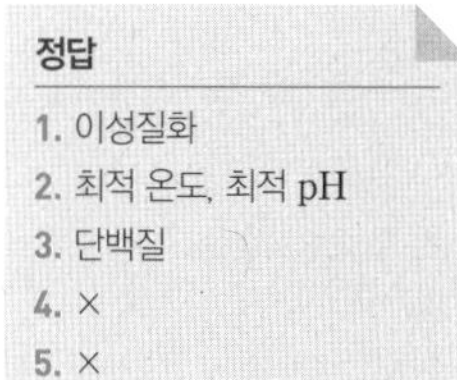
정답
1. 이성질화
2. 최적 온도, 최적 pH
3. 단백질
4. ×
5. ×

개념 체크

◎ 효소와 결합하여 효소·기질 복합체의 형성을 방해하는 물질을 저해제라고 한다.

1. 기질이 충분할 때 모든 효소가 기질로 포화된 구간에서 효소를 첨가하면 초기 반응 속도가 (　　) 한다.

2. 효소의 활성 부위에 결합하여 효소 반응을 방해하는 물질을 (　　) 저해제라고 한다.

3. 비경쟁적 저해제가 효소에 결합하면 (　　)의 구조가 변형되어 (　　)이 결합할 수 없다.

※ ○ 또는 ×

4. 모든 효소가 기질과 포화되었을 때 기질의 농도가 증가하면 초기 반응 속도가 증가한다. (　　)

5. 경쟁적 저해제와 비경쟁적 저해제 중 기질의 농도가 증가할 때 저해제의 저해 효과가 감소하는 저해제는 경쟁적 저해제이다. (　　)

질 농도가 증가해도 초기 반응 속도는 증가하지 않는다. 이 상태에서 효소를 첨가하면 초기 반응 속도가 증가한다.

탐구자료 살펴보기 온도와 pH가 효소의 활성에 미치는 영향

과정

(가) 감자즙을 3개의 비커에 10 mL씩 넣고, 각각 35 ℃의 물, 얼음물(0 ℃), 90 ℃의 물이 담긴 항온 수조에 10분간 담가 둔다.

(나) 펀치로 거름종이를 뚫어 같은 크기의 조각을 여러 개 만든 후, 이 거름종이 조각을 (가)의 감자즙이 든 3개의 비커에 각각 넣어 적신다.

(다) 5개의 비커(A~E)에 넣어 준 물질의 양(mL)과 각 비커에 넣을 거름종이를 적신 감자즙(효소)의 온도(℃)는 표와 같다.

비커	A	B	C	D	E
과산화 수소 용액(mL)	30	30	30	30	30
증류수(mL)	5	·	·	5	5
묽은 염산 용액(mL)	·	5	·	·	·
묽은 수산화 나트륨 용액(mL)	·	·	5	·	·
감자즙(효소)의 온도(℃)	35	35	35	0	90

(라) 각 비커에 감자즙에 적신 거름종이 조각을 1개씩 집어넣어 가라앉힌 후 수면 위로 떠오를 때까지 걸린 시간을 측정한다. 이 과정을 3회 반복하여 평균값을 구한다.

결과

비커	A	B	C	D	E
거름종이 조각이 떠오를 때까지 걸린 시간(초)	3	7	6	30	60

point

• 감자즙에는 과산화 수소(H_2O_2)를 H_2O과 O_2로 분해하는 효소인 카탈레이스가 들어 있으며, 이때 발생한 O_2가 거름종이 조각에 달라붙어 거름종이 조각을 떠오르게 한다.

• A~C의 결과를 비교하면 거름종이 조각이 떠오를 때까지 걸린 시간이 A에서 가장 짧으므로 pH에 따른 카탈레이스의 활성은 중성일 때가 산성이나 염기성일 때보다 높음을 알 수 있다.

• A, D, E의 결과를 비교하면 거름종이 조각이 떠오를 때까지 걸린 시간이 A에서 가장 짧으므로 온도에 따른 카탈레이스의 활성은 35 ℃일 때가 높음을 알 수 있다.

③ 저해제: 효소와 결합하여 효소·기질 복합체의 형성을 저해함으로써 효소의 촉매 작용을 방해하는 물질로, 효소에 결합하는 부위에 따라 경쟁적 저해제와 비경쟁적 저해제로 구분된다.

• 경쟁적 저해제: 저해제의 입체 구조가 기질과 유사하여 효소의 활성 부위에 기질과 경쟁적으로 결합하여 효소의 활성을 저해한다. 기질의 농도가 높아지면 저해 효과가 감소한다.

• 비경쟁적 저해제: 활성 부위가 아닌 효소의 다른 부위에 결합하여 활성 부위의 구조를 변형시켜 기질이 결합하지 못하게 한다. 기질의 농도가 높아지더라도 저해 효과는 줄어들지 않는다.

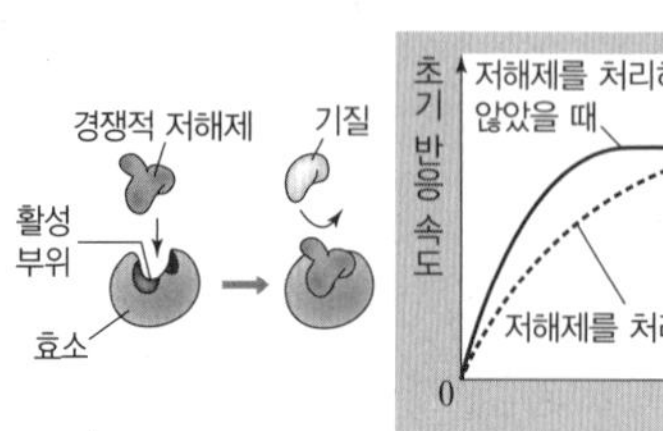

경쟁적 저해제

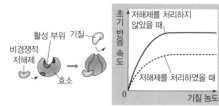

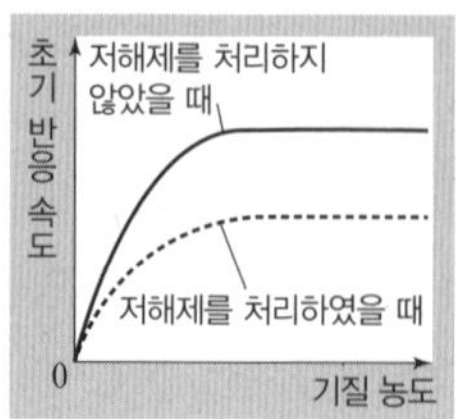

비경쟁적 저해제

정답
1. 증가
2. 경쟁적
3. 활성 부위, 기질
4. ×
5. ○

[24029-0029]

01 그림은 세포막의 구조를 나타낸 것이다. A~C는 단백질, 인지질, 탄수화물을 순서 없이 나타낸 것이다.

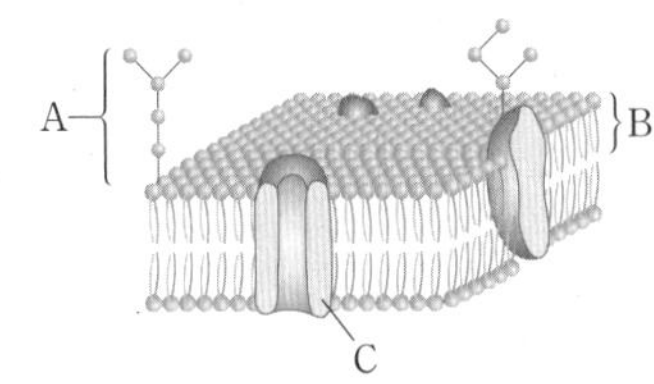

이에 대한 설명으로 옳은 것만을 〈보기〉에서 있는 대로 고른 것은?

보기

ㄱ. A는 리보솜에서 합성된다.
ㄴ. B에는 친수성 부위와 소수성 부위가 모두 있다.
ㄷ. C의 기본 단위는 단당류이다.

① ㄱ ② ㄴ ③ ㄷ ④ ㄱ, ㄷ ⑤ ㄴ, ㄷ

[24029-0030]

02 그림은 서로 다른 색깔의 형광 물질로 표지한 사람 세포와 생쥐 세포를 융합하여 세포막을 관찰한 모습을 나타낸 것이다.

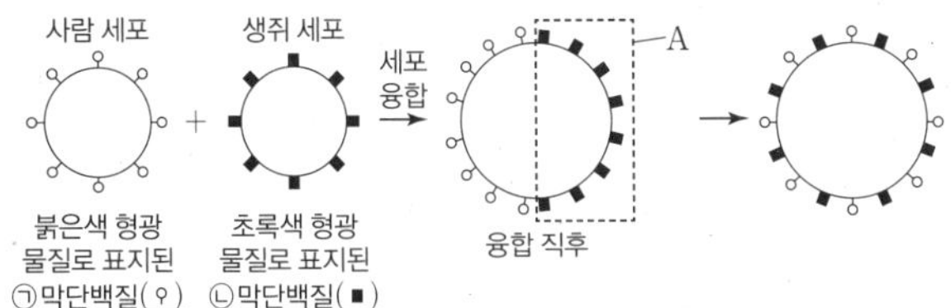

이에 대한 설명으로 옳은 것만을 〈보기〉에서 있는 대로 고른 것은?

보기

ㄱ. A에서 일정 시간이 지난 후 초록색 형광 세기는 감소한다.
ㄴ. ㉠과 ㉡은 모두 유동성을 가진다.
ㄷ. 세포막에서 인지질은 2중층으로 배열되어 있다.

① ㄱ ② ㄴ ③ ㄱ, ㄷ ④ ㄴ, ㄷ ⑤ ㄱ, ㄴ, ㄷ

[24029-0031]

03 그림 (가)~(다)는 물질을 세포 내로 전달하기 위해 이용되는 인지질로 구성된 3가지 인공막 구조를 나타낸 것이다. A와 B는 소수성 물질과 친수성 물질을 순서 없이 나타낸 것이다.

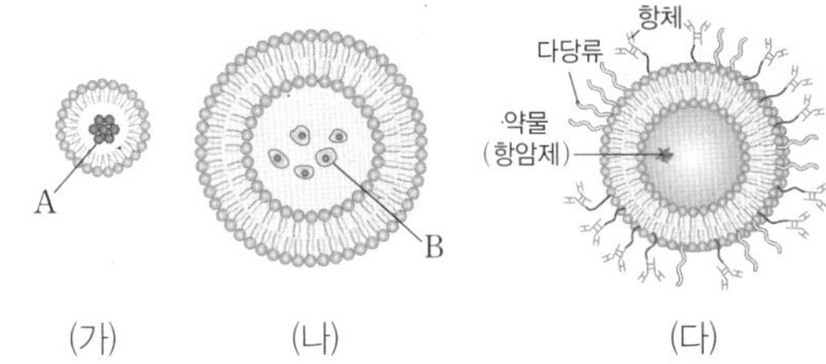

이에 대한 설명으로 옳은 것만을 〈보기〉에서 있는 대로 고른 것은?

보기

ㄱ. A는 친수성 물질이다.
ㄴ. (가)와 (나) 중 세포막 구조와 유사한 것은 (나)이다.
ㄷ. (다)는 항암제를 세포 내로 전달하기 위해 이용된다.

① ㄱ ② ㄴ ③ ㄱ, ㄷ ④ ㄴ, ㄷ ⑤ ㄱ, ㄴ, ㄷ

[24029-0032]

04 그림은 물질 ㉠이 첨가된 배양액에 어떤 세포를 넣은 후 시간에 따른 ㉠의 세포 안과 밖의 농도를 나타낸 것이다. 시점 t_1 이후 ㉠의 이동 방식은 능동 수송과 촉진 확산 중 하나이다.

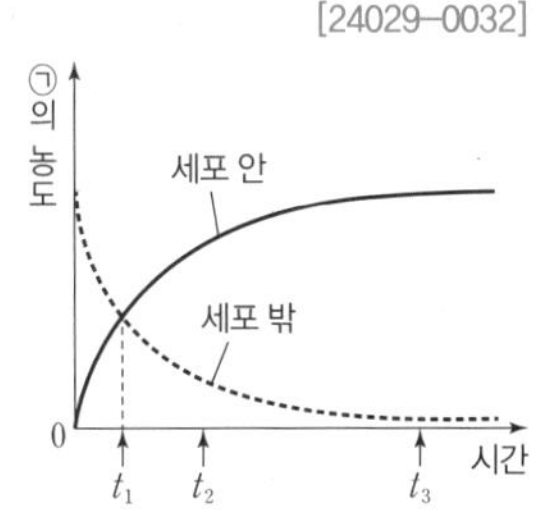

이에 대한 설명으로 옳은 것만을 〈보기〉에서 있는 대로 고른 것은?

보기

ㄱ. t_2일 때 ㉠은 세포 밖에서 안으로 능동 수송된다.
ㄴ. t_3일 때 세포 호흡 저해제를 처리하면 세포 안과 밖의 ㉠의 농도 차는 증가한다.
ㄷ. 세포막을 통한 ㉠의 이동 속도는 t_2일 때가 t_3일 때보다 빠르다.

① ㄴ ② ㄷ ③ ㄱ, ㄴ ④ ㄱ, ㄷ ⑤ ㄴ, ㄷ

[24029-0033]

05 그림 (가)는 세포막을 통한 물질 이동 방식 Ⅰ과 Ⅱ를, (나)는 물질 X와 Y의 농도가 일정할 때 ATP 농도에 따른 X와 Y의 세포막을 통한 이동 속도를 나타낸 것이다. Ⅰ과 Ⅱ는 능동 수송과 단순 확산을 순서 없이 나타낸 것이고, X와 Y의 이동 방식은 각각 Ⅰ과 Ⅱ 중 하나이다.

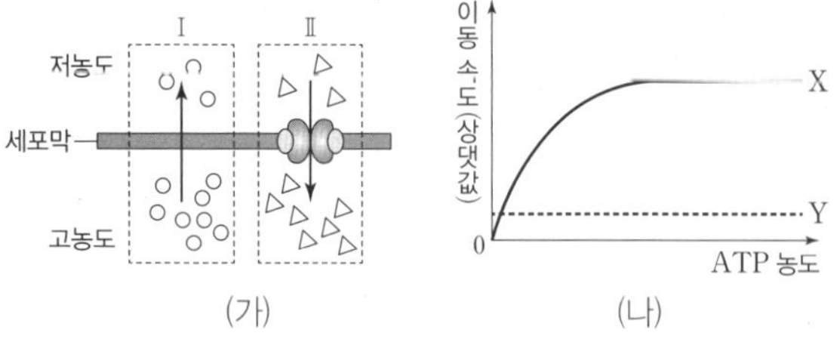

(가)　　　　(나)

이에 대한 설명으로 옳은 것만을 <보기>에서 있는 대로 고른 것은?

보기

ㄱ. X의 이동 방식은 Ⅱ이다.
ㄴ. Y의 이동에 ATP가 사용된다.
ㄷ. 세포막에서 K^+ 통로를 통한 K^+의 이동 방식은 Ⅰ이다.

① ㄱ　② ㄷ　③ ㄱ, ㄴ　④ ㄱ, ㄷ　⑤ ㄴ, ㄷ

[24029-0034]

06 표 (가)는 세포막을 통한 물질의 이동 방식 A~C가 갖는 특징 ㉠~㉢의 수를, (나)는 ㉠~㉢을 순서 없이 나타낸 것이다. A~C는 능동 수송, 단순 확산, 촉진 확산을 순서 없이 나타낸 것이다.

물질 이동 방식	특징(㉠~㉢)의 수
A	ⓐ
B	2
C	1

(가)

특징(㉠~㉢)
• 인지질 2중층을 직접 통과하여 이동한다.
• 저농도에서 고농도로 물질이 이동한다.
• 물질 이동에 ATP가 사용된다.

(나)

이에 대한 설명으로 옳은 것만을 <보기>에서 있는 대로 고른 것은?

보기

ㄱ. ⓐ는 3이다.
ㄴ. Na^+-K^+ 펌프를 통한 Na^+의 이동 방식은 B에 해당한다.
ㄷ. 폐포와 모세 혈관 사이에서 일어나는 기체 교환의 방식은 C에 해당한다.

① ㄱ　② ㄷ　③ ㄱ, ㄴ　④ ㄴ, ㄷ　⑤ ㄱ, ㄴ, ㄷ

[24029-0035]

07 표는 세포막을 통한 물질의 이동 방식 Ⅰ과 Ⅱ의 예를, 그림은 물질 ㉠이 들어 있는 배양액에 어떤 세포를 넣은 후 시간에 따른 ㉠의 세포 안 농도를 나타낸 것이다. Ⅰ과 Ⅱ는 능동 수송과 촉진 확산을 순서 없이 나타낸 것이고, ㉠의 이동 방식은 Ⅰ과 Ⅱ 중 하나이다. C는 ㉠의 세포 안과 밖의 농도가 같아졌을 때 ㉠의 세포 밖 농도이다.

이동 방식	예
Ⅰ	Na^+-K^+ 펌프를 통한 K^+ 이동
Ⅱ	?

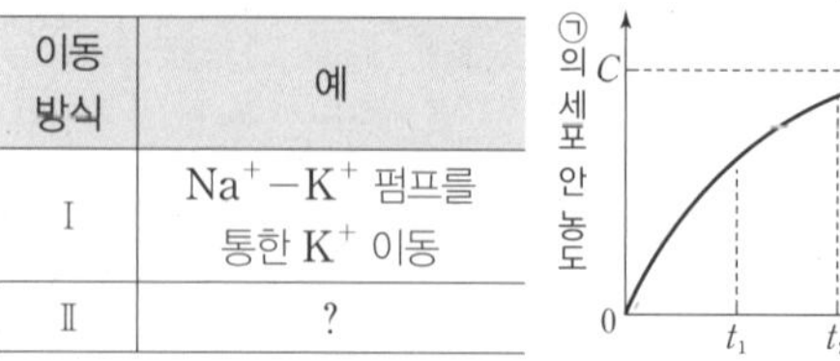

이에 대한 설명으로 옳은 것만을 <보기>에서 있는 대로 고른 것은?

보기

ㄱ. ㉠의 이동 방식은 Ⅰ이다.
ㄴ. ㉠의 세포 안과 밖의 농도 차는 t_1일 때가 t_2일 때보다 크다.
ㄷ. 인슐린이 세포 밖으로 이동하는 방식은 Ⅱ에 해당한다.

① ㄱ　② ㄴ　③ ㄷ　④ ㄱ, ㄴ　⑤ ㄴ, ㄷ

[24029-0036]

08 그림 (가)는 고장액에 있던 식물 세포 X를 저장액으로 옮긴 후 세포의 부피에 따른 A와 B를, (나)는 X의 부피가 V_1일 때와 V_3일 때 중 하나의 상태를 나타낸 것이다. A와 B는 각각 삼투압과 흡수력 중 하나이다.

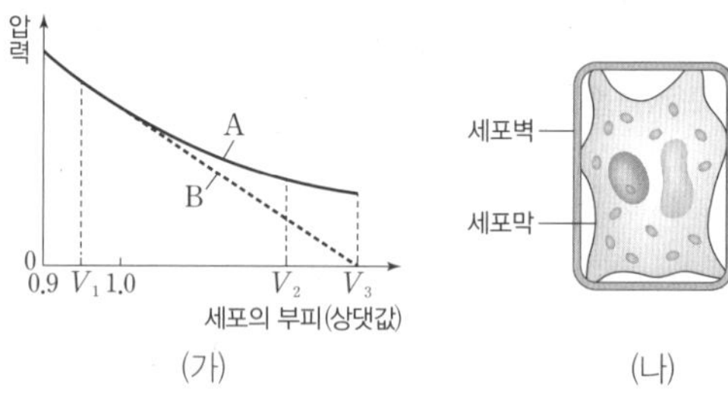

(가)　　　　(나)

이에 대한 설명으로 옳은 것만을 <보기>에서 있는 대로 고른 것은?

보기

ㄱ. (나)는 V_1일 때의 상태이다.
ㄴ. X의 $\frac{삼투압}{팽압}$은 V_2일 때가 V_3일 때보다 크다.
ㄷ. V_3일 때 X의 안으로 들어오는 물의 양은 밖으로 나가는 물의 양보다 많다.

① ㄴ　② ㄷ　③ ㄱ, ㄴ　④ ㄱ, ㄷ　⑤ ㄱ, ㄴ, ㄷ

[24029-0037]

09 그림은 세포막을 통한 물질 이동 방식 A~C를 나타낸 것이다. A~C는 각각 능동 수송, 세포외 배출, 촉진 확산 중 하나이다.

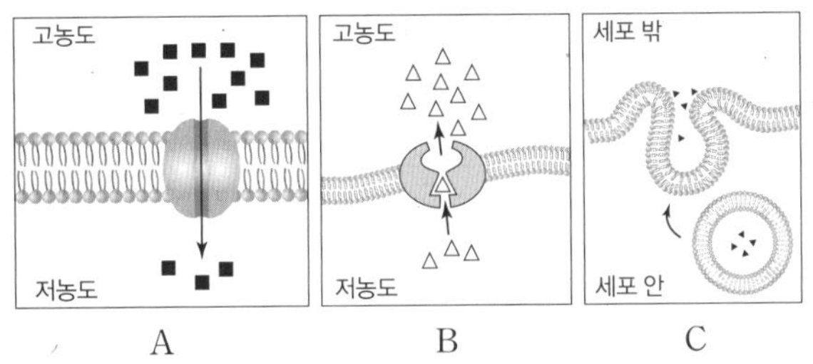

이에 대한 설명으로 옳은 것만을 〈보기〉에서 있는 대로 고른 것은?

보기
ㄱ. 신경 세포에서 Na^+ 통로를 통한 Na^+의 이동은 A에 의해 일어난다.
ㄴ. B와 C는 모두 에너지를 사용하는 물질 이동 방식이다.
ㄷ. C의 결과 세포막의 표면적이 감소한다.

① ㄱ ② ㄷ ③ ㄱ, ㄴ ④ ㄴ, ㄷ ⑤ ㄱ, ㄴ, ㄷ

[24029-0038]

10 그림 (가)는 효소 X가 관여하는 반응을, (나)는 X에 의한 반응에서 시간에 따른 물질 ⓐ와 ⓑ의 농도를 나타낸 것이다. ㉠과 ㉡은 각각 기질과 생성물 중 하나이고, ⓐ와 ⓑ는 각각 ㉠과 ㉡ 중 하나이다.

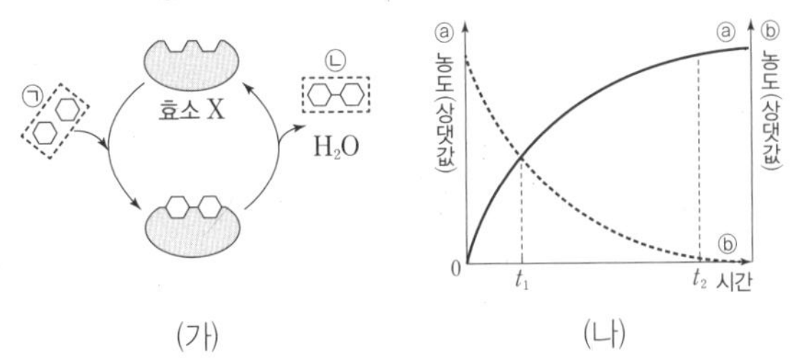

(가) (나)

이에 대한 설명으로 옳은 것만을 〈보기〉에서 있는 대로 고른 것은?

보기
ㄱ. (가)에서 X는 가수 분해 반응을 촉매한다.
ㄴ. ⓑ는 ㉡이다.
ㄷ. X에 의한 반응 속도는 t_1일 때가 t_2일 때보다 빠르다.

① ㄴ ② ㄷ ③ ㄱ, ㄴ ④ ㄱ, ㄷ ⑤ ㄱ, ㄴ, ㄷ

[24029-0039]

11 그림 (가)는 어떤 효소에 의한 반응을, (나)는 이 효소가 있을 때와 없을 때 화학 반응에서 에너지 변화를 나타낸 것이다. A~C는 기질, 효소, 효소 · 기질 복합체를 순서 없이 나타낸 것이다.

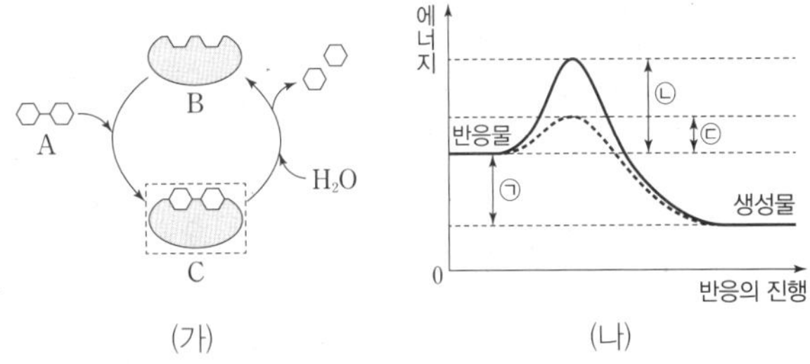

(가) (나)

이에 대한 설명으로 옳은 것만을 〈보기〉에서 있는 대로 고른 것은?

보기
ㄱ. A는 B의 활성 부위에 결합한다.
ㄴ. C의 농도가 증가하면 ㉠은 감소한다.
ㄷ. (나)에서 B가 있을 때 이 반응의 활성화 에너지는 ㉡이다.

① ㄱ ② ㄷ ③ ㄱ, ㄴ ④ ㄴ, ㄷ ⑤ ㄱ, ㄴ, ㄷ

[24029-0040]

12 그림 (가)는 효소 A와 B에 의한 반응에서 온도에 따른 반응 속도를, (나)는 A에 의한 반응에서 pH에 따른 반응 속도를 나타낸 것이다. A와 B는 각각 사람의 소화 효소와 온천수에 사는 내열성 세균의 효소 중 하나이다.

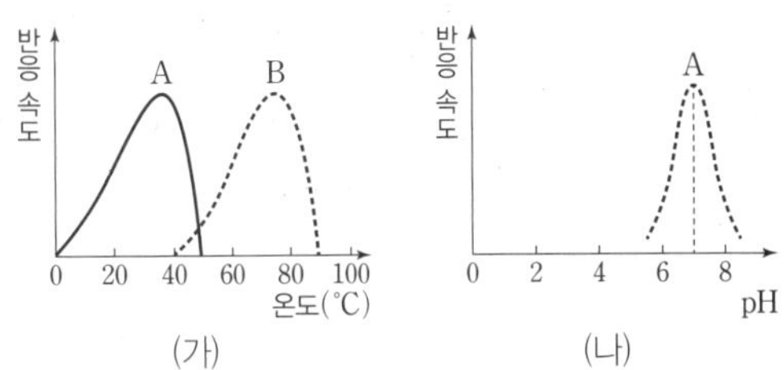

(가) (나)

이에 대한 설명으로 옳은 것만을 〈보기〉에서 있는 대로 고른 것은? (단, 제시된 조건 이외의 다른 조건은 동일하다.)

보기
ㄱ. A는 사람의 소화 효소이다.
ㄴ. (나)에서 단위 시간당 형성되는 효소 · 기질 복합체의 양은 pH 7일 때가 pH 6일 때보다 많다.
ㄷ. (가)에서 B의 반응 속도가 최대일 때의 온도는 A의 반응 속도가 최대일 때의 온도보다 높다.

① ㄱ ② ㄴ ③ ㄱ, ㄷ ④ ㄴ, ㄷ ⑤ ㄱ, ㄴ, ㄷ

[24029-0041]

13 그림은 어떤 효소 반응을 나타낸 것이다. ㉠~㉢은 각각 기질, 주효소, 보조 인자 중 하나이다. ㉠은 단백질 성분으로 이루어져 있다.

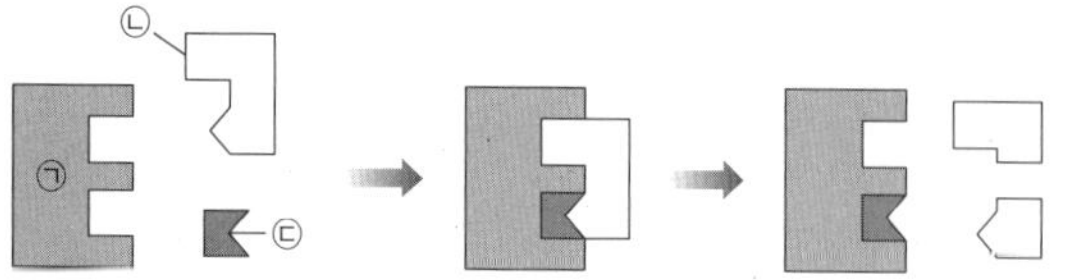

이에 대한 설명으로 옳은 것만을 〈보기〉에서 있는 대로 고른 것은?

보기

ㄱ. ㉠은 ㉡의 활성 부위에 결합한다.

ㄴ. ㉢은 비단백질 성분으로 이루어져 있다.

ㄷ. 이 효소에 의한 반응의 활성화 에너지는 ㉢이 있을 때가 없을 때보다 크다.

① ㄴ ② ㄷ ③ ㄱ, ㄴ ④ ㄱ, ㄷ ⑤ ㄴ, ㄷ

[24029-0042]

14 그림 (가)는 저해제 ㉠과 ㉡의 작용을, (나)는 효소에 의한 반응에서 저해제의 종류와 첨가 여부를 달리하였을 때 기질 농도에 따른 초기 반응 속도를 나타낸 것이다. ㉠과 ㉡은 각각 경쟁적 저해제와 비경쟁적 저해제 중 하나이고, A와 B는 각각 ㉠과 ㉡ 중 하나이다.

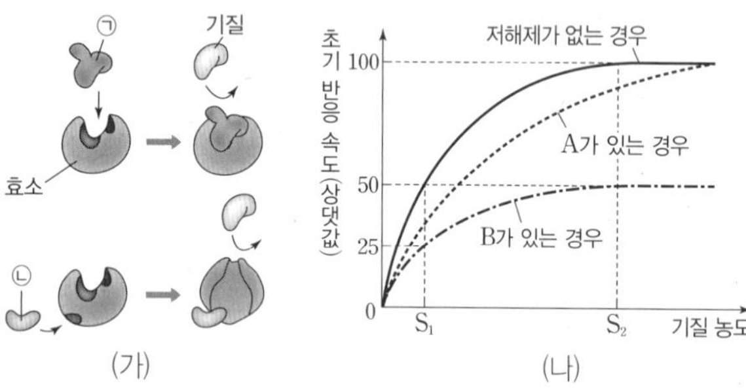

(가) (나)

이에 대한 설명으로 옳은 것만을 〈보기〉에서 있는 대로 고른 것은? (단, 제시된 조건 이외의 다른 조건은 동일하다.)

보기

ㄱ. B는 효소의 활성 부위에 결합한다.

ㄴ. A가 있는 경우 반응의 활성화 에너지는 S_1일 때가 S_2일 때보다 크다.

ㄷ. 효소·기질 복합체의 농도는 A가 있는 경우의 S_2일 때가 B가 있는 경우의 S_1일 때보다 높다.

① ㄱ ② ㄷ ③ ㄱ, ㄴ ④ ㄴ, ㄷ ⑤ ㄱ, ㄴ, ㄷ

[24029-0043]

15 표는 3가지 효소의 작용을 나타낸 것이다. A와 B는 이성질화 효소와 산화 환원 효소를 순서 없이 나타낸 것이다.

효소	작용
A	수소나 산소 원자 또는 전자를 다른 분자에 전달한다.
B	기질 내의 원자 배열을 바꾸어 이성질체로 전환시킨다.
가수 분해 효소	(가)

이에 대한 설명으로 옳은 것만을 〈보기〉에서 있는 대로 고른 것은?

보기

ㄱ. A는 이성질화 효소이다.

ㄴ. B는 기질 특이성을 갖는다.

ㄷ. '물 분자를 첨가하여 기질을 분해한다.'는 (가)에 해당한다.

① ㄱ ② ㄷ ③ ㄱ, ㄴ ④ ㄴ, ㄷ ⑤ ㄱ, ㄴ, ㄷ

[24029-0044]

16 표는 효소 E에 의한 반응에서 실험 Ⅰ~Ⅲ의 조건을, 그림은 Ⅰ~Ⅲ에서 기질 농도에 따른 초기 반응 속도를 나타낸 것이다. 물질 X는 경쟁적 저해제와 비경쟁적 저해제 중 하나이고, ㉠과 ㉡은 1과 2를 순서 없이 나타낸 것이며, ⓐ는 '있음'과 '없음' 중 하나이다. A~C는 Ⅰ~Ⅲ의 결과를 순서 없이 나타낸 것이다.

실험	Ⅰ	Ⅱ	Ⅲ
E의 농도 (상댓값)	㉠	1	㉡
X	ⓐ	ⓐ	있음

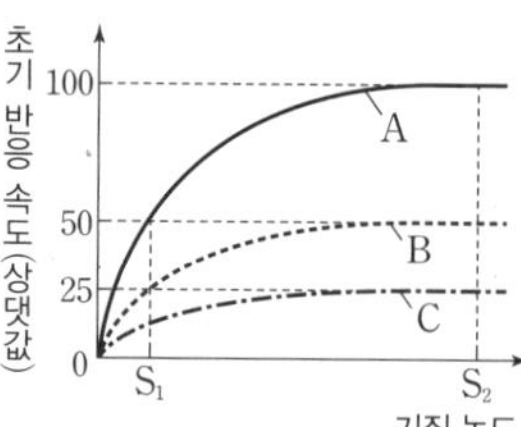

이에 대한 설명으로 옳은 것만을 〈보기〉에서 있는 대로 고른 것은? (단, 제시된 조건 이외의 다른 조건은 동일하다.)

보기

ㄱ. X는 비경쟁적 저해제이다.

ㄴ. S_1일 때 $\frac{\text{기질과 결합한 E의 수}}{\text{E의 총수}}$는 Ⅰ에서가 Ⅱ에서보다 크다.

ㄷ. S_2일 때 E에 의한 반응의 활성화 에너지는 Ⅱ에서가 Ⅲ에서보다 크다.

① ㄱ ② ㄷ ③ ㄱ, ㄴ ④ ㄴ, ㄷ ⑤ ㄱ, ㄴ, ㄷ

[24029-0045]

01 그림 (가)는 세포막을 통한 물질의 이동 방식 Ⅰ~Ⅲ을, (나)는 어떤 세포를 물질 A와 B가 들어 있는 배양액에 넣고 일정 시간이 지난 후 세포 호흡 저해제를 처리했을 때 시간에 따른 세포 내 물질 농도를 나타낸 것이다. Ⅰ~Ⅲ은 능동 수송, 단순 확산, 촉진 확산을 순서 없이 나타낸 것이고, A와 B의 세포막을 통한 이동 방식은 각각 Ⅱ와 Ⅲ 중 하나이다. t_3 시점에 세포 호흡 저해제를 처리하였다.

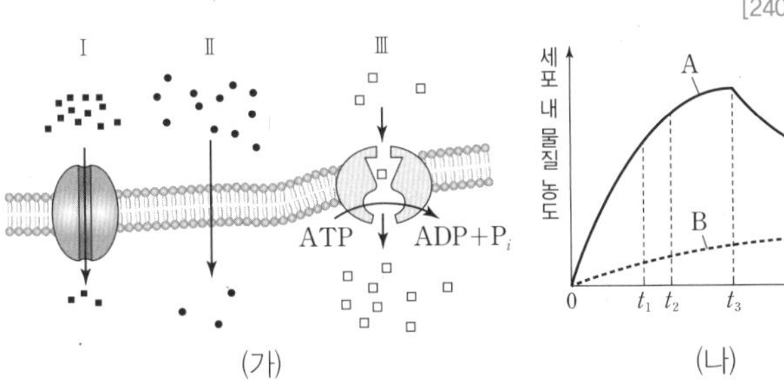

이에 대한 설명으로 옳은 것만을 〈보기〉에서 있는 대로 고른 것은?

> **보기**
> ㄱ. Na^+ 통로를 통한 Na^+의 이동 방식은 Ⅰ에 해당한다.
> ㄴ. t_1일 때 A의 세포막을 통한 이동 방식은 Ⅲ에 해당한다.
> ㄷ. t_2일 때 세포막을 통한 A의 이동 속도는 B의 이동 속도보다 빠르다.

① ㄱ ② ㄷ ③ ㄱ, ㄴ ④ ㄴ, ㄷ ⑤ ㄱ, ㄴ, ㄷ

능동 수송, 단순 확산, 촉진 확산 중 능동 수송을 통한 물질의 이동에는 에너지가 사용된다.

[24029-0046]

02 다음은 삼투에 대한 실험이다.

[실험 과정]
(가) 어떤 동물의 같은 조직에서 세포액의 삼투압이 같은 세포 X와 Y를 채취한다.
(나) 설탕 용액 A에는 X를, 설탕 용액 B에는 Y를 넣고 시간에 따른 세포액의 삼투압을 측정한다.

[실험 결과]
그림은 시간에 따른 세포액의 삼투압을 나타낸 것이다.

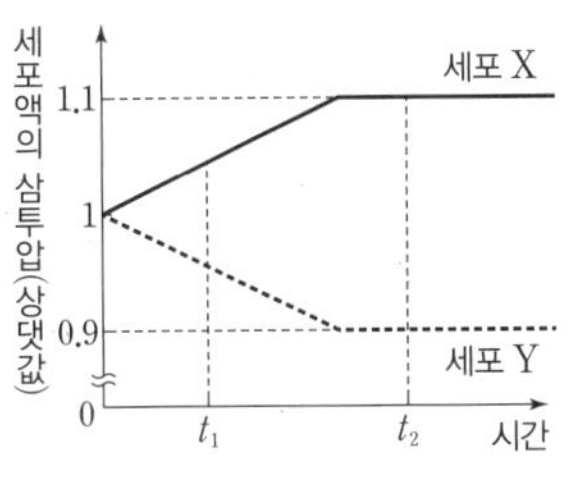

이에 대한 설명으로 옳은 것만을 〈보기〉에서 있는 대로 고른 것은? (단, 제시된 조건 이외의 다른 조건은 동일하다.)

> **보기**
> ㄱ. 용액의 농도는 A가 B보다 높다.
> ㄴ. X의 부피는 t_1일 때가 t_2일 때보다 작다.
> ㄷ. t_2일 때 세포막을 통한 $\frac{\text{물의 유입량}}{\text{물의 유출량}}$은 X와 Y가 같다.

① ㄱ ② ㄴ ③ ㄱ, ㄷ ④ ㄴ, ㄷ ⑤ ㄱ, ㄴ, ㄷ

용액의 농도가 세포액보다 높을 때는 물의 순유출량이 많고, 낮을 때는 물의 순유입량이 많다.

식물 세포를 저장액에 넣으면 유출되는 물의 양보다 유입되는 물의 양이 더 많아 세포 부피가 커져 팽윤 상태가 된다.

[24029-0047]

03 다음은 삼투에 대한 실험이다.

[실험 과정 및 결과]

(가) 식물 세포 X를 NaCl 농도가 C_1인 용액 ㉠에 넣고 시간에 따른 X의 부피를 측정한다.

(나) (가)의 X를 NaCl 농도가 C_2인 용액 ㉡으로 옮겨 넣고 시간에 따른 X의 부피를 측정한다.

(다) 그림은 (가)와 (나) 과정을 통해 얻은 결과를 나타낸 것이다.

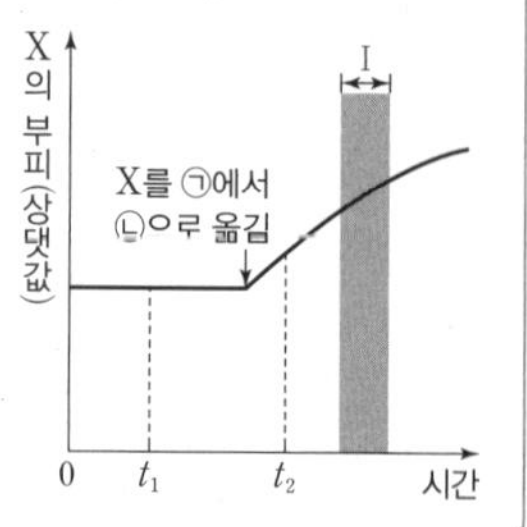

이에 대한 설명으로 옳은 것만을 〈보기〉에서 있는 대로 고른 것은? (단, 제시된 조건 이외의 다른 조건은 동일하다.)

보기

ㄱ. $C_1 > C_2$이다.

ㄴ. X의 흡수력은 t_1일 때가 t_2일 때보다 작다.

ㄷ. 구간 Ⅰ에서 세포막을 통해 세포 안으로 유입되는 물의 양은 세포 밖으로 유출되는 물의 양보다 적다.

① ㄱ ② ㄷ ③ ㄱ, ㄴ ④ ㄴ, ㄷ ⑤ ㄱ, ㄴ, ㄷ

세포막을 구성하는 단백질과 인지질은 모두 유동성을 갖는다.

[24029-0048]

04 그림 (가)는 세포막 표면의 막단백질을 형광 물질로 균일하게 표지한 어떤 세포에서 레이저를 이용하여 구역 ㉠의 형광 물질을 제거하는 과정을, (나)는 시간에 따른 ㉠에서의 형광 세기를 나타낸 것이다.

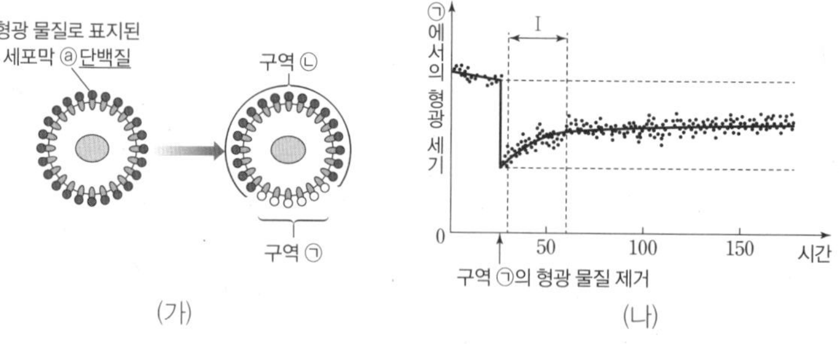

(가) (나)

이에 대한 설명으로 옳은 것만을 〈보기〉에서 있는 대로 고른 것은? (단, 제시된 조건 이외의 다른 조건은 동일하다.)

보기

ㄱ. ⓐ의 기본 단위는 아미노산이다.

ㄴ. 구간 Ⅰ에서 ㉡의 막단백질이 ㉠으로 이동하였다.

ㄷ. 형광 물질이 제거된 이후 ㉠에서의 형광 세기 증가는 세포막에서 막단백질의 이동에 의해 나타난다.

① ㄱ ② ㄷ ③ ㄱ, ㄴ ④ ㄴ, ㄷ ⑤ ㄱ, ㄴ, ㄷ

[24029-0049]

05 표는 세포막을 통한 물질의 이동 방식 Ⅰ과 Ⅱ에서 특징의 유무를, 그림은 물질 ㉠이 들어 있는 배양액에 세포를 넣은 후 시간에 따른 ㉠의 세포 안 농도를 나타낸 것이다. Ⅰ과 Ⅱ는 능동 수송과 촉진 확산을 순서 없이 나타낸 것이고, ㉠의 이동 방식은 Ⅰ과 Ⅱ 중 하나이다. C는 ㉠의 세포 안과 밖의 농도가 같아졌을 때 ㉠의 세포 밖 농도이다.

이동 방식 \ 특징	막단백질을 이용함	저농도에서 고농도로 물질이 이동함
Ⅰ	?	×
Ⅱ	○	?

(○: 있음, ×: 없음)

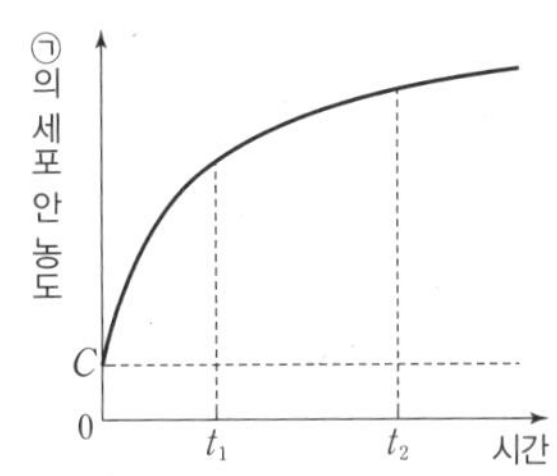

이에 대한 설명으로 옳은 것만을 <보기>에서 있는 대로 고른 것은?

보기

ㄱ. ㉠의 이동 방식은 Ⅰ이다.

ㄴ. ㉠의 세포막을 통한 이동 속도는 t_1일 때가 t_2일 때보다 빠르다.

ㄷ. 인슐린이 세포 밖으로 이동하는 방식은 Ⅱ에 해당한다.

① ㄴ ② ㄷ ③ ㄱ, ㄴ ④ ㄱ, ㄷ ⑤ ㄱ, ㄴ, ㄷ

막단백질을 이용하여 물질의 농도가 낮은 쪽에서 높은 쪽으로 에너지를 사용하여 물질을 이동시키는 물질 이동 방식은 능동 수송이다.

[24029-0050]

06 그림 (가)는 효소 X가 관여하는 반응을, (나)는 X에 의한 반응에서 시간에 따른 물질 ⓐ의 총량을 나타낸 것이다. ㉠~㉤은 각각 기질, 생성물, 주효소, 보조 인자, 효소·기질 복합체 중 하나이고, ⓐ와 ⓑ는 각각 ㉡과 ㉤ 중 하나이다. ㉢은 단백질 성분으로 이루어져 있다.

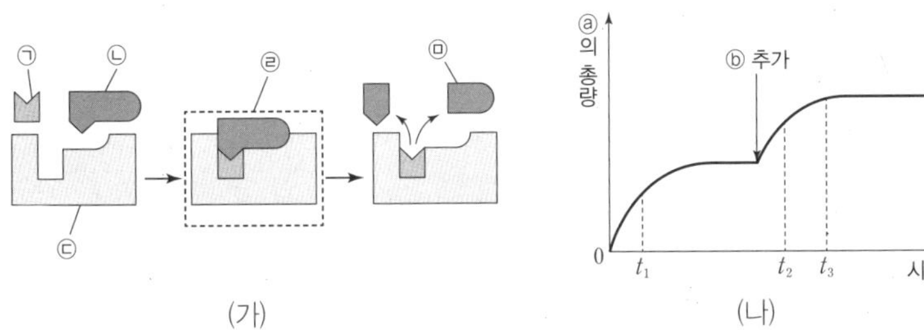

(가) (나)

이에 대한 설명으로 옳은 것만을 <보기>에서 있는 대로 고른 것은? (단, 제시된 조건 이외의 다른 조건은 동일하다.)

보기

ㄱ. ⓑ는 ㉡이다.

ㄴ. ㉣의 농도는 t_1일 때가 t_3일 때보다 높다.

ㄷ. X에 의한 반응의 활성화 에너지는 t_1일 때가 t_2일 때보다 작다.

① ㄱ ② ㄷ ③ ㄱ, ㄴ ④ ㄱ, ㄷ ⑤ ㄴ, ㄷ

효소가 활성 부위와 입체 구조가 맞는 특정 기질과 결합하여 효소·기질 복합체를 형성하면 반응의 활성화 에너지가 낮아진다.

기질의 농도가 같을 때 효소의 농도가 높은 쪽이 낮은 쪽보다 반응 속도가 빠르다.

[24029-0051]

07 표는 시험관 Ⅰ과 Ⅱ에서 효소 E의 농도를, 그림은 Ⅰ과 Ⅱ에 같은 양의 기질을 넣고 시간에 따른 생성물의 농도를 측정한 결과를 나타낸 것이다. ㉠과 ㉡은 각각 Ⅰ과 Ⅱ에서의 측정 결과 중 하나이다.

시험관	E의 농도 (상댓값)
Ⅰ	1
Ⅱ	2

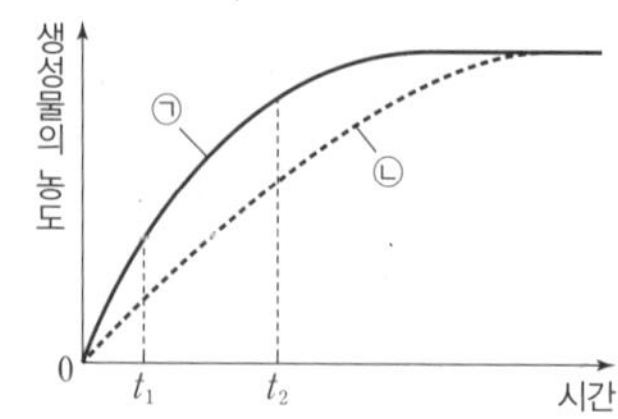

이에 대한 설명으로 옳은 것만을 〈보기〉에서 있는 대로 고른 것은? (단, 제시된 조건 이외의 다른 조건은 동일하다.)

보기

ㄱ. ㉡은 Ⅰ에서의 측정 결과이다.
ㄴ. Ⅱ에서 E에 의한 반응 속도는 t_1일 때가 t_2일 때보다 빠르다.
ㄷ. t_2일 때 E에 의한 반응의 활성화 에너지는 ㉡에서가 ㉠에서보다 크다.

① ㄱ ② ㄷ ③ ㄱ, ㄴ ④ ㄴ, ㄷ ⑤ ㄱ, ㄴ, ㄷ

산화 환원 효소는 수소(H)나 산소(O) 원자 또는 전자를 다른 분자에 전달한다.

[24029-0052]

08 표는 효소 A~C의 작용을, 그림은 효소 X에 의한 반응을 나타낸 것이다. A~C는 가수 분해 효소, 이성질화 효소, 전이 효소를 순서 없이 나타낸 것이다.

효소	작용
A	기질의 작용기를 떼어 다른 분자에 전달한다.
B	물 분자를 첨가하여 기질을 분해한다.
C	㉠

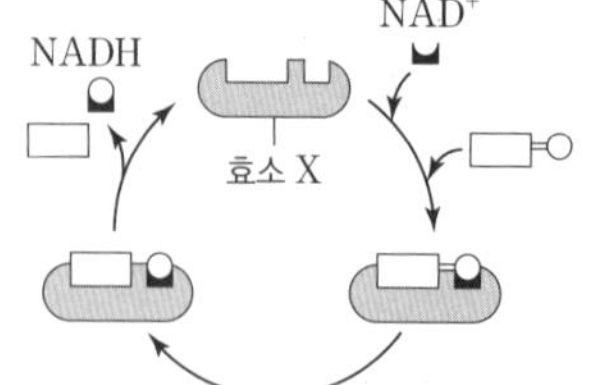

이에 대한 설명으로 옳은 것만을 〈보기〉에서 있는 대로 고른 것은?

보기

ㄱ. X는 A에 해당한다.
ㄴ. 리소좀의 세포내 소화에서 B가 작용한다.
ㄷ. '기질 내의 원자 배열을 바꾸어 이성질체로 전환시킨다.'는 ㉠에 해당한다.

① ㄱ ② ㄷ ③ ㄱ, ㄴ ④ ㄴ, ㄷ ⑤ ㄱ, ㄴ, ㄷ

[24029-0053]

09 효소 X는 주효소와 보조 인자로 구성된다. 표는 X에 의한 반응에서 실험 Ⅰ과 Ⅱ의 조건을, 그림은 Ⅰ과 Ⅱ에서 시간에 따른 ㉠의 농도를 나타낸 것이다. A와 B는 Ⅰ과 Ⅱ의 결과를 순서 없이 나타낸 것이고, ㉠은 기질과 생성물 중 하나이다.

구분	주효소	보조 인자
Ⅰ	?	○
Ⅱ	○	×

(○: 있음, ×: 없음)

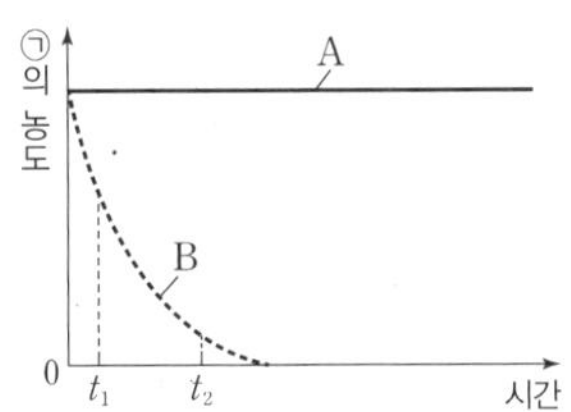

이에 대한 설명으로 옳은 것만을 〈보기〉에서 있는 대로 고른 것은? (단, 제시된 조건 이외의 다른 조건은 동일하다.)

보기

ㄱ. ㉠은 생성물이다.
ㄴ. B에서 효소·기질 복합체의 농도는 t_1일 때가 t_2일 때보다 높다.
ㄷ. t_1일 때 기질과 결합한 X의 수는 Ⅰ에서가 Ⅱ에서보다 많다.

① ㄱ ② ㄷ ③ ㄱ, ㄴ ④ ㄴ, ㄷ ⑤ ㄱ, ㄴ, ㄷ

주효소와 보조 인자가 결합하여 완전한 활성을 가지는 효소를 전효소라고 한다.

[24029-0054]

10 표는 효소 ⓐ에 의한 반응에서 실험 Ⅰ~Ⅴ의 조건을, 그림은 Ⅰ~Ⅴ에서 기질 농도에 따른 초기 반응 속도를 나타낸 것이다. A~E는 Ⅰ~Ⅴ의 결과를 순서 없이 나타낸 것이고, 물질 X와 Y는 경쟁적 저해제와 비경쟁적 저해제를 순서 없이 나타낸 것이다. ㉠~㉢은 1, 2, 4를 순서 없이 나타낸 것이고, ㉡>㉢이다. ㉮와 ㉯는 '있음'과 '없음'을 순서 없이 나타낸 것이다.

실험	Ⅰ	Ⅱ	Ⅲ	Ⅳ	Ⅴ
ⓐ의 농도 (상댓값)	㉠	㉡	㉠	㉠	㉢
X	?	㉮	㉯	㉮	?
Y	㉮	?	㉯	?	㉮

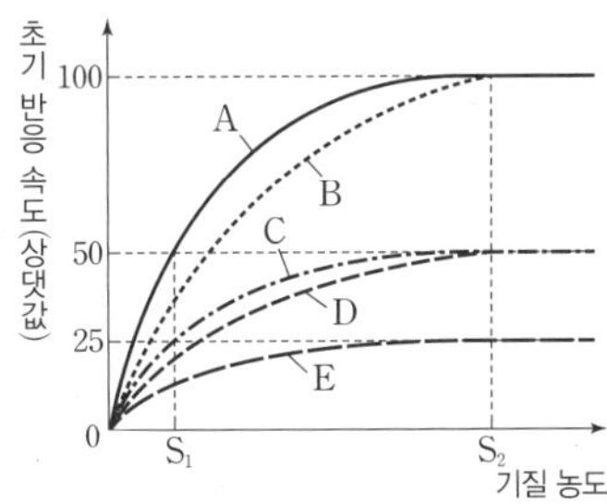

이에 대한 설명으로 옳은 것만을 〈보기〉에서 있는 대로 고른 것은? (단, 제시된 조건 이외의 다른 조건은 동일하다.)

보기

ㄱ. X는 ⓐ의 활성 부위에 결합한다.
ㄴ. S_1일 때 $\frac{\text{기질과 결합하지 않은 ⓐ의 수}}{\text{기질과 결합한 ⓐ의 수}}$는 Ⅰ에서가 Ⅲ에서보다 크다.
ㄷ. S_2일 때 초기 반응 속도는 Ⅳ에서가 Ⅴ에서보다 빠르다.

① ㄱ ② ㄴ ③ ㄱ, ㄷ ④ ㄴ, ㄷ ⑤ ㄱ, ㄴ, ㄷ

경쟁적 저해제는 효소의 활성 부위에 결합하여, 비경쟁적 저해제는 효소의 활성 부위가 아닌 다른 부위에 결합하여 효소의 작용을 저해한다.

04 세포 호흡과 발효

1 세포 호흡

(1) 세포 호흡의 개요

① 생물이 포도당과 같은 유기물(호흡 기질)을 분해(산화)시켜 생명 활동에 필요한 에너지(ATP)를 얻는 과정이다.

② 세포 호흡 전체 반응식(호흡 기질이 포도당인 산소 호흡의 경우)

$$C_6H_{12}O_6\text{(포도당)} + 6O_2 + 6H_2O \longrightarrow 6CO_2 + 12H_2O + \text{에너지(최대 32ATP + 열에너지)}$$

③ 세포 호흡 과정에서 산화 환원 반응이 일어난다. 호흡 기질이 포도당인 산소 호흡의 경우 포도당이 산화되어 이산화 탄소가 되고, 산소가 환원되어 물이 된다.

④ 세포 호흡 과정은 크게 해당 과정, 피루브산의 산화와 TCA 회로, 산화적 인산화 과정으로 나눌 수 있다.

(2) 세포 호흡의 장소: 세포질에서 해당 과정이 일어나고, 미토콘드리아 기질에서 피루브산의 산화와 TCA 회로가 진행되며, 미토콘드리아 내막에서 산화적 인산화가 진행된다.

과학 돋보기 | 미토콘드리아

- 외막과 내막의 2중막 구조이다.
- 내막으로 둘러싸인 안쪽 공간을 미토콘드리아 기질이라고 하며, 외막과 내막 사이의 공간을 막 사이 공간이라고 한다.
- 미토콘드리아 기질에는 DNA, 리보솜, 유기물 분해에 필요한 여러 가지 효소가 있다.
- 미토콘드리아 내막에는 전자 전달에 관여하는 효소와 ATP 합성 효소가 분포한다.

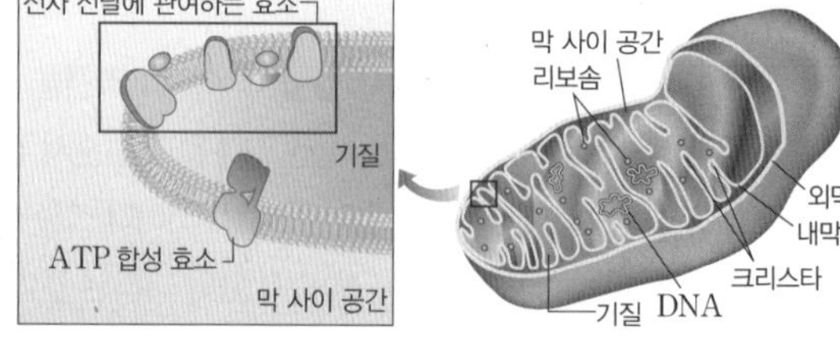

- 미토콘드리아 내막은 주름진 구조이며, 이 주름진 구조를 크리스타라고 한다.
- 미토콘드리아 내막의 주름진 구조로 인하여 내막의 표면적이 넓어지므로 세포 호흡 과정에서 에너지 생성(ATP 합성)이 효율적으로 일어난다.

(3) 해당 과정: 1분자의 포도당이 여러 단계의 화학 반응을 거쳐 2분자의 피루브산으로 분해되는 과정이다. 세포질에서 일어나며, 산소가 없어도 진행될 수 있으나 지속적으로 NAD^+가 공급되어야 한다.

① 반응 경로

- ATP 소모 단계: 포도당(C_6)이 과당 2인산(C_6)으로 전환되며, 2ATP가 소모된다.
- ATP 생성 단계: 과당 2인산(C_6)이 여러 단계를 거쳐 2분자의 피루브산(C_3)으로 분해되면서 탈수소 효소의 작용으로 2NADH가, 기질 수준 인산화 과정에 의해 4ATP가 생성된다.
- 해당 과정 전체에서 1분자의 포도당(C_6)이 2분자의 피루브산(C_3)으로 분해되는 과정 동안 2ATP와 2NADH가 순생성된다.
- 포도당은 피루브산으로 산화되고, NAD^+는 NADH로 환원된다.

개념 체크

◘ 해당 과정은 세포질에서 일어나고, 피루브산의 산화와 TCA 회로는 미토콘드리아 기질에서 일어나며, 산화적 인산화는 미토콘드리아 내막에서 진행된다.

1. 미토콘드리아 내막에는 전자 운반체들의 집합체인 (   )와 (   ) 합성 효소가 존재한다.

2. 포도당 1분자가 해당 과정을 거치면 (   )분자의 피루브산과 함께 (   ) 분자의 NADH가 생성되며, (   )분자의 ATP가 순생성된다.

3. 해당 과정에서는 기질의 인산기가 ADP로 전달되는 (   )로 ATP가 합성된다.

※ ○ 또는 ×

4. 미토콘드리아 내막은 안쪽으로 주름져 있는 크리스타 구조를 나타낸다. (   )

5. 해당 과정에서 포도당은 피루브산으로 환원되고, NAD^+는 NADH로 산화된다. (   )

정답
1. 전자 전달계, ATP
2. 2, 2, 2
3. 기질 수준 인산화
4. ○
5. ×

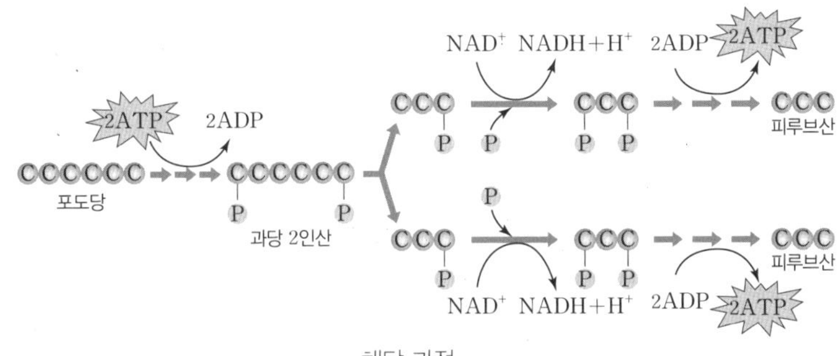

해당 과정

② 전체 반응

$$C_6H_{12}O_6(\text{포도당})+2NAD^+ +2ADP+2P_i \longrightarrow 2C_3H_4O_3(\text{피루브산})+2NADH+2H^+ +2ATP$$

과학 돋보기 탈수소 효소와 탈탄산 효소

- 탈수소 효소는 기질로부터 수소와 전자를 떼어 기질을 산화시키는 반응(탈수소 반응)을 촉매하는 효소이다.
- 탈수소 효소의 조효소에는 NAD^+와 FAD가 있고, 조효소(NAD^+, FAD)는 전자 운반체 역할을 한다.
- 1분자의 NAD^+와 FAD는 각각 전자 2개($2e^-$)를 운반한다.

$$NAD^+ +2H^+ +2e^- \longrightarrow NADH+H^+,\quad FAD+2H^+ +2e^- \longrightarrow FADH_2$$

- 탈탄산 효소는 기질로부터 이산화 탄소(CO_2)를 떼어내는 반응(탈탄산 반응)을 촉매하는 효소이다.

(4) 피루브산의 산화와 TCA 회로: 산소가 있을 때 피루브산이 미토콘드리아 기질로 이동하여 산화되는 과정이다. 반응에 산소가 직접 이용되지는 않지만 산소가 필요한 산화적 인산화 과정과 맞물려 있다. 그러므로 산소가 없으면 피루브산의 산화와 TCA 회로가 모두 억제된다. 미토콘드리아 기질에 있는 여러 종류의 효소에 의해 일어난다.

① 피루브산의 산화
- 피루브산(C_3)이 아세틸 CoA(C_2)로 산화되는 과정이며, 이 과정에서 NAD^+가 NADH로 환원된다.
- 피루브산으로부터 CO_2가 방출되는 탈탄산 반응이 일어나며, 조효소 A(CoA)가 결합한다.

$$C_3H_4O_3(\text{피루브산})+NAD^+ +CoA \longrightarrow \text{아세틸 } CoA+CO_2+NADH+H^+$$

과학 돋보기 피루브산 탈수소 효소 복합체에 의한 피루브산의 산화

- 피루브산은 미토콘드리아 내막에 있는 운반체 단백질에 의해 미토콘드리아 기질로 이동하고 피루브산 탈수소 효소 복합체에 의해 산화된다.
- 피루브산 탈수소 효소 복합체는 피루브산이 아세틸 CoA로 되는 과정에서 일어나는 탈탄산 반응, 탈수소 반응 등을 촉매하는 효소들이 모여 복합체를 이룬 것이다.

개념 체크

- 1분자의 포도당이 해당 과정과 피루브산 산화를 거쳐 분해되면 2분자의 아세틸 CoA, 2분자의 ATP, 4분자의 NADH가 순생성된다.

1. 기질로부터 수소와 전자를 떼어 기질을 산화시키는 반응(탈수소 반응)을 촉매하는 효소는 (　　)이다.

2. 피루브산이 아세틸 CoA로 산화되는 과정에서 NAD^+가 (　　)로 환원된다.

※ ○ 또는 ×

3. 1분자의 포도당이 해당 과정을 거쳐 피루브산으로 분해되면 4ATP가 순생성된다. (　　)

4. 피루브산의 산화 과정은 산소가 없으면 억제된다. (　　)

정답
1. 탈수소 효소
2. NADH
3. ×
4. ○

개념 체크

◎ 1분자의 포도당이 해당 과정, 피루브산의 산화, TCA 회로를 통해 완전 분해되면 10분자의 NADH와 2분자의 $FADH_2$가 생성된다.

1. TCA 회로에서 아세틸 CoA와 결합하여 시트르산이 되는 물질은 (　　) 이다.

2. 1분자의 아세틸 CoA가 TCA 회로를 통해 완전 분해되면 (　　)분자의 CO_2와 (　　)분자의 NADH와 (　　)분자의 ATP가 생성된다.

3. 1분자의 포도당이 해당 과정, 피루브산의 산화, TCA 회로를 통해 완전 분해되면 (　　)분자의 CO_2와 기질 수준 인산화로 (　　)분자의 ATP가 순생성된다.

※ ○ 또는 ×

4. TCA 회로에서 시트르산이 5탄소 화합물로 산화되는 과정에는 탈수소 효소와 탈탄산 효소가 모두 관여한다. (　　)

5. 세포 호흡 과정 중 TCA 회로에서만 기질 수준 인산화에 의해 ATP가 합성된다. (　　)

정답
1. 옥살아세트산
2. 2, 3, 1
3. 6, 4
4. ○
5. ×

② TCA 회로

- 아세틸 $CoA(C_2)$는 옥살아세트산(C_4)과 결합하여 시트르산(C_6)이 되며, 이 과정에서 조효소 A(CoA)가 방출된다.
- 시트르산(C_6)이 5탄소 화합물(C_5)로 산화되는 과정에서 탈수소 반응에 의해 NAD^+가 NADH로 환원된다. 이 과정에서 탈탄산 반응에 의해 CO_2가 방출된다.
- 5탄소 화합물(C_5)이 4탄소 화합물(C_4)로 산화되는 과정에서 탈수소 반응에 의해 NAD^+가 NADH로 환원된다. 이 과정에서 탈탄산 반응에 의해 CO_2가 방출되고, 기질 수준 인산화로 ATP가 생성된다.

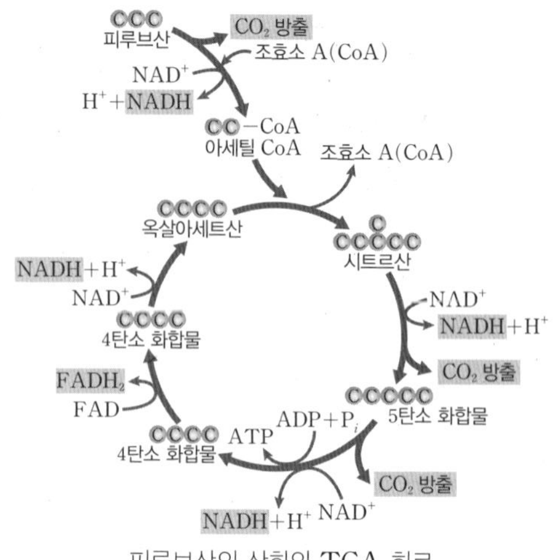

피루브산의 산화와 TCA 회로

- 4탄소 화합물(C_4)이 산화되는 과정에서 탈수소 반응에 의해 FAD가 $FADH_2$로 환원된다.
- 4탄소 화합물(C_4)이 옥살아세트산(C_4)으로 산화되는 과정에서 탈수소 반응에 의해 NAD^+가 NADH로 환원된다.
- 1분자의 아세틸 $CoA(C_2)$가 TCA 회로를 통해 완전 분해되는 과정에서 탈탄산 효소의 작용으로 $2CO_2$가, 탈수소 효소의 작용으로 3NADH와 $1FADH_2$가, 기질 수준 인산화로 1ATP가 생성된다.

$$\text{아세틸 CoA}+3NAD^+ + FAD \xrightarrow[\text{ADP}+P_i \;\to\; \text{ATP}]{} 2CO_2 + 3NADH + 3H^+ + FADH_2 + CoA$$

- 1분자의 피루브산(C_3)이 피루브산의 산화와 TCA 회로를 통해 완전 분해되는 과정에서 탈탄산 효소의 작용으로 $3CO_2$가, 탈수소 효소의 작용으로 4NADH와 $1FADH_2$가, 기질 수준 인산화로 1ATP가 생성된다.
- 피루브산은 CO_2로 산화되고, NAD^+와 FAD는 각각 NADH와 $FADH_2$로 환원된다.

③ **전체 반응**: 1분자의 포도당(C_6)이 해당 과정, 피루브산의 산화와 TCA 회로를 통해 완전 분해되는 과정에서 탈탄산 효소의 작용으로 $6CO_2$가, 탈수소 효소의 작용으로 10NADH와 $2FADH_2$가 생성되고, 기질 수준 인산화로 4ATP가 순생성된다.

과학 돋보기　인산화 반응과 기질 수준 인산화

- 물질에 인산기가 결합하는 반응을 인산화 반응이라고 한다. ADP에 인산기가 결합하여 ATP가 합성되는 반응은 인산화 반응의 예이다.
- 인산화 반응에는 기질 수준 인산화, 산화적 인산화, 광인산화가 있다.

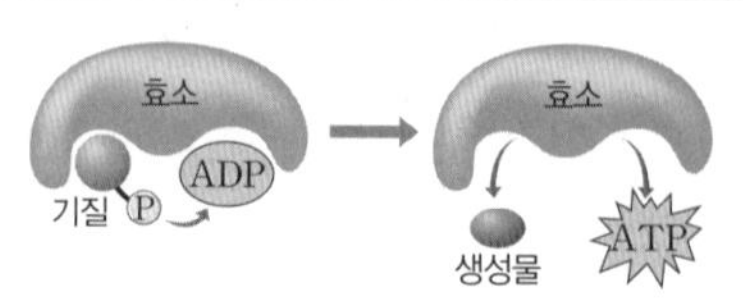

기질 수준 인산화

- 기질 수준 인산화는 효소에 의해 기질에 있던 인산기가 ADP로 전달되어 ATP가 합성되는 과정이다.
- 세포 호흡 과정 중 해당 과정과 TCA 회로에서 기질 수준 인산화에 의해 ATP가 합성된다.

(5) **산화적 인산화**: 전자 전달과 화학 삼투를 통한 ATP 합성 과정이다. 미토콘드리아 내막에 있는 전자 전달계와 ATP 합성 효소에 의해 일어난다. 전자 전달계를 통한 산화 환원 반응의 최종 전자 수용체로 산소(O_2)가 사용된다. O_2가 없으면 NADH와 $FADH_2$가 산화되지 않으므로 NAD^+와 FAD가 생성되지 않아 피루브산의 산화와 TCA 회로가 억제된다.

① **전자 전달과 H^+ 농도 기울기의 형성**: 해당 과정, 피루브산의 산화, TCA 회로에서 생성된 NADH와 $FADH_2$가 각각 NAD^+와 FAD로 산화되어 고에너지 전자와 H^+을 방출한다. 고에너지 전자는 미토콘드리아 내막에 있는 일련의 전자 전달 효소 복합체와 전자 운반체의 산화 환원 반응에 의해 차례로 전달된다. 고에너지 전자가 차례로 전달되는 과정에서 단계적으로 방출되는 에너지를 이용해 미토콘드리아 기질에서 막 사이 공간으로 H^+이 능동 수송되며, 미토콘드리아 내막을 경계로 H^+ 농도 기울기(pH 기울기)가 형성된다. 이때 H^+ 농도는 막 사이 공간에서가 미토콘드리아 기질에서보다 높다(pH는 막 사이 공간에서가 미토콘드리아 기질에서보다 낮다.). 최종적으로 전자는 O_2로 전달되고, O_2는 전자와 H^+을 받아 H_2O로 환원된다.

② **화학 삼투와 ATP의 합성**: 미토콘드리아 내막을 경계로 형성된 H^+ 농도 기울기에 의해 H^+이 ATP 합성 효소를 통해 막 사이 공간(높은 H^+ 농도)에서 미토콘드리아 기질(낮은 H^+ 농도)로 확산(화학 삼투)될 때 미토콘드리아 기질 쪽에서 ATP가 합성된다.

③ **전체 반응**

$$10NADH + 10H^+ + 2FADH_2 + 6O_2 \xrightarrow[28ADP + 28P_i \;\rightarrow\; 28ATP]{} 10NAD^+ + 2FAD + 12H_2O$$

- 1분자의 NADH가 산화되어 약 2.5분자의 ATP가, 1분자의 $FADH_2$가 산화되어 약 1.5분자의 ATP가 생성된다.
- 1분자의 포도당이 해당 과정과 피루브산의 산화와 TCA 회로를 거치면 총 10분자의 NADH와 2분자의 $FADH_2$가 생성되므로 산화적 인산화에 의해 최대 28분자의 ATP가 생성될 수 있다.
- 전체 반응에서 산화되는 물질은 NADH와 $FADH_2$이고, 환원되는 물질은 O_2이다.
- NADH와 $FADH_2$ 1분자당 방출되는 전자는 $2e^-$이며, $2e^-$가 $\frac{1}{2}O_2$에 최종적으로 전달되어 H_2O이 생성된다. $\left(\frac{1}{2}O_2 + 2H^+ + 2e^- \rightarrow H_2O\right)$

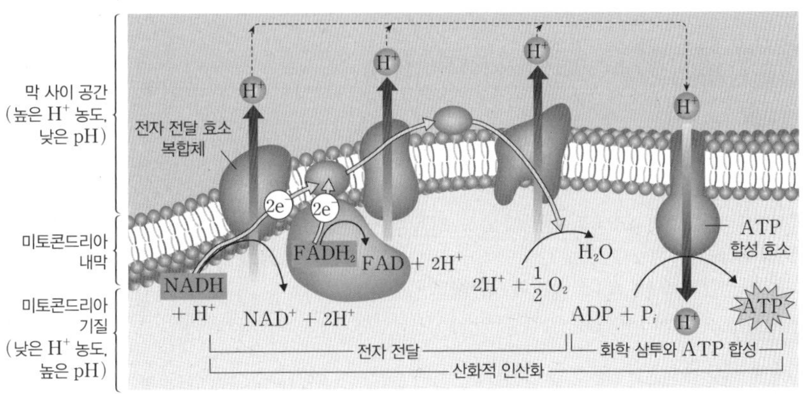

개념 체크

- 전자 전달계에서 전자가 이동하면서 기질에 있던 H^+이 막 사이 공간으로 운반되어 막을 경계로 H^+의 농도 기울기가 형성되면 막 사이 공간의 H^+이 농도 기울기에 따라 ATP 합성 효소를 통해 기질로 확산되면서 ATP가 합성된다.

1. 전자 전달 효소 복합체는 전자를 전달하는 과정에서 H^+을 미토콘드리아 기질에서 막 사이 공간으로 (　　)한다.

2. 산화적 인산화에서 2분자의 NADH와 2분자의 $FADH_2$가 산화되면 최대 (　　)분자의 ATP와 (　　)분자의 H_2O이 생성된다.

※ ○ 또는 ×

3. 전자 전달계를 통한 산화 환원 반응에서 고에너지 전자는 최종적으로 H_2O로 전달된다. (　　)

4. 산화적 인산화 과정에서 pH는 미토콘드리아 기질에서가 막 사이 공간에서보다 높다. (　　)

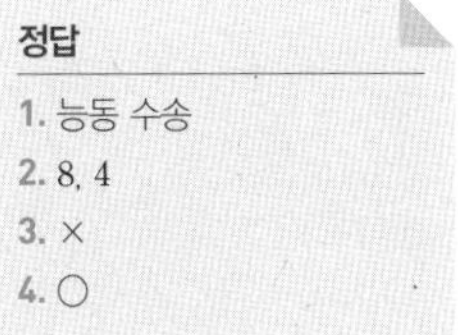
정답
1. 능동 수송
2. 8, 4
3. ×
4. ○

탐구자료 살펴보기 전자 전달계에서 에너지 수준의 변화

분석

① 전자 전달계는 전자 전달 효소 복합체와 전자 운반체로 구성된다.
② 전자가 전자 전달계를 거치면서 에너지가 방출된다.

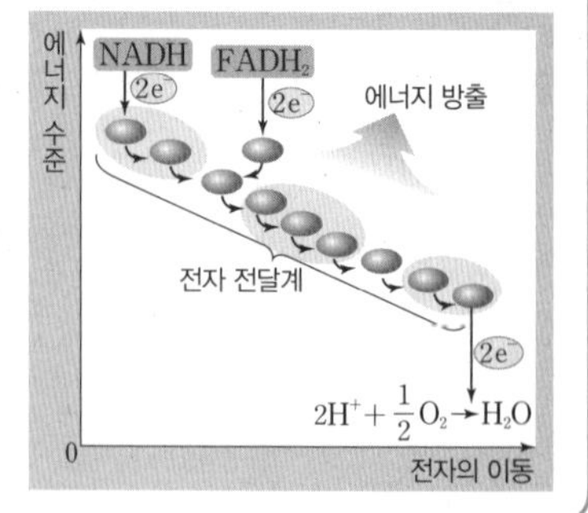

point

- NADH가 전달한 전자가 방출한 에너지는 $FADH_2$가 전달한 전자가 방출한 에너지보다 크므로 ATP 합성 효소를 통한 1분자당 ATP 합성량은 NADH가 산화될 때가 $FADH_2$가 산화될 때보다 많다.
- 전자 전달계를 따라 이동한 전자는 최종적으로 O_2로 전달되며, O_2는 H_2O로 환원된다.

(6) 세포 호흡의 전 과정: 해당 과정, 피루브산의 산화와 TCA 회로, 산화적 인산화 과정에서 전자의 흐름과 ATP 생성

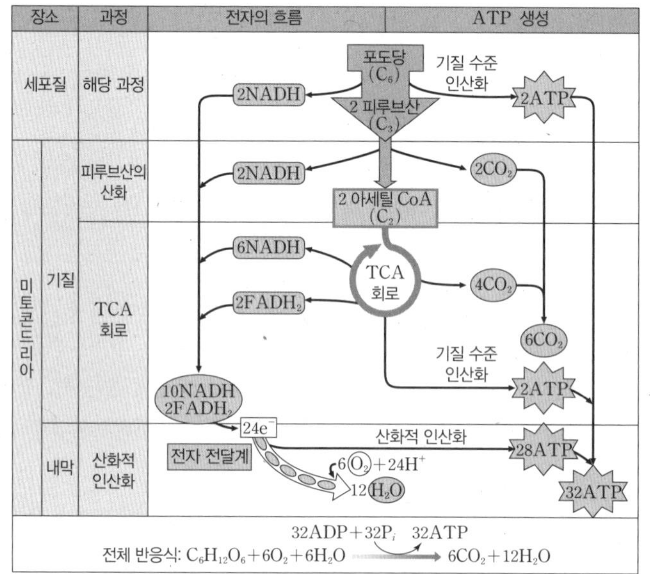

탐구자료 살펴보기 화학 삼투와 ATP 합성

과정

(가) 세포에서 분리한 미토콘드리아를 pH 8의 수용액에 충분한 시간 동안 담근다.
(나) 미토콘드리아를 꺼내 pH 4의 수용액에 넣고, ADP와 무기 인산(P_i)을 공급한다.
(다) 미토콘드리아 기질에서 ATP 합성 여부를 확인한다.

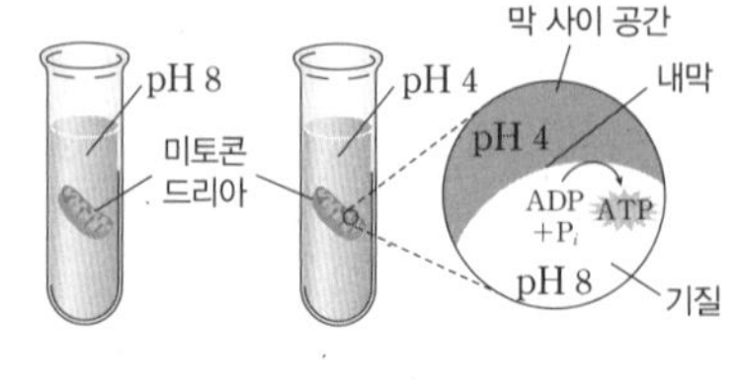

결과

ATP가 합성되었다.

개념 체크

◘ NADH와 $FADH_2$가 산화적 인산화를 거치면 NADH 1분자로부터 ATP가 약 2.5분자, $FADH_2$ 1분자로부터 ATP가 약 1.5분자 생성된다.

1. 1분자의 포도당이 해당 과정, 피루브산의 산화, TCA 회로를 거치면 총 ( ) 분자의 NADH와 ( ) 분자의 $FADH_2$가 생성되므로 산화적 인산화에 의해 최대 ( )분자의 ATP가 생성될 수 있다.

※ ○ 또는 ×

2. 해당 과정은 세포질에서 일어나고, 피루브산의 산화와 TCA 회로는 미토콘드리아 기질에서 일어난다. ( )

3. 미토콘드리아를 pH 9의 수용액에 충분히 담근 후 꺼내어 pH 7의 수용액에 넣고, ADP와 무기 인산(P_i)을 공급하면 ATP가 합성된다. ( )

정답

1. 10, 2, 28
2. ○
3. ○

point

- (가)에서 pH 8의 수용액에 미토콘드리아를 충분한 시간 동안 넣으면 미토콘드리아 기질과 막 사이 공간은 모두 pH 8이 된다.
- (나)에서 미토콘드리아를 pH 4의 수용액으로 옮기면 바깥쪽에 위치한 막 사이 공간이 안쪽에 위치한 미토콘드리아 기질보다 먼저 pH 4가 되어, 미토콘드리아 내막을 경계로 H^+ 농도 기울기가 형성된다.
- H^+이 미토콘드리아 내막의 ATP 합성 효소를 통해 H^+ 농도가 높은(pH가 낮은) 막 사이 공간에서 H^+ 농도가 낮은(pH가 높은) 미토콘드리아 기질로 이동(확산)하면서 ATP가 합성된다.
- ATP가 합성되기 위해서는 H^+ 농도 기울기가 형성되어야 함을 증명하였다.

(7) 세포 호흡의 에너지 효율

① 1분자의 포도당이 세포 호흡에 사용되면 해당 과정에서 기질 수준 인산화로 2ATP(순생성), TCA 회로에서 기질 수준 인산화로 2ATP, 산화적 인산화에서 최대 28ATP가 생성되므로 최대 총 32ATP가 생성된다.

② 1몰(mol)의 포도당이 완전 분해되면 686 kcal의 에너지가 방출되며, 1몰의 ATP가 1몰의 ADP로 분해될 때 약 7.3 kcal의 에너지가 방출된다. 세포 호흡의 에너지 효율은 약 34 %이며, 나머지 66 %는 열에너지로 방출된다.

$$\text{세포 호흡의 에너지 효율} = \frac{32 \times 7.3\ \text{kcal}}{686\ \text{kcal}} \times 100 \fallingdotseq 34\ \%$$

탐구자료 살펴보기 산화적 인산화 단계에서 ATP 합성 방해 물질

자료

물질 (가)~(라)는 산화적 인산화 단계에서 ATP 합성을 방해하는 물질이다.

① (가)와 (나)는 전자 전달계를 구성하는 전자 전달 효소 복합체나 전자 운반체에 결합하여 전자 전달계에서 전자의 이동을 차단한다.

② (다)는 미토콘드리아 내막에 작용하여 인지질을 통해 H^+을 막 사이 공간에서 미토콘드리아 기질로 새어 나가게 한다.

③ (라)는 ATP 합성 효소에 결합하여 ATP 합성 효소를 통한 H^+의 이동을 차단한다.

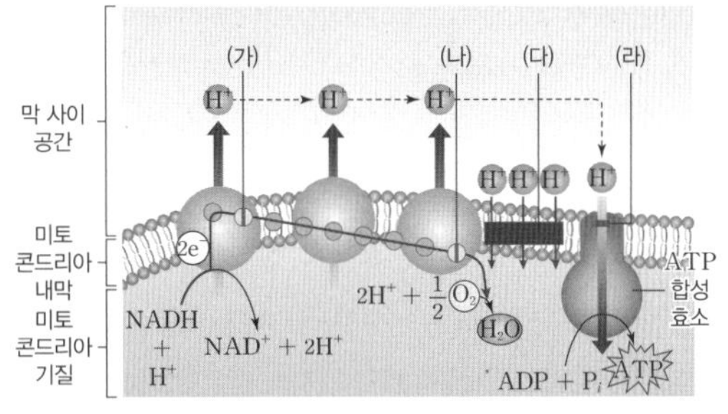

분석

- (가)와 (나)를 처리하면 전자의 이동이 차단되므로 고에너지 전자로부터 에너지 방출이 억제되며, 이 에너지를 이용한 미토콘드리아 기질에서 막 사이 공간으로 H^+의 이동(능동 수송)도 일어나지 못한다. 따라서 H^+ 농도 기울기가 형성되지 못하고, ATP 합성도 일어나지 않는다.
- (다)를 처리하면 미토콘드리아 내막을 경계로 H^+ 농도 기울기가 감소하여 ATP 합성 효소를 통한 H^+의 이동이 감소하므로 ATP 합성이 감소한다. 이때 전자 전달계에서 전자의 이동은 일어난다.
- (라)를 처리하면 H^+이 ATP 합성 효소를 통해 막 사이 공간에서 미토콘드리아 기질로 확산되지 못하므로 ATP 합성이 일어나지 않는다. H^+ 농도 기울기가 감소하지 않으므로 전자 전달계에서 전자의 이동은 점점 감소한다.
- (가)~(라)는 모두 세포 호흡 저해제에 해당한다.

개념 체크

● 1분자의 포도당이 세포 호흡에 사용되면 기질 수준 인산화로 4분자의 ATP가 순생성되고, 산화적 인산화로 최대 28분자의 ATP가 생성되므로, 총 최대 32분자의 ATP가 생성된다.

1. 미토콘드리아 내막에 작용하여 H^+을 막 사이 공간에서 미토콘드리아 기질로 새어 나가게 하는 물질을 처리하면 막 사이 공간의 pH는 (　　)진다.

2. ATP 합성 효소에 결합하여 ATP 합성 효소를 통한 H^+의 이동을 차단하는 물질을 처리하면 ATP 합성이 (　　)한다.

※ ○ 또는 ×

3. 미토콘드리아 기질에서 막 사이 공간으로 H^+이 미토콘드리아 내막의 ATP 합성 효소를 통해 이동하면서 ATP가 합성된다. (　　)

4. 전자 전달계에서 전자의 이동을 차단하는 물질을 처리하면 ATP 합성이 감소한다. (　　)

정답

1. 높아
2. 감소
3. ×
4. ○

개념 체크

● 탄수화물은 단당류로 분해된 후 호흡 기질로 사용되며, 지방은 글리세롤과 지방산으로, 단백질은 아미노산으로 분해되어 사용된다.

1. 지방의 분해 산물인 (　　) 은 아세틸 CoA로 전환된 후 TCA 회로에서 산화되고, (　　)은 해당 과정을 통해 피루브산으로 전환된 후 피루브산의 산화와 TCA 회로를 통해 산화된다.

2. 아미노산은 (　　)가 떨어져 나간 후 피루브산, 아세틸 CoA, TCA 회로의 중간 산물 중 하나로 전환된다.

※ ○ 또는 ×

3. 탄수화물의 호흡률은 지방의 호흡률보다 크다. (　　)

4. 유기산은 해당 과정 중간 산물로 전환되어 호흡 기질로 이용된다. (　　)

정답

1. 지방산, 글리세롤
2. 아미노기
3. ○
4. ×

(8) 호흡 기질에 따른 세포 호흡 경로

① 탄수화물

- 다당류나 이당류는 단당류로 분해된 후 호흡 기질로 이용된다.
- 포도당: 해당 과정 → 피루브산의 산화, TCA 회로 → 산화적 인산화의 순서로 진행된다.
- 과당, 갈락토스: 해당 과정 중간 산물로 전환된 후 해당 과정 → 피루브산의 산화, TCA 회로 → 산화적 인산화의 순서로 진행된다.

② 지방

- 지방은 글리세롤과 지방산으로 분해된 후 호흡 기질로 이용된다.
- 글리세롤: 해당 과정 중간 산물로 전환된 후 해당 과정 → 피루브산의 산화, TCA 회로 → 산화적 인산화의 순서로 진행된다.
- 지방산: 아세틸 CoA로 분해된 후 TCA 회로 → 산화적 인산화의 순서로 진행된다.

③ 단백질

- 단백질은 아미노산으로 분해된 후 호흡 기질로 이용된다.
- 아미노산은 탈아미노 과정으로 아미노기가 제거되고 다양한 유기산으로 전환된다. 이때 암모니아(NH_3)가 생성되며, 암모니아는 요소로 전환되어 오줌으로 배설된다.
- 유기산은 피루브산, 아세틸 CoA, TCA 회로의 중간 산물 중 하나로 전환된 후 피루브산의 산화, TCA 회로 → 산화적 인산화의 순서로 진행된다.

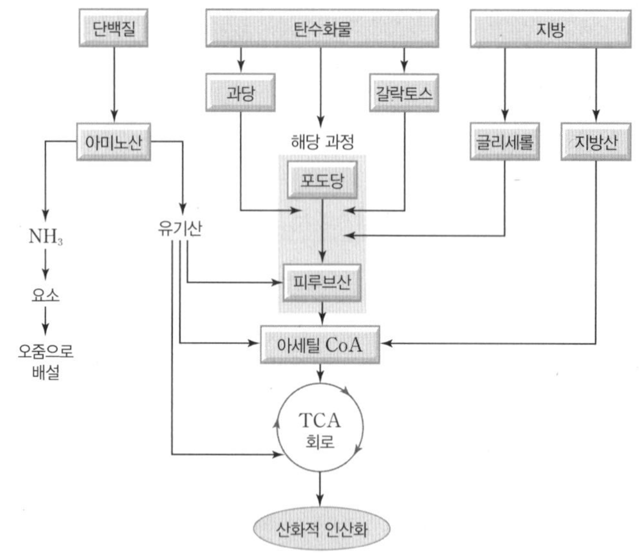

(9) 호흡률

① 호흡 기질이 세포 호흡을 통해 분해될 때 소비된 산소(O_2)의 부피에 대해 발생한 이산화 탄소(CO_2)의 부피비를 호흡률이라고 한다.

$$\text{호흡률} = \frac{\text{발생한 } CO_2\text{의 부피}(CO_2 \text{ 방출량})}{\text{소비된 } O_2\text{의 부피}(O_2 \text{ 흡수량})}$$

② 호흡 기질에 따라 탄소, 수소, 산소 원자의 구성비가 다르므로 호흡률이 다르다.

③ 호흡률은 탄수화물이 1, 지방이 약 0.7, 단백질이 약 0.8이다.

2 발효

(1) 산소 호흡과 발효

① 산소 호흡

- O_2가 이용되는 세포 호흡이며, O_2를 이용하는 산화적 인산화가 진행된다.
- 호흡 기질이 CO_2와 H_2O로 완전히 분해되므로 많은 양의 에너지가 방출되어 다량의 ATP가 합성된다.

② 발효

- 해당 과정을 통해 생성된 피루브산이 O_2가 없거나 부족할 때 세포질에서 중간 단계까지만 불완전하게 분해되는 과정이며, 분해 산물로 에탄올, 젖산 등의 물질이 생성된다.
- 해당 과정을 통해서 소량의 ATP가 합성되며, O_2가 이용되지 않아 전자 전달계를 통한 전자의 이동도 일어나지 않는다.
- 여러 미생물에 의해 일어나며, O_2의 공급이 부족할 때 사람의 근육에서도 일어난다.

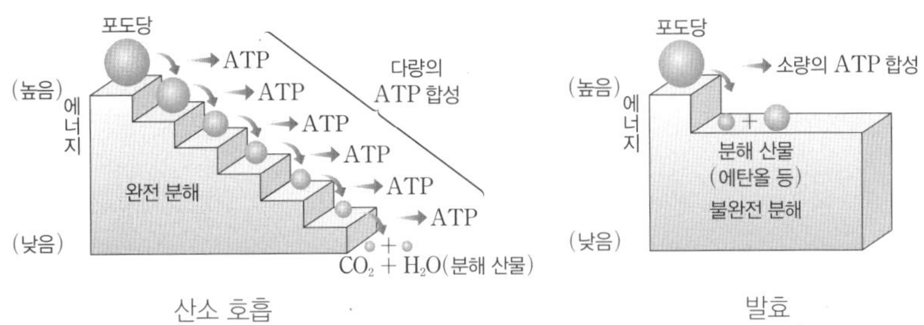

산소 호흡 발효

③ 발효의 의의

- 산소 호흡 단계 중 산화적 인산화에서 최종 전자 수용체인 O_2가 없으면, NADH와 $FADH_2$가 각각 NAD^+와 FAD로 산화되지 못한다. 그 결과 TCA 회로가 진행되는 동안 NAD^+와 FAD가 고갈되어 TCA 회로가 중단되며, 해당 과정도 중단될 수 있다.
- O_2가 없더라도 세포질에서 발효가 일어나면 해당 과정이 계속 일어나게 된다. 피루브산이 에탄올이나 젖산으로 환원되는 과정에서 NADH가 NAD^+로 산화되어 해당 과정에 NAD^+가 공급되므로 발효가 일어나면 생물은 무산소 조건에서도 해당 과정을 통해 ATP를 지속적으로 합성할 수 있다.

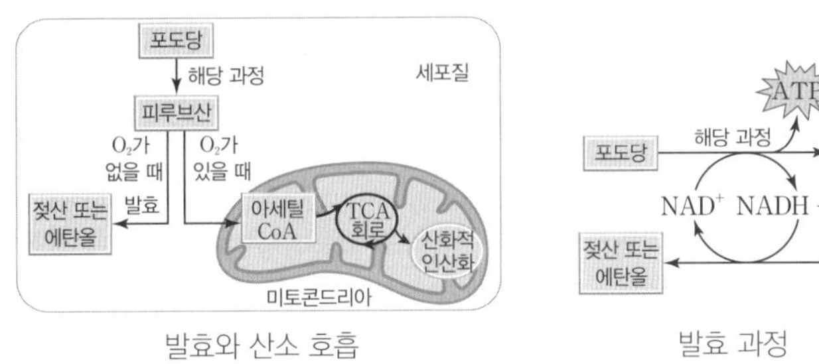

발효와 산소 호흡 발효 과정

④ **발효의 종류**: 생성되는 분해 산물의 종류에 따라 알코올 발효, 젖산 발효 등이 있다.

개념 체크

- 유기물 분해에 산소를 소모하는 세포 호흡 과정을 산소 호흡이라고 하고, 산소와 전자 전달계를 사용하지 않아 중간 단계의 유기물까지만 분해되는 과정을 발효라고 한다.

1. 산소 호흡과 발효 중 ATP 합성량은 ( )에서가 ( )에서보다 많다.
2. 발효와 해당 과정은 모두 ( )에서 일어난다.

※ ○ 또는 ×

3. 발효에서는 호흡 기질이 불완전하게 분해된다. ( )
4. 발효가 일어나면 생물은 무산소 조건에서도 해당 과정을 통해 ATP를 합성할 수 있다. ( )

정답

1. 산소 호흡, 발효
2. 세포질
3. ○
4. ○

(2) **알코올 발효**: 1분자의 포도당이 2분자의 에탄올로 분해되며, 해당 과정에서 포도당 1분자당 2ATP가 순생성된다.

① **탈탄산 반응**: 1분자의 포도당으로부터 해당 과정을 통해 2분자의 피루브산이 생성된 후, 탈탄산 효소가 작용하여 2분자의 피루브산(C_3)이 2분자의 아세트알데하이드(C_2)와 $2CO_2$로 분해된다.

② **아세트알데하이드의 환원**: 2분자의 아세트알데하이드(C_2)가 2분자의 에탄올(C_2)로 환원되며, 이 과정에서 2NADH가 $2NAD^+$로 산화된다. 재생성된 NAD^+는 해당 과정에서 다시 사용된다.

$$C_6H_{12}O_6(\text{포도당}) \longrightarrow 2C_2H_5OH(\text{에탄올}) + 2CO_2 + 2ATP$$

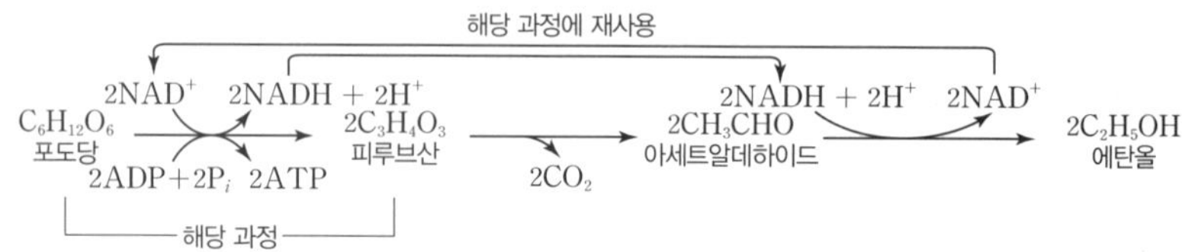

③ **알코올 발효의 이용**: 효모의 알코올 발효에서 생성되는 에탄올은 술(막걸리, 포도주 등)을 만드는 데 이용되고, CO_2는 밀가루 반죽을 부풀려 빵을 만드는 데 이용된다.

탐구자료 살펴보기 **효모의 발효**

과정

(가) 3개의 발효관에 표와 같이 내용물을 넣은 후 맹관부에 기체가 들어가지 않도록 발효관을 세운 다음 솜마개로 막고, 발생하는 기체의 부피를 5분마다 기록한다.

(나) 맹관부에 기체가 모이면 용액을 일부 뽑아내고 KOH 용액을 넣는다.

발효관	내용물
A	효모+증류수
B	효모+포도당 용액
C	효모+갈락토스 용액

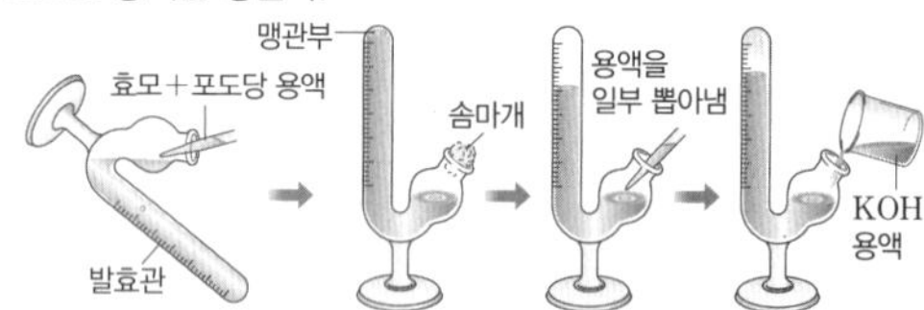

결과

① B와 C에서는 발생한 기체의 부피가 증가하여 맹관부 수면의 높이가 낮아진다.

② 일정 시간 후 발생한 기체의 부피는 B>C>A 순이며, A에서는 기체가 발생하지 않는다.

③ B와 C에서 KOH 용액을 발효관에 넣으면 맹관부 수면의 높이가 높아진다.

point

- B와 C에서 일정 시간이 지나면 맹관부 수면의 높이가 낮아지는 이유는 알코올 발효를 통해 생성된 기체(CO_2)가 맹관부에 모이기 때문이다.
- 효모는 호흡 기질로 갈락토스보다 포도당을 잘 이용하므로 발생한 기체의 부피는 B>C이다. 증류수에는 호흡 기질이 없어 기체가 발생하지 않았다.
- KOH 용액을 발효관에 넣었을 때 맹관부 수면의 높이가 높아지는 이유는 KOH 용액이 맹관부에 모인 CO_2를 흡수하기 때문이며, 이를 통해 효모의 알코올 발효 과정에서 CO_2가 생성되었다는 것을 확인할 수 있다.

개념 체크

- 포도당으로부터 에탄올과 같은 알코올을 생성하는 반응을 알코올 발효라고 한다.

1. 알코올 발효에서 2분자의 피루브산은 (　　)분자의 아세트알데하이드와 (　　)분자의 CO_2로 분해된다.

2. 알코올 발효에서 2분자의 아세트알데하이드는 (　　)분자의 에탄올로 환원된다.

※ ○ 또는 ×

3. 효모의 알코올 발효에서 생성되는 CO_2는 빵을 만들 때 이용된다. (　　)

4. 아세트알데하이드가 에탄올로 환원될 때 NAD^+가 NADH로 환원된다. (　　)

정답

1. 2, 2
2. 2
3. ○
4. ×

(3) **젖산 발효**: 1분자의 포도당이 2분자의 젖산으로 분해되며, 해당 과정에서 포도당 1분자당 2ATP가 순생성된다.

① **피루브산의 환원**: 해당 과정을 통해 1분자의 포도당으로부터 생성된 2분자의 피루브산(C_3)이 2분자의 젖산(C_3)으로 환원되며, 이 과정에서 2NADH가 $2NAD^+$로 산화된다. 재생성된 NAD^+는 해당 과정에서 다시 사용된다.

$$C_6H_{12}O_6(\text{포도당}) \longrightarrow 2C_3H_6O_3(\text{젖산}) + 2ATP$$

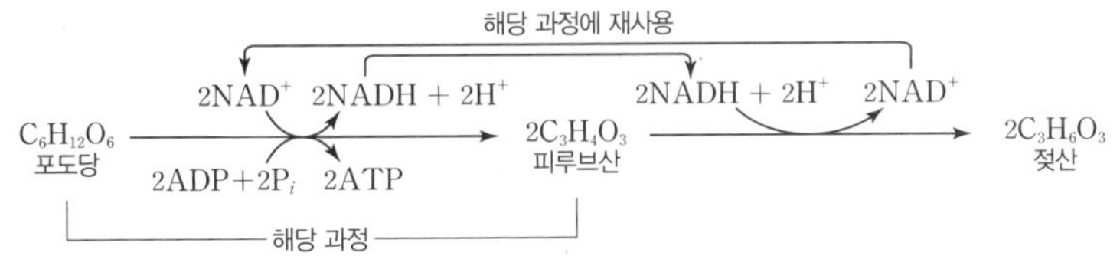

② **젖산 발효의 이용**: 젖산균의 젖산 발효는 김치, 요구르트, 치즈 등을 만드는 데 이용된다.

③ **사람 근육에서의 젖산 발효**

- 과도한 운동으로 인해 근육 세포에 O_2 공급이 부족해지면 젖산 발효를 통해 ATP가 합성된다.
- 근육 세포에 축적된 젖산은 혈액을 통해 간으로 운반된 후 피루브산으로 전환되어 산소 호흡에 이용되거나 포도당으로 전환된다.

개념 체크

- 젖산 발효에서는 해당 과정에서 생성된 피루브산이 NADH로부터 전자와 H^+을 받아 젖산으로 환원된다.

1. 피루브산이 젖산으로 환원될 때 NADH가 NAD^+로 ( )된다.

2. 젖산 발효를 통해 1분자의 포도당이 ( )분자의 젖산으로 되는 과정에서 ( )분자의 ATP가 순생성된다.

※ ○ 또는 ×

3. 젖산 발효에서 전자의 최종 수용체는 피루브산이다. ( )

4. 젖산 발효는 사람의 근육 세포에서도 일어난다. ( )

과학 돋보기 산소 호흡과 발효의 비교

구분	산소 호흡	발효	
		알코올 발효	젖산 발효
장소	세포질, 미토콘드리아	세포질	세포질
해당 과정	일어남	일어남	일어남
탈탄산 반응 (CO_2 생성)	일어남 (생성됨)	일어남 (생성됨)	일어나지 않음 (생성 안 됨)
탈수소 반응	일어남	일어남	일어남
탈수소 효소의 조효소	NAD^+, FAD	NAD^+	NAD^+
전자 전달계	관여함	관여하지 않음	관여하지 않음
최종 전자 수용체	산소(O_2)	아세트알데하이드	피루브산
산화적 인산화	일어남	일어나지 않음	일어나지 않음
기질 수준 인산화	해당 과정과 TCA 회로에서 일어남	해당 과정에서 일어남	해당 과정에서 일어남
포도당 1분자당 ATP 합성량	다량 합성됨 (최대 32ATP)	소량 합성됨 (2ATP)	소량 합성됨 (2ATP)

- 산소 호흡은 산소(O_2)가 이용되는 산화적 인산화가 진행되는 세포 호흡 과정이며, 발효는 산소(O_2)가 없거나 부족한 상태에서도 해당 과정이 지속적으로 일어나도록 한다.

정답

1. 산화
2. 2, 2
3. ○
4. ○

(4) **발효의 이용**

발효는 식품 산업, 화장품, 염색약, 바이오 에너지 분야 등에 이용된다.

[24029-0055]

01 그림 (가)는 미토콘드리아의 구조를, (나)는 진핵세포에서 일어나는 세포 호흡 과정의 일부를 나타낸 것이다. A와 B는 각각 막 사이 공간과 미토콘드리아 기질 중 하나이다.

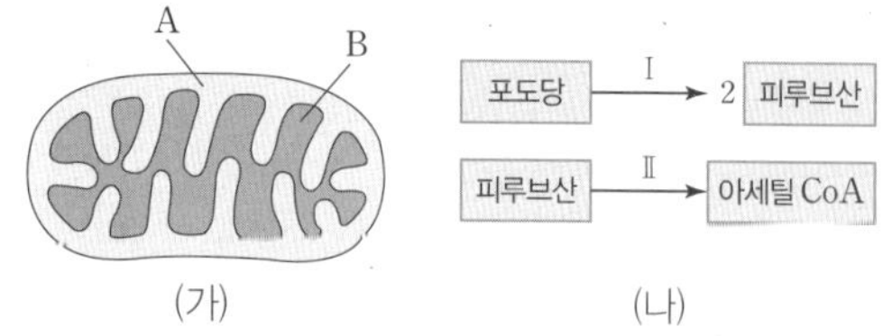

이에 대한 설명으로 옳은 것만을 〈보기〉에서 있는 대로 고른 것은?

보기

ㄱ. 과정 Ⅰ은 B에서 일어난다.
ㄴ. 과정 Ⅱ에서 ATP가 생성된다.
ㄷ. 과정 Ⅰ과 Ⅱ에서 모두 탈수소 반응이 일어난다.

① ㄴ ② ㄷ ③ ㄱ, ㄴ ④ ㄱ, ㄷ ⑤ ㄴ, ㄷ

[24029-0056]

02 그림은 해당 과정의 일부를 나타낸 것이다.

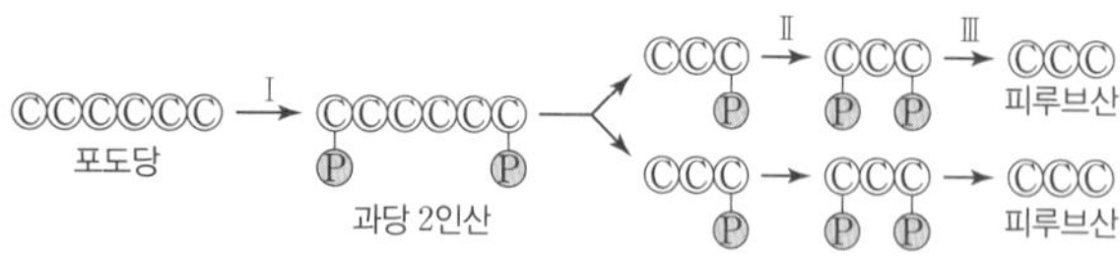

이에 대한 설명으로 옳은 것만을 〈보기〉에서 있는 대로 고른 것은?

보기

ㄱ. 과정 Ⅰ에서 탈탄산 반응이 일어난다.
ㄴ. 과정 Ⅱ에서 NAD^+가 환원된다.
ㄷ. 과정 Ⅲ에서 기질 수준 인산화가 일어난다.

① ㄴ ② ㄷ ③ ㄱ, ㄴ ④ ㄱ, ㄷ ⑤ ㄴ, ㄷ

[24029-0057]

03 그림 (가)는 세포 호흡 과정에서 ATP가 생성되는 반응 중 하나를, (나)는 해당 과정에서의 에너지 변화를 나타낸 것이다. ㉠과 ㉡은 각각 포도당과 피루브산 중 하나이다.

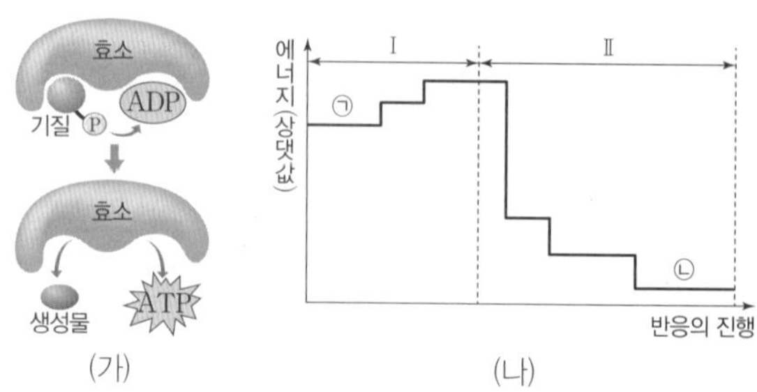

이에 대한 설명으로 옳은 것만을 〈보기〉에서 있는 대로 고른 것은?

보기

ㄱ. 과정 Ⅰ에서 (가)가 일어난다.
ㄴ. 과정 Ⅱ에서 NADH가 생성된다.
ㄷ. 1분자당 $\frac{\text{㉡의 탄소 수}}{\text{㉠의 탄소 수}}=\frac{1}{2}$이다.

① ㄱ ② ㄷ ③ ㄱ, ㄴ ④ ㄴ, ㄷ ⑤ ㄱ, ㄴ, ㄷ

[24029-0058]

04 그림은 세포 호흡 과정의 일부를 나타낸 것이다.

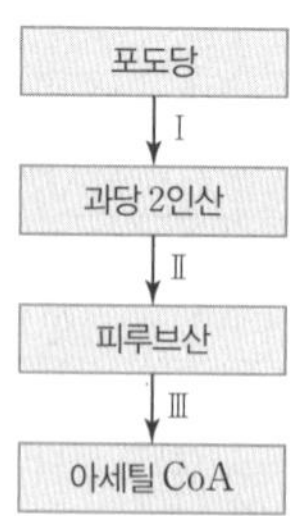

이에 대한 설명으로 옳은 것만을 〈보기〉에서 있는 대로 고른 것은?

보기

ㄱ. 과정 Ⅰ에 탈수소 효소가 관여한다.
ㄴ. 과정 Ⅱ와 Ⅲ에서 모두 산화 환원 반응이 일어난다.
ㄷ. 과정 Ⅲ에서 CO_2가 생성된다.

① ㄱ ② ㄷ ③ ㄱ, ㄴ ④ ㄴ, ㄷ ⑤ ㄱ, ㄴ, ㄷ

[24029-0059]

05 그림은 사람의 세포에서 일어나는 TCA 회로를 나타낸 것이다. ㉠~㉣은 ATP, CO_2, NADH, $FADH_2$를 순서 없이 나타낸 것이다. 이에 대한 설명으로 옳은 것만을 <보기>에서 있는 대로 고른 것은?

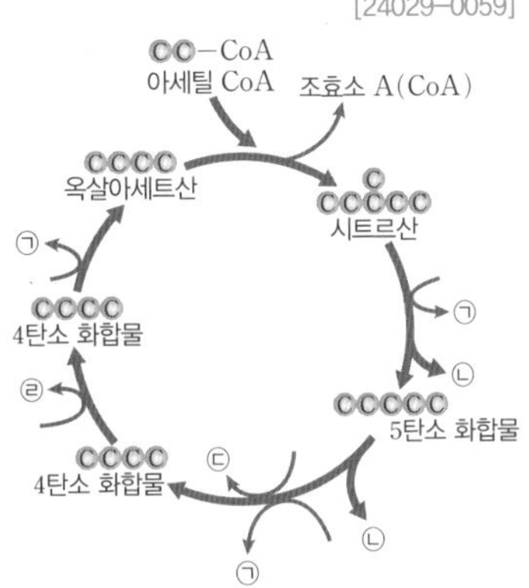

보기

ㄱ. ㉡은 CO_2이다.
ㄴ. ㉢은 기질 수준 인산화에 의해 생성된다.
ㄷ. 산화적 인산화를 통해 1분자의 ㉠으로부터 생성되는 ATP양은 1분자의 ㉣로부터 생성되는 ATP양보다 많다.

① ㄴ ② ㄷ ③ ㄱ, ㄴ ④ ㄱ, ㄷ ⑤ ㄱ, ㄴ, ㄷ

[24029-0060]

06 그림은 세포 호흡 과정의 일부를, 표는 과정 Ⅰ~Ⅲ에서 ATP, CO_2, NADH의 생성 여부를 나타낸 것이다. Ⅰ~Ⅲ은 (가)~(다)를 순서 없이 나타낸 것이다.

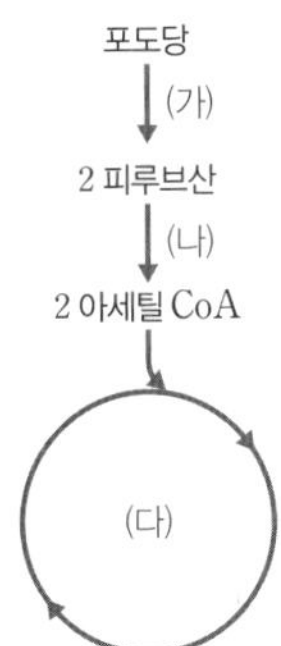

구분	ATP	CO_2	NADH
Ⅰ	×	ⓐ	?
Ⅱ	○	?	ⓑ
Ⅲ	?	×	○

(○: 생성됨, ×: 생성 안 됨)

이에 대한 설명으로 옳은 것만을 <보기>에서 있는 대로 고른 것은?

보기

ㄱ. Ⅱ는 (나)이다.
ㄴ. ⓐ와 ⓑ는 모두 '○'이다.
ㄷ. 포도당 1분자당 Ⅰ에서 생성되는 NADH의 분자 수는 6이다.

① ㄴ ② ㄷ ③ ㄱ, ㄴ ④ ㄱ, ㄷ ⑤ ㄴ, ㄷ

[24029-0061]

07 그림은 전자 전달이 활발하게 일어나고 있는 미토콘드리아 내막의 전자 전달계를 나타낸 것이다. ㉠~㉢은 H_2O, $FADH_2$, NADH를 순서 없이 나타낸 것이고, Ⅰ과 Ⅱ는 각각 막 사이 공간과 미토콘드리아 기질 중 하나이다.

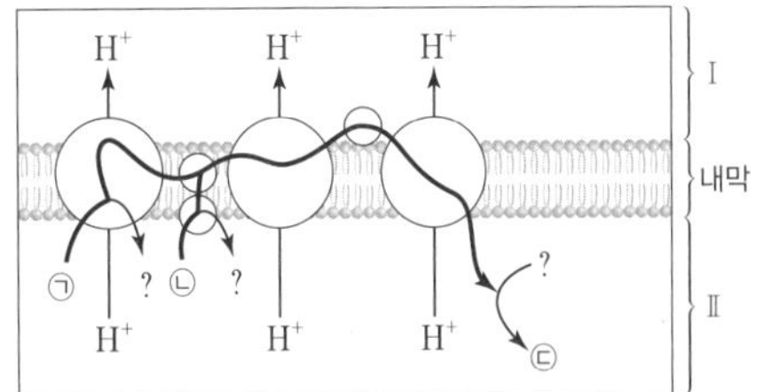

이에 대한 설명으로 옳은 것만을 <보기>에서 있는 대로 고른 것은?

보기

ㄱ. ㉠은 $FADH_2$이다.
ㄴ. pH는 Ⅱ에서가 Ⅰ에서보다 높다.
ㄷ. 2분자의 ㉡이 산화될 때 1분자의 ㉢이 생성된다.

① ㄱ ② ㄴ ③ ㄷ ④ ㄱ, ㄴ ⑤ ㄴ, ㄷ

[24029-0062]

08 그림은 TCA 회로에서 물질 전환 과정의 일부를, 표는 과정 Ⅰ~Ⅲ에서 물질 ㉠~㉢의 생성 여부를 나타낸 것이다. A~D는 시트르산, 옥살아세트산, 4탄소 화합물, 5탄소 화합물을 순서 없이 나타낸 것이고, ㉠~㉢은 ATP, CO_2, NADH를 순서 없이 나타낸 것이다.

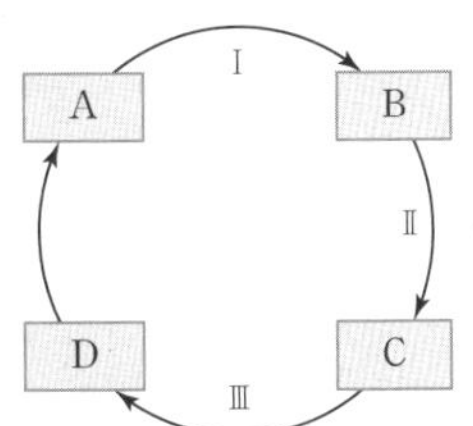

과정 \ 물질	㉠	㉡	㉢
Ⅰ	×	○	○
Ⅱ	○	○	○
Ⅲ	×	○	×

(○: 생성됨, ×: 생성 안 됨)

이에 대한 설명으로 옳은 것만을 <보기>에서 있는 대로 고른 것은?

보기

ㄱ. 1분자당 $\frac{\text{B의 탄소 수}+\text{D의 탄소 수}}{\text{A의 탄소 수}+\text{C의 탄소 수}}>1$이다.
ㄴ. Ⅰ과 Ⅱ에서 모두 탈탄산 반응이 일어난다.
ㄷ. 세포 호흡 과정에서 1분자의 포도당이 완전 분해될 때 생성되는 ㉡의 분자 수는 10이다.

① ㄴ ② ㄷ ③ ㄱ, ㄴ ④ ㄱ, ㄷ ⑤ ㄴ, ㄷ

[24029-0063]

09 그림은 세포 호흡이 일어나고 있는 어떤 세포의 미토콘드리아에서 산화적 인산화 과정의 일부를 나타낸 것이다. (가)와 (나)는 각각 막 사이 공간과 미토콘드리아 기질 중 하나이다.

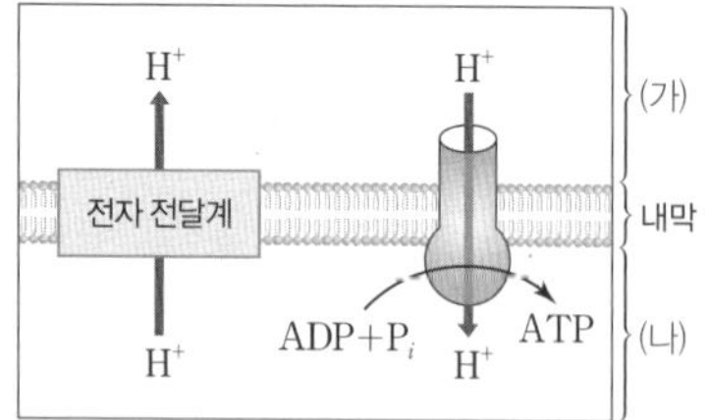

이에 대한 설명으로 옳은 것만을 <보기>에서 있는 대로 고른 것은?

보기
ㄱ. 피루브산의 산화는 (가)에서 일어난다.
ㄴ. (나)에서 탈탄산 반응이 일어난다.
ㄷ. H^+이 전자 전달계를 통해 (나)에서 (가)로 이동하는 방식은 능동 수송이다.

① ㄴ ② ㄷ ③ ㄱ, ㄴ ④ ㄱ, ㄷ ⑤ ㄴ, ㄷ

[24029-0064]

10 그림은 진핵세포에서 일어나는 세포 호흡 과정의 일부를 나타낸 것이다. ㉠과 ㉡은 각각 피루브산과 아세틸 CoA 중 하나이고, ⓐ~ⓒ는 CO_2, NAD^+, NADH를 순서 없이 나타낸 것이다.

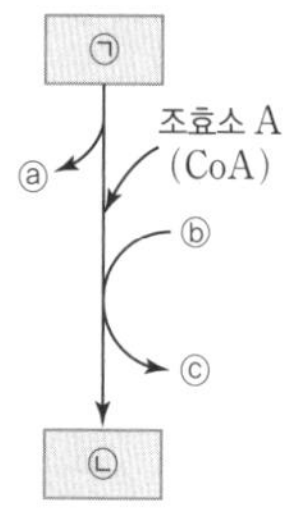

이에 대한 설명으로 옳은 것만을 <보기>에서 있는 대로 고른 것은? (단, CoA의 탄소 수는 고려하지 않는다.)

보기
ㄱ. 1분자당 ㉠과 ⓐ의 탄소 수의 합은 4이다.
ㄴ. ⓑ가 ⓒ로 전환되는 과정에서 탈수소 효소가 작용한다.
ㄷ. 1분자의 ㉡이 TCA 회로를 통해 완전 분해될 때 3분자의 ⓒ가 생성된다.

① ㄴ ② ㄷ ③ ㄱ, ㄴ ④ ㄱ, ㄷ ⑤ ㄱ, ㄴ, ㄷ

[24029-0065]

11 그림은 세포 호흡이 일어나고 있는 어떤 사람 세포의 미토콘드리아에서 전자 전달계를 통한 H^+의 이동을, 표는 미토콘드리아에서 물질 X와 Y의 작용을 나타낸 것이다. Ⅰ과 Ⅱ는 각각 막 사이 공간과 미토콘드리아 기질 중 하나이다.

Ⅰ
H^+
내막
전자 전달계
Ⅱ
H^+

물질	작용
X	전자 전달계를 통한 전자의 이동을 차단한다.
Y	미토콘드리아 내막에 있는 인지질을 통해 H^+을 새어 나가게 한다.

이에 대한 설명으로 옳은 것만을 <보기>에서 있는 대로 고른 것은?

보기
ㄱ. X를 첨가하면 O_2의 소모가 억제된다.
ㄴ. Ⅰ의 pH는 Y를 처리하기 전이 처리한 후보다 높다.
ㄷ. X와 Y를 각각 처리했을 때 모두 ATP 합성이 억제된다.

① ㄱ ② ㄴ ③ ㄱ, ㄷ ④ ㄴ, ㄷ ⑤ ㄱ, ㄴ, ㄷ

[24029-0066]

12 그림은 동물 세포에서 물질 (가)와 (나), 탄수화물이 세포 호흡에 이용되는 과정을 나타낸 것이다. (가)와 (나)는 각각 단백질과 지방 중 하나이고, ㉠~㉢은 지방산, 글리세롤, 아미노산을 순서 없이 나타낸 것이다.

(가)
㉠
㉡
탄수화물 → 포도당 → 해당 과정 → 피루브산 → 아세틸 CoA → TCA 회로 → 산화적 인산화
(나) → ㉢

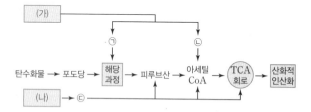

이에 대한 설명으로 옳은 것만을 <보기>에서 있는 대로 고른 것은?

보기
ㄱ. (가)의 호흡률은 1이다.
ㄴ. ㉡이 세포 호흡에 이용되는 과정에서 기질 수준 인산화가 일어나지 않는다.
ㄷ. ㉢은 아미노기가 제거된 후 세포 호흡에 이용된다.

① ㄴ ② ㄷ ③ ㄱ, ㄴ ④ ㄱ, ㄷ ⑤ ㄴ, ㄷ

[24029-0067]

13 그림은 산소와 포도당이 모두 포함된 배양액에 미생물 X를 넣고 밀폐한 후, 시간에 따른 배양액 내 물질 ㉠과 ㉡의 농도를 나타낸 것이다. ㉠과 ㉡은 각각 젖산과 포도당 중 하나이다.

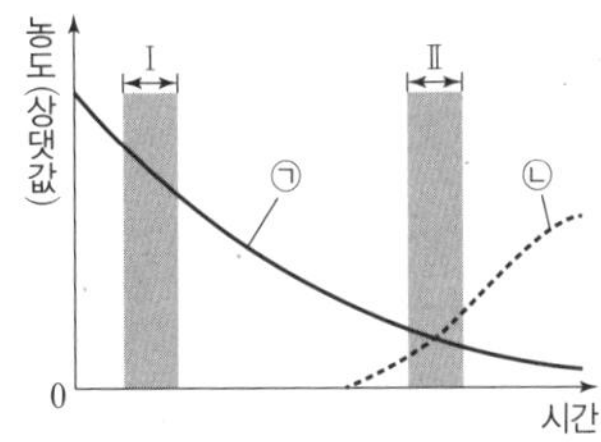

이에 대한 설명으로 옳은 것만을 〈보기〉에서 있는 대로 고른 것은?

보기

ㄱ. 1분자당 탄소 수는 ㉠이 ㉡의 2배이다.
ㄴ. 구간 Ⅰ에서 NADH가 산화된다.
ㄷ. 단위 시간당 생성되는 CO_2의 양은 구간 Ⅱ에서가 구간 Ⅰ에서보다 많다.

① ㄴ ② ㄷ ③ ㄱ, ㄴ ④ ㄱ, ㄷ ⑤ ㄴ, ㄷ

[24029-0069]

15 그림은 진핵세포에서 일어나는 산소 호흡과 발효 과정의 일부를, 표는 과정 Ⅰ과 Ⅱ에서 물질 ㉠과 ㉡의 생성 여부를 나타낸 것이다. A~C는 에탄올, 피루브산, 아세틸 CoA를 순서 없이 나타낸 것이고, ㉠과 ㉡은 각각 CO_2와 NADH 중 하나이다.

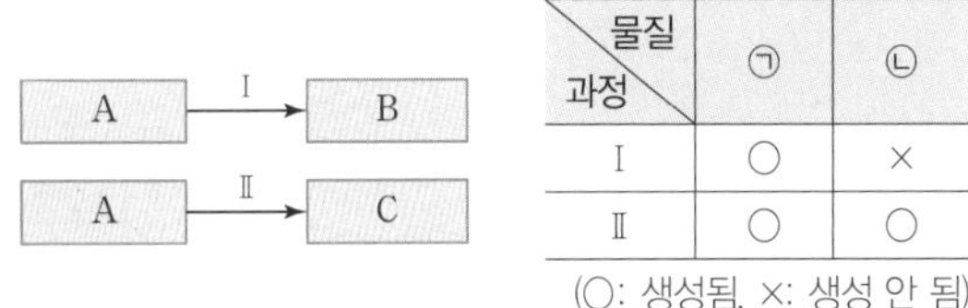

과정 \ 물질	㉠	㉡
Ⅰ	○	×
Ⅱ	○	○

(○: 생성됨, ×: 생성 안 됨)

이에 대한 설명으로 옳은 것만을 〈보기〉에서 있는 대로 고른 것은? (단, CoA의 탄소 수는 고려하지 않는다.)

보기

ㄱ. ㉡은 NADH이다.
ㄴ. Ⅰ에서 탈탄산 반응이 일어난다.
ㄷ. 1분자당 $\frac{\text{B의 탄소 수}}{\text{A의 탄소 수}}=\frac{2}{3}$이다.

① ㄱ ② ㄴ ③ ㄱ, ㄷ ④ ㄴ, ㄷ ⑤ ㄱ, ㄴ, ㄷ

[24029-0068]

14 그림은 세포 호흡과 발효에서 일어나는 과정 Ⅰ~Ⅳ를 나타낸 것이다.

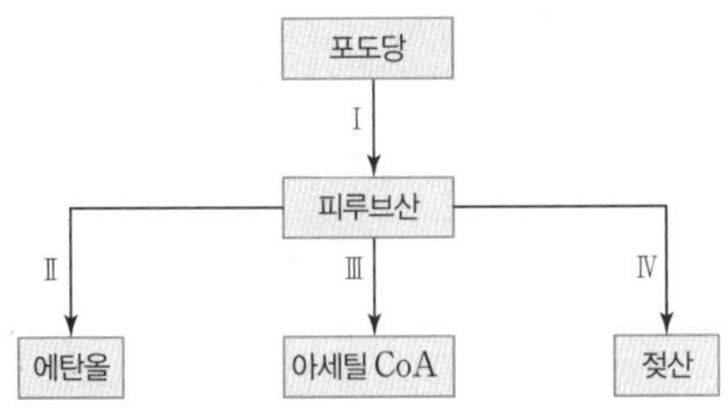

이에 대한 설명으로 옳은 것만을 〈보기〉에서 있는 대로 고른 것은?

보기

ㄱ. Ⅰ과 Ⅱ에서 모두 NAD^+가 환원된다.
ㄴ. Ⅱ와 Ⅲ에서 모두 탈탄산 반응이 일어난다.
ㄷ. Ⅰ과 Ⅳ는 모두 세포질에서 일어난다.

① ㄴ ② ㄷ ③ ㄱ, ㄴ ④ ㄱ, ㄷ ⑤ ㄴ, ㄷ

[24029-0070]

16 그림 (가)와 (나)는 젖산 발효와 알코올 발효를 순서 없이 나타낸 것이다. ㉠~㉢은 젖산, 에탄올, 아세트알데하이드를 순서 없이 나타낸 것이다.

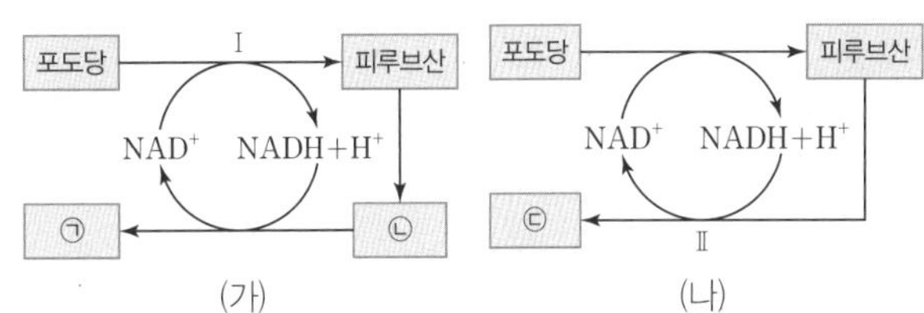

이에 대한 설명으로 옳은 것만을 〈보기〉에서 있는 대로 고른 것은?

보기

ㄱ. 1분자당 탄소 수는 ㉢이 ㉡보다 많다.
ㄴ. 사람의 근육 세포에서 (가)가 일어난다.
ㄷ. 과정 Ⅰ과 Ⅱ에서 모두 ATP가 생성된다.

① ㄱ ② ㄷ ③ ㄱ, ㄴ ④ ㄴ, ㄷ ⑤ ㄱ, ㄴ, ㄷ

단백질은 아미노산으로 분해된 후 호흡 기질로 이용된다.

[24029-0071]

01 그림은 동물 세포에서 물질 (가)와 (나)가 세포 호흡에 이용되는 과정을 나타낸 것이다. (가)와 (나)는 단백질과 탄수화물을 순서 없이 나타낸 것이고, ㉠과 ㉡은 아미노산과 아세틸 CoA를 순서 없이 나타낸 것이다.

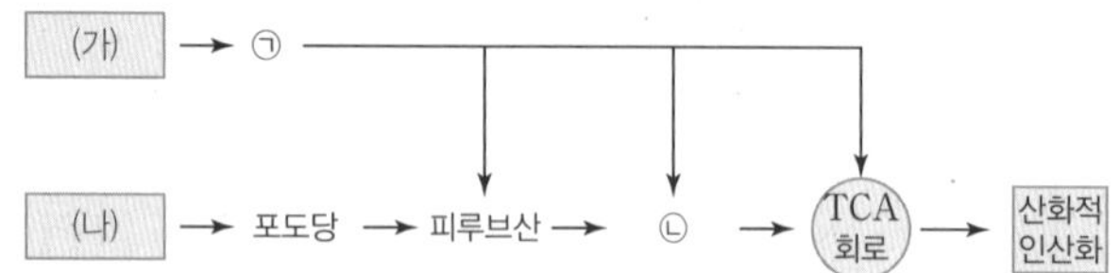

이에 대한 설명으로 옳은 것만을 <보기>에서 있는 대로 고른 것은?

보기

ㄱ. 호흡률은 (가)가 (나)보다 크다.
ㄴ. ㉠이 세포 호흡에 이용될 때 산화적 인산화가 일어나지 않는다.
ㄷ. 1분자의 ㉡이 TCA 회로를 통해 완전 분해될 때 생성되는 CO_2의 분자 수는 2이다.

① ㄴ ② ㄷ ③ ㄱ, ㄴ ④ ㄱ, ㄷ ⑤ ㄱ, ㄴ, ㄷ

해당 과정에서 기질 수준 인산화에 의해 ATP가 생성된다.

[24029-0072]

02 그림은 세포 호흡 과정의 일부를, 표는 과정 ㉠~㉢에서 세포 호흡과 관련된 특징의 유무를 나타낸 것이다. ㉠~㉢은 Ⅰ~Ⅲ을 순서 없이 나타낸 것이다.

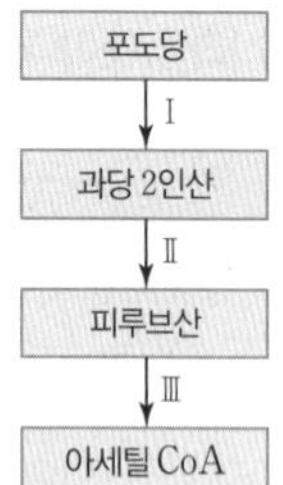

특징	㉠	㉡	㉢
CO_2가 생성된다.	?	○	?
NAD^+가 환원된다.	○	?	ⓐ
기질 수준 인산화가 일어난다.	ⓑ	?	×

(○: 있음, ×: 없음)

이에 대한 설명으로 옳은 것만을 <보기>에서 있는 대로 고른 것은?

보기

ㄱ. ⓐ와 ⓑ는 모두 '○'이다.
ㄴ. ㉠은 미토콘드리아에서 일어난다.
ㄷ. ㉡에서 탈수소 효소가 작용한다.

① ㄴ ② ㄷ ③ ㄱ, ㄴ ④ ㄱ, ㄷ ⑤ ㄱ, ㄴ, ㄷ

[24029-0073]

03 그림은 세포 호흡이 활발한 미토콘드리아에서 일어나는 산화적 인산화 과정의 일부를, 표는 세포 호흡에서 일어나는 반응 (가)~(다)를 나타낸 것이다. Ⅰ과 Ⅱ는 각각 막 사이 공간과 미토콘드리아 기질 중 하나이고, ㉠~㉤은 수이다.

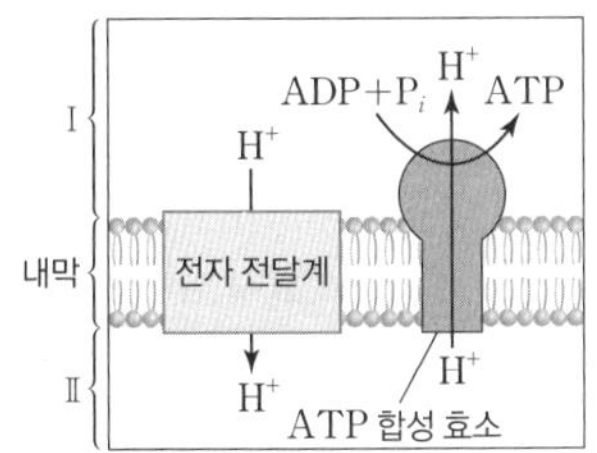

(가)	$4H^+ + 4e^- +$ ㉠$O_2 \rightarrow 2H_2O$
(나)	$NADH + H^+ \rightarrow NAD^+ +$ ㉡$H^+ +$ ㉢e^-
(다)	$FAD +$ ㉣$H^+ +$ ㉤$e^- \rightarrow FADH_2$

이에 대한 설명으로 옳은 것만을 <보기>에서 있는 대로 고른 것은?

● 보기 ●

ㄱ. ㉠+㉡+㉢+㉣+㉤=9이다.
ㄴ. (가)가 억제되면 Ⅰ에서 (나)의 반응이 증가한다.
ㄷ. (다)는 Ⅱ에서 일어난다.

① ㄱ ② ㄷ ③ ㄱ, ㄴ ④ ㄴ, ㄷ ⑤ ㄱ, ㄴ, ㄷ

NADH와 $FADH_2$ 1분자당 방출되는 전자는 $2e^-$이며, $2e^-$가 $\frac{1}{2}O_2$에 최종적으로 전달되어 H_2O을 생성한다.

[24029-0074]

04 그림 (가)는 미토콘드리아의 구조를, (나)는 미토콘드리아에 4탄소 화합물, ADP와 P_i, 물질 X와 Y를 순차적으로 첨가하면서 시간에 따른 소비된 O_2의 총량과 생성된 ATP의 총량을 나타낸 것이다. X는 ATP 합성 효소를 통한 H^+의 이동을 차단하고, Y는 미토콘드리아 내막에 있는 인지질을 통해 H^+을 새어 나가게 한다. ㉠과 ㉡은 각각 막 사이 공간과 미토콘드리아 기질 중 하나이고, ⓐ와 ⓑ는 각각 O_2와 ATP 중 하나이다.

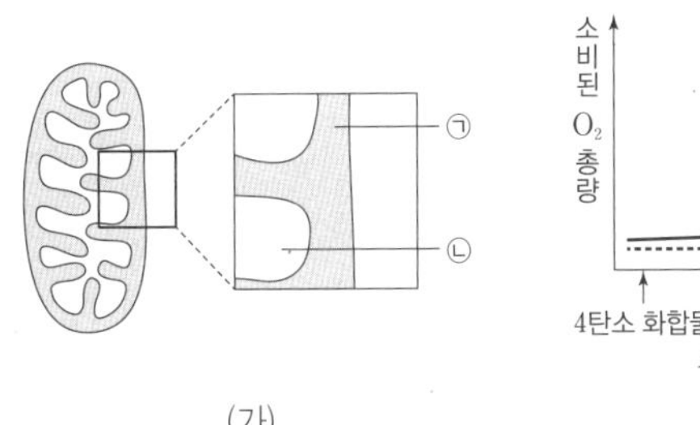

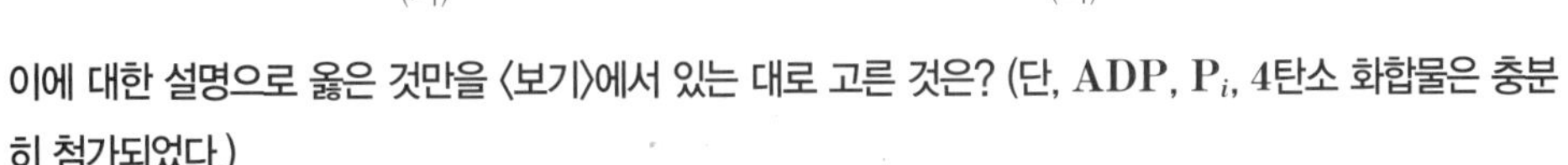

(가) (나)

이에 대한 설명으로 옳은 것만을 <보기>에서 있는 대로 고른 것은? (단, ADP, P_i, 4탄소 화합물은 충분히 첨가되었다.)

● 보기 ●

ㄱ. ⓐ는 ATP이다.
ㄴ. 단위 시간당 세포 호흡에 의해 생성되는 H_2O의 분자 수는 구간 Ⅰ에서가 구간 Ⅱ에서보다 크다.
ㄷ. $\frac{\text{㉠에서의 pH}}{\text{㉡에서의 pH}}$는 구간 Ⅱ에서가 구간 Ⅲ에서보다 크다.

① ㄱ ② ㄴ ③ ㄱ, ㄷ ④ ㄴ, ㄷ ⑤ ㄱ, ㄴ, ㄷ

ATP 합성 효소를 통한 H^+의 이동을 차단하면 ATP 합성이 일어나지 않으며, H^+ 농도 기울기가 감소하지 않으므로 전자 전달계에서 전자의 이동은 점점 감소한다.

시트르산이 5탄소 화합물로 산화되는 과정에서 탈수소 반응에 의해 NAD^+가 NADH로 환원된다. 이 과정에서 탈탄산 반응에 의해 CO_2가 방출된다.

[24029-0075]

05 그림은 세포 호흡이 일어나고 있는 미토콘드리아의 TCA 회로 일부를, 표는 과정 Ⅰ~Ⅳ에서 물질 ㉠~㉣의 생성 여부를 나타낸 것이다. A~D는 시트르산, 옥살아세트산, 4탄소 화합물, 5탄소 화합물을 순서 없이 나타낸 것이고, ㉠~㉣은 ATP, CO_2, $FADH_2$, NADH를 순서 없이 나타낸 것이다. 이에 대한 설명으로 옳은 것만을 〈보기〉에서 있는 대로 고른 것은?

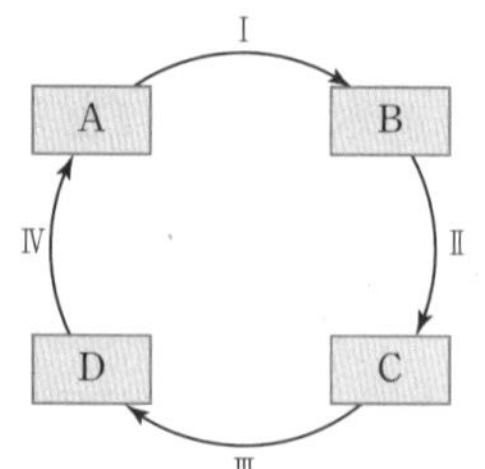

구분	㉠	㉡	㉢	㉣
Ⅰ	×	○	ⓐ	?
Ⅱ	○	?	×	×
Ⅲ	ⓑ	×	×	?
Ⅳ	?	○	×	ⓒ

(○: 생성됨, ×: 생성 안 됨)

보기

ㄱ. ⓐ~ⓒ는 모두 '○'이다.

ㄴ. 1분자의 아세틸 CoA가 TCA 회로에서 완전히 분해될 때 생성되는 ㉡의 분자 수는 ㉣의 분자 수보다 크다.

ㄷ. 1분자당 $\frac{\text{B의 탄소 수}}{\text{C의 탄소 수}}=1$이다.

① ㄱ ② ㄷ ③ ㄱ, ㄴ ④ ㄴ, ㄷ ⑤ ㄱ, ㄴ, ㄷ

미토콘드리아 내막의 인지질을 통해 H^+이 새어 나가게 하면 H^+ 농도 기울기가 감소하여 ATP 합성이 감소하나, 전자 전달계에서 전자의 이동은 정상적으로 진행된다.

[24029-0076]

06 그림은 세포 호흡이 활발한 미토콘드리아에서 일어나는 산화적 인산화 반응을, 표는 이 과정에 영향을 미치는 물질 X와 Y의 작용을 나타낸 것이다. ㉠~㉣은 O_2, H_2O, $FADH_2$, NADH를 순서 없이 나타낸 것이다.

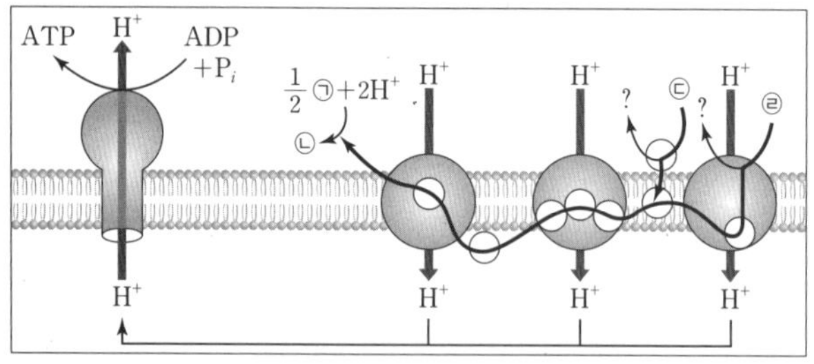

물질	작용
X	미토콘드리아 내막에 있는 인지질을 통해 H^+을 새어 나가게 한다.
Y	전자 전달 효소 복합체에서 ㉠으로의 전자 전달을 억제한다.

이에 대한 설명으로 옳은 것만을 〈보기〉에서 있는 대로 고른 것은?

보기

ㄱ. 단위 시간당 ㉠의 소모량은 X를 처리한 후가 처리하기 전보다 많다.

ㄴ. 1분자의 ㉡을 생성하는 데 필요한 분자 수는 ㉢이 ㉣보다 크다.

ㄷ. 미토콘드리아 막 사이 공간의 pH는 Y를 처리하기 전이 처리한 후보다 높다.

① ㄱ ② ㄴ ③ ㄱ, ㄷ ④ ㄴ, ㄷ ⑤ ㄱ, ㄴ, ㄷ

[24029-0077]

07 그림 (가)는 어떤 세포에서 아세틸 CoA가 TCA 회로와 산화적 인산화를 거쳐 분해되는 반응을, (나)는 이 세포의 미토콘드리아에서 일어나는 산화적 인산화 과정의 일부를 나타낸 것이다. ㉠~㉣은 분자 수이고, Ⅰ과 Ⅱ는 각각 막 사이 공간과 미토콘드리아 기질 중 하나이다.

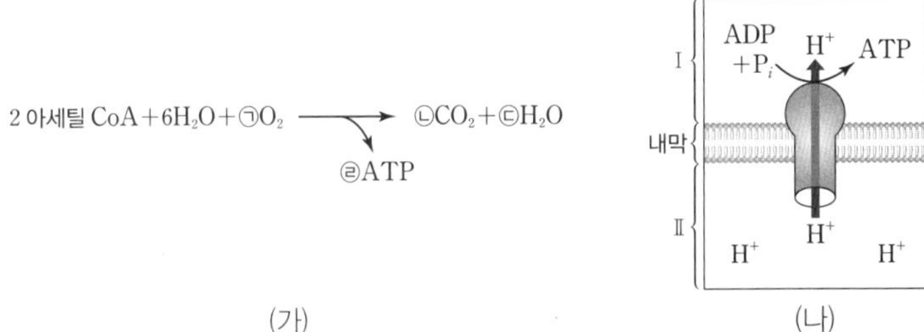

(가) (나)

이에 대한 설명으로 옳은 것만을 〈보기〉에서 있는 대로 고른 것은? (단, (가)에서 ADP와 P_i은 나타내지 않았으며, 산화적 인산화를 통해 1분자의 NADH로부터 2.5분자의 ATP가, 1분자의 $FADH_2$로부터 1.5분자의 ATP가 생성된다.)

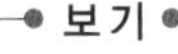

보기

ㄱ. $\frac{㉡+㉢}{㉠+㉣}=\frac{1}{2}$이다.

ㄴ. (가)의 CO_2는 (나)의 Ⅱ에서 생성된다.

ㄷ. (나)에서 Ⅱ로부터 Ⅰ로의 H^+ 이동 방식은 촉진 확산이다.

① ㄴ ② ㄷ ③ ㄱ, ㄴ ④ ㄱ, ㄷ ⑤ ㄴ, ㄷ

미토콘드리아 내막을 경계로 형성된 H^+ 농도 기울기에 의해 H^+이 ATP 합성 효소를 통해 막 사이 공간에서 미토콘드리아 기질로 확산될 때 ATP가 합성된다.

[24029-0078]

08 그림은 세포 호흡이 일어나고 있는 미토콘드리아의 TCA 회로에서 물질 전환 과정 Ⅰ~Ⅲ을, 표는 Ⅰ~Ⅲ에서 생성되는 물질 ㉠~㉣ 중 2개의 분자 수를 더한 값을 나타낸 것이다. A~D는 시트르산, 옥살아세트산, 4탄소 화합물, 5탄소 화합물을 순서 없이 나타낸 것이고, ㉠~㉣은 ATP, CO_2, $FADH_2$, NADH를 순서 없이 나타낸 것이다.

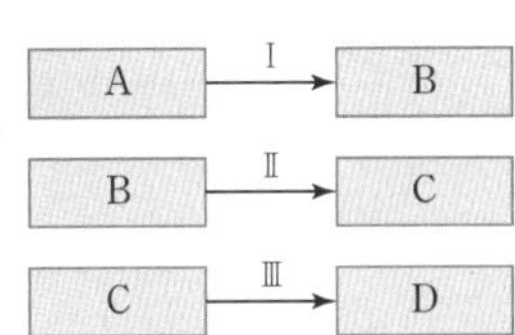

과정	분자 수를 더한 값		
	㉠+㉡	㉠+㉢	㉢+㉣
Ⅰ	0	1	2
Ⅱ	1	2	2
Ⅲ	1	0	1

이에 대한 설명으로 옳은 것만을 〈보기〉에서 있는 대로 고른 것은?

보기

ㄱ. 1분자당 $\frac{\text{C의 탄소 수}}{\text{A의 탄소 수}}=\frac{2}{3}$이다.

ㄴ. TCA 회로에서 1분자의 B가 D로 전환될 때 생성되는 ㉠과 ㉣의 분자 수를 더한 값은 3이다.

ㄷ. 1분자의 포도당이 세포 호흡을 통해 완전 분해될 때 생성되는 ㉢의 분자 수는 6이다.

① ㄱ ② ㄷ ③ ㄱ, ㄴ ④ ㄴ, ㄷ ⑤ ㄱ, ㄴ, ㄷ

1분자의 아세틸 CoA가 TCA 회로를 통해 완전 분해되는 과정에서 2분자의 CO_2, 3분자의 NADH, 1분자의 $FADH_2$, 1분자의 ATP가 생성된다.

알코올 발효는 '포도당 → 2피루브산 → 2에탄올+2이산화탄소'의 과정을 거치고, 젖산 발효는 '포도당 → 2피루브산 → 2젖산'의 과정을 거친다.

[24029-0079]

09 그림은 발효에서 일어나는 과정 Ⅰ~Ⅲ을, 표 (가)는 Ⅰ~Ⅲ의 특징을, (나)는 (가)의 특징 중 과정 ㉠~㉢이 가지는 특징의 수를 나타낸 것이다. ㉠~㉢은 Ⅰ~Ⅲ을 순서 없이 나타낸 것이다.

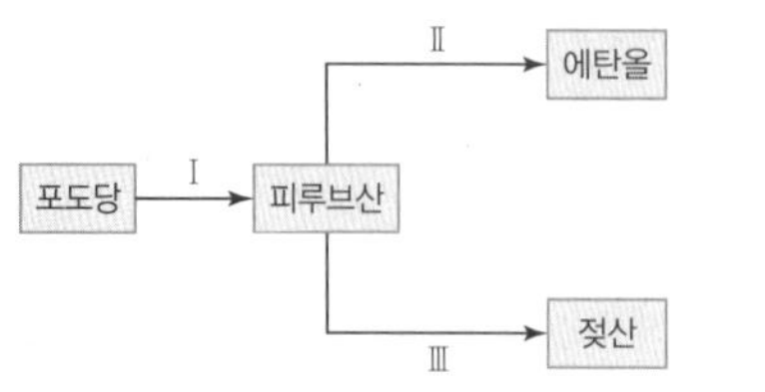

특징
• CO_2가 발생한다.
• NADH가 산화된다.
• 산소가 소모되지 않는다.

(가)

과정	특징의 수
㉠	1
㉡	2
㉢	ⓐ

(나)

이에 대한 설명으로 옳은 것만을 〈보기〉에서 있는 대로 고른 것은?

보기

ㄱ. ⓐ는 3이다.
ㄴ. ㉠에서 NAD^+가 환원된다.
ㄷ. ㉡에서 기질 수준 인산화가 일어난다.

① ㄱ ② ㄷ ③ ㄱ, ㄴ ④ ㄴ, ㄷ ⑤ ㄱ, ㄴ, ㄷ

효모의 알코올 발효 과정에서 CO_2가 생성된다.

[24029-0080]

10 다음은 효모를 이용한 발효 실험이다.

[실험 과정]

(가) 표와 같이 발효관 A~C에 용액을 첨가하고, 맹관부에 기포가 들어가지 않도록 세운 다음 입구를 솜마개로 막는다.

발효관	첨가한 물질
A	5 % 포도당 용액 20 mL+효모액 15 mL
B	5 % 설탕 용액 20 mL+효모액 15 mL
C	5 % 포도당 용액 20 mL+증류수 15 mL

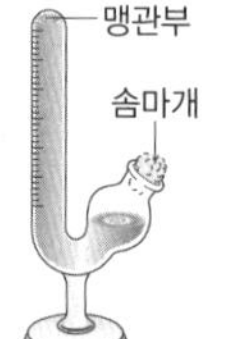

(나) ㉠맹관부에 모인 기체의 부피를 5분 간격으로 측정한다.

(다) 기체가 충분히 모이면 발효관의 용액을 일정량 덜어내고 KOH 수용액을 첨가한 후 맹관부에 모인 기체의 부피를 측정한다.

[실험 결과]

A~C에서 맹관부에 모인 기체의 부피 변화를 측정한 결과는 그림과 같다.

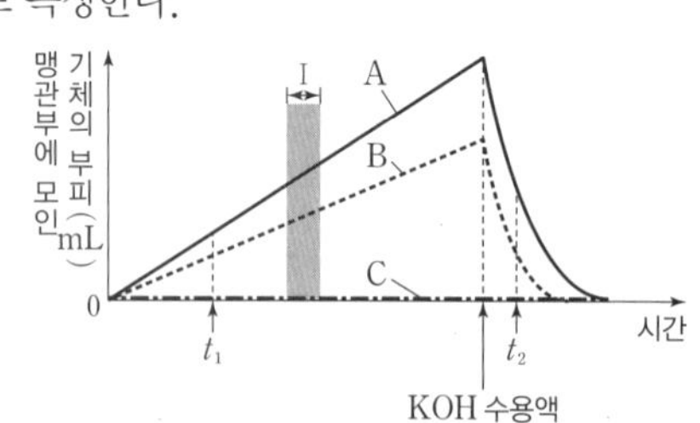

이에 대한 설명으로 옳은 것만을 〈보기〉에서 있는 대로 고른 것은? (단, 제시된 조건 이외의 다른 조건은 동일하다.)

보기

ㄱ. ㉠은 아세트알데하이드가 에탄올로 환원될 때 생성된다.
ㄴ. C의 구간 Ⅰ에서 NADH가 산화된다.
ㄷ. $\frac{t_2\text{일 때 B에서 에탄올의 농도}}{t_1\text{일 때 A에서 에탄올의 농도}}$는 1보다 크다.

① ㄱ ② ㄷ ③ ㄱ, ㄴ ④ ㄴ, ㄷ ⑤ ㄱ, ㄴ, ㄷ

[24029-0081]

11 그림은 세포 호흡과 발효에서 일어나는 과정 Ⅰ~Ⅲ을, 표는 Ⅰ~Ⅲ 중 물질 ⓐ~ⓒ가 생성되는 과정을 나타낸 것이다. ㉠~㉣은 젖산, 에탄올, 피루브산, 아세틸 CoA를 순서 없이 나타낸 것이고, ⓐ~ⓒ는 각각 CO_2, NAD^+, NADH 중 하나이다.

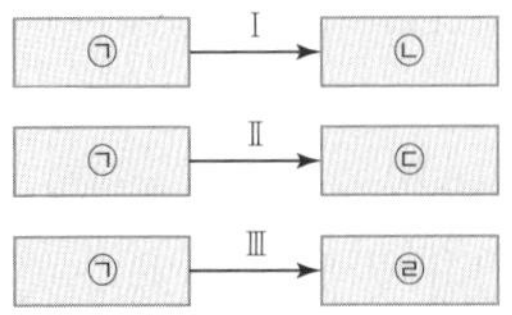

물질	과정
ⓐ	Ⅰ
ⓑ	Ⅰ, Ⅱ
ⓒ	Ⅱ, Ⅲ

이에 대한 설명으로 옳은 것만을 〈보기〉에서 있는 대로 고른 것은? (단, CoA의 탄소 수와 수소 수는 고려하지 않는다.)

보기

ㄱ. 1분자당 $\frac{㉠의\ 탄소\ 수+㉢의\ 수소\ 수+㉣의\ 탄소\ 수}{㉠의\ 수소\ 수+㉢의\ 탄소\ 수+㉣의\ 수소\ 수}>1$이다.

ㄴ. 과정 Ⅰ에서 탈탄산 반응이 일어난다.

ㄷ. 과정 Ⅲ에서 ⓐ가 ⓒ로 산화된다.

① ㄴ ② ㄷ ③ ㄱ, ㄴ ④ ㄱ, ㄷ ⑤ ㄴ, ㄷ

젖산 발효에서 피루브산은 젖산으로 환원되며, 이 과정에서 NADH가 NAD^+로 산화된다.

[24029-0082]

12 표는 세포 호흡과 발효에서 일어나는 물질 전환 과정 (가)~(마)에서 생성되는 물질을 나타낸 것이다. A~F는 젖산, 에탄올, 포도당, 피루브산, 아세틸 CoA, 아세트알데하이드를 순서 없이 나타낸 것이고, ㉠~㉢은 CO_2, NAD^+, NADH를 순서 없이 나타낸 것이다.

과정	물질 전환	생성되는 물질
(가)	A → B	㉠
(나)	C → D	㉠
(다)	A → C	㉢
(라)	A → E	㉡, ㉢
(마)	F → 2A	㉡

이에 대한 설명으로 옳은 것만을 〈보기〉에서 있는 대로 고른 것은? (단, CoA의 탄소 수는 고려하지 않는다.)

보기

ㄱ. (마)에서 기질 수준 인산화가 일어난다.

ㄴ. 1분자의 포도당이 세포 호흡에 의해 완전 분해될 때 6분자의 ㉡이 생성된다.

ㄷ. 1분자당 $\frac{C의\ 탄소\ 수+D의\ 탄소\ 수}{A의\ 탄소\ 수+B의\ 탄소\ 수}=1$이다.

① ㄱ ② ㄷ ③ ㄱ, ㄴ ④ ㄴ, ㄷ ⑤ ㄱ, ㄴ, ㄷ

1분자의 포도당이 해당 과정, 피루브산의 산화와 TCA 회로를 통해 완전 분해되는 과정에서 6분자의 CO_2와 10분자의 NADH가 생성된다.

05 광합성

1 엽록체와 광합성

(1) 엽록체

① 광합성이 일어나는 장소로, 외막과 내막의 2중막으로 싸여 있다.

② 엽록체 내부는 틸라코이드가 겹겹이 쌓여 있는 그라나와 기질 부분인 스트로마로 구성되어 있다.

- 틸라코이드 막: 틸라코이드를 이루는 막으로, 광합성 색소들이 결합된 단백질 복합체인 광계와 전자 전달 효소, ATP 합성 효소 등이 있어 빛에너지가 화학 에너지로 전환되는 장소이다.
- 스트로마: 유기물을 합성하는 데 필요한 여러 가지 효소가 있어 포도당이 합성되는 장소이다.

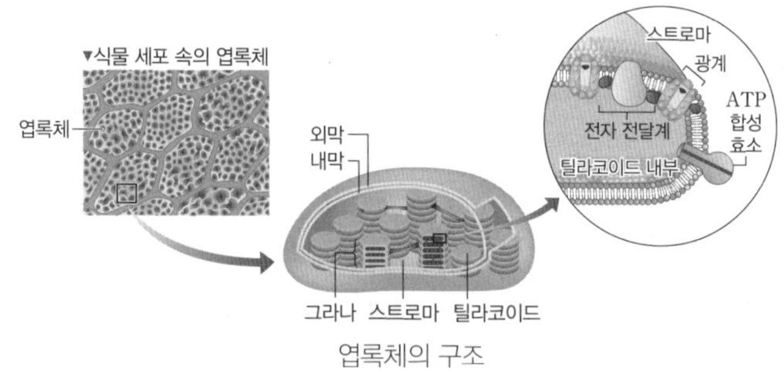

엽록체의 구조

③ DNA와 리보솜을 갖고 있어 스스로 복제하여 증식할 수 있다.

(2) 미토콘드리아와 엽록체의 공통점과 차이점

구분	미토콘드리아	엽록체
공통점	• 에너지 전환이 일어나는 세포 소기관이다. • 외막과 내막의 2중막 구조로 되어 있다. • 미토콘드리아 내막과 엽록체 틸라코이드 막에는 에너지 전환에 관여하는 단백질이 있다. • 미토콘드리아 기질과 엽록체 스트로마에는 자체 DNA와 리보솜이 있어 스스로 복제하여 증식할 수 있다. • 복잡한 막 구조는 표면적을 넓혀 물질대사가 일어나는 공간을 넓힘으로써 에너지 전환의 효율을 높일 수 있다.	
차이점	• 세포 호흡이 일어난다. • 거의 모든 진핵세포에 있다.	• 광합성이 일어난다. • 광합성을 하는 식물과 조류에 있다.

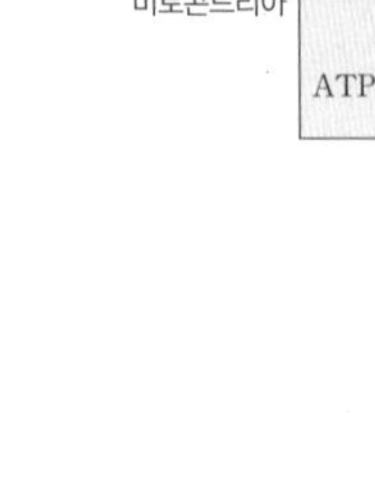

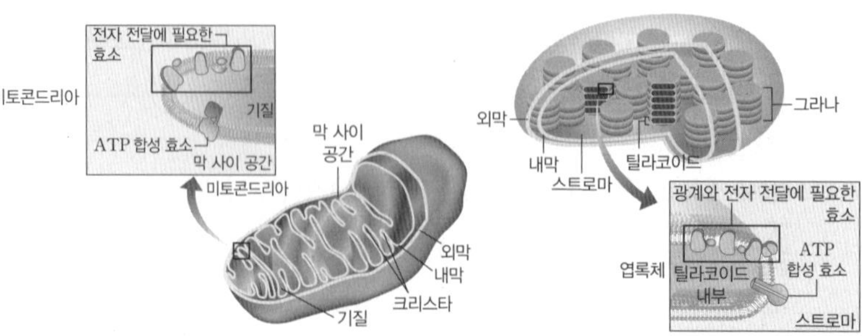

미토콘드리아와 엽록체의 구조 비교

개념 체크

◘ 광합성은 엽록체에서 빛에너지를 화학 에너지로 전환하여 포도당을 합성하는 과정으로, 이 과정에서 산소가 방출된다.

1. (　　)는 광합성이 일어나는 장소로, 외막과 내막의 2중막으로 싸여 있다.

2. (　　)은 틸라코이드를 이루는 막으로, 광합성 색소들이 결합된 광계, 전자 전달 효소, ATP 합성 효소 등이 있다.

3. 엽록체 내부의 기질 부분인 (　　)는 포도당이 합성되는 장소이다.

※ ○ 또는 ×

4. 미토콘드리아와 엽록체는 모두 자체 DNA와 리보솜이 있어 스스로 복제하여 증식할 수 있다. (　　)

5. 미토콘드리아와 엽록체는 모두 에너지 전환이 일어나는 세포 소기관이다. (　　)

정답

1. 엽록체
2. 틸라코이드 막
3. 스트로마
4. ○
5. ○

(3) 광합성 색소

① **엽록소:** 틸라코이드 막에 있는 광계에 존재하며, 엽록소 a, b, c, d 등이 있다. 광합성을 하는 모든 식물 및 조류에는 공통적으로 엽록소 a가 있고, 생물에 따라 엽록소 b, c, d 중 갖고 있는 엽록소의 종류가 다르다.

② **카로티노이드:** 카로틴, 잔토필 등이 있으며, 식물과 녹조류에서 발견된다. 빛에너지를 흡수하여 엽록소로 전달하고, 과도한 빛에 의해 엽록소가 손상되는 것을 막아 준다.

③ **광합성 색소의 분리:** 색소의 특징에 따라 전개율이 다르므로 전개액(유기 용매)을 이용한 크로마토그래피를 통해 광합성 색소를 분리할 수 있다.

탐구자료 살펴보기 **잎의 색소 분리하기**

과정

(가) 시금치 잎을 가위로 잘게 잘라 막자사발에 넣고, 광합성 색소 추출액(아세톤)을 소량만 넣은 다음, 고운 입자가 되도록 갈아 준다.

(나) 종이 크로마토그래피 용지를 눈금실린더 크기에 맞게 자른 다음, 아래 끝에서 2 cm 위쪽에 연필로 원점(출발선)을 긋는다.

(다) 모세관으로 (가)의 색소 추출액을 채취하여 (나)의 종이 크로마토그래피 용지의 원점 중앙에 찍고 말리는 과정을 여러 번 반복하여 원점에 찍힌 색소 추출액의 지름이 2~3 mm 정도 되도록 한다.

(라) 눈금실린더 바닥으로부터 1 cm 정도의 높이까지 전개액(석유 에테르 : 아세톤=9 : 1)을 넣는다.

(마) (다)의 종이 크로마토그래피 용지를 (라)의 눈금실린더에 넣고, 고무마개로 입구를 막은 후 광합성 색소가 분리되는 과정을 관찰한다.

(바) 광합성 색소가 분리되면서 전개액이 종이 크로마토그래피 용지의 상단부에 도달하면 눈금실린더에서 종이 크로마토그래피 용지를 꺼내어 전개액이 도달한 지점(용매 전선)을 선으로 긋는다.

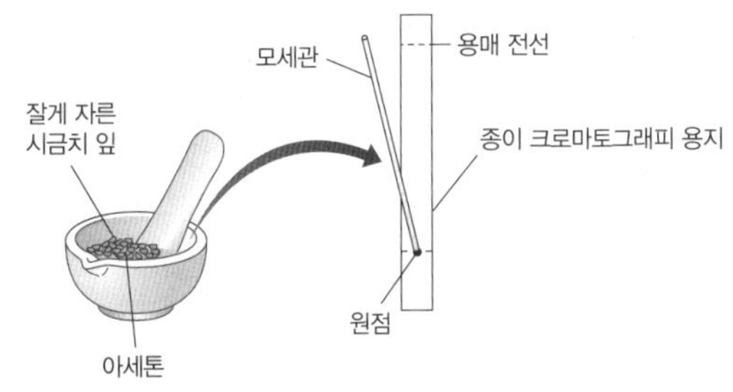

결과

원점으로부터 엽록소 b, 엽록소 a, 잔토필, 카로틴 순으로 분리되었다.

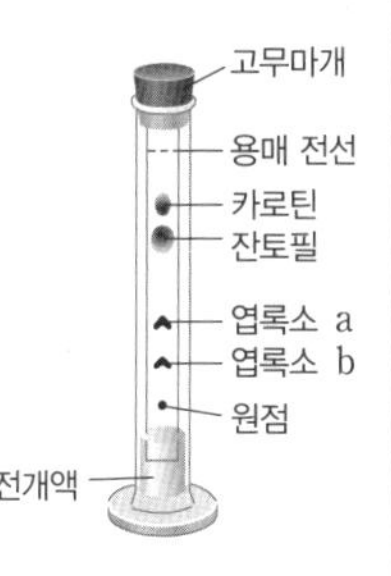

point

• 전개율은 $\frac{\text{원점에서 색소까지의 거리}}{\text{원점에서 용매 전선까지의 거리}}$이며, 원점에서 용매 전선까지의 거리와 원점에서 각 색소까지의 거리를 측정한 다음 각 색소의 전개율을 구하여 비교해 보면 전개율은 카로틴>잔토필>엽록소 a>엽록소 b이다.

• 색소의 종류에 따라 전개되는 정도(전개율)가 다른 까닭은 각 색소의 분자량의 차이, 전개액에 대한 용해도 차이, 크로마토그래피 용지에 대한 흡착력 차이 때문이다.

개념 체크

◎ 광합성 색소는 광합성에 필요한 빛에너지를 흡수하는 색소로 엽록소, 카로티노이드 등이 있다.

◎ 크로마토그래피는 물질의 이동 속도 차이를 이용하여 혼합물을 분리하는 방법으로 물질의 이동 속도가 빠를수록 전개율이 크다.

1. 광합성을 하는 모든 식물 및 조류에서는 광합성 색소 중 엽록소 (　　)가 공통적으로 발견된다.

2. 광합성 색소 분리 실험에서 전개율은 원점에서 (　　)까지의 거리를 원점에서 (　　)까지의 거리로 나누어 구할 수 있다.

※ ○ 또는 ×

3. 카로틴, 잔토필 등의 카로티노이드는 과도한 빛에 의해 엽록소가 손상되는 것을 막아준다. (　　)

4. 전개액에 대한 각 색소들의 용해도 차이는 크로마토그래피에서 각 색소들의 전개율의 차이를 유발한다. (　　)

정답

1. a
2. 색소, 용매 전선
3. ○
4. ○

(4) 빛의 파장과 광합성

① 광합성에 이용되는 빛은 주로 가시광선이고, 가시광선은 파장에 따라 색깔이 다르게 보인다.
② **흡수 스펙트럼**: 빛의 파장에 따른 광합성 색소의 빛 흡수율을 그래프로 나타낸 것이다. 엽록소는 청자색광과 적색광을 잘 흡수하고 녹색광을 거의 흡수하지 않지만, 카로티노이드는 청자색광과 녹색광을 흡수한다.
③ **작용 스펙트럼**: 빛의 파장에 따른 광합성 속도를 그래프로 나타낸 것이다. 식물은 청자색광과 적색광에서 광합성 속도가 빠르다.
④ 흡수 스펙트럼을 보면 엽록소 a와 b는 모두 청자색광과 적색광을 주로 흡수하고, 작용 스펙트럼을 보면 청자색광과 적색광에서 광합성 속도가 가장 빠르다. 이를 통해 광합성에 필요한 빛에너지는 주로 엽록소에서 흡수되며, 식물은 엽록소가 흡수한 청자색광과 적색광을 주로 이용하여 광합성을 한다는 것을 알 수 있다.
⑤ 작용 스펙트럼을 보면 엽록소 a와 b가 거의 흡수하지 않는 녹색광에서도 광합성이 일어나는데, 이는 카로티노이드가 흡수한 빛도 광합성에 이용되기 때문이다.
⑥ 식물의 잎이 녹색으로 보이는 까닭은 엽록소가 청자색광과 적색광을 주로 흡수하고, 녹색광은 반사하거나 통과시키기 때문이다.

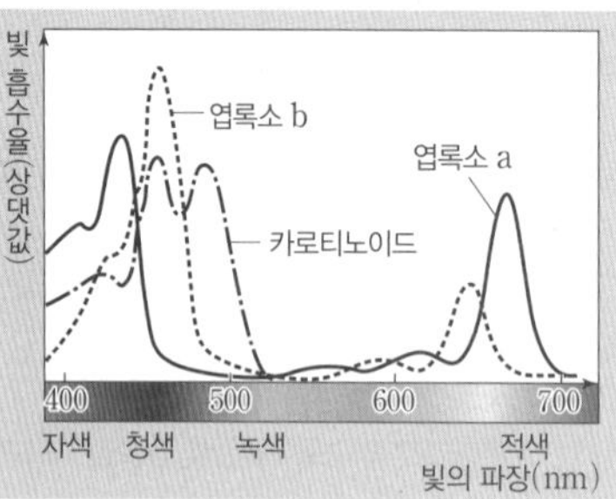

흡수 스펙트럼

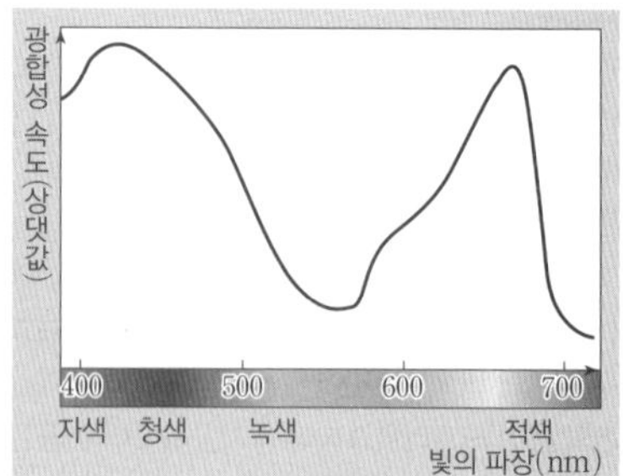

작용 스펙트럼

개념 체크

◘ 흡수 스펙트럼과 작용 스펙트럼이 거의 일치하는 것으로 보아 식물은 주로 엽록소가 가장 잘 흡수하는 청자색광과 적색광을 이용하여 광합성을 한다는 것을 알 수 있다.

1. (　　) 스펙트럼은 빛의 파장에 따른 광합성 속도를 그래프로 나타낸 것이다.

2. 식물의 잎이 녹색으로 보이는 이유는 (　　)가 청자색광과 적색광을 주로 흡수하고, (　　)광은 거의 반사하거나 통과시키기 때문이다.

※ ○ 또는 ×

3. 엽록소 a와 b가 거의 흡수하지 못하는 녹색광에서도 광합성이 일어나는 것은 카로티노이드가 흡수한 빛도 광합성에 이용되기 때문이다. (　　)

4. 엥겔만의 실험에서 청자색광과 적색광을 비춘 해캄의 주위에 호기성 세균이 많이 분포하는 것은 광합성에 의해 생성된 산소가 적기 때문이다. (　　)

과학 돋보기 **엥겔만의 실험(1883년)**

• 독일의 식물학자 엥겔만은 프리즘을 통과하여 분산된 서로 다른 파장의 빛을 녹조류인 해캄에 비춘 후 해캄 주위에 모여든 호기성 세균의 분포를 관찰하여 어떤 파장의 빛에서 해캄의 광합성이 활발하게 일어나는지를 확인하였다.

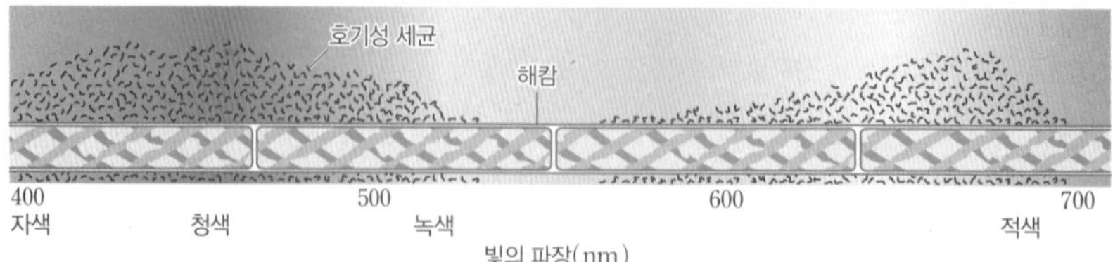

• 실험 결과 청자색광과 적색광을 비춘 해캄의 주위에 호기성 세균이 많이 분포하였다.
• 호기성 세균이 많이 분포하는 곳은 광합성에 의한 산소 발생량이 많은 곳으로, 호기성 세균의 분포를 통해 해캄이 광합성에 주로 이용하는 빛은 청자색광과 적색광이라는 것을 알 수 있다.

정답
1. 작용
2. 엽록소, 녹색
3. ○
4. ×

2 광합성 과정의 개요

(1) 광합성의 전체 반응

① 광합성은 빛에너지를 이용하여 이산화 탄소와 물로 포도당을 합성하는 반응으로, 반응 결과 O_2가 발생한다. 광합성의 전체 반응식은 다음과 같다.

$$\text{전체 반응식: } 6CO_2 + 12H_2O \xrightarrow{\text{빛에너지}} C_6H_{12}O_6 + 6O_2 + 6H_2O$$

② 광합성 과정은 명반응과 탄소 고정 반응(암반응)의 두 단계로 구분된다.

- 명반응에서는 빛에너지를 ATP와 NADPH의 화학 에너지로 전환하여 탄소 고정 반응에 공급한다.
- 탄소 고정 반응에서는 명반응에서 공급된 ATP와 NADPH로 CO_2를 환원시켜 포도당을 합성한다. 이 과정을 캘빈 회로라고 하며, 빛이 직접적으로 필요하지 않아 암반응이라고도 한다.

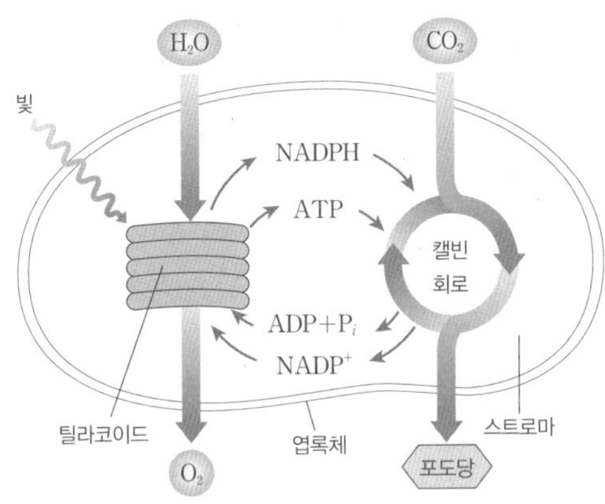

광합성 과정의 개요

(2) 명반응

① 포도당 합성에 필요한 ATP와 NADPH를 생성하는 과정으로, 엽록체의 그라나(틸라코이드 막)에서 일어난다.

② 빛에너지를 흡수해 ATP를 합성하고, $NADP^+$가 NADPH로 환원되며, 이 과정에서 H_2O이 분해되어 O_2가 발생한다.

(3) 탄소 고정 반응

① 명반응 산물인 ATP와 NADPH를 이용하여 포도당을 합성하는 과정으로, 엽록체의 스트로마에서 일어난다.

② CO_2를 환원시키는 캘빈 회로에서 ATP는 ADP로 분해되어 에너지를 공급하고, NADPH는 $NADP^+$로 산화되어 전자를 공급한다.

(4) 명반응과 탄소 고정 반응의 관계

① 명반응이 일어나지 않으면 탄소 고정 반응에 ATP와 NADPH가 공급되지 않아 탄소 고정 반응은 정지된다.

② 탄소 고정 반응이 일어나지 않으면 명반응에 ADP와 $NADP^+$가 공급되지 않아 명반응은 정지된다.

③ 명반응과 탄소 고정 반응이 함께 일어나야 광합성이 지속될 수 있다.

개념 체크

- 명반응은 빛에너지를 화학 에너지로 전환시키는 과정이다. 탄소 고정 반응(암반응)에는 명반응의 산물이 필요하므로 지속적으로 빛이 공급되지 않으면 탄소 고정 반응(암반응)도 일어나지 않는다.
- 탈수소 효소의 조효소인 $NADP^+$(Nicotinamide Adenine Dinucleotide Phosphate)는 명반응에서 전자를 수용하는 전자 수용체로, 세포 호흡에서 사용되는 NAD^+와 유사하며, 환원되면 NADPH가 된다.

1. 광합성의 (　　)은 포도당 합성에 필요한 ATP와 NADPH를 생성하는 과정이다.

2. 탄소 고정 반응에서는 명반응에서 공급된 ATP와 (　　)로 CO_2가 환원되어 (　　)이 합성된다.

※ ○ 또는 ×

3. 명반응 과정에서 O_2가 H_2O로 환원된다. (　　)

4. 명반응이 일어나지 않으면 탄소 고정 반응은 정지되지만 명반응은 탄소 고정 반응이 일어나지 않아도 빛이 있으면 계속 일어난다. (　　)

정답

1. 명반응
2. NADPH, 포도당
3. ×
4. ×

개념 체크

- 벤슨의 실험을 통해 광합성 과정은 빛을 이용하는 명반응과 CO_2를 포도당으로 합성하는 탄소 고정 반응으로 나누어져 있으며, 명반응 후에 탄소 고정 반응이 일어남을 알게 되었다.
- P_{700}은 광계 Ⅰ의 반응 중심 색소로 파장이 700 nm인 빛을 가장 잘 흡수하고, P_{680}은 광계 Ⅱ의 반응 중심 색소로 파장이 680 nm인 빛을 가장 잘 흡수한다.

1. 벤슨의 실험을 통해서 광합성은 (　　)이 필요한 단계와 (　　)가 필요한 단계로 나누어져 있음을 알게 되었다.

2. (　　)는 광합성 색소와 단백질로 이루어진 복합체로 빛에너지를 흡수한다.

※ ○ 또는 ×

3. 반응 중심 색소는 광계에서 가장 중심적인 역할을 하며 한 쌍의 엽록소 a로 구성된다. (　　)

4. 광계 Ⅰ의 반응 중심 색소는 P_{680}이고, 광계 Ⅱ의 반응 중심 색소는 P_{700}이다. (　　)

정답

1. 빛, CO_2(CO_2, 빛)
2. 광계
3. ○
4. ×

탐구자료 살펴보기 　벤슨의 실험(1949년)

자료

하루 동안 암실에 놓아둔 식물에 빛과 CO_2를 따로 공급하거나 함께 공급하면서 광합성 속도(단위 시간당 포도당 합성량)를 측정하여 그림과 같은 결과를 얻었다.

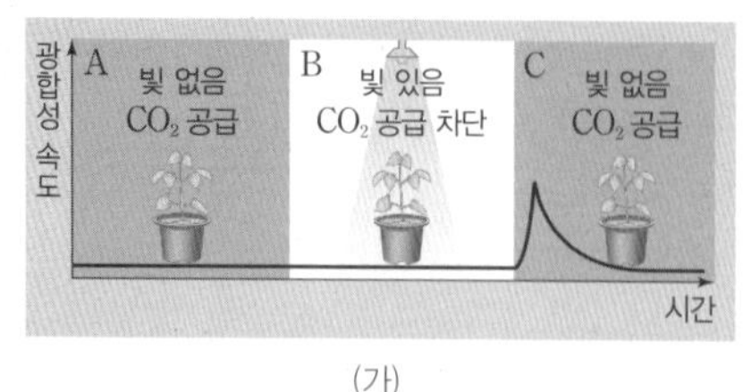

(가)

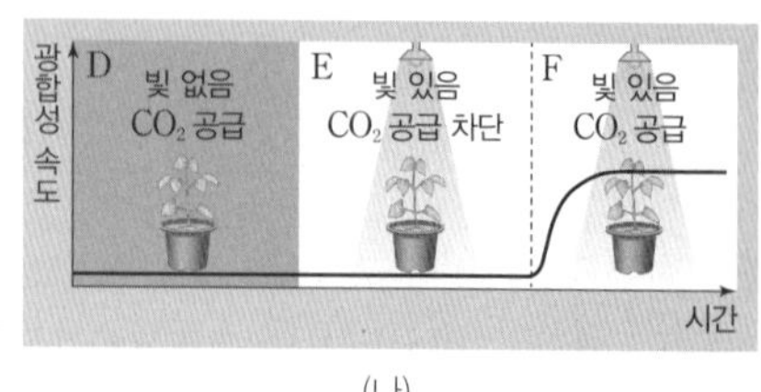

(나)

분석

- A와 C 구간의 결과가 다르게 나타나는 까닭은 A 구간의 이전에는 빛이 없어 명반응이 일어나지 않았으나, C 구간의 이전(B 구간)에는 빛이 있어 명반응이 일어났기 때문이다. 즉, B 구간에서 합성된 명반응 산물(ATP와 NADPH)이 C 구간에서 탄소 고정 반응에 공급됨으로써 탄소 고정 반응이 일어나 CO_2가 환원되어 포도당이 합성되었다.
- C 구간과 달리 F 구간에서는 빛을 계속 비추면서 CO_2를 계속 공급했기 때문에 광합성이 계속 일어났다.

point

- (가)를 통해 광합성은 빛이 필요한 단계(명반응)와 CO_2가 필요한 단계(탄소 고정 반응)로 구분됨을 알 수 있다.
- (나)를 통해 광합성이 지속되기 위해서는 빛과 CO_2가 모두 필요함을 알 수 있다.

3 명반응

(1) 광계

① 광계는 광합성 색소(엽록소, 카로티노이드)와 단백질로 이루어진 복합체로, 빛에너지를 효율적으로 흡수할 수 있는 구조를 가진다.

② 기능: 광계는 빛에너지를 흡수하여 고에너지 전자를 방출한다.

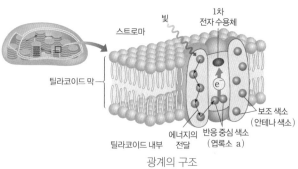

광계의 구조

- 광계에 존재하는 광합성 색소는 그 역할에 따라 반응 중심 색소와 보조 색소로 구분된다.
- 반응 중심 색소: 광계에서 가장 중심적인 역할을 하며 한 쌍의 엽록소 a로 구성된다. 빛에너지를 흡수하여 고에너지 전자를 방출한다.
- 보조 색소(안테나 색소): 엽록소와 카로티노이드는 빛에너지를 흡수한 후 반응 중심 색소로 전달하는 안테나 역할을 한다.

③ 종류: 반응 중심 색소가 가장 잘 흡수하는 빛의 파장에 따라 구분된다.

- 광계 Ⅰ: 700 nm의 빛을 가장 잘 흡수하는 엽록소 a인 P_{700}을 반응 중심 색소로 갖는다.
- 광계 Ⅱ: 680 nm의 빛을 가장 잘 흡수하는 엽록소 a인 P_{680}을 반응 중심 색소로 갖는다.

(2) 물의 광분해

① 빛이 있을 때 틸라코이드 내부 쪽의 광계 Ⅱ에서 H_2O이 수소 이온($2H^+$), 전자($2e^-$), 산소 $\left(\frac{1}{2}O_2\right)$로 분해(산화)된다.

② **전자의 공급**: H_2O에서 방출된 전자($2e^-$)는 광계 Ⅱ의 반응 중심 색소(P_{680})를 환원시키므로 H_2O은 전자 공여체의 역할을 한다.

③ **O_2의 발생**: H_2O의 분해로 발생한 O_2는 외부로 방출되거나 세포 호흡에 이용된다.

과학 돋보기 **광합성과 관련된 과학사**

- 헬몬트(1603년): 화분에 어린 버드나무를 심고 5년 동안 물만 주며 길렀더니, 흙의 무게는 0.06 kg 감소하고 버드나무의 무게는 74.47 kg 증가하였다. 이를 통해 식물은 흙 속에 있는 물질로부터 양분을 얻어 자라는 것이 아니라 물을 흡수하여 자란다는 것을 알게 되었다.
- 프리스틀리(1772년): 빛이 비치는 곳에서 (가)와 같이 밀폐된 유리종 속에 생쥐만 두면 곧 죽지만, (나)와 같이 식물과 생쥐를 함께 두면 모두 산다는 것을 관찰하였다.

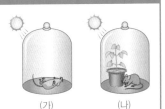

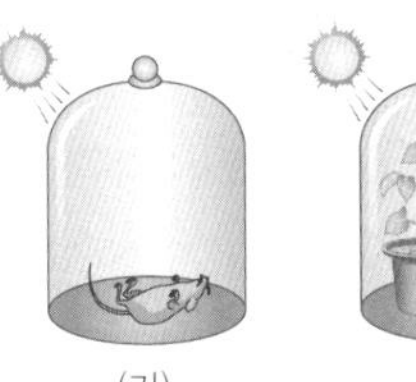

- 잉엔하우스(1779년): 빛이 비치는 곳에 식물과 생쥐를 함께 두면 모두 살지만, 빛이 비치지 않는 곳에 식물과 생쥐를 함께 두면 모두 죽는다는 사실을 밝혀냈다.

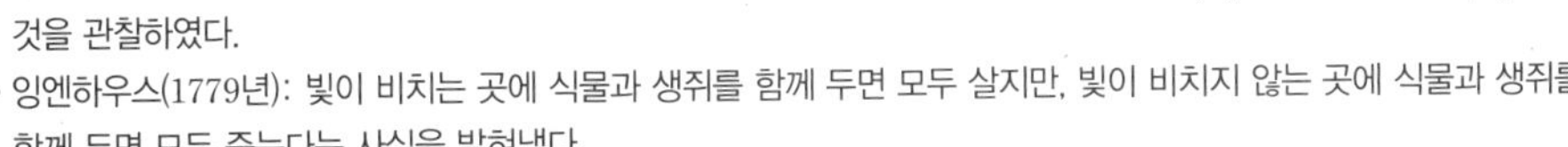

탐구자료 살펴보기 **명반응을 밝힌 실험**

1. 힐의 실험(1939년)

과정

질경이 잎에서 얻은 엽록체가 함유된 추출액에 옥살산 철(Ⅲ)을 넣고 공기를 뺀 후 빛을 비춘다.

결과

O_2가 발생하고 옥살산 철(Ⅲ)이 옥살산 철(Ⅱ)로 환원되었다.

point

- 옥살산 철(Ⅲ)이 옥살산 철(Ⅱ)로 환원되는 것으로 보아 명반응에서 전자를 받아 환원되는 물질이 있다는 것을 알 수 있으며, 엽록체에서 옥살산 철(Ⅲ)처럼 환원되는 물질은 $NADP^+$이다.
- 공기(CO_2)를 뺀 상태에서 O_2가 발생한 것으로 보아 명반응에서 발생한 O_2는 CO_2가 아니라 H_2O에서 유래된 것임을 알 수 있다.

2. 루벤의 실험(1941년)

과정

실험 Ⅰ은 클로렐라 배양액에 동위 원소 ^{18}O로 표지된 물($H_2{}^{18}O$)과 이산화 탄소(CO_2)를, 실험 Ⅱ는 클로렐라 배양액에 동위 원소 ^{18}O로 표지된 이산화 탄소($C^{18}O_2$)와 물(H_2O)을 공급하고 빛을 비추면서 발생하는 기체를 분석한다.

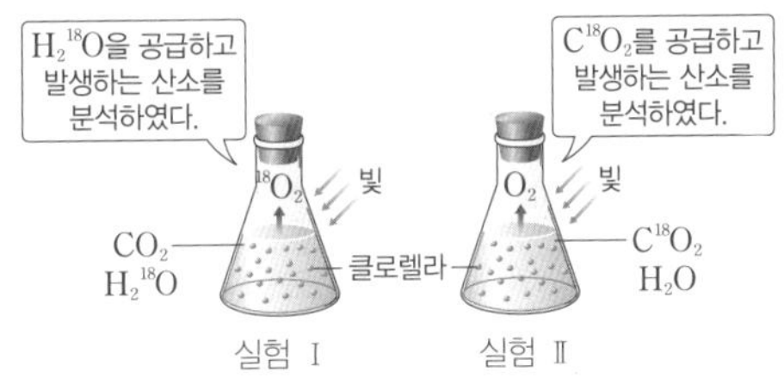

결과

실험 Ⅰ에서는 $^{18}O_2$가, 실험 Ⅱ에서는 O_2가 발생하였다.

point

실험 Ⅰ과 Ⅱ에서 발생한 O_2는 모두 CO_2가 아니라 H_2O에서 유래된 것임을 알 수 있다.

개념 체크

- 빛이 있을 때 틸라코이드의 내부 쪽에서 효소의 작용으로 물이 분해되어 전자($2e^-$)를 방출한다.

$$H_2O \xrightarrow[2e^-]{} \frac{1}{2}O_2 + 2H^+$$

1. H_2O의 광분해로 방출된 전자($2e^-$)는 광계 Ⅱ의 반응 중심 색소(P_{680})를 (   )시킨다.

2. 힐의 실험에서 사용된 옥살산 철(Ⅲ)처럼 실제 광합성에서 환원되는 물질은 (   )이다.

※ ○ 또는 ×

3. 힐의 실험에서 옥살산 철(Ⅲ)은 옥살산 철(Ⅱ)로 산화된다. (   )

4. 루벤의 실험을 통해 광합성에서 발생하는 O_2의 기원은 CO_2임을 알 수 있다. (   )

정답

1. 환원
2. $NADP^+$
3. ×
4. ×

개념 체크

◎ 비순환적 전자 흐름에서는 광계 Ⅰ과 Ⅱ가 모두 관여하며, 물의 광분해가 일어나 O_2가 생성된다. 또한 ATP와 NADPH가 모두 생성된다. 반면에 순환적 전자 흐름에서는 광계 Ⅰ만 관여하여 물의 광분해가 일어나지 않으며, NADPH는 생성되지 않고, ATP만 생성된다.

1. 비순환적 전자 흐름에서는 물의 광분해로 (　　)가 생성되고, ATP와 (　　)가 모두 생성된다.

2. 비순환적 전자 흐름과 순환적 전자 흐름 모두에서 고에너지 (　　)가 이동할 때 방출된 에너지를 이용해 (　　) 농도 기울기가 형성된다.

※ ○ 또는 ×

3. 순환적 전자 흐름에서는 광계 Ⅰ만 관여하며, 비순환적 전자 흐름에서는 광계 Ⅱ만 관여한다. (　　)

4. 순환적 전자 흐름에서는 빛을 흡수한 광계 Ⅰ의 P_{700}에서 방출된 고에너지 전자가 전자 전달계를 거쳐 다시 P_{700}으로 되돌아온다. (　　)

정답

1. O_2, NADPH
2. 전자, H^+
3. ×
4. ○

(3) 광인산화

① 광인산화는 틸라코이드 막에서 빛에너지를 이용해 광계와 전자 전달계, 화학 삼투를 통해 ATP가 합성되는 과정이다.

② **비순환적 전자 흐름**: H_2O에서 유래한 전자가 최종 전자 수용체인 $NADP^+$에 전달되는 과정이다.

- 광계 Ⅱ에서의 전자 방출❶: 광계 Ⅱ가 빛을 흡수하면 P_{680}에서 고에너지 전자가 방출되고 전자 수용체에 전달된다. 산화된 P_{680}은 H_2O의 광분해로 방출된 전자를 받아 환원된다.
- 전자 전달과 H^+ 농도 기울기 형성❷: 전자 수용체로부터 방출된 고에너지 전자가 전자 전달계를 통해 산화 환원 반응을 거치며 이동해 광계 Ⅰ의 P_{700}으로 전달된다. 이 과정을 통해 고에너지 전자가 차례로 전달되면서 단계적으로 방출된 에너지를 이용해 ATP 합성에 필요한 H^+ 농도 기울기가 형성된다.
- 광계 Ⅰ에서의 전자 방출❸: 광계 Ⅰ이 빛을 흡수하면 P_{700}으로부터 고에너지 전자가 방출되어 전자 수용체에 전달된다. 산화된 P_{700}은 P_{680}에서 방출된 전자를 받아 환원된다.
- 전자 전달과 NADPH 형성❹: 고에너지 전자가 전자 전달계를 거쳐 $NADP^+$에 전달되어 NADPH가 생성된다.

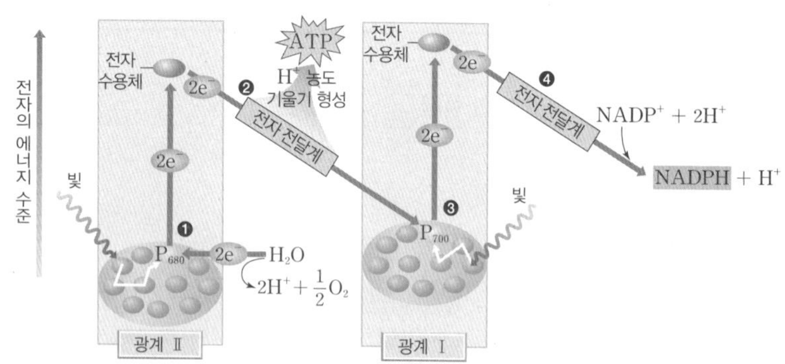

비순환적 전자 흐름 과정

③ **순환적 전자 흐름**: 빛을 흡수한 광계 Ⅰ의 P_{700}에서 방출된 고에너지 전자가 $NADP^+$에 전달되지 않고 전자 전달계를 거쳐 다시 P_{700}으로 되돌아오는 과정이다. 이 과정을 통해 고에너지 전자가 차례로 전달되면서 단계적으로 방출된 에너지를 이용해 ATP 합성에 필요한 H^+ 농도 기울기가 형성된다.

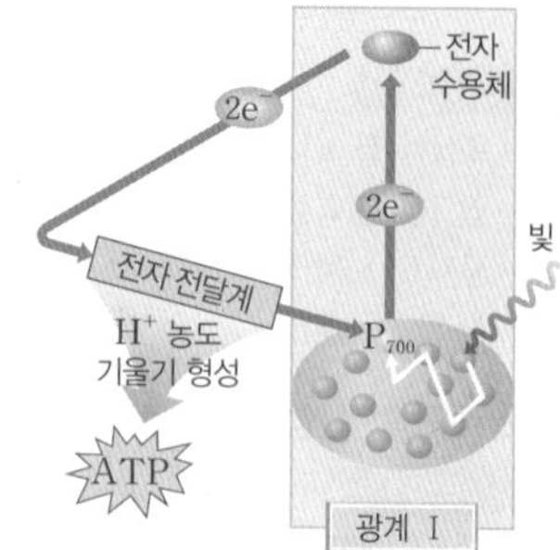

순환적 전자 흐름 과정

구분	비순환적 전자 흐름	순환적 전자 흐름
관여하는 광계	광계 Ⅱ, 광계 Ⅰ	광계 Ⅰ
H_2O의 광분해 여부	일어남	일어나지 않음
O_2 생성 여부	생성됨	생성되지 않음
NADPH 생성 여부	생성됨	생성되지 않음
H^+ 농도 기울기 형성 여부	형성됨	형성됨

비순환적 전자 흐름과 순환적 전자 흐름의 비교

④ **화학 삼투에 의한 ATP 합성**: 틸라코이드 막에서 일어난 비순환적 전자 흐름과 순환적 전자 흐름에서 형성된 H^+ 농도 기울기에 의해 ATP가 합성된다.

- 광계 Ⅱ에서의 전자 방출❶: 광계 Ⅱ가 빛을 흡수하면 P_{680}에서 고에너지 전자가 방출된다.
- 전자 전달계를 통한 전자의 이동❷: 고에너지 전자는 전자 전달계를 거치며 광계 Ⅱ에서 광계 Ⅰ로 전달된다.
- H^+의 능동 수송❸: 고에너지 전자가 전자 전달계를 거쳐 이동하는 과정에서 방출된 에너지를 이용해 H^+이 스트로마에서 틸라코이드 내부로 능동 수송된다. 그 결과 틸라코이드 막을 경계로 H^+ 농도 기울기가 형성된다.
- H^+의 확산과 ATP 합성❹: H^+ 농도 기울기를 따라 H^+이 틸라코이드 내부에서 스트로마로 ATP 합성 효소를 통해 확산되며, 이 과정에서 ATP가 합성된다.

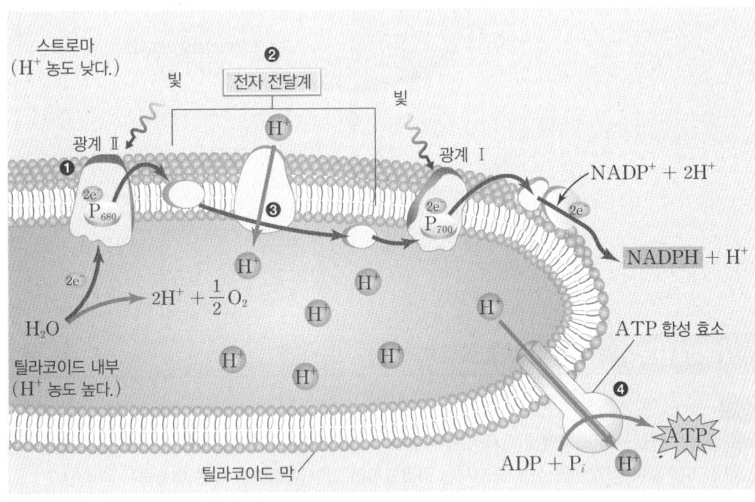

비순환적 전자 흐름과 화학 삼투에 의한 ATP 합성(광인산화)

(4) 명반응 산물과 이용: 비순환적 전자 흐름에서 NADPH, O_2가 생성되고, 순환적 전자 흐름과 비순환적 전자 흐름에서 형성된 H^+ 농도 기울기에 의해 ATP가 합성된다. ATP와 NADPH는 탄소 고정 반응에서 CO_2를 환원시켜 포도당을 합성하는 과정에 사용된다.

4 탄소 고정 반응(암반응)

(1) 캘빈 회로: 탄소 고정, 3PG의 환원, RuBP의 재생으로 구분되며, 세 단계가 반복해서 일어난다.

① **탄소 고정**: 루비스코라는 효소에 의해 CO_2가 RuBP(5탄소 화합물)와 결합하여 6탄소 화합물을 형성한 다음 3PG(3탄소 화합물) 2분자로 나누어진다. CO_2 3분자가 투입되면 3PG 6분자가 생성된다.

② **3PG의 환원**: ATP와 NADPH를 사용하여 3PG가 PGAL(3탄소 화합물)로 환원된다. 생성된 6분자의 PGAL 중 1분자는 캘빈 회로를 빠져나와 포도당(6탄소 화합물) 합성에 이용되고, 나머지 5분자는 캘빈 회로에 남아 RuBP의 재생에 쓰인다.

③ **RuBP의 재생**: 5분자의 PGAL은 탄소가 재배열되고 3분자의 ATP로부터 인산기를 받는 일련의 반응을 거쳐 3분자의 RuBP로 재생된다. 재생된 RuBP는 다시 탄소 고정 반응에 쓰여 캘빈 회로가 반복된다.

개념 체크

- 화학 삼투는 생체막을 경계로 형성된 H^+ 농도 기울기에 따라 H^+이 확산되는 것을 말한다.
- 루비스코(rubisco)는 ribulose－1,5－bisphosphate carboxylase/oxygenase로 캘빈 회로의 첫 단계인 RuBP에 CO_2를 결합시켜 3PG 2분자의 합성을 촉매하는 효소이다.

1. (　　)가 전자 전달계를 따라 이동하는 과정에서 방출된 에너지로 H^+을 스트로마에서 (　　)로 능동 수송한다.

2. 틸라코이드 막을 경계로 형성된 H^+ 농도 기울기를 따라 H^+은 틸라코이드 내부에서 (　　)로 촉진 확산되고, 이때 (　　)가 생성된다.

※ ○ 또는 ×

3. 탄소 고정 반응에서 CO_2가 3PG와 결합하여 RuBP가 생성된다. (　　)

4. 캘빈 회로에서 6분자의 PGAL 중 5분자는 RuBP의 재생에 쓰이고, 나머지 1분자는 포도당 합성에 이용된다. (　　)

정답

1. 고에너지 전자, 틸라코이드 내부
2. 스트로마, ATP
3. ×
4. ○

개념 체크

● 캘빈 회로는 탄소 고정, 3PG의 환원, RuBP의 재생의 세 단계로 구성되며, 캘빈 회로에서 ATP는 직접적인 에너지 공급원으로 사용되고, NADPH는 탄소 고정 결과 생성된 3PG가 PGAL로 환원되는 데 사용된다.

1. 탄소 고정 반응을 통해 포도당 1분자가 합성될 때 CO_2 (　　)분자가 고정되고, ATP (　　)분자와 NADPH (　　)분자가 사용된다.

2. 캘빈 회로는 탄소 고정 → 3PG의 (　　) → (　　)의 재생, 세 단계가 순서대로 반복해서 일어난다.

※ ○ 또는 ×

3. 캘빈의 실험에서 방사선이 가장 먼저 검출된 물질은 3PG이다. (　　)

4. 캘빈 회로에서 ATP는 3PG가 PGAL로 환원되는 단계에서만 사용된다. (　　)

(2) 탄소 고정 반응의 전체 과정: 탄소 고정 반응을 통해 포도당 1분자가 합성될 때 캘빈 회로에서 CO_2 6분자가 고정되고, ATP 18분자와 NADPH 12분자가 사용된다.

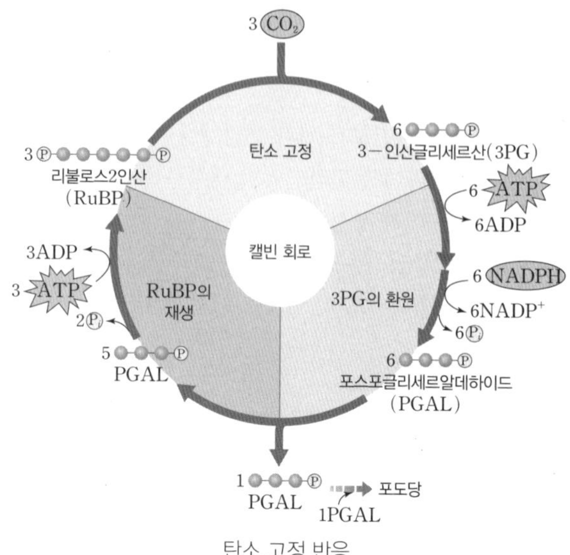

탄소 고정 반응

탐구자료 살펴보기 캘빈의 실험(1956년)

과정

(가) 단세포 생물인 클로렐라 배양액에 방사성 동위 원소 ^{14}C로 표지된 $^{14}CO_2$를 계속 공급하면서 빛을 비춘다.
(나) 5초, 90초, 5분 후에 각각 광합성을 중지시킨 클로렐라를 일부 채취하여 세포 추출물을 준비한다.
(다) 세포 추출물을 크로마토그래피법으로 1차 전개한 후 90도 회전하여 2차 전개한다.
(라) (다)의 전개한 크로마토그래피 용지를 X선 필름에 감광시킨다.

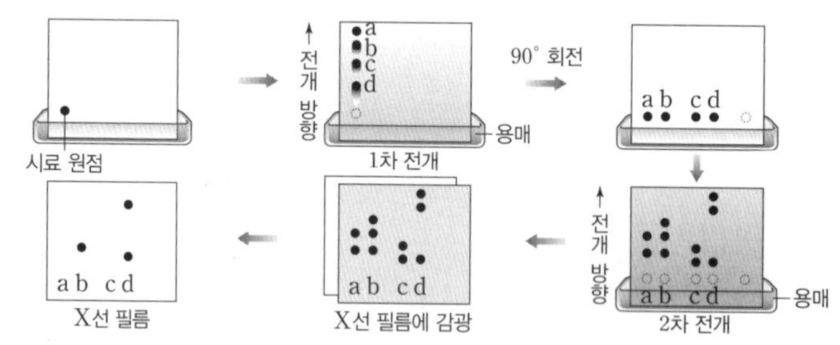

결과

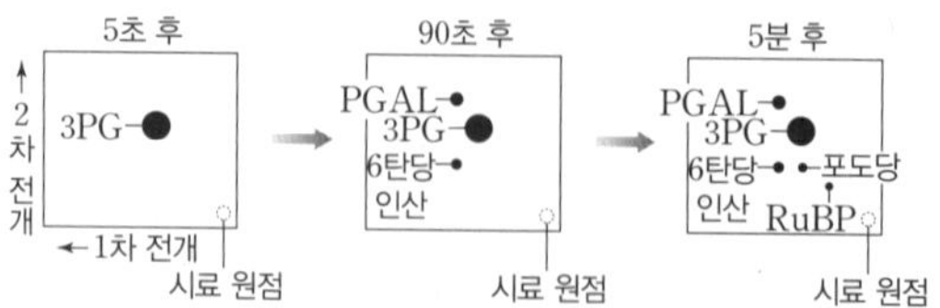

point

• 빛을 비춘 후 5초일 때 방사선이 가장 많이 검출되는 유기물은 3PG이다.
• 시간 경과에 따라 3PG, PGAL, 포도당의 순서로 방사선이 검출되었다. 이를 통해 탄소 고정 반응에서 $^{14}CO_2$로부터 포도당이 합성되기까지의 경로를 알 수 있다.

정답
1. 6, 18, 12
2. 환원, RuBP
3. ○
4. ×

5 광합성과 세포 호흡의 비교

(1) 광합성과 세포 호흡의 비교

구분	광합성	세포 호흡
공통점	• 효소에 의해 조절되는 일련의 화학 반응(물질대사)이다. • 전자 전달계와 화학 삼투에 의해 ATP가 합성된다. • TCA 회로와 캘빈 회로에서는 반응물이 여러 단계의 화학 반응을 거치며, 반응물이 투입되는 한 회로는 계속 순환된다.	
물질대사 종류	동화 작용	이화 작용
장소	엽록체	미토콘드리아
ATP 합성 과정	광인산화	기질 수준 인산화, 산화적 인산화
에너지 전환	빛에너지 → 화학 에너지(포도당)	화학 에너지(포도당) → 화학 에너지(ATP), 열에너지
고에너지 전자와 결합하는 조효소	$NADP^+$	NAD^+, FAD

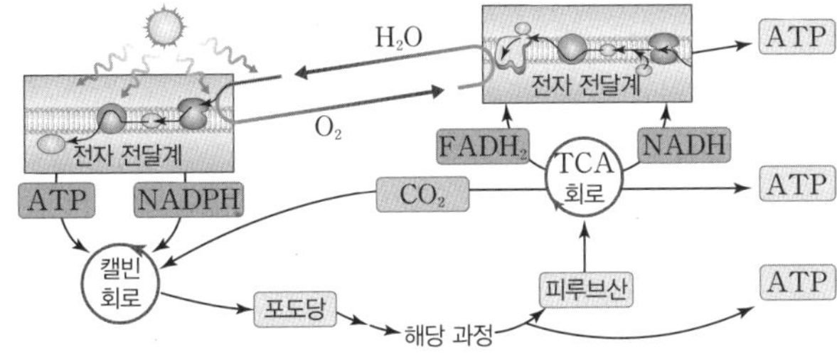

(2) 엽록체와 미토콘드리아에서의 ATP 합성 비교

구분	엽록체에서의 ATP 합성 (광인산화)	미토콘드리아에서의 ATP 합성 (산화적 인산화)
공통점	• 생체막(틸라코이드 막, 미토콘드리아의 내막)에서 일어난다. • 전자 전달계에서 전자는 연속적인 산화 환원 반응을 통해 이동하며, 이 과정에서 방출된 에너지는 생체막을 경계로 H^+ 농도 기울기를 형성하는 데 이용된다. • 화학 삼투에 의해 ATP가 합성된다.	
전자 공여체	H_2O	NADH, $FADH_2$
최종 전자 수용체	$NADP^+$	O_2
전자 전달 과정에서 H^+의 이동 방향	스트로마 → 틸라코이드 내부	미토콘드리아 기질 → 막 사이 공간
ATP 합성 효소를 통한 H^+의 이동 방향	틸라코이드 내부 → 스트로마	막 사이 공간 → 미토콘드리아 기질

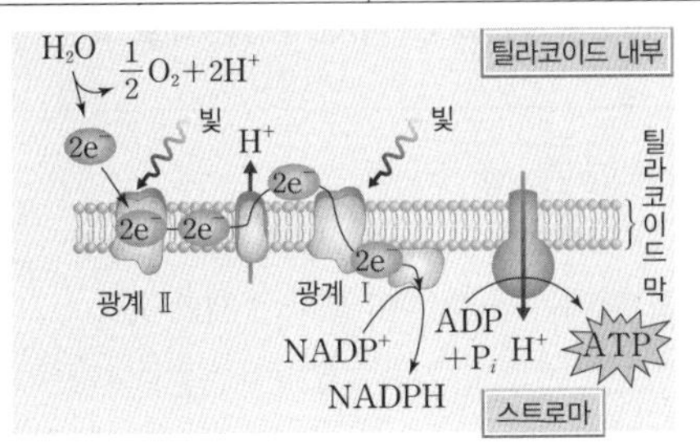

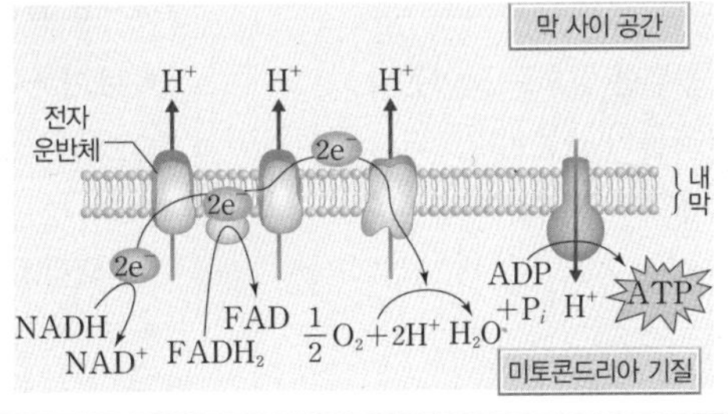

개념 체크

● 광합성에서는 빛에너지가 화학 에너지로 전환되어 포도당에 저장되고, 세포 호흡에서는 포도당에 저장되어 있던 화학 에너지가 ATP의 화학 에너지로 저장된다. 따라서 빛에너지는 최종적으로 ATP의 화학 에너지로 전환되어 생물의 생명 활동에 쓰인다.

1. 광합성은 물질대사 중 (　　) 작용이고, 세포 호흡은 물질대사 중 (　　) 작용이다.

2. 엽록체에서 비순환적 전자 흐름이 일어날 때 전자 공여체는 (　　)이고, 미토콘드리아에서 산화적 인산화가 일어날 때 전자 공여체는 (　　)와 (　　)이다.

※ ○ 또는 ×

3. 미토콘드리아에서 산화적 인산화가 일어날 때 최종 전자 수용체는 NAD^+이다. (　　)

4. 미토콘드리아에서 화학 삼투에 의해 ATP가 합성될 때 H^+은 ATP 합성 효소를 통해 막 사이 공간에서 미토콘드리아 기질로 이동한다. (　　)

정답

1. 동화, 이화
2. H_2O, NADH, $FADH_2$ (H_2O, $FADH_2$, NADH)
3. ×
4. ○

[24029-0083]

01 다음은 광합성에 대한 학생 A~C의 발표 내용이다.

빛에너지를 화학 에너지로 전환하여 포도당을 합성하는 과정입니다.
식물의 잎이 녹색으로 보이는 까닭은 엽록소가 가시광선 중 청자색광보다 녹색광을 잘 흡수하기 때문입니다.
녹색 식물에서 포도당 1분자가 합성될 때 물은 6분자가 광분해됩니다.
학생 A
학생 B
학생 C

제시한 내용이 옳은 학생만을 있는 대로 고른 것은?

① A ② B ③ A, C ④ B, C ⑤ A, B, C

[24029-0084]

02 그림 (가)는 호기성 세균과 해캄을 이용한 엥겔만의 실험을, (나)는 산소 동위 원소인 ^{18}O를 이용하여 루벤이 수행한 실험 중 일부를 나타낸 것이다. ㉠은 광합성 결과 생성된 기체이다.

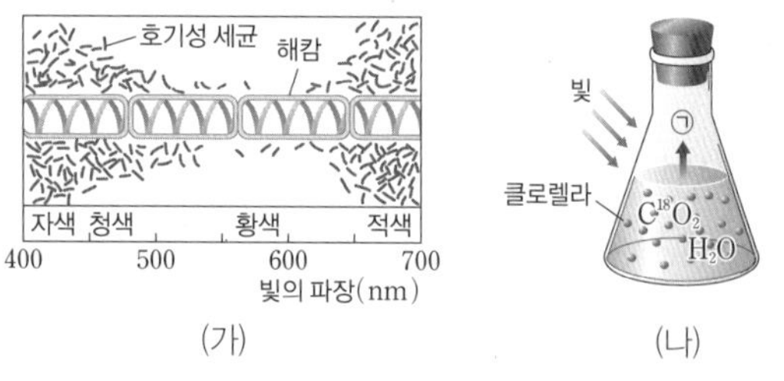

(가) (나)

이에 대한 설명으로 옳은 것만을 〈보기〉에서 있는 대로 고른 것은?

보기

ㄱ. (가)에서 호기성 세균은 ㉠이 풍부한 곳으로 모여든다.
ㄴ. (나)에서 ㉠은 비순환적 전자 흐름의 산물이다.
ㄷ. 해캄은 적색광에서가 황색광에서보다 활발하게 광합성을 한다.

① ㄱ ② ㄷ ③ ㄱ, ㄴ ④ ㄴ, ㄷ ⑤ ㄱ, ㄴ, ㄷ

[24029-0085]

03 그림은 어떤 식물의 엽록체 구조를 나타낸 것이다. A~C는 스트로마, 엽록체 내막, 틸라코이드 내부를 순서 없이 나타낸 것이다.

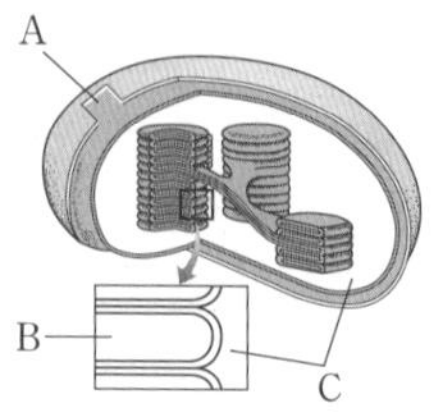

이에 대한 설명으로 옳은 것만을 〈보기〉에서 있는 대로 고른 것은?

보기

ㄱ. A에 엽록소가 있다.
ㄴ. B에서 포도당이 합성된다.
ㄷ. C에 리보솜이 있다.

① ㄱ ② ㄷ ③ ㄱ, ㄴ ④ ㄴ, ㄷ ⑤ ㄱ, ㄴ, ㄷ

[24029-0086]

04 그림 (가)는 시금치 잎의 광합성 색소를 톨루엔으로 전개시킨 종이 크로마토그래피의 결과를, (나)는 시금치에서 광합성 색소 X와 Y의 흡수 스펙트럼을 나타낸 것이다. ㉠과 ㉡은 각각 엽록소 a와 카로틴 중 하나이며, X와 Y는 각각 엽록소 a와 카로티노이드 중 하나이다.

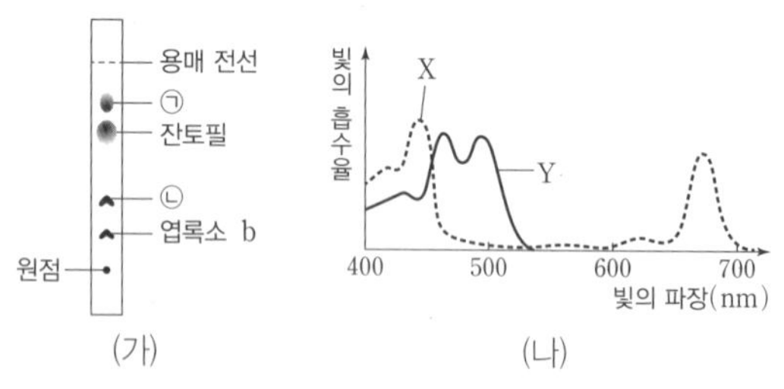

(가) (나)

이에 대한 설명으로 옳은 것만을 〈보기〉에서 있는 대로 고른 것은?

보기

ㄱ. ㉠은 X에 속한다.
ㄴ. Y는 과도한 빛으로부터 X를 보호한다.
ㄷ. 틸라코이드 막에는 ㉠과 ㉡이 모두 존재한다.

① ㄱ ② ㄷ ③ ㄱ, ㄴ ④ ㄴ, ㄷ ⑤ ㄱ, ㄴ, ㄷ

[24029-0087]

05 그림 (가)는 엽록체의 구조를, (나)는 광계 ⓐ에서 일어나는 명반응 과정의 일부를 나타낸 것이다. A~C는 틸라코이드 막, 엽록체 내막, 엽록체 외막을 순서 없이 나타낸 것이다. ⓐ는 Ⅰ과 Ⅱ 중 하나이다.

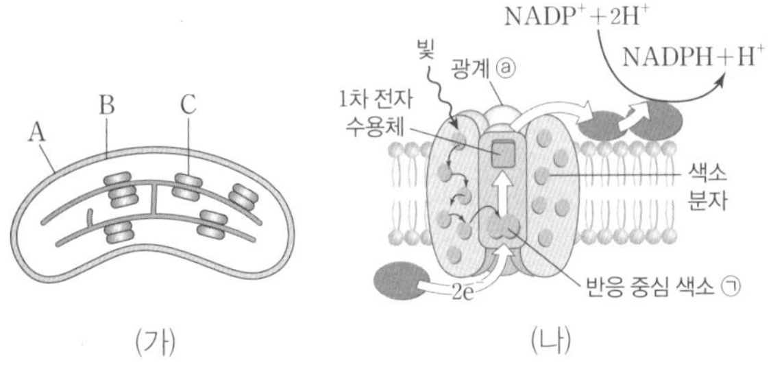

이에 대한 설명으로 옳은 것만을 <보기>에서 있는 대로 고른 것은?

보기

ㄱ. B에 광계 ⓐ가 있다.
ㄴ. ⓐ는 Ⅰ이다.
ㄷ. ㉠은 680 nm 파장의 빛을 700 nm 파장의 빛보다 잘 흡수한다.

① ㄱ ② ㄴ ③ ㄱ, ㄷ ④ ㄴ, ㄷ ⑤ ㄱ, ㄴ, ㄷ

[24029-0088]

06 표는 광합성이 일어나는 어떤 식물의 명반응에서 순환적 전자 흐름과 비순환적 전자 흐름을 비교하여 나타낸 것이다. A와 B는 순환적 전자 흐름과 비순환적 전자 흐름을 순서 없이 나타낸 것이다.

구분	A	B
O_2의 생성 여부	○	㉠
NADPH의 생성 여부	㉡	㉢
H^+ 농도 기울기 생성 여부	㉣	○

(○: 생성됨, ×: 생성 안 됨)

이에 대한 설명으로 옳은 것만을 <보기>에서 있는 대로 고른 것은?

보기

ㄱ. A에서 P_{700}으로부터 방출된 전자는 전자 전달계를 거쳐 P_{700}으로 되돌아온다.
ㄴ. B에는 광계 Ⅰ과 Ⅱ 중 광계 Ⅱ만 관여한다.
ㄷ. ㉠~㉣ 중 '○'인 것은 2개이다.

① ㄱ ② ㄷ ③ ㄱ, ㄴ ④ ㄴ, ㄷ ⑤ ㄱ, ㄴ, ㄷ

[24029-0089]

07 그림은 틸라코이드 막의 전자 전달계를 나타낸 것이다. (가)와 (나)는 각각 스트로마와 틸라코이드 내부 중 하나이고, ㉠과 ㉡은 $NADP^+$와 NADPH를 순서 없이 나타낸 것이다.

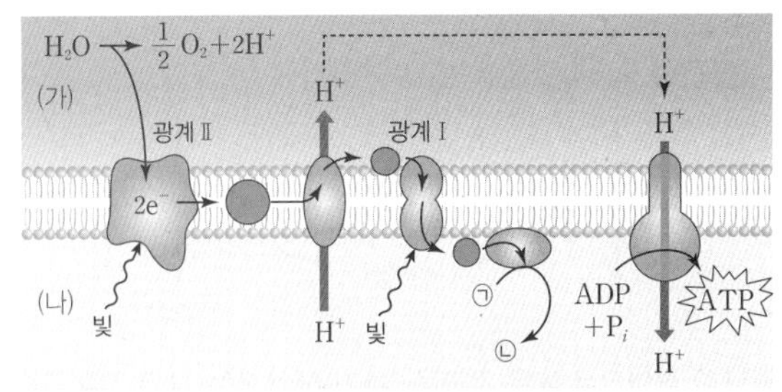

이에 대한 설명으로 옳은 것만을 <보기>에서 있는 대로 고른 것은?

보기

ㄱ. (가)에 DNA가 있다.
ㄴ. ㉠은 최종 전자 수용체이다.
ㄷ. (나)에서 (가)로의 H^+ 이동에는 고에너지 전자가 방출하는 에너지가 사용된다.

① ㄱ ② ㄷ ③ ㄱ, ㄴ ④ ㄴ, ㄷ ⑤ ㄱ, ㄴ, ㄷ

[24029-0090]

08 표는 광합성에서 일어나는 반응 ㉠과 ㉡을 나타낸 것이다. ⓐ~ⓒ는 분자 수이다.

㉠	ⓐRuBP+ⓑCO_2 → 6 3PG
㉡	ⓒPGAL → 6RuBP+포도당

이에 대한 설명으로 옳은 것만을 <보기>에서 있는 대로 고른 것은?

보기

ㄱ. ⓐ+ⓑ+ⓒ=18이다.
ㄴ. ㉠에서 루비스코가 작용한다.
ㄷ. ㉡에서 6분자의 RuBP가 재생되는 과정에 12분자의 ATP가 사용된다.

① ㄱ ② ㄷ ③ ㄱ, ㄴ ④ ㄴ, ㄷ ⑤ ㄱ, ㄴ, ㄷ

[24029-0091]

09 그림은 엽록체에서 일어나는 광합성 과정의 일부를 나타낸 것이다. (가)와 (나)는 명반응과 탄소 고정 반응을 순서 없이 나타낸 것이고, ㉠~㉣은 CO_2, H_2O, $NADP^+$, NADPH를 순서 없이 나타낸 것이다.

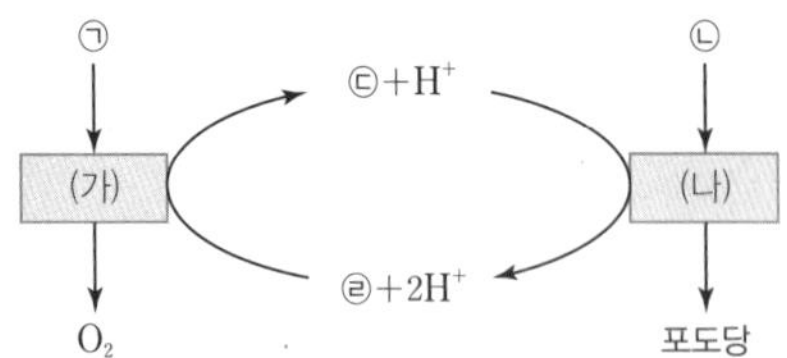

이에 대한 설명으로 옳은 것만을 <보기>에서 있는 대로 고른 것은?

보기

ㄱ. ㉠이 분해될 때 방출된 전자는 전자 전달계를 따라 이동하여 ㉣을 환원시킨다.
ㄴ. ㉢은 PGAL을 환원시킨다.
ㄷ. (나)에서 ATP 합성이 일어난다.

① ㄱ ② ㄷ ③ ㄱ, ㄴ ④ ㄴ, ㄷ ⑤ ㄱ, ㄴ, ㄷ

[24029-0092]

10 그림은 광합성이 활발하게 일어나는 어떤 식물의 명반응에서 전자가 이동하는 경로를, 표는 명반응에서 일어나는 반응 (가)와 (나)를 나타낸 것이다. ⓐ와 ⓑ는 광계 Ⅰ과 광계 Ⅱ를 순서 없이 나타낸 것이다. 물질 X는 ㉠에서 전자 전달을 차단한다.

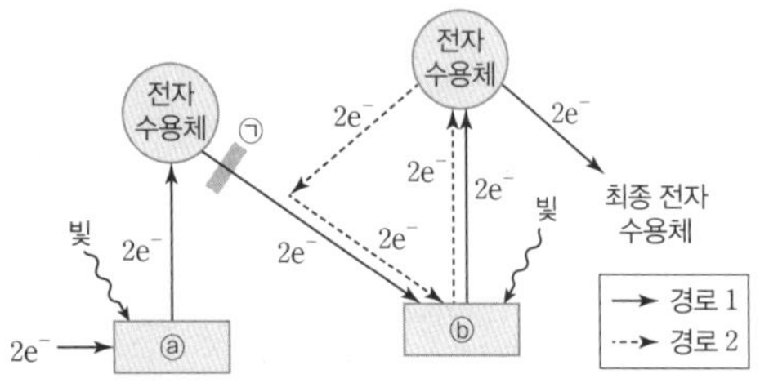

(가) $NADP^+ + 2e^- + 2H^+ \rightarrow NADPH + H^+$

(나) $H_2O \rightarrow \frac{1}{2}O_2 + 2e^- + 2H^+$

이에 대한 설명으로 옳은 것만을 <보기>에서 있는 대로 고른 것은?

보기

ㄱ. ⓐ는 (나)에서 방출된 전자에 의해 환원된다.
ㄴ. ⓑ는 광계 Ⅱ이다.
ㄷ. 물질 X를 처리하면 (가)와 (나)가 모두 억제된다.

① ㄱ ② ㄴ ③ ㄷ ④ ㄱ, ㄷ ⑤ ㄴ, ㄷ

[24029-0093]

11 그림은 캘빈 회로에서 물질 전환 과정의 일부를 나타낸 것이다. ㉠~㉢은 3PG, PGAL, RuBP를 순서 없이 나타낸 것이다. 1분자당 탄소 수는 ㉠과 ㉡이 서로 다르다.

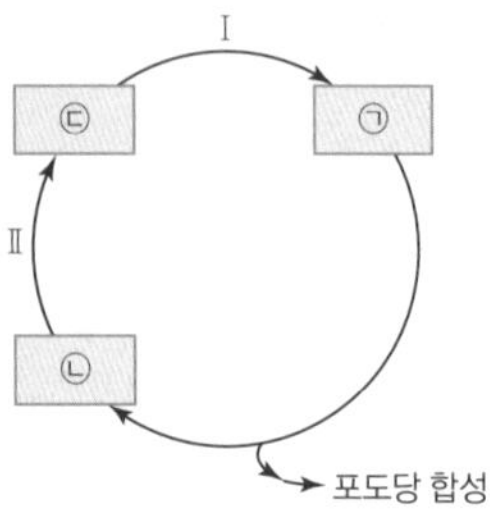

이에 대한 설명으로 옳은 것만을 <보기>에서 있는 대로 고른 것은?

보기

ㄱ. 과정 Ⅰ에서 산화 환원 반응이 일어난다.
ㄴ. 과정 Ⅱ에서 ATP가 사용된다.
ㄷ. 1분자당 $\frac{\text{㉡의 인산기 수}+\text{㉢의 인산기 수}}{\text{㉠의 탄소 수}}<1$이다.

① ㄱ ② ㄷ ③ ㄱ, ㄴ ④ ㄴ, ㄷ ⑤ ㄱ, ㄴ, ㄷ

[24029-0094]

12 그림은 $^{14}CO_2$와 클로렐라를 이용한 캘빈의 실험 결과를 시간의 경과에 따라 나타낸 것이다. ㉠~㉢은 3PG, PGAL, RuBP를 순서 없이 나타낸 것이다.

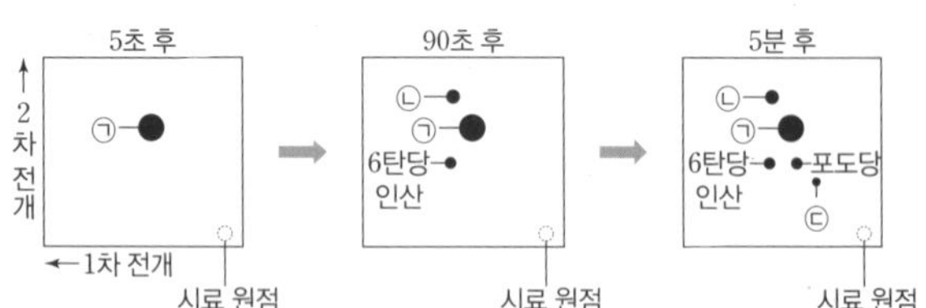

이에 대한 설명으로 옳은 것만을 <보기>에서 있는 대로 고른 것은?

보기

ㄱ. 이 실험에는 자기 방사법이 이용되었다.
ㄴ. 캘빈 회로에서 1분자의 ㉠이 ㉡으로 전환되는 과정에서 $\frac{\text{소모되는 NADPH 분자 수}}{\text{소모되는 ATP 분자 수}}=1$이다.
ㄷ. 1분자당 $\frac{\text{㉠의 탄소 수}+\text{㉢의 인산기 수}}{\text{㉢의 탄소 수}}=1$이다.

① ㄱ ② ㄷ ③ ㄱ, ㄴ ④ ㄴ, ㄷ ⑤ ㄱ, ㄴ, ㄷ

[24029-0095]

13 그림 (가)와 (나)는 각각 미토콘드리아와 엽록체의 구조를 나타낸 것이다. ㉠~㉢은 미토콘드리아 내막, 막 사이 공간, 미토콘드리아 기질을 순서 없이 나타낸 것이고, ⓐ~ⓒ는 스트로마, 틸라코이드 막, 틸라코이드 내부를 순서 없이 나타낸 것이다.

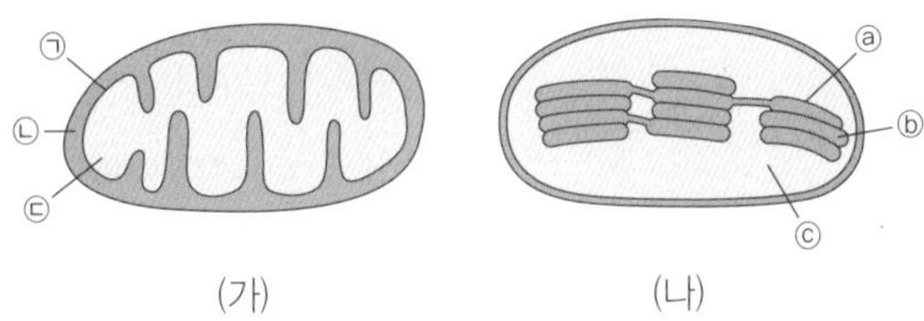

이에 대한 설명으로 옳은 것만을 <보기>에서 있는 대로 고른 것은?

보기

ㄱ. ㉠과 ⓐ에는 모두 ATP 합성 효소가 있다.

ㄴ. ㉠과 ⓐ에서 전자 전달계를 통한 전자 흐름이 일어나면 ㉡과 ⓑ는 모두 pH가 낮아진다.

ㄷ. 세포 호흡과 광합성이 일어날 때 ㉢과 ⓒ에서는 모두 산화 환원 반응이 일어난다.

① ㄱ ② ㄷ ③ ㄱ, ㄴ ④ ㄴ, ㄷ ⑤ ㄱ, ㄴ, ㄷ

[24029-0096]

14 표 (가)는 광인산화와 산화적 인산화에서 특징 ㉠과 ㉡의 유무를, (나)는 ㉠과 ㉡을 순서 없이 나타낸 것이다. A와 B는 광인산화와 산화적 인산화를 순서 없이 나타낸 것이다.

구분	㉠	㉡
A	?	?
B	×	?

(○: 있음, ×: 없음)

(가)

특징(㉠, ㉡)
• 화학 삼투가 일어난다. • 광계가 관여한다.

(나)

이에 대한 설명으로 옳은 것만을 <보기>에서 있는 대로 고른 것은?

보기

ㄱ. ㉡은 '화학 삼투가 일어난다.'이다.

ㄴ. A에서 최종 전자 수용체는 O_2이다.

ㄷ. A와 B 모두에서 ATP 합성 효소를 통해 H^+이 촉진 확산될 때 ATP가 합성된다.

① ㄱ ② ㄴ ③ ㄱ, ㄷ ④ ㄴ, ㄷ ⑤ ㄱ, ㄴ, ㄷ

[24029-0097]

15 그림은 어떤 식물에서 일어나는 순환적 전자 흐름 과정의 일부를 나타낸 것이다. A는 광계 Ⅰ과 광계 Ⅱ 중 하나이고, ㉠과 ㉡은 스트로마와 틸라코이드 내부를 순서 없이 나타낸 것이다.

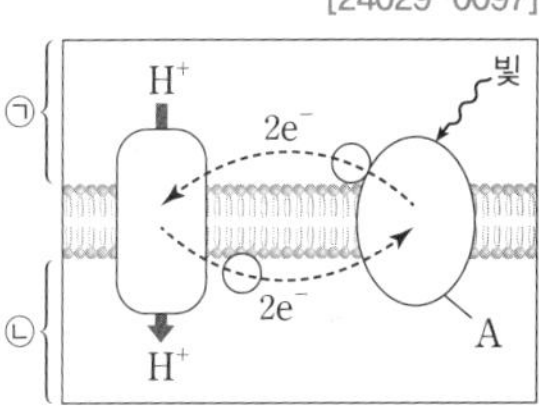

이에 대한 설명으로 옳은 것만을 <보기>에서 있는 대로 고른 것은?

보기

ㄱ. A의 반응 중심 색소는 P_{700}이다.

ㄴ. A는 비순환적 전자 흐름에도 관여한다.

ㄷ. ㉠은 틸라코이드 내부이다.

① ㄱ ② ㄷ ③ ㄱ, ㄴ ④ ㄴ, ㄷ ⑤ ㄱ, ㄴ, ㄷ

[24029-0098]

16 그림은 미토콘드리아와 엽록체에서의 ATP 합성을 나타낸 것이다. ㉠과 ㉡은 막 사이 공간과 미토콘드리아 기질을 순서 없이 나타낸 것이고, ㉢과 ㉣은 스트로마와 틸라코이드 내부를 순서 없이 나타낸 것이다.

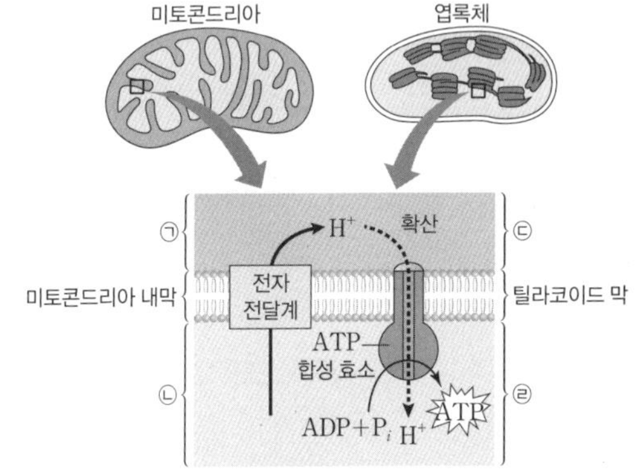

이에 대한 설명으로 옳은 것만을 <보기>에서 있는 대로 고른 것은?

보기

ㄱ. ㉡에 TCA 회로에 관여하는 효소가 존재한다.

ㄴ. ㉡에서 ㉠으로의 H^+ 이동에 ATP에 저장된 에너지가 사용된다.

ㄷ. ㉣은 스트로마이다.

① ㄱ ② ㄴ ③ ㄱ, ㄷ ④ ㄴ, ㄷ ⑤ ㄱ, ㄴ, ㄷ

크로마토그래피에서 전개율을 구하는 공식은 $\frac{\text{원점에서 색소까지의 거리}}{\text{원점에서 용매 전선까지의 거리}}$이다.

[24029-0099]

01 다음은 광합성 색소 추출 실험에 대한 내용이다.

[실험 과정]

(가) 광합성 색소 추출 용매를 넣은 막자사발에 잘게 자른 시금치 잎을 넣고 갈아준다.

(나) 종이 크로마토그래피 용지의 출발선 중앙(원점)에 (가)의 색소 추출액을 모세관으로 여러 차례 묻힌다.

(다) 전개액이 담긴 눈금실린더에 종이 크로마토그래피 용지를 ⓐ

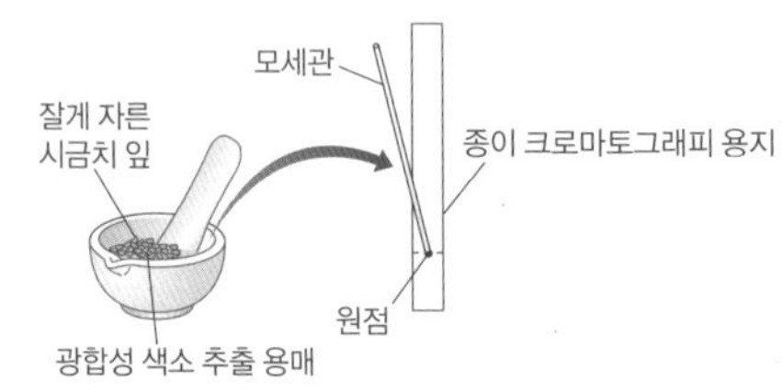

[실험 결과]

용매 전선
색소 ㉠
색소 ㉡
색소 ㉢
색소 ㉣
원점
16 cm
20 cm

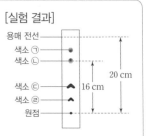

이에 대한 설명으로 옳은 것만을 〈보기〉에서 있는 대로 고른 것은?

보기

ㄱ. '원점이 전개액에 잠기도록 넣는다.'는 ⓐ로 적절하다.
ㄴ. ㉡의 전개율은 0.8이다.
ㄷ. ㉠과 ㉣의 분자량 차이는 두 색소의 전개율 차이의 원인에 해당한다.

① ㄱ ② ㄴ ③ ㄱ, ㄷ ④ ㄴ, ㄷ ⑤ ㄱ, ㄴ, ㄷ

미토콘드리아와 엽록체는 모두 외막과 내막의 2중막으로 싸여 있고, 자체 DNA와 리보솜을 갖고 있으며, 에너지 전환이 일어나는 세포 소기관이다.

[24029-0100]

02 표는 세포 소기관 A와 B의 공통점과 차이점을 나타낸 것이다. A와 B는 엽록체와 미토콘드리아를 순서 없이 나타낸 것이다.

구분	A	B
공통점	• 2중막 구조로 되어 있다. • ⓐ	
차이점	• 유기물을 분해하면서 산소를 소모하는 세포 소기관이다. • ⓑ	• 유기물을 합성하면서 산소를 생성하는 세포 소기관이다. • 광합성을 하는 식물과 조류에서 관찰된다.

이에 대한 설명으로 옳은 것만을 〈보기〉에서 있는 대로 고른 것은?

보기

ㄱ. A는 미토콘드리아이다.
ㄴ. '에너지 전환이 일어난다.'는 ⓐ에 해당한다.
ㄷ. '원핵세포와 진핵세포에서 모두 관찰된다.'는 ⓑ에 해당한다.

① ㄱ ② ㄷ ③ ㄱ, ㄴ ④ ㄴ, ㄷ ⑤ ㄱ, ㄴ, ㄷ

[24029-0101]

03 그림 (가)는 힐의 실험을, (나)는 광합성이 활발하게 일어나는 어떤 식물의 명반응에서 전자가 이동하는 경로를 나타낸 것이다. ⓐ는 기체이다.

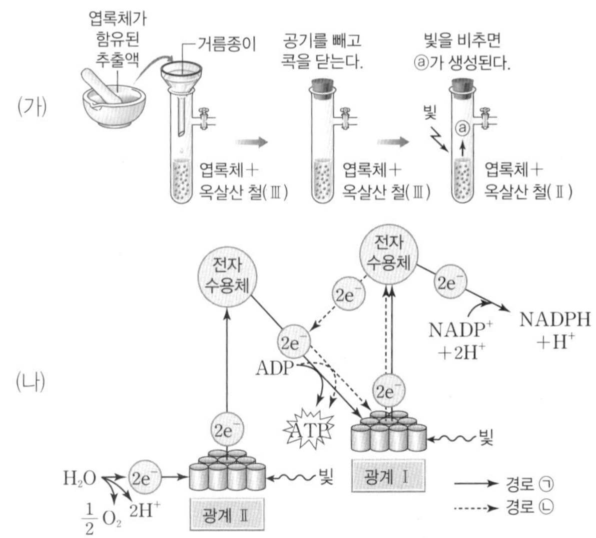

이에 대한 설명으로 옳은 것만을 〈보기〉에서 있는 대로 고른 것은?

보기

ㄱ. ⓐ는 ㉠과 ㉡ 중 ㉠을 통해서만 생성된다.
ㄴ. (가)의 옥살산 철(Ⅲ)은 (나)의 H_2O과 같은 역할을 한다.
ㄷ. (나)에서 ATP에 저장된 에너지는 H_2O로부터만 유래한 것이다.

① ㄱ ② ㄴ ③ ㄱ, ㄷ ④ ㄴ, ㄷ ⑤ ㄱ, ㄴ, ㄷ

옥살산 철(Ⅲ)이 옥살산 철(Ⅱ)로 되는 것은 전자를 받아 환원되었기 때문으로 명반응에서는 $NADP^+$가 전자를 받아 NADPH로 환원된다.

[24029-0102]

04 그림은 캘빈 회로의 일부를, 표는 (가)~(다)의 1분자당 탄소 수와 인산기 수를 나타낸 것이다. A~C는 3PG, PGAL, RuBP를 순서 없이 나타낸 것이고, (가)~(다)는 A~C를 순서 없이 나타낸 것이다. ㉠~㉣은 1, 2, 3, 5를 순서 없이 나타낸 것이다.

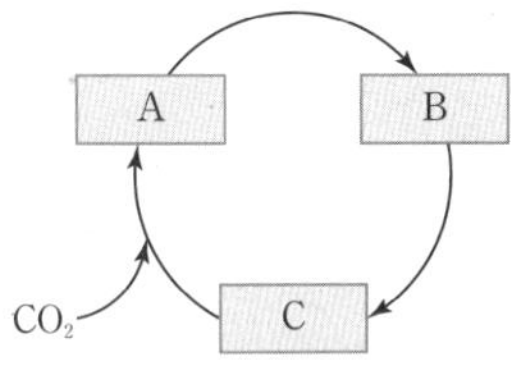

물질	1분자당 탄소 수	1분자당 인산기 수
(가)	㉠	㉡
(나)	㉢	㉣
(다)	㉢	?

이에 대한 설명으로 옳은 것만을 〈보기〉에서 있는 대로 고른 것은?

보기

ㄱ. $\frac{㉣}{㉠} > \frac{㉡}{㉢}$이다.
ㄴ. (가)는 C이다.
ㄷ. A가 B로 전환되는 과정에서 NADPH가 산화된다.

① ㄱ ② ㄷ ③ ㄱ, ㄴ ④ ㄴ, ㄷ ⑤ ㄱ, ㄴ, ㄷ

캘빈 회로에서 CO_2는 RuBP와 결합한 후 3PG로 분해된다. 3PG와 PGAL은 3탄소 화합물이고, RuBP는 5탄소 화합물이며, 3PG와 PGAL은 1분자당 인산기를 1개 가지고, RuBP는 1분자당 인산기를 2개 가진다.

화학 삼투는 생체막을 경계로 H^+ 농도 기울기에 따라 H^+이 확산되는 것을 말하며, 이때 H^+이 ATP 합성 효소를 지나면서 ATP가 합성된다.

[24029-0103]

05 다음은 엽록체를 이용한 실험이다.

[실험 과정 및 결과]

(가) 엽록체에서 분리한 틸라코이드를 pH가 ㉠인 수용액과 pH가 ㉡인 수용액에 각각 넣고, 틸라코이드 내부의 pH가 수용액의 pH와 같아질 때까지 둔다. ㉠과 ㉡은 4와 8을 순서 없이 나타낸 것이다.

(나) (가)의 틸라코이드를 pH가 ㉠ 또는 ㉡인 수용액이 들어 있는 플라스크 A~D에 그림과 같이 넣는다.

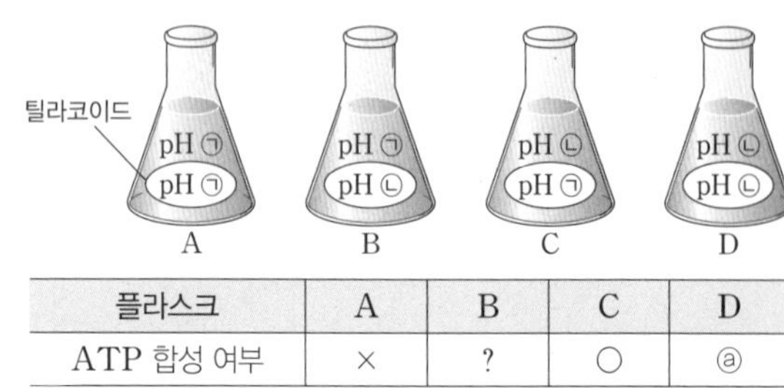

(다) 암실에서 (나)의 A~D 각각에 ADP와 무기 인산(P_i)을 충분히 첨가한 후 ATP 합성 여부를 측정한 결과는 표와 같다.

플라스크	A	B	C	D
ATP 합성 여부	×	?	○	ⓐ

(○: 합성됨, ×: 합성 안 됨)

이에 대한 설명으로 옳은 것만을 <보기>에서 있는 대로 고른 것은? (단, 제시된 조건 이외의 다른 조건은 동일하다.)

보기

ㄱ. ㉠은 4이다.

ㄴ. ⓐ는 '○'이다.

ㄷ. (다)의 C에서 H^+이 ATP 합성 효소를 통해 틸라코이드 내부로부터 외부로 이동하여 ATP가 생성되었다.

① ㄱ ② ㄴ ③ ㄱ, ㄷ ④ ㄴ, ㄷ ⑤ ㄱ, ㄴ, ㄷ

산화적 인산화 과정에서는 NADH와 $FADH_2$가 전자 공여체이고, 명반응의 비순환적 전자 흐름에서는 H_2O이 전자 공여체이다.

[24029-0104]

06 표 (가)는 전자 흐름 A와 B의 특징 3가지를, (나)는 (가)의 특징 중 A와 B가 갖는 특징의 개수를 나타낸 것이다. A와 B는 산화적 인산화 과정에서의 전자 흐름과 광합성 명반응에서의 비순환적 전자 흐름을 순서 없이 나타낸 것이다.

특징
• 물의 광분해가 일어난다.
• 고에너지 전자의 이동이 일어난다.
• 막을 경계로 H^+ 농도 기울기가 형성된다.

(가)

구분	특징의 개수
A	㉠
B	3

(나)

이에 대한 설명으로 옳은 것만을 <보기>에서 있는 대로 고른 것은?

보기

ㄱ. ㉠은 1이다.

ㄴ. B에서 NADH가 소모된다.

ㄷ. A와 B에서 모두 화학 삼투에 의한 인산화가 일어난다.

① ㄱ ② ㄷ ③ ㄱ, ㄴ ④ ㄴ, ㄷ ⑤ ㄱ, ㄴ, ㄷ

[24029-0105]

07 그림 (가)는 벤슨의 실험에서 어떤 식물에 ㉠과 ㉡의 조건을 달리했을 때 시간에 따른 광합성 속도를, (나)는 이 식물에서 일어나는 탄소 고정 반응의 일부를 나타낸 것이다. ㉠~㉣은 빛, CO_2, ATP, NADPH를 순서 없이 나타낸 것이고, A~C는 3PG, PGAL, RuBP를 순서 없이 나타낸 것이다.

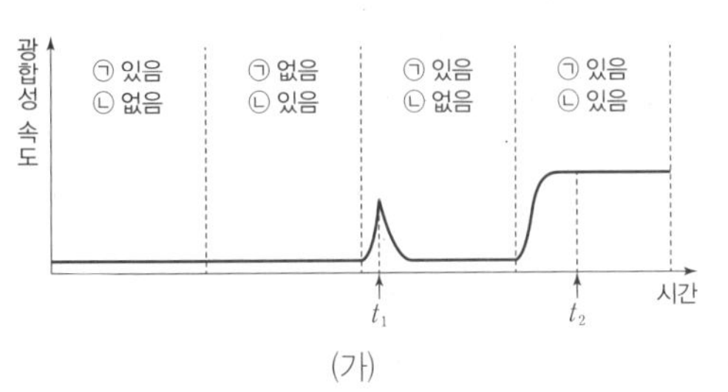

(가)

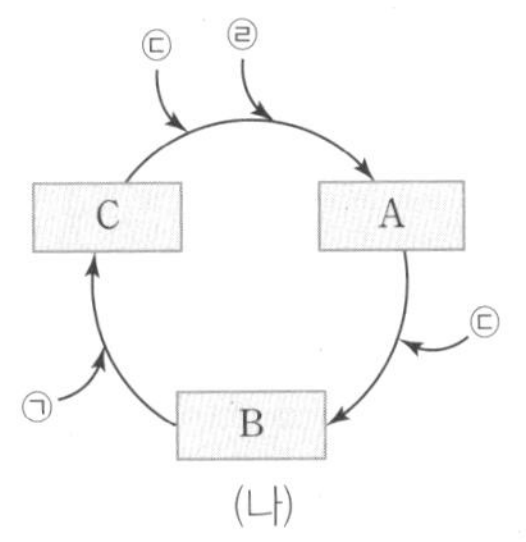

(나)

이에 대한 설명으로 옳은 것만을 〈보기〉에서 있는 대로 고른 것은? (단, (가)에서 ㉠과 ㉡ 이외의 조건은 동일하다.)

보기

ㄱ. ㉠은 CO_2이다.

ㄴ. t_1과 t_2일 때 모두 엽록체에서 ㉣이 생성된다.

ㄷ. 1분자당 인산기의 수는 A가 B보다 많다.

① ㄱ ② ㄷ ③ ㄱ, ㄴ ④ ㄴ, ㄷ ⑤ ㄱ, ㄴ, ㄷ

벤슨의 실험을 통해서 광합성은 빛이 필요한 단계(명반응)와 CO_2가 필요한 단계(탄소 고정 반응)로 구분됨을 알 수 있었다. 명반응에서 생성된 물질이 탄소 고정 반응에 사용되므로, 광합성이 지속되기 위해서는 빛과 CO_2가 모두 필요하다.

[24029-0106]

08 그림 (가)는 광합성이 활발하게 일어나는 어떤 녹색 식물의 엽록체에서 빛을 흡수하는 단위인 광계 Ⅱ를, (나)는 이 식물의 잎으로부터 추출한 광합성 색소 ⓐ와 ⓑ의 흡수 스펙트럼을 나타낸 것이다. ㉠과 ㉡은 보조 색소(안테나 색소)와 반응 중심 색소를 순서 없이 나타낸 것이고, ⓐ와 ⓑ는 엽록소 a와 엽록소 b를 순서 없이 나타낸 것이다.

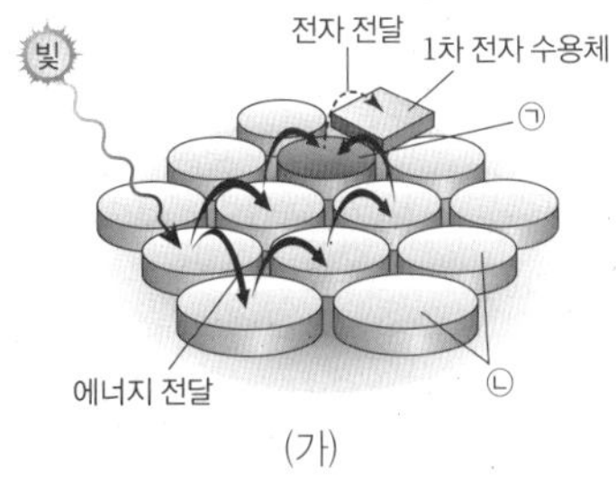

(가)

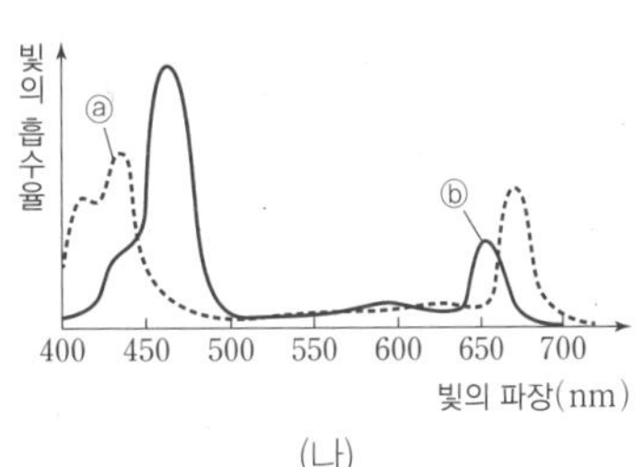

(나)

이에 대한 설명으로 옳은 것만을 〈보기〉에서 있는 대로 고른 것은?

보기

ㄱ. ㉠에서 방출된 전자는 전자 전달계를 따라 이동하여 산화된 광계 Ⅰ의 반응 중심 색소에 전달된다.

ㄴ. 광합성을 하는 모든 식물에는 ⓐ가 있다.

ㄷ. ⓑ는 ㉡에 해당한다.

① ㄱ ② ㄷ ③ ㄱ, ㄴ ④ ㄴ, ㄷ ⑤ ㄱ, ㄴ, ㄷ

광합성을 하는 모든 식물 및 조류에는 공통적으로 엽록소 a가 있고, 생물에 따라 엽록소 b, c, d 중 갖고 있는 종류가 다르다.

비순환적 전자 흐름에서 전자 전달계를 통한 전자 전달이 활발하게 일어나면 고에너지 전자로부터 방출된 에너지를 이용해 H^+이 스트로마에서 틸라코이드 내부로 능동 수송된다.

[24029-0107]

09 그림 (가)는 어떤 식물의 엽록체에서 일어나는 명반응의 전자 전달 과정을, (나)는 빛의 조건에 따른 이 엽록체의 ㉠에서의 pH 변화를 나타낸 것이다. A와 B는 광계 Ⅰ과 광계 Ⅱ를 순서 없이 나타낸 것이고, ㉠은 스트로마와 틸라코이드 내부 중 하나이다.

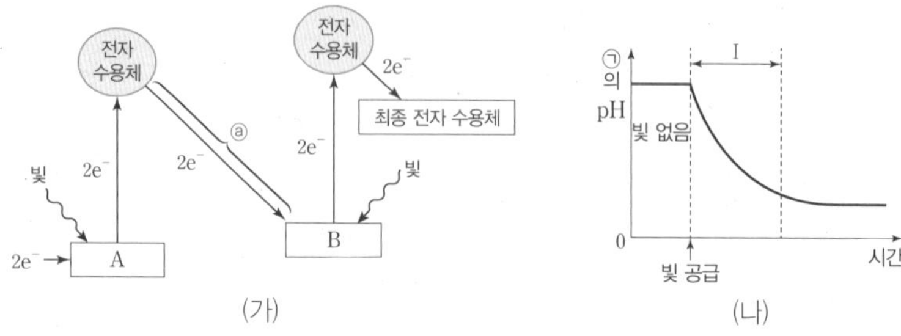

이에 대한 설명으로 옳은 것만을 〈보기〉에서 있는 대로 고른 것은? (단, (나)에서 빛 이외의 조건은 동일하다.)

보기

ㄱ. ㉠은 스트로마이다.
ㄴ. 구간 Ⅰ에서 ㉠으로의 H^+ 이동에는 과정 ⓐ에서 방출된 에너지가 사용된다.
ㄷ. 적색광에서 반응 중심 색소가 가장 잘 흡수하는 빛의 파장은 A에서가 B에서보다 길다.

① ㄱ　② ㄴ　③ ㄱ, ㄷ　④ ㄴ, ㄷ　⑤ ㄱ, ㄴ, ㄷ

명반응에서는 ATP 합성, 물의 광분해, NADPH의 생성이 일어나며, 캘빈 회로는 CO_2의 고정, 3PG의 환원, RuBP의 재생 세 단계로 이루어져 있다.

[24029-0108]

10 표 (가)는 어떤 식물의 엽록체에서 일어나는 광합성 반응 ㉠~㉤을, (나)는 ㉠~㉤ 중 명반응과 캘빈 회로 각각에서 일어나는 반응의 개수를 나타낸 것이다.

㉠	$H_2O \rightarrow \frac{1}{2}O_2 + 2H^+ + 2e^-$
㉡	$3PG \rightarrow PGAL$
㉢	$NADPH + H^+ \rightarrow NADP^+ + 2H^+ + 2e^-$
㉣	$ADP + P_i \rightarrow ATP$
㉤	$5PGAL \rightarrow 3RuBP$

(가)

과정	반응의 개수
명반응	ⓐ
캘빈 회로	ⓑ

(나)

이에 대한 설명으로 옳은 것만을 〈보기〉에서 있는 대로 고른 것은?

보기

ㄱ. ⓐ>ⓑ이다.
ㄴ. 틸라코이드 막에서 비순환적 전자 흐름이 일어날 때 ㉠과 ㉣은 모두 일어난다.
ㄷ. ㉡이 일어날 때 ㉢도 함께 일어난다.

① ㄱ　② ㄷ　③ ㄱ, ㄴ　④ ㄴ, ㄷ　⑤ ㄱ, ㄴ, ㄷ

[24029-0109]

11 그림 (가)는 클로렐라 배양액에 $^{14}CO_2$를 공급하고 빛을 비춘 후, 클로렐라에서 ^{14}C가 포함된 유기물 ㉠과 ㉡의 생성량을 시간에 따라 측정하여 나타낸 것이고, (나)의 A와 B는 (가)의 두 시점 t_1과 t_2에서 얻은 세포 추출물을 각각 크로마토그래피법으로 전개한 결과를 순서 없이 나타낸 것이다. ㉠과 ㉡은 3PG와 RuBP를 순서 없이 나타낸 것이고, A와 B는 t_1과 t_2를 순서 없이 나타낸 것이다.

(가) (나)

이에 대한 설명으로 옳은 것만을 〈보기〉에서 있는 대로 고른 것은?

보기

ㄱ. t_1일 때 얻은 세포 추출물의 크로마토그래피 전개 결과는 B이다.

ㄴ. $^{14}CO_2$가 처음 고정되어 생성된 물질은 ㉠이다.

ㄷ. 1분자당 $\frac{\text{㉡의 탄소 수}}{\text{㉠의 탄소 수}} < 1$이다.

① ㄱ ② ㄷ ③ ㄱ, ㄴ ④ ㄴ, ㄷ ⑤ ㄱ, ㄴ, ㄷ

탄소 고정 반응에서 CO_2가 고정된 후 3PG → PGAL → RuBP 순으로 합성된다.

[24029-0110]

12 그림은 식물 세포에서 일어나는 물질대사 과정을 나타낸 것이다. (가)와 (나)는 TCA 회로와 캘빈 회로를 순서 없이 나타낸 것이고, ㉠~㉢은 O_2, CO_2, H_2O을 순서 없이 나타낸 것이다.

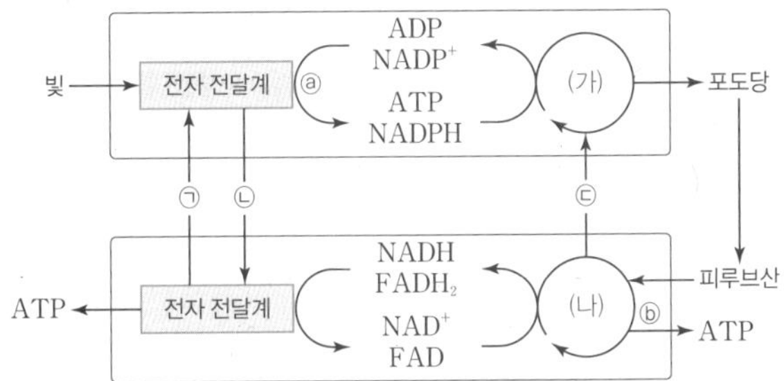

이에 대한 설명으로 옳은 것만을 〈보기〉에서 있는 대로 고른 것은?

보기

ㄱ. 과정 ⓐ와 ⓑ에서 모두 기질 수준 인산화 반응으로 ATP가 생성된다.

ㄴ. 포도당 1분자가 생성될 때 $\frac{\text{(가)에서 고정되는 ㉢의 분자 수}}{\text{분해되는 ㉠의 분자 수}} = \frac{1}{2}$이다.

ㄷ. 10분자의 NADH가 산화될 때 5분자의 ㉡이 소모된다.

① ㄱ ② ㄷ ③ ㄱ, ㄴ ④ ㄴ, ㄷ ⑤ ㄱ, ㄴ, ㄷ

세포 호흡이나 광합성에서 전자 전달계를 거쳐 생성되는 ATP는 화학 삼투에 의한 인산화로 생성되고, 해당 과정이나 TCA 회로에서 생성되는 ATP는 기질 수준 인산화로 생성된다.

06 유전 물질

개념 체크

◉ 원핵세포의 유전체는 대부분 원형 DNA 1개로 구성되고, 세포질에 퍼져 있으며, 대부분 유전체 DNA가 히스톤 단백질과 결합되어 있지 않다. 진핵세포의 유전체는 선형 DNA로 구성되고, 핵막으로 둘러싸여 있으며, 유전체 DNA가 히스톤 단백질과 결합된 뉴클레오솜 구조를 형성한다.

1. 원핵세포에는 (　　)라는 작은 원형 DNA가 있는 경우도 있다.

2. 진핵세포의 유전체 DNA는 (　　) 단백질과 결합되어 뉴클레오솜 구조를 형성한다.

※ ○ 또는 ×

3. 원핵세포의 유전체는 선형 DNA 여러 개로 구성되며, 핵막으로 둘러싸여 있다. (　　)

4. 진핵세포에는 단백질 비암호화 부위인 인트론이 있다. (　　)

1 원핵세포와 진핵세포의 유전체 구성

구분	원핵세포	진핵세포
유전체 DNA 수와 형태	• 대부분 유전체가 원형 DNA 1개로 구성되어 크기가 비교적 작고, 핵막으로 둘러싸여 있지 않고 세포질에 퍼져 있으며, 플라스미드라는 작은 원형 DNA가 있는 경우도 있다.	• 유전체가 선형 DNA 여러 개로 구성되어 원핵세포의 유전체보다 크고 더 많은 유전 정보를 가지며, 핵막으로 둘러싸여 있다.
유전체 DNA와 히스톤 단백질 결합 여부	• 유전체 DNA가 히스톤 단백질과 결합되어 있지 않다. 일부 고세균에는 히스톤 단백질이 있다.	• 유전체 DNA가 히스톤 단백질과 결합되어 뉴클레오솜 구조를 형성하며, 세포 분열 시기에 고도로 응축된 염색체를 형성한다.
인트론 유무	• 유전자가 매우 촘촘하게 존재하여 유전체의 많은 부분이 RNA와 단백질을 형성하는 유전자이다. 일부 원핵세포에는 인트론이 있다.	• 일정한 길이의 DNA당 유전자 수는 적으며, 이는 원핵세포보다 비암호화 부위가 훨씬 많기 때문이다. 비암호화 DNA 부위에 인트론이 포함된다.
유전자 발현 조절 단위	• 많은 경우 유전자 발현 조절이 오페론 단위로 이루어지며, 여러 유전자의 전사가 한꺼번에 조절된다.	• 각 유전자는 독립적으로 전사된다.

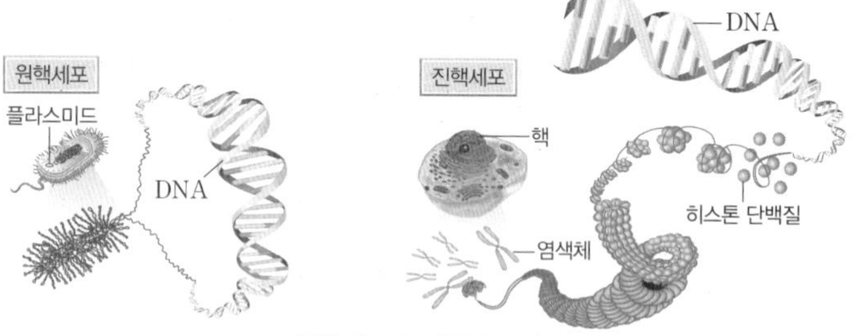

원핵세포와 진핵세포의 유전체

과학 돋보기 원핵세포와 진핵세포의 유전체 DNA 비교

그림은 60000 염기쌍 길이의 대장균 DNA와 사람 DNA를 비교하여 나타낸 것이다.

• 대장균에는 같은 길이의 DNA에 53개의 유전자가 높은 밀도로 배열되어 있고, 단백질 비암호화 부위인 인트론이 없다.

• 사람에는 같은 길이의 DNA에 2개의 유전자만 있고, 단백질 비암호화 부위인 인트론이 있다.

정답

1. 플라스미드
2. 히스톤
3. ×
4. ○

2 유전 물질의 확인

(1) 유전 물질

① 유전 물질의 특징

• 세포와 개체의 생명 활동에 필요한 정보를 저장하고 있다.

- 세포 분열 동안 정확하게 복제된 후 다음 세대로 안정적으로 전달된다.
- 돌연변이가 일어나 진화에 필요한 유전적 변이(다양성)를 제공한다.

② 유전 물질에 대한 연구 초기에 DNA보다 단백질을 유전 물질이라 여겼던 이유

- 유전자가 단백질과 DNA로 이루어진 염색체에 존재한다는 것이 알려져 있었다.
- DNA는 4가지의 뉴클레오타이드로 이루어져 있고, 단백질은 20가지의 아미노산으로 이루어져 있으므로 복잡한 유전 정보를 저장하기에 단백질이 적절하다고 여겼기 때문이다.

(2) 허시와 체이스의 박테리오파지(파지) 증식 실험(1952년)

① 파지는 단백질과 DNA로 이루어져 있는데, 이 중 파지의 증식에 필요한 유전 정보가 DNA에 저장되어 있음을 밝혀냈다.

② 파지를 구성하는 단백질과 DNA 중 단백질에만 있는 황(S)과, DNA에만 있는 인(P)의 방사성 동위 원소를 이용하여 단백질과 DNA 중 대장균 속으로 들어가 다음 세대 파지를 만드는 유전 정보를 가진 물질이 무엇인지를 확인하였다.

③ 생물의 유전 물질은 DNA임이 증명되었고, 학계에서도 이를 받아들였다.

탐구자료 살펴보기 **허시와 체이스의 실험**

과정 및 결과

(가) ^{32}P으로 DNA를 표지한 박테리오파지(파지)와 ^{35}S으로 단백질을 표지한 박테리오파지(파지)를 각각 준비한다.

(나) 두 종류의 파지를 방사성 동위 원소가 없는 곳에서 배양한 대장균에 각각 감염시킨다. 일정 시간이 지난 후 대장균 표면에 붙어 있는 파지 성분을 믹서로 분리하고, 원심 분리기로 대장균을 침전시킨다.

(다) 원심 분리하여 얻은 침전물과 상층액에서 방사선의 검출 여부를 조사한다.

〈파지의 DNA를 ^{32}P으로 표지한 경우〉

〈파지의 단백질을 ^{35}S으로 표지한 경우〉

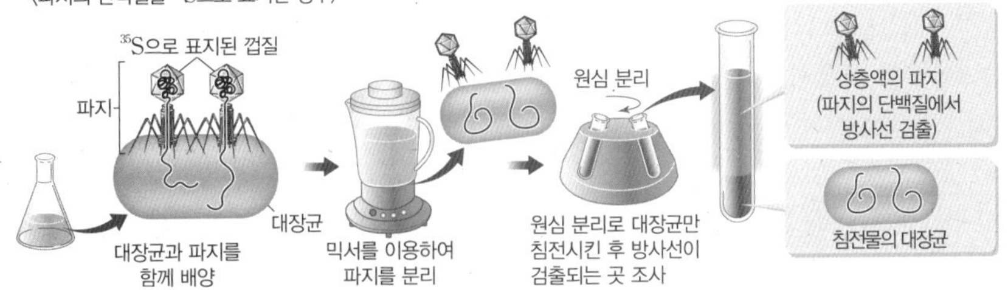

point

■ 파지의 DNA를 ^{32}P으로 표지한 경우

- 시험관의 침전물(대장균 존재)에서 방사선이 검출된다. → 대장균 내부로 들어간 파지의 물질은 DNA이다.
- 자손 파지에서 방사선이 검출되었다. → 유전 물질은 DNA이다.

■ 파지의 단백질을 ^{35}S으로 표지한 경우

- 시험관의 상층액(파지의 단백질 껍질 존재)에서 방사선이 검출된다. → 파지의 단백질은 대장균의 내부로 들어가지 않으므로 단백질은 유전 물질이 아니다.
- 자손 파지에서 방사선이 검출되지 않았다. → 단백질은 유전 물질이 아니다.

개념 체크

◉ 허시와 체이스의 실험에서 ^{32}P으로 DNA를 표지한 파지와 ^{35}S으로 단백질을 표지한 파지를 각각 대장균에 감염시킨 후 원심 분리하여 얻은 결과로부터 생물의 유전 물질이 DNA임을 증명하였다.

1. 허시와 체이스의 실험에서 ^{32}P으로 (　　)를 표지한 파지를 이용하였다.

2. 허시와 체이스의 실험에서 원심 분리한 시험관의 상층액과 침전물 중 (　　)에 대장균이 있다.

※ ○ 또는 ×

3. 허시와 체이스의 실험에서 자기 방사법이 사용되었다. (　　)

4. 허시와 체이스의 실험에서 ^{35}S으로 파지의 단백질을 표지한 경우에는 원심 분리한 시험관의 상층액에서 방사선이 검출되었다. (　　)

정답

1. DNA
2. 침전물
3. ○
4. ○

개념 체크

◉ DNA의 기본 단위는 뉴클레오타이드이며, 뉴클레오타이드는 당, 염기, 인산으로 이루어져 있다. DNA를 구성하는 뉴클레오타이드의 당은 디옥시리보스이고, 염기는 아데닌, 구아닌, 사이토신, 타이민이다.

1. 에이버리의 폐렴 쌍구균 형질 전환 실험에서 죽은 S형 균의 추출물에 DNA 분해 효소를 처리한 후 살아 있는 R형 균과 함께 배양한 경우, (　　)형 균만 관찰되었다.

2. DNA를 구성하는 5탄당은 (　　)이다.

※ ○ 또는 ×

3. 그리피스의 폐렴 쌍구균 형질 전환 실험에서 유전 물질이 DNA라고 결론을 내렸다. (　　)

4. DNA를 구성하는 염기 중 아데닌(A)과 구아닌(G)은 모두 퓨린 계열 염기이다. (　　)

정답
1. R
2. 디옥시리보스
3. ×
4. ○

과학 돋보기 DNA가 유전 물질이라는 증거(허시와 체이스의 실험 이전의 증거)

1. 그리피스의 폐렴 쌍구균 형질 전환 실험(1928년): 그리피스는 폐렴을 유발하는 S형 균과 폐렴을 유발하지 않는 R형 균을 이용해 형질 전환 현상을 발견했다.

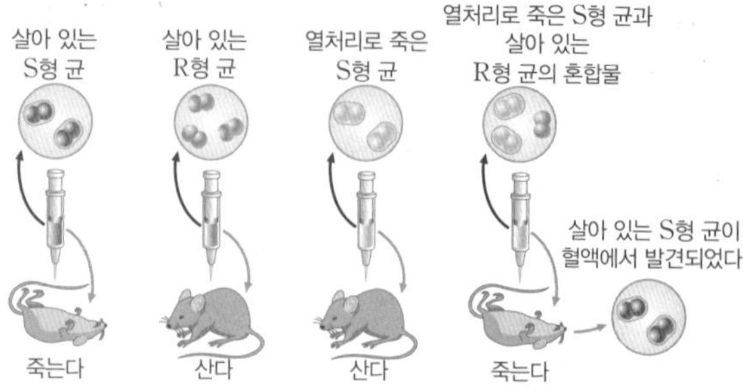

① 살아 있는 S형 균을 주사한 쥐는 폐렴에 걸려 죽었다. 살아 있는 R형 균 또는 열처리로 죽은 S형 균을 주사한 쥐는 죽지 않았다.

② 열처리로 죽은 S형 균과 살아 있는 R형 균의 혼합물을 주사한 쥐는 폐렴에 걸려 죽었고, 죽은 쥐의 혈액에서 살아 있는 S형 균이 발견되었다.

③ 죽은 S형 균에 있던 유전 정보를 가진 형질 전환 물질이 R형 균 안으로 이동하였고, 이 물질이 유전 물질이라고 결론 내렸다.

2. 에이버리의 폐렴 쌍구균 형질 전환 실험(1944년): 그리피스의 실험을 발전시켜 어떤 성분이 형질 전환을 일으키는지 알아보았으며, 유전 물질이 DNA임을 증명하였지만 단백질이 유전 물질로 더 적합하다는 당시 학계의 강한 믿음 때문에 이 연구 결과는 받아들여지지 않았다.

① 죽은 S형 균의 추출물에 단백질 분해 효소, 다당류 분해 효소, RNA 분해 효소를 각각 처리한 후 살아 있는 R형 균과 함께 배양한 경우 형질 전환이 일어났다.

② 죽은 S형 균의 추출물에 DNA 분해 효소를 처리한 후 살아 있는 R형 균과 함께 배양한 경우 형질 전환이 일어나지 않았다.

③ DNA 분해 효소를 처리한 S형 균의 추출물은 형질 전환을 일으키지 못하였으므로 S형 균의 추출물 중 DNA가 형질 전환을 일으킨다. 따라서 유전 물질이 DNA라고 결론 내렸다.

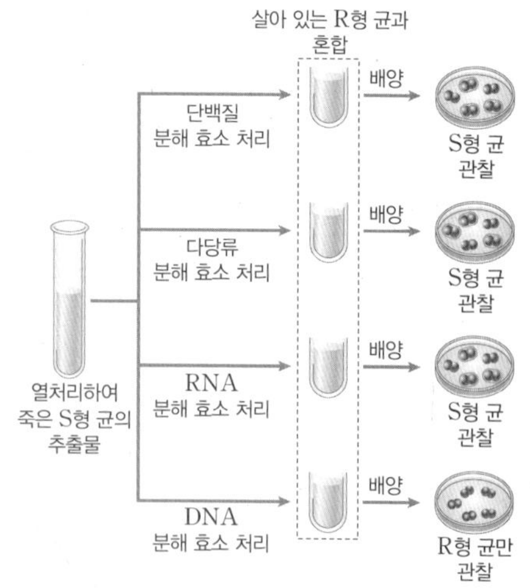

3 DNA의 구조

(1) DNA의 기본 구성 단위: 인산, 당, 염기로 이루어진 뉴클레오타이드이다.

① **인산**: 인(P)을 포함하며, DNA가 수용액에서 음(−)전하를 띠게 한다.

② **당**: 5탄당인 디옥시리보스이다.

③ **염기**: 질소(N)를 포함하며, 아데닌(A), 구아닌(G), 사이토신(C), 타이민(T)의 4가지가 있다.

과학 돋보기 핵산의 염기

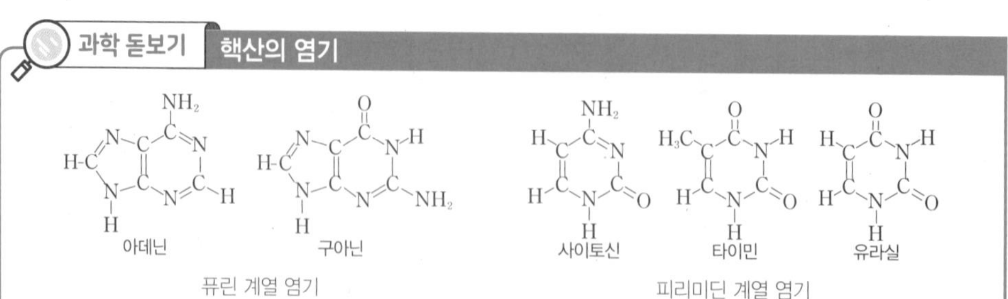

• 아데닌, 구아닌, 사이토신은 DNA와 RNA에 공통으로 존재하지만, 타이민은 DNA에만, 유라실은 RNA에만 존재한다.

• 아데닌과 구아닌을 퓨린 계열 염기, 사이토신, 타이민, 유라실을 피리미딘 계열 염기라고 한다.

(2) DNA 입체 구조 규명에 활용된 증거

① 샤가프의 법칙: 1950년대 샤가프에 의해 밝혀졌다.

- DNA를 구성하는 A, T, G, C의 비율은 생물종에 따라 다르다.
- 각 생물의 DNA에서 A과 T의 비율이 같고(A=T), G과 C의 비율이 같다(G=C). 따라서 퓨린 계열 염기(A+G)의 비율과 피리미딘 계열 염기(T+C)의 비율이 같다.

조성 비율 : A=T, G=C, A+G=T+C=50 %

- 왓슨과 크릭에 의해 DNA의 이중 나선 구조가 규명될 때 상보적 염기쌍의 중요한 단서가 되었다.

② DNA의 X선 회절 사진: 1952년 프랭클린과 윌킨스에 의해 연구되었다.

- DNA 시료에 X선을 쪼여 얻은 회절 사진으로부터 DNA의 이중 나선 구조를 밝히는 결정적인 단서를 얻었다.

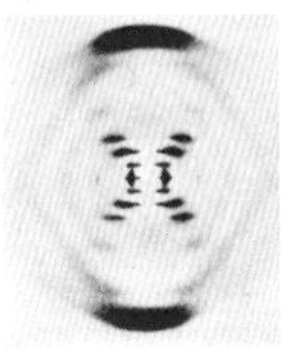
DNA의 X선 회절 사진

(3) DNA 이중 나선 구조

① 두 가닥의 폴리뉴클레오타이드가 결합해 오른 나선 방향으로 꼬여 있는 이중 나선 구조이다.

- 폴리뉴클레오타이드 가닥의 방향성: 인산기가 노출된 한쪽 끝을 5′ 말단, 5탄당의 수산기(−OH)가 노출된 다른 쪽 끝을 3′ 말단이라고 한다.
- 이중 나선을 이루고 있는 두 가닥은 양 말단의 방향이 서로 반대인 역평행 구조이다.

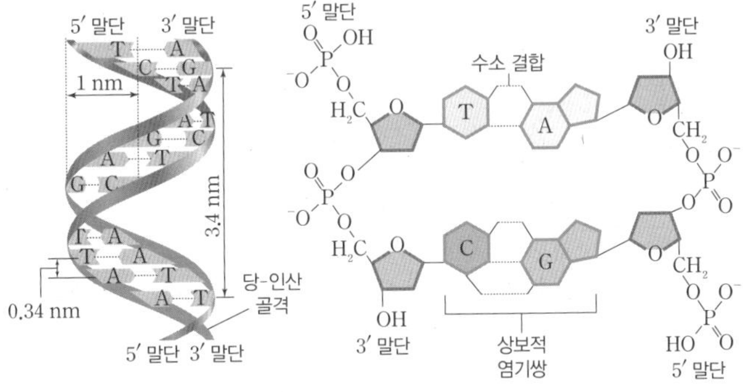

DNA 이중 나선 구조

② 바깥쪽에 당−인산이 교대로 연결된 골격이 있고, 안쪽으로는 양쪽 가닥의 염기가 수소 결합으로 연결되어 있다.

- 상보적 염기쌍: A은 항상 T과 결합하고, G은 항상 C과 결합한다. 따라서 DNA 한쪽 가닥의 염기 서열을 알면 다른 쪽 가닥의 염기 서열을 알 수 있다.
- A과 T 사이에는 2개의 수소 결합이, G과 C 사이에는 3개의 수소 결합이 형성되므로 GC쌍이 많을수록 DNA를 이루는 두 가닥이 잘 분리되지 않는다.

③ 퓨린 계열 염기와 피리미딘 계열 염기 사이에서 상보적 염기쌍이 형성되므로 이중 나선의 지름이 2 nm로 일정하다.

④ 이중 나선이 1회전할 때 10개의 염기쌍이 나타나며, 그 길이는 3.4 nm이다. 따라서 인접한 두 염기쌍 사이의 거리는 0.34 nm이다.

개념 체크

- 이중 가닥 DNA에서 A은 항상 T과 결합하고, G은 항상 C과 결합하므로 퓨린 계열 염기(A, G)의 비율과 피리미딘 계열 염기(T, C)의 비율은 항상 같다. A과 T 사이에는 2개의 수소 결합이, G과 C 사이에는 3개의 수소 결합이 형성된다.

1. DNA 이중 나선 구조에서 구아닌(G)과 사이토신(C) 사이에는 (   )개의 수소 결합이 형성된다.

2. DNA 이중 나선 구조를 이루는 폴리뉴클레오타이드 두 가닥의 바깥쪽에 (   )과 (   )이 교대로 연결된 골격이 있다.

※ ○ 또는 ×

3. 샤가프의 법칙에 따르면 DNA에서 A+G의 비율과 T+C의 비율이 서로 같다. (   )

4. DNA 이중 나선 구조를 이루는 폴리뉴클레오타이드 가닥에서 5탄당의 수산기(−OH)가 노출된 한쪽 끝을 5′ 말단이라고 한다. (   )

정답

1. 3
2. 당, 인산(인산, 당)
3. ○
4. ×

4 DNA의 복제

(1) DNA의 복제 가설

① **보존적 복제**: DNA 전체를 주형으로 하여 새로운 DNA가 합성된다.

② **반보존적 복제**: DNA의 두 가닥이 풀려 각 가닥을 주형으로 상보적인 가닥이 합성된다. 따라서 복제 후의 DNA에서 한 가닥은 주형 가닥, 나머지 한 가닥은 새로 합성된 가닥이다.

③ **분산적 복제**: DNA가 작은 조각으로 잘려 각각을 주형으로 복제된 후 다시 연결된다. 따라서 복제 후의 DNA에는 주형 DNA 조각과 새로 합성된 DNA 조각이 섞여 있다.

보존적 복제

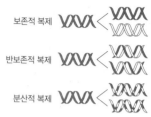

반보존적 복제

분산적 복제

■ 주형 DNA □ 새로 합성된 DNA

DNA 복제의 3가지 가설

(2) 메셀슨과 스탈의 DNA 복제 실험(1958년)

메셀슨과 스탈의 DNA 복제 실험(1958년): DNA 염기의 구성 원소 중 하나인 질소(N)의 동위 원소 표지 기술과 초원심 분리 기술을 이용하여 DNA의 반보존적 복제를 확인하였다.

탐구자료 살펴보기 메셀슨과 스탈의 실험

과정 및 결과

(가) 대장균을 ^{15}N가 들어 있는 배지에서 여러 세대 배양하여 ^{15}N가 포함된 DNA를 갖는 대장균(G_0)을 얻는다.

(나) G_0을 ^{14}N가 들어 있는 배지로 옮겨 한 세대 배양하여 얻은 1세대 대장균(G_1)과 한 세대 더 배양하여 얻은 2세대 대장균(G_2)에서 각각 DNA를 추출하고 초원심 분리기로 DNA를 분리한다.

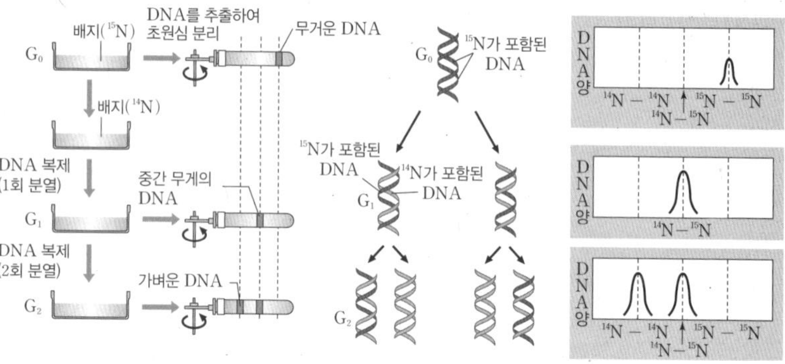

point

• G_1의 DNA를 원심 분리하면 중간 무게의 DNA(^{14}N－^{15}N) 띠가 형성된다. 이 결과로 보존적 복제 가설이 옳지 않음을 알 수 있다.

• G_2의 DNA를 원심 분리하면 가벼운 DNA(^{14}N－^{14}N) 띠와 중간 무게의 DNA(^{14}N－^{15}N) 띠가 1 : 1 비율로 형성된다. 이 결과로 분산적 복제 가설이 옳지 않음을 알 수 있다. ➡ DNA는 반보존적으로 복제됨을 알 수 있다.

(3) DNA의 반보존적 복제

① **이중 나선의 풀림**: 복제가 시작되는 지점(복제 원점)에서 효소(헬리케이스)의 작용으로 염기 사이의 수소 결합이 끊어지면서 이중 나선이 두 가닥으로 풀어진다.

② **프라이머 합성**: RNA 프라이머가 합성된다. 프라이머는 새로 첨가되는 뉴클레오타이드가 DNA 중합 효소의 작용으로 당-인산 결합을 형성할 수 있도록 3′ 말단을 제공한다.

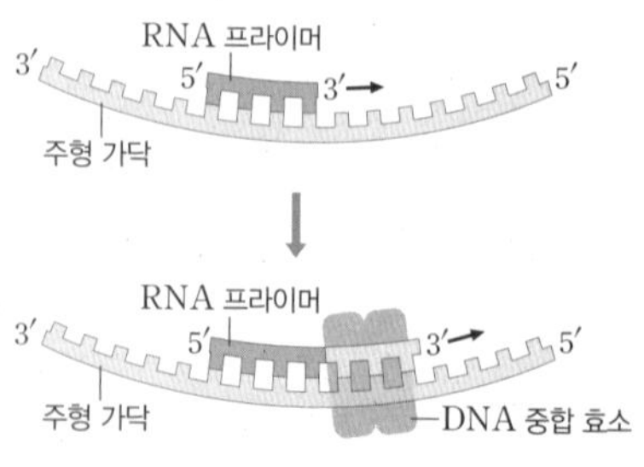

개념 체크

◘ DNA의 복제 가설은 보존적 복제, 반보존적 복제, 분산적 복제가 제시되었고, 질소의 동위 원소를 이용한 메셀슨과 스탈의 실험을 통해 DNA의 반보존적 복제를 확인하였다.

1. 메셀슨과 스탈의 실험을 통해 DNA의 ( ) 복제를 확인하였다.

2. DNA 복제 과정에서 주형 가닥에 상보적인 ( ) 프라이머가 합성된다.

※ ○ 또는 ×

3. DNA 복제 과정에서 염기 사이의 수소 결합이 끊어지면서 이중 나선이 두 가닥으로 풀어진다. ( )

4. 메셀슨과 스탈의 실험에서 DNA를 원심 분리한 결과 ^{14}N－^{14}N DNA 띠가 ^{14}N－^{15}N DNA 띠보다 시험관 아래쪽에 있다. ( )

정답

1. 반보존적
2. RNA
3. ○
4. ×

③ 새로운 가닥의 합성: DNA 중합 효소가 주형 가닥과 상보적인 염기를 갖는 뉴클레오타이드를 결합시키면서 새로운 가닥이 합성된다. 이때 합성 중인 가닥의 3′ 말단에 새로 첨가되는 뉴클레오타이드의 5′ 말단 인산기가 결합하므로 새로운 가닥은 5′ → 3′ 방향으로만 합성된다. 그런데 주형 가닥과 새로운 가닥은 방향이 서로 반대이므로 DNA 중합 효소는 주형 가닥을 따라 3′ → 5′ 방향으로 이동한다.

④ 선도 가닥과 지연 가닥: 새로 합성되는 두 가닥은 방향이 서로 반대인데, 복제는 두 가닥에서 동시에 진행된다. 두 가닥의 합성 과정에 차이가 있으며 각각 선도 가닥과 지연 가닥으로 불린다.

- 선도 가닥의 합성: 복제 진행 방향(복제 분기점의 진행 방향)과 같은 방향으로 끊김 없이 연속적으로 합성되는 가닥을 선도 가닥이라고 한다. 복제 진행 방향이 주형 가닥의 3′ → 5′ 방향일 때 선도 가닥이 5′ → 3′ 방향으로 합성된다.
- 지연 가닥의 합성: 복제가 진행되는 방향과 반대 방향으로 짧은 가닥이 불연속적으로 합성되는 가닥을 지연 가닥이라고 한다. 불연속적으로 합성된 각각의 짧은 가닥은 DNA 연결 효소에 의해 연결된다. 복제 진행 방향이 주형 가닥의 5′ → 3′ 방향일 때 지연 가닥이 합성되며, 불연속적으로 합성되는 각각의 짧은 DNA 가닥은 5′ → 3′ 방향으로 합성된다.

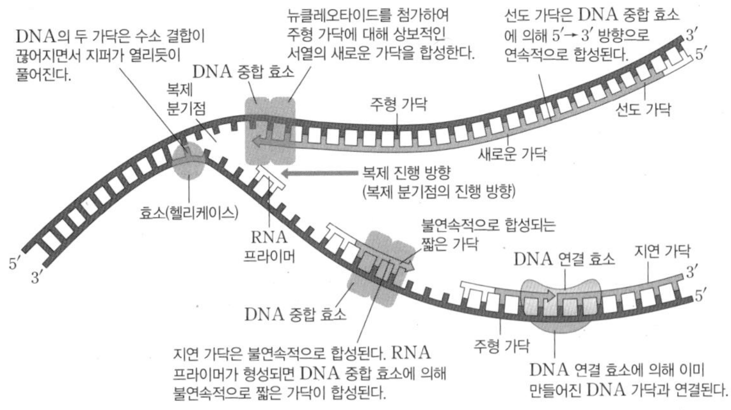

과학 돋보기 DNA 중합 효소의 작용

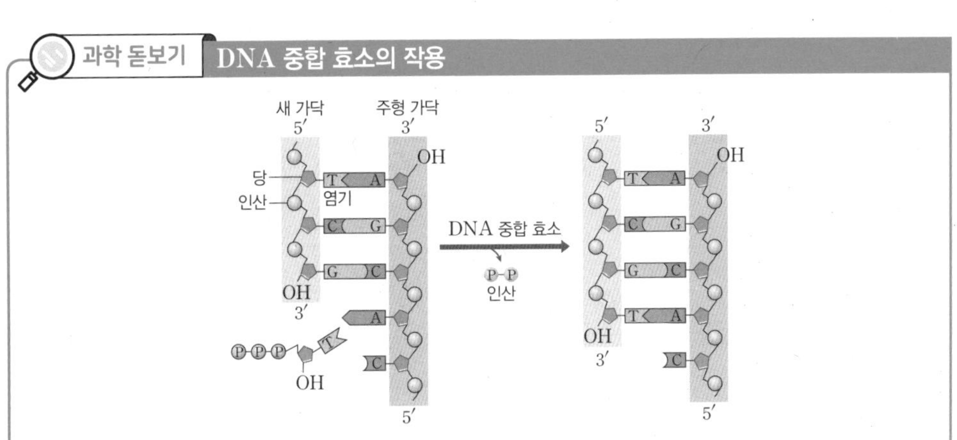

- DNA 중합 효소는 이미 만들어져 있는 폴리뉴클레오타이드의 3′−OH가 있을 때만 새로운 뉴클레오타이드의 인산기를 결합시켜 첨가시킬 수 있으므로 DNA 복제는 5′ → 3′ 방향으로만 일어난다.
- 뉴클레오타이드로 첨가될 물질에서 인산 사이의 에너지가 5탄당과 인산 사이의 결합에 이용되고, 2개의 인산은 떨어져 나간다.

개념 체크

- DNA 복제 과정에서 새로 합성되는 가닥은 5′ → 3′ 방향으로만 합성되고, DNA 중합 효소는 주형 가닥을 따라 3′ → 5′ 방향으로 이동한다. 선도 가닥은 복제 진행 방향과 같은 방향으로 연속적으로 합성되는 가닥이며, 지연 가닥은 복제 진행 방향과 반대 방향으로 짧은 가닥이 불연속적으로 합성되는 가닥이다.

1. DNA 복제 과정에서 (   ) 효소는 주형 가닥과 상보적인 염기를 갖는 뉴클레오타이드를 결합시킨다.

2. (   ) 가닥이 5′ → 3′ 방향으로 합성될 때 DNA 복제 방향은 주형 가닥의 3′ → 5′ 방향이다.

※ ○ 또는 ×

3. DNA 복제 과정에서 새로 합성되는 가닥은 5′ → 3′ 방향으로만 합성된다. (   )

4. DNA 복제 과정에서 복제 진행 방향과 반대 방향으로 짧은 가닥이 불연속적으로 합성되는 가닥을 지연 가닥이라고 한다. (   )

정답
1. DNA 중합
2. 선도
3. ○
4. ○

[24029-0111]

01 표는 생물 (가)와 (나)의 유전체를 비교하여 나타낸 것이다. (가)와 (나)는 대장균과 사람을 순서 없이 나타낸 것이다.

구분	(가)	(나)
유전체 DNA 형태	선형 DNA	?
인트론	㉠	?
오페론	?	㉡

(○: 있음, ×: 없음)

이에 대한 설명으로 옳은 것만을 〈보기〉에서 있는 대로 고른 것은?

보기
ㄱ. (가)는 사람이다.
ㄴ. (나)의 유전체는 세포질에 있다.
ㄷ. ㉠과 ㉡은 모두 '○'이다.

① ㄱ ② ㄷ ③ ㄱ, ㄴ ④ ㄴ, ㄷ ⑤ ㄱ, ㄴ, ㄷ

[24029-0112]

02 그림은 허시와 체이스의 실험을 나타낸 것이다. ㉠과 ㉡은 ^{32}P과 ^{35}S을 순서 없이 나타낸 것이다. Ⅰ과 Ⅲ은 상층액이고, Ⅱ와 Ⅳ는 침전물이다. Ⅲ과 Ⅳ 중 하나에서만 방사선이 검출된다.

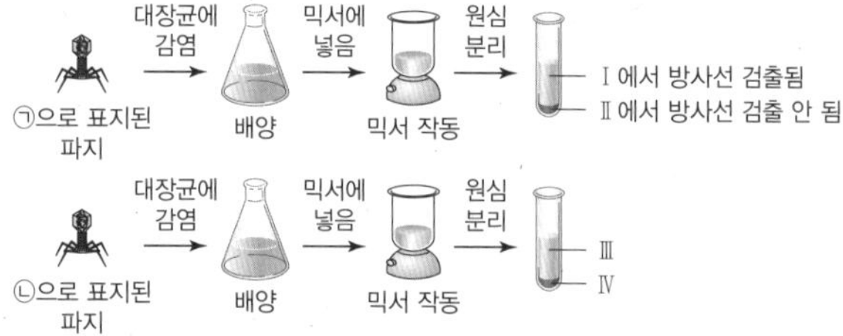

이에 대한 설명으로 옳은 것만을 〈보기〉에서 있는 대로 고른 것은?

보기
ㄱ. ㉠은 ^{35}S이다.
ㄴ. Ⅳ에서 방사선이 검출된다.
ㄷ. Ⅱ에는 대장균과 파지의 DNA가 모두 있다.

① ㄱ ② ㄷ ③ ㄱ, ㄴ ④ ㄴ, ㄷ ⑤ ㄱ, ㄴ, ㄷ

[24029-0113]

03 그림은 에이버리가 수행한 형질 전환 실험의 일부를 나타낸 것이다. ㉠과 ㉡은 R형 균과 S형 균을 순서 없이 나타낸 것이다.

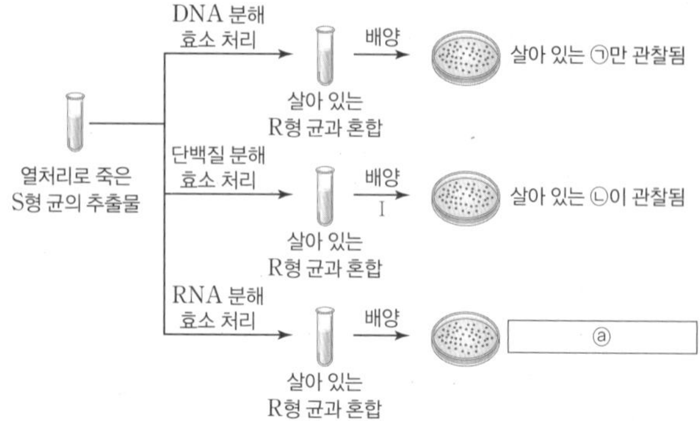

이에 대한 설명으로 옳은 것만을 〈보기〉에서 있는 대로 고른 것은?

보기
ㄱ. ㉠은 S형 균이다.
ㄴ. 과정 Ⅰ에서 형질 전환이 일어났다.
ㄷ. '살아 있는 ㉡이 관찰됨'은 ⓐ에 해당한다.

① ㄴ ② ㄷ ③ ㄱ, ㄴ ④ ㄱ, ㄷ ⑤ ㄴ, ㄷ

[24029-0114]

04 다음은 그리피스의 실험에 대한 자료이다.

• ㉠과 ㉡은 R형 균과 S형 균을 순서 없이 나타낸 것이다.
[실험 과정 및 결과]
살아 있는 ㉠을 주사한 쥐는 폐렴으로 죽었고, 살아 있는 ㉡을 주사한 쥐는 살았으며, 열처리로 죽은 ㉠과 살아 있는 ㉡의 혼합물을 주사한 쥐 Ⅰ은 폐렴으로 죽었다.

이에 대한 설명으로 옳은 것만을 〈보기〉에서 있는 대로 고른 것은?

보기
ㄱ. ㉠은 R형 균이다.
ㄴ. Ⅰ에서 살아 있는 ㉠이 발견되었다.
ㄷ. 이 실험에서 유전 물질이 DNA라고 결론을 내렸다.

① ㄴ ② ㄷ ③ ㄱ, ㄴ ④ ㄱ, ㄷ ⑤ ㄴ, ㄷ

[24029-0115]

05 그림은 이중 가닥 DNA X의 일부를, 표는 X의 특징을 나타낸 것이다.

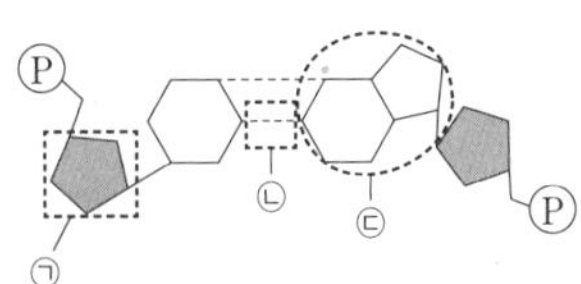

X의 특징
• X는 100개의 뉴클레오타이드로 구성된다. • X에서 ㉡의 총개수는 120개이다.

이에 대한 설명으로 옳은 것만을 〈보기〉에서 있는 대로 고른 것은? (단, 돌연변이는 고려하지 않는다.)

보기

ㄱ. ㉠의 구성 원소에는 질소(N)가 있다.
ㄴ. ㉡은 수소 결합에 해당한다.
ㄷ. X에서 ㉢의 개수는 30개이다.

① ㄱ ② ㄴ ③ ㄱ, ㄷ ④ ㄴ, ㄷ ⑤ ㄱ, ㄴ, ㄷ

[24029-0116]

06 그림은 어떤 세포에서 복제 중인 이중 가닥 DNA의 일부를 나타낸 것이다. (가)와 (나)는 복제 주형 가닥이고, 서로 상보적이다. Ⅰ은 새로 합성된 가닥이다. ㉠~㉢은 프라이머이고, ⓐ는 5′ 말단과 3′ 말단 중 하나이다.

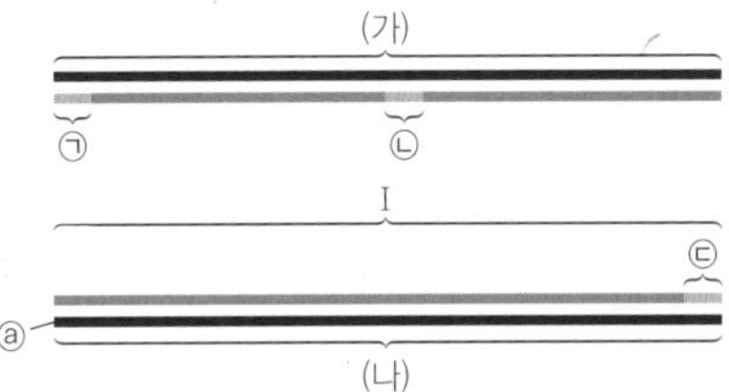

이에 대한 설명으로 옳은 것만을 〈보기〉에서 있는 대로 고른 것은? (단, 돌연변이는 고려하지 않는다.)

보기

ㄱ. ⓐ는 5′ 말단이다.
ㄴ. Ⅰ은 지연 가닥에 해당한다.
ㄷ. ㉠이 ㉡보다 먼저 합성되었다.

① ㄱ ② ㄴ ③ ㄷ ④ ㄱ, ㄴ ⑤ ㄱ, ㄷ

[24029-0117]

07 다음은 DNA 복제에 대한 실험이다.

• ㉠과 ㉡은 ^{14}N와 ^{15}N를 순서 없이 나타낸 것이다.

[실험 과정 및 결과]

(가) 모든 DNA가 ㉠으로 표지된 대장균(G_0)을 ㉡이 들어 있는 배양액에서 배양하여 1세대 대장균(G_1)을 얻고, G_1을 ㉠이 들어 있는 배양액으로 옮겨 배양하여 2세대 대장균(G_2)을 얻으며, G_2를 ㉡이 들어 있는 배양액으로 옮겨 배양하여 3세대 대장균(G_3)과 4세대 대장균(G_4)을 얻는다.

(나) G_0~G_4의 DNA를 추출하고 각각 원심 분리하여 상층($^{14}N-^{14}N$), 중층($^{14}N-^{15}N$), 하층($^{15}N-^{15}N$)에 존재하는 이중 가닥 DNA의 상대량을 확인한 결과는 표와 같다. Ⅰ~Ⅳ는 G_0~G_3을 순서 없이 나타낸 것이다. G_1~G_4에서 각각 $\frac{\text{현 세대의 상층, 중층, 하층의 DNA 상대량을 더한 값}}{\text{이전 세대의 상층, 중층, 하층의 DNA 상대량을 더한 값}}=2$이다.

구분	DNA 상대량				
	Ⅰ	Ⅱ	Ⅲ	Ⅳ	G_4
상층	0	?	4	0	?
중층	4	?	?	ⓑ	?
하층	ⓐ	2	0	0	?

이에 대한 설명으로 옳은 것만을 〈보기〉에서 있는 대로 고른 것은? (단, 돌연변이는 고려하지 않는다.)

보기

ㄱ. ㉠은 ^{15}N이다.
ㄴ. ⓐ+ⓑ=8이다.
ㄷ. G_4의 DNA 상대량은 상층이 중층보다 많다.

① ㄱ ② ㄷ ③ ㄱ, ㄴ ④ ㄴ, ㄷ ⑤ ㄱ, ㄴ, ㄷ

[24029-0118]

08 다음은 이중 가닥 DNA X와 Y에 대한 자료이다.

- X와 Y는 모두 6개의 염기쌍으로 구성된다.
- 표는 이중 가닥 DNA Ⅰ과 Ⅱ에서 염기 ㉠~㉣의 조성을 나타낸 것이다. Ⅰ과 Ⅱ는 X와 Y를 순서 없이 나타낸 것이고, ㉠~㉣은 아데닌(A), 사이토신(C), 구아닌(G), 타이민(T)을 순서 없이 나타낸 것이다.

DNA	염기 조성
Ⅰ	$\frac{㉠+㉡}{㉢+㉣}=\frac{1}{2}$
Ⅱ	$\frac{㉠+㉡}{㉢+㉣}=2$

- 그림은 X를 나타낸 것이다.

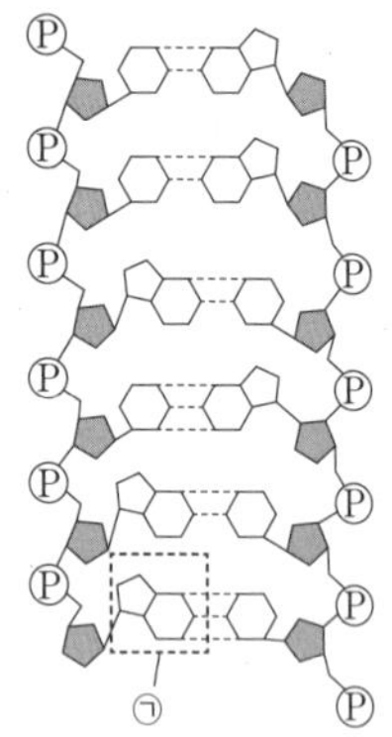

이에 대한 설명으로 옳은 것만을 〈보기〉에서 있는 대로 고른 것은? (단, 돌연변이는 고려하지 않는다.)

보기
ㄱ. ㉡은 사이토신(C)이다.
ㄴ. Y에서 $\frac{㉠}{㉣}=2$이다.
ㄷ. 염기 간 수소 결합의 총개수는 Ⅰ에서가 Ⅱ에서보다 1개 적다.

① ㄱ ② ㄷ ③ ㄱ, ㄴ ④ ㄴ, ㄷ ⑤ ㄱ, ㄴ, ㄷ

[24029-0119]

09 그림은 복제 중인 이중 가닥 DNA의 일부를 나타낸 것이다. ㉠~㉢은 각각 DNA 연결 효소와 DNA 중합 효소 중 하나이다.

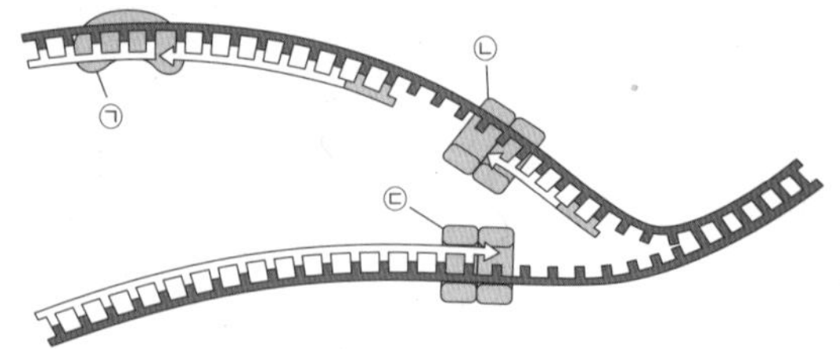

이에 대한 설명으로 옳은 것만을 〈보기〉에서 있는 대로 고른 것은?

보기
ㄱ. ㉠은 DNA 연결 효소이다.
ㄴ. ㉡은 선도 가닥을 합성한다.
ㄷ. ㉢은 복제 진행 방향과 같은 방향으로 이동한다.

① ㄱ ② ㄴ ③ ㄱ, ㄷ ④ ㄴ, ㄷ ⑤ ㄱ, ㄴ, ㄷ

[24029-0120]

10 다음은 어떤 세포에서 복제 중인 이중 가닥 DNA의 일부에 대한 자료이다.

- Ⅰ은 복제 주형 가닥이고, Ⅱ와 Ⅲ은 새로 합성된 가닥이다.

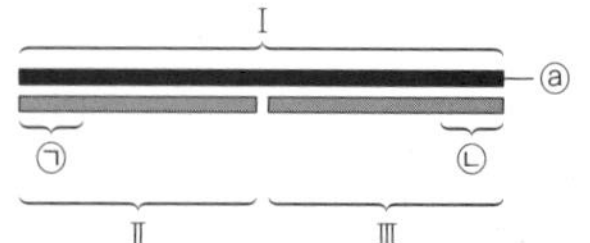

- Ⅰ은 30개의 염기로 구성되고, Ⅱ와 Ⅲ은 각각 15개의 염기로 구성된다.
- Ⅱ와 Ⅲ에는 각각 4개의 염기로 구성된 프라이머가 있다.
- Ⅱ에서 $\frac{G+C}{A+T}=\frac{2}{3}$이고, Ⅲ에서 $\frac{G+C}{A+T}=\frac{3}{4}$이다.
- ㉠의 염기 서열은 5′−AGGC−3′이고, ㉡의 염기 서열은 5′−UCGA−3′이다. ⓐ는 5′ 말단과 3′ 말단 중 하나이다.

이에 대한 설명으로 옳은 것만을 〈보기〉에서 있는 대로 고른 것은? (단, 돌연변이는 고려하지 않는다.)

보기
ㄱ. ⓐ는 3′ 말단이다.
ㄴ. Ⅱ가 Ⅲ보다 먼저 합성되었다.
ㄷ. 염기 간 수소 결합의 총개수는 Ⅰ과 Ⅱ 사이에서와 Ⅰ과 Ⅲ 사이에서가 서로 같다.

① ㄱ ② ㄷ ③ ㄱ, ㄴ ④ ㄴ, ㄷ ⑤ ㄱ, ㄴ, ㄷ

[24029-0121]

11 다음은 이중 가닥 DNA X에 대한 자료이다.

- X는 서로 상보적인 단일 가닥 X_1과 X_2로 구성되어 있다.
- X는 150개 염기쌍으로 구성된다.
- X_1에서 A+T의 함량은 42 %이다.
- X_1에서 $\frac{㉠}{A}=\frac{3}{4}$이고, X_2에서 $\frac{㉡}{㉠}=\frac{3}{5}$이다.
- ㉠과 ㉡은 모두 피리미딘 계열 염기이다.

이에 대한 설명으로 옳은 것만을 〈보기〉에서 있는 대로 고른 것은? (단, 돌연변이는 고려하지 않는다.)

보기

ㄱ. ㉠은 타이민(T)이다.

ㄴ. X_1에서 ㉡의 개수와 X_2에서 구아닌(G)의 개수는 서로 같다.

ㄷ. $\frac{A+G}{C+T}$은 X_1에서가 X_2에서보다 크다.

① ㄱ ② ㄴ ③ ㄷ ④ ㄱ, ㄷ ⑤ ㄴ, ㄷ

[24029-0122]

12 다음은 이중 가닥 DNA X에 대한 자료이다.

- X는 서로 상보적인 단일 가닥 X_1과 X_2로 구성되어 있다.
- X에서 ㉠과 ㉡이 수소 결합을, ㉢과 ㉣이 수소 결합을 형성하며, X_1과 X_2 사이에서 ㉠과 ㉡ 간 수소 결합의 총개수는 ㉢과 ㉣ 간 수소 결합의 총개수와 같다. ㉠~㉣은 아데닌(A), 사이토신(C), 구아닌(G), 타이민(T)을 순서 없이 나타낸 것이다.
- X_1에서 $\frac{C}{T}=\frac{3}{4}$, $\frac{㉠}{㉡}=\frac{2}{3}$이고, X_2에서 $\frac{㉡}{㉢}=\frac{4}{7}$이다.
- X_2에서 ㉢의 개수는 ㉣의 개수보다 3개 적다.

이에 대한 설명으로 옳은 것만을 〈보기〉에서 있는 대로 고른 것은? (단, 돌연변이는 고려하지 않는다.)

보기

ㄱ. ㉣은 아데닌(A)이다.

ㄴ. X_1에서 ㉠의 개수는 12개이다.

ㄷ. X에서 염기 간 수소 결합의 총개수는 180개이다.

① ㄱ ② ㄷ ③ ㄱ, ㄴ ④ ㄴ, ㄷ ⑤ ㄱ, ㄴ, ㄷ

[24029-0123]

13 다음은 이중 가닥 DNA x와 mRNA y에 대한 자료이다.

- x는 서로 상보적인 단일 가닥 x_1과 x_2로 구성되어 있다.
- x_1과 x_2 중 하나로부터 y가 전사되었고, 염기 개수는 x가 y의 2배이다.
- x_1에서 $\frac{\text{피리미딘 계열 염기의 개수}}{\text{퓨린 계열 염기의 개수}}=\frac{9}{11}$이다.
- 표는 Ⅰ~Ⅲ을 구성하는 염기 수를 나타낸 것이다. Ⅰ~Ⅲ은 x_1, x_2, y를 순서 없이 나타낸 것이고, ㉠~㉢은 A, C, G를 순서 없이 나타낸 것이다.

구분	염기 수(개)				
	㉠	㉡	㉢	T	U
Ⅰ	?	50	70	?	20
Ⅱ	60	?	?	?	?
Ⅲ	?	70	?	60	?

이에 대한 설명으로 옳은 것만을 〈보기〉에서 있는 대로 고른 것은? (단, 돌연변이는 고려하지 않는다.)

보기

ㄱ. ㉢은 사이토신(C)이다.

ㄴ. y는 x_1로부터 전사되었다.

ㄷ. x를 구성하는 염기의 개수는 200개이다.

① ㄱ ② ㄴ ③ ㄷ ④ ㄱ, ㄴ ⑤ ㄱ, ㄷ

[24029-0124]

14 그림은 DNA 중합 효소에 의해 RNA 프라이머에 새로운 뉴클레오타이드가 결합되는 과정을 나타낸 것이다. ⓐ는 3′ 말단과 5′ 말단 중 하나이다. ㉠은 염기이고, ㉡과 ㉢은 당이다.

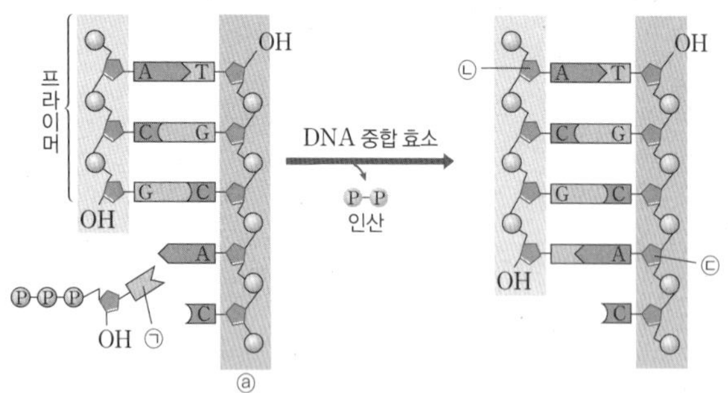

이에 대한 설명으로 옳은 것만을 〈보기〉에서 있는 대로 고른 것은? (단, 돌연변이는 고려하지 않는다.)

보기

ㄱ. ⓐ는 5′ 말단이다.
ㄴ. ㉠은 피리미딘 계열 염기이다.
ㄷ. ㉡과 ㉢은 모두 디옥시리보스이다.

① ㄱ ② ㄷ ③ ㄱ, ㄴ ④ ㄴ, ㄷ ⑤ ㄱ, ㄴ, ㄷ

[24029-0125]

15 다음은 어떤 세포에서 복제 중인 이중 가닥 DNA의 일부에 대한 자료이다.

- (가)와 (나)는 각각 50개의 염기로 구성된 복제 주형 가닥이며, 서로 상보적이다. Ⅰ, Ⅱ, Ⅲ은 새로 합성된 가닥이다.
- Ⅰ은 50개의 염기로 구성되고, Ⅱ와 Ⅲ은 각각 25개의 염기로 구성된다.
- 프라이머 X, Y, Z는 각각 5개의 염기로 구성되며, 염기 서열은 표와 같다.

프라이머	염기 서열
X	5′−UUAAA−3′
Y	5′−AAAAG−3′
Z	5′−GCCCC−3′

- Ⅰ에서 $\frac{G+C}{A+T}=\frac{5}{11}$이고, $\frac{G}{C}=\frac{1}{2}$이다.
- Ⅱ에서 $\frac{G+C}{A+T}=\frac{2}{3}$이고, $\frac{A}{T}=\frac{2}{3}$이다.
- Ⅲ에서 피리미딘 계열 염기의 개수는 퓨린 계열 염기의 개수보다 많고, 아데닌(A)의 개수는 타이민(T)의 개수보다 많다.

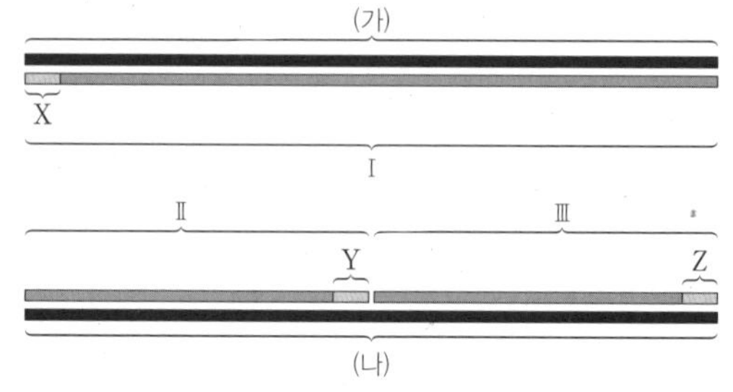

이에 대한 설명으로 옳은 것만을 〈보기〉에서 있는 대로 고른 것은? (단, 돌연변이는 고려하지 않는다.)

보기

ㄱ. Ⅰ은 선도 가닥이다.
ㄴ. (가)의 5′ 말단 염기와 (나)의 5′ 말단 염기는 모두 퓨린 계열 염기이다.
ㄷ. Ⅱ에서 Y를 제외한 나머지 부분에서 구아닌(G)의 개수와 Ⅲ에서 Z를 제외한 나머지 부분에서 타이민(T)의 개수는 서로 같다.

① ㄱ ② ㄴ ③ ㄱ, ㄷ ④ ㄴ, ㄷ ⑤ ㄱ, ㄴ, ㄷ

[24029-0126]

01 다음은 유전 물질 연구와 관련된 자료이다. (가)~(다)는 그리피스의 실험, 메셀슨과 스탈의 실험, 허시와 체이스의 실험을 순서 없이 나타낸 것이다. ㉠은 ^{32}P과 ^{35}S 중 하나이고, ㉡과 ㉢은 ^{14}N와 ^{15}N를 순서 없이 나타낸 것이다.

(가) ㉠으로 표지된 박테리오파지를 대장균에 감염시켜 배양한 배양액을 믹서에 넣는다. 믹서 작동 이후 원심 분리하여 얻은 상층액과 침전물 중 상층액에서만 방사선이 검출되었다.
(나) 모든 DNA가 ㉡으로 표지된 대장균(G_0)을 ㉢이 들어 있는 배양액에서 배양하여 1세대 대장균(G_1)과 2세대 대장균(G_2)을 얻는다. G_0~G_2의 DNA를 추출하고 각각 원심 분리한 결과 G_2의 상층(^{14}N$-$^{14}N)에는 DNA가 존재하였다.
(다) 열처리로 죽은 S형 균과 살아 있는 R형 균의 혼합물을 주사한 쥐의 혈액에서 살아 있는 S형 균을 발견하였다.

이에 대한 설명으로 옳은 것만을 〈보기〉에서 있는 대로 고른 것은?

보기
ㄱ. (가)에서 ㉠으로 박테리오파지의 단백질을 표지하였다.
ㄴ. ㉡은 ^{15}N이다.
ㄷ. (가)~(다) 중 가장 먼저 실시된 실험은 (가)이다.

① ㄱ ② ㄷ ③ ㄱ, ㄴ ④ ㄴ, ㄷ ⑤ ㄱ, ㄴ, ㄷ

그리피스는 폐렴 쌍구균을 이용하여 형질 전환 실험을 하였고, 허시와 체이스는 박테리오파지와 대장균을 이용하여 유전 물질이 DNA임을 증명하였으며, 메셀슨과 스탈은 DNA의 반보존적 복제를 확인하였다.

[24029-0127]

02 다음은 이중 가닥 DNA x와 y에 대한 자료이다.

- x는 서로 상보적인 단일 가닥 x_1과 x_2로, y는 서로 상보적인 단일 가닥 y_1과 y_2로 구성되어 있다. 염기 개수는 x와 y에서 서로 같다.
- x에서 $\frac{G+C}{A+T}=\frac{2}{3}$이고, 염기 간 수소 결합의 총개수는 168개이다.
- x_2에서 $\frac{A}{T}=\frac{2}{5}$, $\frac{C}{G}=\frac{3}{4}$이고, y_1에서 $\frac{C}{A}=\frac{3}{4}$이다.
- x_1에서 아데닌(A)의 개수는 y_1에서 구아닌(G)의 개수와 같고, x_2에서 사이토신(C)의 개수는 y_2에서 타이민(T)의 개수와 같다.

이에 대한 설명으로 옳은 것만을 〈보기〉에서 있는 대로 고른 것은? (단, 돌연변이는 고려하지 않는다.)

보기
ㄱ. x_1에서 뉴클레오타이드의 총개수는 70개이다.
ㄴ. y_2에서 아데닌(A)의 개수는 19개이다.
ㄷ. 염기 간 수소 결합의 총개수는 y에서가 x에서보다 11개 많다.

① ㄱ ② ㄷ ③ ㄱ, ㄴ ④ ㄴ, ㄷ ⑤ ㄱ, ㄴ, ㄷ

아데닌(A)과 타이민(T) 사이의 수소 결합은 2개, 구아닌(G)과 사이토신(C) 사이의 수소 결합은 3개가 형성된다.

폐렴 쌍구균 중 S형 균은 폐렴을 유발하는 병원성이 있고, R형 균은 폐렴을 유발하는 병원성이 없다.

[24029-0128]

03 다음은 폐렴 쌍구균을 이용한 형질 전환 실험이다.

[실험 과정 및 결과]

(가) 열처리로 죽은 S형 균으로부터 물질 X와 Y를 추출한다. X와 Y는 DNA와 단백질을 순서 없이 나타낸 것이다.

(나) 시험관 Ⅰ~Ⅵ에 X와 Y, 효소 ⓐ와 ⓑ를 표와 같이 첨가한 후 충분한 시간 동안 둔다. ⓐ와 ⓑ는 DNA 분해 효소와 단백질 분해 효소를 순서 없이 나타낸 것이다.

(다) 살아 있는 R형 균을 (나)의 Ⅰ~Ⅵ에 첨가하여 배양한다.

(라) (다)의 배양액을 생쥐에게 각각 주사하여 생존 여부를 조사한 결과는 표와 같다. ㉠~㉢ 중 2개는 '산다'이고, 나머지 1개는 '죽는다'이다.

시험관	Ⅰ	Ⅱ	Ⅲ	Ⅳ	Ⅴ	Ⅵ
첨가한 추출물	X	X	Y	Y	X, Y	X, Y
첨가한 효소	ⓐ	ⓑ	ⓐ	ⓑ	ⓐ	ⓑ
생쥐의 생존 여부	산다	산다	㉠	죽는다	㉡	㉢

이에 대한 설명으로 옳은 것만을 〈보기〉에서 있는 대로 고른 것은? (단, 돌연변이는 고려하지 않는다.)

보기

ㄱ. ⓐ의 기질은 Y이다.

ㄴ. ㉠과 ㉢은 모두 '산다'이다.

ㄷ. (다)의 Ⅳ와 Ⅴ에서 모두 살아 있는 S형 균이 관찰된다.

① ㄱ ② ㄷ ③ ㄱ, ㄴ ④ ㄱ, ㄷ ⑤ ㄴ, ㄷ

DNA를 구성하는 뉴클레오타이드는 디옥시리보스 : 인산 : 염기가 1 : 1 : 1로 결합되어 있다.

[24029-0129]

04 다음은 이중 가닥 DNA 모형 X와 Y에 대한 자료이다.

- 표의 부품을 이용하여 정상적인 이중 가닥 DNA 모형 X와 Y를 만들었다.
- X를 만들고 난 후, 남은 부품으로 Y를 만들었다.
- X는 5회전하였고, X를 구성하는 수소 결합 막대 부품의 총개수는 129개이다.
- 표는 X와 Y를 만들기 위해 준비한 디옥시리보스, 인산, 염기, 수소 결합 막대 부품 각각의 개수와 X, Y를 만들고 남은 부품의 개수를 나타낸 것이다.

부품	디옥시리보스	인산	염기				수소 결합 막대
			아데닌(A)	사이토신(C)	구아닌(G)	타이민(T)	
준비한 개수	200	200	ⓐ	ⓑ	ⓒ	ⓓ	200
남은 개수	?	38	4	4	2	2	?

- ⓐ−ⓑ=7이고, Y를 만들고 남은 부품으로 이중 가닥 DNA 모형을 만들 수 없다.
- 이중 가닥 DNA가 1회전할 때 10개의 염기쌍이 포함된다.

이에 대한 설명으로 옳은 것만을 〈보기〉에서 있는 대로 고른 것은?

보기

ㄱ. ⓓ는 45이다.

ㄴ. Y는 뉴클레오타이드 62개로 구성된다.

ㄷ. X를 만들고 남은 부품의 개수는 구아닌(G)이 사이토신(C)보다 많다.

① ㄱ ② ㄴ ③ ㄷ ④ ㄱ, ㄴ ⑤ ㄴ, ㄷ

[24029-0130]

05 **다음은 DNA 복제 가설 중 2가지와 DNA 복제에 대한 실험이다.**

[DNA 복제 가설]

[실험 과정]

• ㉠과 ㉡은 ^{14}N가 들어 있는 배양액과 ^{15}N가 들어 있는 배양액을 순서 없이 나타낸 것이다.

(가) 모든 DNA가 ^{14}N와 ^{15}N 중 하나로 표지된 대장균(G_0)을 ㉠에서 배양하여 1세대 대장균(G_1)과 2세대 대장균(G_2)을 얻는다.

(나) (가)의 G_2를 ㉡으로 옮겨 배양하여 3세대 대장균(G_3)을 얻고, G_3을 다시 ㉠으로 옮겨 배양하여 4세대 대장균(G_4)을 얻은 후, G_4를 ⓐ에서 배양하여 5세대 대장균(G_5)을 얻는다. ⓐ는 ㉠과 ㉡ 중 하나이다.

(다) G_1~G_5의 DNA를 추출하고 원심 분리하여 상층($^{14}N-^{14}N$), 중층($^{14}N-^{15}N$), 하층($^{15}N-^{15}N$)에 존재하는 이중 가닥 DNA의 상대량을 확인한다.

[실험 결과]

• Ⅰ의 DNA 상대량은 G_2에서가 G_1에서의 2배이고, Ⅱ의 DNA 상대량은 G_5에서가 G_3에서의 3배이다. Ⅰ과 Ⅱ는 중층과 하층을 순서 없이 나타낸 것이다.

DNA 복제 가설에는 보존적 복제, 반보존적 복제, 분산적 복제가 있다. DNA 복제 과정에서 DNA의 두 가닥이 풀린 후 각 가닥을 주형으로 상보적인 가닥이 합성되며, 이를 반보존적 복제라고 한다.

이에 대한 설명으로 옳은 것만을 〈보기〉에서 있는 대로 고른 것은? (단, 돌연변이는 고려하지 않는다.)

보기

ㄱ. ⓐ는 ㉡이다.

ㄴ. G_3의 결과는 가설 2를 만족시킨다.

ㄷ. G_5를 ㉠에서 배양하여 얻은 6세대 대장균(G_6)의 DNA를 추출하고 원심 분리하였을 때 $\frac{\text{Ⅰ의 DNA 상대량}}{\text{Ⅱ의 DNA 상대량}}=\frac{3}{5}$이다.

① ㄱ ② ㄷ ③ ㄱ, ㄴ ④ ㄴ, ㄷ ⑤ ㄱ, ㄴ, ㄷ

선도 가닥은 복제 진행 방향과 같은 방향으로 연속적으로 합성되는 가닥이고, 지연 가닥은 복제 진행 방향과 반대 방향으로 짧은 가닥이 불연속적으로 합성되는 가닥이다.

[24029-0131]

06 **다음은 어떤 세포에서 복제 중인 이중 가닥 DNA에 대한 자료이다.**

- Ⅰ과 Ⅱ는 복제 주형 가닥이고, 서로 상보적이며, 각각 30개의 염기로 구성된다. Ⅰ의 염기 서열은 다음과 같다.

  5′−CAAGTTCACTTGCCAAGGTTCAGGCTTACG−3′

- 그림 (가)는 t_1일 때 ㉠과 ㉡이 합성된 모습을, (나)는 t_2일 때 ㉢과 ㉣이 합성된 모습을 나타낸 것이다. ⓐ는 복제되지 않은 부분이다.

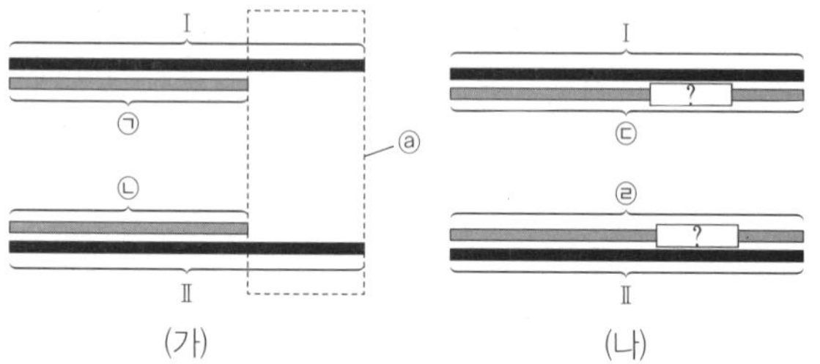

- ㉠~㉣은 새로 합성된 가닥이고, ㉠과 ㉡은 각각 20개의 염기로 구성되며, ㉢과 ㉣은 각각 30개의 염기로 구성된다.
- t_1일 때 프라이머 X, Y가 있고, t_2일 때 ㉣에 프라이머 Z가 있다. X~Z는 모두 4개의 염기로 구성된다.
- 피리미딘 계열 염기의 개수는 X가 Y보다 많다.

이에 대한 설명으로 옳은 것만을 <보기>에서 있는 대로 고른 것은? (단, 돌연변이는 고려하지 않는다.)

보기

ㄱ. ㉢에 X가 있다.

ㄴ. ㉠의 3′ 말단에서 2번째 염기와 Z의 5′ 말단 염기는 서로 같다.

ㄷ. $\frac{\text{피리미딘 계열 염기의 개수}}{\text{퓨린 계열 염기의 개수}}$는 ⓐ에서가 ㉡에서보다 크다.

① ㄱ ② ㄴ ③ ㄷ ④ ㄱ, ㄷ ⑤ ㄴ, ㄷ

[24029-0132]

07 다음은 어떤 세포에서 일어나는 DNA의 복제에 대한 자료이다.

- 그림은 이중 가닥 DNA 중 한 가닥의 복제가 80 % 진행된 상태를 나타낸 것이다.

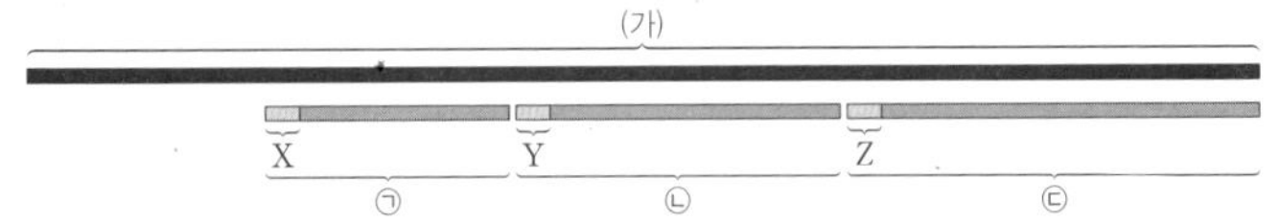

- (가)는 복제 주형 가닥이고, ㉠~㉢은 새로 합성된 가닥이며, X~Z는 프라이머이다.
- (가)의 염기 개수는 240개이고, G+C 함량은 50 %이다.
- ㉠~㉢의 염기 개수 비는 ㉠ : ㉡ : ㉢=3 : 4 : 5이다.
- (가)와 ㉠ 사이의 염기 간 수소 결합의 총개수는 116개이고, (가)와 ㉢ 사이의 염기 간 수소 결합의 총개수는 205개이다.
- ㉠에서 $\frac{G+C}{A+T}=\frac{4}{5}$이고, $\frac{T}{G}=\frac{3}{4}$이다.
- ㉡에서 $\frac{G+C}{A+T}=1$이고, $\frac{G}{C}=\frac{2}{3}$이다.
- ㉢에서 $\frac{T}{A}=\frac{1}{2}$이다.
- ㉠에서 사이토신(C)의 개수, ㉡에서 구아닌(G)의 개수, ㉢에서 사이토신(C)의 개수는 각각 서로 같다.
- X~Z의 염기 서열은 5′−UUUUUA−3′, 5′−UUGAUU−3′, 5′−UAGUUG−3′ 중 서로 다른 하나이다.

이에 대한 설명으로 옳은 것만을 〈보기〉에서 있는 대로 고른 것은? (단, 돌연변이는 고려하지 않는다.)

보기

ㄱ. ㉠에서 아데닌(A)의 개수는 22개이다.
ㄴ. (가)와 ㉡ 사이의 염기 간 수소 결합의 총개수는 158개이다.
ㄷ. (가)의 복제되지 않은 부분에서 G+C 함량은 ㉢에서 A+T 함량보다 크다.

① ㄱ ② ㄴ ③ ㄷ ④ ㄱ, ㄴ ⑤ ㄴ, ㄷ

DNA 복제 과정에서 합성되는 프라이머는 RNA 프라이머이다. DNA를 구성하는 뉴클레오타이드의 염기 중 아데닌(A)은 RNA를 구성하는 뉴클레오타이드의 염기 중 유라실(U)과 2개의 수소 결합을 형성한다.

07 유전자 발현

개념 체크

◉ 붉은빵곰팡이의 야생형은 최소 배지에서 아르지닌을 합성하면서 생장하지만, 돌연변이주는 최소 배지에서 생장하지 못하고, 특정 물질을 첨가해야 생장할 수 있다. 붉은빵곰팡이 돌연변이주는 아르지닌 합성 과정의 어느 한 단계에 관여하는 효소의 유전자에 돌연변이가 일어났기 때문이다.

1. 비들과 테이텀의 실험에서 붉은빵곰팡이의 포자에 (　　)을 쪼여 영양 요구성 돌연변이주를 만들었다.

2. 비들과 테이텀의 실험에서 최소 배지에 아르지닌이 첨가된 배지에서만 자란 돌연변이주는 (　　)을 (　　)으로 전환하는 과정에 관여하는 효소를 암호화하는 유전자에 돌연변이가 일어났다.

※ ○ 또는 ×

3. 유전자는 유전 정보가 있는 DNA의 특정 부분이다. (　　)

4. 비들과 테이텀의 실험에서 붉은빵곰팡이의 야생형은 최소 배지에서 자라지 못한다. (　　)

1 유전자와 단백질

(1) 유전자의 기능

① 유전 정보가 있는 DNA의 특정 부분을 유전자라고 하며, 유전자로부터 유전 형질이 나타나기까지의 과정을 유전자 발현이라고 한다.

② **개로드의 알캅톤뇨증 연구**: 의학자인 개로드는 1900년대 초 알캅톤뇨증은 유전병이며, 알캅톤뇨증 환자는 알캅톤을 분해하는 효소를 만드는 능력을 물려받지 못했다고 생각했다. 이를 토대로 유전자가 화학 반응의 촉매 역할을 하는 효소를 만들어 냄으로써 유전 형질을 나타낼 것이라는 가설을 처음으로 제안하였다.

③ **비들과 테이텀의 붉은빵곰팡이 실험**: 1941년 비들과 테이텀은 붉은빵곰팡이의 아미노산 합성에 관한 실험으로 유전자가 특정 효소 생성을 결정한다는 사실을 확인함으로써, 유전자가 효소를 합성하게 하여 특정한 화학 반응을 촉매한다는 것을 최초로 증명하였다.

탐구자료 살펴보기 | 비들과 테이텀의 붉은빵곰팡이 실험

붉은빵곰팡이의 야생형은 최소 배지에서 아르지닌을 합성하면서 자란다. 붉은빵곰팡이의 영양 요구성 돌연변이주는 최소 배지에서는 살지 못하고 특정 물질을 첨가해야만 자랄 수 있다.

과정

(가) 붉은빵곰팡이의 포자에 X선을 쪼여 세 가지의 영양 요구성 돌연변이주 Ⅰ~Ⅲ형을 만들었다.
(나) 최소 배지와 최소 배지에 오르니틴, 시트룰린, 아르지닌 중 하나를 첨가한 각각의 배지에서 붉은빵곰팡이 야생형과 영양 요구성 돌연변이주 Ⅰ, Ⅱ, Ⅲ형의 생장 여부를 확인하였다.

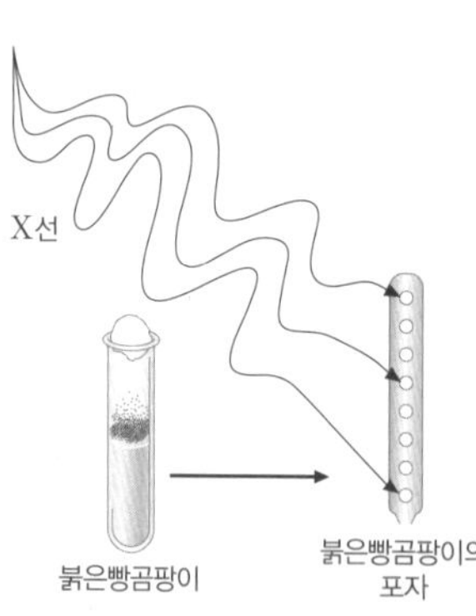

균주형 \ 배지		최소 배지	최소 배지 + 오르니틴	최소 배지 + 시트룰린	최소 배지 + 아르지닌
야생형		자람	자람	자람	자람
돌연변이주	Ⅰ형		자람	자람	자람
	Ⅱ형			자람	자람
	Ⅲ형				자람

결과

① 야생형은 최소 배지, 최소 배지에 오르니틴, 시트룰린, 아르지닌이 각각 첨가된 배지에서 자랐다.
② 돌연변이주 Ⅰ형은 최소 배지에 오르니틴, 시트룰린, 아르지닌이 각각 첨가된 배지에서 자랐다.
③ 돌연변이주 Ⅱ형은 최소 배지에 시트룰린, 아르지닌이 각각 첨가된 배지에서 자랐다.
④ 돌연변이주 Ⅲ형은 최소 배지에 아르지닌이 첨가된 배지에서 자랐다.

point

• 각 돌연변이주가 최소 배지에서 생존하지 못하는 것은 아르지닌 합성의 어느 한 단계에 관여하는 효소와 관련된 유전자에 돌연변이가 일어났기 때문이다.

정답

1. X선
2. 시트룰린, 아르지닌
3. ○
4. ×

(2) **1유전자 1효소설**: [탐구자료 살펴보기]에서 돌연변이주 Ⅰ형은 유전자 a, 돌연변이주 Ⅱ형은 유전자 b, 돌연변이주 Ⅲ형은 유전자 c에 돌연변이가 생겨 각각 오르니틴, 시트룰린, 아르지닌을 합성하는 단계에 이상이 생긴 것이다. 각 돌연변이주에서 아르지닌 합성 과정에 관여하는 하나의 효소를 암호화하는 유전자에 돌연변이가 일어났다고 가정하여, 비들과 테이텀은 하나의 유전자는 한 가지 효소 합성에 관한 정보를 갖는다는 1유전자 1효소설을 주장하였다.

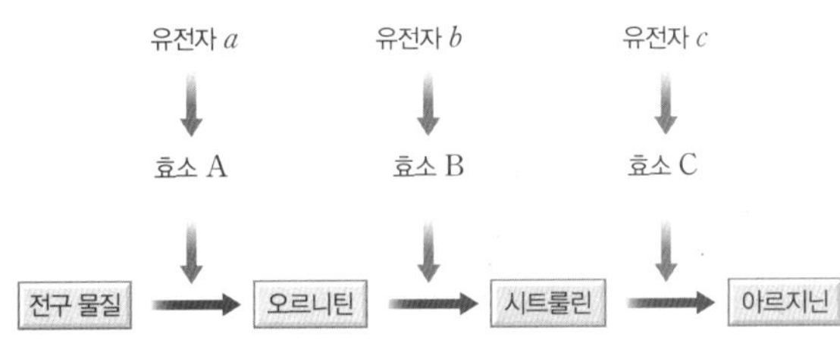

아르지닌 합성에 관여하는 유전자와 효소의 관계

(3) **1유전자 1단백질설**: 유전자가 효소뿐만 아니라 효소 이외의 단백질 합성에도 관여하는 것으로 알려지면서, 하나의 특정 유전자는 한 가지 특정 단백질 합성에 관여한다는 1유전자 1단백질설로 발전하였다.

• 하나의 유전자에 의해 합성되는 단백질로는 인슐린과 케라틴 등이 있다.

(4) **1유전자 1폴리펩타이드설**: 2종류 이상의 폴리펩타이드로 구성된 단백질이 발견되면서, 하나의 특정 유전자는 한 가지 폴리펩타이드 합성에 관여한다는 1유전자 1폴리펩타이드설로 발전하였다.

• 2종류 이상의 폴리펩타이드로 구성된 단백질로는 헤모글로빈 등이 있다.

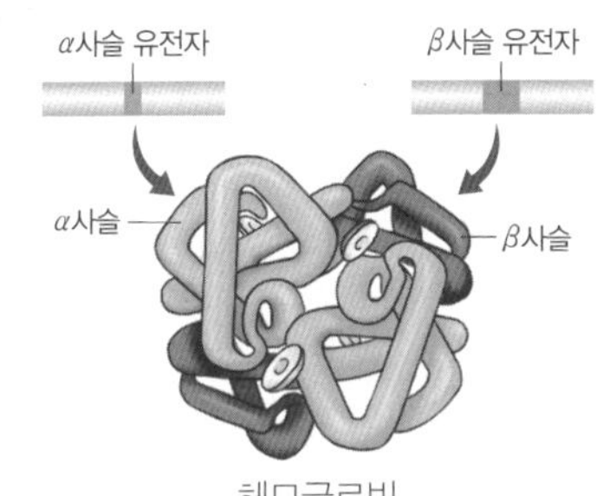

헤모글로빈

2 유전 정보의 흐름

(1) **유전부호**: DNA의 염기는 4종류(A, G, C, T)이지만, 단백질을 구성하는 아미노산은 20종류이다. 각각의 아미노산을 암호화하는데 염기가 3개씩 사용되어 AAA, AAG, AAC, AAT……같은 유전부호를 만들면 모두 64(=4^3)종류의 암호가 가능해 20종류의 아미노산을 지정하기에 충분하다. 실제로 3개의 염기가 한 조가 되어 암호 단위를 형성하여 20종류의 아미노산에 대한 정보를 암호화하는 것이 밝혀졌다.

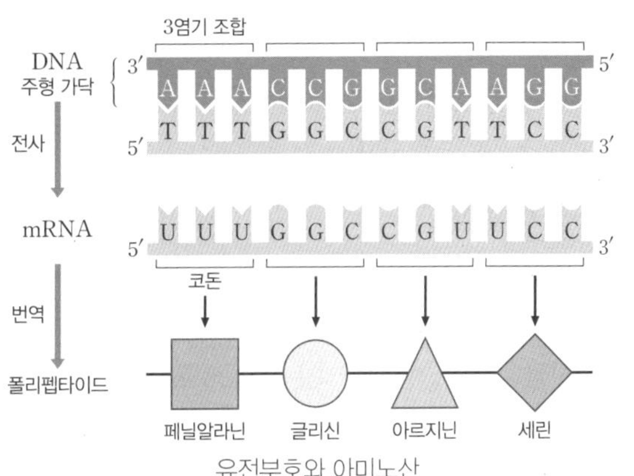

유전부호와 아미노산

개념 체크

◉ 비들과 테이텀은 하나의 유전자는 한 가지 효소 합성에 관여한다는 1유전자 1효소설을 주장하였고, 유전자가 효소 외에 단백질 합성에도 관여하는 것이 알려진 후로 1유전자 1단백질설로 발전하였다. 헤모글로빈과 같은 2종류 이상의 폴리펩타이드로 구성된 단백질이 발견되어 1유전자 1폴리펩타이드설로 발전하였다.

1. 2종류 이상의 폴리펩타이드로 구성된 단백질이 발견되면서 1유전자 ( )은 1유전자 ( )로 발전하였다.

2. DNA의 유전부호는 모두 ( )종류이고, 아미노산 ( )종류에 대한 정보를 암호화한다.

※ ○ 또는 ×

3. 1유전자 1효소설에 의하면 하나의 유전자는 한 가지 효소 합성에 관한 정보를 갖는다. ( )

4. 전사된 mRNA에서 코돈이 GGC이면 전사 주형 가닥에서 염기 서열은 5′−GCC−3′이다. ( )

정답

1. 1단백질설, 1폴리펩타이드설
2. 64, 20
3. ○
4. ○

개념 체크

◎ 유전 정보의 중심 원리는 DNA가 복제되고, DNA의 유전 정보가 mRNA로 전달되는 전사가 일어나며, mRNA의 유전 정보에 따라 폴리펩타이드가 합성되는 번역이 일어나는 유전 정보의 흐름이다.

1. (　　)은 연속된 3개의 염기로 된 DNA의 유전부호이다.

2. 전사 과정에서 RNA 중합 효소는 전사 주형 가닥의 (　　)′ → (　　)′ 방향으로 이동한다.

※ ○ 또는 ×

3. 유전 정보의 중심 원리에서 mRNA의 유전 정보에 따라 폴리펩타이드가 합성되는 것을 전사라고 한다. (　　)

4. 전사 개시 과정에서 프라이머가 필요하다. (　　)

① **3염기 조합:** 연속된 3개의 염기로 된 DNA의 유전부호이다.

② **코돈:** DNA의 3염기 조합에서 전사된 mRNA 상의 3개의 염기로 이루어진 유전부호이다. DNA의 3염기 조합에 대해 상보적인 염기 서열로 되어 있다.

(2) 중심 원리

① 유전 물질인 DNA는 복제되며, 형질이 발현될 때 DNA의 유전 정보가 mRNA로 전달되고, 이 mRNA가 폴리펩타이드 합성에 이용된다는 유전 정보의 흐름에 대한 이론이다.

② 유전자의 발현 과정에서 DNA의 유전 정보가 mRNA로 전달되는 것을 전사라고 하며, mRNA의 유전 정보에 따라 폴리펩타이드가 합성되는 것을 번역이라고 한다.

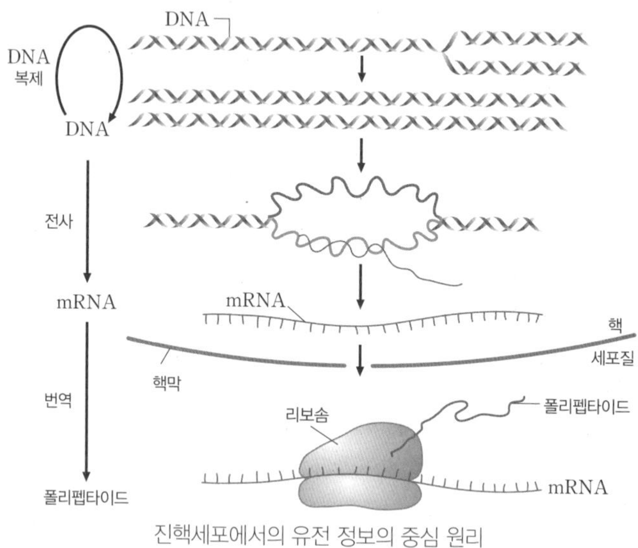

진핵세포에서의 유전 정보의 중심 원리

3 전사

(1) 유전 정보의 전사: 유전자 발현의 첫 단계로 DNA에 저장되어 있던 유전 정보가 RNA로 옮겨지는 과정이다.

(2) 전사 과정

① **개시:** 프로모터에 RNA 중합 효소가 결합하고 DNA의 이중 나선이 풀리면, 한쪽 가닥을 주형으로 전사를 시작한다. DNA 복제 과정과 달리 프라이머를 필요로 하지 않는다.

② **신장:** RNA 중합 효소는 DNA를 풀어가며 주형 가닥의 3′ → 5′ 방향으로 이동하면서 주형 가닥과 상보적인 뉴클레오타이드를 연결시켜 RNA를 합성한다. 이때 RNA는 합성되는 가닥의 3′ 말단에 새로운 뉴클레오타이드가 첨가되면서 5′ → 3′ 방향으로 신장된다.

③ **종결:** RNA 중합 효소가 종결 신호에 도달하면 RNA 중합 효소와 합성된 단일 가닥 RNA는 모두 DNA에서 떨어져 나와 전사가 종결된다.

정답
1. 3염기 조합
2. 3, 5
3. ×
4. ×

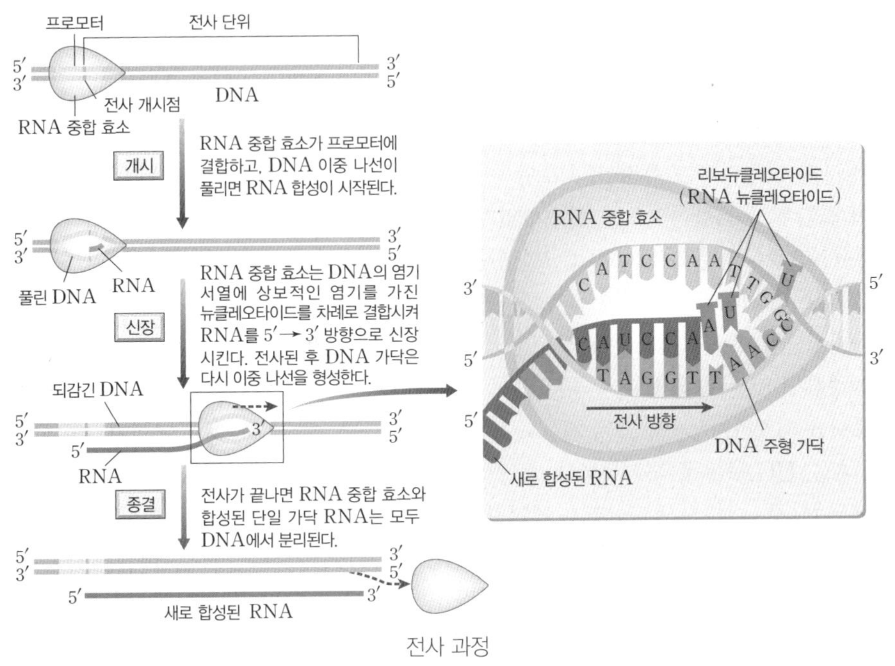

전사 과정

개념 체크

- RNA 중합 효소가 프로모터에 결합하고 DNA 이중 나선이 풀리면서 전사가 시작되며, RNA 중합 효소가 전사 주형 가닥과 상보적인 염기를 가진 뉴클레오타이드를 결합시키면서 5′ → 3′ 방향으로 RNA를 합성한다.

1. 전사 개시 과정에서 RNA 중합 효소는 (　　)에 결합한다.

2. 진핵세포에서는 처음 만들어진 RNA가 성숙한 mRNA가 되는 (　　) 과정이 있다.

※ ○ 또는 ×

3. 전사 과정에서 새로 합성되는 RNA는 5′ → 3′ 방향으로 신장된다. (　　)

4. RNA 가공 과정에서 잘려 나가는 부분은 엑손이다. (　　)

과학 돋보기 진핵세포의 mRNA 가공

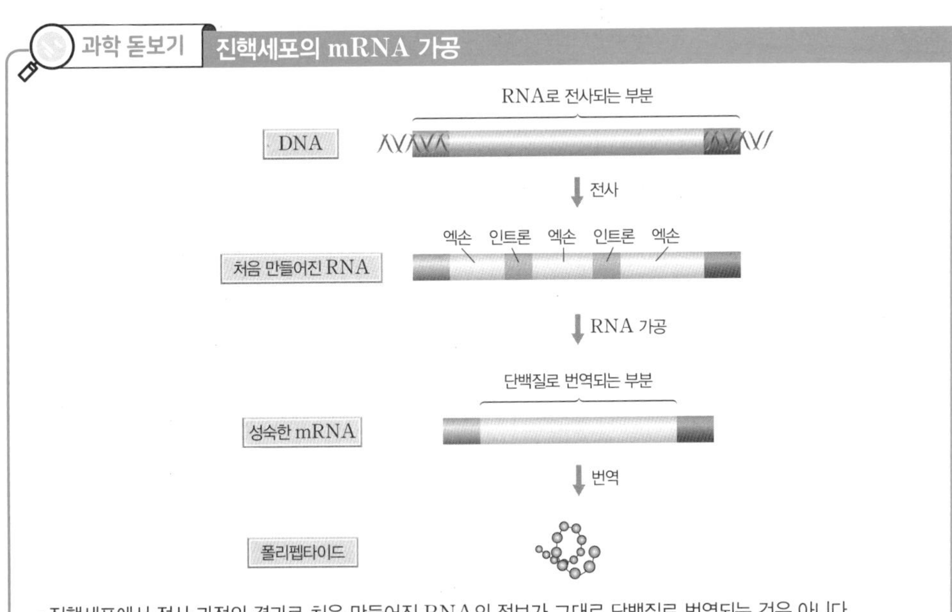

- 진핵세포에서 전사 과정의 결과로 처음 만들어진 RNA의 정보가 그대로 단백질로 번역되는 것은 아니다.
- 전사된 유전자 영역에서 많은 부분은 절단되어 제거되는데, 이를 RNA 가공 과정이라고 한다.
- 하나의 유전자 안에는 단백질 정보가 들어 있는 부위인 엑손과 단백질 정보가 들어 있지 않은 부위인 인트론이 있어 하나의 유전자가 여러 개의 DNA 부분으로 구성되는 경우가 많다.
- RNA로 전사된 유전자 영역은 대부분의 경우 인트론과 엑손이 교대로 나열되어 있다.
- 인트론은 처음 만들어진 RNA의 가공 과정에서 잘려 나간다. 인트론이 잘려 나가 엑손만으로 만들어진 mRNA가 최종적으로 단백질로 번역되는 부분을 포함한다.
- 세균의 유전자에는 인트론이 존재하지 않으며, 전사된 RNA가 그대로 단백질로 번역된다.

정답
1. 프로모터
2. RNA 가공
3. ○
4. ×

4 번역

mRNA의 유전 정보에 따라 리보솜에서 폴리펩타이드가 합성되는 과정이다.

(1) 유전부호 해독

① 1961년 니런버그는 유라실(U)로만 이루어진 합성 mRNA로부터 페닐알라닌 한 종류만이 포함된 폴리펩타이드를 합성하였다. 같은 방법으로 아데닌(A)으로만 이루어진 합성 mRNA로부터는 라이신 한 종류만이 포함된 폴리펩타이드를 합성하였다.

② 그 후 여러 과학자들에 의해 유사한 방법으로 연구가 진행되어 각 mRNA 유전부호에 대한 아미노산이 모두 결정되었다.

③ 64종류의 코돈 가운데 61종류는 각각 특정 아미노산을 지정하는데, 그중 AUG는 메싸이오닌을 지정하며, 개시 코돈 역할도 한다. 아미노산을 지정하지 않는 나머지 3종류(UAA, UAG, UGA)는 종결 코돈이다.

④ 코돈 하나는 아미노산 하나만을 지정하지만, 하나의 아미노산을 암호화하는 코돈은 하나 이상 존재한다.

개념 체크

- 코돈은 총 64종류이고, 이 중 61종류는 특정 아미노산을 지정하며, 나머지 3종류(UAA, UAG, UGA)는 아미노산을 지정하지 않는 종결 코돈에 해당한다. AUG는 개시 코돈이며, 메싸이오닌을 지정한다.

1. (　　)는 개시 코돈으로 메싸이오닌을 지정한다.

2. 유라실(U)로만 이루어진 인공 mRNA를 넣었을 때 페닐알라닌으로만 이루어진 폴리펩타이드가 합성된 실험 결과를 통해 페닐알라닌을 암호화하는 코돈은 (　　)임을 알 수 있다.

※ ○ 또는 ×

3. 번역은 리보솜에서 폴리펩타이드가 합성되는 과정이다. (　　)

4. UAA, UAG, UGA는 모두 아미노산을 지정하지 않는다. (　　)

탐구자료 살펴보기 유전부호의 해독 실험

과정

(가) 대장균으로부터 mRNA 이외에 단백질 합성에 필요한 물질(단백질 합성계)을 추출한다.

(나) 단백질 합성계에 유라실(U)로만 이루어진 인공 mRNA(5′−UUUUUUUUU⋯−3′), 아데닌(A)으로만 이루어진 인공 mRNA(5′−AAAAAAAAA⋯−3′), 사이토신(C)으로만 이루어진 인공 mRNA(5′−CCCCCCCCC⋯−3′)를 각각 넣고 합성되는 폴리펩타이드를 조사한다.

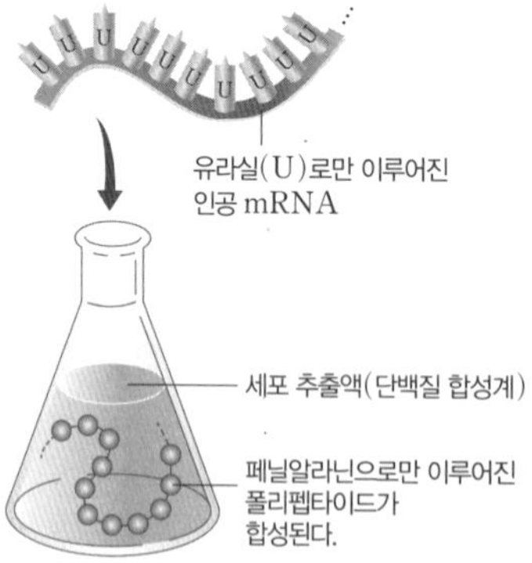

결과

유라실(U)로만 이루어진 인공 mRNA를 넣었을 때는 페닐알라닌으로만, 아데닌(A)으로만 이루어진 인공 mRNA를 넣었을 때는 라이신으로만, 사이토신(C)으로만 이루어진 인공 mRNA를 넣었을 때는 프롤린으로만 이루어진 폴리펩타이드가 합성되었다.

point

- UUU는 페닐알라닌, AAA는 라이신, CCC는 프롤린을 지정함을 알 수 있다.

정답

1. AUG
2. UUU
3. ○
4. ○

과학 돋보기 코돈표

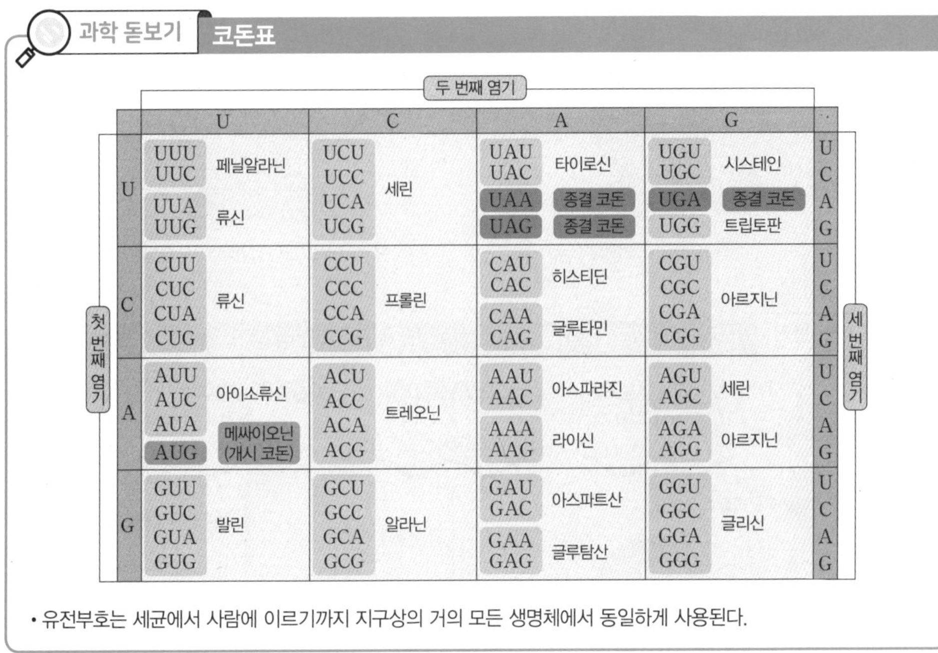

첫 번째 염기	U	C	A	G	세 번째 염기
U	UUU UUC 페닐알라닌 UUA UUG 류신	UCU UCC UCA 세린 UCG	UAU UAC 타이로신 UAA 종결 코돈 UAG 종결 코돈	UGU UGC 시스테인 UGA 종결 코돈 UGG 트립토판	U C A G
C	CUU CUC CUA 류신 CUG	CCU CCC CCA 프롤린 CCG	CAU CAC 히스티딘 CAA CAG 글루타민	CGU CGC CGA 아르지닌 CGG	U C A G
A	AUU AUC 아이소류신 AUA AUG 메싸이오닌(개시 코돈)	ACU ACC ACA 트레오닌 ACG	AAU AAC 아스파라진 AAA AAG 라이신	AGU AGC 세린 AGA AGG 아르지닌	U C A G
G	GUU GUC GUA 발린 GUG	GCU GCC GCA 알라닌 GCG	GAU GAC 아스파트산 GAA GAG 글루탐산	GGU GGC GGA 글리신 GGG	U C A G

(두 번째 염기: U, C, A, G)

• 유전부호는 세균에서 사람에 이르기까지 지구상의 거의 모든 생명체에서 동일하게 사용된다.

(2) 폴리펩타이드 합성 기구

① mRNA: 폴리펩타이드 합성 시 리보솜과 결합하여 mRNA－리보솜 복합체를 형성한다. 3개의 염기로 된 코돈은 하나의 아미노산을 지정하며, 종결 코돈은 아미노산을 지정하지 않는다.

② tRNA: 3개의 염기로 된 안티코돈이 있어 mRNA의 코돈과 서로 상보적으로 대응하고, 안티코돈에 따라 특정 아미노산이 3′ 말단의 아미노산 결합 부위에 결합된다.

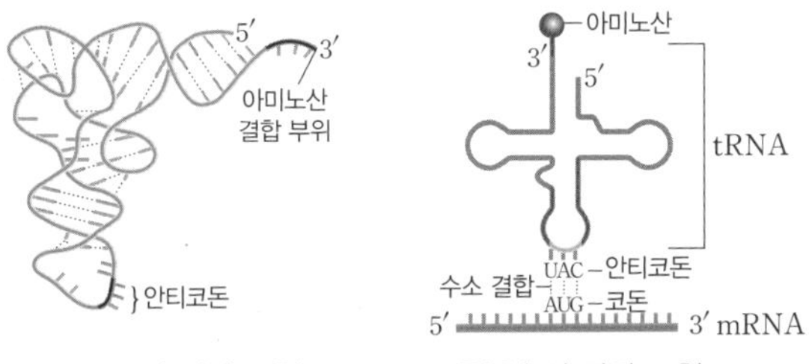

tRNA의 입체 모형　　tRNA의 평면 모형

③ 리보솜

• rRNA(리보솜 RNA)와 단백질로 이루어져 있으며, mRNA에 저장되어 있는 유전 정보에 따라 폴리펩타이드를 합성한다.

• rRNA는 대부분 핵 속의 인에서 전사되며, 단백질과 결합하여 리보솜의 각 단위체(대단위체와 소단위체)가 만들어진 후 세포질로 이동한다.

• 리보솜의 소단위체에는 mRNA 결합 부위가 있다.

• 리보솜의 대단위체에는 아미노산이 붙어 있는 tRNA 결합 자리(A 자리), 신장되는 폴리펩타이드가 붙어 있는 tRNA 결합 자리(P 자리), tRNA가 빠져나가기 전에 잠시 머무는 자리(E 자리)가 있다.

개념 체크

◘ rRNA는 대부분 핵 속의 인에서 전사되고 단백질과 결합하여 리보솜을 구성한다. mRNA는 리보솜과 결합하여 폴리펩타이드 합성에 관여한다. tRNA는 3′ 말단에 특정 아미노산을 결합시켜 아미노산을 운반한다.

1. tRNA에는 mRNA의 코돈과 상보적인 3개의 염기로 구성된 (　　)이 있다.

2. 리보솜의 (　　)단위체에는 mRNA 결합 부위가 있다.

※ ○ 또는 ×

3. 리보솜의 대단위체에서 신장되는 폴리펩타이드가 붙어 있는 tRNA 결합 자리는 P 자리이다. (　　)

4. 리보솜은 mRNA와 단백질로 이루어져 있다. (　　)

정답

1. 안티코돈
2. 소
3. ○
4. ×

개념 체크

▶ 폴리펩타이드 합성 과정의 개시는 mRNA와 리보솜 소단위체가 결합한 후, 개시 tRNA와 리보솜 대단위체가 차례로 결합하여 일어난다. 개시 tRNA는 리보솜 대단위체의 P 자리에 위치한다.

1. 아미노산이 붙어 있는 새로운 tRNA는 리보솜의 (　　) 자리로 들어온다.

2. 리보솜이 mRNA를 따라 하나의 코돈만큼 (　　)′ → (　　)′ 방향으로 이동한다.

※ ○ 또는 ×

3. 개시 tRNA에는 메싸이오닌이 붙어 있다. (　　)

4. rRNA는 아미노산을 폴리펩타이드 합성이 진행되는 리보솜으로 운반하는 기능을 한다. (　　)

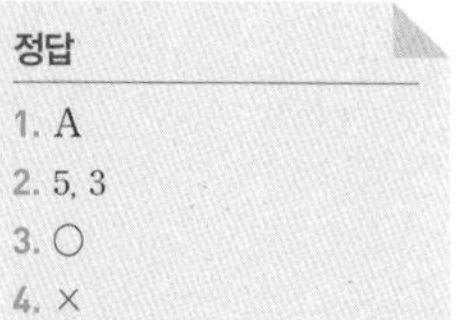
정답
1. A
2. 5, 3
3. ○
4. ×

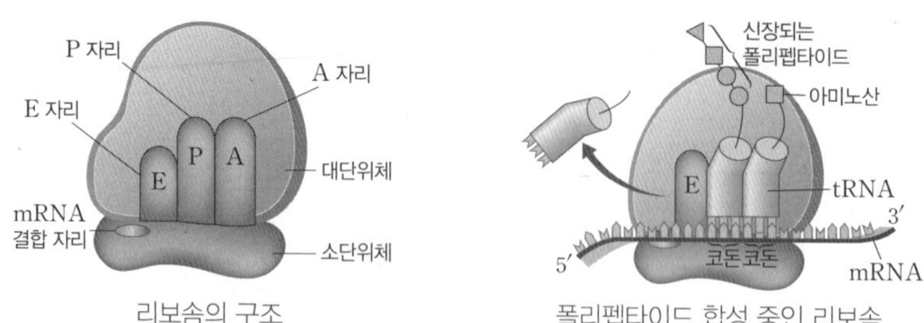

리보솜의 구조　　　　폴리펩타이드 합성 중인 리보솜

과학 돋보기　RNA의 종류와 기능

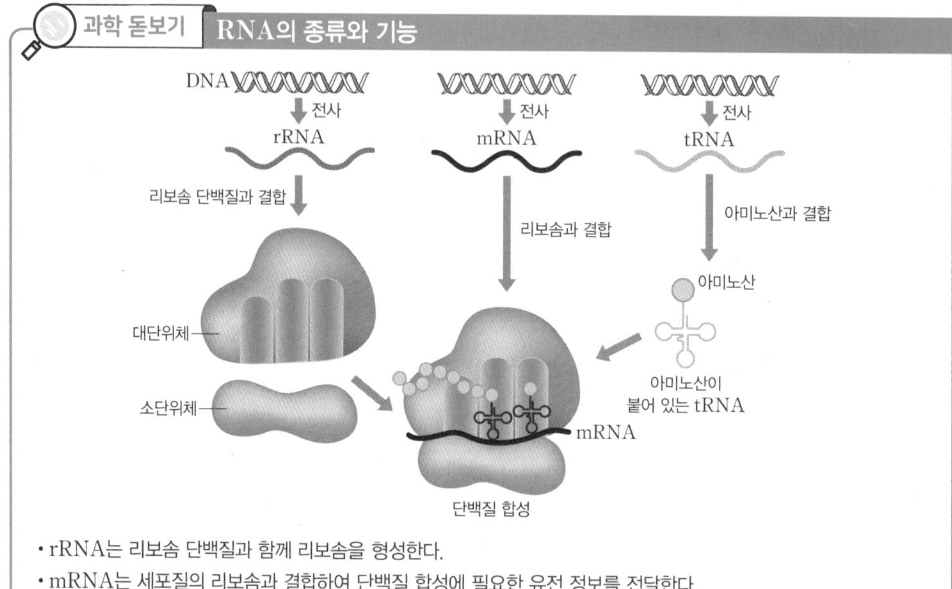

- rRNA는 리보솜 단백질과 함께 리보솜을 형성한다.
- mRNA는 세포질의 리보솜과 결합하여 단백질 합성에 필요한 유전 정보를 전달한다.
- tRNA는 아미노산을 단백질 합성이 진행되는 리보솜으로 운반하는 기능을 한다.

(3) 폴리펩타이드 합성 과정

① 개시

Ⓐ mRNA와 리보솜 소단위체가 결합한다.

Ⓑ 개시 tRNA의 결합: mRNA의 개시 코돈(AUG)에 메싸이오닌(Met)이 붙어 있는 개시 tRNA가 결합한다.

Ⓒ 리보솜 대단위체 결합: 리보솜 대단위체가 결합하여 완전한 리보솜을 만든다. 이때 개시 tRNA는 리보솜 대단위체의 P 자리에 위치한다.

② 신장

Ⓓ 새로운 tRNA의 결합: 아미노산이 붙어 있는 새로운 tRNA가 리보솜의 A 자리로 들어와 tRNA의 안티코돈이 mRNA의 코돈과 수소 결합을 한다.

Ⓔ 펩타이드 결합 형성: P 자리에 있던 메싸이오닌이 tRNA와 분리되고, A 자리로 들어온 아미노산과 펩타이드 결합을 형성한다.

Ⓕ 리보솜 이동: 리보솜이 mRNA를 따라 하나의 코돈만큼 5′ → 3′ 방향으로 이동하면 P 자리에 있던 개시 tRNA가 E 자리로 옮겨진 후 리보솜에서 떨어져 나가고, A 자리에 있던 tRNA가 P 자리에 위치한다.

Ⓖ Ⓓ~Ⓕ 과정이 반복되면서 폴리펩타이드 사슬의 길이가 길어진다.

③ 종결

Ⓗ 폴리펩타이드 합성 종결: 리보솜의 A 자리가 mRNA의 종결 코돈(UAA, UAG, UGA)에 이르면 상보적으로 결합할 수 있는 tRNA가 없어 폴리펩타이드 합성이 종결된다.

Ⓘ 리보솜 분리: 폴리펩타이드 합성이 종결되면 리보솜은 각각의 단위체로 분리되고, mRNA, tRNA도 분리되면서 만들어진 폴리펩타이드 사슬이 방출된다.

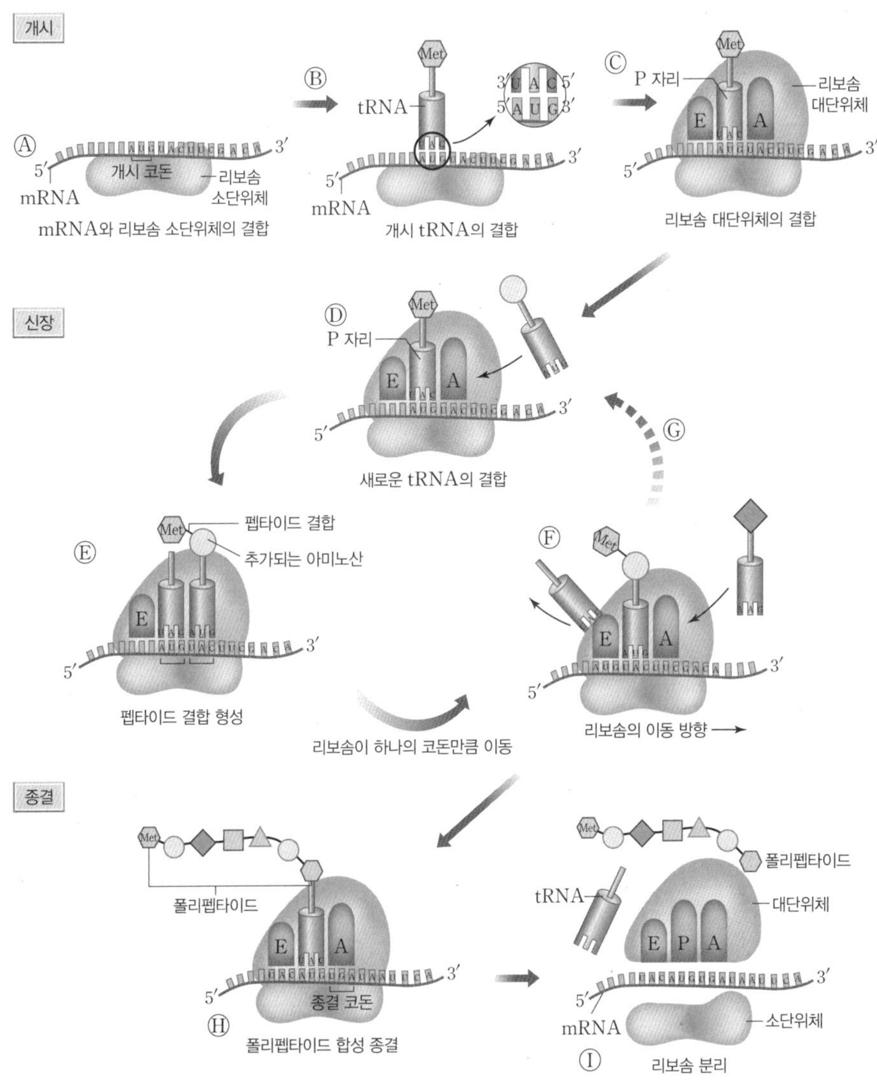

폴리펩타이드 합성 과정

④ 합성된 폴리펩타이드는 접혀서 고유한 입체 구조를 나타내며, 세포 내 기능에 따라 핵과 세포 소기관 등으로 이동하여 효소, 수송체, 구조 단백질 등 자신이 담당하는 고유한 기능을 수행한다.

개념 체크

◘ 폴리펩타이드 합성 과정의 신장은 새로운 tRNA가 리보솜의 A 자리로 들어오고, 아미노산 사이에서 펩타이드 결합이 형성되며, 리보솜이 mRNA를 따라 하나의 코돈만큼 이동하여 P 자리에 있던 tRNA는 E 자리로 이동하여 떨어져 나가고 A 자리에 있던 tRNA가 P 자리에 위치하는 과정이 반복된다.

1. 리보솜의 A 자리가 mRNA의 (   )에 이르면 폴리펩타이드의 합성이 종결된다.

2. 번역 과정에서 리보솜의 (   ) 자리는 tRNA가 빠져나가기 전에 머무르는 자리이다.

※ ○ 또는 ×

3. mRNA와 리보솜의 소단위체가 결합한 후 개시 tRNA가 결합한다. (   )

4. 번역 과정에서 tRNA의 안티코돈과 mRNA의 코돈은 펩타이드 결합을 형성한다. (   )

정답

1. 종결 코돈
2. E
3. ○
4. ×

개념 체크

◘ 진핵생물은 핵에서 DNA로부터 mRNA로 전사되고, RNA 가공 과정을 거친 성숙한 mRNA가 세포질로 이동하여 리보솜과 결합한다. mRNA의 코돈 정보에 따라 리보솜에서 tRNA가 운반해 온 아미노산을 펩타이드 결합으로 연결하여 폴리펩타이드를 합성한다.

1. 진핵세포의 (　　)에서 번역 과정이 일어난다.

2. (　　)은 DNA의 유전 정보를 이용하여 생명 활동에 필요한 단백질을 만드는 과정이다.

※ ○ 또는 ×

3. 폴리솜은 mRNA에 리보솜이 여러 개 붙어 있는 것이다. (　　)

4. 진핵세포의 핵 안에서 RNA 가공 과정이 일어난다. (　　)

과학 돋보기 폴리솜

신장하는 폴리펩타이드 사슬

mRNA

5′

3′

리보솜 이동 방향

- 단백질이 합성될 때 리보솜이 개시 코돈을 벗어나면 새로운 리보솜이 mRNA에 결합할 수 있다.
- 하나의 mRNA에 리보솜이 여러 개 결합하여 폴리펩타이드를 합성하면 단시간에 많은 양을 합성할 수 있다.
- mRNA에 리보솜이 여러 개 붙어 있는 것을 폴리솜이라고 한다.

5 진핵생물의 유전자 발현 과정

유전자 발현은 DNA의 유전 정보를 이용하여 생명 활동에 필요한 단백질을 만드는 과정이다. DNA의 유전 정보는 먼저 mRNA로 전사되어 코돈 단위의 정보를 만든다. mRNA의 코돈 정보는 리보솜에서 tRNA가 운반해 온 아미노산을 순차적으로 결합시켜 폴리펩타이드 사슬을 만든다.

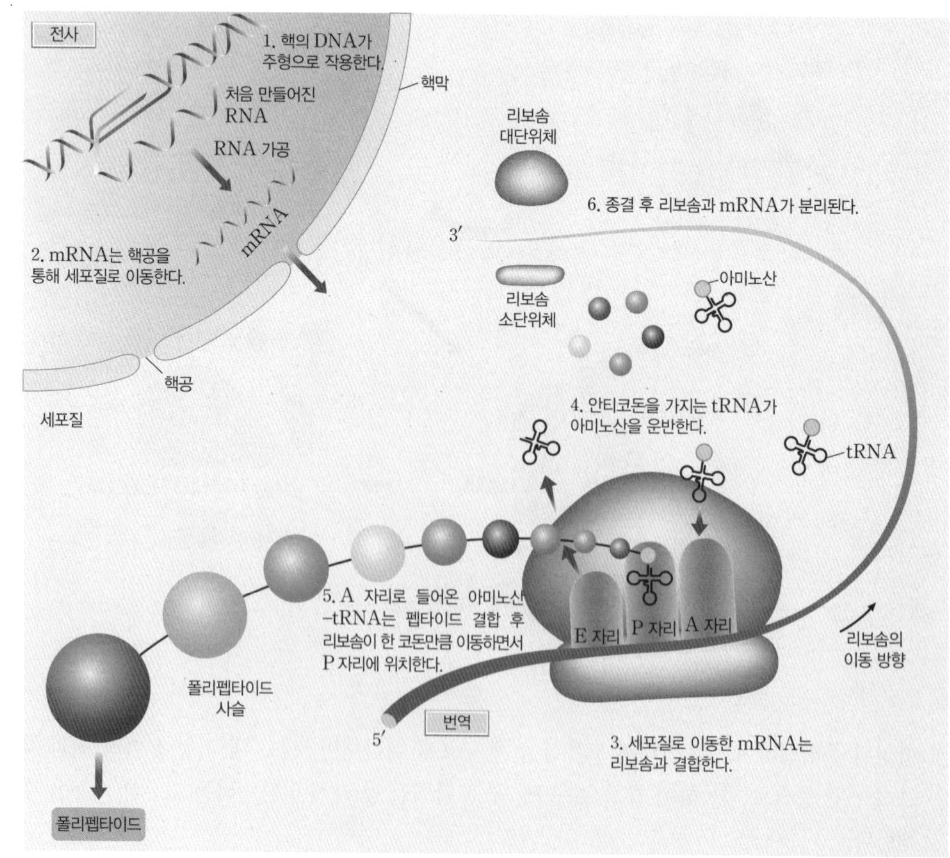

전사
1. 핵의 DNA가 주형으로 작용한다.
핵막
처음 만들어진 RNA
RNA 가공
mRNA
2. mRNA는 핵공을 통해 세포질로 이동한다.
핵공
세포질
리보솜 대단위체
6. 종결 후 리보솜과 mRNA가 분리된다.
3′
리보솜 소단위체
아미노산
4. 안티코돈을 가지는 tRNA가 아미노산을 운반한다.
tRNA
5. A 자리로 들어온 아미노산-tRNA는 펩타이드 결합 후 리보솜이 한 코돈만큼 이동하면서 P 자리에 위치한다.
E 자리
P 자리
A 자리
리보솜의 이동 방향
폴리펩타이드 사슬
5′
번역
3. 세포질로 이동한 mRNA는 리보솜과 결합한다.
폴리펩타이드

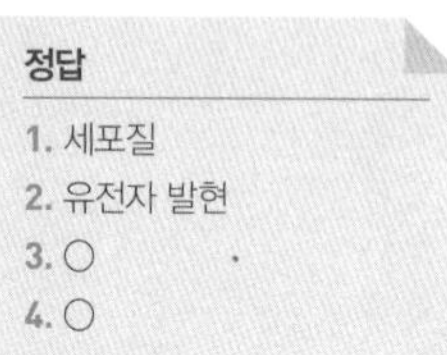
정답

1. 세포질
2. 유전자 발현
3. ○
4. ○

[24029-0133]

01 그림은 진핵세포에서 유전자 x가 발현되는 과정의 일부를 나타낸 것이다.

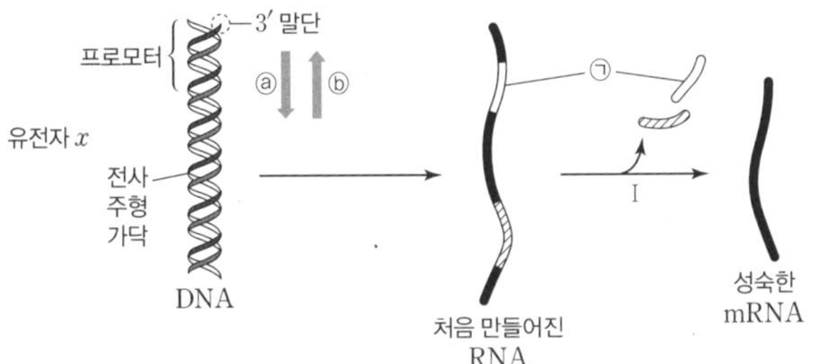

이에 대한 설명으로 옳은 것만을 〈보기〉에서 있는 대로 고른 것은?

보기
ㄱ. 전사 진행 방향은 ⓐ이다.
ㄴ. 과정 Ⅰ은 핵에서 일어난다.
ㄷ. ㉠은 리보솜과 결합한다.

① ㄱ ② ㄴ ③ ㄷ ④ ㄱ, ㄴ ⑤ ㄴ, ㄷ

[24029-0134]

02 그림은 진핵세포에서 일어나는 유전 정보의 중심 원리를 나타낸 것이다. Ⅰ~Ⅲ은 번역, 전사, DNA 복제를 순서 없이 나타낸 것이고, (가)와 (나)는 폴리펩타이드와 DNA를 순서 없이 나타낸 것이다.

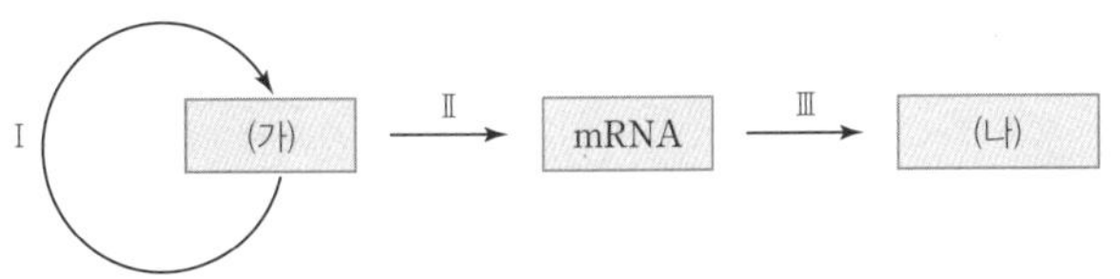

이에 대한 설명으로 옳은 것만을 〈보기〉에서 있는 대로 고른 것은?

보기
ㄱ. (가)는 폴리펩타이드이다.
ㄴ. Ⅰ과 Ⅱ에 모두 효소가 관여한다.
ㄷ. 세포질에서 Ⅲ이 일어난다.

① ㄴ ② ㄷ ③ ㄱ, ㄴ ④ ㄱ, ㄷ ⑤ ㄴ, ㄷ

[24029-0135]

03 표는 인공 mRNA Ⅰ~Ⅴ에서 반복되는 염기 서열과 이로부터 번역된 폴리펩타이드를 구성하는 아미노산을 모두 나타낸 것이다. ㉠과 ㉢을 암호화하는 코돈의 염기 서열은 서로 다르고, ㉡과 ㉤을 암호화하는 코돈에서 5′ 말단 염기만 서로 다르며, ㉣과 ㉤을 암호화하는 코돈에서 3′ 말단 염기만 서로 다르다.

인공 mRNA	반복되는 염기 서열	아미노산
Ⅰ	5′−GC−3′	㉠알라닌, 아르지닌
Ⅱ	5′−CA−3′	㉡트레오닌, 히스티딘
Ⅲ	5′−CCG−3′	㉢알라닌, ㉣프롤린, 아르지닌
Ⅳ	5′−CAC−3′	㉤프롤린, ㉥트레오닌, 히스티딘
Ⅴ	5′−CAGC−3′	(가)

이에 대한 설명으로 옳은 것만을 〈보기〉에서 있는 대로 고른 것은? (단, 개시 코돈, 종결 코돈, 돌연변이는 고려하지 않는다.)

보기
ㄱ. ㉤을 암호화하는 코돈의 염기 서열은 CCA이다.
ㄴ. ㉡과 ㉥을 암호화하는 코돈의 염기 서열은 다르다.
ㄷ. 알라닌과 프롤린은 모두 (가)에 포함된다.

① ㄴ ② ㄷ ③ ㄱ, ㄴ ④ ㄱ, ㄷ ⑤ ㄱ, ㄴ, ㄷ

[24029-0136]

04 그림은 이중 가닥 DNA의 유전 정보에 따라 폴리펩타이드가 합성되는 과정을 나타낸 것이다. 가닥 Ⅰ과 Ⅱ는 상보적이고, ⓐ는 5′ 말단과 3′ 말단 중 하나이며, ㉮와 ㉯는 펩타이드 결합이다.

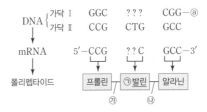

DNA {가닥 Ⅰ GGC ??? CGG−ⓐ / 가닥 Ⅱ CCG CTG GCC}
↓
mRNA 5′−CCG ??C GCC−3′
↓
폴리펩타이드 프롤린 −㉮− ㉠발린 −㉯− 알라닌

이에 대한 설명으로 옳은 것만을 〈보기〉에서 있는 대로 고른 것은? (단, 돌연변이는 고려하지 않는다.)

보기
ㄱ. ⓐ는 5′ 말단이다.
ㄴ. ㉮는 ㉯보다 먼저 형성되었다.
ㄷ. ㉠을 운반하는 tRNA의 안티코돈에서 3′ 말단 염기는 사이토신(C)이다.

① ㄱ ② ㄷ ③ ㄱ, ㄴ ④ ㄴ, ㄷ ⑤ ㄱ, ㄴ, ㄷ

[24029-0137]

05 그림은 붉은빵곰팡이의 야생형에서 아르지닌이 합성되는 과정을 나타낸 것이다. 돌연변이주 ㉠과 ㉡은 각각 유전자 a와 c 중 하나에 돌연변이가 일어났고, 최소 배지에 시트룰린을 첨가한 배지에서 ㉠은 생장하지 못했고, ㉡은 생장하였다.

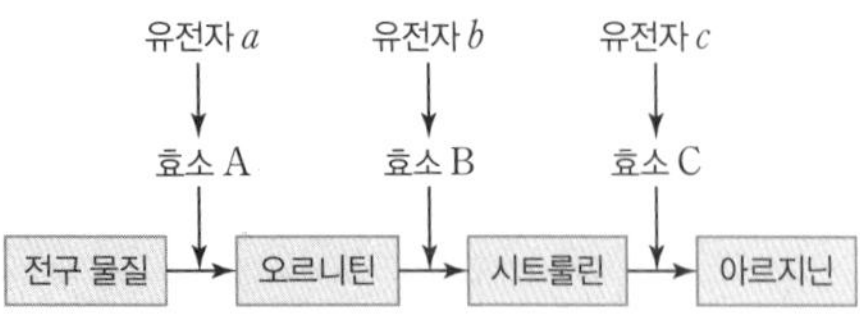

이에 대한 설명으로 옳은 것만을 〈보기〉에서 있는 대로 고른 것은? (단, 제시된 돌연변이 이외의 돌연변이는 고려하지 않는다.)

보기

ㄱ. ㉡은 a에 돌연변이가 일어난 것이다.
ㄴ. B의 기질은 시트룰린이다.
ㄷ. ㉠은 최소 배지에 오르니틴을 첨가한 배지에서 생장한다.

① ㄱ ② ㄴ ③ ㄷ ④ ㄱ, ㄴ ⑤ ㄱ, ㄷ

[24029-0138]

06 그림은 진핵세포에서 폴리펩타이드가 합성되는 과정을 나타낸 것이다. Ⅰ과 Ⅱ는 아미노산이고, ㉠과 ㉡은 tRNA이다.

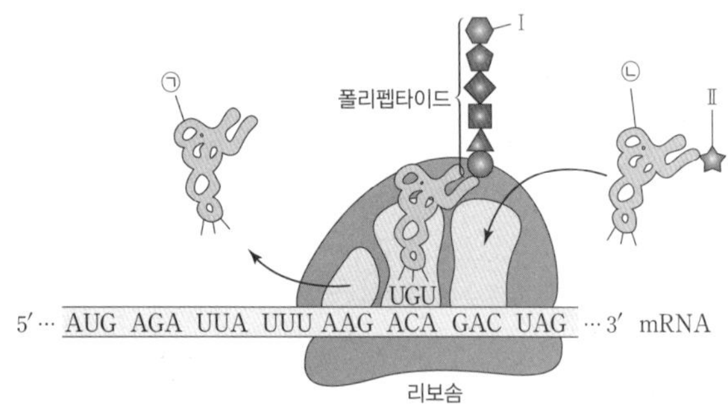

이에 대한 설명으로 옳은 것만을 〈보기〉에서 있는 대로 고른 것은? (단, 돌연변이는 고려하지 않는다.)

보기

ㄱ. Ⅰ과 Ⅱ 사이에서 펩타이드 결합이 형성된다.
ㄴ. ㉠의 안티코돈에서 3′ 말단 염기는 유라실(U)이다.
ㄷ. ㉡은 리보솜의 A 자리로 들어온다.

① ㄱ ② ㄴ ③ ㄷ ④ ㄱ, ㄷ ⑤ ㄴ, ㄷ

[24029-0139]

07 그림은 폴리펩타이드 X와 Y의 아미노산 서열을, 표는 유전부호의 일부를 나타낸 것이다. 어떤 진핵생물의 유전자 x와 y로부터 각각 X와 Y가 합성되고, X와 Y의 합성은 개시 코돈 AUG에서 시작하여 종결 코돈(UAA, UAG, UGA)에서 끝난다. y는 x의 전사 주형 가닥에서 1개의 염기 ㉠이 1회 삽입된 것이다.

X: 메싸이오닌－히스티딘－ⓐ글리신－트레오닌－라이신
Y: 메싸이오닌－프롤린－트립토판－아스파라진

아미노산	코돈
글리신	GGU, GGC, GGA, GGG
트레오닌	ACU, ACC, ACA, ACG
프롤린	CCU, CCC, CCA, CCG
히스티딘	CAU, CAC
라이신	AAA, AAG
아스파라진	AAU, AAC
트립토판	UGG

이에 대한 설명으로 옳은 것만을 〈보기〉에서 있는 대로 고른 것은? (단, 제시된 돌연변이 이외의 핵산 염기 서열 변화는 고려하지 않는다.)

보기

ㄱ. ㉠은 사이토신(C)이다.
ㄴ. ⓐ를 암호화하는 코돈의 염기 서열은 GGA이다.
ㄷ. Y가 합성될 때 사용된 종결 코돈의 염기 서열은 UAA이다.

① ㄱ ② ㄴ ③ ㄷ ④ ㄱ, ㄷ ⑤ ㄴ, ㄷ

[24029-0140]

08 그림은 진핵세포에서 DNA로부터 ⓐ와 ⓑ가 합성되는 과정과 ㉠이 형성되는 과정을 나타낸 것이다. ⓐ와 ⓑ는 mRNA와 tRNA를 순서 없이 나타낸 것이다.

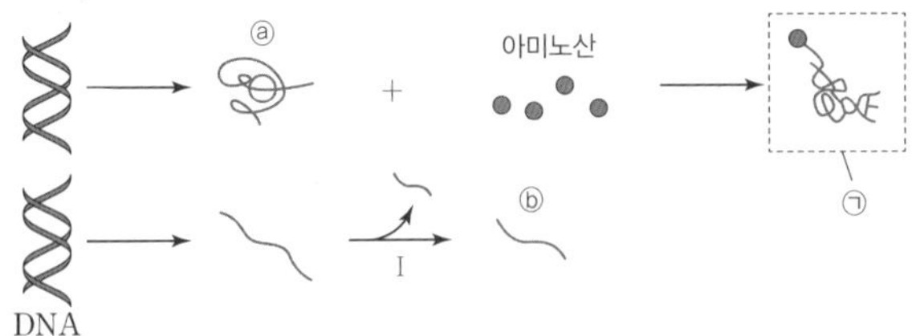

이에 대한 설명으로 옳은 것만을 <보기>에서 있는 대로 고른 것은? (단, 돌연변이는 고려하지 않는다.)

보기
ㄱ. ⓑ에는 프로모터가 있다.
ㄴ. 과정 Ⅰ은 핵에서 일어난다.
ㄷ. ㉠에서 아미노산은 ⓐ의 5′ 말단에 결합되어 있다.

① ㄱ ② ㄴ ③ ㄱ, ㄷ ④ ㄴ, ㄷ ⑤ ㄱ, ㄴ, ㄷ

[24029-0141]

09 그림은 어떤 세포에서 전사가 일어나는 과정을 나타낸 것이다. ㉠은 5′ 말단과 3′ 말단 중 하나이다.

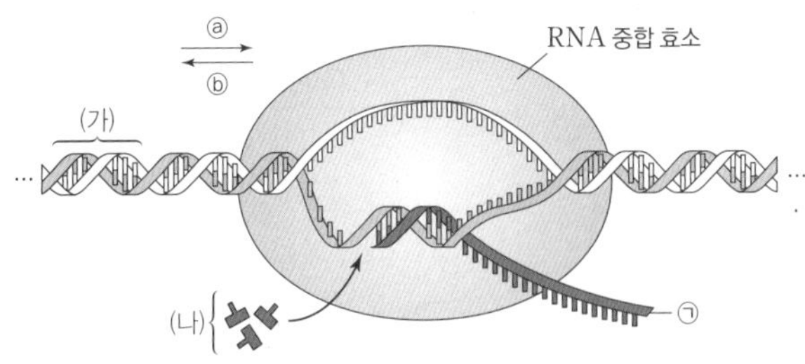

이에 대한 설명으로 옳은 것만을 <보기>에서 있는 대로 고른 것은? (단, 돌연변이는 고려하지 않는다.)

보기
ㄱ. ㉠은 5′ 말단이다.
ㄴ. RNA 중합 효소는 ⓑ 방향으로 이동한다.
ㄷ. (가)와 (나)를 구성하는 당은 모두 디옥시리보스이다.

① ㄴ ② ㄷ ③ ㄱ, ㄴ ④ ㄱ, ㄷ ⑤ ㄱ, ㄴ, ㄷ

[24029-0142]

10 표 (가)는 인공 mRNA Ⅰ과 Ⅱ의 염기 개수, 반복되는 염기 서열과 이로부터 번역된 폴리펩타이드 중 하나의 아미노산 서열을, (나)는 유전부호의 일부를 나타낸 것이다. ㉠~㉢은 각각 A, C, G, U 중 하나이고, ⓐ~ⓓ는 세린, 아이소류신, 타이로신, 히스티딘을 순서 없이 나타낸 것이다.

(가)

인공 mRNA	염기 개수	반복되는 염기 서열	번역된 폴리펩타이드 중 하나의 아미노산 서열
Ⅰ	12	5′−㉠㉡−3′	ⓐ−㉮아이소류신−ⓐ−ⓑ
Ⅱ	15	5′−㉡㉠㉢㉡㉠−3′	ⓒ−ⓐ−ⓓ−㉯아이소류신

(나)

아미노산	코돈
세린	AGU, AGC, UCU, UCC, UCA, UCG
아이소류신	AUU, AUC, AUA
타이로신	UAU, UAC
히스티딘	CAU, CAC

이에 대한 설명으로 옳은 것만을 <보기>에서 있는 대로 고른 것은? (단, 개시 코돈, 종결 코돈, 돌연변이는 고려하지 않는다.)

보기
ㄱ. ㉠과 ㉢은 모두 피리미딘 계열 염기이다.
ㄴ. ㉮와 ㉯를 암호화하는 코돈의 염기 서열은 같다.
ㄷ. Ⅱ로부터 번역된 폴리펩타이드 중 2개의 ⓑ를 갖는 것이 있다.

① ㄱ ② ㄴ ③ ㄱ, ㄷ ④ ㄴ, ㄷ ⑤ ㄱ, ㄴ, ㄷ

[24029-0143]

11 다음은 어떤 진핵생물의 유전자 x와, x에서 돌연변이가 일어난 유전자 y의 발현에 대한 자료이다.

- x와 y로부터 각각 폴리펩타이드 X와 Y가 합성된다.
- x의 DNA 이중 가닥 중 전사 주형 가닥의 염기 서열은 다음과 같다.

  ㉠ ㉡ ㉢

  5′－TACCTAACAGTATCTAATGGTCATGTA－3′

- y는 x의 전사 주형 가닥에서 ㉠과 ㉡ 중 하나는 결실되고, 나머지 하나는 구아닌(G)으로 치환되며, ㉢의 위치에 사이토신(C)이 삽입된 것이다.
- Y에는 세린 1개와 ⓐ류신 1개가 있다.
- X와 Y의 합성은 개시 코돈 AUG에서 시작하여 종결 코돈(UAA, UAG, UGA)에서 끝나며, 표는 유전부호의 일부를 나타낸 것이다.

아미노산	코돈
세린	AGU, AGC
아이소류신	AUU, AUC, AUA
트레오닌	ACU, ACC, ACA, ACG
류신	CUU, CUC, CUA, CUG
아르지닌	AGA, AGG
시스테인	UGU, UGC
타이로신	UAU, UAC
히스티딘	CAU, CAC

이에 대한 설명으로 옳은 것만을 <보기>에서 있는 대로 고른 것은? (단, 제시된 돌연변이 이외의 핵산 염기 서열 변화는 고려하지 않는다.)

보기

ㄱ. ㉡이 결실되었다.
ㄴ. ⓐ를 암호화하는 코돈의 염기 서열은 CUC이다.
ㄷ. X와 Y에는 모두 아이소류신이 있다.

① ㄴ ② ㄷ ③ ㄱ, ㄴ ④ ㄱ, ㄷ ⑤ ㄴ, ㄷ

[24029-0144]

12 그림은 진핵세포에서 폴리펩타이드가 합성되는 과정을 나타낸 것이다. ⓐ와 ⓑ는 리보솜 대단위체와 리보솜 소단위체를 순서 없이 나타낸 것이고, Ⅰ은 폴리펩타이드 말단의 아미노산이며, ㉠은 5′ 말단과 3′ 말단 중 하나이다.

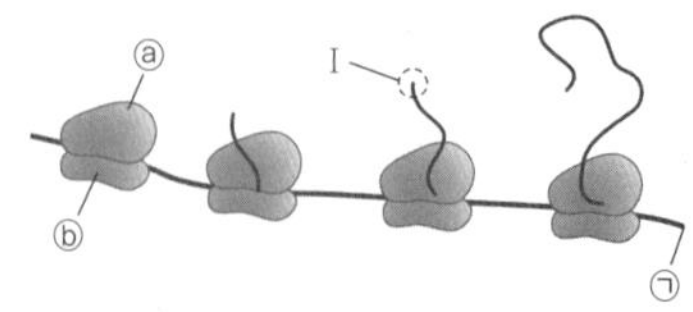

이에 대한 설명으로 옳은 것만을 <보기>에서 있는 대로 고른 것은? (단, 돌연변이는 고려하지 않는다.)

보기

ㄱ. ㉠은 5′ 말단이다.
ㄴ. Ⅰ은 메싸이오닌이다.
ㄷ. mRNA에 ⓐ가 ⓑ보다 먼저 결합한다.

① ㄱ ② ㄴ ③ ㄷ ④ ㄱ, ㄴ ⑤ ㄴ, ㄷ

[24029-0145]

13 그림은 어떤 세포에서 폴리펩타이드가 합성되는 과정을, 표는 유전부호의 일부를 나타낸 것이다. Ⅰ은 아미노산이다.

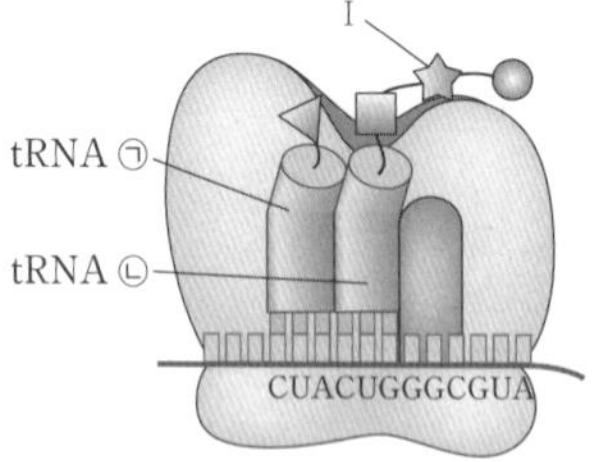

아미노산	코돈
글리신	GGC
류신	CUA, CUG
발린	GUC
아르지닌	CGG
아이소류신	AUC

이에 대한 설명으로 옳은 것만을 <보기>에서 있는 대로 고른 것은? (단, 돌연변이는 고려하지 않는다.)

보기

ㄱ. Ⅰ은 발린이다.
ㄴ. ㉠은 리보솜의 A 자리에 위치한다.
ㄷ. ㉡의 안티코돈에서 3′ 말단 염기는 사이토신(C)이다.

① ㄱ ② ㄴ ③ ㄷ ④ ㄱ, ㄷ ⑤ ㄴ, ㄷ

[24029-0146]

14 다음은 어떤 진핵생물의 유전자 x와, x에서 돌연변이가 일어난 유전자 y, z의 발현에 대한 자료이다.

- x, y, z로부터 각각 폴리펩타이드 X, Y, Z가 합성된다.
- x의 DNA 이중 가닥 중 전사 주형 가닥의 염기 서열은 다음과 같다.
  5′-AACGCTAACAGGTTTGGCCACGCATGTA-3′
- y는 x의 전사 주형 가닥의 5′ 말단에서 ⓐ번째 염기가 ㉠다른 염기로 치환된 것이고, Y는 5개의 아미노산으로 구성된다. z는 x의 전사 주형 가닥의 5′ 말단에서 16번째 염기가 다른 염기로 치환된 것이고, Z는 ⓑ개의 아미노산으로 구성된다.
- X와 Z를 구성하는 아미노산 개수는 다르다.
- X, Y, Z의 합성은 개시 코돈 AUG에서 시작하여 종결 코돈(UAA, UAG, UGA)에서 끝난다.

이에 대한 설명으로 옳은 것만을 〈보기〉에서 있는 대로 고른 것은? (단, 제시된 돌연변이 이외의 핵산 염기 서열 변화는 고려하지 않는다.)

보기

ㄱ. ㉠은 타이민(T)이다.
ㄴ. ⓐ+ⓑ=12이다.
ㄷ. Y와 Z가 합성될 때 사용된 종결 코돈의 염기 서열은 서로 다르다.

① ㄱ ② ㄷ ③ ㄱ, ㄴ ④ ㄱ, ㄷ ⑤ ㄴ, ㄷ

[24029-0147]

15 다음은 mRNA x의 번역에 대한 자료이다.

- x로부터 폴리펩타이드 X가 합성되며, X는 7개의 아미노산으로 구성된다.
- x의 염기 서열은 (가)-(나)-(다) 순이며, 표의 Ⅰ~Ⅲ은 (가)~(다)를 순서 없이 나타낸 것이다.

구분	염기 서열
Ⅰ	5′-GCAUU㉠㉡㉠CC
Ⅱ	5′-UA㉢GU㉣A㉠CU
Ⅲ	5′-AC㉡㉣㉡㉣GCCU

  Ⅰ~Ⅲ은 모두 10개의 염기로 구성된다. ㉠~㉣은 A, C, G, U을 순서 없이 나타낸 것이다.
- X의 합성은 개시 코돈 AUG에서 시작하여 종결 코돈(UAA, UAG, UGA)에서 끝난다.

이에 대한 설명으로 옳은 것만을 〈보기〉에서 있는 대로 고른 것은? (단, 핵산 염기 서열 변화는 고려하지 않는다.)

보기

ㄱ. (나)는 Ⅰ이다.
ㄴ. ㉢은 사이토신(C)이다.
ㄷ. X가 합성될 때 사용된 종결 코돈의 염기 서열은 UAA이다.

① ㄴ ② ㄷ ③ ㄱ, ㄴ ④ ㄱ, ㄷ ⑤ ㄱ, ㄴ, ㄷ

[24029-0148]

16 다음은 어떤 진핵생물의 유전자 x의 발현에 대한 자료이다.

- x로부터 폴리펩타이드 X가 합성된다.
- ㉠x의 DNA 이중 가닥 중 한 가닥의 염기 서열은 다음과 같다. ⓐ와 ⓑ는 각각 5′ 말단과 3′ 말단 중 하나이다.
  ⓐ-TCACAATCCAATGTGCCTACCTGGAGTATTCC-ⓑ
- X의 합성은 개시 코돈 AUG에서 시작하여 종결 코돈(UAA, UAG, UGA)에서 끝난다.

이에 대한 설명으로 옳은 것만을 〈보기〉에서 있는 대로 고른 것은? (단, 핵산 염기 서열 변화는 고려하지 않는다.)

보기

ㄱ. ㉠은 전사 주형 가닥이다.
ㄴ. X는 8개의 아미노산으로 구성된다.
ㄷ. X의 4번째 아미노산을 운반하는 tRNA의 안티코돈에서 3′ 말단 염기는 유라실(U)이다.

① ㄱ ② ㄴ ③ ㄷ ④ ㄱ, ㄷ ⑤ ㄴ, ㄷ

원핵세포는 세포질에서 전사와 번역이 모두 일어난다. 진핵세포는 핵에서 전사가 일어난 후 세포질에서 번역이 일어난다.

[24029-0149]

01 그림 (가)는 세포 Ⅰ에서, (나)는 세포 Ⅱ에서 일어나는 유전자 발현 과정의 일부를 나타낸 것이다. Ⅰ과 Ⅱ는 원핵세포와 진핵세포를 순서 없이 나타낸 것이고, ⓐ와 ⓑ는 각각 5′ 말단과 3′ 말단 중 하나이다. ㉠과 ㉡은 효소이다.

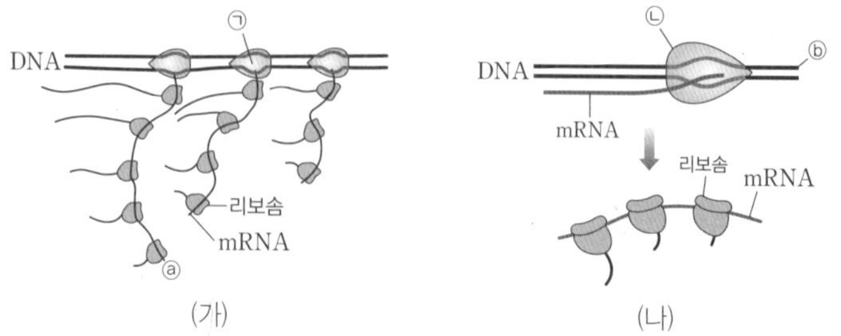

(가) (나)

이에 대한 설명으로 옳은 것만을 〈보기〉에서 있는 대로 고른 것은?

보기

ㄱ. Ⅰ은 원핵세포이다.
ㄴ. ⓐ와 ⓑ는 서로 같다.
ㄷ. ㉠과 ㉡은 모두 DNA 중합 효소이다.

① ㄱ ② ㄷ ③ ㄱ, ㄴ ④ ㄱ, ㄷ ⑤ ㄴ, ㄷ

mRNA x로부터 번역이 시작될 때 1번째 코돈의 염기 서열로 가능한 경우는 CCU, CUG, UGC이다.

[24029-0150]

02 다음은 인공 mRNA x로부터 합성된 폴리펩타이드에 대한 자료이다.

- 16개의 뉴클레오타이드로 구성된 인공 mRNA x의 염기 서열은 다음과 같다.

5′−CCUGCCUGGUUCGUUC−3′

- 표는 x로부터 합성된 폴리펩타이드 (가)~(다)의 아미노산 서열을 나타낸 것이다. (가)의 1번째 아미노산은 ㉠, (나)의 1번째 아미노산은 시스테인, (다)의 1번째 아미노산은 프롤린이다. ㉮에는 3개의 아미노산이 있다.

폴리펩타이드	아미노산 서열
(가)	㉠−프롤린−글리신−ⓐ세린−페닐알라닌
(나)	시스테인−류신−발린−ⓑ아르지닌
(다)	프롤린−[?−?−?]㉮−발린

이에 대한 설명으로 옳은 것만을 〈보기〉에서 있는 대로 고른 것은? (단, 개시 코돈, 종결 코돈, 돌연변이는 고려하지 않는다.)

보기

ㄱ. ㉠은 류신이다.
ㄴ. ㉮에는 페닐알라닌이 있다.
ㄷ. ⓐ와 ⓑ를 암호화하는 코돈은 각각 3종류의 염기로 구성된다.

① ㄱ ② ㄷ ③ ㄱ, ㄴ ④ ㄴ, ㄷ ⑤ ㄱ, ㄴ, ㄷ

[24029-0151]

03 다음은 어떤 진핵세포의 유전자 x의 발현에 대한 자료이다.

- 그림은 x로부터의 전사와 RNA 가공 과정을, 표는 Ⅰ~Ⅲ을 구성하는 염기의 개수를 나타낸 것이다. Ⅰ~Ⅲ은 X~Z를 순서 없이 나타낸 것이고, ㉠~㉢은 구아닌(G), 유라실(U), 타이민(T)을 순서 없이 나타낸 것이다.

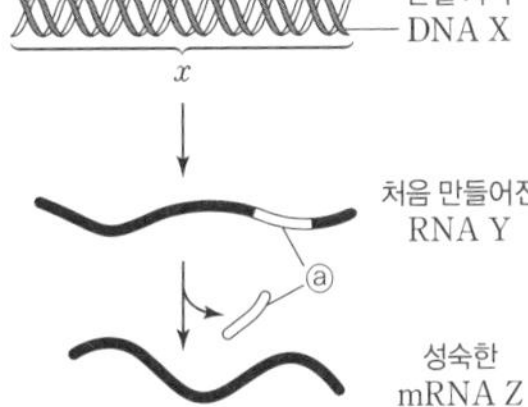

구분	염기 수(개)				
	A	C	㉠	㉡	㉢
Ⅰ	15	?	15	20	0
Ⅱ	?	?	0	?	25
Ⅲ	25	14	?	?	?

- X는 전사 주형 가닥이고, x로부터 폴리펩타이드가 합성된다.
- X와 Y의 염기 개수는 같고, Z의 염기 개수는 Y의 염기 개수에서 ⓐ의 염기 개수를 뺀 값과 같다.
- Ⅰ에서 $\frac{G+C}{A+T}=2$이고, Ⅲ에서 $\frac{A+T}{G+C}=\frac{5}{8}$이다.
- ⓐ의 염기 개수는 35개이다.

DNA의 전사 주형 가닥으로부터 전사된 처음 만들어진 RNA는 RNA 가공 과정을 통해 인트론이 제거된 후 성숙한 mRNA가 되어 폴리펩타이드 합성에 관여한다.

이에 대한 설명으로 옳은 것만을 〈보기〉에서 있는 대로 고른 것은? (단, 돌연변이는 고려하지 않는다.)

보기

ㄱ. Ⅰ에는 개시 코돈이 있다.
ㄴ. Ⅱ에서 아데닌(A)의 개수는 30개이다.
ㄷ. 구아닌(G)의 개수는 Y>X>Z이다.

① ㄱ ② ㄷ ③ ㄱ, ㄴ ④ ㄴ, ㄷ ⑤ ㄱ, ㄴ, ㄷ

[24029-0152]

04 다음은 어떤 진핵생물의 유전자 x와 y의 발현에 대한 자료이다.

- 그림은 유전자 ㉠의 번역 과정과 유전자 x, y의 전사 주형 가닥의 염기 서열을, 표는 유전부호의 일부를 나타낸 것이다. ㉠은 x와 y 중 하나이다. 아미노산 Ⅰ과 Ⅱ는 서로 다르며, Ⅰ과 Ⅱ는 모두 ㉠으로부터 합성된 폴리펩타이드를 구성한다.

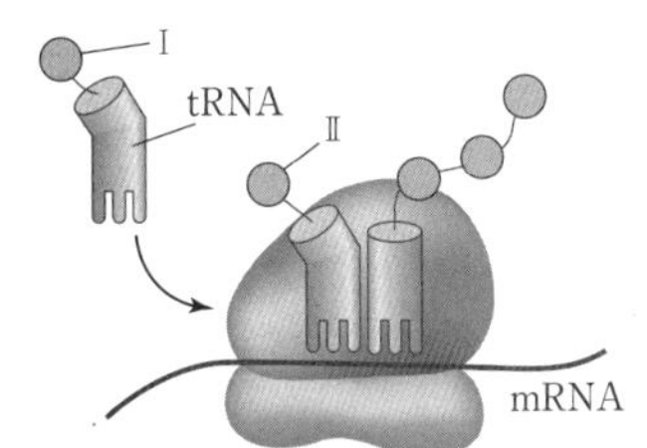

x: 5′−GCATTAATGTGATAGTACCATTCC−3′
y: 5′−TAGCCTTAGGTCAAGACCATCCTG−3′

아미노산	코돈
류신	UUA, UUG, CUU, CUC, CUA, CUG
발린	GUU, GUC, GUA, GUG
세린	AGU, AGC, UCU, UCC, UCA, UCG
트레오닌	ACU, ACC, ACA, ACG
히스티딘	CAU, CAC
메싸이오닌	AUG

- x와 y로부터 각각 폴리펩타이드 X와 Y가 합성된다.
- X와 Y의 합성은 개시 코돈 AUG에서 시작하여 종결 코돈(UAA, UAG, UGA)에서 끝난다.

x와 y로부터 합성되는 X와 Y를 구성하는 아미노산 개수를 구하고, 그림에서 ㉠으로부터 합성되는 폴리펩타이드를 구성하는 아미노산 개수를 비교한다.

이에 대한 설명으로 옳은 것만을 〈보기〉에서 있는 대로 고른 것은? (단, 핵산 염기 서열 변화는 고려하지 않는다.)

보기

ㄱ. ㉠은 x이다.
ㄴ. Ⅰ을 암호화하는 코돈의 3′ 말단 염기는 사이토신(C)이다.
ㄷ. 표의 아미노산 중 X와 Y를 공통으로 구성하는 아미노산은 2가지이다.

① ㄱ ② ㄴ ③ ㄷ ④ ㄱ, ㄴ ⑤ ㄱ, ㄷ

4개의 염기쌍에서 염기 간 수소 결합의 총개수가 10개이면 G과 C의 염기쌍이 2개, A과 T의 염기쌍이 2개이다.

[24029-0153]

05 **다음은 어떤 진핵생물의 유전자 x와, x에서 돌연변이가 일어난 유전자 y의 발현에 대한 자료이다.**

- x와 y로부터 각각 폴리펩타이드 X와 Y가 합성된다.
- x의 DNA 이중 가닥 중 한 가닥인 Ⅰ의 염기 서열은 다음과 같다.
  5′−AGTCAGTAGCTAGCCAAGCGAGGCCATCCTA−3′
- y는 x에서 ㉠ 연속된 4개의 염기쌍이 1회 결실된 것이다. ㉠에서 염기 간 수소 결합의 총개수는 10개이고, Ⅰ에서 결실된 부분은 2종류의 염기로 구성된다.
- X와 Y의 합성은 개시 코돈 AUG에서 시작하여 종결 코돈(UAA, UAG, UGA)에서 끝난다.

이에 대한 설명으로 옳은 것만을 <보기>에서 있는 대로 고른 것은? (단, 제시된 돌연변이 이외의 핵산 염기 서열 변화는 고려하지 않는다.)

보기

ㄱ. Ⅰ은 전사 주형 가닥이다.
ㄴ. X와 Y가 합성될 때 사용된 종결 코돈의 염기 서열은 서로 같다.
ㄷ. $\frac{\text{X를 구성하는 아미노산 개수}}{\text{Y를 구성하는 아미노산 개수}} < 1$이다.

① ㄱ ② ㄴ ③ ㄱ, ㄷ ④ ㄴ, ㄷ ⑤ ㄱ, ㄴ, ㄷ

전사 주형 가닥에서 염기가 결실되거나 치환되는 돌연변이가 일어나면 유전부호가 변하므로 합성되는 폴리펩타이드를 구성하는 아미노산의 종류와 수가 달라질 수 있다.

[24029-0154]

06 **다음은 어떤 진핵생물의 유전자 x와 돌연변이 유전자 y, z의 발현에 대한 자료이다.**

- x, y, z로부터 각각 폴리펩타이드 X, Y, Z가 합성된다.
- x의 DNA 이중 가닥 중 한 가닥의 염기 서열은 다음과 같다.
  5′−TAGCCATGAGCCGGCACTGTCTCCCATAAGTGATG−3′
- y는 x의 전사 주형 가닥에서 돌연변이 ㉠이 1회, z는 y의 전사 주형 가닥에서 돌연변이 ㉡이 1회 일어난 것이다. ㉠과 ㉡은 1개의 아데닌(A) 결실과 1개의 염기 치환을 순서 없이 나타낸 것이다.
- 폴리펩타이드를 구성하는 아미노산 개수는 Z>X>Y이다.
- X, Y, Z의 합성은 개시 코돈 AUG에서 시작하여 종결 코돈(UAA, UAG, UGA)에서 끝난다.

이에 대한 설명으로 옳은 것만을 <보기>에서 있는 대로 고른 것은? (단, 제시된 돌연변이 이외의 핵산 염기 서열 변화는 고려하지 않는다.)

보기

ㄱ. ㉠은 1개의 염기 치환이다.
ㄴ. X와 Y가 합성될 때 사용된 종결 코돈의 염기 서열은 서로 다르다.
ㄷ. Z에서 5번째 아미노산을 암호화하는 코돈의 염기 서열은 GAC이다.

① ㄱ ② ㄷ ③ ㄱ, ㄴ ④ ㄴ, ㄷ ⑤ ㄱ, ㄴ, ㄷ

[24029-0155]

07 **다음은 붉은빵곰팡이의 유전자 발현에 대한 자료이다.**

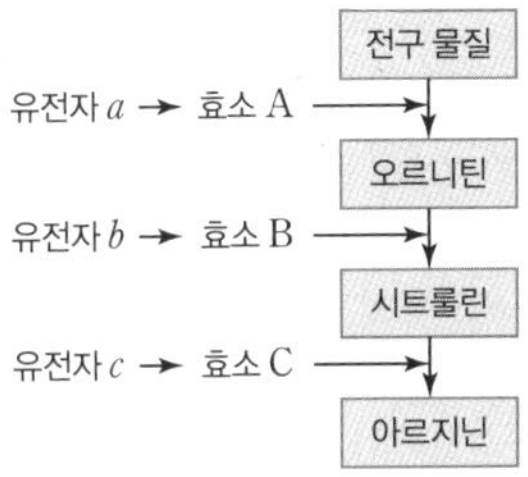

- 야생형에서 아르지닌이 합성되는 과정은 그림과 같다.
- 돌연변이주 X는 a~c 중 하나만 결실된 돌연변이가, Y는 a~c 중 둘만 결실된 돌연변이가, Z는 a~c 모두가 결실된 돌연변이가 일어난 것이다.
- 야생형, 돌연변이주 Ⅰ~Ⅲ을 각각 최소 배지, 최소 배지에 물질 ㉠이 첨가된 배지, 최소 배지에 물질 ㉡이 첨가된 배지에서 배양하였을 때, 생장 여부와 물질 ㉠~㉢ 중 2가지의 합성 여부는 표와 같다. ㉠~㉢은 오르니틴, 시트룰린, 아르지닌을 순서 없이 나타낸 것이고, Ⅰ~Ⅲ은 X~Z를 순서 없이 나타낸 것이다.

전구 물질
유전자 a → 효소 A →
오르니틴
유전자 b → 효소 B →
시트룰린
유전자 c → 효소 C →
아르지닌

구분	최소 배지			최소 배지, ㉠			최소 배지, ㉡		
	생장	㉠	㉡	생장	㉡	㉢	생장	㉠	㉢
야생형	+	?	?	+	○	○	+	○	○
Ⅰ	−	?	?	−	?	×	+	?	?
Ⅱ	−	?	?	+	ⓑ	×	?	ⓒ	×
Ⅲ	−	ⓐ	?	?	×	○	?	○	?

(+ : 생장함, − : 생장 못함, ○: 합성됨, ×: 합성 안 됨)

이에 대한 설명으로 옳은 것만을 〈보기〉에서 있는 대로 고른 것은? (단, 제시된 돌연변이 이외의 돌연변이는 고려하지 않는다.)

보기

ㄱ. Ⅱ는 Y이다.

ㄴ. ⓐ~ⓒ는 모두 '○'이다.

ㄷ. Ⅰ~Ⅲ 중 최소 배지에 ㉢을 첨가하여 배양하였을 때 ㉠이 합성되는 돌연변이주의 수는 1이다.

① ㄱ ② ㄷ ③ ㄱ, ㄴ ④ ㄱ, ㄷ ⑤ ㄴ, ㄷ

붉은빵곰팡이 야생형에서 아르지닌이 합성되는 과정 중 어느 한 단계에 관여하는 효소를 암호화하는 유전자가 결실된 돌연변이가 일어나면, 그 단계부터 과정이 진행되지 않는다. 이때 그 단계 이후에 합성되는 물질을 첨가한 배지에서 붉은빵곰팡이는 아르지닌을 합성할 수 있으므로 생장한다.

DNA의 전사 주형 가닥에서 염기가 결실되거나 삽입되는 돌연변이가 일어나면 유전부호가 변하므로 합성되는 폴리펩타이드를 구성하는 아미노산의 종류와 수가 달라질 수 있다.

[24029-0156]

08 **다음은 어떤 진핵생물의 유전자 x와, x에서 돌연변이가 일어난 유전자 y, z의 발현에 대한 자료이다.**

- x, y, z로부터 각각 폴리펩타이드 X, Y, Z가 합성된다.
- x의 DNA 이중 가닥 중 전사 주형 가닥의 염기 서열은 다음과 같다.
  5′−ACATCACTTGGATCTACCGATGGCTAACATCGGA−3′
- y는 x의 전사 주형 가닥에서 ㉠1개의 염기가 1회 삽입된 것이다.
- z는 x의 전사 주형 가닥에서 ㉡피리미딘 계열에 속하는 1개의 염기가 1회 결실되고, ㉢퓨린 계열에 속하는 연속된 2개의 동일한 염기가 1회 삽입된 것이다.
- Y에는 ⓐ트립토판이 있으며, Z에는 ⓑ아스파트산과 글리신이 있다.
- X, Y, Z가 합성될 때 사용된 종결 코돈의 염기 서열은 모두 다르다.
- X, Y, Z의 합성은 개시 코돈 AUG에서 시작하여 종결 코돈에서 끝나며, 표는 유전부호를 나타낸 것이다.

코돈	아미노산	코돈	아미노산	코돈	아미노산	코돈	아미노산
UUU	페닐알라닌	UCU	세린	UAU	타이로신	UGU	시스테인
UUC		UCC		UAC		UGC	
UUA	류신	UCA		UAA	종결 코돈	UGA	종결 코돈
UUG		UCG		UAG	종결 코돈	UGG	트립토판
CUU	류신	CCU	프롤린	CAU	히스티딘	CGU	아르지닌
CUC		CCC		CAC		CGC	
CUA		CCA		CAA	글루타민	CGA	
CUG		CCG		CAG		CGG	
AUU	아이소류신	ACU	트레오닌	AAU	아스파라진	AGU	세린
AUC		ACC		AAC		AGC	
AUA		ACA		AAA	라이신	AGA	아르지닌
AUG	메싸이오닌	ACG		AAG		AGG	
GUU	발린	GCU	알라닌	GAU	아스파트산	GGU	글리신
GUC		GCC		GAC		GGC	
GUA		GCA		GAA	글루탐산	GGA	
GUG		GCG		GAG		GGG	

이에 대한 설명으로 옳은 것만을 <보기>에서 있는 대로 고른 것은? (단, 제시된 돌연변이 이외의 핵산 염기 서열 변화는 고려하지 않는다.)

보기

ㄱ. ㉡은 타이민(T)이다.
ㄴ. ⓐ와 ⓑ는 모두 각각의 폴리펩타이드에서 마지막에 결합한 아미노산이다.
ㄷ. ㉠과 ㉢ 중 x의 전사 주형 가닥의 5′ 말단 염기로부터 더 가까운 곳에 삽입된 것은 ㉠이다.

① ㄱ ② ㄷ ③ ㄱ, ㄴ ④ ㄱ, ㄷ ⑤ ㄴ, ㄷ

[24029-0157]

09 **다음은 어떤 진핵생물의 유전자 x와, x에서 돌연변이가 일어난 유전자 y, z의 발현에 대한 자료이다.**

- x, y, z로부터 각각 폴리펩타이드 X, Y, Z가 합성된다.
- x의 DNA 이중 가닥 중 한 가닥의 염기 서열은 다음과 같다.

  5′−TAACGTCAGTTACTGTAGAACCTCGGCATGTAA−3′
- 유전자 ⓐ는 x의 전사 주형 가닥에서 연속된 2개의 동일한 ㉠염기가 1회 결실된 것이고, 유전자 ⓑ는 x의 전사 주형 가닥에서 피리미딘 계열에 속하는 1개의 ㉡염기가 1회 삽입된 것이다. ⓐ와 ⓑ는 y와 z를 순서 없이 나타낸 것이다.
- Y에는 글루탐산이 있다.
- X, Y, Z 중 프롤린을 가지는 폴리펩타이드의 수는 3이고, 아르지닌을 가지는 폴리펩타이드의 수는 2이며, 타이로신을 가지는 폴리펩타이드의 수는 2이다.
- X, Y, Z의 합성은 개시 코돈 AUG에서 시작하여 종결 코돈에서 끝나며, 표는 유전부호를 나타낸 것이다.

코돈	아미노산	코돈	아미노산	코돈	아미노산	코돈	아미노산
UUU	페닐알라닌	UCU	세린	UAU	타이로신	UGU	시스테인
UUC		UCC		UAC		UGC	
UUA	류신	UCA		UAA	종결 코돈	UGA	종결 코돈
UUG		UCG		UAG	종결 코돈	UGG	트립토판
CUU	류신	CCU	프롤린	CAU	히스티딘	CGU	아르지닌
CUC		CCC		CAC		CGC	
CUA		CCA		CAA	글루타민	CGA	
CUG		CCG		CAG		CGG	
AUU	아이소류신	ACU	트레오닌	AAU	아스파라진	AGU	세린
AUC		ACC		AAC		AGC	
AUA		ACA		AAA	라이신	AGA	아르지닌
AUG	메싸이오닌	ACG		AAG		AGG	
GUU	발린	GCU	알라닌	GAU	아스파트산	GGU	글리신
GUC		GCC		GAC		GGC	
GUA		GCA		GAA	글루탐산	GGA	
GUG		GCG		GAG		GGG	

DNA의 전사 주형 가닥에서 염기가 결실되거나 삽입되는 돌연변이가 일어나면 유전부호가 변하므로 합성되는 폴리펩타이드를 구성하는 아미노산의 종류와 수가 달라질 수 있다.

이에 대한 설명으로 옳은 것만을 〈보기〉에서 있는 대로 고른 것은? (단, 제시된 돌연변이 이외의 핵산 염기 서열 변화는 고려하지 않는다.)

보기

ㄱ. ㉠과 ㉡은 서로 같다.

ㄴ. ⓐ로부터 합성된 폴리펩타이드의 3번째 아미노산을 암호화하는 코돈의 3′ 말단 염기는 구아닌(G)이다.

ㄷ. ⓑ로부터 합성된 폴리펩타이드를 구성하는 아미노산 개수는 X를 구성하는 아미노산 개수보다 2개 적다.

① ㄱ ② ㄴ ③ ㄱ, ㄴ ④ ㄱ, ㄷ ⑤ ㄴ, ㄷ

08 유전자 발현의 조절

개념 체크

◎ 젖당 오페론의 구조 유전자가 암호화하는 세 효소는 투과 효소, 젖당 분해 효소, 아세틸 전이 효소이다.

1. 세균에서 하나의 프로모터에 의해 여러 유전자의 발현이 함께 조절되는 유전자 발현의 조절 단위를 (　　)이라고 한다.

2. 젖당 오페론에서 억제 단백질이 결합하는 부위는 (　　)이다.

※ ○ 또는 ×

3. 젖당 오페론에서 젖당 이용에 관련된 세 효소의 암호화 부위는 구조 유전자이다. (　　)

4. 젖당 오페론을 조절하는 조절 유전자는 젖당 오페론의 발현을 조절하는 억제 단백질의 암호화 부위이다. (　　)

정답

1. 오페론
2. 작동 부위
3. ○
4. ○

1 유전자 발현의 조절

대부분의 생물은 보통 수천에서 수만 개의 유전자를 갖지만 이렇게 많은 유전자가 동시에 모두 발현되는 것은 아니다. 생물은 세포에 따라 특정한 장소와 시기에 단백질을 필요한 양만큼 만들어내는데, 이를 위해 세포 내에는 유전자 발현을 조절하는 과정이 있다.

(1) 원핵생물의 유전자 발현 조절

① **대장균의 에너지원 이용:** 대장균은 배지에 포도당과 젖당이 모두 있으면 에너지원으로 포도당을 먼저 이용하지만, 젖당만 있으면 젖당을 에너지원으로 이용하기 시작한다.

- 젖당 이용 시의 변화: 대장균이 젖당을 이용하기 위해서는 젖당을 세포막 안으로 들여오는 투과 효소, 젖당을 포도당과 갈락토스로 분해하는 젖당 분해 효소 등이 필요하다. 젖당을 이용하지 않을 때에는 이 효소들의 합성이 억제되지만, 젖당을 에너지원으로 이용할 때에는 이 효소들의 합성량이 모두 급격히 증가한다.
- 젖당 오페론: 젖당 이용에 관련된 세 효소의 유전자는 염색체에서 하나의 프로모터 아래에 이어져 배열되어 있고 하나의 mRNA로 함께 전사된다. 젖당 이용에 관련된 세 효소의 유전자와 이들의 발현에 관여하는 프로모터와 작동 부위를 젖당 오페론이라고 한다.
- 오페론: 하나의 프로모터와 여러 개의 유전자를 포함하는 유전자 발현의 조절 단위이다. 원핵생물에서 나타나며 젖당 오페론 외에도 여러 종류가 있다.

② **젖당 오페론의 구조**

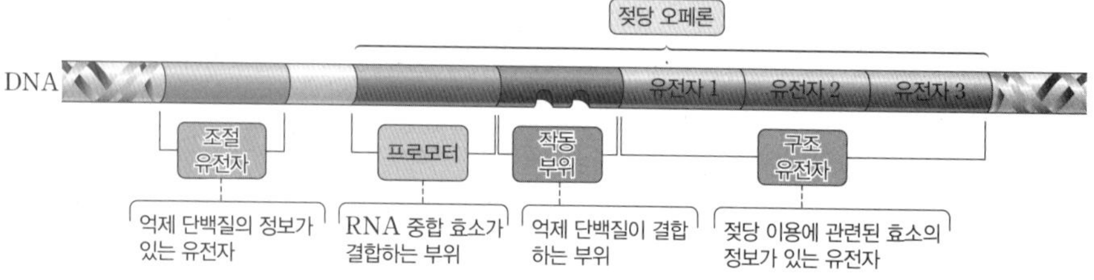

- 프로모터: RNA 중합 효소가 결합하는 부위이다.
- 작동 부위: 억제 단백질이 결합하는 부위이다.
- 구조 유전자: 젖당 이용에 관련된 세 효소의 암호화 부위이다.

※조절 유전자: 젖당 오페론의 작동에 관여하는 억제 단백질의 암호화 부위로 항상 발현되며, 젖당 오페론에 포함되지 않는다. 억제 단백질은 작동 부위에 결합할 수 있다.

과학 돋보기 에너지원에 따른 대장균의 증식

포도당과 젖당이 모두 포함된 배지에서 대장균을 배양하면 시간에 따라 대장균 수가 그림과 같이 변한다.

- 구간 Ⅰ: 대장균은 주로 포도당을 에너지원으로 이용하여 증식한다.
- 구간 Ⅱ: 포도당이 고갈되고, 젖당 오페론의 작동으로 젖당 이용에 관련된 세 효소의 합성이 증가한다.
- 구간 Ⅲ: 대장균은 젖당을 에너지원으로 이용하여 증식한다.

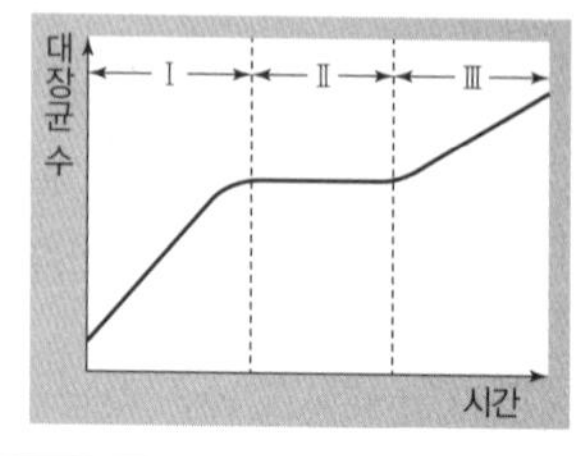

③ 젖당 오페론의 발현 조절

- 젖당이 없을 때: 억제 단백질이 작동 부위에 결합하여 RNA 중합 효소가 프로모터에 결합하는 것을 방해하므로 구조 유전자의 전사가 일어나지 않는다. 즉, 젖당이 없을 때에는 젖당 오페론의 작동이 억제된다.

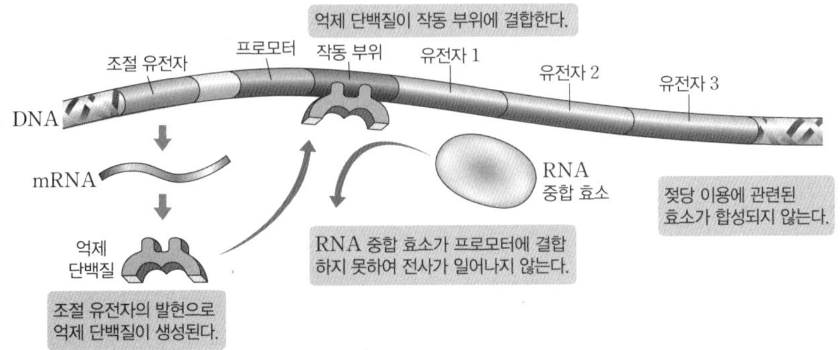

- 젖당이 있을 때(포도당 없음): 억제 단백질은 젖당 유도체와 결합하여 구조가 변형되어 작동 부위에 결합하지 못하게 된다. 이로 인해 RNA 중합 효소는 프로모터에 결합하여 구조 유전자를 전사한다. 즉, 젖당이 있을 때에는 젖당 오페론의 작동이 활성화된다.

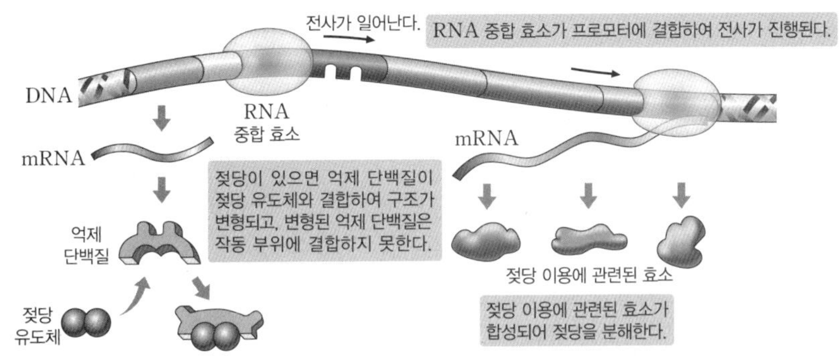

탐구자료 살펴보기 젖당 오페론의 돌연변이

과정

야생형 대장균 Ⅰ, 젖당 오페론을 조절하는 조절 유전자가 결실된 돌연변이 대장균 Ⅱ, 젖당 오페론의 프로모터가 결실된 돌연변이 대장균 Ⅲ을 준비하고, 배지에 젖당이 있을 때와 없을 때 Ⅰ~Ⅲ에서 젖당 분해 효소의 합성 여부를 알아본다. (단, 배지에 포도당은 없다.)

결과

대장균	결실 부위	특징	젖당 분해 효소의 합성	
			젖당 있을 때	젖당 없을 때
Ⅰ	없음	정상	○	×
Ⅱ	조절 유전자	억제 단백질이 합성 안 됨	○	○
Ⅲ	프로모터	RNA 중합 효소가 프로모터에 결합 못함	×	×

(○: 합성됨, ×: 합성 안 됨)

분석

- Ⅰ: 젖당 오페론의 작동은 젖당이 있을 때에는 활성화되었고, 없을 때에는 억제되었다.
- Ⅱ: 억제 단백질이 합성되지 않으므로 젖당 유무에 관계없이 젖당 오페론의 작동이 활성화된다.
- Ⅲ: RNA 중합 효소가 프로모터에 결합하지 못하므로 젖당 유무에 관계없이 젖당 오페론의 작동이 억제된다.

개념 체크

- 젖당 유도체는 젖당으로부터 만들어지는 젖당 변형 물질로, 젖당이 있으면 억제 단백질이 젖당 유도체와 결합하여 구조가 변형되어 작동 부위에 결합하지 못한다.

1. 억제 단백질이 젖당 유도체와 결합하면 (　　)가 젖당 오페론의 프로모터에 결합하여 구조 유전자의 전사가 진행된다.

2. 젖당이 없을 때 젖당 오페론의 작동 부위에 (　　)이 결합하면 젖당 분해 효소가 합성되지 않는다.

※ ○ 또는 ×

3. 젖당 오페론의 발현을 조절하는 억제 단백질은 젖당이 없을 때는 합성되지 않는다. (　　)

4. 포도당은 없고 젖당이 있는 배지에서 젖당 오페론의 조절 유전자가 결실된 돌연변이 대장균은 젖당 분해 효소를 합성한다. (　　)

정답
1. RNA 중합 효소
2. 억제 단백질
3. ×
4. ○

(2) **진핵생물의 유전자 발현 조절**: 다세포 진핵생물에서 나타나는 몸의 복잡한 체제는 이들에게 정교하고 복잡한 유전자 발현 조절 과정이 있음을 의미한다.
진핵생물은 원핵생물에 비해 염색체 구조가 복잡하고 전사와 번역이 일어나는 장소가 각각 핵과 세포질로 분리되어 있어서 유전자 발현이 여러 단계를 거쳐 일어나게 된다. 이러한 유전자 발현의 단계는 각각 유전자 발현 조절의 단계이기도 하여 유전자 발현의 복잡하고 정교한 조절을 가능하게 한다.

① **진핵생물의 유전자 발현 조절 단계**: 전사 단계에서 이루어지는 전사 조절이 가장 중요한 역할을 한다. 전사 조절 이외에 전사 전 조절, 전사 후 조절, 번역 조절 등이 있다.

- 전사 전 조절: 염색질의 응축 정도를 변화시켜 유전자 발현을 조절한다. 많이 응축되어 있을수록 RNA 중합 효소와 전사 인자 등이 DNA에 접근하기 어려우므로 전사가 잘 일어나지 않게 된다.
- 전사 조절: 가장 중요한 조절 단계로 여러 전사 인자가 전사 개시 여부와 전사 속도에 영향을 미친다.
- 전사 후 조절(RNA 가공): 처음 만들어진 RNA에서 인트론이 제거되고 핵막을 통과할 수 있도록 변형된다.
- 번역 조절: mRNA의 분해 속도를 조절하여 번역을 촉진하거나 억제한다.

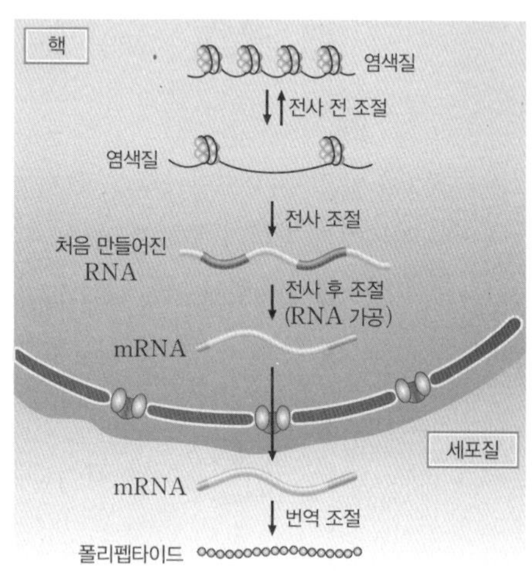

진핵생물의 유전자 발현 조절 단계

② **진핵생물의 전사 개시**

- 전사 인자: 진핵생물에서 전사에 관여하는 조절 단백질로 DNA의 프로모터와 조절 부위 등에 결합하여 전사를 조절한다. 세포에 있는 전사 인자의 종류에 따라 발현되는 유전자가 달라질 수 있다.
- 조절 부위: 전사 인자가 결합하는 DNA 부위이다. 근거리 조절 부위와 원거리 조절 부위가 있으며, 유전자에 따라 조절 부위의 종류(염기 서열)는 다르다.
- 전사 개시: 진핵생물에서는 RNA 중합 효소 단독으로 전사를 시작할 수 없으며, 여러 전사 인자들과 함께 프로모터에 결합하여 전사 개시 복합체를 형성하여야 전사를 시작할 수 있다. 이때, 조절 부위에 결합한 전사 인자의 조합에 따라 전사 개시가 촉진되는 정도는 달라진다.

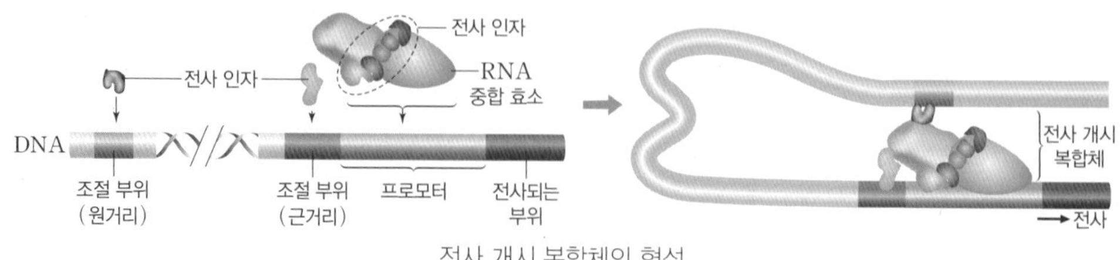

전사 개시 복합체의 형성

개념 체크

◘ 염색질은 DNA가 히스톤 단백질 등과 결합한 구조로, 뉴클레오솜이 기본 단위이다.

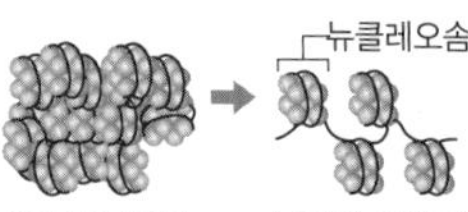

◘ 진핵생물의 유전자에는 RNA 가공 후에도 남아 있는 부위인 엑손과 RNA 가공 과정에서 잘려 나가는 부위인 인트론이 존재한다. 전사 후 RNA 가공 과정에서 인트론은 제거되고 엑손만 남게 된다.

1. 진핵생물에서는 처음 만들어진 RNA에서 (　　)이 제거되고 핵막을 통과할 수 있도록 변형된다.

2. 진핵생물에서 (　　)는 DNA의 프로모터와 조절 부위 등에 결합하여 전사를 조절한다.

※ ○ 또는 ×

3. mRNA의 분해 속도를 조절하여 번역을 촉진하거나 억제한다. (　　)

4. 진핵생물에서 RNA 중합 효소는 단독으로 전사를 시작할 수 있다. (　　)

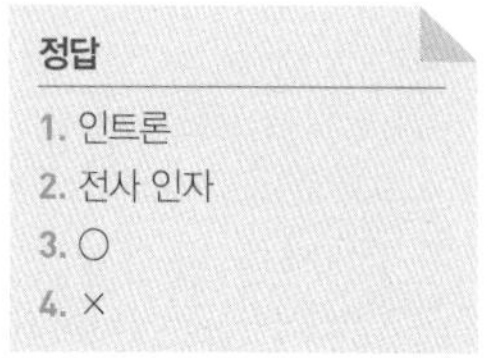
정답
1. 인트론
2. 전사 인자
3. ○
4. ×

③ **진핵생물의 전사 조절**: 유전자에 따라 조절 부위의 종류가 다르고, 세포에 따라 전사 인자의 조합이 다르기 때문에 유전자 발현이 조절될 수 있다.

- 특정 세포에는 많은 유전자가 있지만 유전자마다 조절 부위가 달라서 세포에 있는 전사 인자에 따라 특정 유전자만 발현된다.
- 특정 유전자는 개체의 생애에 걸쳐 세포에 존재하지만, 시기, 장소, 환경 조건에 따라 세포 내 전사 인자의 조합이 달라지므로 특정 유전자의 발현은 시기, 장소, 환경 조건에 따라 달라진다.

탐구자료 살펴보기 **진핵생물의 유전자 발현 조절 예**

자료

그림은 사람의 알부민 유전자와 인슐린 유전자의 원거리 조절 부위와 간세포와 이자 세포에 있는 전사 인자의 조합에 따른 유전자 발현을 나타낸 것이다.

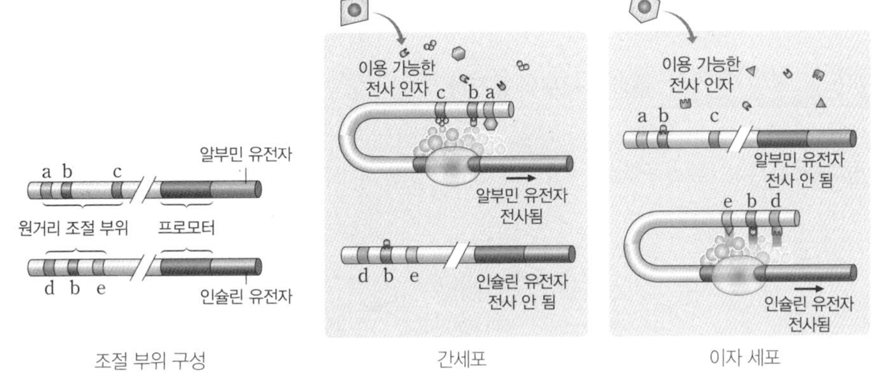

분석

① 알부민 유전자와 인슐린 유전자의 원거리 조절 부위는 서로 다르다.

② 간세포와 이자 세포는 모두 알부민 유전자와 인슐린 유전자를 갖지만, 전사 인자의 조합은 서로 다르다.

③ 세포에 따른 전사 인자의 차이와 유전자에 따른 원거리 조절 부위의 차이로 인해, 알부민 유전자는 간세포에서는 발현되고 이자 세포에서는 발현되지 않으며, 인슐린 유전자는 간세포에서는 발현되지 않고 이자 세포에서는 발현된다.

point

- 한 개체의 체세포들은 모두 동일한 유전자를 갖는다.
- 세포에 따른 전사 인자의 차이와 유전자에 따른 조절 부위의 차이로 유전자 발현이 조절된다.

④ 원핵생물과 진핵생물의 유전자 발현 조절 비교

구분	원핵생물	진핵생물
프로모터	유전자마다 프로모터가 있거나 오페론처럼 여러 유전자가 하나의 프로모터에 연결된다.	대부분 하나의 프로모터에 하나의 유전자가 연결된다.
조절 단백질	진핵생물에 비해 전사에 관여하는 조절 단백질(젖당 오페론의 경우 억제 단백질)의 수가 적다.	많은 종류의 조절 단백질(전사 인자)이 전사에 관여한다.
조절 단백질의 결합 부위	프로모터 주변의 작동 부위에 결합한다(젖당 오페론).	한 유전자의 전사에 여러 조절 부위가 관련되어 있다.
RNA 가공	대개 일어나지 않는다.	일반적으로 일어난다.

개념 체크

- 세포에 따른 전사 인자의 차이와 유전자에 따른 조절 부위의 차이로 유전자 발현이 조절된다.

1. 원핵생물에서는 오페론과 같이 여러 유전자가 하나의 (   )에 연결되어 유전자 발현이 조절될 수 있다.

2. 진핵생물에서는 대부분 하나의 (   )에 하나의 유전자가 연결된다.

※ ○ 또는 ×

3. 사람의 이자 세포에서 발현되는 유전자는 간세포의 유전체에는 없다. (   )

4. 진핵생물은 한 유전자의 전사에 여러 조절 부위가 관련되어 있다. (   )

정답

1. 프로모터
2. 프로모터
3. ×
4. ○

개념 체크

◉ 세포에서는 특정한 유전자가 선택적으로 발현되어 분화가 일어난다.

1. 분화된 세포는 수정란의 세포 분열을 통해 형성되며, 그 유전체는 수정란의 유전체와 (　　)하다.

2. 수정란의 세포 분열로 생긴 세포들이 발생 과정을 통해 형태와 기능이 다양한 세포로 되는 것을 세포 (　　)라고 한다.

※ ○ 또는 ×

3. 분화된 세포는 하나의 개체를 형성할 수 있는 완전한 유전체를 가지고 있다. (　　)

4. 분화된 세포는 세포에 따라 특정한 유전자만 발현시킴으로써 고유의 형태와 기능을 갖는다. (　　)

정답

1. 동일
2. 분화
3. ○
4. ○

2 발생과 유전자 발현 조절

유전자 발현은 세포 호흡이나 단백질 합성과 같이 세포의 일반적인 생리 현상을 일으키는 데도 필요하지만, 몸을 형성하는 발생 과정에서도 중요한 역할을 한다.

(1) 유전자의 선택적 발현

① 분화된 세포의 유전체

- 동물과 식물 같은 다세포 진핵생물은 형태와 기능이 서로 다른 다양한 세포들로 구성되어 있지만, 이 세포들은 모두 하나의 세포(수정란)로부터 형성되었다.
- 세포 분화: 수정란의 세포 분열로 생겨난 세포들은 발생 과정을 통해 형태와 기능이 서로 다른 다양한 세포로 되는데 이를 세포 분화라고 한다.
- 분화된 세포의 유전체: 분화된 세포들은 수정란의 세포 분열을 통해 형성되며, 그 유전체는 수정란의 유전체와 동일하다. 즉, 분화된 세포도 하나의 개체를 형성할 수 있는 완전한 유전체를 가지고 있다.

탐구자료 살펴보기 분화된 세포의 유전체

자료

그림은 올챙이의 소장 세포에서 추출한 핵을 핵이 제거된 난자에 이식하여 올챙이로 발생시키는 실험을 나타낸 것이다.

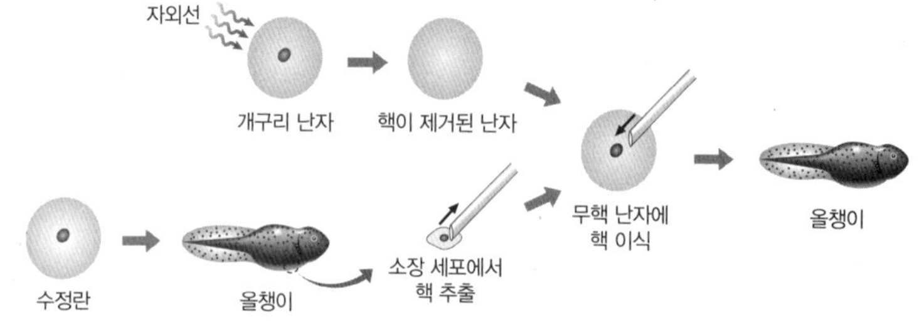

분석

① 올챙이의 소장 세포는 분화된 세포이다.
② 분화된 소장 세포의 핵에 있는 유전자들에 의해 완전한 올챙이가 발생하였다.
③ 분화된 세포의 핵에는 하나의 개체를 형성할 수 있는 완전한 유전체가 있다.

point

- 세포 분화를 거쳐도 유전체의 유전 정보는 보존된다.

② 유전자의 선택적 발현: 분화된 세포는 수정란과 동일한 유전체를 갖지만, 세포에 따라 특정 유전자만 발현시킴으로써 고유의 형태와 기능을 갖게 된다. 이와 같은 유전자의 선택적 발현은 유전자 발현 조절에 의해 이루어지며, 세포 분화와 형태 형성이 일어나는 발생 과정에서 중요한 역할을 한다.

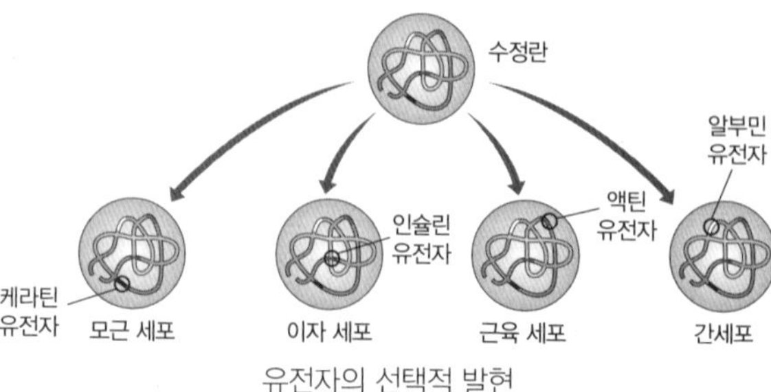

유전자의 선택적 발현

(2) 세포 분화와 유전자 발현의 조절

유전자 발현이 조절됨으로써 세포 분화가 일어난다.

① 근육 세포의 분화

- 결정과 세포 분화: 세포 분화가 일어나기 위해서는 전구 세포로부터 특정 세포로의 결정이 일어나야 한다. 전구 세포와 결정이 일어난 세포 사이에는 외형상의 차이는 크지 않지만 전구 세포는 다양한 세포로 분화할 수 있는 데 반해 결정이 일어난 세포는 특정 세포로만 분화한다. 결정은 유전자 발현에 의해 일어난다.
- 근육 세포의 분화 과정: 근육 세포는 다양한 세포로 분화할 수 있는 배아 전구 세포로부터 분화한다. 배아 전구 세포로부터 근육 세포로 운명이 결정된 근육 모세포가 형성된다. 근육 모세포는 서로 융합하여 다핵성 근육 세포가 된다.

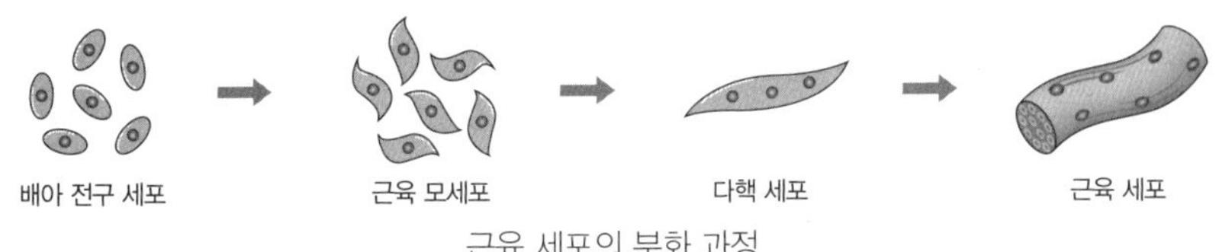

근육 세포의 분화 과정

② 근육 세포의 분화와 유전자 발현의 조절

- 마이오디 유전자($MyoD$): 근육 모세포에서는 마이오디 유전자가 발현되어 세포 분화의 운명이 결정된다. 마이오디 유전자는 전사 인자인 마이오디 단백질을 암호화한다.
- 마이오디 단백질(MyoD): 전사 인자로 작용하여 다른 전사 인자 유전자의 발현을 촉진한다. 그 결과로 생산된 다른 전사 인자는 액틴과 마이오신 등의 근육 특이적인 단백질 합성을 촉진한다.

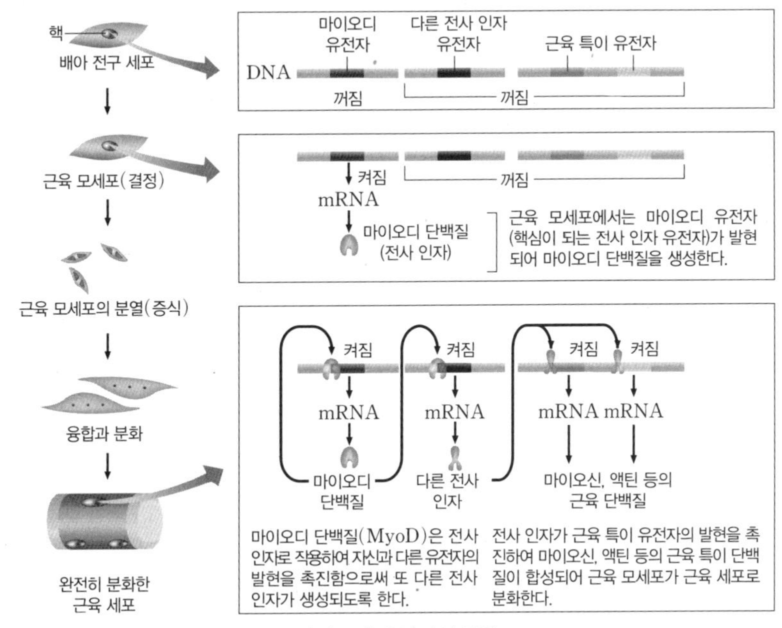

마이오디 유전자의 작용

개념 체크

- 결정은 발생 중 각 세포가 어떤 종류의 세포로 될 것인지 운명이 정해지는 현상 또는 상태이다.
- 근육 모세포는 근육 세포로 분화할 수 있는 배아의 세포이다.
- 골격근의 근육 세포는 여러 개의 핵을 갖는 다핵 세포이다.

1. 세포 분화가 일어나기 위해서는 전구 세포로부터 특정 세포로의 (　　)이 일어나야 한다.

2. 근육 모세포에서는 (　　) 유전자가 발현되어 근육 세포로 분화한다.

※ ○ 또는 ×

3. 근육 세포에서는 마이오신과 액틴이 합성된다. (　　)

4. 배아 전구 세포는 다양한 세포로 분화할 수 있다. (　　)

정답

1. 결정
2. 마이오디($MyoD$)
3. ○
4. ○

개념 체크

◆ 핵심 조절 유전자는 발생 과정에서 발현하여 세포 분화와 형태 형성에 관여하며, 다른 유전자의 발현을 조절하는 단백질을 암호화한다. 핵심 조절 유전자의 발현으로 하위 조절 유전자가 순차적으로 발현된다.

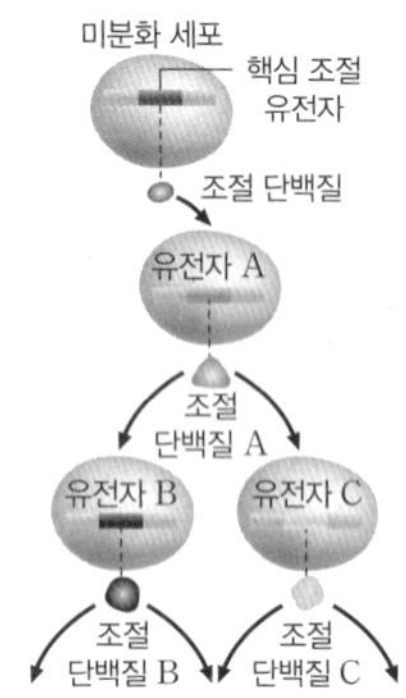

1. 전사 인자와 같은 유전자 발현에 대한 조절 단백질을 암호화하는 유전자를 ( ) 유전자라고 한다.

2. 특정 세포 분화나 특정 기관 형성 등의 과정에서 가장 상위의 조절 유전자를 ( ) 유전자라고 한다.

※ ○ 또는 ×

3. 분화가 끝난 세포도 핵심 조절 유전자를 인위적으로 발현시키면 다른 세포로 분화하는 경우가 있다. ( )

4. 세포에 있는 전사 인자의 조합에 따라 발현되는 유전자의 종류가 달라진다. ( )

정답
1. 조절
2. 핵심 조절
3. ○
4. ○

③ 핵심 조절 유전자

- 조절 유전자: 전사 인자와 같은 유전자 발현에 대한 조절 단백질을 암호화하는 유전자를 조절 유전자라고 한다.
- 핵심 조절 유전자: 진핵생물의 발생 과정에서는 근육 세포의 분화 과정에서 나타나듯이 조절 유전자가 발현되어 전사 인자가 만들어지면, 이 전사 인자가 또 다른 조절 유전자의 발현을 조절하는 과정이 연쇄적으로 일어난다. 이때 특정 세포 분화나 특정 기관 형성 등의 과정에서 가장 상위의 조절 유전자를 핵심 조절 유전자라고 한다. 근육 세포의 분화 과정에서 마이오디 유전자는 핵심 조절 유전자이다. 섬유 아세포와 같이 분화가 끝난 세포도 핵심 조절 유전자를 인위적으로 발현시키면 다른 세포로 분화하는 경우가 있다.

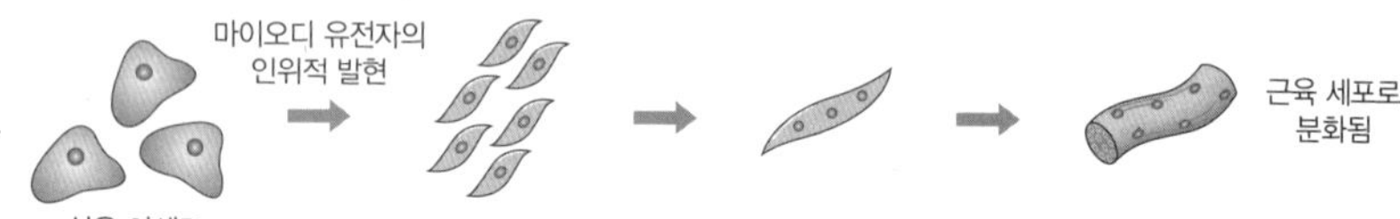

마이오디 유전자의 인위적 발현에 따른 섬유 아세포의 변화

④ 진핵생물의 세포 분화

- 근육 세포의 분화에서 나타나듯이 진핵생물의 세포 분화 과정에는 여러 전사 인자의 연속 작용이 일어나는데, 그 결과 생성된 전사 인자의 조합에 따라 다양한 세포로 분화할 수 있다.

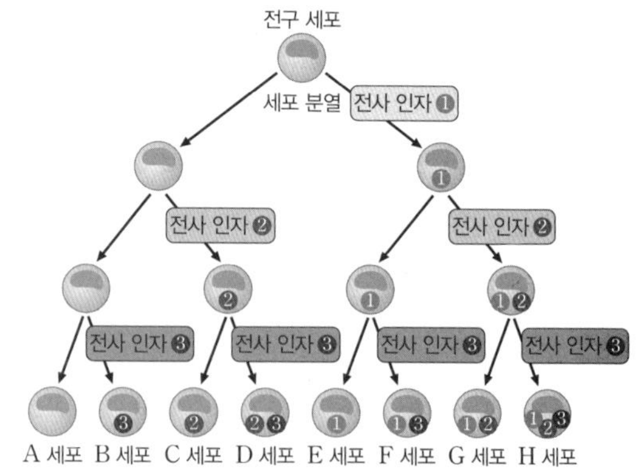

전사 인자의 조합에 따른 세포 분화

과학 돋보기 **발생 과정의 주요 변화**

개구리알, 올챙이, 개구리는 형태에 큰 차이가 있다. 수정란(개구리알)은 세포 분열, 세포 분화, 형태 형성, 생장 등의 과정을 거쳐 복잡한 형태의 성체(개구리)가 된다.

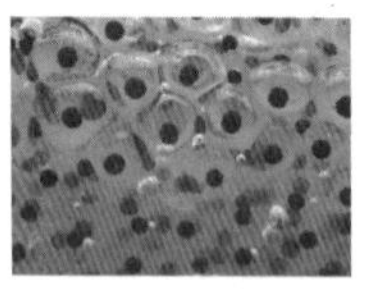
개구리알

올챙이

개구리

- 세포 분열: 세포 분열을 통해 배아의 크기와 세포 수가 증가한다. 그러나 발생이 세포 분열에만 의존한다면 배아는 단지 더 큰 배아가 될 뿐 개체 고유의 형태와 복잡성은 나타날 수 없다.
- 세포 분화: 발생 중에는 세포 수의 증가와 함께 세포 분화가 진행된다. 이를 통해 세포는 구조와 기능이 서로 다른 다양한 조직 세포가 된다. 발생 초기에 각 세포가 어떤 종류의 조직 세포가 될 것인지 발생 운명이 정해지는데 이를 결정이라고 한다.
- 형태 형성: 기관 형성 과정에서 조직 세포가 공간상의 일정한 위치에 배열되면서 기관 고유의 형태가 만들어진다. 또한 배아의 부위에 따라 서로 다른 기관이 형성됨으로써 개체 고유의 형태적 특징이 나타나게 된다.
- 생장: 세포의 성장과 분열을 통해 기관과 몸의 크기가 커진다.

(3) **유전자 발현의 공간적 차이에 의한 형태 형성**: 배아가 개체의 형태를 형성해 가는 과정을 형태 형성이라고 한다. 형태 형성 과정에서는 수많은 세포 분열과 세포 분화가 일어나며 이에 관여하는 다양한 유전자들이 순차적으로 발현된다.

① 초파리의 발생과 혹스 유전자

- 초파리 체절에 따른 형태 형성: 초파리의 수정란은 발생 초기에 체절 형성에 관여하는 유전자의 활동으로 각각의 체절로 구분된다. 이어서 체절에 따라 입, 더듬이, 다리, 날개 등과 같은 고유의 기관들이 결정되는데, 혹스 유전자는 각 체절에서 어떤 기관이 형성되는지를 결정하는 데 중요한 역할을 한다.
- 혹스 유전자: 초파리에서 처음 발견되었으며, 배아에서 몸의 각 체절에 만들어질 기관을 결정하는 핵심 조절 유전자들이다. 배아의 체절에 따라 발현되는 혹스 유전자는 차이가 있다. 예를 들어 *Antp* 유전자는 초파리의 두 번째 가슴 체절에서 발현되며 이곳에서는 한 쌍의 다리와 한 쌍의 날개가 형성된다.

lab pb Dfd Scr Antp *Ubx AbdA AbdB*
염색체 상의 혹스 유전자
초파리 배아에서의 혹스 유전자 발현 부위
머리 가슴 배
T_1: 첫 번째 가슴 체절
T_2: 두 번째 가슴 체절
T_3: 세 번째 가슴 체절

혹스 유전자의 발현 부위

- 혹스 유전자들의 위치: 초파리에는 여러 개의 혹스 유전자들이 있는데 모두 하나의 염색체에 있으며, 각각이 발현되는 체절의 배열 순서와 같은 순서로 배열되어 있다.

② **혹스 유전자의 돌연변이**: 혹스 유전자의 중요성은 다양한 돌연변이 연구로 밝혀졌다.

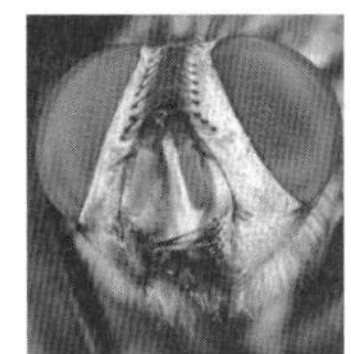
정상 초파리

Antp 돌연변이(더듬이 대신 다리가 형성)

Antp 유전자의 돌연변이

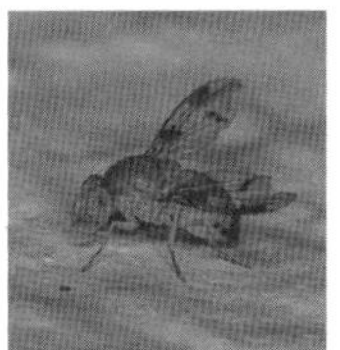
정상 초파리(1쌍의 날개)

Ubx 돌연변이(2쌍의 날개)

Ubx 유전자의 돌연변이

과학 돋보기 초파리의 초기 발생

초파리의 몸은 유전자의 순차적 발현에 의해 형성된다.

(가) 모계로부터 전달되어 난자의 세포질에 불균질하게 분포되어 있던 세포질 결정 인자(모계 영향 유전자의 산물)의 작용으로 초파리 배아의 방향성(앞–뒤 방향과 등–배 방향)이 결정된다.

(나) 배아에서 여러 유전자들이 발현되어 체절이 결정된다.

(다) 체절의 경계가 만들어지기 시작하면 혹스 유전자의 작용으로 각 체절에 어떤 기관이 형성될지 운명이 결정된다.

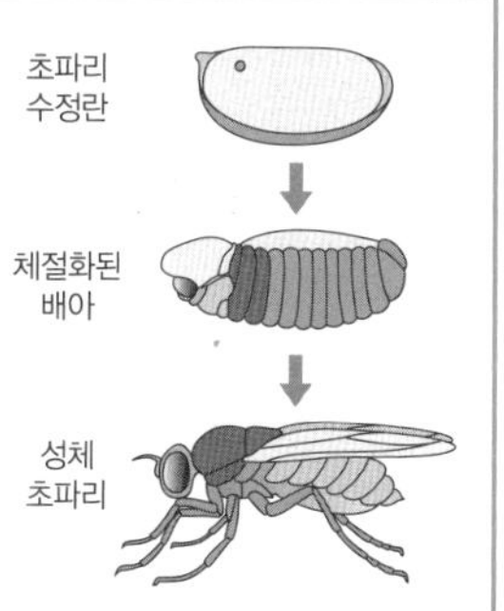

개념 체크

◎ 혹스 유전자의 돌연변이체를 이용하여 정상적인 초파리에서의 발생을 담당하는 핵심 조절 유전자의 기능을 밝혀냈다.

1. ( ) 유전자는 초파리의 각 체절에서 형성되는 기관을 결정하는 핵심 조절 유전자이다.

2. 초파리에서 혹스 유전자는 각각이 발현되는 ( )의 배열 순서와 같은 순서로 배열되어 있다.

※ ○ 또는 ×

3. 혹스 유전자의 발현 산물은 전사 인자이다. ( )

4. 초파리에는 여러 개의 혹스 유전자들이 있는데 모두 하나의 염색체에 있다. ( )

정답

1. 혹스
2. 체절
3. ○
4. ○

개념 체크

특정 유전자의 염기 서열이 여러 생물군에서 잘 보존되어 있다는 것은 진화 과정에서 이 유전자가 다른 유전자에 비해 큰 변화를 겪지 않았고, 생명체의 발생과 생존에 매우 중요한 역할을 하였음을 의미한다.

1. 사람과 생쥐에서는 혹스 유전자가 (　　)개의 염색체에 배열되어 있다.

2. 호미오 도메인은 혹스 유전자의 (　　)가 번역되어 만들어지는 부분이다.

※ ○ 또는 ×

3. 혹스 유전자는 다양한 생물의 염색체에서 공통적으로 발견된다. (　　)

4. 서로 다른 두 동물군에서 혹스 유전자가 비슷하게 나타나는 것은 두 동물군이 공통 조상에서 유래하였음을 의미한다. (　　)

정답

1. 4
2. 호미오 박스
3. ○
4. ○

③ **동물계의 혹스 유전자**: 혹스 유전자는 다양한 생물의 염색체에서 공통적으로 발견된다. 예를 들어 사람과 생쥐에서는 혹스 유전자가 4개의 염색체에 배열되어 있는데, 혹스 유전자의 종류와 염색체에 배열된 순서가 초파리와 비슷하다.

탐구자료 살펴보기 초파리와 생쥐의 혹스 유전자 비교

자료

그림은 초파리와 생쥐의 염색체에 혹스 유전자들이 배열된 모습과, 초파리 배아와 생쥐 배아에서의 혹스 유전자 발현 위치를 나타낸 것이다.

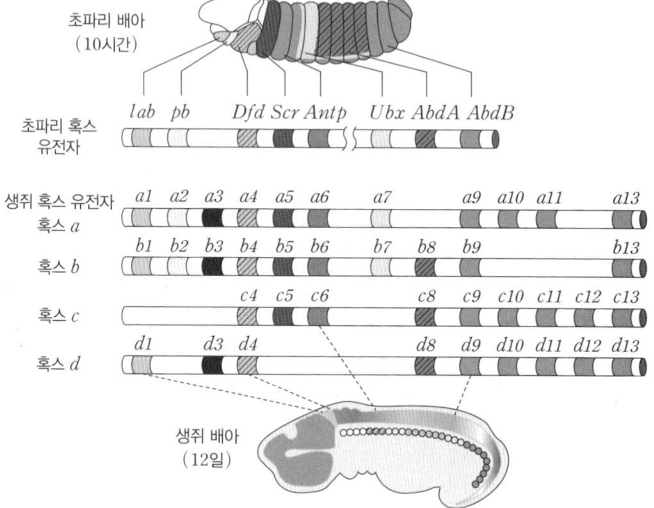

분석

① 초파리의 혹스 유전자들은 1개의 염색체에 배열되어 있으며, 배열 순서는 각각이 발현되는 초파리 배아 체절의 순서와 같다.

② 생쥐의 혹스 유전자들은 4개의 염색체에 배열되어 있으며, 배열 순서는 각각이 발현되는 생쥐 배아 신경계와 체절의 순서와 대체로 유사하다.

③ 초파리와 생쥐의 염색체 상에서 혹스 유전자의 배열 순서는 서로 유사하다.

point

• 초파리와 생쥐에서 혹스 유전자들의 염기 서열과 배열 순서가 잘 보존되어 있다.

④ **혹스 유전자의 진화적 의미**: 혹스 유전자는 매우 많은 동물군에서 나타난다. 이것은 이 동물군들이 공통 조상에서 유래하였음을 의미한다.

과학 돋보기 호미오 박스

• 혹스 유전자들에서는 180개의 매우 유사한 서열의 염기쌍이 공통적으로 나타나는데 이 부위를 호미오 박스(homeobox)라고 한다. 호미오 박스를 갖는 유전자라는 의미에서 혹스 유전자로 불리게 되었다. 호미오 박스는 많은 동물군에 잘 보존되어 있다.

• 혹스 유전자가 발현되면 호미오 박스는 호미오 도메인으로 번역된다. 호미오 도메인은 특정 유전자의 프로모터나 조절 부위에 결합하는 부위이다.

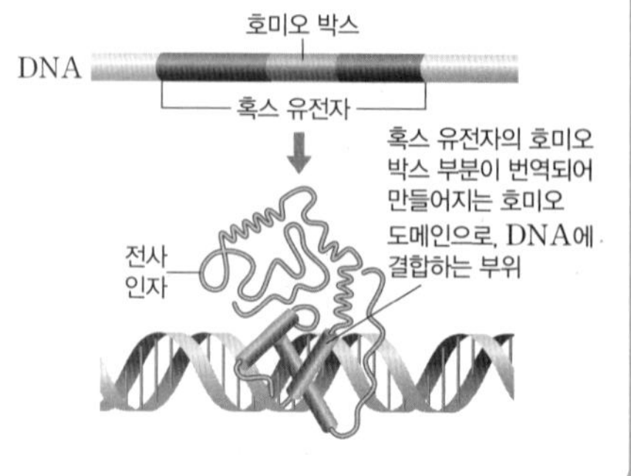

[24029-0158]

01 그림은 대장균 A의 젖당 오페론과 젖당 오페론을 조절하는 조절 유전자를 나타낸 것이다. ㉠~㉢은 젖당 오페론의 구조 유전자, 젖당 오페론의 작동 부위, 젖당 오페론을 조절하는 조절 유전자를 순서 없이 나타낸 것이다.

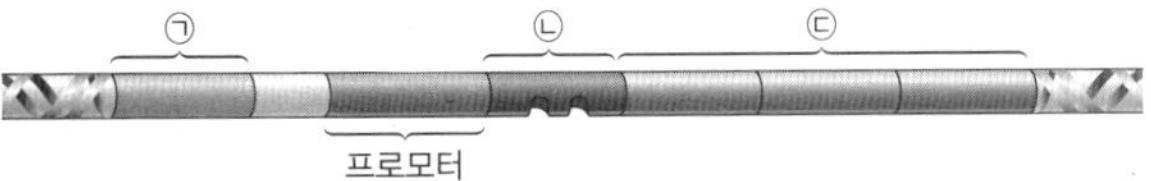

이에 대한 설명으로 옳은 것만을 〈보기〉에서 있는 대로 고른 것은? (단, 돌연변이는 고려하지 않는다.)

보기

ㄱ. ㉠은 젖당 오페론에 포함된다.
ㄴ. ㉡으로부터 젖당 오페론의 작동에 관여하는 억제 단백질이 생성된다.
ㄷ. A를 포도당은 없고 젖당이 있는 배지에서 배양할 때 ㉢이 발현된다.

① ㄴ ② ㄷ ③ ㄱ, ㄴ ④ ㄱ, ㄷ ⑤ ㄱ, ㄴ, ㄷ

[24029-0159]

02 그림은 진핵세포에서의 유전자 발현 조절 단계의 일부를 나타낸 것이다. 유전자 a는 폴리펩타이드 A를 암호화한다.

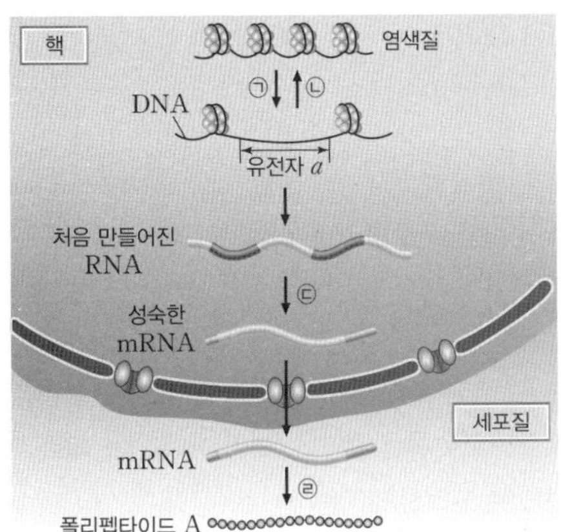

이에 대한 설명으로 옳은 것만을 〈보기〉에서 있는 대로 고른 것은?

보기

ㄱ. ㉡ 과정이 일어나면 유전자 a의 전사가 촉진된다.
ㄴ. ㉢ 과정에서 인트론이 제거된다.
ㄷ. ㉣ 과정에서 전사 개시 복합체가 형성된다.

① ㄴ ② ㄷ ③ ㄱ, ㄴ ④ ㄱ, ㄷ ⑤ ㄱ, ㄴ, ㄷ

[24029-0160]

03 그림은 젖당이 없을 때 대장균 A의 젖당 오페론과 젖당 오페론을 조절하는 조절 유전자의 작용을 나타낸 것이다. ㉠~㉣은 각각 젖당 오페론의 구조 유전자, 젖당 오페론의 프로모터, 젖당 오페론의 작동 부위, 젖당 오페론을 조절하는 조절 유전자 중 하나이며, ⓐ와 ⓑ는 각각 억제 단백질과 RNA 중합 효소 중 하나이다.

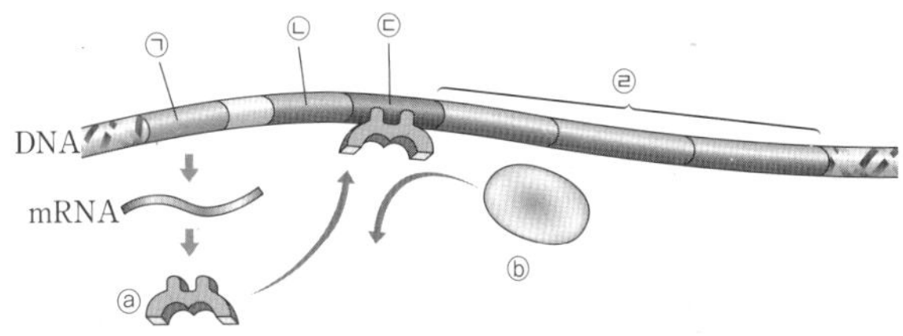

이에 대한 설명으로 옳은 것만을 〈보기〉에서 있는 대로 고른 것은? (단, 돌연변이는 고려하지 않는다.)

보기

ㄱ. ㉠은 젖당이 없을 때만 발현된다.
ㄴ. ㉣에 젖당 분해 효소 유전자가 있다.
ㄷ. 포도당은 없고 젖당이 있을 때 ⓑ는 ㉡에 결합한다.

① ㄴ ② ㄷ ③ ㄱ, ㄴ ④ ㄱ, ㄷ ⑤ ㄴ, ㄷ

[24029-0161]

04 그림은 포도당과 젖당이 모두 있는 배지에서 대장균을 배양한 결과를 나타낸 것이다.

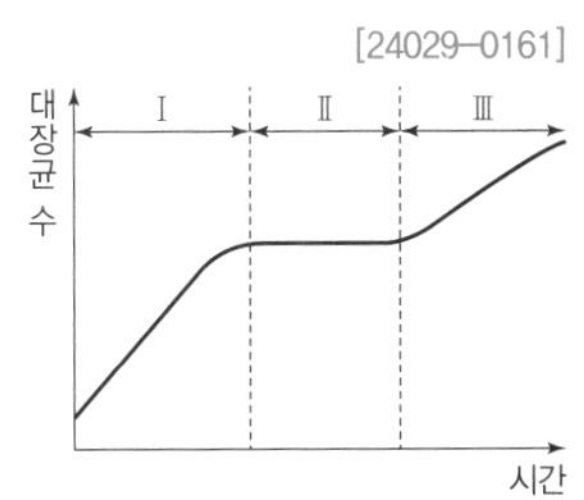

이에 대한 설명으로 옳은 것만을 〈보기〉에서 있는 대로 고른 것은? (단, 제시된 조건 이외의 조건과 돌연변이는 고려하지 않는다.)

보기

ㄱ. 구간 Ⅰ에서 대장균은 포도당을 에너지원으로 이용한다.
ㄴ. 구간 Ⅱ에서 젖당 오페론을 조절하는 조절 유전자가 발현된다.
ㄷ. 구간 Ⅲ에서 젖당 분해 효소가 작용한다.

① ㄴ ② ㄷ ③ ㄱ, ㄴ ④ ㄱ, ㄷ ⑤ ㄱ, ㄴ, ㄷ

[24029-0162]

05 표는 야생형 대장균, 돌연변이 대장균 Ⅰ, Ⅱ를 배지 A에서 각각 배양했을 때, 억제 단백질과 젖당(젖당 유도체)의 결합 여부와 억제 단백질의 생성 여부를 나타낸 것이다. A는 포도당과 젖당이 모두 없는 배지와 포도당은 없고 젖당이 있는 배지 중 하나이고, Ⅰ과 Ⅱ는 젖당 오페론을 조절하는 조절 유전자가 결실된 돌연변이와 젖당 오페론의 작동 부위가 결실된 돌연변이를 순서 없이 나타낸 것이다.

구분	억제 단백질과 젖당(젖당 유도체)의 결합	억제 단백질의 생성
야생형	×	㉠
Ⅰ	㉡	○
Ⅱ	?	×

(○: 결합함 또는 생성됨, ×: 결합 못함 또는 생성 안 됨)

이에 대한 설명으로 옳은 것만을 〈보기〉에서 있는 대로 고른 것은? (단, 제시된 돌연변이 이외의 돌연변이는 고려하지 않는다.)

보기

ㄱ. A는 포도당과 젖당이 모두 없는 배지이다.

ㄴ. ㉠과 ㉡은 모두 '○'이다.

ㄷ. Ⅰ은 젖당 오페론을 조절하는 조절 유전자가 결실된 돌연변이이다.

① ㄱ ② ㄷ ③ ㄱ, ㄴ ④ ㄱ, ㄷ ⑤ ㄴ, ㄷ

[24029-0163]

06 다음은 초파리의 발생과 혹스 유전자에 대한 학생 A~C의 대화 내용이다.

혹스 유전자는 초파리에만 있어.
혹스 유전자에 이상이 생기면 돌연변이 개체가 발생할 수 있어.
하나의 배아 전체에서 발현되는 혹스 유전자는 1가지 종류야.
학생 A
학생 B
학생 C

제시한 내용이 옳은 학생만을 있는 대로 고른 것은?

① A ② B ③ A, C ④ B, C ⑤ A, B, C

[24029-0164]

07 그림은 포도당과 젖당이 모두 없는 배지에서 배양한 대장균 X를 포도당은 없고 젖당이 있는 배지로 옮겨 배양했을 때 시간에 따른 물질 A와 B의 농도를 나타낸 것이다. A와 B는 각각 젖당 오페론의 구조 유전자로부터 전사된 mRNA와 젖당 분해 효소 중 하나이다. t_2는 배지에서 젖당이 고갈된 시점이다.

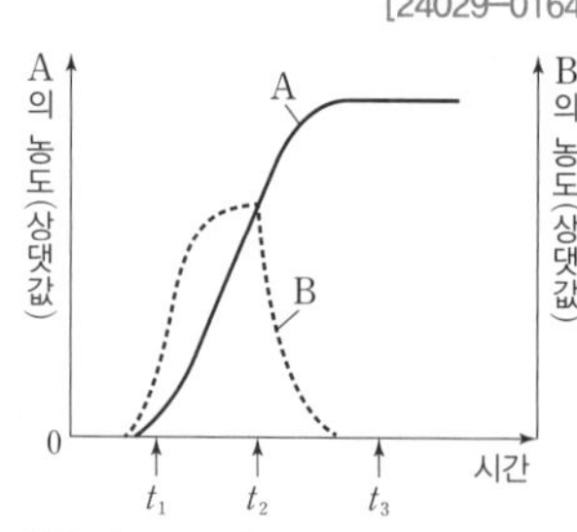

이에 대한 설명으로 옳은 것만을 〈보기〉에서 있는 대로 고른 것은? (단, 돌연변이는 고려하지 않는다.)

보기

ㄱ. B는 젖당 분해 효소이다.

ㄴ. 젖당 오페론의 구조 유전자로부터 전사된 mRNA의 양은 t_2일 때가 t_1일 때보다 많다.

ㄷ. 젖당 오페론의 작동 부위에 결합한 억제 단백질의 양은 t_1일 때가 t_3일 때보다 많다.

① ㄴ ② ㄷ ③ ㄱ, ㄴ ④ ㄱ, ㄷ ⑤ ㄱ, ㄴ, ㄷ

[24029-0165]

08 다음은 어떤 사람의 간세포와 이자 세포에서 유전자 발현 조절에 대한 자료이다.

- 간세포에서는 알부민 유전자가 발현되지만 인슐린 유전자가 발현되지 않고, 이자 세포에서는 인슐린 유전자가 발현되지만 알부민 유전자가 발현되지 않는다.
- 알부민 유전자와 인슐린 유전자의 원거리 조절 부위는 서로 다르다.

이에 대한 설명으로 옳은 것만을 〈보기〉에서 있는 대로 고른 것은? (단, 돌연변이는 고려하지 않는다.)

보기

ㄱ. 간세포에는 인슐린 유전자가 있다.

ㄴ. 이자 세포에는 알부민 유전자의 발현에 필요한 모든 전사 인자가 있다.

ㄷ. 인슐린 유전자가 발현되는 과정에 핵에서 전사 인자가 인슐린 유전자의 조절 부위에 결합한다.

① ㄴ ② ㄷ ③ ㄱ, ㄴ ④ ㄱ, ㄷ ⑤ ㄴ, ㄷ

[24029-0166]

09 그림은 어떤 진핵세포의 유전자 x가 포함된 DNA와 유전자 x로부터 전사된 후 RNA 가공 과정을 거쳐 형성된 mRNA 사이에서 상보적인 결합을 형성시켰을 때의 모습을 나타낸 것이다. 유전자 x에는 엑손과 인트론이 모두 합하여 5군데 있다. ⓐ와 ⓑ는 DNA와 mRNA를 순서 없이 나타낸 것이다.

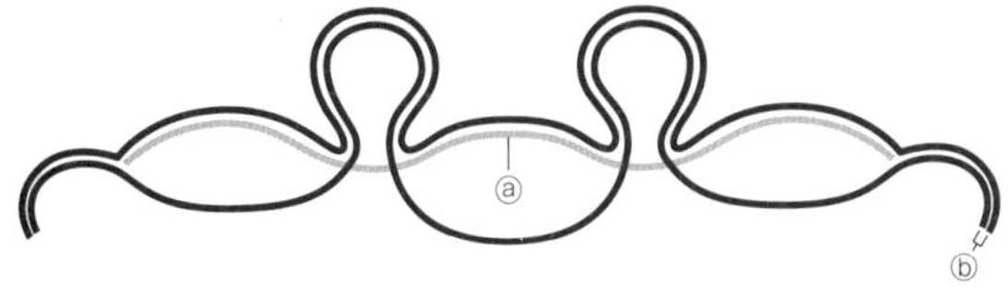

이에 대한 설명으로 옳은 것만을 〈보기〉에서 있는 대로 고른 것은? (단, 돌연변이는 고려하지 않는다.)

보기
ㄱ. ⓐ는 mRNA이다.
ㄴ. x에서 인트론의 수는 2이다.
ㄷ. ⓐ와 ⓑ를 구성하는 뉴클레오타이드의 당은 모두 디옥시리보스이다.

① ㄴ ② ㄷ ③ ㄱ, ㄴ ④ ㄱ, ㄷ ⑤ ㄴ, ㄷ

[24029-0167]

10 그림은 어떤 세포에서 사람의 근육 세포를 구성하는 단백질인 마이오신과 액틴의 발현이 촉진되는 과정을 나타낸 것이다. 유전자 a는 근육 세포 분화 과정의 핵심 조절 유전자이다.

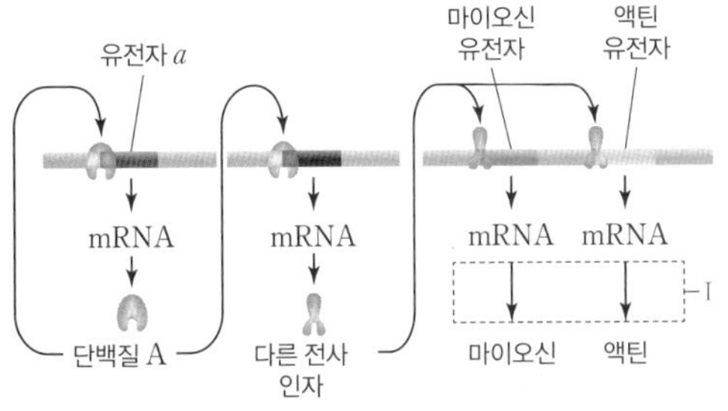

이에 대한 설명으로 옳은 것만을 〈보기〉에서 있는 대로 고른 것은?

보기
ㄱ. A는 마이오디 단백질(MyoD)이다.
ㄴ. 마이오신 유전자와 액틴 유전자는 근육 세포에만 존재한다.
ㄷ. 과정 Ⅰ은 세포질에서 일어난다.

① ㄴ ② ㄷ ③ ㄱ, ㄴ ④ ㄱ, ㄷ ⑤ ㄴ, ㄷ

[24029-0168]

11 그림은 진핵생물에서 유전자 발현이 조절되는 과정의 일부를 나타낸 것이다. ⓐ와 ⓑ는 각각 원거리 조절 부위와 프로모터 중 하나이며, ㉠과 ㉡은 각각 RNA 중합 효소와 전사 인자 중 하나이다.

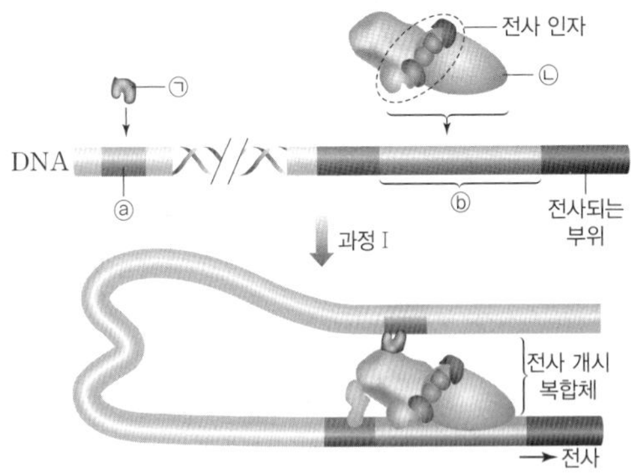

이에 대한 설명으로 옳은 것만을 〈보기〉에서 있는 대로 고른 것은?

보기
ㄱ. 과정 Ⅰ은 핵에서 일어난다.
ㄴ. ⓐ는 원거리 조절 부위이다.
ㄷ. ㉡은 프라이머의 말단에 뉴클레오타이드를 첨가하여 RNA를 합성한다.

① ㄴ ② ㄷ ③ ㄱ, ㄴ ④ ㄱ, ㄷ ⑤ ㄴ, ㄷ

[24029-0169]

12 그림은 어떤 사람의 모근 세포와 이자 세포에서 발현되는 유전자를 나타낸 것이다.

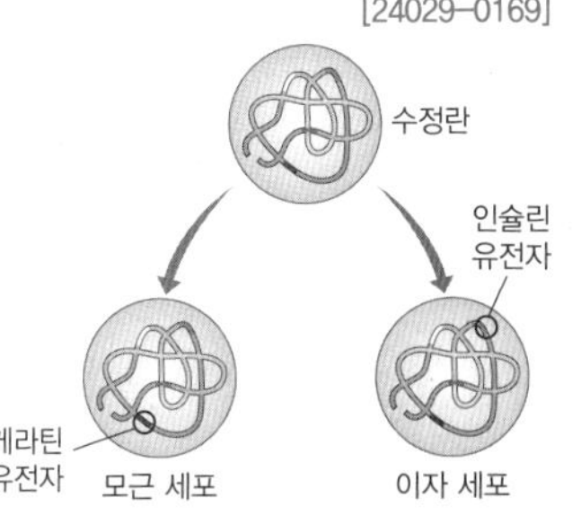

이에 대한 설명으로 옳은 것만을 〈보기〉에서 있는 대로 고른 것은? (단, 돌연변이는 고려하지 않는다.)

보기
ㄱ. 모근 세포에는 인슐린 유전자가 없다.
ㄴ. 이자 세포에는 인슐린 유전자의 발현에 필요한 전사 인자가 있다.
ㄷ. 모근 세포와 이자 세포는 모두 수정란과 동일한 유전체를 가진다.

① ㄴ ② ㄷ ③ ㄱ, ㄴ ④ ㄱ, ㄷ ⑤ ㄴ, ㄷ

[24029-0170]

13 그림은 초파리에서 혹스 유전자의 염색체 상의 위치와 초파리 배아에서 각 유전자의 발현 부위를 나타낸 것이다. a~c는 모두 초파리의 혹스 유전자이다.

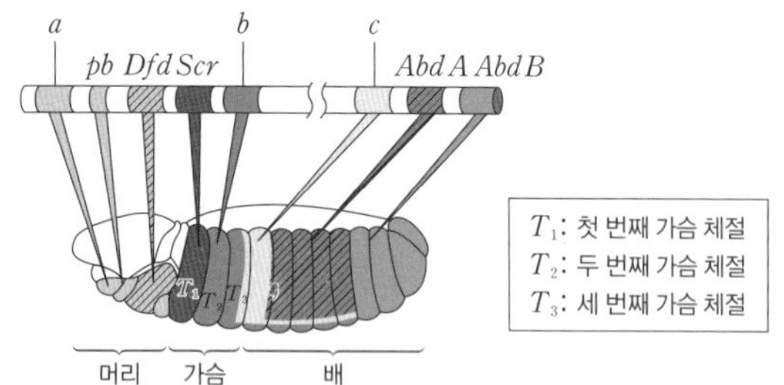

이에 대한 설명으로 옳은 것만을 ⟨보기⟩에서 있는 대로 고른 것은? (단, 돌연변이는 고려하지 않는다.)

보기

ㄱ. b는 T_2에서 발현된다.
ㄴ. a~c는 모두 핵심 조절 유전자이다.
ㄷ. c는 머리 부분의 체절에서 기관 형성에 관여한다.

① ㄴ ② ㄷ ③ ㄱ, ㄴ ④ ㄱ, ㄷ ⑤ ㄴ, ㄷ

[24029-0171]

14 그림은 올챙이 A의 소장 세포에서 추출한 핵을 핵이 제거된 개구리 X의 난자에 이식하여 올챙이 B로 발생시키는 실험을 나타낸 것이다. A와 X는 유전적으로 서로 다른 개체이다.

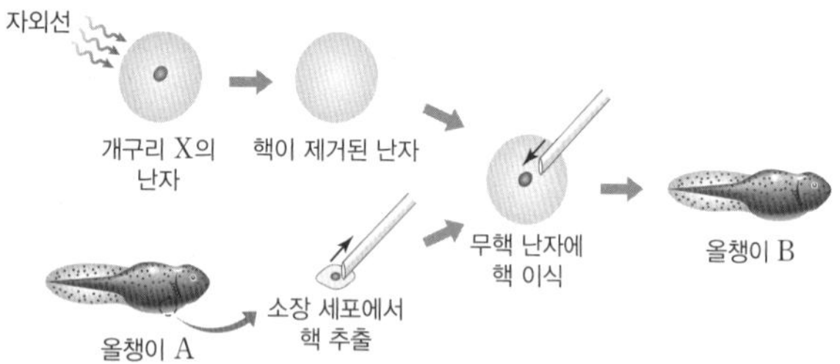

이에 대한 설명으로 옳은 것만을 ⟨보기⟩에서 있는 대로 고른 것은? (단, 돌연변이는 고려하지 않는다.)

보기

ㄱ. 핵치환 기술이 사용되었다.
ㄴ. B에서 핵 속의 유전체는 X와 동일하다.
ㄷ. 분화된 대부분의 세포는 하나의 개체를 형성할 수 있는 완전한 유전체를 가지고 있다.

① ㄴ ② ㄷ ③ ㄱ, ㄴ ④ ㄱ, ㄷ ⑤ ㄴ, ㄷ

[24029-0172]

15 다음은 어떤 동물의 세포 Ⅰ과 Ⅱ에서 유전자 (가), (나), (다)의 전사 조절에 대한 자료이다.

- 유전자 a, b, c는 각각 전사 인자 A, B, C를 암호화하며, A, B, C는 (가), (나), (다)의 전사 촉진에 관여한다.
- (가)의 전사는 b와 c가 모두 발현되어야 촉진된다.
- (나)의 전사는 a가 발현되고 동시에 b와 c 중 적어도 하나가 발현되어야 촉진된다.
- (다)의 전사는 (가)가 발현되어야 촉진된다.
- 표는 Ⅰ과 Ⅱ에서 (가), (나), (다)의 전사 여부를 나타낸 것이다.

구분	(가)	(나)	(다)
Ⅰ	ⓐ	○	×
Ⅱ	○	×	ⓑ

(○: 전사됨, ×: 전사 안 됨)

이에 대한 설명으로 옳은 것만을 ⟨보기⟩에서 있는 대로 고른 것은? (단, 제시된 조건 이외는 고려하지 않는다.)

보기

ㄱ. ⓐ와 ⓑ는 모두 '○'이다.
ㄴ. Ⅰ에서 (가)를 인위적으로 발현시킬 경우 (다)가 발현된다.
ㄷ. Ⅱ에서 a~c 중 b와 c만 발현된다.

① ㄴ ② ㄷ ③ ㄱ, ㄴ ④ ㄱ, ㄷ ⑤ ㄴ, ㄷ

[24029-0173]

16 그림은 근육 세포 분화 과정의 일부를 나타낸 것이다. ⓐ와 ⓑ는 근육 모세포와 배아 전구 세포를 순서 없이 나타낸 것이다.

ⓐ Ⅰ ⓑ Ⅱ

이에 대한 설명으로 옳은 것만을 ⟨보기⟩에서 있는 대로 고른 것은? (단, 돌연변이는 고려하지 않는다.)

보기

ㄱ. 과정 Ⅰ에서 근육 세포로의 분화가 결정된다.
ㄴ. 과정 Ⅱ에서 근육 모세포가 융합한다.
ㄷ. ⓐ와 ⓑ의 유전체 구성은 서로 같다.

① ㄴ ② ㄷ ③ ㄱ, ㄴ ④ ㄱ, ㄷ ⑤ ㄱ, ㄴ, ㄷ

정답과 해설 33쪽

[24029-0174]

01 다음은 야생형 대장균과 돌연변이 대장균 Ⅰ과 Ⅱ에 대한 자료이다.

• Ⅰ과 Ⅱ는 젖당 오페론의 프로모터가 결실된 돌연변이와 젖당 오페론의 작동 부위가 결실된 돌연변이를 순서 없이 나타낸 것이다.
• 표는 야생형 대장균과 Ⅰ, Ⅱ를 배지 ㉠과 ㉡에서 각각 배양할 때의 자료이다. ㉠과 ㉡은 포도당과 젖당이 모두 없는 배지와 포도당은 없고 젖당이 있는 배지를 순서 없이 나타낸 것이다.

대장균	구조 유전자의 발현		억제 단백질과 작동 부위의 결합	
	㉠	㉡	㉠	㉡
야생형	?	×	ⓐ	?
Ⅰ	×	?	?	○
Ⅱ	○	○	×	ⓑ

(○: 발현됨 또는 결합함, ×: 발현 안 됨 또는 결합 못함)

야생형 대장균은 포도당은 없고 젖당이 있는 배지에서 억제 단백질이 작동 부위에 결합하지 않는다.

이 자료에 대한 설명으로 옳은 것만을 〈보기〉에서 있는 대로 고른 것은? (단, 제시된 돌연변이 이외의 돌연변이는 고려하지 않는다.)

보기

ㄱ. ㉠은 포도당과 젖당이 모두 없는 배지이다.
ㄴ. ⓐ와 ⓑ는 모두 '×'이다.
ㄷ. Ⅰ은 ㉠에서 젖당 오페론을 조절하는 조절 유전자의 전사가 일어난다.

① ㄱ ② ㄷ ③ ㄱ, ㄴ ④ ㄱ, ㄷ ⑤ ㄴ, ㄷ

[24029-0175]

02 다음은 야생형 대장균과 돌연변이 대장균 Ⅰ과 Ⅱ에 대한 자료이다.

• Ⅰ과 Ⅱ는 젖당 오페론의 구조 유전자가 결실된 돌연변이와 젖당 오페론을 조절하는 조절 유전자가 결실된 돌연변이를 순서 없이 나타낸 것이다.
• 배지 ⓐ와 ⓑ는 포도당과 젖당이 모두 없는 배지와 포도당은 없고 젖당이 있는 배지를 순서 없이 나타낸 것이다.
• 야생형 대장균은 ⓐ에서 젖당 오페론의 프로모터와 RNA 중합 효소가 결합한다.
• Ⅰ은 ⓑ에서 젖당 분해 효소가 생성된다.

야생형 대장균은 포도당은 없고 젖당이 있는 배지에서 젖당 오페론이 작동한다.

이 자료에 대한 설명으로 옳은 것만을 〈보기〉에서 있는 대로 고른 것은? (단, 제시된 돌연변이 이외의 돌연변이는 고려하지 않는다.)

보기

ㄱ. Ⅱ는 젖당 오페론의 구조 유전자가 결실된 돌연변이이다.
ㄴ. Ⅰ은 ⓐ에서 억제 단백질이 생성되지 않는다.
ㄷ. Ⅱ는 ⓑ에서 억제 단백질과 젖당(젖당 유도체)이 결합한다.

① ㄴ ② ㄷ ③ ㄱ, ㄴ ④ ㄱ, ㄷ ⑤ ㄱ, ㄴ, ㄷ

야생형 대장균은 포도당은 없고 젖당이 있는 배지에서 젖당 오페론의 프로모터와 RNA 중합 효소가 결합한다.

[24029-0176]

03 다음은 야생형 대장균과 돌연변이 대장균 Ⅰ과 Ⅱ에 대한 자료이다.

- Ⅰ과 Ⅱ는 젖당 오페론을 조절하는 조절 유전자에 돌연변이가 일어나 젖당(젖당 유도체)이 결합하지 않는 억제 단백질을 생성하는 돌연변이와 젖당 오페론의 작동 부위에 결합하지 않는 억제 단백질을 생성하는 돌연변이를 순서 없이 나타낸 것이다.
- 표는 야생형 대장균과 Ⅰ, Ⅱ를 포도당은 없고 젖당이 있는 배지에서 각각 배양할 때의 자료이다. ㉠~㉢은 젖당 오페론의 프로모터와 RNA 중합 효소의 결합, 억제 단백질의 생성, 억제 단백질과 작동 부위의 결합을 순서 없이 나타낸 것이다.

구분	㉠	㉡	㉢
야생형	○	×	ⓐ
Ⅰ	×	○	?
Ⅱ	ⓑ	×	?

(○: 결합함 또는 생성됨, ×: 결합 못함 또는 생성 안 됨)

이 자료에 대한 설명으로 옳은 것만을 <보기>에서 있는 대로 고른 것은? (단, 제시된 돌연변이 이외의 돌연변이는 고려하지 않는다.)

보기

ㄱ. ㉠은 '젖당 오페론의 프로모터와 RNA 중합 효소의 결합'이다.
ㄴ. ⓐ와 ⓑ는 모두 '○'이다.
ㄷ. Ⅱ는 포도당과 젖당이 모두 없는 배지에서 젖당 분해 효소를 생성한다.

① ㄴ ② ㄷ ③ ㄱ, ㄴ ④ ㄱ, ㄷ ⑤ ㄱ, ㄴ, ㄷ

초파리의 앞쪽과 뒤쪽의 형태 형성은 유전자의 선택적 발현을 통한 단백질의 불균등한 분포에 의해 일어난다.

[24029-0177]

04 다음은 초파리 초기 발생 과정의 유전자 발현 조절에 대한 자료이다.

- 초파리 초기 발생 과정에서 앞쪽과 뒤쪽의 형태 형성에 관여하는 유전자 a, b, c, d는 각각 단백질 A, B, C, D를 암호화한다.
- 그림 (가)는 초파리의 난자에서 a~d가 전사된 mRNA의 농도를, (나)는 (가)의 난자가 정자와 수정하여 형성된 초파리의 초기 배아에서 각각의 mRNA로부터 발현된 A~D의 농도를 나타낸 것이다.

(가)

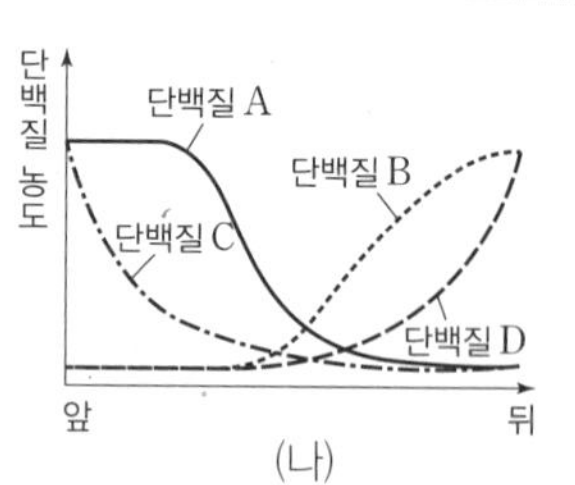

(나)

이에 대한 설명으로 옳은 것만을 <보기>에서 있는 대로 고른 것은? (단, 돌연변이는 고려하지 않는다.)

보기

ㄱ. (가)의 초파리의 난자에서 d가 전사된 mRNA의 농도는 앞쪽이 뒤쪽에 비해 높다.
ㄴ. (나)의 초파리의 초기 배아에서 앞쪽은 뒤쪽에 비해 단백질 A와 C가 많이 발현된다.
ㄷ. (나)의 초파리의 초기 배아에서 단백질 B의 농도가 뒤쪽이 앞쪽에 비해 높은 것은 (가)의 초파리의 난자에서 b가 전사된 mRNA의 농도가 뒤쪽이 앞쪽에 비해 높았기 때문이다.

① ㄱ ② ㄴ ③ ㄱ, ㄴ ④ ㄱ, ㄷ ⑤ ㄴ, ㄷ

[24029-0178]

05 다음은 어떤 동물의 세포 (가)에서 유전자 x와 y의 전사 조절에 대한 자료이다.

- 유전자 a, b, c, d는 각각 전사 인자 A, B, C, D를 암호화하며, A~D는 유전자 x와 y의 전사 촉진에 관여한다.
- A~D는 각각 전사 인자 결합 부위 Ⅰ~Ⅳ 중 서로 다른 한 부위에만 결합한다.
- x와 y의 프로모터와 전사 인자 결합 부위 Ⅰ~Ⅳ는 그림과 같다.

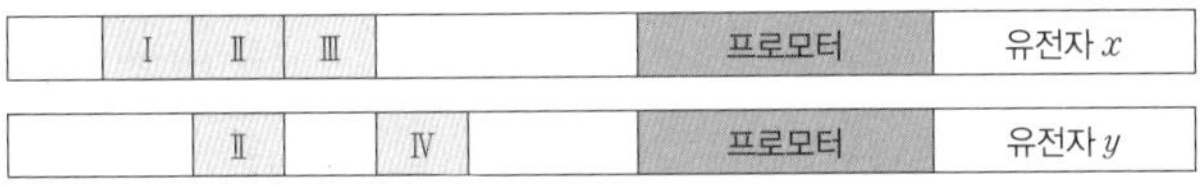

	Ⅰ	Ⅱ	Ⅲ		프로모터	유전자 x

	Ⅱ		Ⅳ		프로모터	유전자 y

- x의 전사는 전사 인자가 Ⅰ~Ⅲ 중 적어도 두 부위에 결합했을 때 촉진되며, y의 전사는 전사 인자가 Ⅱ와 Ⅳ 중 적어도 한 부위에 결합했을 때 촉진된다.
- 표는 a~d가 모두 발현되는 세포 (가)에서 a~d 중 일부의 발현을 억제했을 때 x와 y의 전사 여부를 나타낸 것이다.

억제한 유전자	유전자 전사 여부	
	x	y
a, b	전사 안 됨	전사됨
a, c	전사됨	전사 안 됨
c, d	전사됨	전사됨

이에 대한 설명으로 옳은 것만을 <보기>에서 있는 대로 고른 것은? (단, 제시된 조건 이외는 고려하지 않는다.)

● 보기 ●

ㄱ. A의 결합 부위는 Ⅱ이다.
ㄴ. B는 y의 전사를 촉진하는 전사 인자이다.
ㄷ. (가)에서 b와 c의 발현을 억제할 때 x만 발현된다.

① ㄱ ② ㄴ ③ ㄱ, ㄴ ④ ㄱ, ㄷ ⑤ ㄴ, ㄷ

진핵생물에서 유전자 발현은 전사 인자의 조합에 따라 달라질 수 있다.

진핵생물에서 유전자 발현은 세포마다 가지고 있는 전사 인자의 조합에 따라 달라질 수 있다.

[24029-0179]

06 다음은 어떤 동물의 세포 Ⅰ~Ⅳ에서 유전자 w, x, y, z의 전사 조절에 대한 자료이다.

- w, x, y, z는 각각 전사 인자 W와 효소 X, Y, Z를 암호화하며, w~z가 전사되면 W~Z가 합성된다.
- 유전자 (가)~(라)의 프로모터와 전사 인자 결합 부위 A~D는 그림과 같다. (가)~(라)는 w~z를 순서 없이 나타낸 것이며, (가)는 w가 아니다.

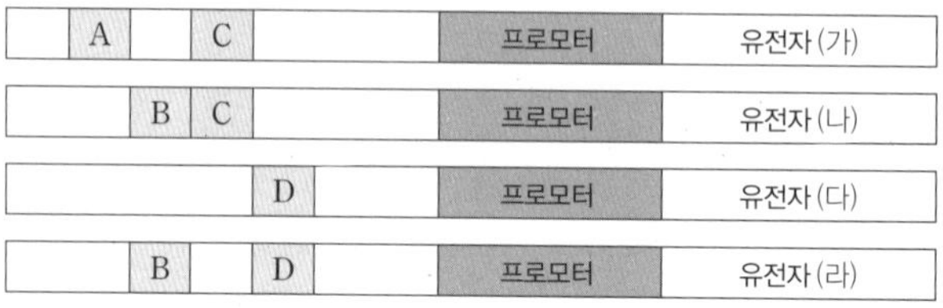

					프로모터	유전자
	A		C		프로모터	유전자(가)
		B	C		프로모터	유전자(나)
				D	프로모터	유전자(다)
		B		D	프로모터	유전자(라)

- w~z의 전사에 관여하는 전사 인자는 W, ㉠, ㉡, ㉢이며, W는 A에만, ㉠은 B에만, ㉡은 C에만, ㉢은 D에만 결합한다.
- w~z 각각의 전사는 각 유전자의 전사 인자 결합 부위 중 적어도 한 부위에 전사 인자가 결합했을 때 촉진된다.
- 표는 세포 Ⅰ~Ⅳ에서 w~z의 전사 여부를 나타낸 것이다. Ⅰ은 ㉠~㉢이 모두 발현되지 않는 세포이며, Ⅱ~Ⅳ는 각각 ㉠~㉢ 중 서로 다른 1가지만 발현되는 세포이다.

세포 \ 유전자	w	x	y	z
Ⅰ	×	×	×	×
Ⅱ	ⓐ	×	○	○
Ⅲ	×	○	ⓑ	○
Ⅳ	○	○	○	?

(○: 전사됨, ×: 전사 안 됨)

이에 대한 설명으로 옳은 것만을 <보기>에서 있는 대로 고른 것은? (단, 제시된 조건 이외는 고려하지 않는다.)

보기

ㄱ. ⓐ와 ⓑ는 모두 '×'이다.

ㄴ. (나)는 z이다.

ㄷ. Ⅳ는 ㉢이 발현되는 세포이다.

① ㄱ ② ㄷ ③ ㄱ, ㄴ ④ ㄴ, ㄷ ⑤ ㄱ, ㄴ, ㄷ

[24029-0180]

07 다음은 생쥐의 혹스 유전자에 대한 자료이다.

> 혹스 유전자는 매우 많은 동물군에서 나타난다.

- 생쥐의 혹스 *b6* 유전자는 가슴 부위에서 발현되어 갈비뼈 형성에 관여한다.
- 그림은 야생형 생쥐 (가)와 돌연변이 생쥐 (나)의 골격을 나타낸 것이다.
- (나)는 허리 부분에서 인위적으로 혹스 *b6* 유전자가 발현되도록 한 것이다.

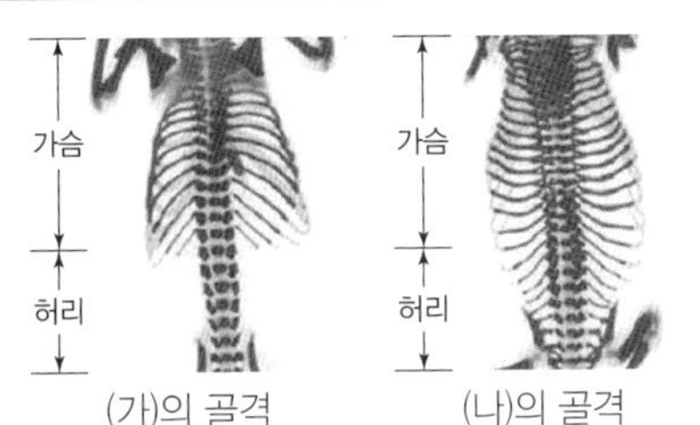

(가)의 골격 (나)의 골격

이에 대한 설명으로 옳은 것만을 〈보기〉에서 있는 대로 고른 것은? (단, 제시된 돌연변이 이외의 돌연변이는 고려하지 않는다.)

보기

ㄱ. 혹스 *b6* 유전자의 발현 산물은 전사 인자이다.
ㄴ. (가)에서 허리 부위에는 혹스 *b6* 유전자가 없다.
ㄷ. (가)와 (나)의 가슴 부분에서 모두 혹스 *b6* 유전자가 발현되었다.

① ㄱ ② ㄴ ③ ㄱ, ㄴ ④ ㄱ, ㄷ ⑤ ㄴ, ㄷ

[24029-0181]

08 그림은 포도당과 젖당이 모두 있는 배지에서 야생형 대장균을 배양했을 때 물질 ㉠과 ㉡의 농도와 대장균 수의 변화를 나타낸 것이다. ㉠과 ㉡은 각각 젖당과 포도당 중 하나이다.

> 포도당과 젖당이 모두 있는 배지에서 대장균을 배양하면 대장균은 포도당을 에너지원으로 먼저 사용한다.

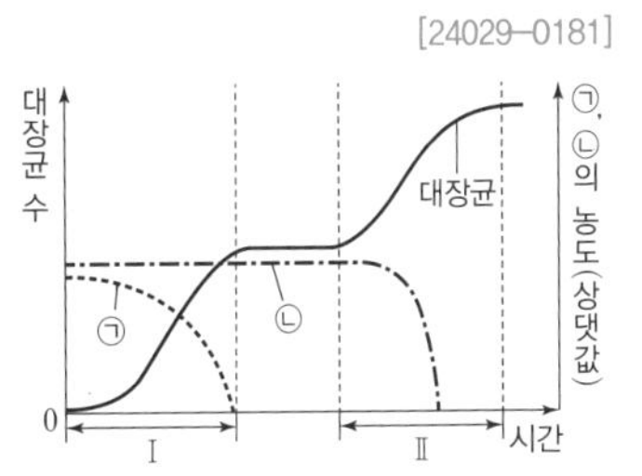

이에 대한 설명으로 옳은 것만을 〈보기〉에서 있는 대로 고른 것은? (단, 돌연변이는 고려하지 않는다.)

보기

ㄱ. ㉠은 포도당이다.
ㄴ. 구간 Ⅰ에서 젖당 오페론을 조절하는 조절 유전자가 발현된다.
ㄷ. 구간 Ⅱ에서 대장균은 젖당을 에너지원으로 이용하여 증식한다.

① ㄱ ② ㄷ ③ ㄱ, ㄴ ④ ㄴ, ㄷ ⑤ ㄱ, ㄴ, ㄷ

발현되는 유전자의 조합에 따라 꽃 구조가 달라질 수 있다.

[24029-0182]

09 **다음은 어떤 식물 종 P의 유전자 발현 조절에 대한 자료이다.**

- P의 꽃 구조 형성에는 3가지 핵심 조절 유전자 a, b, c가 관여하며, a~c는 각각 전사 인자 A~C를 암호화한다.
- 표는 a~c의 발현 결과 형성되는 꽃 구조를 나타낸 것이다.

발현되는 유전자	a	a, b	b, c	c
꽃 구조	꽃받침	꽃잎	수술	암술

- P의 돌연변이 Ⅰ~Ⅲ에서는 각각 a~c 중 서로 다른 하나만 발현되지 않았으며, Ⅰ에서는 꽃받침과 꽃잎이, Ⅱ에서는 수술과 암술이 형성되었다.

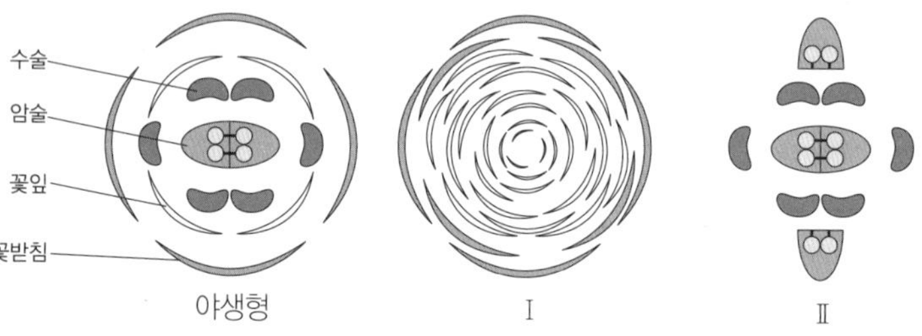

이에 대한 설명으로 옳은 것만을 ⟨보기⟩에서 있는 대로 고른 것은? (단, 제시된 돌연변이 이외의 돌연변이는 고려하지 않는다.)

보기

ㄱ. 꽃잎과 수술의 형성에 필요한 유전자의 전사에는 모두 B가 필요하다.
ㄴ. Ⅰ의 꽃받침 세포에는 A의 전사 인자 결합 부위가 없다.
ㄷ. Ⅲ의 꽃에서는 꽃받침과 암술이 모두 형성된다.

① ㄱ　② ㄴ　③ ㄱ, ㄴ　④ ㄱ, ㄷ　⑤ ㄴ, ㄷ

[24029-0183]

10 다음은 어떤 동물의 세포 Ⅰ~Ⅲ에서 유전자 (가), (나), (다)의 전사 조절에 대한 자료이다.

• 유전자 x, y, z는 각각 전사 인자 X, Y, Z를 암호화하며, X~Z는 유전자 (가), (나), (다)의 전사 촉진에 관여한다.

• (가)~(다)의 프로모터와 전사 인자 결합 부위 A~C는 그림과 같다. X~Z는 각각 A~C 중 서로 다른 한 부위에만 결합한다.

A	B		프로모터	유전자 (가)
A		C	프로모터	유전자 (나)
	B		프로모터	유전자 (다)

• (가)~(다) 각각의 전사는 각 유전자의 전사 인자 결합 부위 모두에 전사 인자가 결합했을 때 촉진된다.

• 표는 Ⅰ~Ⅲ에서 x~z의 제거 여부에 따른 (가)~(다)의 전사 여부를 나타낸 것이다. Ⅰ은 X~Z 중 1가지만, Ⅱ는 2가지만, Ⅲ은 모두 발현되는 세포이다.

제거된 유전자	Ⅰ			Ⅱ			Ⅲ		
	(가)	(나)	(다)	(가)	(나)	(다)	(가)	(나)	(다)
없음	×	×	○	?	×	?	○	○	○
x	×	?	○	○	?	?	○	×	?
y	?	×	ⓐ	×	?	?	×	ⓑ	?
z	×	?	×	?	×	?	?	?	?

(○: 전사됨, ×: 전사 안 됨)

이에 대한 설명으로 옳은 것만을 〈보기〉에서 있는 대로 고른 것은? (단, 제시된 조건 이외는 고려하지 않는다.)

보기

ㄱ. Z는 B에 결합한다.

ㄴ. ⓐ와 ⓑ는 모두 '○'이다.

ㄷ. Ⅱ에서 발현되는 전사 인자는 X와 Y이다.

① ㄱ ② ㄴ ③ ㄱ, ㄴ ④ ㄱ, ㄷ ⑤ ㄴ, ㄷ

진핵생물에서 유전자 발현은 세포마다 가지고 있는 전사 인자의 조합에 따라 달라질 수 있다.

09 생명의 기원

1 원시 지구의 상태

(1) 원시 대기 구성 성분: 메테인(CH_4), 암모니아(NH_3), 수증기(H_2O), 수소(H_2), 질소(N_2), 이산화 탄소(CO_2) 등으로 구성되어 있었을 것으로 추정되며, 산소(O_2)는 없었을 것으로 추정된다.

(2) 풍부한 에너지원

① 운석의 충돌과 대규모의 화산 활동으로 생성된 열에너지가 풍부하였다.

② 오존층이 형성되어 있지 않아 태양의 강한 자외선이 그대로 지구 표면에 도달하여 복사 에너지가 풍부하였다.

③ 불안정한 대기로 인해 발생한 번개와 같은 방전 현상에 의한 전기 에너지가 풍부하였다.

2 원시 생명체의 탄생 가설

(1) 화학적 진화설

① 오파린과 홀데인이 생명의 기원에 대해 주장한 화학적 진화설에 따르면 원시 세포(원시 생명체) 출현 과정은 다음과 같다.

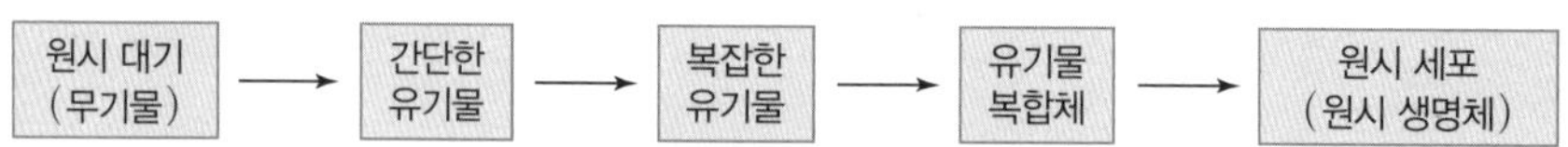

• 화학적 진화설: 원시 지구의 환경에서 무기물로부터 간단한 유기물이 합성되고, 간단한 유기물이 오랜 세월 동안 농축되어 복잡한 유기물이 생성되는 화학적 진화 과정을 거쳐 형성된 유기물 복합체가 유전 물질을 전달하고 스스로 분열할 수 있게 되면서 최초의 생명체가 되었다는 학설이다.

② 각 단계에 해당하는 물질의 예

• 원시 대기(무기물): 메테인(CH_4), 암모니아(NH_3), 수증기(H_2O), 수소(H_2) 등 환원성 기체
• 간단한 유기물: 아미노산, 뉴클레오타이드 등
• 복잡한 유기물: 단백질, 핵산 등
• 유기물 복합체: 코아세르베이트, 마이크로스피어, 리포솜

(2) 심해 열수구설

① 원시 지구 대기의 대부분은 화산에서 방출된 이산화 탄소 등의 많은 산화물에 의해 산화 작용이 일어나 원시 지구에서는 유기물이 존재하기 어려웠을 것으로 보인다. 이와 같이 화학적 진화설은 원시 지구 환경을 충분히 고려하지 못한다는 한계점을 가지고 있다. 심해 열수구는 화산 활동으로 에너지가 풍부하여 유기물이 합성될 수 있는 조건을 갖추고 있다. 따라서 심해 열수구는 최근에 최초의 생명체 탄생 장소로 주목받고 있다.

② 심해 열수구는 마그마로 데워진 뜨거운 해수가 해저에서 분출되는 곳이다. 심해 열수구는 에너지가 지속적으로 공급되며, 심해 열수구 주위에는 간단한 유기물 합성에 필요한 물질인 수소, 암모니아, 메테인 등이 높은 농도로 존재하는 것으로 알려져 있다.

개념 체크

◘ 원시 생명체의 탄생 가설에는 화학적 진화설과 심해 열수구설이 있다.

1. (　　)은 원시 지구의 환경에서 무기물로부터 간단한 유기물이 합성되고, 간단한 유기물이 오랜 세월 동안 농축되어 복잡한 유기물이 생성되는 화학적 진화 과정을 거쳐 형성된 유기물 복합체가 최초의 생명체가 되었다는 학설이다.

2. 원시 지구에서는 (　　)이 형성되지 않아 태양의 강한 자외선이 그대로 지구 표면에 도달했다.

※ ○ 또는 ×

3. 화학적 진화설에서 원시 지구는 화산 활동으로 생성된 열에너지와 번개에 의한 전기 에너지가 풍부하였다. (　　)

4. 심해 열수구는 에너지가 지속적으로 공급되며, 심해 열수구 주위에는 수소, 암모니아, 메테인 등이 높은 농도로 존재한다. (　　)

정답

1. 화학적 진화설
2. 오존층
3. ○
4. ○

3 원시 생명체의 탄생

(1) 유기물의 생성

① **간단한 유기물의 생성**: 원시 대기(무기물) → 간단한 유기물

- 원시 대기를 구성하는 기체(무기물)로부터 간단한 유기물(아미노산, 뉴클레오타이드 등)이 합성되어 원시 바다에 축적되었다.
- 밀러와 유리의 증명 실험: 오파린과 홀데인의 화학적 진화설 중 일부를 입증하였다. 원시 대기의 구성 성분으로 추정한 메테인(CH_4), 암모니아(NH_3), 수증기(H_2O), 수소(H_2)를 혼합한 기체에 고전압 전류를 계속 방전시켰다. 그 후 원시 바다에 해당하는 U자관에 고인 액체를 분석해 보았더니 그 속에서 글리신, 알라닌, 글루탐산 등의 아미노산과 사이안화 수소(HCN), 푸마르산, 젖산, 아세트산 등의 물질이 검출되었다.

② **복잡한 유기물의 생성**: 간단한 유기물 → 복잡한 유기물

- 원시 바다에 축적된 간단한 유기물(아미노산, 뉴클레오타이드 등)이 여러 과정을 통해 농축되어 복잡한 유기물(단백질, 핵산 등)을 형성하였다.
- 폭스의 증명 실험: 20여 종류의 아미노산을 혼합하여 고압 상태에서 몇 시간 동안 170 ℃로 가열한 결과 약 200개의 아미노산으로 이루어진 아미노산 중합체가 합성되었다. 간단한 유기물인 아미노산으로부터 복잡한 유기물인 아미노산 중합체가 합성된 것이다.

개념 체크

◘ 밀러와 유리는 실험을 통해 무기물로부터 간단한 유기물이 합성될 수 있음을 증명했으며, 폭스는 실험을 통해 간단한 유기물로부터 복잡한 유기물이 합성될 수 있음을 증명했다.

1. 밀러와 유리의 실험 결과 U자관 내에서 농도가 증가한 물질은 암모니아와 아미노산 중 (　　)이다.

2. 밀러와 유리의 실험에서 번개와 같은 방전을 재현한 이유는 물질의 합성에 필요한 (　　)를 공급하기 위함이다.

※ ○ 또는 ×

3. 밀러와 유리의 실험에서 실험 장치의 U자관에 고인 물은 원시 지구의 바다를 재현한 것이다. (　　)

4. 폭스는 실험을 통해 아미노산 혼합물로부터 아미노산 중합체를 합성하였다. (　　)

탐구자료 살펴보기 밀러와 유리의 실험

과정

(가) 그림 Ⅰ과 같이 원시 지구의 환경과 비슷한 조건의 실험 장치를 만들었다.
(나) 1주일 동안 방전시켜 U자관 내 물질의 농도를 측정하였다.

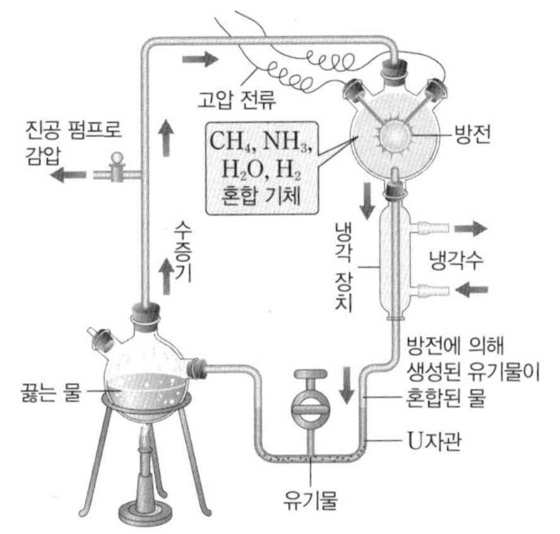

Ⅰ

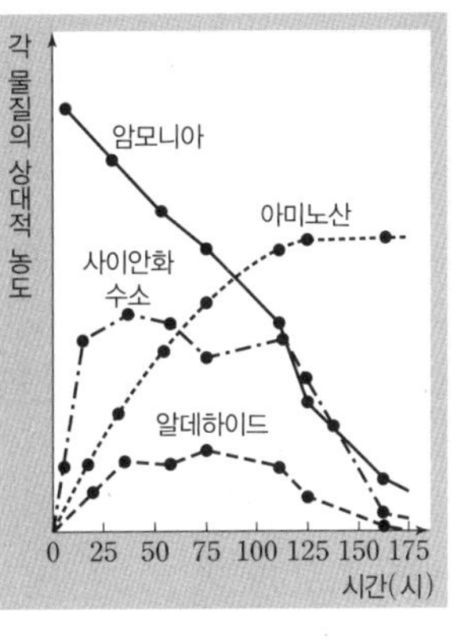

Ⅱ

결과

① 1주일 동안 U자관 내 물질의 농도 변화는 그림 Ⅱ와 같았다.
② 원시 지구 환경과 비슷한 조건을 조성하였더니, 혼합 기체로부터 간단한 유기물이 합성되었다.

정답
1. 아미노산
2. 에너지
3. ○
4. ○

개념 체크

◆ 코아세르베이트, 마이크로스피어, 리포솜은 모두 유기물 복합체로 막을 가지고 있고, 분열할 수 있으며, 주변으로부터 물질을 흡수할 수 있다.

1. 오파린은 탄수화물, 단백질, 핵산의 혼합물로부터 막에 둘러싸인 작은 액체 방울 형태의 유기물 복합체인 (　　)를 만들었으며, 이것이 원시 세포의 기원이라고 생각했다.

2. (　　)은 인지질 2중층의 막 구조를 가지고 있고, 막에 단백질을 붙일 수 있으며, 선택적 투과성이 있다.

※ ○ 또는 ×

3. 폭스가 만든 마이크로스피어는 주변 환경으로부터 선택적으로 물질을 흡수하면서 커지고, 일정 크기 이상이 되면 스스로 분열한다. (　　)

4. 막은 막 내부를 외부 환경으로부터 분리시켜 생명 활동이 안정적이고 지속적으로 일어날 수 있게 한다. (　　)

정답

1. 코아세르베이트
2. 리포솜
3. ○
4. ○

point

- 혼합 기체는 원시 지구의 대기 성분으로 추정되는 것을 재현한 것이다.
- 혼합 기체가 들어 있는 플라스크에 고전압의 전기를 방전하는 것은 번개와 같은 원시 지구의 자연 에너지를 재현한 것이다.
- U자관에 고인 물은 원시 지구의 바다를, 냉각 장치를 통과하면서 응결된 물은 비를 재현한 것이다.
- 물을 끓이는 것은 수증기를 공급하고, 화산 폭발 등의 에너지로 인한 고온 상태를 재현한 것이다.
- Ⅱ에서 시간이 경과함에 따라 방전 에너지에 의해 화학 반응이 일어나 암모니아로부터 아미노산 등의 간단한 유기물이 합성되었다.
- Ⅱ에서 알데하이드와 사이안화 수소(HCN)가 증가했다가 감소하는 까닭은 화학 반응 결과 암모니아 등으로부터 알데하이드와 사이안화 수소가 생성되었다가 아미노산 합성에 이용되기 때문이다.

(2) 유기물 복합체의 형성: 복잡한 유기물 → 유기물 복합체(코아세르베이트, 마이크로스피어, 리포솜)

① 코아세르베이트

- 오파린은 원시 바닷속에 축적된 유기물이 농축되어 액상의 막으로 둘러싸인 유기물 복합체가 되었다고 생각하였다.
- 오파린은 탄수화물, 단백질, 핵산의 혼합물로부터 막에 둘러싸인 작은 액체 방울 형태의 유기물 복합체를 만들었고, 이를 코아세르베이트라고 하였다.
- 코아세르베이트는 세포의 원형질과 비슷하며, 주변 환경으로부터 물질을 흡수하면서 커지고, 일정 크기 이상이 되면 분열하며 간단한 대사 작용도 할 수 있어 원시 세포의 기원이라고 생각되었다.

② 마이크로스피어

- 폭스는 아미노산 용액에 높은 열을 가해 아미노산 중합체를 만든 후 이것을 물에 넣어 서서히 식혀 작은 액체 방울 형태의 유기물 복합체를 만들었고, 이를 마이크로스피어라고 하였다.
- 마이크로스피어는 단백질로 구성된 막을 가지고 있다. 주변 환경으로부터 선택적으로 물질을 흡수하면서 커지고, 일정 크기 이상이 되면 스스로 분열하여 수가 증가한다.
- 코아세르베이트보다 구조가 안정적이기 때문에 원시 세포 출현에 중요한 역할을 했을 것으로 생각되었다.

③ 리포솜

- 물속에 있는 인지질이 뭉쳐 리포솜이 만들어졌다.
- 리포솜은 현재의 세포막처럼 인지질 2중층의 막 구조를 가지고 있으며, 막에 단백질을 붙일 수 있고, 선택적 투과성이 있다.
- 리포솜은 부피가 커지면 작은 리포솜을 형성하여 분리할 수 있고, 물질 흡수와 방출이 일어날 수 있다.

(3) 막 형성의 중요성

① 막은 막 내부를 외부 환경으로부터 분리시켜 물질대사와 같은 생명 활동이 안정적이고 지속적으로 일어날 수 있게 한다.

② 막은 막 내부의 물질대사에 필요한 물질을 선택적으로 흡수하고 방출하는 역할을 하기 때문에 막 형성은 원시 생명체 탄생에 중요하다.

과학 돋보기 | 유기물 복합체의 막 구조 비교

친수성 표면
액상의 막
단백질, 탄수화물, 핵산의 혼합체
(가)

친수성
소수성
단백질로 구성된 막
(나)

친수성
소수성
인지질 2중층의 막
(다)

- (가)는 코아세르베이트이며, 막의 구성 성분은 물이다. 코아세르베이트의 막은 물 분자가 결합하여 주변과 경계를 이루는 액상의 막이다.
- (나)는 마이크로스피어이며, 막의 구성 성분은 단백질이다.
- (다)는 리포솜이며, 막의 구성 성분은 인지질이다. 리포솜의 막은 인지질 2중층으로 구성되어 있다.
- 리포솜의 막 구조가 현재의 세포막과 거의 유사하므로 리포솜이 최초의 생명체 탄생과 관련이 있을 것이다.

탐구자료 살펴보기 | 막의 중요성

자료

(가) 물질 조성을 알고 있는 액체 배지에서 대장균을 일정 시간 배양한 후, 대장균 내부의 물질 조성을 조사한다.

(나) 초음파를 가하여 배지에 있는 대장균의 세포막을 제거한 후, 배지에서 일어나는 화학 반응을 확인하고, 세포막을 제거하지 않은 대장균 내부에서 일어나는 물질대사와 비교한다.

결과

① 대장균 내부의 물질 조성과 액체 배지의 물질 조성은 같지 않다.

② 배지에서 일어나는 화학 반응은 대장균 세포 내부에서 일어나는 물질대사와 다르다.

point

- 살아 있는 대장균의 세포막은 배지로부터 선택적으로 물질을 흡수하고 방출하기 때문에 대장균 내부의 물질 조성과 액체 배지의 물질 조성은 같지 않다.
- 대장균 내부는 세포막을 경계로 외부와 분리되고, 세포 안이 밖보다 공간이 좁으므로 물질대사가 안정적이고 효율적으로 일어날 수 있다.

(4) 유전 물질과 효소

① 자기 복제와 물질대사에 필요한 유전 물질과 효소가 있는 원시 생명체가 출현하였다.

② 최초의 유전 물질

- 단백질은 효소 작용을 하지만, 유전 정보를 저장하고 전달하는 기능이 없다.
- DNA는 유전 정보를 저장하는 기능이 있지만, 효소 작용을 하지 못한다.
- RNA는 유전 정보의 저장과 전달 기능이 있으며, 효소 기능을 하는 것도 있는데, 이를 리보자임이라고 한다. 리보자임은 다양한 입체 구조를 만들 수 있고, 짧은 RNA를 상보적으로 복제하는 작용을 촉매할 수 있다. 따라서 RNA는 최초의 유전 물질로 추정된다.

개념 체크

- 막은 안정적인 생명 활동이 일어날 수 있도록 외부 환경과 내부 환경을 구분한다.
- DNA, RNA, 단백질 중 RNA는 유전 정보를 저장하고 전달할 수 있고, 효소의 기능을 하는 것도 있으므로 최초의 유전 물질로 추정된다.

1. 코아세르베이트, 마이크로스피어, 리포솜 중 (　　)의 막 구조가 현재의 세포막과 가장 유사하므로 최초의 생명체 탄생과 관련이 있을 것이다.

2. RNA 중 유전 정보 저장 기능과 효소 기능이 있는 것을 (　　)이라고 한다.

※ ○ 또는 ×

3. 마이크로스피어의 막의 구성 성분은 인지질이고, 리포솜의 막의 구성 성분은 단백질이다. (　　)

4. DNA, RNA, 단백질 중 최초의 유전 물질로 추정되는 것은 RNA이다. (　　)

정답

1. 리포솜
2. 리보자임
3. ×
4. ○

개념 체크

◉ 최초의 생명체는 RNA에 기반을 둔 생명체였으나, 이후 효소 기능을 담당하는 단백질의 출현으로 RNA와 단백질에 기반을 둔 생명체를 거쳐, 유전 정보의 저장 기능을 수행하는 DNA의 출현으로 오늘날과 같은 DNA에 기반을 둔 생명체가 형성되었다.

1. DNA에 기반을 둔 생명체는 (　　)가 유전 정보를 전달하고, (　　)이 효소 기능을 담당한다.

2. 원시 생명체는 (　　)으로 둘러싸여 세포 내부의 환경을 안정적으로 유지할 수 있었다.

※ ○ 또는 ×

3. RNA 우선 가설은 RNA가 최초의 유전 물질로서 유전 정보 저장과 효소 기능을 가지고 자기 복제를 하였다는 가설이다. (　　)

4. DNA는 화학적으로 안정한 이중 나선 구조를 하고 있어 RNA보다 유전 정보의 저장에 더 유리하다. (　　)

③ RNA 우선 가설: RNA가 최초의 유전 물질로서 유전 정보 저장과 효소 기능을 가지고 자기 복제를 하였다는 가설이다.

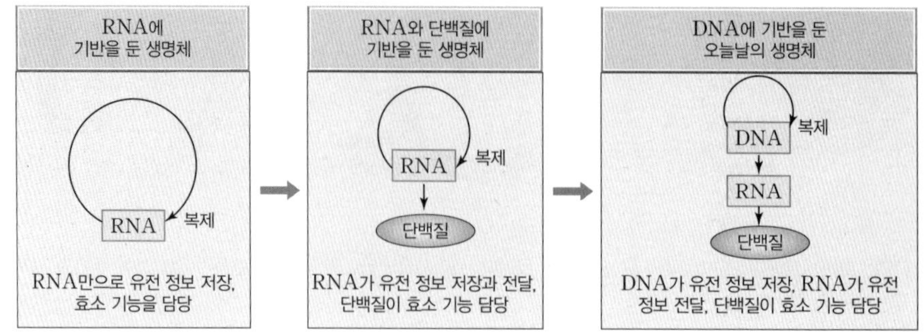

④ 오늘날의 생명체

- 오늘날의 생명체에서 유전 정보의 저장 기능은 DNA가 담당하고 있다. DNA는 화학적으로 안정한 이중 나선 구조를 하고 있어 RNA보다 유전 정보의 저장에 더 유리하다.
- 오늘날의 생명체에서 효소의 기능은 주로 단백질이 담당하고 있다.

과학 돋보기 DNA, 리보자임, 단백질의 특성 비교

구분	DNA	리보자임	단백질
유전 정보 저장	가능	가능	불가능
입체 구조의 다양성	낮음	높음	높음
효소(촉매) 기능	없음	있음	있음

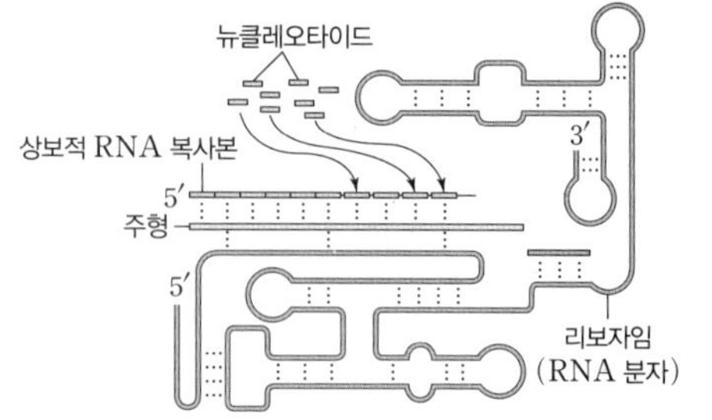

- 최초의 유전 물질은 유전 정보를 저장할 수 있으면서 효소(촉매) 기능을 하고 스스로 복제를 하여 유전 정보를 전달할 수 있어야 한다. 유전 정보를 저장할 수 있고, 다양한 입체 구조를 형성하여 효소(촉매)로 작용할 수 있는 리보자임이 최초의 유전 물질이었을 가능성이 높다.
- 리보자임은 RNA 단일 가닥을 구성하는 염기들끼리 상보적 결합을 하여 복잡한 모양으로 접힐 수 있어 다양한 입체 구조를 갖는다. 리보자임은 주형이 되는 RNA에 상보적인 RNA 복사본을 합성하는 등 단백질로 구성된 효소 없이도 스스로 효소 작용을 하기도 한다.

(5) 원시 생명체의 탄생

① 유기물 복합체 → 원시 생명체

유기물 복합체에 효소와 유전 물질인 핵산이 추가되어 물질대사와 자기 복제 능력이 있는 원시 생명체가 탄생하였다.

② 원시 생명체는 막으로 둘러싸여 세포 내부 환경을 안정적으로 유지하고 물질 출입 조절 기능을 가지며, 물질대사를 촉매하는 효소가 있고, 유전 물질을 스스로 복제하여 생식할 수 있는 생명체로 진화해 나갔을 것이다.

정답

1. RNA, 단백질
2. 막
3. ○
4. ○

4 원시 생명체의 진화

(1) 원핵생물의 출현

① 무산소 호흡하는 종속 영양 생물

• 최초의 생명체는 약 39억 년 전에 바닷속에서 출현한 것으로 추정되며, 무산소 호흡으로 유기물을 분해하여 에너지를 얻는 종속 영양 생물이다. 왜냐하면 원시 지구의 대기에는 산소가 없고, 원시 바다에는 유기물이 풍부하였기 때문이다.

• 무산소 호흡 종속 영양 생물의 무산소 호흡 결과 대기에는 이산화 탄소가 증가하였고, 바닷속 유기물의 양은 감소하였다.

② 광합성하는 독립 영양 생물

• 대기 중 이산화 탄소 농도의 증가와 바닷속 유기물 양의 감소 결과 유기물을 스스로 합성하는 독립 영양 생물인 광합성 세균이 출현하였다.

• 광합성하는 독립 영양 생물이 출현한 결과 대기 중 산소의 농도와 바닷속 유기물의 양이 증가하였다.

• 산소의 증가는 붉은색을 띠는 산화철 퇴적층을 통해 확인할 수 있다. 광합성으로 만들어진 산소가 우선 바닷속에 녹아 있는 철 이온과 반응하여 산화철이 되어 침전되었기 때문이다.

③ 산소 호흡하는 종속 영양 생물

• 산소의 농도와 유기물의 양 증가로 산소를 이용하여 호흡(산소 호흡)하는 종속 영양 생물이 출현하였다.

• 산소 호흡은 무산소 호흡보다 에너지 효율이 높아 산소 호흡하는 생물이 번성하였다.

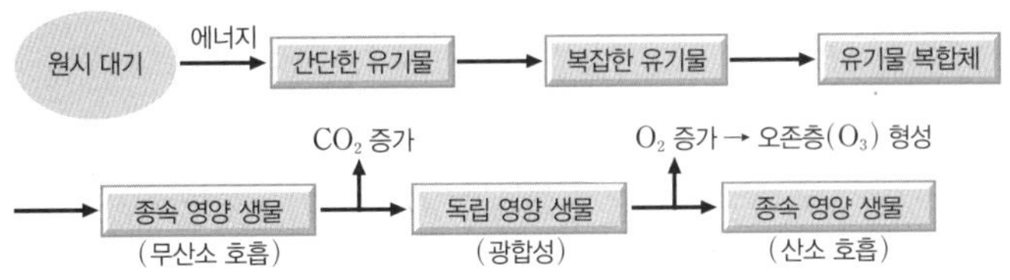

(2) 단세포 진핵생물의 출현

① 원핵생물 → 진핵생물: 최초의 생명체는 원핵생물이며, 이후 구조가 복잡해지면서 진핵생물로 진화하였다.

② 최초의 진핵생물은 단세포 생물이다.

③ 진핵생물의 출현 가설

• 막 진화설: 생명체가 가진 세포막이 세포 안으로 함입되어 핵, 소포체, 골지체 등과 같은 막성 세포 소기관으로 분화되었다는 가설이다.

• 세포내 공생설: 독립적으로 생활하던 산소 호흡을 하는 원핵생물(산소 호흡 세균)과 광합성을 하는 원핵생물(광합성 세균)이 숙주 세포와 공생하다가 각각 미토콘드리아와 엽록체로 분화되었다는 가설이다.

• 세포내 공생설의 증거: 미토콘드리아와 엽록체가 원핵생물과 유사한 자체의 고리형 DNA와 리보솜을 가지고 있는 점, 2중막 중 내막의 구조가 원핵생물의 세포막과 유사한 점, 크기가 원핵생물과 비슷한 점 등이 있다.

개념 체크

◉ 최초의 생명체는 무산소 호흡하는 종속 영양 생물이었으며, 이후 광합성을 하는 독립 영양 생물과 산소 호흡하는 종속 영양 생물이 순차적으로 출현했다.

1. 대기 중 이산화 탄소 농도의 증가와 바닷속 유기물 양의 감소로 유기물을 스스로 합성하는 독립 영양 생물인 (   ) 세균이 출현하였다.

2. (   )은 세포막이 세포 안으로 함입되어 핵, 소포체, 골지체 등과 같은 막성 세포 소기관으로 분화되었다는 가설이다.

※ ○ 또는 ×

3. 최초의 생명체는 산소 호흡하는 종속 영양 생물이다. (   )

4. 미토콘드리아와 엽록체가 원핵생물과 유사한 자체의 고리형 DNA와 리보솜을 가지고 있는 것은 세포내 공생설의 증거에 해당한다. (   )

정답

1. 광합성
2. 막 진화설
3. ×
4. ○

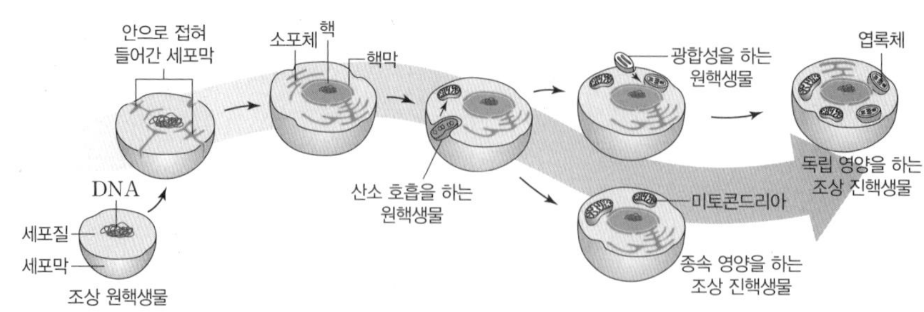

- 숙주 세포(무산소 호흡 원핵생물)에 산소 호흡을 하는 원핵생물(산소 호흡 세균)이 공생하여 미토콘드리아를 가지게 된 진핵생물이 출현하였으며, 이 세포는 동물, 균(균계), 일부 원생생물 등 현생 종속 영양 진핵생물의 조상이 되었다.
- 이 세포에 광합성을 하는 원핵생물(광합성 세균)이 공생하여 엽록체도 가지게 된 진핵생물은 식물과 일부 원생생물 등 현생 독립 영양 진핵생물의 조상이 되었다.

(3) 다세포 진핵생물의 출현

① 독립된 단세포 진핵생물이 모여 군체를 이룬 후, 환경에 적응하는 과정에서 세포의 형태와 기능이 분화되어 다세포 진핵생물로 진화하였다.

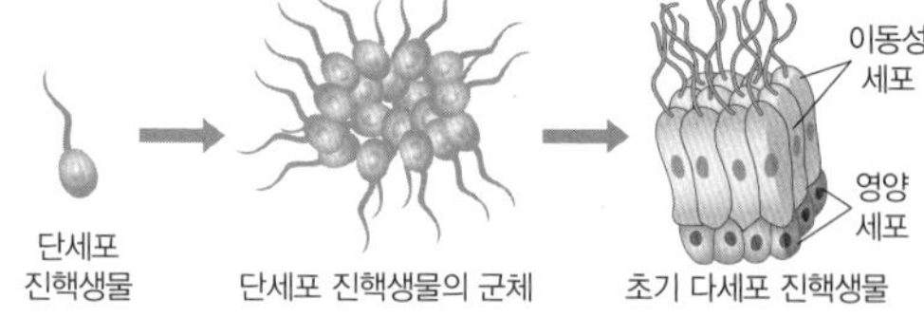

② 다세포 진핵생물은 각각 독립적으로 서로 다른 다세포 생물로 진화하여 원생생물, 식물, 균(균계), 동물의 조상이 되었다.

(4) 육상 생물의 출현

① 광합성하는 진핵생물의 출현 이후 대기 중 산소 농도의 증가로 오존층이 형성되어 자외선을 상당 부분 차단함으로써 바닷속 생물이 육상으로 진출할 수 있었다.

② 동물, 식물 등 다세포 진핵생물이 육상으로 진출하면서 생물 다양성이 증가하였다.

과학 돋보기 산소 농도의 변화와 생물의 출현

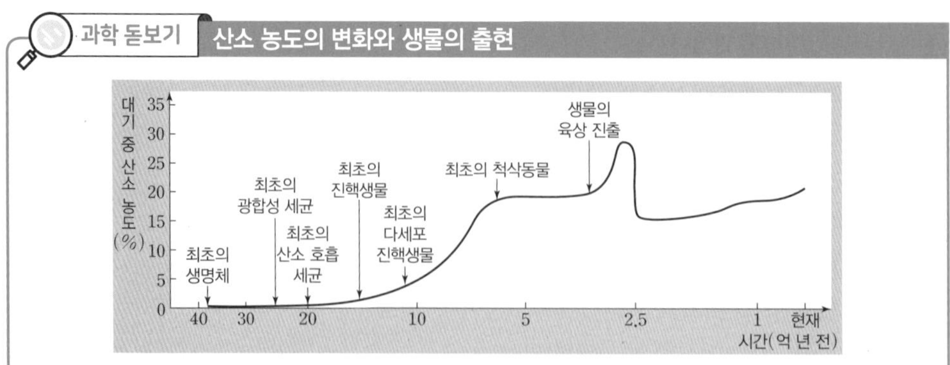

- 최초의 생명체는 약 39억 년 전에 나타났으며 무산소 호흡하는 종속 영양 생물이었다.
- 유기물의 감소로 인하여 독립 영양 생물(광합성 세균)이 출현하여 대기 중의 산소 농도가 증가하였으며, 산소 농도 증가로 산소 호흡을 하는 종속 영양 생물(산소 호흡 세균)이 출현하였다.
- 최초의 생명체는 원핵생물이었고, 이후 원핵생물보다 복잡한 구조를 가지는 진핵생물이 출현하였다.
- 최초의 진핵생물은 단세포 생물이었으며, 이후에 다세포 진핵생물이 등장하여 생물 다양성이 증가하였다.
- 대기 중 산소 농도가 증가하면서 오존층이 형성되어 생물이 육상으로 진출하는 계기가 되었다.

개념 체크

- 최초의 생명체는 원핵생물이며, 세포막의 함입이 일어나고 세포내 공생을 통해 진핵생물로 진화하였다. 이후 단세포 진핵생물로부터 다세포 진핵생물이 출현하였다.

1. (　　)은 독립적으로 생활하던 산소 호흡을 하는 원핵생물과 광합성을 하는 원핵생물이 숙주 세포와 공생하다가 각각 미토콘드리아와 (　　)로 분화되었다는 가설이다.

2. 독립된 단세포 진핵생물이 모여 군체를 이룬 후, 환경에 적응하는 과정에서 세포의 형태와 기능이 분화되어 (　　) 진핵생물로 진화하였다.

※ ○ 또는 ×

3. 최초의 진핵생물은 다세포 생물이었다. (　　)

4. 대기 중 산소 농도의 증가로 오존층이 형성되어 자외선을 상당 부분 차단함으로써 바닷속 생물이 육상으로 진출할 수 있었다. (　　)

정답

1. 세포내 공생설, 엽록체
2. 다세포
3. ×
4. ○

[24029-0184]

01 다음은 원시 생명체의 탄생 가설에 대한 학생 A~C의 대화 내용이다.

화학적 진화설에서 원시 지구 대기의 성분은 산화성 기체입니다.
심해 열수구설에서 유기물의 합성 장소는 해저입니다.
화학적 진화설과 심해 열수구설 모두에서 유기물 합성에는 에너지가 필요하지 않습니다.
학생 A
학생 B
학생 C

제시한 내용이 옳은 학생만을 있는 대로 고른 것은?

① A ② B ③ A, C ④ B, C ⑤ A, B, C

[24029-0185]

02 그림은 밀러와 유리의 실험을 나타낸 것이다.

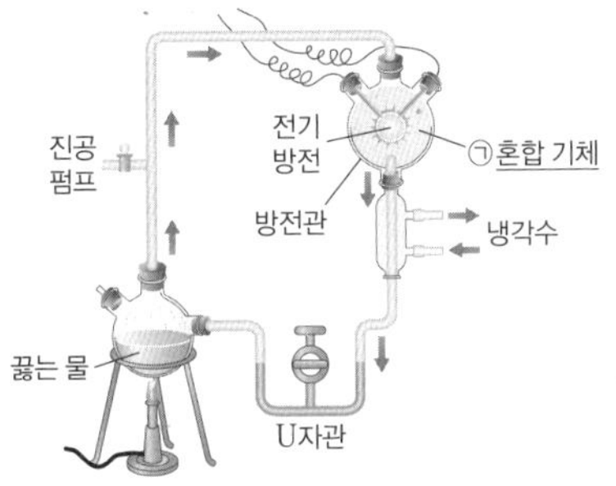

이에 대한 설명으로 옳은 것만을 〈보기〉에서 있는 대로 고른 것은?

보기
ㄱ. ㉠에는 수소(H_2)와 메테인(CH_4)이 모두 포함된다.
ㄴ. U자관에 고인 물은 원시 지구의 바다를 재현한 것이다.
ㄷ. 전기 방전은 물질 합성에 필요한 에너지를 공급한다.

① ㄱ ② ㄴ ③ ㄱ, ㄷ ④ ㄴ, ㄷ ⑤ ㄱ, ㄴ, ㄷ

[24029-0186]

03 그림은 밀러와 유리의 실험에서 U자관 내의 A와 B의 농도 변화를 나타낸 것이다. A와 B는 아미노산과 암모니아를 순서 없이 나타낸 것이다.

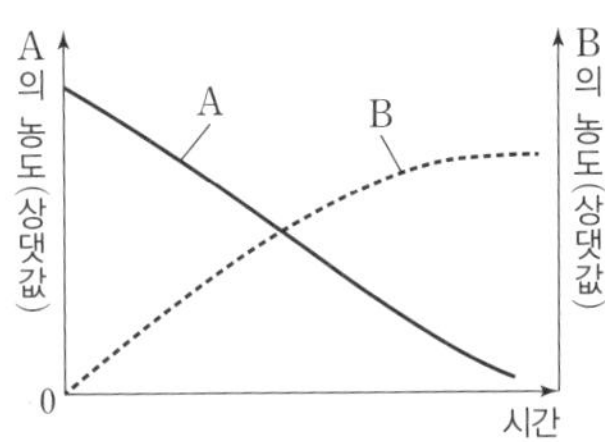

이에 대한 설명으로 옳은 것만을 〈보기〉에서 있는 대로 고른 것은?

보기
ㄱ. A는 암모니아이다.
ㄴ. B는 단백질의 기본 단위이다.
ㄷ. A와 B는 모두 간단한 유기물에 해당한다.

① ㄱ ② ㄷ ③ ㄱ, ㄴ ④ ㄱ, ㄷ ⑤ ㄴ, ㄷ

[24029-0187]

04 그림은 화학적 진화설에 따른 원시 세포(원시 생명체)의 출현 과정의 일부를 나타낸 것이다.

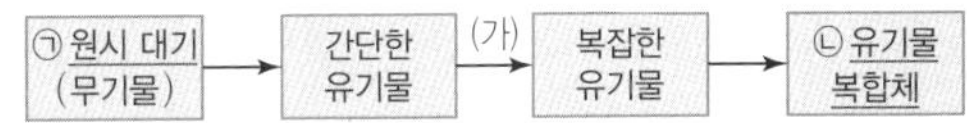

이에 대한 설명으로 옳은 것만을 〈보기〉에서 있는 대로 고른 것은?

보기
ㄱ. ㉠에는 환원성 기체 성분이 있다.
ㄴ. 폭스는 아미노산 혼합물을 고압 상태에서 가열하여 아미노산 중합체를 만들어 (가) 과정을 증명하였다.
ㄷ. 코아세르베이트는 ㉡에 해당한다.

① ㄴ ② ㄷ ③ ㄱ, ㄴ ④ ㄱ, ㄷ ⑤ ㄱ, ㄴ, ㄷ

[24029-0188]

05 다음은 원시 세포의 기원으로 추정되는 A와 B에 대한 자료이다. A와 B는 마이크로스피어와 코아세르베이트를 순서 없이 나타낸 것이다.

- 오파린은 탄수화물, 단백질, 핵산의 혼합물로부터 막에 둘러싸인 작은 액체 방울 형태의 유기물 복합체인 A를 만들었다.
- 폭스는 아미노산 용액에 높은 열을 가해 아미노산 중합체를 만든 후, 이것을 물에 넣어 서서히 식혀 작은 액체 방울 형태의 유기물 복합체인 B를 만들었다.

이에 대한 설명으로 옳은 것만을 〈보기〉에서 있는 대로 고른 것은?

보기
ㄱ. A는 코아세르베이트이다.
ㄴ. B는 일정 크기 이상이 되면 스스로 분열한다.
ㄷ. A와 B는 모두 단백질로 구성된 막을 갖는다.

① ㄱ ② ㄴ ③ ㄱ, ㄴ ④ ㄱ, ㄷ ⑤ ㄴ, ㄷ

[24029-0189]

06 다음은 유기물 복합체 ㉠~㉢에 대한 자료이다. ㉠~㉢은 리포솜, 마이크로스피어, 코아세르베이트를 순서 없이 나타낸 것이다.

- ㉠~㉢은 모두 주변 환경으로부터 물질을 흡수하면서 커진다.
- ㉡과 ㉢은 모두 탄소 화합물로 된 막을 갖는다.
- ㉢은 물속의 인지질이 뭉쳐 만들어졌다.

이에 대한 설명으로 옳은 것만을 〈보기〉에서 있는 대로 고른 것은?

보기
ㄱ. ㉠은 탄소가 포함된 물질을 갖는다.
ㄴ. ㉡은 리포솜이다.
ㄷ. ㉠~㉢ 중 현재의 세포막과 가장 유사한 막 구조를 갖는 것은 ㉢이다.

① ㄴ ② ㄷ ③ ㄱ, ㄴ ④ ㄱ, ㄷ ⑤ ㄱ, ㄴ, ㄷ

[24029-0190]

07 표 (가)는 물질 A~C에서 특징 ㉠~㉢의 유무를 나타낸 것이고, (나)는 ㉠~㉢을 순서 없이 나타낸 것이다. A~C는 DNA, 단백질, 리보자임을 순서 없이 나타낸 것이다.

구분	㉠	㉡	㉢
A	○	○	?
B	×	?	○
C	?	×	×

(○: 있음, ×: 없음)

(가)

특징(㉠~㉢)
• 아미노산으로 구성된다.
• 촉매 기능을 할 수 있다.
• 유전 정보를 저장할 수 있다.

(나)

이에 대한 설명으로 옳은 것만을 〈보기〉에서 있는 대로 고른 것은?

보기
ㄱ. A는 단백질이다.
ㄴ. C를 구성하는 당은 리보스이다.
ㄷ. ㉠은 '유전 정보를 저장할 수 있다.'이다.

① ㄴ ② ㄷ ③ ㄱ, ㄴ ④ ㄱ, ㄷ ⑤ ㄱ, ㄴ, ㄷ

[24029-0191]

08 그림은 리보자임 X의 구조와 기능을 나타낸 것이다. X는 RNA ㉠을 분해한다.

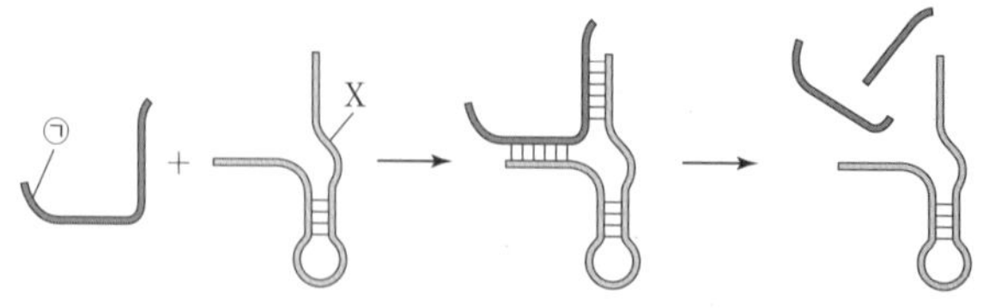

이에 대한 설명으로 옳은 것만을 〈보기〉에서 있는 대로 고른 것은?

보기
ㄱ. 타이민(T)은 ㉠을 구성한다.
ㄴ. X는 촉매로 작용한다.
ㄷ. X를 구성하는 기본 단위는 뉴클레오타이드이다.

① ㄱ ② ㄷ ③ ㄱ, ㄴ ④ ㄴ, ㄷ ⑤ ㄱ, ㄴ, ㄷ

[24029-0192]

09 그림은 유전 정보 체계 (가)~(다)를 나타낸 것이다. (다)는 DNA에 기반을 둔 오늘날의 생명체의 유전 정보 체계를 나타낸 것이다. ㉠과 ㉡은 DNA와 RNA를 순서 없이 나타낸 것이다.

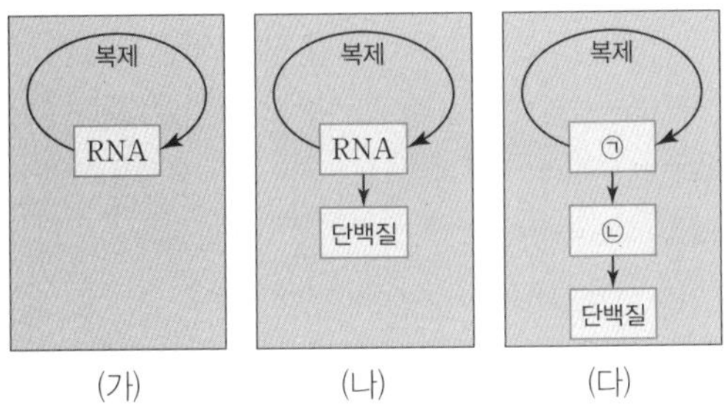

이에 대한 설명으로 옳은 것만을 〈보기〉에서 있는 대로 고른 것은?

보기

ㄱ. RNA 우선 가설에 의하면 최초 생명체의 유전 정보 체계는 (나)이다.
ㄴ. (나)와 (다) 모두에서 단백질은 효소 기능을 담당한다.
ㄷ. ㉡은 ㉠보다 유전 정보 저장에 더 유리하다.

① ㄴ ② ㄷ ③ ㄱ, ㄴ ④ ㄱ, ㄷ ⑤ ㄴ, ㄷ

[24029-0193]

10 다음은 원시 생명체의 진화에 대한 학생 A~C의 발표 내용이다.

최초의 생명체는 무산소 호흡을 했습니다.
최초의 산소 호흡을 하는 생물이 출현한 후 최초의 광합성을 하는 생물이 출현했습니다.
최초의 진핵생물은 다세포 생물입니다.
학생 A
학생 B
학생 C

제시한 내용이 옳은 학생만을 있는 대로 고른 것은?

① A ② C ③ A, B ④ A, C ⑤ B, C

[24029-0194]

11 다음은 원시 생명체의 진화에 대한 자료이다. A~C는 광합성 세균, 산소 호흡 세균, 다세포 진핵생물을 순서 없이 나타낸 것이다.

- 최초의 A의 출현 시기는 최초의 단세포 진핵생물 출현 이후이다.
- 세포내 공생설에 따르면 미토콘드리아의 기원은 B이고, 엽록체의 기원은 C이다.

이에 대한 설명으로 옳은 것만을 〈보기〉에서 있는 대로 고른 것은?

보기

ㄱ. A는 핵막을 갖는다.
ㄴ. C는 종속 영양 생물이다.
ㄷ. 최초의 B는 최초의 C보다 먼저 출현하였다.

① ㄱ ② ㄴ ③ ㄱ, ㄷ ④ ㄴ, ㄷ ⑤ ㄱ, ㄴ, ㄷ

[24029-0195]

12 그림은 지구의 대기 변화와 생물의 출현 과정을 나타낸 것이다. ㉠~㉢은 광합성 세균, 무산소 호흡 종속 영양 생물, 산소 호흡 세균을 순서 없이 나타낸 것이다.

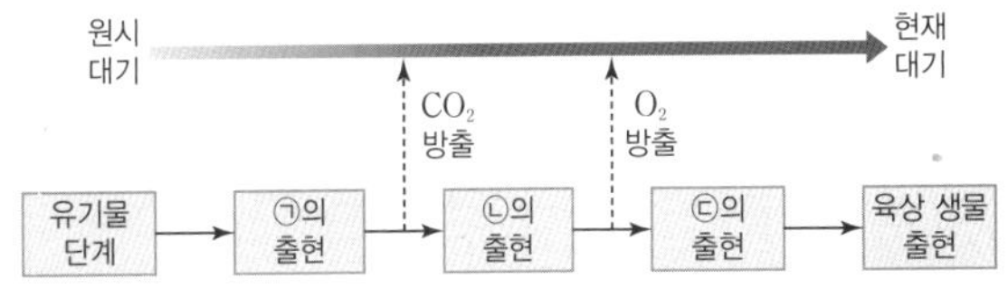

이에 대한 설명으로 옳은 것만을 〈보기〉에서 있는 대로 고른 것은?

보기

ㄱ. 세포내 공생설에 따르면 미토콘드리아의 기원은 ㉠이다.
ㄴ. ㉡은 빛에너지를 화학 에너지로 전환한다.
ㄷ. 육상 생물 출현 시기에는 ㉢은 존재하지 않았다.

① ㄱ ② ㄴ ③ ㄱ, ㄷ ④ ㄴ, ㄷ ⑤ ㄱ, ㄴ, ㄷ

[24029-0196]

13 다음은 진핵생물의 출현 가설에 대한 자료이다. (가)와 (나)는 막 진화설과 세포내 공생설을 순서 없이 나타낸 것이다.

- (가)는 독립적으로 생활하던 ㉠산소 호흡 세균과 광합성 세균이 숙주 세포와 공생하다가 각각 미토콘드리아와 엽록체로 분화되었다는 가설이다.
- (나)는 생명체가 가진 세포막이 세포 안으로 함입되어 막성 세포 소기관으로 분화되었다는 가설이다.

이에 대한 설명으로 옳은 것만을 <보기>에서 있는 대로 고른 것은?

보기

ㄱ. (가)는 세포내 공생설이다.
ㄴ. ㉠의 세포막은 미토콘드리아의 내막 구조와 유사하다.
ㄷ. (나)에 따르면 세포막이 세포 안으로 함입되어 분화된 막성 세포 소기관에는 골지체가 있다.

① ㄴ ② ㄷ ③ ㄱ, ㄴ ④ ㄱ, ㄷ ⑤ ㄱ, ㄴ, ㄷ

[24029-0197]

14 그림은 세포내 공생설을 나타낸 것이다. 미토콘드리아의 기원은 ㉠이고, 엽록체의 기원은 ㉡이다. ㉠과 ㉡은 각각 광합성 세균과 산소 호흡 세균 중 하나이다.

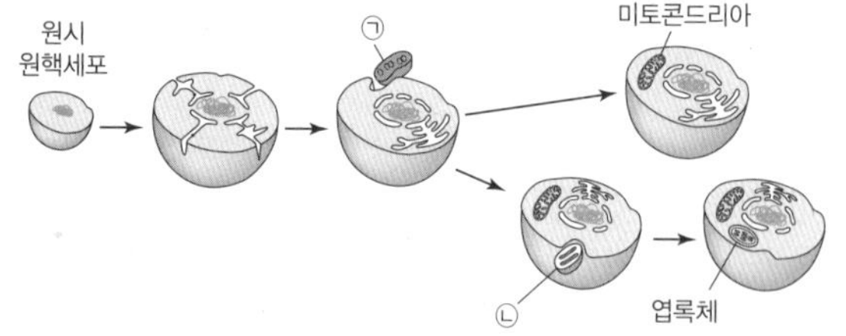

이에 대한 설명으로 옳은 것만을 <보기>에서 있는 대로 고른 것은?

보기

ㄱ. ㉠은 산소 호흡 세균이다.
ㄴ. ㉡은 종속 영양 생물에 속한다.
ㄷ. ㉠과 ㉡은 모두 유전 물질을 갖는다.

① ㄱ ② ㄴ ③ ㄱ, ㄷ ④ ㄴ, ㄷ ⑤ ㄱ, ㄴ, ㄷ

[24029-0198]

15 그림은 단세포 진핵생물로부터 (나)가 출현하는 과정을 나타낸 것이다. (가)와 (나)는 각각 단세포 진핵생물의 군체와 초기 다세포 진핵생물 중 하나이다.

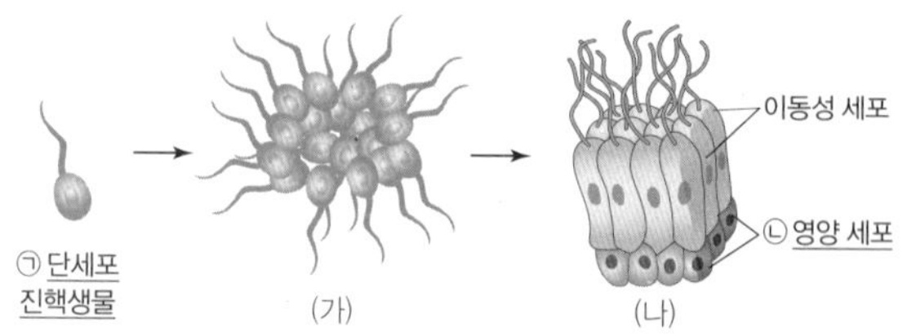

이에 대한 설명으로 옳은 것만을 <보기>에서 있는 대로 고른 것은?

보기

ㄱ. (가)는 초기 다세포 진핵생물이다.
ㄴ. ㉠과 ㉡은 모두 핵막을 갖는다.
ㄷ. 최초의 광합성을 하는 원핵생물은 (나)보다 먼저 출현했다.

① ㄱ ② ㄷ ③ ㄱ, ㄴ ④ ㄴ, ㄷ ⑤ ㄱ, ㄴ, ㄷ

[24029-0199]

16 그림은 지구의 탄생부터 현재까지 생물 ㉠~㉢이 존재한 기간을 나타낸 것이다. ㉠~㉢은 광합성 세균, 산소 호흡 세균, 단세포 진핵생물을 순서 없이 나타낸 것이다.

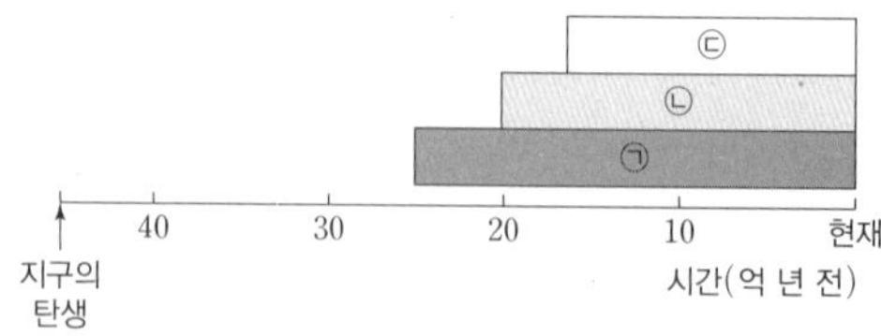

이에 대한 설명으로 옳은 것만을 <보기>에서 있는 대로 고른 것은?

보기

ㄱ. ㉠은 산소 호흡 세균이다.
ㄴ. ㉡은 미토콘드리아를 갖는다.
ㄷ. ㉢은 단백질을 갖는다.

① ㄴ ② ㄷ ③ ㄱ, ㄴ ④ ㄱ, ㄷ ⑤ ㄱ, ㄴ, ㄷ

[24029-0200]

01 그림은 화학적 진화설에 따른 원시 세포(원시 생명체)의 출현 과정의 일부를, 표는 그림의 (가)와 (나) 과정 중 어느 한 과정을 증명한 실험을 나타낸 것이다. ⓐ는 오파린과 폭스 중 하나이다.

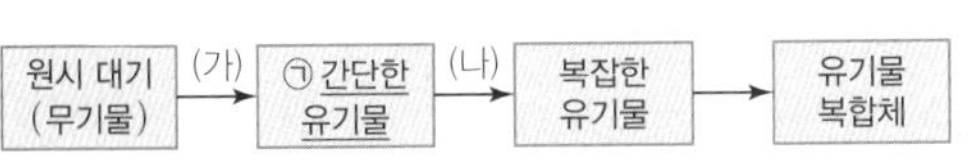

• ⓐ는 아미노산 혼합물을 고압 상태에서 가열하여 아미노산 중합체를 만들었다.

이에 대한 설명으로 옳은 것만을 <보기>에서 있는 대로 고른 것은?

보기

ㄱ. 핵산은 ㉠에 해당한다.
ㄴ. 표는 (가) 과정을 증명한 실험이다.
ㄷ. ⓐ는 폭스이다.

① ㄱ ② ㄷ ③ ㄱ, ㄴ ④ ㄴ, ㄷ ⑤ ㄱ, ㄴ, ㄷ

폭스는 고온 · 고압 상태에서 아미노산으로부터 아미노산 중합체가 합성됨을 확인하였다.

[24029-0201]

02 다음은 밀러와 유리의 실험이다.

(가) 방전관 안에 ㉠혼합 기체를 넣고 순환시켰다.
(나) 둥근 플라스크에 열을 가해 물을 끓였다.
(다) 방전관 내부에 고압의 전기 방전을 1주일 동안 계속 가하였다.
(라) 1주일 동안 U자관 내 용액 속 A와 B의 농도 변화를 측정한 결과 A의 농도는 감소하였고, B의 농도는 증가하였다. A와 B는 아미노산과 암모니아를 순서 없이 나타낸 것이다.

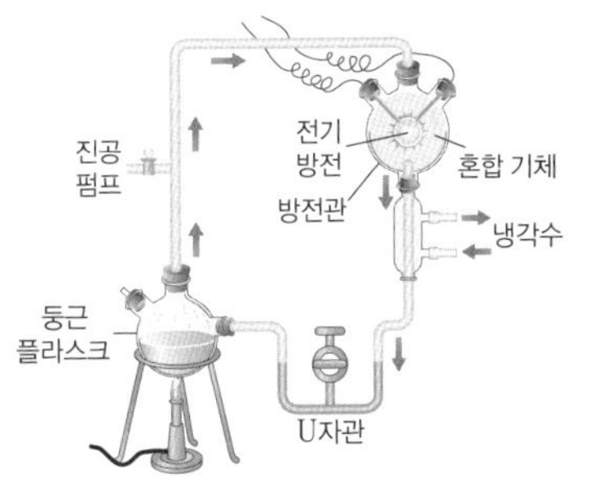

이에 대한 설명으로 옳은 것만을 <보기>에서 있는 대로 고른 것은?

보기

ㄱ. ㉠에는 이산화 탄소(CO_2)가 포함된다.
ㄴ. (나) 과정은 수증기를 공급하고, 화산 폭발 등의 에너지로 인한 고온 상태를 재현한 것이다.
ㄷ. A는 암모니아이다.

① ㄱ ② ㄷ ③ ㄱ, ㄴ ④ ㄴ, ㄷ ⑤ ㄱ, ㄴ, ㄷ

밀러와 유리는 화학적 진화설의 원시 지구 환경과 비슷한 조건을 조성하여 혼합 기체로부터 간단한 유기물이 합성됨을 확인하였다.

유기물 복합체인 코아세르베이트, 마이크로스피어, 리포솜은 모두 막을 가지고 있고, 분열할 수 있으며, 주변으로부터 물질을 흡수할 수 있다.

[24029-0202]

03 표 (가)는 유기물 복합체 A~C에서 특징 ㉠~㉢의 유무를 나타낸 것이고, (나)는 ㉠~㉢을 순서 없이 나타낸 것이다. A~C는 리포솜, 마이크로스피어, 코아세르베이트를 순서 없이 나타낸 것이다.

구분	㉠	㉡	㉢
A	×	?	○
B	ⓐ	○	○
C	○	×	ⓑ

(○: 있음, ×: 없음)

(가)

특징(㉠~㉢)
• 물속에서 인지질이 뭉쳐 만들어졌다. • 탄소 화합물로 구성된 막을 가지고 있다. • 일정 크기 이상이 되면 분열할 수 있다

(나)

이에 대한 설명으로 옳은 것만을 〈보기〉에서 있는 대로 고른 것은?

보기

ㄱ. ⓐ와 ⓑ는 모두 '○'이다.
ㄴ. ㉠은 '일정 크기 이상이 되면 분열할 수 있다.'이다.
ㄷ. A~C 중 인지질 2중층의 막 구조를 갖는 것은 B이다.

① ㄱ ② ㄴ ③ ㄱ, ㄴ ④ ㄱ, ㄷ ⑤ ㄴ, ㄷ

DNA와 리보자임은 유전 정보를 저장할 수 있지만 단백질은 유전 정보를 저장할 수 없다.

[24029-0203]

04 표 (가)는 물질의 3가지 특징을, (나)는 (가)의 특징 중 물질 A~C가 가지는 특징의 개수를 나타낸 것이다. A~C는 DNA, 단백질, 리보자임을 순서 없이 나타낸 것이다.

특징
• 효소 기능을 할 수 있다. • 유전 정보를 저장할 수 있다. • 기본 단위가 뉴클레오타이드이다.

(가)

물질	물질이 가지는 특징의 개수
A	1
B	3
C	ⓐ

(나)

이에 대한 설명으로 옳은 것만을 〈보기〉에서 있는 대로 고른 것은?

보기

ㄱ. ⓐ는 2이다.
ㄴ. A는 단백질이다.
ㄷ. B의 구성 성분에는 리보스가 있다.

① ㄴ ② ㄷ ③ ㄱ, ㄴ ④ ㄱ, ㄷ ⑤ ㄱ, ㄴ, ㄷ

[24029-0204]

05 그림은 원시 지구에서 생명체가 출현하는 과정의 일부를, 표는 생물의 3가지 특징을 나타낸 것이다. A~C는 최초의 광합성 세균, 최초의 무산소 호흡 종속 영양 생물, 최초의 산소 호흡 세균을 순서 없이 나타낸 것이다.

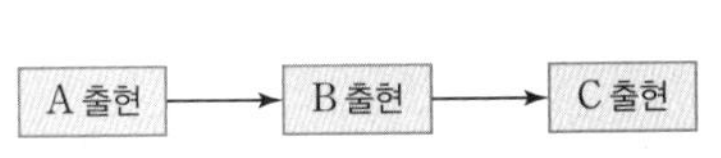

특징
• RNA를 갖는다.
• 종속 영양을 한다.
• ㉠ 빛에너지를 화학 에너지로 전환한다.

이에 대한 설명으로 옳은 것만을 〈보기〉에서 있는 대로 고른 것은?

보기

ㄱ. A는 최초의 무산소 호흡 종속 영양 생물이다.
ㄴ. B는 표의 특징을 모두 갖는다.
ㄷ. A와 C는 모두 ㉠을 갖는다.

① ㄱ ② ㄷ ③ ㄱ, ㄴ ④ ㄴ, ㄷ ⑤ ㄱ, ㄴ, ㄷ

광합성 세균은 빛에너지를 화학 에너지로 전환하여 독립 영양을 하고, 무산소 호흡 종속 영양 생물과 산소 호흡 세균은 종속 영양을 한다.

[24029-0205]

06 그림은 막 진화설과 세포내 공생설을 나타낸 것이고, 표는 물질 ㉠과 ㉡의 특징에 대한 설명이다. ⓐ와 ⓑ는 미토콘드리아와 엽록체를 순서 없이 나타낸 것이고, ㉠과 ㉡은 단백질과 리보자임을 순서 없이 나타낸 것이다.

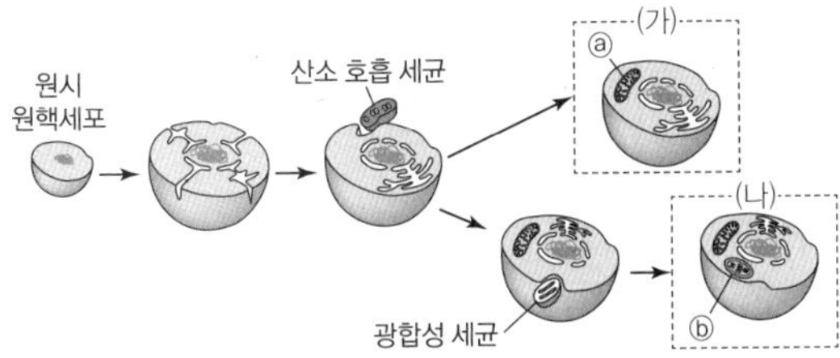

• ㉠과 ㉡ 중 ㉠만 유전 정보를 저장할 수 있다.
• ㉠과 ㉡은 모두 촉매 기능을 할 수 있다.

이에 대한 설명으로 옳은 것만을 〈보기〉에서 있는 대로 고른 것은?

보기

ㄱ. ⓑ는 ㉡을 갖는다.
ㄴ. (가)와 (나)는 모두 핵막을 갖는다.
ㄷ. ㉠의 기본 단위는 아미노산이다.

① ㄱ ② ㄷ ③ ㄱ, ㄴ ④ ㄴ, ㄷ ⑤ ㄱ, ㄴ, ㄷ

세포내 공생설은 독립적으로 생활하던 산소 호흡 세균과 광합성 세균이 숙주 세포와 공생하다가 각각 미토콘드리아와 엽록체로 분화되었다는 가설이다.

10 생물의 분류와 다양성

개념 체크

◐ 분류는 생물들 사이의 계통을 밝히는 것을 목적으로 하며, 계층적인 생물 분류는 생물의 유연관계에 기초하여 이루어진다.

1. (　　)은 생물 분류의 가장 기본이 되는 분류군이다.

2. (　　)은 국제적으로 통용되는 생물의 이름이며, 국제명명규약에 따라 정해진다.

3. 3역 6계 분류 체계에서 분류 단계를 좁은 범위에서 넓은 범위 순으로 나타내면 종, (　　), (　　), 목, (　　), 문, 계, (　　)이다.

※ ○ 또는 ×

4. 두 생물종의 하위 분류 단계가 같으면 그 분류 단계보다 상위 분류 단계도 같고, 두 생물종의 상위 분류 단계가 다르면 그 분류 단계보다 하위 분류 단계도 다르다. (　　)

5. 속명이 다르더라도 종소명이 같은 두 생물은 같은 종에 속한다. (　　)

정답

1. 종
2. 학명
3. 속, 과, 강, 역
4. ○
5. ×

1 생물의 분류와 계통수

(1) 분류의 개념: 공통된 특징을 바탕으로 생물을 여러 무리로 나누는 것이며, 생물들 사이의 계통을 밝히는 것이 목적이다.

(2) 종의 정의와 학명

① 종(생물학적 종)의 정의: 생물 분류의 가장 기본이 되는 분류군이다. 다른 종과 생식적으로 격리된 자연 집단으로 같은 종의 개체 사이에서는 생식 능력이 있는 자손이 태어난다.

과학 돋보기 | 종의 개념

- 형태학적 종: 린네에 의해 체계화된 것으로, 형태와 구조가 비슷하여 다른 개체들과 구별되는 개체들의 무리이다.
- 생물학적 종: 다른 종과 구별되는 공통적인 특징과 생활형을 가지고 서로 교배하여 생식 능력이 있는 자손을 낳을 수 있는 무리를 뜻하며, 생식적 격리를 중요시한다.
- 인위적인 환경에서 암말과 수탕나귀의 교배로 노새가 태어나는데, 노새는 자연 상태에서 자손을 낳을 수 없는 종간 잡종이다. 따라서 말과 당나귀는 서로 다른 종으로 분류된다.

② 학명: 국제적으로 통용되는 생물의 이름이며, 국제명명규약에 따라 정해져야 인정을 받는다.

- 린네에 의해 제시된 이명법을 사용하며, 라틴어 또는 라틴어화하여 이탤릭체로 기록한다.
- 이명법: 속명과 종소명으로 구성되며, 종소명 뒤에 명명자의 이름을 쓴다. 속명의 첫 글자는 대문자로, 종소명의 첫 글자는 소문자로 표기하며, 명명자는 생략할 수 있다.

학명(이명법):	속명	+ 종소명	+ 명명자
예 사람:	*Homo*	*sapiens*	Linné
구상나무:	*Abies*	*koreana*	E.H.Wilson

(3) 분류 단계

① 가까운 공통 조상을 공유하는 생물들은 좁은 범위에서 분류군을 형성하며, 더 먼 공통 조상을 공유하는 생물들은 좀 더 넓은 범위에서 분류군을 형성한다.

② 분류군의 범위를 넓혀 가면서 종, 속, 과, 목, 강, 문, 계, 역과 같은 8개의 분류 단계로 배정할 수 있으며, 계층적인 생물 분류는 생물의 유연관계에 기초하여 이루어진다.

종	속	과	목	강	문	계	역
사람	사람속	사람과	영장목	포유강	척삭동물문	동물계	진핵생물역
공작나비	공작나비속	네발나빗과	나비목	곤충강	절지동물문	동물계	진핵생물역
벼	벼속	볏과	벼목	외떡잎식물강	속씨식물문	식물계	진핵생물역

(4) 계통수

① 생물의 계통을 나뭇가지 모양으로 나타낸 그림으로 공통 조상에서 유래한 공통된 특징을 이용하여 작성한다.

② 계통수 작성에는 생물의 형태와 발생, DNA의 염기 서열 등 진화 과정을 보여 주는 다양한 형질이 이용된다.

③ 계통수를 통해 생물 사이의 유연관계와 진화 경로를 쉽게 파악할 수 있다.

과학 돋보기 **계통수**

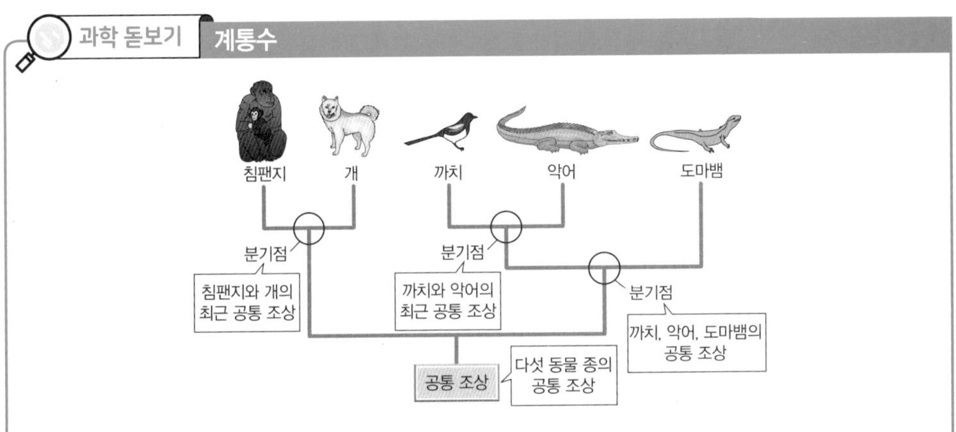

- 계통수 아래에는 공통 조상이 위치하고 가지 끝에는 현재 존재하는 생물종이 위치한다.
- 공통 조상에서 나뭇가지를 따라가면 가지가 갈라지는 분기점이 있는데, 분기점은 한 공통 조상에서 두 계통이 나누어져 진화하였음을 의미한다.
- 최근의 공통 조상을 공유할수록 생물종 사이의 유연관계가 가깝다. → 침팬지는 개와 유연관계가 가장 가깝고, 악어는 도마뱀보다 까치와 유연관계가 더 가깝다.

2 분류 체계

(1) **분류 체계**: 다양한 종을 비교하여 계통적으로 관련 있는 종끼리 묶어 체계적으로 정리한 것으로, 생물의 진화적 유연관계를 반영하고 있다.

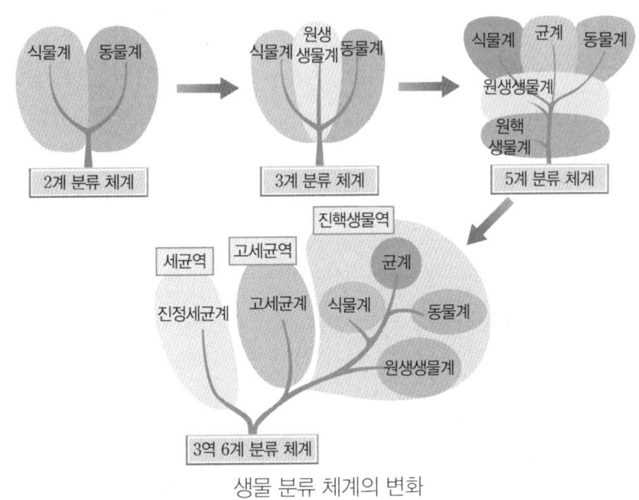

생물 분류 체계의 변화

(2) **분류 체계의 변화**: 초기에는 형태와 구조의 유사성을 중심으로 이루어져 진화적 관계가 반영되지 않았으나 최근의 분류 체계는 진화적 관계를 더욱 명확하게 반영한다.

① **2계 분류 체계**: 생물을 식물계와 동물계로 구분하였다.

② **3계 분류 체계**: 현미경의 발달로 미생물이 발견되면서 식물계, 동물계 중 어디에도 속하지 않는 생물종들을 묶어 원생생물계로 분류하였다.

③ **5계 분류 체계**: 전자 현미경의 발달로 핵막이 없는 원핵생물계가 원생생물계에서 분리되었고, 생물의 영양 방식을 고려하여 식물계에서 균계를 분리하였다.

④ **3역 6계 분류 체계**: 특정 rRNA의 염기 서열을 이용하여 작성한 계통수를 근거로 세균역, 고세균역, 진핵생물역의 3역과 진정세균계, 고세균계, 원생생물계, 식물계, 균계, 동물계의 6계로 분류하였다. 오늘날에는 이 분류 체계가 널리 받아들여지고 있다.

개념 체크

- 계통수는 생물의 계통을 나뭇가지 모양으로 나타낸 그림으로 생물 사이의 유연관계와 진화 경로를 쉽게 파악할 수 있다.
- 분류 체계는 생명 과학의 발달에 따라 변화하였으며, 오늘날에는 3역 6계 분류 체계가 널리 받아들여지고 있다.

1. 계통수 맨 아래에는 계통수에 있는 모든 생물종의 (　　)이 위치한다.

2. 3역 6계 분류 체계에서 3개의 역에는 세균역, (　　), 진핵생물역이 있다.

※ ○ 또는 ×

3. 최근의 공통 조상을 공유할수록 생물종 사이의 유연관계가 멀다. (　　)

4. 3역 6계 분류 체계에서 균계, 동물계, 식물계, 원생생물계는 모두 진핵생물역에 속한다. (　　)

정답
1. 공통 조상
2. 고세균역
3. ×
4. ○

개념 체크

◎ 고세균역에 속하는 생물은 원핵세포로 구성되어 있지만, 유전 정보의 발현이 세균역보다 진핵생물역과 유사하다.
◎ 핵막의 유무, 세포벽의 유무와 성분, 영양 방식 등으로 생물을 6계로 구분할 수 있다.

1. 균계와 동물계의 유연관계는 균계와 식물계의 유연관계보다 ( ).

2. 식물계는 ( ) 영양 생물이고, 균계와 동물계는 ( ) 영양 생물이다.

3. ( )는 동물계, 식물계, 균계에 속하지 않는 진핵생물이 묶인 무리이다.

※ ○ 또는 ×

4. 고세균역과 세균역의 유연관계는 고세균역과 진핵생물역의 유연관계보다 가깝다. ( )

5. 식물계의 세포벽에는 셀룰로스 성분이 있고, 균계의 세포벽에는 키틴 성분이 있다. ( )

정답
1. 가깝다
2. 독립, 종속
3. 원생생물계
4. ×
5. ○

탐구자료 살펴보기 **5계 분류 체계와 3역 6계 분류 체계 비교**

자료

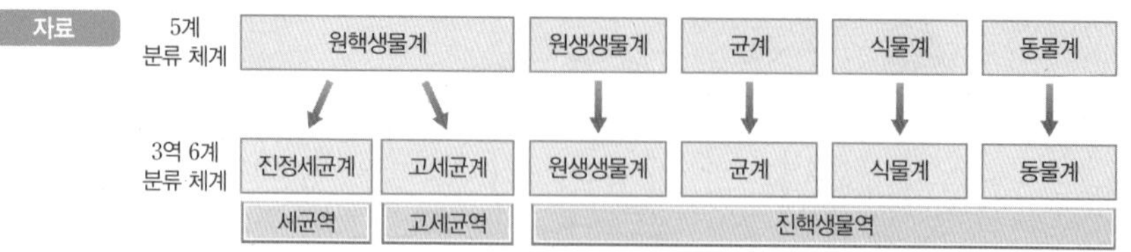

분석

① 두 분류 체계는 모두 원생생물계, 균계, 식물계, 동물계의 분류군을 가진다.
② 3역 6계 분류 체계에서는 5계 분류 체계의 원핵생물계에 속해 있던 세균과 고세균을 세균역의 진정세균계와 고세균역의 고세균계로 분리하였으며, 원생생물계, 균계, 식물계, 동물계를 하나로 묶어 진핵생물역으로 분류하였다.

point

• 고세균역에 속하는 생물은 원핵세포로 구성되어 있지만, 유전 정보의 발현이 세균역보다 진핵생물역과 유사하다.
→ 고세균역은 세균역보다 진핵생물역과 유연관계가 가깝다.

(3) 3역 6계 분류 체계

① 3역의 특징

특징	세균역	고세균역	진핵생물역
핵막과 막성 세포 소기관	핵막과 막성 세포 소기관이 없는 원핵세포		핵막과 막성 세포 소기관이 있는 진핵세포
세포벽의 펩티도글리칸	있음	없음	없음
히스톤과 결합한 DNA	없음	일부 있음	있음
염색체 모양	원형	원형	선형

② 6계의 특징

6계	특징
진정세균계	• 단세포 원핵생물로, 세포벽에 펩티도글리칸 성분이 있다. • 독립 영양 생물과 종속 영양 생물이 모두 포함되며, 분열법으로 증식하고 세대가 짧다. 예 젖산균, 대장균, 남세균 등
고세균계	• 단세포 원핵생물로, 세포벽에 펩티도글리칸 성분이 없다. • 대부분 극한 환경에서 서식한다. 예 극호열균, 극호염균, 메테인 생성균 등
원생생물계	• 동물계, 식물계, 균계에 속하지 않는 진핵생물이 묶인 무리이다. • 대부분 단세포 진핵생물이며, 독립 영양 생물과 종속 영양 생물이 모두 포함된다. 예 아메바, 짚신벌레, 유글레나, 다시마, 미역 등
식물계	• 다세포 진핵생물로, 세포벽에 셀룰로스 성분이 있다. • 주로 육상에서 서식하며, 광합성을 하는 독립 영양 생물이다. 예 우산이끼, 소나무, 고사리, 살구나무 등
동물계	• 다세포 진핵생물로, 세포벽이 없다. • 종속 영양 생물로, 운동 기관과 감각 기관이 발달해 있다. 예 오징어, 개구리, 침팬지, 고래 등
균계	• 효모와 같은 단세포 진핵생물도 있지만 대부분 다세포 진핵생물이다. • 세포벽에 키틴 성분이 있으며, 몸은 균사로 이루어져 있다. • 포자로 번식하며, 종속 영양 생물이다. 예 버섯, 곰팡이, 효모 등

3 식물의 분류

(1) 식물계의 특징

① 주로 육상에서 생활하는 다세포 진핵생물이다.

② 엽록소 a, 엽록소 b, 카로티노이드 등의 광합성 색소가 있으며, 광합성을 하여 유기물을 생산하는 독립 영양 생물이다.

③ 세포막 바깥에는 셀룰로스 성분의 세포벽이 있다.

④ 잎에 있는 큐티클층은 수분 손실을 막고, 기공은 기체 교환에 따른 수분 손실을 최소화한다.

솔이끼 고사리 은행나무 소나무 백합 장미

비관다발 식물 | 비종자 관다발 식물 | 겉씨식물 | 속씨식물

씨방 없음 | 씨방 있음

종자 없음 | 종자 있음

관다발 없음 | 관다발 있음

공통 조상

식물의 계통수

(2) 식물계의 분류: 관다발의 유무, 종자의 유무 등에 따라 분류할 수 있다.

① 비관다발 식물(선태식물)

- 최초의 육상 식물로, 수중 생활에서 육상 생활로 옮겨 가는 중간 단계의 특성을 나타낸다.
- 관다발이 없어 관다발을 통한 물과 양분의 수송이 이루어지지 못하므로, 물기가 마르지 않는 습한 곳에서 서식한다.
- 포자로 번식하며, 우산이끼, 솔이끼, 뿔이끼 등이 있다.

우산이끼(선태식물)

② 비종자 관다발 식물

- 뿌리, 줄기, 잎의 구분이 뚜렷하고, 관다발을 가지고 있다.
- 관다발에는 형성층이 없고, 헛물관과 체관을 가지고 있다.
- 그늘지고 습한 곳에 서식하며, 포자로 번식한다.
- 석송식물문과 양치식물문으로 분류하며, 석송, 고사리, 고비, 쇠뜨기 등이 있다.

고사리(양치식물)

③ 종자식물

- 육상 생활에 가장 잘 적응한 식물 무리로서, 식물 중 가장 많은 종을 포함한다.
- 뿌리, 줄기, 잎의 구분이 뚜렷하고, 관다발이 잘 발달하였다.
- 종자로 번식하며, 종자는 단단한 껍질에 둘러싸여 있다.
- 씨방의 유무에 따라 겉씨식물과 속씨식물로 구분된다.

구분	특징	그림
겉씨 식물	• 씨방이 없어서 밑씨가 겉으로 드러나 있다. • 꽃잎과 꽃받침이 발달하지 않고, 암수 생식 기관이 따로 형성된다. • 관다발은 헛물관과 체관으로 이루어져 있다. • 소철식물문, 은행식물문, 마황식물문, 구과식물문으로 분류하며, 가장 대표적인 겉씨식물은 소나무, 전나무 등이 속한 구과식물문이다.	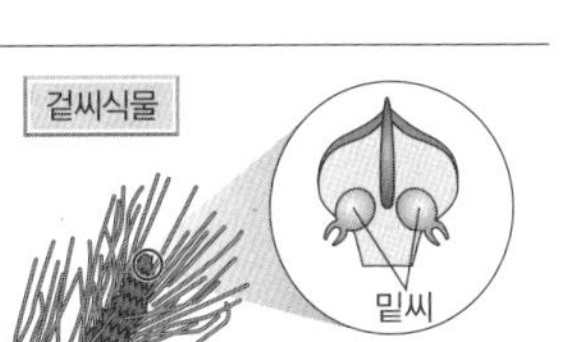
속씨 식물	• 밑씨가 씨방에 들어 있으며, 밑씨는 수정 후 종자로 발달한다. • 오늘날 지구에서 가장 번성하는 식물 무리이며, 꽃잎과 꽃받침이 잘 발달하였다. • 관다발은 물관과 체관으로 이루어져 있다. • 외떡잎식물과 쌍떡잎식물이 있으며, 종자 속에 들어 있는 배의 떡잎 수에 의해 구분된다.	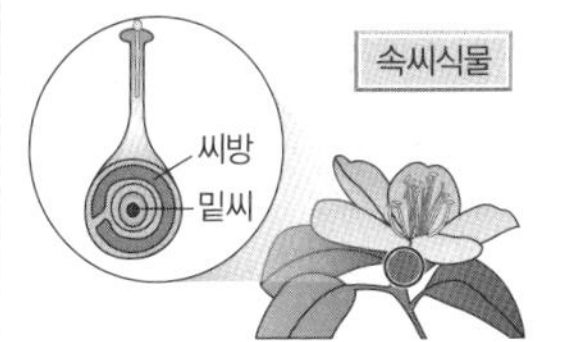

개념 체크

- 식물계는 독립 영양 생물로 관다발의 유무, 종자의 유무에 따라 비관다발 식물, 비종자 관다발 식물, 종자식물로 분류할 수 있다.
- 종자식물은 씨방의 유무에 따라 겉씨식물과 속씨식물로 분류할 수 있다.

1. 비관다발 식물과 비종자 관다발 식물은 모두 (　　)로 번식하고, 종자식물은 (　　)로 번식한다.

2. 비종자 관다발 식물은 석송식물문과 (　　)으로 분류한다.

3. 겉씨식물은 (　　)이 없어 밑씨가 겉으로 드러나 있다.

※ ○ 또는 ×

4. 비종자 관다발 식물과 종자식물은 모두 관다발을 가지고 있다. (　　)

5. 속씨식물은 외떡잎식물과 쌍떡잎식물로 분류할 수 있다. (　　)

정답

1. 포자, 종자
2. 양치식물문
3. 씨방
4. ○
5. ○

개념 체크

- 동물계는 종속 영양 생물로 몸의 대칭성에 따라 방사 대칭 동물과 좌우 대칭 동물로 분류할 수 있다.
- 동물계는 배엽의 수에 따라 무배엽성 동물, 2배엽성 동물, 3배엽성 동물로 분류할 수 있다.

1. 동물계는 세포벽이 없는 다세포 (　　)로, 종속 영양 생물이다.

2. 3배엽성 동물은 외배엽과 내배엽 사이에 (　　)을 형성한다.

※ ○ 또는 ×

3. 좌우 대칭 동물은 머리와 꼬리, 앞과 뒤, 등과 배의 방향성이 나타난다. (　　)

4. 2배엽성 동물은 몸이 좌우 대칭이다. (　　)

정답

1. 진핵생물
2. 중배엽
3. ○
4. ×

과학 돋보기 외떡잎식물과 쌍떡잎식물의 비교

구분	떡잎(떡잎 수)	잎맥	관다발 배열	예
외떡잎식물	외떡잎(1장)	나란히맥	불규칙적인 배열	벼, 보리, 옥수수, 백합 등
쌍떡잎식물	쌍떡잎(2장)	그물맥	규칙적인 배열	해바라기, 장미, 국화, 콩 등

4 동물의 분류

(1) 동물계의 특징

① 세포벽이 없는 다세포 진핵생물로, 종속 영양 생물이다.
② 다양한 운동 기관을 이용하여 장소를 이동하며, 먹이를 섭취하여 살아간다.
③ 대부분 감각 기관과 운동 기관이 발달해 있어 주위의 환경 변화에 빠르고 적극적으로 반응한다.

(2) 동물계의 분류 기준

① 몸의 대칭성에 따른 분류

- 방사 대칭 동물: 감각 기관이 온몸에 고르게 분포해 있어서 모든 방향에서 오는 자극에 반응한다.
- 좌우 대칭 동물: 머리와 꼬리, 앞과 뒤, 등과 배의 방향성이 나타나며, 몸의 앞쪽에 감각 기관이 집중되어 있다.

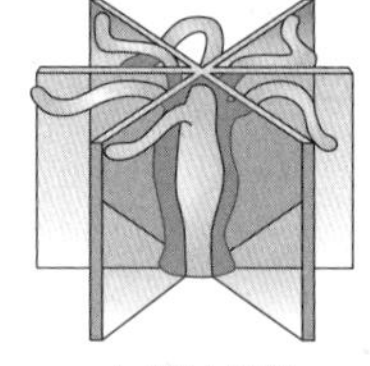
▲ 방사 대칭

▲ 좌우 대칭

동물의 대칭성

② 배엽의 수에 따른 분류

- 무배엽성 동물: 배엽을 형성하지 않는다. 예 해면동물
- 2배엽성 동물: 외배엽과 내배엽만을 형성하며, 몸이 방사 대칭이다. 예 자포동물
- 3배엽성 동물: 외배엽과 내배엽 사이에 중배엽을 형성하며, 몸이 좌우 대칭이다. 예 편형동물, 연체동물, 환형동물, 선형동물, 절지동물, 극피동물, 척삭동물

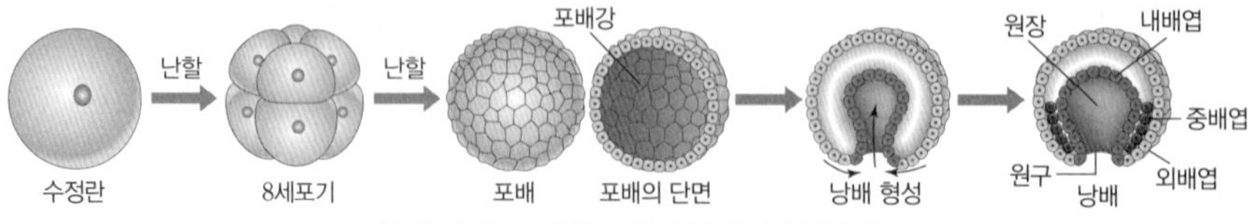

동물의 초기 발생 과정에서의 배엽 형성

③ 원구와 입의 관계에 따른 분류: 3배엽성 동물은 초기 발생 과정에서 원구의 발생 차이에 따라 선구동물과 후구동물로 분류한다.

선구동물	후구동물
원구가 입이 되고 원구의 반대쪽에 항문이 생기는 동물이다.	원구가 항문이 되고 원구의 반대쪽에 입이 생기는 동물이다.

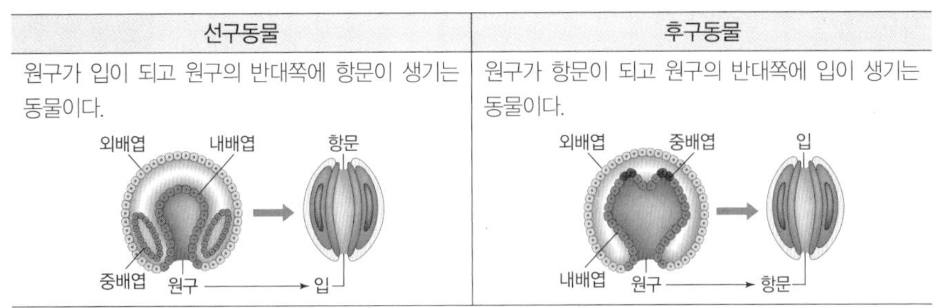

④ DNA의 염기 서열을 이용한 분류: DNA의 염기 서열을 이용하여 작성된 계통수에 따라 선구동물은 촉수담륜동물과 탈피동물로 분류한다.

- 촉수담륜동물: 호흡과 먹이 포획에 이용되는 촉수관을 가지거나 담륜자(트로코포라) 유생 시기를 갖는다. 예 편형동물, 연체동물, 환형동물
- 탈피동물: 성장을 위해 탈피를 하는 동물이다. 예 선형동물, 절지동물

(3) 동물의 계통수

① 해면동물은 대칭성이 없으며, 포배 단계에서 발생이 끝나 배엽을 형성하지 않는다.
② 배엽을 형성하는 동물 중 자포동물은 방사 대칭이며 2배엽성 동물이다.
③ 좌우 대칭 동물은 모두 3배엽성이며, 3배엽성 동물은 선구동물과 후구동물로 분류한다.
④ 선구동물은 촉수담륜동물(편형동물, 연체동물, 환형동물)과 탈피동물(선형동물, 절지동물)로 구분하며, 후구동물에는 극피동물과 척삭동물이 있다.

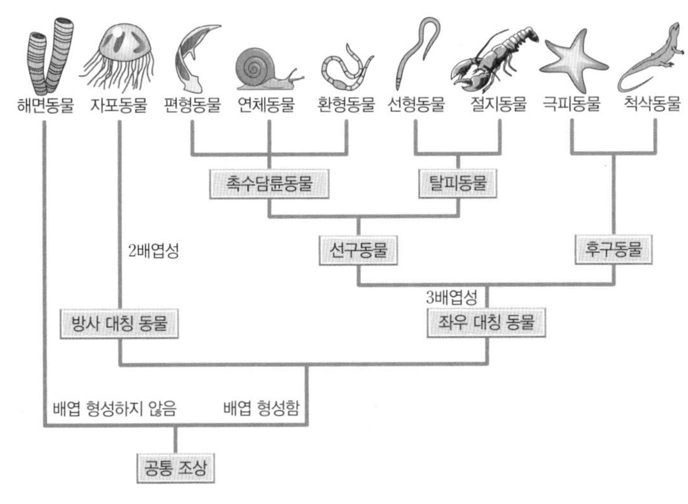

(4) 9개 동물문의 특징

① 해면동물

- 포배 단계의 동물로 조직이나 기관이 분화되어 있지 않다.
- 무대칭성이며, 배엽을 형성하지 않는다.
- 대부분 바다에서 고착 생활을 하며, 물의 흐름을 일으켜 물속에 떠 있는 먹이를 걸러 섭취한다.

예 주황해변해면, 해로동굴해면 등

해면(해면동물)

개념 체크

- 3배엽성 동물은 좌우 대칭 동물로 선구동물과 후구동물로 분류한다.
- 선구동물은 촉수담륜동물과 탈피동물로 분류하고, 후구동물은 극피동물과 척삭동물로 분류한다.

1. (　　)은 방사 대칭이며 2배엽성 동물이다.

2. 선구동물은 촉수담륜동물과 (　　)로 분류한다.

※ ○ 또는 ×

3. 촉수담륜동물에는 편형동물, 연체동물, 환형동물이 있다. (　　)

4. 해면동물은 무배엽성 동물로 조직이나 기관이 분화되어 있지 않다. (　　)

정답
1. 자포동물
2. 탈피동물
3. ○
4. ○

개념 체크

◎ 해면동물, 자포동물, 편형동물, 연체동물, 환형동물, 선형동물, 절지동물, 극피동물, 척삭동물은 각각 고유한 특징을 가지고 있다.

1. 연체동물의 몸은 부드러운 (   )으로 둘러싸여 있으며, 대부분 패각이 있어 몸을 보호한다.

2. 절지동물의 체절로 된 몸은 단단한 외골격으로 덮여 있어 성장 시 (   )를 한다.

※ ○ 또는 ×

3. 환형동물은 호흡, 순환, 운동의 복합적인 역할을 담당하는 수관계를 가지고 있다. ( )

4. 척삭동물은 일생 또는 발생 과정 중 일정 시기에 척삭을 가진다. ( )

② 자포동물

- 몸은 방사 대칭이며, 2배엽성 동물이다.
- 자세포가 있는 촉수를 이용하여 먹이를 잡거나 몸을 보호한다.

예 말미잘, 산호, 해파리, 히드라 등

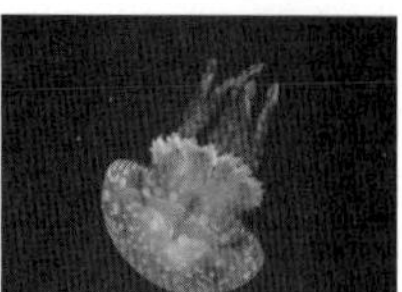

해파리(자포동물)

③ 편형동물

- 몸은 납작하고 좌우 대칭이며, 3배엽성 선구동물이다.
- 원구는 입으로 발달하지만 항문이 없다.

예 플라나리아, 촌충, 디스토마 등

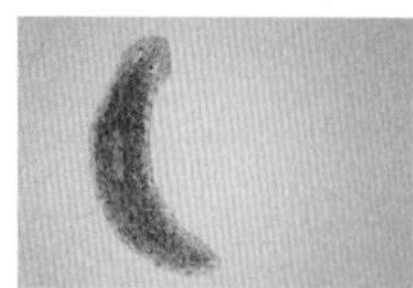

플라나리아(편형동물)

④ 연체동물

- 몸은 좌우 대칭이며 3배엽성 선구동물로, 체절이 없다.
- 몸은 부드러운 외투막으로 둘러싸여 있으며, 대부분 패각이 있어 몸을 보호한다.

예 달팽이, 소라, 대합, 오징어, 문어 등

달팽이(연체동물)

⑤ 환형동물

- 몸은 좌우 대칭이며 3배엽성 선구동물이다.
- 몸은 긴 원통형이고 수많은 체절로 되어 있다.
- 투과성이 큰 피부로 호흡을 하고 소화관이 길게 발달하였다.

예 지렁이, 갯지렁이, 거머리 등

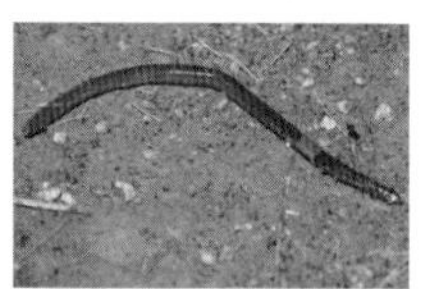

지렁이(환형동물)

⑥ 선형동물

- 몸은 좌우 대칭이며 3배엽성 선구동물이다.
- 몸은 원통형으로 체절이 없으며, 거의 모든 서식 환경에 존재한다.
- 몸의 겉은 큐티클층으로 덮여 있어 주기적인 탈피를 한다.

예 예쁜꼬마선충, 회충, 요충 등

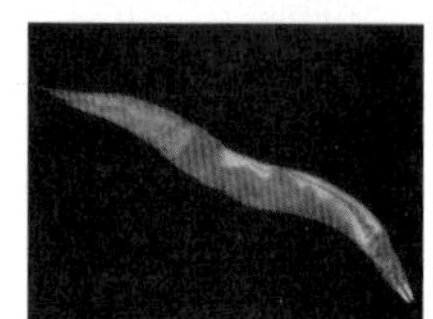

예쁜꼬마선충(선형동물)

⑦ 절지동물

- 몸은 좌우 대칭이며 3배엽성 선구동물로, 전체 동물 종의 대부분을 차지한다.
- 체절로 된 몸은 단단한 외골격으로 덮여 있어 성장 시 탈피를 한다.

예 잠자리, 나비, 게, 가재, 노래기, 지네, 거미, 전갈, 진드기 등

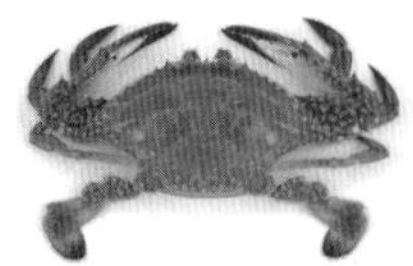

꽃게(절지동물)

⑧ 극피동물

- 유생은 좌우 대칭이지만 성체는 방사 대칭의 몸 구조를 가지며 3배엽성 후구동물이다.
- 호흡, 순환, 운동의 복합적인 역할을 담당하는 수관계를 가지고 있으며, 수관계와 연결된 관족을 움직여 운동한다.

예 불가사리, 해삼, 성게 등

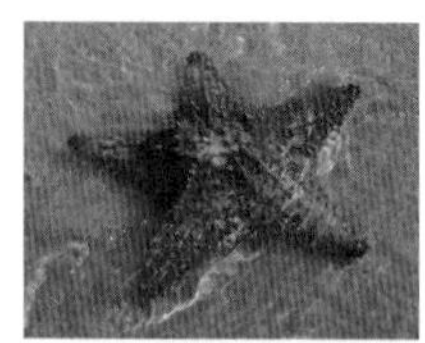

불가사리(극피동물)

⑨ 척삭동물

- 몸은 좌우 대칭이며 3배엽성 후구동물이다.
- 일생 또는 발생 과정 중 일정 시기에 척삭을 가진다. 유생 시기에만 척삭이 나타났다가 없어지는 우렁쉥이와 같은 미삭동물, 일생 동안 뚜렷한 척삭이 나타나는 창고기와 같은 두삭동물, 발생 초기에는 척삭이 나타나지만 성장하면서 척추로 대체되는 척추동물이 있다.

우렁쉥이(척삭동물)

정답

1. 외투막
2. 탈피
3. ×
4. ○

[24029-0206]

01 표는 구과목(Pinales)에 속하는 4종의 식물 A~D의 학명을 나타낸 것이다.

식물	학명
A	*Juniperus rigida*
B	*Pinus rigida*
C	*Pinus* ㉠*densiflora*
D	*Juniperus chinensis*

이에 대한 설명으로 옳은 것만을 〈보기〉에서 있는 대로 고른 것은?

보기
ㄱ. ㉠은 종소명이다.
ㄴ. B와 D는 같은 강에 속한다.
ㄷ. A와 B의 유연관계는 A와 D의 유연관계보다 가깝다.

① ㄱ ② ㄴ ③ ㄱ, ㄴ ④ ㄱ, ㄷ ⑤ ㄴ, ㄷ

[24029-0207]

02 표는 4종의 동물 A~D의 학명과 과명을, 그림은 표를 토대로 작성한 A~D의 계통수를 나타낸 것이다. ㉠~㉢은 B~D를 순서 없이 나타낸 것이다.

동물	학명	과명
A	*Bos taurus*	소과
B	*Alces alces*	사슴과
C	*Bos grunniens*	?
D	*Capra aegagrus*	소과

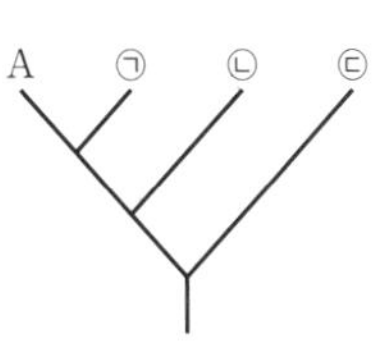

이에 대한 설명으로 옳은 것만을 〈보기〉에서 있는 대로 고른 것은?

보기
ㄱ. C의 학명은 이명법을 사용하였다.
ㄴ. ㉢은 B이다.
ㄷ. ㉠과 ㉡은 같은 목에 속한다.

① ㄱ ② ㄴ ③ ㄱ, ㄷ ④ ㄴ, ㄷ ⑤ ㄱ, ㄴ, ㄷ

[24029-0208]

03 그림은 생물종 ㉠~㉣의 계통수를, 표는 ㉠~㉣의 분류 단계를 나타낸 것이다. ⓐ와 ⓑ는 과와 목을 순서 없이 나타낸 것이다.

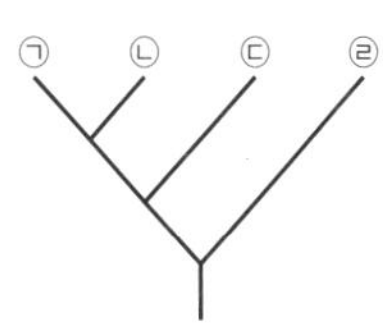

종	ⓐ	ⓑ
㉠	Ⅰ	A
㉡	?	A
㉢	Ⅰ	B
㉣	Ⅱ	?

이에 대한 설명으로 옳은 것만을 〈보기〉에서 있는 대로 고른 것은?

보기
ㄱ. ⓑ는 과이다.
ㄴ. ㉡과 ㉢은 같은 목에 속한다.
ㄷ. ㉠과 ㉡의 유연관계는 ㉠과 ㉣의 유연관계보다 가깝다.

① ㄴ ② ㄷ ③ ㄱ, ㄴ ④ ㄱ, ㄷ ⑤ ㄱ, ㄴ, ㄷ

[24029-0209]

04 표는 생물 A~E에서 특징 ㉠~㉤의 유무를 나타낸 것이다.

특징 \ 생물	A	B	C	D	E
㉠	○	○	×	×	×
㉡	×	×	○	×	○
㉢	×	○	×	×	×
㉣	○	○	×	○	×
㉤	×	×	×	×	○

(○: 있음, ×: 없음)

이를 바탕으로 작성한 계통수로 가장 적절한 것은?

①
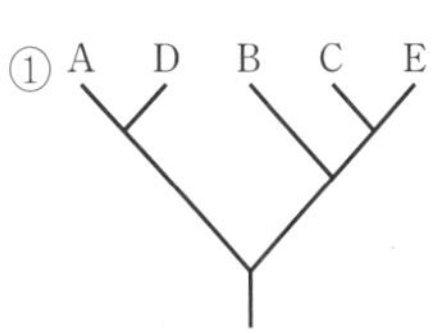

②
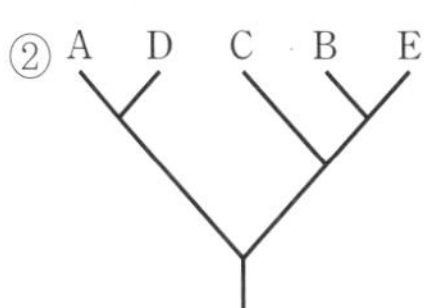

③
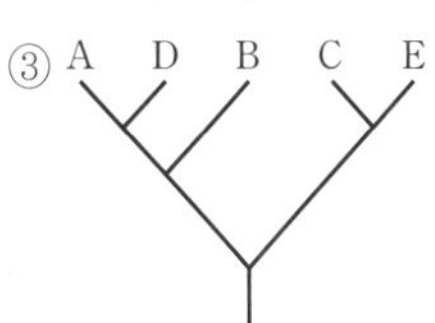

④
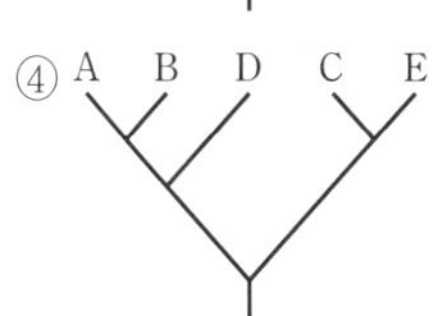

⑤
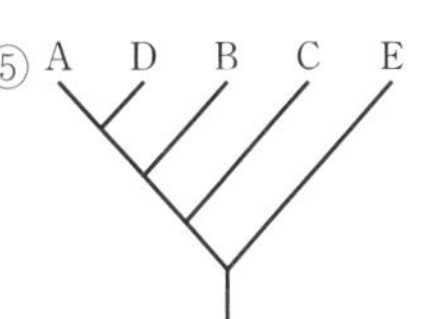

[24029-0210]

05 그림은 2개의 목과 3개의 과로 분류되는 꿀풀, 뽕나무, 양지꽃, 찔레, 해당화의 계통수를 나타낸 것이다.

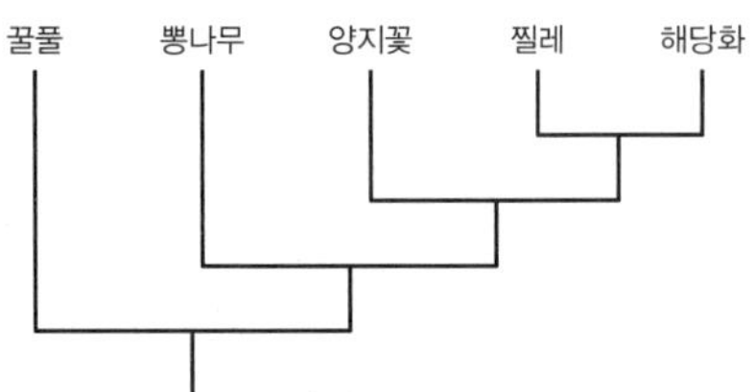

이에 대한 설명으로 옳은 것만을 〈보기〉에서 있는 대로 고른 것은?

보기

ㄱ. 뽕나무와 해당화는 같은 강에 속한다.
ㄴ. 양지꽃과 찔레는 같은 과에 속한다.
ㄷ. 뽕나무와 꿀풀의 유연관계는 뽕나무와 해당화의 유연관계보다 가깝다.

① ㄴ ② ㄷ ③ ㄱ, ㄴ ④ ㄱ, ㄷ ⑤ ㄱ, ㄴ, ㄷ

[24029-0211]

06 그림은 4종의 식물 (가)~(라)의 형태를, 표는 (가)~(라)가 속하는 과와 속을 나타낸 것이다.

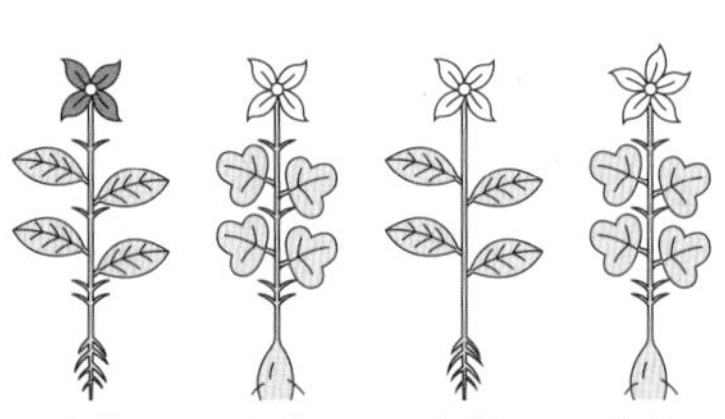

종	과	속
(가)	A	㉠
(나)	A	㉡
(다)	A	㉠
(라)	B	㉢

이에 대한 설명으로 옳은 것만을 〈보기〉에서 있는 대로 고른 것은? (단, 그림에 제시된 식물의 특징만 고려한다.)

보기

ㄱ. 뿌리 모양은 과를 분류하는 특징이다.
ㄴ. (가)와 (나)는 같은 목에 속한다.
ㄷ. (가)와 (다)의 유연관계는 (가)와 (라)의 유연관계보다 가깝다.

① ㄱ ② ㄷ ③ ㄱ, ㄴ ④ ㄴ, ㄷ ⑤ ㄱ, ㄴ, ㄷ

[24029-0212]

07 그림은 3역 6계 분류 체계에 따른 계통수를 나타낸 것이다. ㉠~㉢은 동물계, 식물계, 진정세균계를 순서 없이 나타낸 것이다.

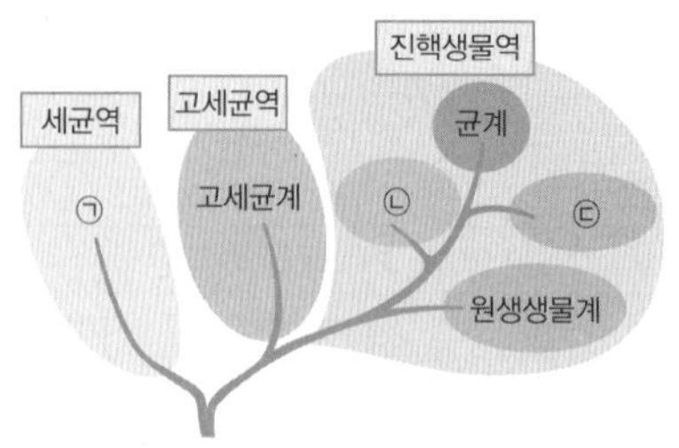

이에 대한 설명으로 옳은 것만을 〈보기〉에서 있는 대로 고른 것은?

보기

ㄱ. ㉠은 식물계이다.
ㄴ. ㉡과 ㉢에 속하는 생물은 모두 핵막을 가지고 있다.
ㄷ. 고세균계와 ㉠의 유연관계는 고세균계와 ㉡의 유연관계보다 가깝다.

① ㄴ ② ㄷ ③ ㄱ, ㄴ ④ ㄱ, ㄷ ⑤ ㄱ, ㄴ, ㄷ

[24029-0213]

08 표 (가)는 3역 6계로 분류되는 3종류의 생물을, (나)는 생물의 3가지 특징을 나타낸 것이다.

생물
민들레
붉은빵곰팡이
메테인 생성균

(가)

특징
• 리보솜이 있다.
• 관다발이 있다.
• ㉠미토콘드리아가 있다.

(나)

이에 대한 설명으로 옳은 것만을 〈보기〉에서 있는 대로 고른 것은?

보기

ㄱ. (가)에서 ㉠을 갖는 생물은 1종류이다.
ㄴ. 메테인 생성균은 (나)의 특징 중 2가지만 갖는다.
ㄷ. 민들레와 붉은빵곰팡이는 모두 진핵생물역에 속한다.

① ㄱ ② ㄷ ③ ㄱ, ㄴ ④ ㄴ, ㄷ ⑤ ㄱ, ㄴ, ㄷ

[24029-0214]

09 그림은 3역 6계 분류 체계에 따른 균계와 3개의 계 A~C의 계통수를, 표는 생물의 3가지 특징을 나타낸 것이다. A~C는 동물계, 진정세균계, 식물계를 순서 없이 나타낸 것이다.

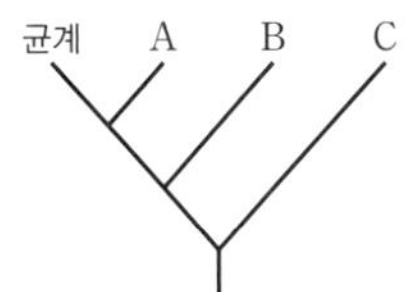

특징
• DNA가 있다.
• ㉠세포벽이 있다.
• 독립 영양 생물이다.

이에 대한 설명으로 옳은 것만을 〈보기〉에서 있는 대로 고른 것은?

보기

ㄱ. A에는 표의 특징을 모두 갖는 생물이 있다.
ㄴ. B에 속하는 생물은 ㉠을 갖는다.
ㄷ. B와 C 모두에 핵막을 갖는 생물이 있다.

① ㄱ ② ㄴ ③ ㄱ, ㄴ ④ ㄱ, ㄷ ⑤ ㄴ, ㄷ

[24029-0215]

10 다음은 식물 A~C에 대한 자료이다. A~C는 소나무, 옥수수, 우산이끼를 순서 없이 나타낸 것이다.

• A와 B는 모두 관다발을 가지고 있지만, C는 관다발을 가지고 있지 않다.
• A는 겉씨식물에 속하고, B는 속씨식물에 속한다.

이에 대한 설명으로 옳은 것만을 〈보기〉에서 있는 대로 고른 것은?

보기

ㄱ. A는 소나무이다.
ㄴ. B와 C는 모두 종자로 번식한다.
ㄷ. C는 셀룰로스 성분의 세포벽이 있다.

① ㄱ ② ㄷ ③ ㄱ, ㄴ ④ ㄱ, ㄷ ⑤ ㄴ, ㄷ

[24029-0216]

11 표 (가)는 식물 A~C에서 특징 ㉠~㉢의 유무를 나타낸 것이고, (나)는 ㉠~㉢을 순서 없이 나타낸 것이다. A~C는 장미, 뿔이끼, 쇠뜨기를 순서 없이 나타낸 것이다.

구분	㉠	㉡	㉢
A	×	○	ⓐ
B	?	×	○
C	○	ⓑ	?

(○: 있음, ×: 없음)

(가)

특징(㉠~㉢)
• 종자로 번식한다.
• 관다발을 가지고 있다.
• 엽록소 a를 가지고 있다.

(나)

이에 대한 설명으로 옳은 것만을 〈보기〉에서 있는 대로 고른 것은?

보기

ㄱ. A는 쇠뜨기이다.
ㄴ. ⓐ와 ⓑ는 모두 '○'이다.
ㄷ. ㉡은 '관다발을 가지고 있다.'이다.

① ㄴ ② ㄷ ③ ㄱ, ㄴ ④ ㄱ, ㄷ ⑤ ㄱ, ㄴ, ㄷ

[24029-0217]

12 표는 생물의 3가지 특징과 생물 A~C 중 각 특징을 가지는 생물을 모두 나타낸 것이다. A~C는 벼, 석송, 은행나무를 순서 없이 나타낸 것이다.

특징	특징을 가지는 생물
종자로 번식한다.	A, B
씨방이 있다.	A
㉠	C

이에 대한 설명으로 옳은 것만을 〈보기〉에서 있는 대로 고른 것은?

보기

ㄱ. A는 벼이다.
ㄴ. C는 포자로 번식한다.
ㄷ. '세포벽을 가지고 있다.'는 ㉠에 해당한다.

① ㄴ ② ㄷ ③ ㄱ, ㄴ ④ ㄱ, ㄷ ⑤ ㄱ, ㄴ, ㄷ

[24029-0218]

13 다음은 동물 A~D에 대한 자료이다. A~D는 달팽이, 불가사리, 예쁜꼬마선충, 지렁이를 순서 없이, ㉠과 ㉡은 선구동물과 후구동물을 순서 없이 나타낸 것이다.

- A, B, C는 모두 ㉠에 속하고, D는 ㉡에 속한다.
- A와 B 모두에는 체절이 없지만, C에는 체절이 있다.
- A와 C는 모두 촉수담륜동물에 속한다.

이에 대한 설명으로 옳은 것만을 〈보기〉에서 있는 대로 고른 것은?

보기

ㄱ. ㉠은 원구가 항문이 되는 동물이다.
ㄴ. B는 탈피동물에 속한다.
ㄷ. A와 C의 유연관계는 A와 D의 유연관계보다 가깝다.

① ㄴ ② ㄷ ③ ㄱ, ㄴ ④ ㄱ, ㄷ ⑤ ㄴ, ㄷ

[24029-0219]

14 그림은 고양이와 동물 A~D의 계통수를 나타낸 것이고, 표는 이 계통수의 분류 기준이 되는 특징 ㉠~㉢을 순서 없이 나타낸 것이다. A~D는 오징어, 우렁쉥이(멍게), 지네, 해파리를 순서 없이 나타낸 것이다.

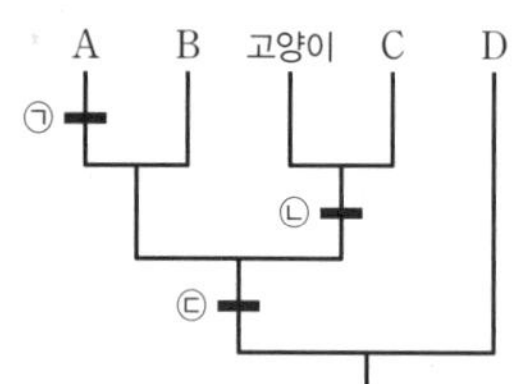

특징(㉠~㉢)
• 중배엽을 형성한다.
• 원구가 항문이 된다.
• 촉수담륜동물에 속한다.

이에 대한 설명으로 옳은 것만을 〈보기〉에서 있는 대로 고른 것은?

보기

ㄱ. B는 외골격을 가지고 있다.
ㄴ. C는 척삭동물에 속한다.
ㄷ. ㉠은 '중배엽을 형성한다.'이다.

① ㄴ ② ㄷ ③ ㄱ, ㄴ ④ ㄱ, ㄷ ⑤ ㄱ, ㄴ, ㄷ

[24029-0220]

15 표 (가)는 동물의 특징을, (나)는 (가)의 특징 중 동물 A~D가 갖는 특징의 개수를 나타낸 것이다. A~D는 오징어, 회충, 해면, 해삼을 순서 없이 나타낸 것이다.

특징
• 탈피동물에 속한다.
• ㉠원구가 입이 된다.
• 기관이 분화되어 있다.
• 3배엽성 동물에 속한다.

(가)

구분	특징의 개수
A	ⓐ
B	2
C	3
D	4

(나)

이에 대한 설명으로 옳은 것만을 〈보기〉에서 있는 대로 고른 것은?

보기

ㄱ. ⓐ는 1이다.
ㄴ. B는 ㉠을 가지고 있다.
ㄷ. C는 촉수담륜동물에 속한다.

① ㄱ ② ㄷ ③ ㄱ, ㄴ ④ ㄴ, ㄷ ⑤ ㄱ, ㄴ, ㄷ

[24029-0221]

16 표는 동물 A~C에서 특징 ㉠과 ㉡의 유무를 나타낸 것이다. A~C는 게, 지렁이, 창고기를 순서 없이 나타낸 것이고, A와 B의 유연관계는 A와 C의 유연관계보다 가깝다. ㉠과 ㉡은 '외골격을 가지고 있다.'와 '척삭을 가지고 있다.'를 순서 없이 나타낸 것이다.

구분	㉠	㉡
A	×	ⓐ
B	?	×
C	?	○

(○: 있음, ×: 없음)

이에 대한 설명으로 옳은 것만을 〈보기〉에서 있는 대로 고른 것은?

보기

ㄱ. ㉡은 '척삭을 가지고 있다.'이다.
ㄴ. ⓐ는 '○'이다.
ㄷ. B와 C는 선구동물에 속한다.

① ㄱ ② ㄷ ③ ㄱ, ㄴ ④ ㄱ, ㄷ ⑤ ㄴ, ㄷ

[24029-0222]

01 표는 식육목(Carnivora)에 속하는 6종의 동물 A~F의 학명과 과명을, 그림은 A~F의 유연관계를 계통수로 나타낸 것이다. A~F는 3개의 과로 분류된다.

종	학명	과명
A	*Panthera pardus*	?
B	*Canis lupus*	개과
C	*Viverricula indica*	?
D	*Canis aureus*	?
E	*Felis catus*	고양이과
F	*Panthera uncia*	고양이과

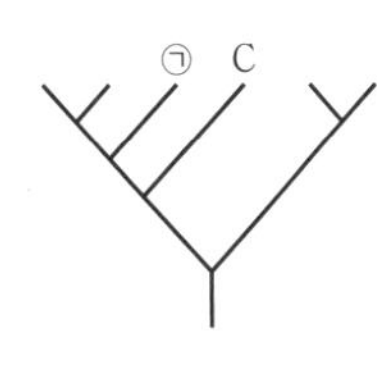

이에 대한 설명으로 옳은 것만을 <보기>에서 있는 대로 고른 것은?

보기
ㄱ. ㉠은 E이다.
ㄴ. A와 B는 서로 다른 강에 속한다.
ㄷ. C와 F의 유연관계는 C와 D의 유연관계보다 가깝다.

① ㄱ ② ㄷ ③ ㄱ, ㄴ ④ ㄱ, ㄷ ⑤ ㄴ, ㄷ

생물은 종, 속, 과, 목, 강, 문, 계, 역과 같은 8개의 분류 단계로 배정할 수 있다. 과는 속보다 상위 분류 단계이므로 같은 속에 속하는 생물은 같은 과에 속한다.

[24029-0223]

02 표는 3개의 과로 분류되는 생물종 A~E의 유연관계를 파악할 수 있는 어떤 단백질의 아미노산 자리 중 11~16의 아미노산 정보이고, 그림은 11~16에서 일어난 아미노산 치환 ㉠~㉥을 기준으로 작성한 계통수이다. (가)~(라)는 B~E를 순서 없이 나타낸 것이고, 아미노산 치환은 각 아미노산 자리에서 1회씩만 일어났다.

종	아미노산 자리					
	11	12	13	14	15	16
A	발린	프롤린	발린	라이신	알라닌	글리신
B	발린	류신	발린	라이신	세린	세린
C	발린	프롤린	발린	알라닌	알라닌	글리신
D	류신	류신	세린	라이신	알라닌	글리신
E	류신	류신	발린	라이신	알라닌	글리신
공통 조상	발린	류신	발린	라이신	세린	글리신

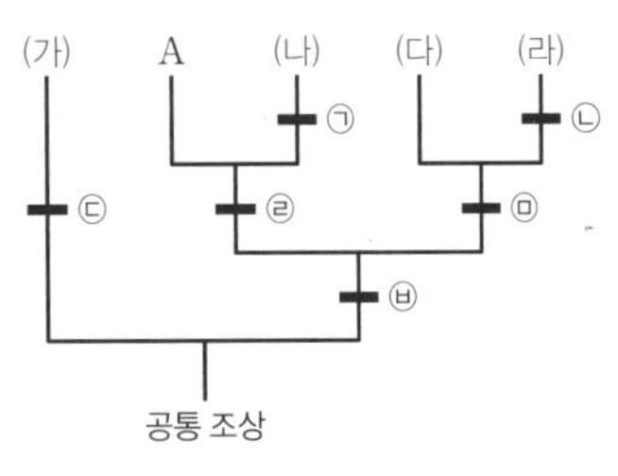

이에 대한 설명으로 옳은 것만을 <보기>에서 있는 대로 고른 것은?

보기
ㄱ. (다)는 E이다.
ㄴ. ㉤은 아미노산 자리 12에서 일어난 아미노산 치환이다.
ㄷ. A와 E는 같은 과에 속한다.

① ㄱ ② ㄷ ③ ㄱ, ㄴ ④ ㄴ, ㄷ ⑤ ㄱ, ㄴ, ㄷ

계통수에서 최근의 공통 조상을 공유할수록 생물종 사이의 유연관계가 가까우며 단백질의 아미노산 서열이 비슷하다.

3역 6계 분류 체계에서 생물은 세균역, 고세균역, 진핵생물역의 3역과 진정세균계, 고세균계, 원생생물계, 식물계, 균계, 동물계의 6계로 분류한다. 남세균은 진정세균계에, 메테인 생성균은 고세균계에, 소나무는 식물계에, 지렁이는 동물계에 속한다.

[24029-0224]

03 그림은 3역 6계 분류 체계에 따른 6계의 계통수를, 표는 생물 (가)~(라)의 특징을 나타낸 것이다. A~D는 고세균계, 동물계, 식물계, 진정세균계를 순서 없이 나타낸 것이고, (가)~(라)는 남세균, 지렁이, 메테인 생성균, 소나무를 순서 없이 나타낸 것이다.

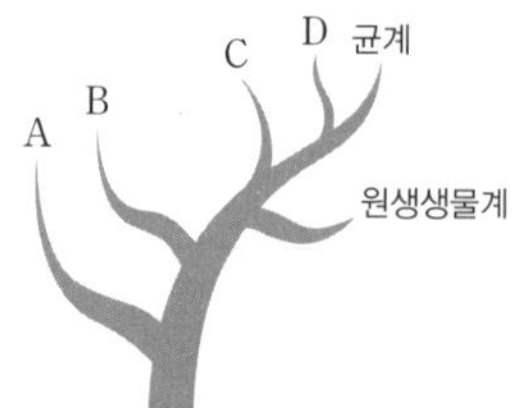

생물	특징
(가)	?
(나)	B에 속한다.
(다)	밑씨가 있다.
(라)	기관계를 갖는다.

이에 대한 설명으로 옳은 것만을 〈보기〉에서 있는 대로 고른 것은?

보기

ㄱ. (다)는 D에 속한다.
ㄴ. (나)와 (다)는 모두 세포벽을 가지고 있다.
ㄷ. (가)와 (나)의 유연관계는 (나)와 (라)의 유연관계보다 가깝다.

① ㄱ ② ㄴ ③ ㄱ, ㄴ ④ ㄱ, ㄷ ⑤ ㄴ, ㄷ

식물계에 속하는 식물은 관다발의 유무, 종자의 유무, 씨방의 유무로 분류할 수 있다.

[24029-0225]

04 표 (가)는 식물의 특징을, (나)는 (가)의 특징 중 식물 A~D가 갖는 특징의 개수를 나타낸 것이다. A~D는 민들레, 석송, 소나무, 솔이끼를 순서 없이 나타낸 것이다.

특징
• 관다발이 있다. • 종자를 만들어 번식한다. • 밑씨가 씨방 안에 들어 있다. • 셀룰로스 성분의 세포벽이 있다.

(가)

구분	특징의 개수
A	ⓐ
B	1
C	2
D	4

(나)

이에 대한 설명으로 옳은 것만을 〈보기〉에서 있는 대로 고른 것은?

보기

ㄱ. ⓐ는 3이다.
ㄴ. B는 솔이끼이다.
ㄷ. D는 뿌리, 줄기, 잎의 구별이 뚜렷하다.

① ㄱ ② ㄷ ③ ㄱ, ㄴ ④ ㄴ, ㄷ ⑤ ㄱ, ㄴ, ㄷ

[24029-0226]

05 그림은 새우와 A~C의 유연관계에 따른 계통수를, 표는 동물 (가)~(다)에 대한 자료를 나타낸 것이다. A~C는 벌, 말미잘, 오징어를 순서 없이 나타낸 것이고, ㉠은 분류의 기준이 되는 특징이다. (가)~(다)는 A~C를 순서 없이 나타낸 것이다.

벌과 새우는 모두 절지동물에, 말미잘은 자포동물에, 오징어는 연체동물에 속한다.

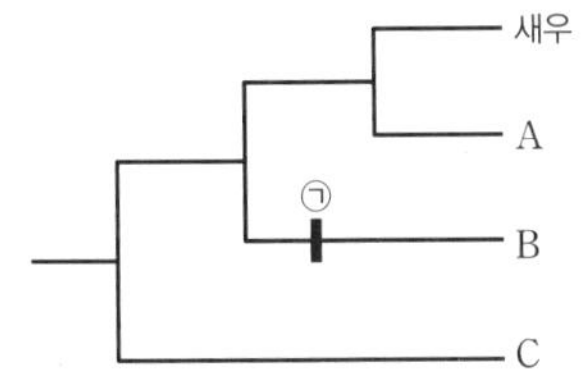

- (가)와 (나)는 모두 중배엽을 형성하지만 (다)는 중배엽을 형성하지 않는다.
- (가)에는 체절이 있지만 (나)와 (다)에는 모두 체절이 없다.

이에 대한 설명으로 옳은 것만을 〈보기〉에서 있는 대로 고른 것은?

보기

ㄱ. (가)는 탈피동물에 속한다.
ㄴ. (나)는 C이다.
ㄷ. '외투막을 가지고 있다.'는 ㉠에 해당한다.

① ㄱ ② ㄷ ③ ㄱ, ㄴ ④ ㄱ, ㄷ ⑤ ㄴ, ㄷ

[24029-0227]

06 표 (가)는 동물 A~C에서 특징 ㉠~㉢의 유무를 나타낸 것이고, (나)는 ㉠~㉢을 순서 없이 나타낸 것이다. A~C는 갯지렁이, 꽃게, 창고기를 순서 없이 나타낸 것이다.

갯지렁이는 환형동물에, 꽃게는 절지동물에, 창고기는 척삭동물에 속한다.

구분	㉠	㉡	㉢
A	×	○	○
B	×	×	?
C	○	ⓐ	×

(○: 있음, ×: 없음)

(가)

특징(㉠~㉢)
• 탈피를 한다.
• 선구동물이다.
• 척삭을 가지고 있다.

(나)

이에 대한 설명으로 옳은 것만을 〈보기〉에서 있는 대로 고른 것은?

보기

ㄱ. ⓐ는 '×'이다.
ㄴ. ㉠은 '척삭을 가지고 있다.'이다.
ㄷ. A와 B의 유연관계는 A와 C의 유연관계보다 가깝다.

① ㄱ ② ㄷ ③ ㄱ, ㄴ ④ ㄴ, ㄷ ⑤ ㄱ, ㄴ, ㄷ

11 생물의 진화

개념 체크

◘ 화석은 환경 변화와 생물의 진화를 보여주는 가장 직접적인 증거이다.

◘ 비교해부학적 증거에는 상동 형질(상동 기관), 상사 형질(상사 기관), 흔적 기관이 있다.

1. (   )은 지층이 형성될 당시의 생물 다양성과 환경의 특성을 보여주므로 환경 변화와 생물의 진화를 보여주는 가장 직접적인 증거이다.

2. (   ) 형질은 공통 조상으로부터 물려받은 형태적 특징으로 이를 통해 이들이 공통 조상으로부터 진화했다는 것을 알 수 있다.

※ ○ 또는 ×

3. 다양한 생물의 해부학적 특성을 비교하여 이들의 진화를 알 수 있는 것은 진화의 증거 중 비교해부학적 증거에 해당한다. (   )

4. 흔적 기관은 공통 조상으로부터 물려받지 않았지만 서로 형태적으로 유사해진 특징이다. (   )

정답

1. 화석
2. 상동
3. ○
4. ×

1 생물 진화의 증거

(1) 화석상의 증거: 화석을 연구하면 지층이 형성될 당시의 생물 다양성과 환경의 특성을 알 수 있으므로 화석은 환경 변화와 생물의 진화를 보여주는 가장 직접적인 증거이다.

① **고래 화석**: 현생 고래는 뒷다리가 흔적으로만 남아 있지만 고래 조상 종의 화석에서는 온전한 뒷다리가 발견된다. 이는 육상 생활을 하던 포유류의 일부가 고래로 진화하였음을 보여준다.

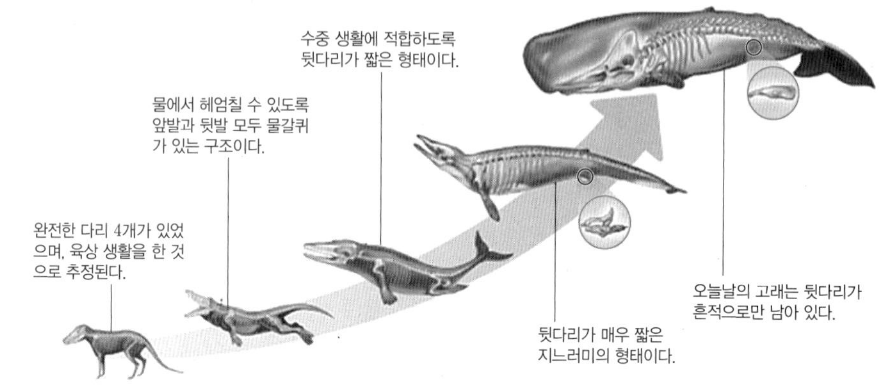
수중 생활에 적합하도록 뒷다리가 짧은 형태이다.
물에서 헤엄칠 수 있도록 앞발과 뒷발 모두 물갈퀴가 있는 구조이다.
완전한 다리 4개가 있었으며, 육상 생활을 한 것으로 추정된다.
오늘날의 고래는 뒷다리가 흔적으로만 남아 있다.
뒷다리가 매우 짧은 지느러미의 형태이다.
고래의 진화 과정

(2) 비교해부학적 증거: 현존하는 여러 생물의 해부학적 특징을 비교해 보면 이들이 공통 조상을 갖는지, 서로 다른 조상으로부터 진화했는지를 알 수 있다.

① **상동 형질(상동 기관)**: 공통 조상으로부터 물려받은 형태적 특징이다. 척추동물은 척추를 공통적으로 가지며, 척추동물의 앞다리는 생김새와 기능은 다르지만 해부학적 구조와 발생 기원이 같다. 이를 통해 척추동물은 공통 조상에서 다양하게 진화하였다는 것을 알 수 있다.

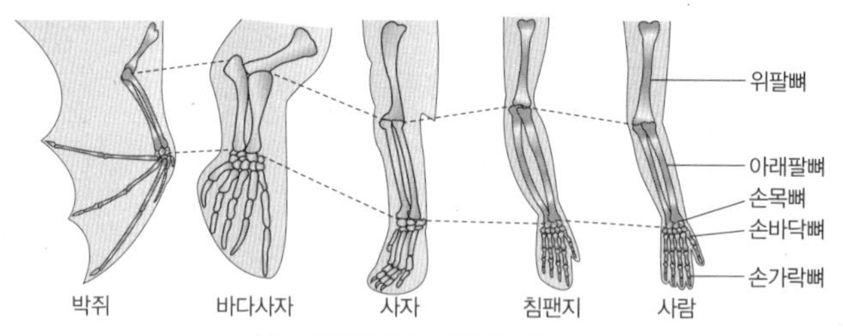
위팔뼈
아래팔뼈
손목뼈
손바닥뼈
손가락뼈
박쥐
바다사자
사자
침팬지
사람
상동 형질(상동 기관)의 예

② **상사 형질(상사 기관)**: 공통 조상으로부터 물려받지 않았지만 서로 형태적으로 유사해진 특징이다. 새의 날개와 곤충의 날개는 발생 기원은 다르지만 생김새와 기능이 비슷하다. 이를 통해 공통 조상을 갖지 않은 생물들이 비슷한 환경에 적응하면서 유사한 형질을 갖도록 진화하였음을 알 수 있다.

새의 날개
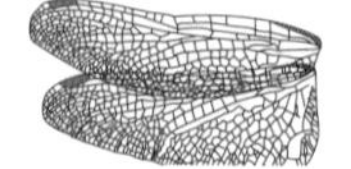
곤충의 날개
상사 형질(상사 기관)의 예

③ **흔적 기관**: 사람의 꼬리뼈와 같이 현재에는 과거의 기능을 더 이상 수행하지 않고 흔적으로만 남은 기관으로, 생물 사이의 유연관계를 밝히는 단서가 된다.

(3) **진화발생학적 증거**: 유연관계가 가까운 생물들은 발생 초기 단계에서 성체에서는 보이지 않는 유사한 특징이 나타난다. 척추동물의 발생 초기 배아는 형태가 매우 유사하고 아가미 틈이 관찰된다. 이를 통해 이들이 공통 조상으로부터 진화해 왔다는 것을 알 수 있다.

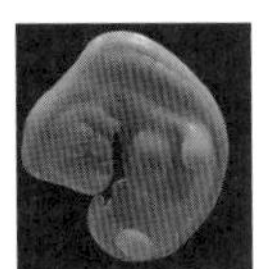
▲ 사람의 배아

▲ 닭의 배아

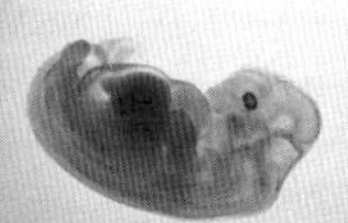
▲ 돼지의 배아

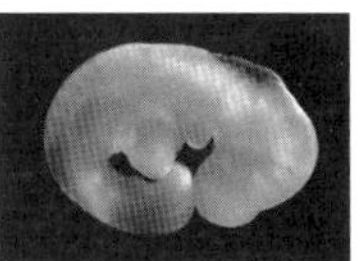
▲ 쥐의 배아

척추동물의 발생 초기 배아

(4) **생물지리학적 증거**: 생물의 분포는 각 지역마다 독특하게 나타나는데, 이는 같은 종의 생물이 지리적으로 격리된 후 오랜 세월 동안 독자적인 진화 과정을 거쳤기 때문이다. 캥거루와 같은 유대류는 오스트레일리아와 남미 대륙에 대부분 분포하며, 갈라파고스 군도에는 섬마다 부리 모양이 조금씩 다른 여러 종의 핀치가 살고 있다.

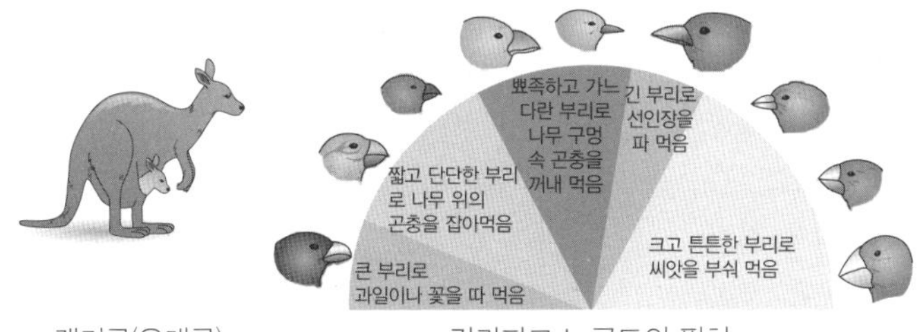

캥거루(유대류) 갈라파고스 군도의 핀치

(5) **분자진화학적 증거**: DNA 염기 서열이나 단백질의 아미노산 서열과 같은 분자생물학적 특징을 비교해 보면 생물 간의 진화적 유연관계를 알 수 있다. 공통 조상에서 물려받은 동일한 DNA 염기 서열은 생물종들이 진화하면서 서로 달라지므로 DNA 염기 서열의 차이가 클수록 상대적으로 오래전에 공통 조상에서 분화한 것이다.

① **미토콘드리아에 있는 단백질인 사이토크롬 c의 아미노산 서열 비교**: 침팬지와 사람의 사이토크롬 c의 아미노산 서열은 같고, 효모는 사람과 큰 차이를 나타낸다. 이는 침팬지의 단백질이 사람의 단백질과 유사하며, 침팬지와 사람이 최근에 분화하였음을 뜻한다.

② **척추동물에서 글로빈 단백질의 아미노산 서열 비교**: 글로빈 단백질의 아미노산 서열을 비교해 보면 사람과 붉은털원숭이는 작은 차이를 보이고, 사람과 칠성장어는 큰 차이를 보인다. 따라서 사람과 붉은털원숭이 사이의 유연관계가 사람과 칠성장어 사이의 유연관계보다 가깝다.

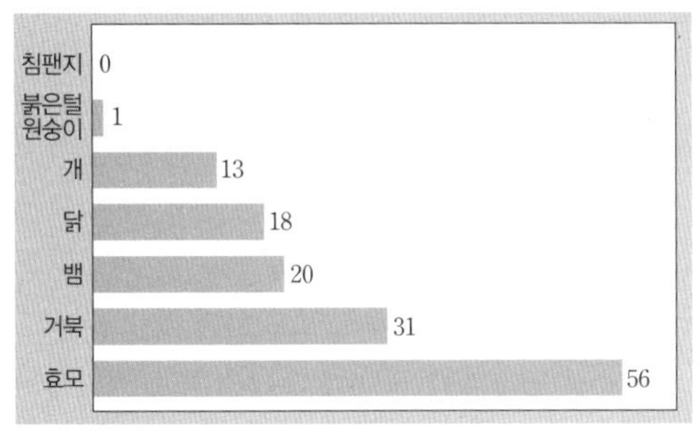

사람 사이토크롬 c 단백질의 아미노산 서열과 차이 나는 아미노산의 수

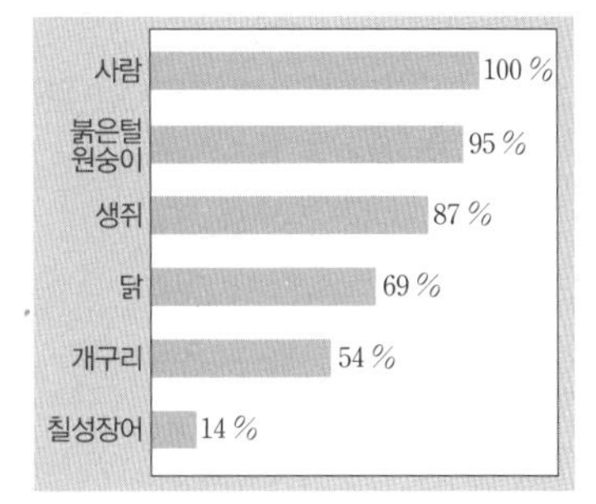

사람 글로빈 단백질의 아미노산 서열과의 유사성

개념 체크

- 유연관계가 가까운 생물들은 발생 초기 단계에서 유사한 특징이 나타난다.
- 생물의 분포는 각 지역마다 독특하게 나타난다.
- 여러 생물의 분자생물학적 특징을 비교해 보면 생물 간의 진화적 유연관계를 알 수 있다.

1. 갈라파고스 군도에 섬마다 부리 모양이 조금씩 다른 여러 종의 핀치가 살고 있는 것은 진화의 증거 중 (　　) 증거에 해당한다.

2. 여러 생물에서 유전자의 염기 서열이나 단백질의 아미노산 서열을 비교하면 생물 사이의 (　　)를 알 수 있다.

※ ○ 또는 ×

3. 척추동물의 발생 초기 배아의 형태가 매우 유사하고 아가미 틈이 관찰되는 것은 이들이 공통 조상으로부터 진화해 왔다는 주장의 증거에 해당한다. (　　)

4. 글로빈 단백질의 아미노산 서열을 비교해 보면 사람과 붉은털원숭이는 작은 차이를 보이고, 사람과 칠성장어는 큰 차이를 보이는데 이것은 사람과 붉은털원숭이 사이의 유연관계가 사람과 칠성장어 사이의 유연관계보다 가깝다는 것을 의미한다. (　　)

정답
1. 생물지리학적
2. 유연관계
3. ○
4. ○

2 개체군 진화의 원리

(1) **변이와 자연 선택**: 생물은 주어진 환경에서 살아남을 수 있는 개체 수보다 더 많은 수의 자손을 생산하며, 집단 내에는 개체 간 변이가 존재한다. 개체들 사이에는 생존 경쟁이 일어나고, 세대가 거듭되면서 생존에 유리한 변이를 가진 개체가 자연 선택된다.

과학 돋보기 낫 모양 적혈구와 자연 선택

- 아프리카 남부 지역의 인류 집단에는 정상적인 둥근 모양의 적혈구와 비정상적인 낫 모양 적혈구를 가진 사람들이 존재하며, 이러한 적혈구의 형태 차이는 유전자의 변이 때문에 나타난다. 낫 모양 적혈구를 가진 사람은 비정상 헤모글로빈 대립유전자를 가지고 있다.
- 비정상 헤모글로빈 대립유전자를 가진 사람은 말라리아의 발병 확률이 낮다.
- 아프리카 남부 지역은 말라리아 발병률이 가장 높은 지역이면서 다른 지역보다 비정상 헤모글로빈 대립유전자를 가진 사람의 비율이 상대적으로 높다. 이는 자연 선택이 작용한 결과로 자연 선택은 집단이 변화하는 환경에 적응하도록 해 준다.

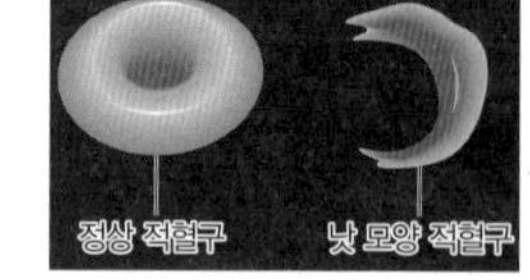

(2) **유전자풀과 대립유전자 빈도**

① **유전자풀**: 한 개체군 내 모든 개체가 가지고 있는 대립유전자 전체로, 집단의 유전적 특성을 결정한다. 집단에서의 진화는 유전자풀의 변화를 뜻한다.

▲ 개체들의 유전자형

▲ 개체군의 유전자풀

유전자형과 유전자풀

② **대립유전자 빈도**: 유전자풀은 대립유전자의 상대적 빈도인 대립유전자 빈도로 표현된다. 예를 들어 털 색을 결정하는 대립유전자 B와 b를 가지고 있는 어떤 고양이 집단에서 유전자형에 따른 개체 수로부터 대립유전자 B의 빈도(p)와 b의 빈도(q)를 다음과 같이 계산할 수 있으며, $p+q$는 1이다.

표현형	(고양이)	(고양이)	(고양이)
유전자형	BB	Bb	bb
개체 수	36	48	16

유전자형	대립유전자 B의 수	대립유전자 b의 수
BB	$2\times36=72$	0
Bb	$1\times48=48$	$1\times48=48$
bb	0	$2\times16=32$
합계	120	80

대립유전자 빈도
- $\mathrm{B}(p)=\frac{120}{200}=0.6$
- $\mathrm{b}(q)=\frac{80}{200}=0.4$

(3) **하디 · 바인베르크 법칙과 유전적 평형**

① **하디 · 바인베르크 법칙**: 특정 조건을 만족하는 집단에서는 시간이 흘러도 대립유전자 빈도와 유전자형 빈도가 변하지 않는다.

② **유전적 평형**: 하디 · 바인베르크 법칙을 따르는 집단의 상태이다.

③ **멘델 집단**: 하디 · 바인베르크 법칙이 성립하는 유전적 평형 상태의 집단이다.

- 멘델 집단의 조건: 집단이 충분히 커야 하며, 집단의 개체 사이에서 무작위 교배가 일어나야 하고, 돌연변이나 집단 사이의 유전자 흐름, 자연 선택이 없어야 한다. 또 개체들의 생존력과 생식력이 같아야 한다.

개념 체크

- 유전자풀은 한 개체군 내 모든 개체가 가지고 있는 대립유전자 전체로, 집단의 유전적 특성을 결정한다.
- 유전자풀은 대립유전자 빈도로 표현된다.

1. 집단에서의 진화는 한 개체군 내 모든 개체가 가지고 있는 대립유전자 전체인 (　　)의 변화를 의미한다.

2. (　　)은 하디 · 바인베르크 법칙이 성립하는 유전적 평형 상태의 집단이다.

※ ○ 또는 ×

3. 고양이 집단에서 유전자형이 BB인 개체 수가 64, Bb인 개체 수가 32, bb인 개체 수가 4일 때 대립유전자 B의 빈도는 0.8이다. (　　)

4. 멘델 집단에서는 돌연변이와 집단 사이의 유전자 흐름이 있다. (　　)

정답
1. 유전자풀
2. 멘델 집단
3. ○
4. ×

④ 멘델 집단에서 대립유전자 빈도: 어떤 멘델 집단에서 대립유전자 B의 빈도 p는 0.6, 대립유전자 b의 빈도 q는 0.4일 때, 자손 세대에서 유전자형 BB의 빈도는 p^2, Bb의 빈도는 $2pq$, bb의 빈도는 q^2으로 계산할 수 있다. 자손 세대의 유전자형 빈도로부터 대립유전자 빈도를 계산하면 대립유전자 B의 빈도 p는 0.6, b의 빈도 q는 0.4로 부모 세대와 같다.

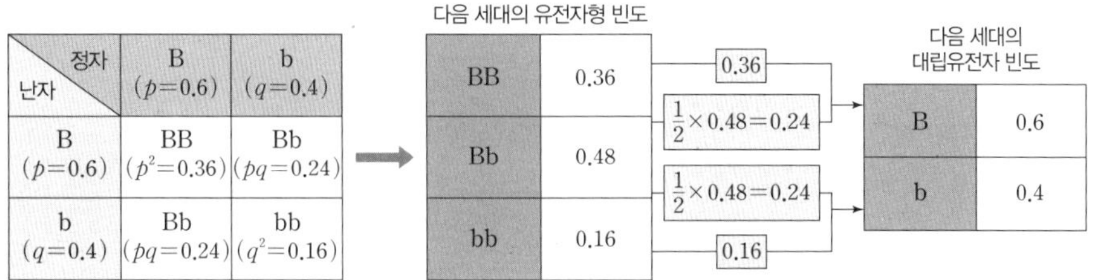

멘델 집단에서는 세대를 거듭해도 대립유전자 빈도가 변하지 않으므로 진화가 일어나지 않는다.

⑤ 멘델 집단은 매우 드물며 실제 생물 집단에서는 여러 가지 요인에 의해 유전자풀이 변하여 진화가 일어난다.

탐구자료 살펴보기 하디 · 바인베르크 법칙 모의 실험하기

과정

(가) 두 개의 상자에 각각 흰색 바둑알(대립유전자 A) 50개와 검은색 바둑알(대립유전자 a) 50개를 모두 넣고 잘 섞는다.

(나) 각 상자에서 무작위로 1개씩의 바둑알을 꺼낸다. 한 쌍의 바둑알은 다음 세대의 한 개체에 해당하며, 이 개체의 유전자형을 기록한다. 꺼낸 바둑알은 원래의 상자에 다시 넣는다.

(다) 과정 (나)를 20회 반복한다.

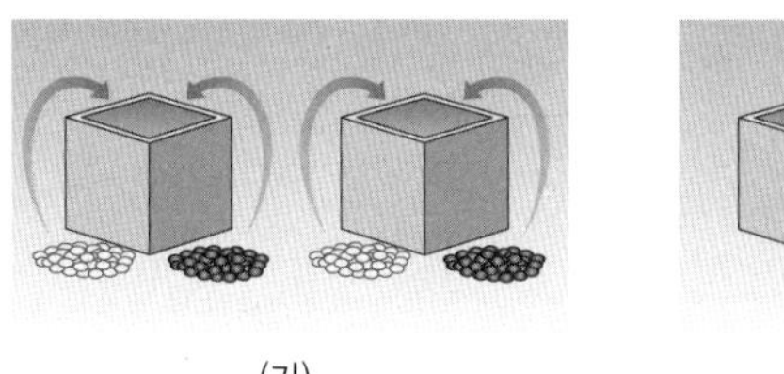
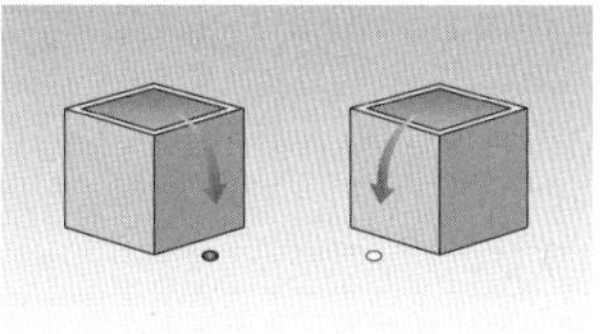

(가) (나)

결과

① 과정 (가)의 상자 안 유전자풀에서 대립유전자 A의 빈도는 0.5, a의 빈도는 0.5이다.

② 과정 (나)와 (다)의 결과로부터 얻은 유전자형 빈도, A의 빈도, a의 빈도는 다음과 같다.

유전자형	출현 수	유전자형 빈도 $\left(\frac{\text{해당 유전자형의 출현 수}}{\text{전체 유전자형의 출현 수 합}}\right)$
AA	5	0.25
Aa	10	0.5
aa	5	0.25
합계	20	1

대립유전자 A의 빈도: 0.5
대립유전자 a의 빈도: 0.5

point

• 과정 (가)에서 구한 부모 세대의 대립유전자 빈도와 과정 (나)와 (다)의 결과에서 구한 대립유전자 빈도는 같다.
→ 이 집단은 하디 · 바인베르크 법칙을 만족하므로 유전적 평형을 이루고 있다.

개념 체크

◘ 멘델 집단에서는 세대를 거듭해도 대립유전자 빈도가 변하지 않으므로 진화가 일어나지 않는다.

◘ 실제 생물 집단에서는 여러 가지 요인에 의해 유전자풀이 변하여 진화가 일어난다.

1. 어떤 멘델 집단의 부모 세대에서 특정 형질을 결정하는 대립유전자 A의 빈도가 0.8, 대립유전자 a의 빈도가 0.2일 때, 다음 세대에서 유전자형 Aa의 빈도는 (　　)이다.

2. 어떤 멘델 집단에서 유전 형질 ㉠은 대립유전자 A와 a에 의해 결정된다. A의 빈도를 p, a의 빈도를 q라고 할 때 이 집단에서 ㉠의 유전자형 AA의 빈도는 (　　), Aa의 빈도는 (　　), aa의 빈도는 (　　)이다.

※ ○ 또는 ×

3. 멘델 집단에서는 세대를 거듭해도 대립유전자의 빈도가 변하지 않는다. (　　)

4. 멘델 집단은 매우 드물며 실제 생물 집단에서는 여러 가지 요인에 의해 유전자풀이 변한다. (　　)

정답

1. 0.32
2. p^2, $2pq$, q^2
3. ○
4. ○

개념 체크

▶ 돌연변이는 DNA의 염기 서열에 변화가 생겨 새로운 대립유전자가 나타나는 현상으로, 집단 내에 존재하는 모든 유전적 변이의 원천이다.

▶ 유전적 부동은 부모 세대와 자손 세대 사이에서 대립유전자 빈도가 예측할 수 없는 방향으로 변화하는 현상으로, 병목 효과와 창시자 효과가 있다.

1. ( )는 DNA의 염기 서열에 변화가 생겨 새로운 대립유전자가 나타나는 현상으로 유전자풀에 새로운 대립유전자를 제공한다.

2. ( )는 지진, 화재, 홍수, 질병 등에 의해 집단의 크기가 급격히 작아질 때 나타나는 현상이다.

※ ○ 또는 ×

3. 돌연변이는 부모 세대와 자손 세대 사이에 대립유전자 빈도가 예측할 수 있는 방향으로 변화하는 현상이다. ( )

4. 다양한 형질이 있는 딱정벌레 집단에서 일부 개체들이 떨어져 나와 새로운 집단을 형성하였을 때, 새로운 집단의 대립유전자 빈도가 원래의 집단과 달라지는 것은 유전자풀의 변화 요인 중 창시자 효과에 해당한다. ( )

정답

1. 돌연변이
2. 병목 효과
3. ×
4. ○

(4) 유전자풀의 변화 요인: 집단의 유전자풀이 변하여 유전적 평형이 깨지면 진화가 일어나며, 유전자풀의 변화 요인으로는 돌연변이, 유전적 부동, 자연 선택, 유전자 흐름이 있다.

① **돌연변이**: 방사선, 화학 물질, 바이러스 등으로 DNA의 염기 서열에 변화가 생겨 새로운 대립유전자가 나타나는 현상이다. 돌연변이는 집단 내에 존재하는 모든 유전적 변이의 원천이다.

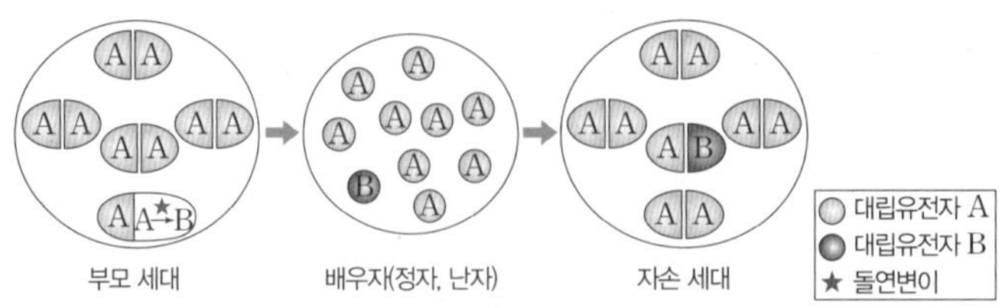

• 돌연변이에 의해 생겨난 대립유전자는 집단 내에서 매우 낮은 빈도로 존재하므로 돌연변이 그 자체로는 집단의 진화에 미치는 영향이 크지 않다. 그러나 환경 변화로 돌연변이가 일어난 개체의 생존율과 번식률이 높아지면 유전자풀이 변화하여 생물의 진화가 일어난다.

② **유전적 부동**: 집단을 구성하는 개체는 자손에게 자신이 가지고 있는 대립유전자 중 하나를 무작위로 전달하게 된다. 유전적 부동은 대립유전자가 자손에게 무작위로 전달되기 때문에 부모 세대와 자손 세대 사이에서 대립유전자 빈도가 예측할 수 없는 방향으로 변화하는 현상이다.

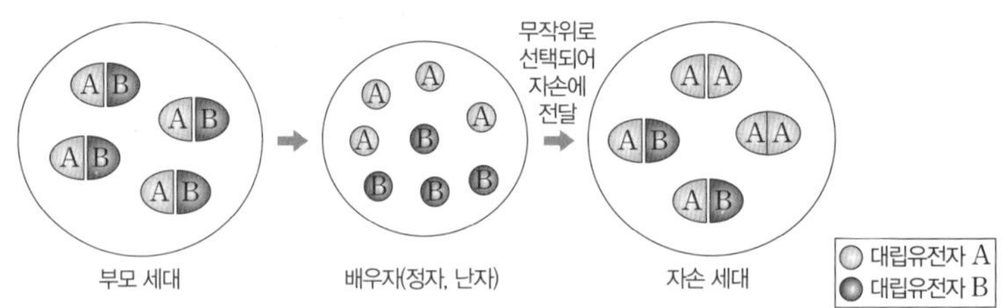

• 유전적 부동은 병목 효과나 창시자 효과를 겪은 집단에서 잘 나타난다.

과학 돋보기 **병목 효과와 창시자 효과**

• 병목 효과는 지진, 화재, 홍수, 질병 등에 의해 집단의 크기가 급격히 작아질 때 나타나는 현상이다. 예를 들어 북방코끼리바다표범은 남획으로 집단의 크기가 크게 감소하여 대립유전자의 구성과 빈도가 변하였다.

▲처음 집단의 대립유전자 빈도

▲포획으로 인한 집단의 크기 감소

▲현재 집단의 대립유전자 빈도가 처음과 달라짐

• 창시자 효과는 원래의 집단에서 일부 개체들이 모여 새로운 집단을 형성할 때 나타나는 현상이다. 예를 들어 다양한 형질이 있는 딱정벌레 집단에서 일부 개체들이 떨어져 나와 새로운 집단을 형성하였을 때, 새로운 집단의 대립유전자 빈도는 원래의 집단과 달라진다.

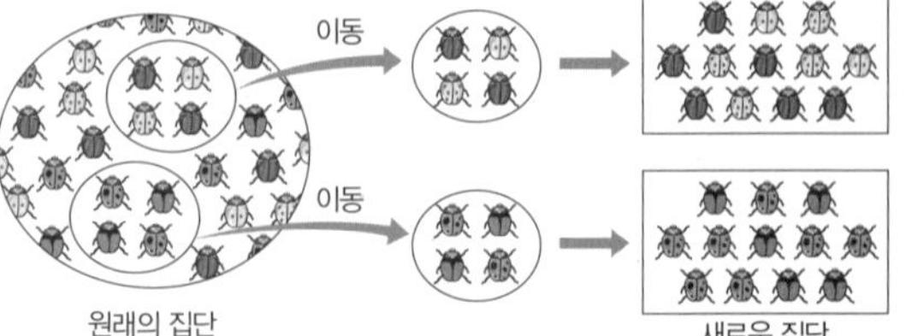

③ **자연 선택**: 생존율과 번식률을 높이는 데 유리한 어떤 형질을 가진 개체가 다른 개체보다 이 형질에 대한 대립유전자를 더 많이 다음 세대에 남겨 집단의 유전자풀이 변하게 되는 현상이다. 자연 선택이 일어나면 시간이 지남에 따라 환경의 변화에 가장 적합한 대립유전자를 가진 개체들의 비율이 증가한 집단이 구성된다.

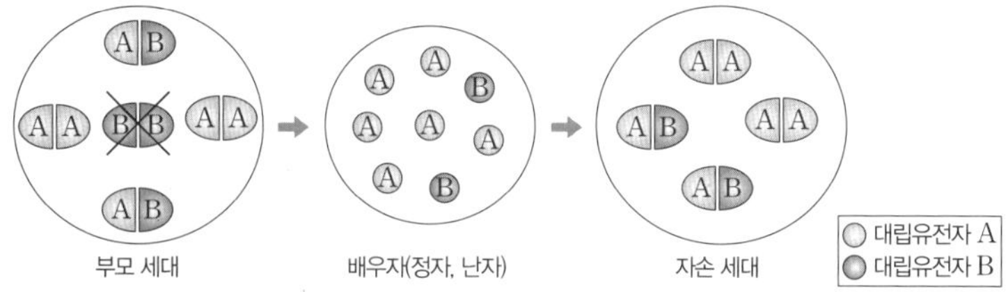

④ **유전자 흐름**: 두 집단 사이에서 개체의 이주나 배우자의 이동으로 두 집단의 유전자풀이 달라지는 현상이다. 유전자 흐름은 집단에 없던 새로운 대립유전자를 도입시킬 수 있으며, 유전자 흐름이 일어난 두 집단 사이의 유전자풀 차이를 줄여 준다.

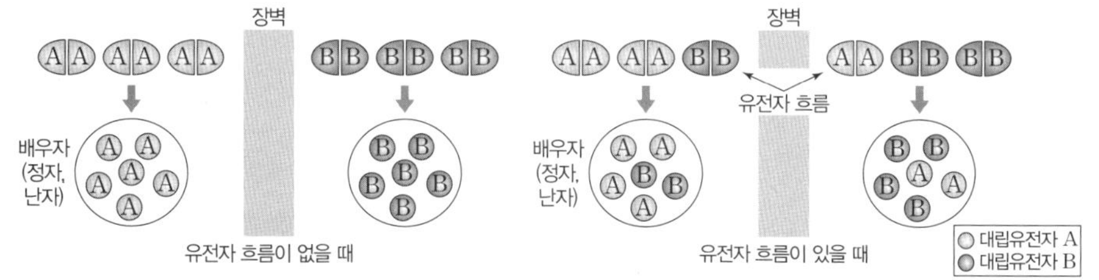

과학 돋보기 **생태 통로와 유전자 흐름**

- 생태 통로는 도로에 의해 단편화된 서식지를 연결해 주므로 유전자 흐름을 증가시킨다.
- 도로, 철도 등에 의해 격리된 집단이 생태 통로에 의해 연결되면 유전자 흐름이 일어나 하나의 큰 집단이 되며, 큰 집단은 유전적 부동의 영향을 적게 받게 된다.

3 종분화

(1) **종분화**: 한 종에 속했던 두 집단 사이에서 생식적 격리가 일어나 기존의 생물종에서 새로운 종이 생겨나는 과정이다.

① 종분화는 대부분 지리적 격리로 일어난다. 한 집단이 강, 산맥과 같은 지리적 장벽에 의해 격리되어 두 집단으로 분리되면 서로 유전자 교류가 없어지게 되고, 각 집단은 독자적인 돌연변이, 유전적 부동, 자연 선택 등의 진화 과정을 겪게 되면서 자신만의 유전자풀을 가지게 된다. 오랜 시간 후 지리적 장벽이 제거되어도 생식적으로 격리되어 서로 다른 종으로 분화된다.

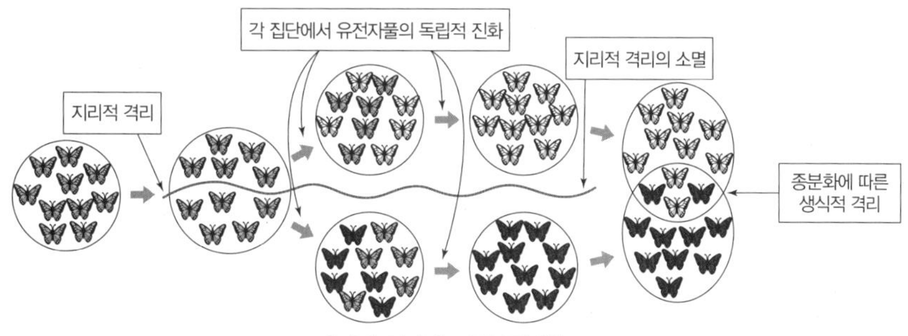

지리적 격리에 의한 종분화

개념 체크

- 자연 선택은 생존율과 번식률을 높이는 데 유리한 어떤 형질을 가진 개체가 다른 개체보다 이 형질에 대한 대립유전자를 더 많이 다음 세대에 남겨 집단의 유전자풀이 변하게 되는 현상이다.
- 유전자 흐름은 두 집단 사이에서 개체의 이주나 배우자의 이동으로 두 집단의 유전자풀이 달라지는 현상이다.
- 종분화는 한 종에 속했던 두 집단 사이에서 생식적 격리가 일어나 기존의 생물종에서 새로운 종이 생겨나는 과정으로, 대부분 지리적 격리로 일어난다.

1. (　　)이 일어나면 시간이 지남에 따라 환경의 변화에 가장 적합한 대립유전자를 가진 개체들의 비율이 증가한 집단이 구성된다.

2. 두 집단 사이에서 일어난 개체의 이주에 의한 (　　)은 집단에 없던 새로운 대립유전자를 도입시킬 수 있다.

※ ○ 또는 ×

3. 한 종에 속했던 두 집단 사이에서 생식적 격리가 일어나 새로운 종이 생겨나는 과정을 종분화라고 한다. (　　)

4. 한 집단이 강, 산맥, 바다와 같은 지리적 장벽에 의해 격리되면 종분화가 일어날 수 있다. (　　)

정답
1. 자연 선택
2. 유전자 흐름
3. ○
4. ○

개념 체크

◘ 고리종은 종분화를 위한 생식적 격리가 연속적이며 점진적으로 일어나고 있음을 보여준다.

1. 그랜드 캐니언의 영양다람쥐는 종분화 과정에서 큰 협곡에 의해 (   )으로 격리되었다.

2. 같은 종으로 이루어진 여러 집단이 고리 모양으로 분포하면서 인접한 집단 사이에서는 생식적 격리가 없지만 고리의 양쪽 끝에 있는 두 집단은 생식적으로 격리되어 있어 교배가 불가능한 현상이 나타나는 이웃 집단들의 모임을 (   )이라고 한다.

※ ○ 또는 ×

3. 원래 한 집단이었지만 지리적 격리에 의해 두 집단으로 분리되면 유전자 흐름이 차단되어 유전자풀을 공유할 수 없게 된다. (   )

4. 고리종은 종분화를 위한 생식적 격리가 연속적이고, 점진적으로 일어나고 있음을 보여준다. (   )

정답

1. 지리적
2. 고리종
3. ○
4. ○

(2) 지리적 격리에 의한 종분화 사례

① **그랜드 캐니언에서의 영양다람쥐:** 해리스영양다람쥐와 흰꼬리영양다람쥐는 큰 협곡이 생기기 전에는 같은 종이었지만, 큰 협곡의 생성으로 지리적 격리가 일어나 두 집단으로 분리된 후 오랜 시간이 지난 지금은 서로 교배가 불가능한 두 종으로 분화하였다.

영양다람쥐의 종분화

② **고리종:** 어느 한 종으로 이루어진 여러 집단들이 고리 모양으로 분포하고 있는 상황에서 지리적으로 인접한 집단 사이에서는 생식적 격리가 없어 교배를 통한 유전자 흐름이 일어난다. 그러나 고리의 양쪽 끝에 위치한 두 집단은 서로 인접해 있지만 생식적 격리가 일어나 교배하지 않는다. 이러한 현상이 나타나는 이웃 집단들의 모임을 고리종이라고 한다. 고리종은 종분화를 위한 생식적 격리가 연속적이며 점진적으로 일어나고 있음을 보여 준다.

- 캘리포니아의 엔사티나도롱뇽: 캘리포니아 중앙 계곡의 가장자리를 따라 고리 형태로 분포하는 엔사티나도롱뇽은 인접한 집단 간에는 교배가 일어난다. 그러나 고리 양쪽 끝의 두 집단 A와 G는 지리적으로 가깝지만 생식적으로 격리되어 있다.

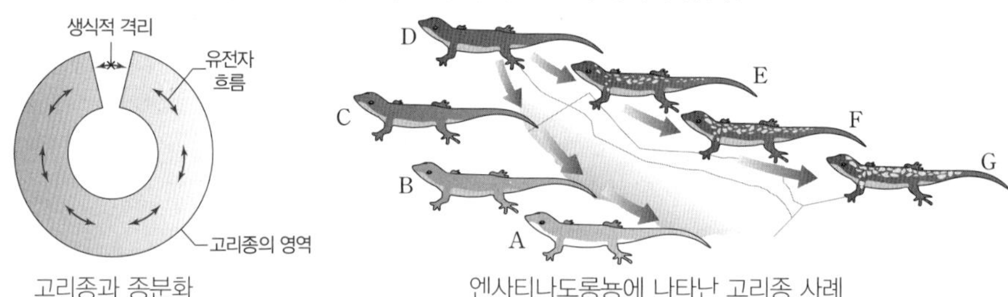

고리종과 종분화　　엔사티나도롱뇽에 나타난 고리종 사례

탐구자료 살펴보기　고리종의 사례

자료

다음은 북극 주변에 서식하는 재갈매기 집단에 관한 자료이다.

- 재갈매기 7개의 집단(A~G)은 고리 모양으로 분포하고 있다.
- 재갈매기 7개의 집단에서 인접한 두 집단 사이에서는 교배가 일어날 수 있지만, 고리 양쪽 끝의 두 집단 A와 G 사이에서는 교배를 통해 자손을 얻을 수 없다.

분석

① 재갈매기 집단 A와 B는 지리적으로 인접해 있으므로 교배가 일어나지만, 집단 A와 C는 지리적으로 인접해 있지 않으므로 교배가 일어나지 않는다.
② 지리적으로 인접해 있는 집단 A와 G는 고리종 진화 과정의 반대편에 있으므로 생식적 격리를 나타낸다.

point

- 인접한 집단 간에는 생식적 격리 없이 유전자 흐름이 일어나지만, 고리의 양쪽 끝에 있는 두 집단은 생식적으로 격리되어 있다. → 재갈매기 집단들은 고리종이다.
- 고리종은 점진적인 변이의 축적으로 종분화가 일어날 수 있다는 것을 보여 준다.

[24029-0228]

01 다음은 생물 진화의 증거에 대한 학생 A~C의 대화 내용이다.

DNA 염기 서열을 비교하면 생물 간의 진화적 유연관계를 알 수 있습니다.
상사 형질(상사 기관)은 공통 조상으로부터 물려받은 형태적 특징입니다.
화석을 연구하면 지층이 형성될 당시의 생물 다양성과 환경의 특성을 알 수 있습니다.
학생 A
학생 B
학생 C

제시한 내용이 옳은 학생만을 있는 대로 고른 것은?

① A ② B ③ A, C ④ B, C ⑤ A, B, C

[24029-0229]

02 그림은 각각 잠자리의 날개, 박쥐의 날개, 사자의 앞다리를 나타낸 것이다.

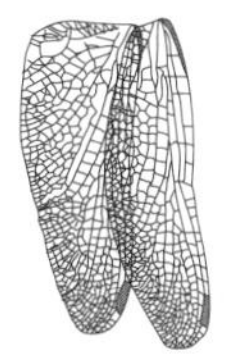

잠자리의 날개

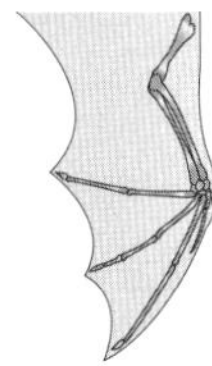
박쥐의 날개

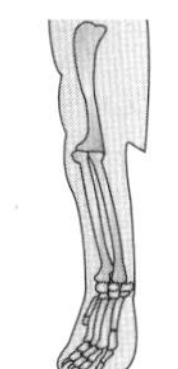
사자의 앞다리

이에 대한 설명으로 옳은 것만을 <보기>에서 있는 대로 고른 것은? (단, 종 사이의 유연관계는 제시된 자료만을 근거로 판단한다.)

보기

ㄱ. 잠자리의 날개와 박쥐의 날개는 상사 형질(상사 기관)의 예에 해당한다.
ㄴ. 박쥐의 날개와 사자의 앞다리는 해부학적 구조와 발생 기원이 같다.
ㄷ. 박쥐와 잠자리의 유연관계는 박쥐와 사자의 유연관계보다 가깝다.

① ㄴ ② ㄷ ③ ㄱ, ㄴ ④ ㄱ, ㄷ ⑤ ㄱ, ㄴ, ㄷ

[24029-0230]

03 표는 생물 진화의 증거와 그 예를 나타낸 것이다. (가)~(다)는 비교해부학적 증거, 생물지리학적 증거, 진화발생학적 증거를 순서 없이 나타낸 것이다.

진화의 증거	예
(가)	돼지의 배아와 쥐의 배아에서 초기 배아의 형태가 유사하다.
(나)	유대류는 오스트레일리아에 대부분 살고 있다.
(다)	㉠참새의 날개와 나비의 날개는 발생 기원이 다르지만, 기능이 유사하다.

이에 대한 설명으로 옳은 것만을 <보기>에서 있는 대로 고른 것은?

보기

ㄱ. (가)는 생물지리학적 증거이다.
ㄴ. '그랜드 캐니언 협곡의 남쪽과 북쪽에는 서로 다른 종의 영양다람쥐가 살고 있다.'는 (나)의 예에 해당한다.
ㄷ. ㉠은 상동 형질(상동 기관)의 예에 해당한다.

① ㄴ ② ㄷ ③ ㄱ, ㄴ ④ ㄱ, ㄷ ⑤ ㄱ, ㄴ, ㄷ

[24029-0231]

04 그림은 고래 조상 종의 화석과 오늘날의 고래를 통해 알 수 있는 고래의 진화 과정을 나타낸 것이다.

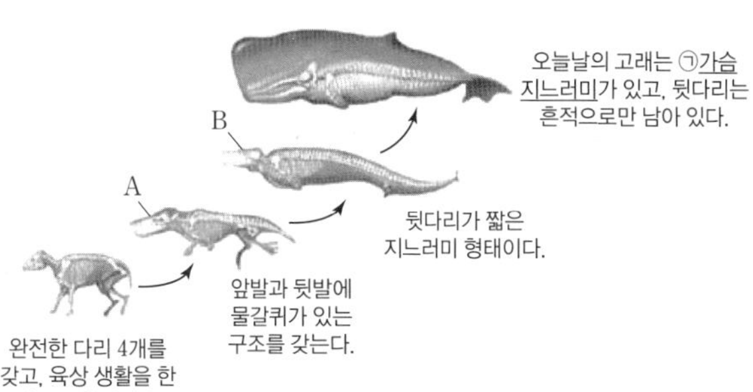
오늘날의 고래는 ㉠가슴 지느러미가 있고, 뒷다리는 흔적으로만 남아 있다.
B
A
뒷다리가 짧은 지느러미 형태이다.
앞발과 뒷발에 물갈퀴가 있는 구조를 갖는다.
완전한 다리 4개를 갖고, 육상 생활을 한 것으로 추정된다.

이에 대한 설명으로 옳은 것만을 <보기>에서 있는 대로 고른 것은?

보기

ㄱ. A의 화석은 B의 화석보다 오래된 지층에서 발견되었다.
ㄴ. 생물 진화의 증거 중 진화발생학적 증거에 해당한다.
ㄷ. ㉠과 침팬지의 앞다리는 상동 형질(상동 기관)의 예에 해당한다.

① ㄴ ② ㄷ ③ ㄱ, ㄴ ④ ㄱ, ㄷ ⑤ ㄱ, ㄴ, ㄷ

[24029-0232]

05 표는 여러 생물의 단백질 사이토크롬 c의 아미노산 서열에서 사람의 단백질 사이토크롬 c의 아미노산 서열과 차이 나는 아미노산의 수를 나타낸 것이다.

생물	사람의 단백질 사이토크롬 c의 아미노산 서열과 차이 나는 아미노산의 수	생물	사람의 단백질 사이토크롬 c의 아미노산 서열과 차이 나는 아미노산의 수
침팬지	0	뱀	20
개	13	거북	31
닭	18	효모	56

이에 대한 설명으로 옳은 것만을 〈보기〉에서 있는 대로 고른 것은? (단, 종 사이의 유연관계는 제시된 자료만을 근거로 판단한다.)

보기
ㄱ. 생물 진화의 증거 중 분자진화학적 증거에 해당한다.
ㄴ. 사람과 개의 유연관계는 사람과 거북의 유연관계보다 가깝다.
ㄷ. 공통 조상에서 분화한 지 오래될수록 아미노산 서열에서 차이 나는 아미노산 수가 많아진다.

① ㄴ ② ㄷ ③ ㄱ, ㄴ ④ ㄱ, ㄷ ⑤ ㄱ, ㄴ, ㄷ

[24029-0233]

06 다음은 유전자풀의 변화 요인에 대한 자료이다. ㉠~㉢은 돌연변이, 병목 효과, 유전자 흐름을 순서 없이 나타낸 것이다.

- ㉠은 DNA의 염기 서열에 변화가 생겨 새로운 대립유전자가 나타나는 현상이다.
- ㉡은 자연재해 등으로 집단의 크기가 급격히 감소할 때 유전자풀이 달라지는 현상이다.
- ㉢은 두 집단 사이에서 개체의 이주나 배우자의 이동으로 두 집단의 유전자풀이 달라지는 현상이다.

㉠~㉢을 모두 옳게 짝 지은 것은?

	㉠	㉡	㉢
①	돌연변이	병목 효과	유전자 흐름
②	돌연변이	유전자 흐름	병목 효과
③	병목 효과	돌연변이	유전자 흐름
④	병목 효과	유전자 흐름	돌연변이
⑤	유전자 흐름	병목 효과	돌연변이

[24029-0234]

07 그림은 딱정벌레 집단 (가)에서 일부 개체들이 떨어져 나와 새로운 집단 (나)와 (다)를 형성하는 과정을 나타낸 것이다. (가)와 (다)의 대립유전자 빈도는 서로 다르다.

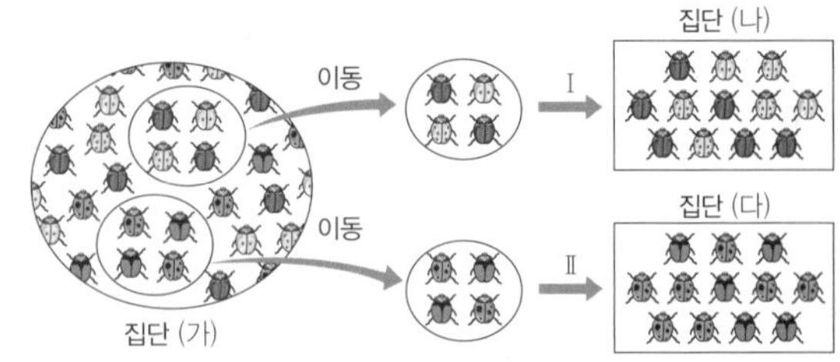

이에 대한 설명으로 옳은 것만을 〈보기〉에서 있는 대로 고른 것은? (단, 제시된 자료 이외는 고려하지 않는다.)

보기
ㄱ. 과정 Ⅰ과 Ⅱ에서 모두 딱정벌레 집단의 크기가 증가하였다.
ㄴ. (가)에서 (나)가 형성되는 과정에서 병목 효과가 일어났다.
ㄷ. (가)와 (다)의 유전자풀은 서로 다르다.

① ㄴ ② ㄷ ③ ㄱ, ㄴ ④ ㄱ, ㄷ ⑤ ㄱ, ㄴ, ㄷ

[24029-0235]

08 표는 어떤 동물 집단의 서로 다른 시기 Ⅰ~Ⅲ에서 대립유전자 P와 P^*의 빈도를 나타낸 것이다. Ⅰ에서 Ⅱ로 되는 과정에서 (가)가, Ⅱ에서 Ⅲ으로 되는 과정에서 (나)가 일어났으며, (가)와 (나)는 돌연변이와 자연 선택을 순서 없이 나타낸 것이다.

시기		Ⅰ	Ⅱ	Ⅲ
대립유전자 빈도	P	1	0.9999	0.3
	P^*	0	0.0001	0.7

이에 대한 설명으로 옳은 것만을 〈보기〉에서 있는 대로 고른 것은? (단, 제시된 자료 이외는 고려하지 않는다.)

보기
ㄱ. 유전자풀은 Ⅰ과 Ⅲ에서 서로 같다.
ㄴ. (가)는 돌연변이이다.
ㄷ. (나)는 환경 변화에 대한 개체의 적응 능력과 무관하게 일어났다.

① ㄱ ② ㄴ ③ ㄱ, ㄷ ④ ㄴ, ㄷ ⑤ ㄱ, ㄴ, ㄷ

[24029-0236]

09 그림은 시기 Ⅰ과 Ⅱ에서 동일한 종으로 구성된 조류 집단 P의 부리 크기에 따른 개체 수를 나타낸 것이다. Ⅰ에서 Ⅱ로 시간이 지나는 동안 자연 선택을 통해 부리 크기에 따른 개체 수가 변하였다.

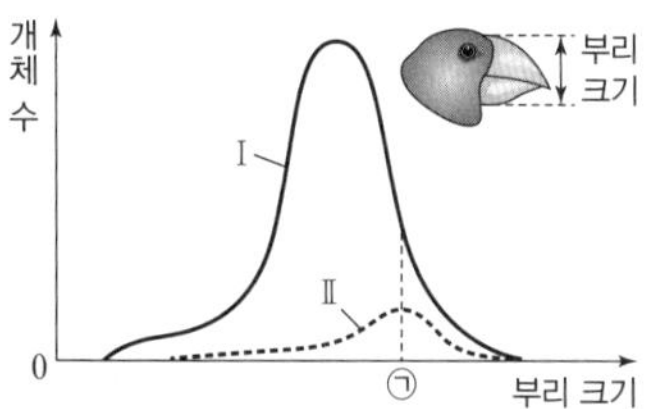

이에 대한 설명으로 옳은 것만을 〈보기〉에서 있는 대로 고른 것은?

보기

ㄱ. P에서 부리 크기에 대한 변이는 Ⅰ에서가 Ⅱ에서보다 크다.
ㄴ. 부리 크기가 ㉠인 개체 수는 Ⅰ에서가 Ⅱ에서보다 많다.
ㄷ. Ⅰ에서 Ⅱ로 되는 과정에서 P의 유전자풀은 변하지 않는다.

① ㄴ ② ㄷ ③ ㄱ, ㄴ ④ ㄱ, ㄷ ⑤ ㄱ, ㄴ, ㄷ

[24029-0237]

10 그림은 유전자풀을 변화시키는 요인 (가)와 (나)를 나타낸 것이다. (가)와 (나)는 병목 효과와 유전자 흐름을 순서 없이 나타낸 것이다. A는 a와 대립유전자이고, B는 b와 대립유전자이다.

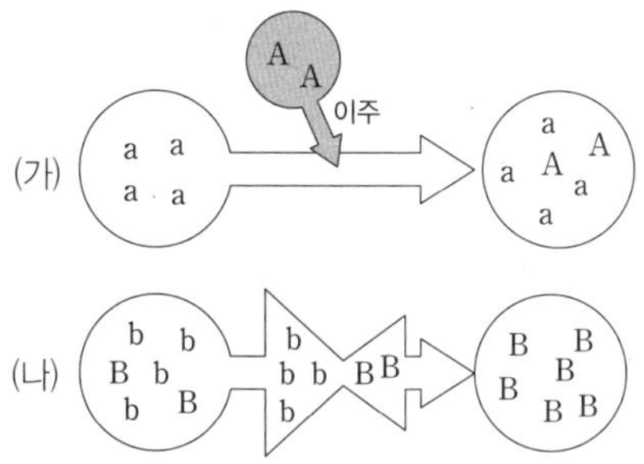

이에 대한 설명으로 옳은 것만을 〈보기〉에서 있는 대로 고른 것은?

보기

ㄱ. (가)는 유전자 흐름이다.
ㄴ. (나)에 의해 대립유전자 빈도가 변화될 수 있다.
ㄷ. 인간의 남획으로 인한 북방코끼리물범(바다표범) 집단의 유전자풀의 변화는 (나)의 예에 해당한다.

① ㄱ ② ㄷ ③ ㄱ, ㄴ ④ ㄴ, ㄷ ⑤ ㄱ, ㄴ, ㄷ

[24029-0238]

11 그림은 종 A가 2회의 종분화 과정을 거쳐 종 B와 종 C로 분화하는 과정을 나타낸 것이다. A~C는 서로 다른 생물학적 종이다.

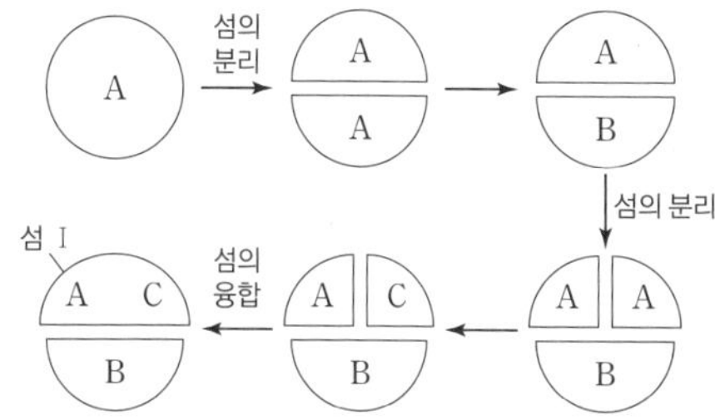

이에 대한 설명으로 옳은 것만을 〈보기〉에서 있는 대로 고른 것은? (단, 섬의 분리 이외의 지리적 격리는 없고, 이입과 이출은 없다.)

보기

ㄱ. 지리적 격리는 종분화가 일어나는 요인 중 하나이다.
ㄴ. 섬 Ⅰ의 A와 C 사이에서 생식 능력이 있는 자손이 태어난다.
ㄷ. A와 C의 유연관계는 A와 B의 유연관계보다 가깝다.

① ㄴ ② ㄷ ③ ㄱ, ㄴ ④ ㄱ, ㄷ ⑤ ㄱ, ㄴ, ㄷ

[24029-0239]

12 그림은 종 A가 종 B로 분화하는 과정을 나타낸 것이다. A와 B는 서로 다른 생물학적 종이다.

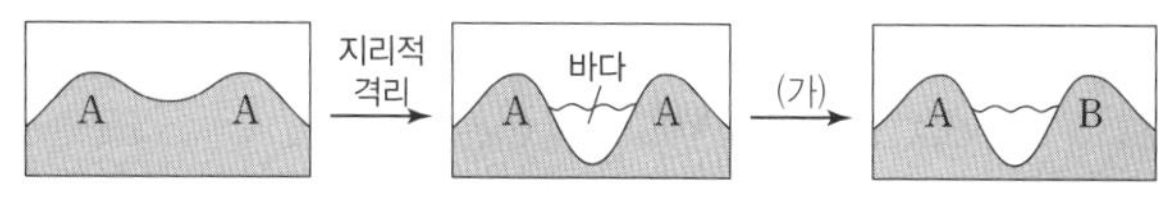

이에 대한 설명으로 옳은 것만을 〈보기〉에서 있는 대로 고른 것은? (단, 지리적 격리는 1회 일어났고, 이입과 이출은 없다.)

보기

ㄱ. A와 B는 생식적으로 격리되어 있다.
ㄴ. (가) 과정에서 돌연변이가 일어났다.
ㄷ. 바다가 생긴 이후 A가 B로 분화되는 과정이 일어났다.

① ㄴ ② ㄷ ③ ㄱ, ㄴ ④ ㄱ, ㄷ ⑤ ㄱ, ㄴ, ㄷ

[24029-0240]

13 표는 하디 · 바인베르크 평형이 유지되는 동물 종 P의 집단 Ⅰ에서 날개의 표현형에 따른 유전자형과 개체 수를 나타낸 것이다. Ⅰ의 개체 수는 10000이고, 날개의 표현형은 상염색체에 있는 대립유전자 A와 a에 의해 결정된다.

표현형	긴 날개	긴 날개	짧은 날개
유전자형	AA	Aa	aa
개체 수	?	㉠	3600

이에 대한 설명으로 옳은 것만을 〈보기〉에서 있는 대로 고른 것은? (단, Ⅰ에서 암컷과 수컷의 개체 수는 같다.)

보기

ㄱ. ㉠은 4800이다.

ㄴ. Ⅰ에서 A의 빈도는 $\frac{2}{5}$이다.

ㄷ. Ⅰ에서 세대가 거듭될수록 짧은 날개를 가진 개체의 비율이 감소한다.

① ㄴ ② ㄷ ③ ㄱ, ㄴ ④ ㄱ, ㄷ ⑤ ㄱ, ㄴ, ㄷ

[24029-0241]

14 표는 동물 집단 Ⅰ~Ⅴ에서 유전자형이 Aa인 개체와 aa인 개체의 비율을 나타낸 것이다. A와 a는 상염색체에 있는 대립유전자이다. Ⅰ~Ⅴ는 모두 같은 종으로 구성되고, 이 중 3개는 하디 · 바인베르크 평형이 유지되는 집단이다.

유전자형 \ 집단	Ⅰ	Ⅱ	Ⅲ	Ⅳ	Ⅴ
Aa	0.20	0.42	0.48	0.28	0.32
aa	0.10	0.09	0.16	0.36	0.04

이에 대한 설명으로 옳은 것만을 〈보기〉에서 있는 대로 고른 것은? (단, Ⅰ~Ⅴ에서 암컷과 수컷의 개체 수는 같다.)

보기

ㄱ. Ⅱ와 Ⅲ은 모두 하디 · 바인베르크 평형이 유지되는 집단이다.

ㄴ. $\frac{\text{Ⅰ과 Ⅱ에서 A 빈도의 합}}{\text{Ⅲ과 Ⅳ에서 a 빈도의 합}}=\frac{5}{3}$이다.

ㄷ. Ⅴ에서 유전자형이 AA인 개체 수는 aa인 개체 수의 16배이다.

① ㄱ ② ㄷ ③ ㄱ, ㄴ ④ ㄴ, ㄷ ⑤ ㄱ, ㄴ, ㄷ

[24029-0242]

15 다음은 동물 종 P의 집단 Ⅰ에 대한 자료이다.

- Ⅰ은 하디 · 바인베르크 평형이 유지되는 집단이다.
- 꼬리털 색은 상염색체에 있는 갈색 꼬리털 대립유전자 A와 흰색 꼬리털 대립유전자 A^*에 의해 결정된다.
- A와 A^* 사이의 우열 관계는 분명하다.
- Ⅰ에서 암컷과 수컷의 개체 수는 같다.
- Ⅰ에서 $\frac{\text{갈색 꼬리털 대립유전자 수}}{\text{갈색 꼬리털을 갖는 개체 수}}=\frac{5}{3}$이다.

이에 대한 설명으로 옳은 것만을 〈보기〉에서 있는 대로 고른 것은?

보기

ㄱ. 유전자형이 AA^*인 개체의 꼬리털 색은 흰색이다.

ㄴ. Ⅰ에서 A의 빈도는 $\frac{4}{5}$이다.

ㄷ. Ⅰ에서 유전자형이 AA^*인 암컷이 임의의 수컷과 교배하여 자손(F_1)을 낳을 때, 이 F_1이 갈색 꼬리털을 가질 확률은 $\frac{3}{5}$이다.

① ㄱ ② ㄴ ③ ㄱ, ㄷ ④ ㄴ, ㄷ ⑤ ㄱ, ㄴ, ㄷ

[24029-0243]

16 다음은 어떤 동물 종 P의 집단 Ⅰ과 Ⅱ에 대한 자료이다.

- Ⅰ과 Ⅱ를 구성하는 개체 수는 같고, Ⅰ과 Ⅱ는 각각 하디 · 바인베르크 평형이 유지되는 집단이다. Ⅰ과 Ⅱ에서 각각 암컷과 수컷의 개체 수는 같다.
- Ⅰ과 Ⅱ에서 이 동물의 날개 길이는 상염색체에 있는 긴 날개 대립유전자 A와 짧은 날개 대립유전자 A^*에 의해 결정되며, A는 A^*에 대해 완전 우성이다.
- Ⅰ에서 $\frac{\text{유전자형이 } AA^* \text{인 개체의 비율}}{\text{유전자형이 AA인 개체의 비율}}=\frac{1}{2}$이다.
- Ⅰ과 Ⅱ의 개체들을 모두 합쳐서 긴 날개를 가진 개체의 비율을 구하면 $\frac{9}{10}$이다.

Ⅱ에서 임의의 긴 날개 수컷이 임의의 짧은 날개 암컷과 교배하여 자손(F_1)을 낳을 때, 이 F_1이 긴 날개를 가질 확률은?

① $\frac{2}{7}$ ② $\frac{5}{7}$ ③ $\frac{3}{8}$ ④ $\frac{5}{8}$ ⑤ $\frac{5}{9}$

[24029-0244]

01 그림 (가)는 바다사자와 침팬지의 앞다리를, (나)는 척추동물에서 사람 글로빈 단백질의 아미노산 서열과의 유사성을 나타낸 것이다.

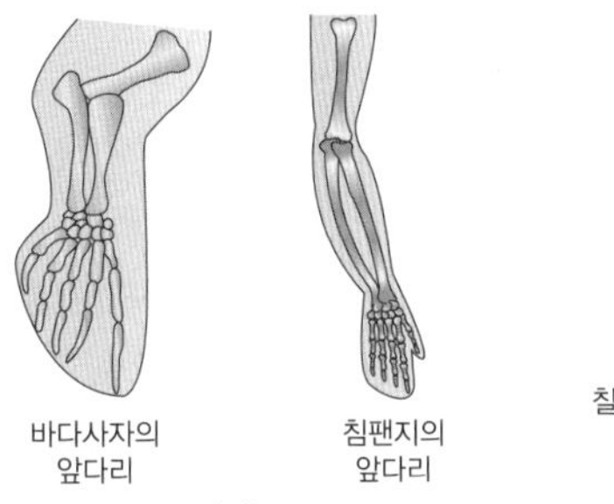

(가)

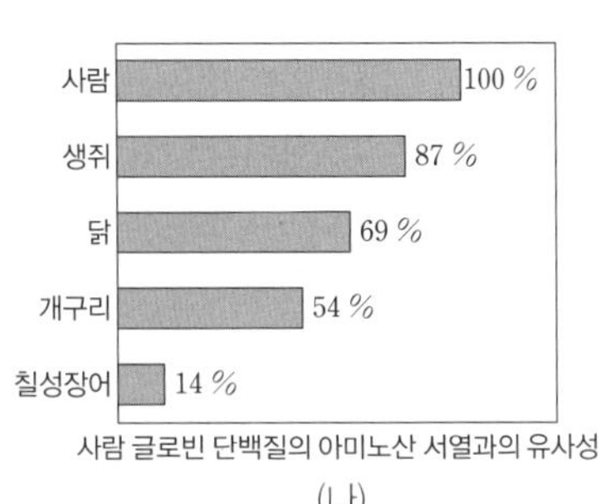

(나)

이에 대한 설명으로 옳은 것만을 〈보기〉에서 있는 대로 고른 것은? (단, 종 사이의 유연관계는 제시된 자료만을 근거로 판단한다.)

보기

ㄱ. (가)는 상동 형질(상동 기관)의 예에 해당한다.
ㄴ. (나)에서 공통 조상에서 분화한 지 오래될수록 아미노산 서열 차이가 작아진다.
ㄷ. (가)와 (나)는 모두 생물 진화의 증거 중 비교해부학적 증거에 해당한다.

① ㄱ ② ㄷ ③ ㄱ, ㄴ ④ ㄴ, ㄷ ⑤ ㄱ, ㄴ, ㄷ

생물 진화의 증거에는 화석상의 증거, 비교해부학적 증거, 진화발생학적 증거, 생물지리학적 증거, 분자진화학적 증거가 있다.

[24029-0245]

02 표 (가)는 유전자풀의 변화 요인 A, B, 병목 효과에서 특징 ㉠과 ㉡의 유무를 나타낸 것이고, (나)는 ㉠과 ㉡을 순서 없이 나타낸 것이다. A와 B는 자연 선택과 창시자 효과를 순서 없이 나타낸 것이다.

유전자풀의 변화 요인 \ 특징	㉠	㉡
A	○	○
B	×	○
병목 효과	×	○

(○: 있음, ×: 없음)

(가)

특징(㉠, ㉡)
• 대립유전자 빈도를 변화시키는 요인이다. • 원래의 집단에서 적은 수의 개체들이 다른 지역으로 이주하여 새로운 집단을 형성할 때 나타나는 현상이다.

(나)

이에 대한 설명으로 옳은 것만을 〈보기〉에서 있는 대로 고른 것은?

보기

ㄱ. A는 창시자 효과이다.
ㄴ. ㉠은 '대립유전자 빈도를 변화시키는 요인이다.'이다.
ㄷ. B는 두 집단 사이에서 개체의 이주나 배우자의 이동으로 두 집단의 유전자풀이 달라지는 현상이다.

① ㄱ ② ㄷ ③ ㄱ, ㄴ ④ ㄴ, ㄷ ⑤ ㄱ, ㄴ, ㄷ

유전적 부동은 대립유전자가 자손에게 무작위적으로 전달되기 때문에 부모 세대와 자손 세대 사이에서 대립유전자 빈도가 예측할 수 없는 방향으로 변화하는 현상으로 병목 효과와 창시자 효과를 겪는 집단에서 잘 나타난다.

돌연변이와 유전자 흐름은 모두 집단에 없던 새로운 대립유전자를 제공할 수 있다.

[24029-0246]

03 다음은 유전자풀의 변화 요인 (가)~(다)에 대한 자료이다. (가)~(다)는 돌연변이, 유전자 흐름, 자연선택을 순서 없이 나타낸 것이다.

- (가)와 (나)는 모두 집단에 없던 새로운 대립유전자를 제공할 수 있다.
- (가)는 방사선, 화학 물질, 바이러스 등으로 DNA의 염기 서열에 변화가 생겨 새로운 대립유전자가 나타나 대립유전자의 빈도가 달라지는 현상이다.
- (다)는 어떤 개체군에서 특정 대립유전자를 가진 개체가 그 대립유전자를 가지지 않은 개체보다 생존과 번식에 유리하여 더 많은 자손을 남김으로써 대립유전자의 빈도가 달라지는 현상이다.

이에 대한 설명으로 옳은 것만을 〈보기〉에서 있는 대로 고른 것은?

보기

ㄱ. (가)는 돌연변이이다.
ㄴ. (나)는 두 집단 사이에서 개체의 이주나 배우자 이동으로 나타나는 현상이다.
ㄷ. (다)가 일어나면 환경에 적합한 형질을 가진 개체의 비율이 증가한다.

① ㄱ ② ㄴ ③ ㄱ, ㄷ ④ ㄴ, ㄷ ⑤ ㄱ, ㄴ, ㄷ

유전자 흐름은 두 집단 사이에서 개체의 이주나 배우자의 이동으로 두 집단의 유전자풀이 달라지는 현상이다.

[24029-0247]

04 다음은 어떤 지역에서 같은 종으로 구성된 개구리 집단 P의 대립유전자 빈도가 시기 Ⅰ에서 시기 Ⅲ으로 시간이 지나는 동안 변화되는 과정을 나타낸 것이다. 개구리의 피부색은 대립유전자 A, B, C에 의해 결정된다. 과정 ⓐ에서 가뭄으로 인해 개구리의 개체 수가 크게 감소했으며, 과정 ⓑ에서 다른 지역으로부터 B를 가진 개구리가 이주해 왔다.

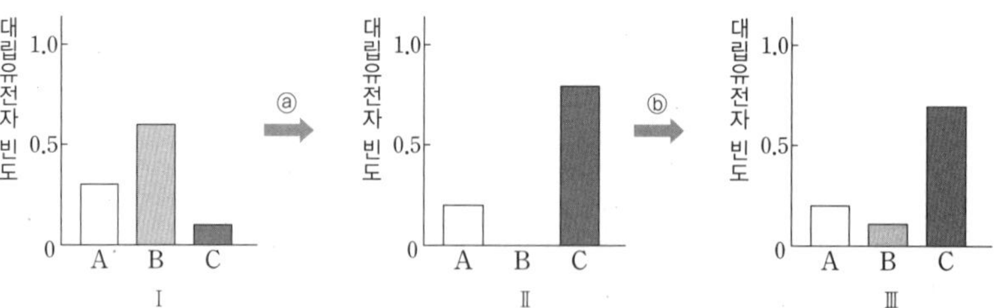

이에 대한 설명으로 옳은 것만을 〈보기〉에서 있는 대로 고른 것은? (단, 제시된 자료 이외는 고려하지 않는다.)

보기

ㄱ. ⓐ에서 병목 효과가 일어났다.
ㄴ. ⓑ에서 유전자 흐름이 일어났다.
ㄷ. Ⅰ에서 Ⅲ으로 되는 과정에서 P의 유전자풀은 변하였다.

① ㄱ ② ㄷ ③ ㄱ, ㄴ ④ ㄴ, ㄷ ⑤ ㄱ, ㄴ, ㄷ

[24029-0248]

05 그림 (가)는 동물 종 A가 2회의 종분화 과정을 통해 동물 종 B와 C로 분화하는 과정을, (나)는 (가)를 토대로 작성한 A~C의 계통수를 나타낸 것이다. A~C는 서로 다른 생물학적 종이고, ㉠~㉢은 A~C를 순서 없이 나타낸 것이다.

종분화는 대부분 산맥 형성, 섬의 분리와 같은 지리적 격리에 의해 일어난다.

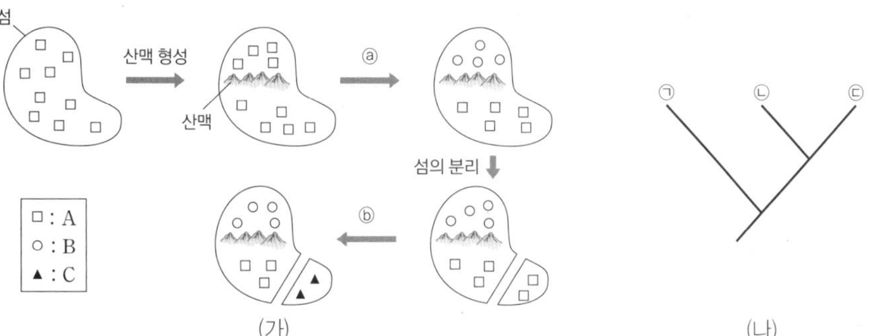

(가) (나)

이에 대한 설명으로 옳은 것만을 〈보기〉에서 있는 대로 고른 것은? (단, 산맥 형성과 섬의 분리 이외의 지리적 격리는 없으며, 이입과 이출은 없다.)

보기

ㄱ. ㉠은 B이다.
ㄴ. A의 유전자풀은 C의 유전자풀과 같다.
ㄷ. 과정 ⓐ와 ⓑ에서 모두 돌연변이가 일어났다.

① ㄱ ② ㄴ ③ ㄱ, ㄷ ④ ㄴ, ㄷ ⑤ ㄱ, ㄴ, ㄷ

[24029-0249]

06 다음은 종분화가 일어난 사례 (가)와 (나)에 대한 자료이다.

고리종은 종분화를 위한 생식적 격리가 연속적이며, 점진적으로 일어나고 있음을 보여 주는 사례이다.

(가) 파나마 지협은 약 350만 년 전에 생성된 것으로 그 이전에는 대서양과 태평양이 연결되어 있었다. 파나마 지협의 생성으로 대서양과 태평양의 연결이 끊어졌으며, 파나마 지협을 경계로 코르테즈무지개놀래기(*Thalassoma lucasanum*)와 파란머리놀래기(*Thalassoma bifasciatum*)가 공통 조상으로부터 종분화되어 출현하였다.

(나) 그림과 같이 미국 캘리포니아 중앙 협곡 주위에 분포하고 있는 엔사티나도롱뇽 7개 집단(A~G)은 고리종이다. A와 G를 제외한 인접한 두 집단 사이에서는 생식적으로 격리되어 있지 않다. A와 G는 지리적으로 가깝지만 생식적으로 격리되어 있다.

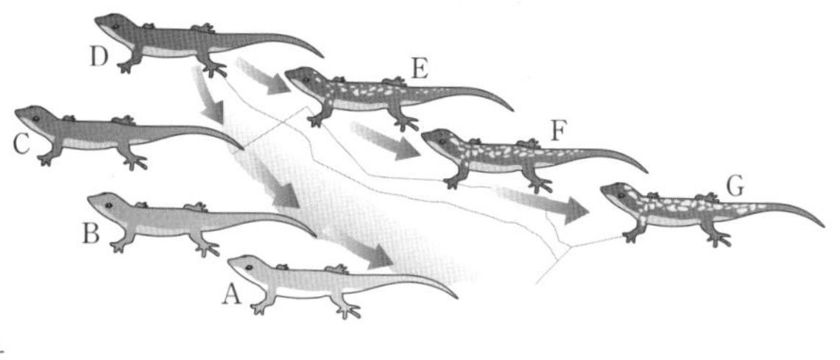

이에 대한 설명으로 옳은 것만을 〈보기〉에서 있는 대로 고른 것은?

보기

ㄱ. 코르테즈무지개놀래기와 파란머리놀래기의 종소명은 다르다.
ㄴ. (가)의 종분화 과정에서 지리적 격리는 없었다.
ㄷ. (나)는 종분화가 점진적인 변화에 의해 일어날 수 있음을 보여주는 사례이다.

① ㄴ ② ㄷ ③ ㄱ, ㄴ ④ ㄱ, ㄷ ⑤ ㄱ, ㄴ, ㄷ

유전자형이 AA^*인 개체들과 A^*A^*인 개체들을 합친 집단에서는 A^*가 A보다 많다.

[24029-0250]

07 **다음은 동물 종 P의 집단 Ⅰ에 대한 자료이다.**

- Ⅰ은 하디 · 바인베르크 평형이 유지되는 집단이며, 암컷과 수컷의 개체 수는 같다.
- P의 유전 형질 (가)는 상염색체에 있는 대립유전자 A와 A^*에 의해 결정된다. A와 A^* 사이의 우열 관계는 분명하고, 유전자형이 AA^*인 개체에게서 (가)가 발현된다.
- Ⅰ에서 유전자형이 ㉠인 개체들을 제외한 나머지 개체들을 합쳐서 구한 A^*의 빈도는 $\frac{1}{17}$이다. ㉠은 AA와 AA^* 중 하나이다.
- Ⅰ에서 (가)가 발현된 개체 수는 (가)가 발현되지 않은 개체 수보다 적다.

Ⅰ에서 유전자형이 ㉠인 암컷이 임의의 수컷과 교배하여 자손(F_1)을 낳을 때, 이 F_1에게서 (가)가 발현될 확률은?

① $\frac{4}{5}$　② $\frac{3}{5}$　③ $\frac{2}{5}$　④ $\frac{3}{10}$　⑤ $\frac{1}{10}$

하디 · 바인베르크 평형이 유지되는 집단에서는 세대를 거듭하여도 대립유전자의 빈도가 변하지 않는다.

[24029-0251]

08 **다음은 동물 종 P의 두 집단 Ⅰ과 Ⅱ에 대한 자료이다.**

- Ⅰ과 Ⅱ를 구성하는 개체 수는 같고, Ⅰ과 Ⅱ는 각각 하디 · 바인베르크 평형이 유지되는 집단이다. Ⅰ과 Ⅱ에서 각각 암컷과 수컷의 개체 수는 같다.
- P의 몸 색은 상염색체에 있는 검은색 몸 대립유전자 A와 회색 몸 대립유전자 A^*에 의해 결정되며, A는 A^*에 대해 완전 우성이다.
- Ⅰ에서 유전자형이 AA^*인 암컷이 임의의 수컷과 교배하여 자손(F_1)을 낳을 때, 이 F_1이 회색 몸일 확률은 $\frac{3}{8}$이다.
- $\frac{\text{Ⅰ에서 검은색 몸 개체 수}}{\text{Ⅱ에서 회색 몸 개체 수}}=\frac{7}{4}$이다.

이에 대한 설명으로 옳은 것만을 〈보기〉에서 있는 대로 고른 것은?

보기

ㄱ. A^*의 빈도는 Ⅰ에서가 Ⅱ에서보다 작다.

ㄴ. Ⅰ에서 $\frac{\text{검은색 몸 대립유전자 수}}{\text{회색 몸 개체 수}}=\frac{4}{9}$이다.

ㄷ. Ⅱ에서 유전자형이 AA인 개체와 AA^*인 개체를 합쳐서 A의 빈도를 구하면 $\frac{2}{3}$이다.

① ㄱ　② ㄷ　③ ㄱ, ㄴ　④ ㄴ, ㄷ　⑤ ㄱ, ㄴ, ㄷ

[24029-0252]

09 **다음은 어떤 동물로 구성된 여러 집단에 대한 자료이다.**

- 각 집단의 개체 수는 각각 10000이고, 각각 하디 · 바인베르크 평형이 유지된다.
- 각 집단에서 암컷과 수컷의 개체 수는 같다.
- 유전 형질 ㉠은 상염색체에 있는 대립유전자 A와 A^*에 의해 결정되며, A와 A^* 사이의 우열 관계는 분명하다.
- A^*의 빈도는 p이다.
- 그림은 각 집단 내에서 p에 따른 ㉠이 발현되지 않는 개체의 비율을 나타낸 것이다.

㉠이 발현되지 않는 개체의 비율
1
0.5
0
0.5
1
A^*의 빈도(p)

각 집단에서 A의 빈도와 A^*의 빈도의 합은 1이다.

이에 대한 설명으로 옳은 것만을 〈보기〉에서 있는 대로 고른 것은?

보기

ㄱ. 유전자형이 AA^*인 개체에게서 ㉠이 발현된다.

ㄴ. p가 0.7인 집단에서 ㉠이 발현된 개체 수는 4900이다.

ㄷ. $\frac{\text{유전자형이 } AA^* \text{인 개체 수}}{\text{㉠이 발현된 개체 수}}=\frac{4}{3}$인 집단에서 p는 $\frac{3}{5}$이다.

① ㄱ ② ㄷ ③ ㄱ, ㄴ ④ ㄱ, ㄷ ⑤ ㄴ, ㄷ

[24029-0253]

10 **다음은 동물 종 P의 집단 Ⅰ에 대한 자료이다.**

- Ⅰ은 하디 · 바인베르크 평형이 유지되는 집단이다.
- 몸 색과 날개 길이를 결정하는 유전자는 서로 다른 상염색체에 있다.
- 몸 색은 검은색 몸 대립유전자 A와 회색 몸 대립유전자 A^*에 의해 결정되며, 날개 길이는 긴 날개 대립유전자 B와 짧은 날개 대립유전자 B^*에 의해 결정된다. A는 A^*에 대해 완전 우성이고, B와 B^* 사이의 우열 관계는 분명하다.
- Ⅰ에서 암컷과 수컷의 개체 수는 같다.
- Ⅰ에서 A의 빈도와 B의 빈도의 합은 1이다.
- Ⅰ에서 B의 빈도는 B^*의 빈도보다 작다.
- Ⅰ에서 $\frac{\text{긴 날개 수컷의 개체 수}}{\text{검은색 몸 암컷의 개체 수}}=\frac{16}{21}$이다.

A의 빈도가 p, A^*의 빈도가 q일 때 자손(F_1)이 임의의 수컷에게서 A를 물려받을 확률은 p, A^*를 물려받을 확률은 q이다.

이에 대한 설명으로 옳은 것만을 〈보기〉에서 있는 대로 고른 것은?

보기

ㄱ. 유전자형이 BB^*인 개체는 긴 날개를 갖는다.

ㄴ. Ⅰ에서 A의 빈도는 0.4이다.

ㄷ. Ⅰ에서 유전자형이 AA^*BB^*인 암컷이 임의의 수컷과 교배하여 자손(F_1)을 낳을 때, 이 F_1이 검은색 몸에 짧은 날개일 확률은 $\frac{6}{25}$이다.

① ㄱ ② ㄴ ③ ㄱ, ㄷ ④ ㄴ, ㄷ ⑤ ㄱ, ㄴ, ㄷ

12 생명 공학 기술과 인간 생활

개념 체크

◆ 제한 효소는 원핵생물에서 발견되는 효소로 바이러스나 다른 생물의 DNA가 원핵생물에 침입했을 때 침입한 DNA를 잘라서 자신을 보호하는 역할을 한다.

◆ 플라스미드는 세균과 효모에서 자신의 염색체 외에 추가로 존재하는 복제 가능한 작은 원형 DNA이다. 세균에서 분리하여 조작하기 쉽고, 세포 내로 쉽게 들어갈 수 있어 유전자 재조합 기술에 많이 사용된다.

1. 특정 생물에서 추출한 유용한 유전자를 다른 생물의 DNA에 끼워 넣어 재조합 DNA를 만든 후, 이를 세균 등에 넣어 유용한 유전자의 산물을 얻는 기술을 (   ) 기술이라고 한다.

2. (   ) 효소는 제한 효소로 자른 플라스미드와 유용한 유전자가 들어 있는 DNA를 연결하는 작용을 한다.

※ ○ 또는 ×

3. 제한 효소는 DNA의 염기 서열과는 관계없이 무작위적인 위치를 자른다. (   )

4. 플라스미드는 세균 내에 존재하는 선형의 DNA이다. (   )

정답

1. 유전자 재조합(DNA 재조합)
2. DNA 연결
3. ×
4. ×

1 생명 공학 기술의 활용

(1) **유전자 재조합 기술**: DNA의 특정 염기 서열을 인식하여 자르는 제한 효소와 잘린 DNA의 말단끼리 이어주는 DNA 연결 효소를 이용하여 재조합 DNA를 만들고, 이 재조합 DNA를 세포에 넣어 유용한 유전자를 증식하거나 유전자의 산물을 얻는 기술이다.

① 유전자 재조합 기술을 이용한 유용한 물질 생산

- 제한 효소로 DNA 절단: DNA 운반체(대장균에서 추출한 플라스미드)와 유용한 유전자가 들어 있는 DNA에 적합한 제한 효소를 처리하여 DNA를 자른다.
- DNA 연결 효소로 DNA 연결: DNA 연결 효소를 처리하여 제한 효소에 의해 잘린 DNA 운반체와 유용한 유전자가 들어 있는 DNA를 연결한다.

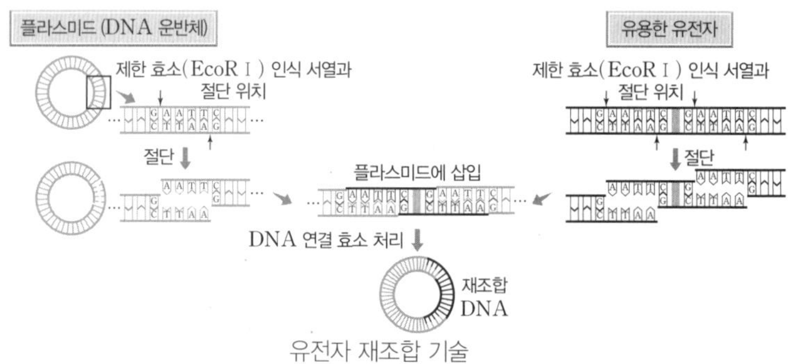

유전자 재조합 기술

- 재조합 DNA의 숙주 세포 도입과 유용한 물질 생산: 재조합 DNA를 숙주 세포(주로 대장균) 배양액에 섞은 후, 자극을 가해 재조합 DNA가 숙주 세포에 도입되도록 하여 배양하면 유용한 물질을 얻을 수 있다.

② 형질 전환된 대장균 선별

- 재조합 플라스미드 제작: 앰피실린 저항성 유전자와 젖당 분해 효소 유전자가 있는 플라스미드를 이용한다. 이 플라스미드가 도입된 대장균은 항생제인 앰피실린이 있는 배지에서 증식하여 군체를 형성한다. 제한 효소와 DNA 연결 효소를 이용하면 유용한 유전자가 젖당 분해 효소 유전자 부위에 삽입된 재조합 플라스미드가 생성되며, 이때 재조합되지 않은 플라스미드도 존재한다.
- 형질 전환된 대장균 제작 및 선별: 재조합 플라스미드를 대장균에 도입하는 과정에서 플라스미드가 도입되지 않은 대장균 A, 재조합되지 않은 플라스미드가 도입된 대장균 B, 재조합된 플라스미드가 도입된 대장균 C가 생긴다. 젖당 분해 효소에 의해 분해되면 푸른색으로 변하는 물질(X−gal)과 앰피실린이 들어 있는 배지에서 대장균 A~C를 배양하면 유용한 유전자를 가진 대장균 C를 선별할 수 있다.

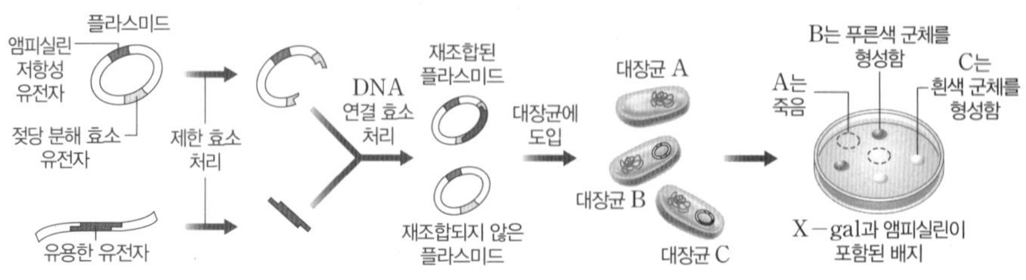

형질 전환 대장균 제작 및 선별

탐구자료 살펴보기 유전자 재조합 모의 실험하기

과정

(가) 플라스미드 모형과 인슐린 유전자가 포함된 DNA 모형을 각각 자른다.
(나) 플라스미드 모형의 양 끝을 붙여 고리 모양으로 만든다.
(다) 플라스미드 모형과 인슐린 유전자가 포함된 DNA 모형에서 제한 효소 EcoR Ⅰ의 제한 효소 자리를 찾아 각각 가위로 자른다.
(라) 잘린 플라스미드 모형에 인슐린 유전자가 포함된 DNA 모형을 맞추어 넣고 셀로판테이프로 붙여 재조합 DNA를 만든다.

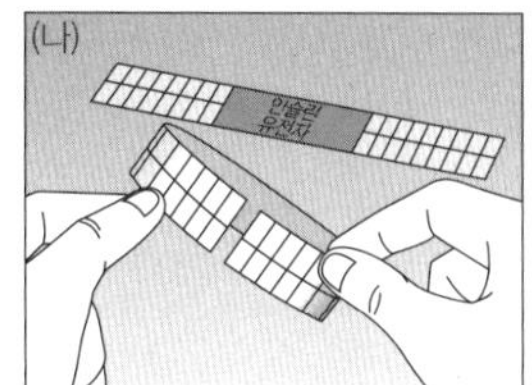

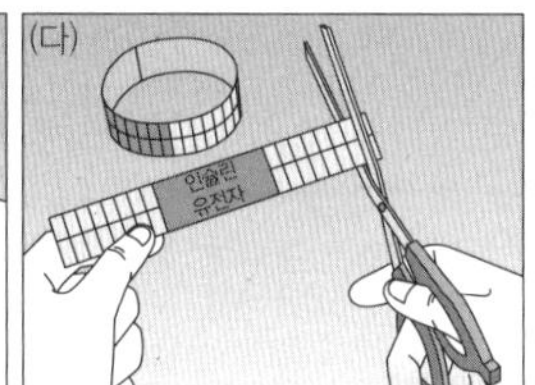

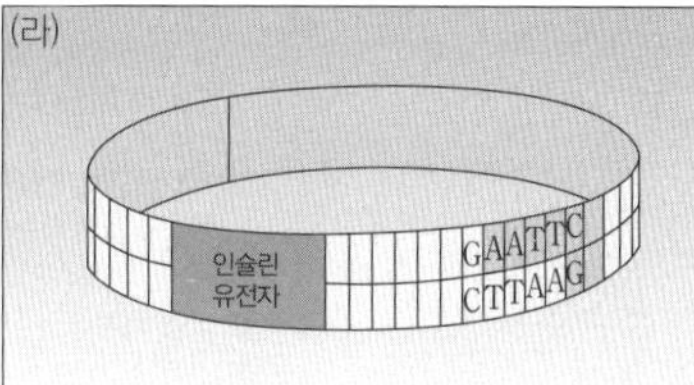

결과

플라스미드 모형과 인슐린 유전자가 포함된 DNA 모형을 자를 때 EcoR Ⅰ의 제한 효소 자리를 찾아 잘라야 인슐린 유전자를 포함한 재조합 플라스미드가 만들어진다.

point

• 가위는 유전자 재조합 기술에서 제한 효소의 역할을, 셀로판테이프는 유전자 재조합 기술에서 DNA 연결 효소의 역할을 한다.
• 유전자 재조합 과정에서 제한 효소 EcoR Ⅰ으로 잘린 플라스미드와 인슐린 유전자가 포함된 DNA의 양쪽 말단 부위에서 단일 가닥의 노출된 부위가 서로 상보적인 염기 서열을 가지므로, 이들 상보적인 염기 간에 수소 결합이 형성된다. 수소 결합을 통해 일시적으로 결합한 두 DNA의 말단을 DNA 연결 효소로 연결하면 재조합 DNA를 만들 수 있다.

(2) 핵치환: 한 세포에서 핵을 꺼내어 핵을 제거한 난자에 이식하는 기술이다.

① 핵을 제거한 난자에 체세포의 핵을 이식하여 얻은 배아를 대리모 체내에서 발생시키면 핵을 제공한 개체와 유전적으로 같은 복제 동물을 만들 수 있다.

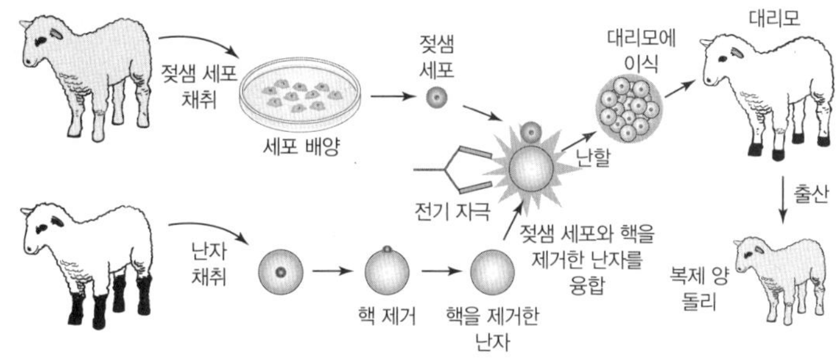

복제 양 돌리의 탄생 과정

② 핵치환 기술은 멸종 위기 동물이나 우수한 형질을 가진 동물을 보존하는 데 활용되고 있다. 또한 유용한 유전자가 도입된 형질 전환 세포를 핵치환에 이용하여 형질 전환 복제 동물을 만들고, 이 동물로부터 의약품 등 유용한 물질을 생산할 수 있다.

개념 체크

◉ 한 세포에서 핵을 꺼내어 핵을 제거한 다른 세포에 이식하는 기술인 핵치환은 복제 세포 또는 복제 동물을 만들 때 필요한 생명 공학 기술 중 하나이다.

1. 유전자 재조합 모의 실험에서의 셀로판테이프는 유전자 재조합 기술에서 (　　) 의 역할을 한다

2. 핵치환은 한 세포에서 (　　)을 꺼내어 (　　)을 제거한 난자에 이식하는 기술이다.

※ ○ 또는 ×

3. 핵치환 기술은 멸종 위기 동물이나 우수한 형질을 가진 동물을 보존하는 데 사용될 수 있다. (　　)

4. 복제 양 돌리의 탄생 과정에서 핵치환 기술이 사용되었다. (　　)

정답
1. DNA 연결 효소
2. 핵, 핵
3. ○
4. ○

개념 체크

◎ 배지는 세포나 조직을 배양할 때 필요한 성분이 포함된 액체 또는 고체 형태의 재료이다.
◎ 캘러스는 분열 조직에서 얻은 미분화된 세포 덩어리로, 다양한 기관으로 분화가 가능하다.

1. ( ) 기술은 생물체에서 떼어 낸 세포나 조직을 배양액이나 영양 배지에서 증식시키는 기술이다.

2. 식물의 조직이나 세포를 배지에서 배양할 때 형성된 미분화된 세포 덩어리를 ( )라 한다.

※ ○ 또는 ×

3. 서로 다른 두 종류의 세포를 융합시켜 만든 잡종 세포는 두 세포 중 하나의 세포가 가진 특성만 나타난다. ( )

4. 조직 배양 기술을 이용하면 형질이 동일한 식물을 대량으로 생산할 수 있다. ( )

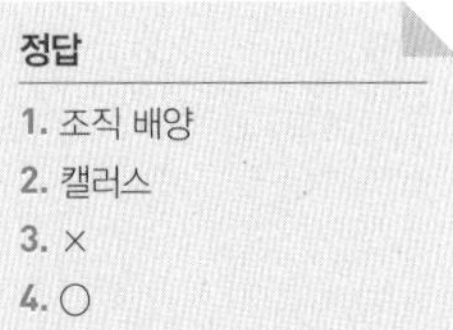
정답
1. 조직 배양
2. 캘러스
3. ×
4. ○

(3) 조직 배양: 생물체에서 떼어 낸 세포나 조직을 배양액이나 영양 배지에서 증식시키는 기술이다.

① 동물 세포의 조직 배양 기술은 동물 세포의 구조와 세포 소기관의 기능 등을 밝히는 생명 과학의 기초 연구에 활용되고, 호르몬이나 항체 생산에도 활용된다.

② 식물 세포의 조직 배양 기술을 활용하면 어버이와 똑같은 형질을 가지고 있는 식물체를 만들 수 있기 때문에 형질이 동일한 식물을 대량으로 생산할 수 있고 번식 능력이 약한 식물을 인공적으로 증식시킬 수 있다.

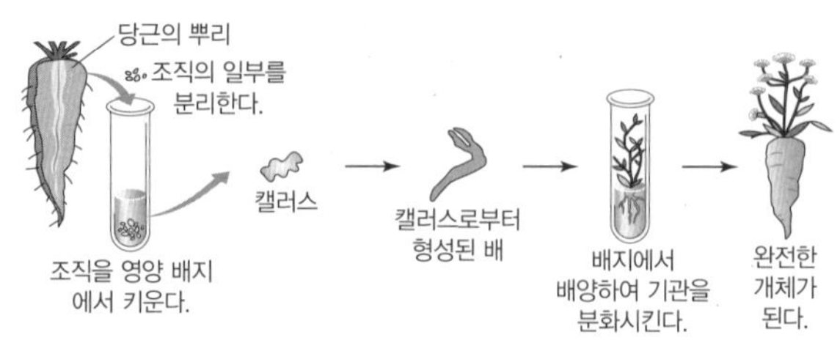

당근을 이용한 조직 배양

(4) 세포 융합: 서로 다른 두 종류의 세포를 융합시켜 잡종 세포를 만드는 기술이다.

① 세포 융합을 활용하면 우리가 원하는 특성을 가진 잡종 세포를 만들 수 있고, 두 세포의 특성을 모두 가진 잡종 세포를 만들 수 있다.

② 세포 융합 기술은 식물의 품종 개량 및 단일 클론 항체의 생산, 질병 진단, 암 치료 등에 활용되고 있다.

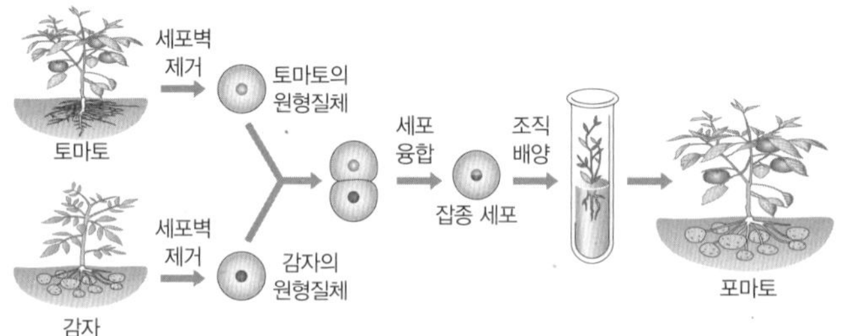

세포 융합 기술을 이용한 잡종 식물의 생산

과학 돋보기 중합 효소 연쇄 반응(PCR)

시험관 내에서 DNA를 반복적으로 복제하여 짧은 시간 동안에 증폭시키는 기술이다. 이중 가닥의 주형 DNA에 DNA 중합 효소, 2종류의 프라이머, 4종류의 디옥시리보뉴클레오타이드(dNTP)를 넣고 단계적으로 온도를 변화시켜 중합 반응을 연쇄적으로 일으킨다.

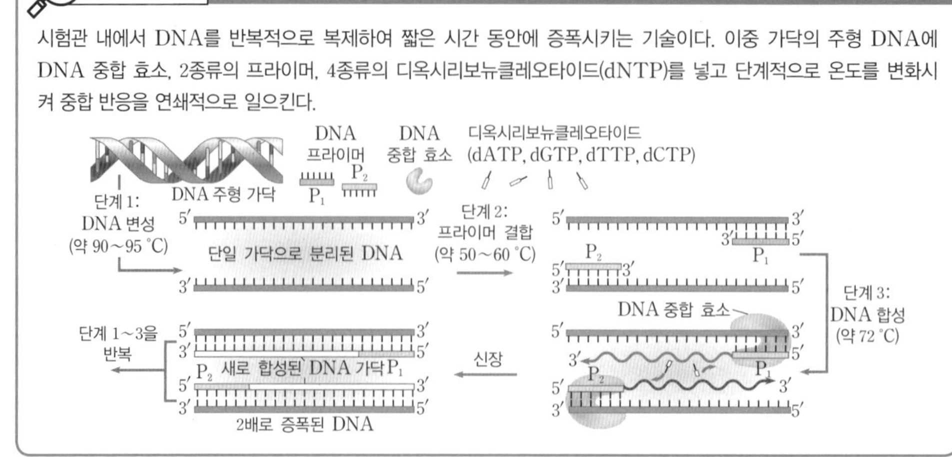

2 생명 공학 기술을 이용한 난치병 치료

(1) 단일 클론 항체

① **단일 클론 항체 생산 과정(B 림프구와 암세포 융합)**: 활성화된 B 림프구와 암세포를 융합하여 잡종 세포를 만든 후, B 림프구와 암세포가 융합된 잡종 세포만 선별해 주는 배지를 이용하여 한 종류의 항체만 생산해 내는 잡종 세포를 얻는다.

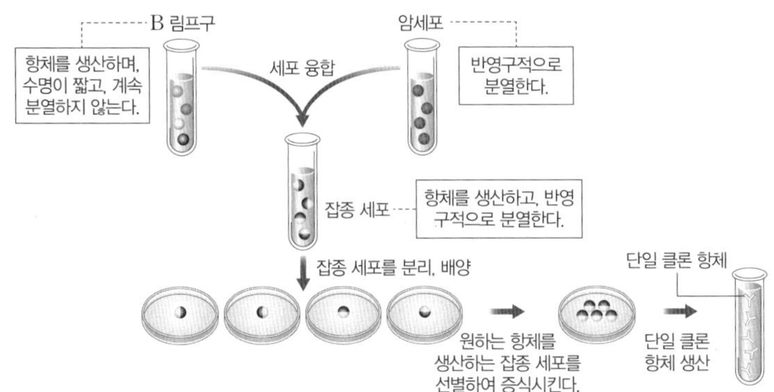

② **단일 클론 항체를 이용한 치료**: 특정 암세포와 결합하는 단일 클론 항체에 항암제를 결합시킨 뒤 암 환자에게 투여하면 암세포를 선택적으로 제거하여 암을 치료할 수 있다.

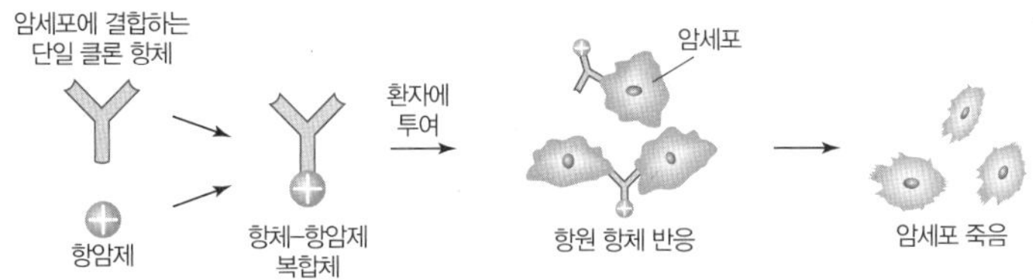

(2) 유전자 치료

(2) 유전자 치료: 유전적으로 결함이 있는 사람에게 정상 유전자를 넣어 이상이 있는 유전자를 대체하거나 정상 단백질이 합성되게 함으로써 질병을 치료하는 방법이다.

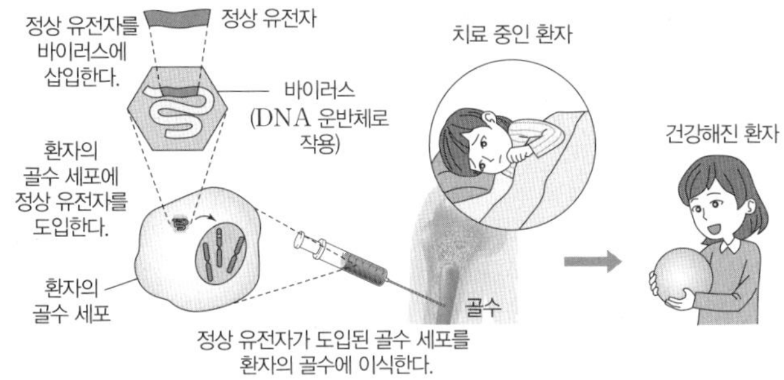

(3) 줄기세포

① 줄기세포의 종류

- 배아 줄기세포: 배아 줄기세포는 수정란에서 유래한 배반포의 내세포 덩어리에서 얻은 줄기세포이다. 배아 줄기세포는 신체를 이루는 모든 세포와 조직으로 분화할 수 있다. 특히 환자의 체세포 핵을 무핵 난자에 이식하여 만든 체세포 복제 배아 줄기세포를 환자에게 이식하면 면역 거부 반응이 일어나지 않아 맞춤형 줄기세포를 얻을 수 있다.
- 성체 줄기세포: 탯줄 혈액이나 성체의 골수 등에서 얻는 줄기세포로, 배아 줄기세포와는 달리 분화될 수 있는 세포의 종류가 한정되어 있다.

개념 체크

- 세포 하나에서 유래되어 유전 정보가 같은 세포 집단을 클론이라 하는데, 하나의 클론에서 얻은 한 종류의 항체를 단일 클론 항체라고 한다.
- 배반포는 사람의 초기 발생 단계에서 형성되는 포배이며, 안쪽에 내세포 덩어리가 있다. 내세포 덩어리는 발생을 거쳐 개체가 된다.

1. 단일 클론 항체를 얻는 과정에서 항체를 생산하는 (　　)와 반영구적으로 분열하는 (　　)를 융합하여 잡종 세포를 만든다.

2. (　　) 줄기세포는 수정란에서 유래한 배반포의 내세포 덩어리에서 얻는다.

※ ○ 또는 ×

3. 유전자 치료 과정에서 DNA 운반체로 바이러스를 이용할 수 있다. (　　)

4. 성체 줄기세포는 배아 줄기세포보다 분화될 수 있는 세포의 종류가 많다. (　　)

정답

1. B 림프구, 암세포
2. 배아
3. ○
4. ×

개념 체크

◘ LMO(Living Modified Organisms)는 유전자 변형 생물체로서 생식과 번식이 가능한 생물 그 자체를 말하고, GMO(Genetically Modified Organisms)는 LMO뿐만 아니라 LMO로 만든 식품이나 가공물까지 모두 포함한다.

1. (　　) 줄기세포는 분화가 끝난 성체의 체세포를 역분화시켜 얻는다.

2. (　　)는 생명 공학 기술을 이용하여 만들어진 새롭게 조합된 유전 물질을 가지는 생물체이다.

※ ○ 또는 ×

3. 단일 품종의 LMO 재배가 광범위하게 이루어지면 생물 다양성은 증가한다. (　　)

4. 유도 만능(역분화) 줄기세포의 사용은 배아 줄기세포의 사용보다 생명 윤리 문제가 적다. (　　)

정답
1. 유도 만능(역분화)
2. 유전자 변형 생물체(LMO)
3. ×
4. ○

• 유도 만능(역분화) 줄기세포: 분화가 끝난 성체의 체세포를 역분화시켜 배아 줄기세포처럼 다양한 세포로 분화될 수 있도록 한 줄기세포이다. 유도 만능 줄기세포는 자신의 세포로부터 유래하였으므로 면역 거부 반응이 없고 사람의 난자나 배아를 사용하지 않아 배아 줄기세포보다 생명 윤리 문제가 적다.

② **줄기세포를 이용한 치료**: 줄기세포를 이용하면 훼손된 조직을 대체할 수 있는 세포나 조직을 다량으로 얻을 수 있으므로 난치병 치료에 유용하다.

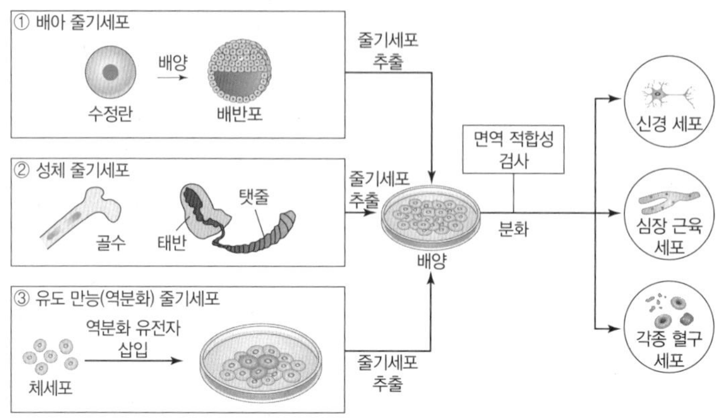

줄기세포의 종류 및 이용 방법

3 생명 공학 기술의 발달과 문제점

(1) 유전자 변형 생물체(LMO): 생명 공학 기술을 이용하여 만들어진 새로운 조합의 유전 물질을 가진 생물체이다. LMO는 식량과 의약품의 생산 및 환경과 에너지 문제 해결에 활용될 수 있지만, 생태계와 인류에 미칠 영향의 불확실성 등이 해결 과제로 남아 있다.

LMO의 긍정적 영향	LMO의 부정적 영향
• 식량 문제 해결 및 영양 성분 강화 생물 생산 예 해충 저항성 및 제초제 내성 식물(옥수수, 대두, 면화 등), 황금 쌀, 갈변 방지 사과, 우유를 많이 생산하는 젖소, 빠르게 생장하는 슈퍼 연어 등 • 다양한 의약품 생산 및 난치병 치료 예 장기 이식용 돼지, 사람의 인슐린이나 생장 호르몬을 생산하는 세균, 사람의 혈액 응고 단백질을 젖으로 분비하는 염소 등 • 화석 연료를 대체할 수 있는 바이오 연료 생산 예 사막이나 오염된 지역에서도 자랄 수 있는 바이오 에탄올용 고구마, 당을 에탄올로 바꾸는 데 필요한 효소를 대량 생산하는 미생물 등 • 환경 오염 문제 해결 예 중금속을 흡수하는 식물, 기름이나 독성 유기 화합물을 분해하는 세균 등	• 유전자 변형 생물의 이용으로 사람이나 가축에 대한 안전성 문제가 지속적으로 제기 • 난치병 환자 치료를 위해 배아 줄기세포를 이용하는 과정에서 생명 경시에 대한 우려 제기 • 슈퍼 잡초 생성 등 조작된 다른 종의 유전자가 생태계로 유입됐을 때 생태계에 미칠 영향 예측 불가 • 유전자나 LMO가 특허 대상이 되면서 이에 대한 권리를 소수 기업이 독점하여 질병 치료나 식량 구입에 막대한 비용을 지불해야 하는 문제 발생 가능성 제기 • 단일 품종 LMO의 재배가 생물 다양성을 감소시킬 가능성 제기

(2) 생명 윤리: 생명 공학의 발달 과정에서 생명 윤리 문제가 나타나고 있어 생명 공학 기술의 안전성과 생명 윤리에 관한 사회 구성원들의 합의가 필요하다.

(3) 생명 공학이 미래 사회에 미칠 영향: 생명 공학 기술의 개발과 활용 시 나타나는 생명 윤리를 비롯한 여러 문제를 인식하고 올바로 대처하도록 노력한다면, 생명 공학은 의약품의 생산, 질환의 진단·예방·치료, 식량 문제 해결, 인간의 수명 연장, 환경 분야, 산업 분야 등 인류의 미래를 위해 많은 성과를 낼 것이다.

[24029-0254]

01 다음은 제한 효소 X에 대한 설명이다.

- X는 DNA의 6개 염기쌍으로 이루어진 특정 염기 서열을 인식하여 그 부위만을 자른다.
- 그림은 X가 인식하는 염기 서열과 절단 위치를 나타낸 것이다. ㉠~㉢은 각각 A, C, G, T 중 하나이다.

5′−G㉠?㉡C㉢−3′
3′−? ?T? ?|? −5′

⁝: 절단 위치

- X가 인식하는 부위에서의 DNA 염기 순서는 5′ → 3′ 방향으로 읽을 때 양쪽 가닥의 염기 서열이 동일하다.

이에 대한 설명으로 옳은 것만을 〈보기〉에서 있는 대로 고른 것은?

보기

ㄱ. ㉠~㉢은 순서대로 C, A, T이다.
ㄴ. X로 잘라서 얻은 두 DNA 조각의 끝부분에 생긴 단일 가닥 부위는 서로 상보적으로 결합할 수 있다.
ㄷ. X로 절단된 DNA의 당−인산 골격은 DNA 연결 효소로 연결시킬 수 있다.

① ㄱ ② ㄴ ③ ㄱ, ㄷ ④ ㄴ, ㄷ ⑤ ㄱ, ㄴ, ㄷ

[24029-0255]

02 그림은 당근의 분열 조직을 이용하여 완전한 개체의 당근을 얻는 과정을 나타낸 것이다.

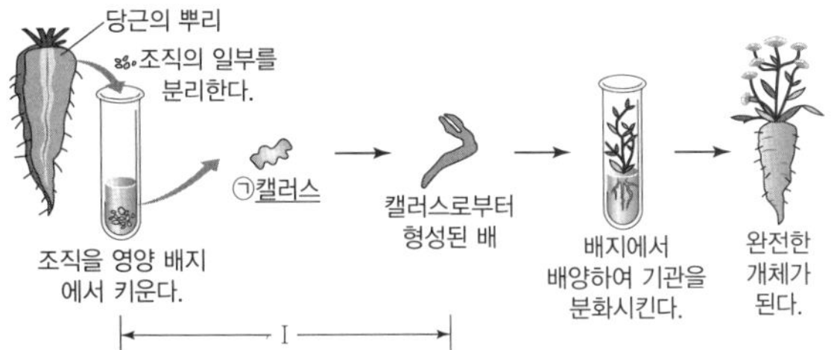

이에 대한 설명으로 옳은 것만을 〈보기〉에서 있는 대로 고른 것은?

보기

ㄱ. ㉠은 미분화 상태의 세포를 포함한다.
ㄴ. 과정 I에서 감수 분열이 일어난다.
ㄷ. 이 과정에서 사용된 조직 배양 기술을 활용하면 유전 형질이 동일한 식물을 대량 생산할 수 있다.

① ㄱ ② ㄴ ③ ㄱ, ㄷ ④ ㄴ, ㄷ ⑤ ㄱ, ㄴ, ㄷ

[24029-0256]

03 다음은 유전자 재조합 모의 실험 과정을 나타낸 것이다.

(가) 플라스미드 모형과 인슐린 유전자가 포함된 DNA 모형에서 제한 효소 ㉠의 절단 위치를 찾아 각각 가위로 자른다.
(나) 잘린 플라스미드 모형에 인슐린 유전자가 포함된 DNA 모형을 맞추어 넣고 ⓐ셀로판테이프로 붙여 ⓑ재조합 DNA를 만든다.

이에 대한 설명으로 옳은 것만을 〈보기〉에서 있는 대로 고른 것은?

보기

ㄱ. ⓐ는 DNA 연결 효소의 역할을 한다.
ㄴ. ⓑ에는 ㉠의 절단 위치가 1곳만 있다.
ㄷ. ㉠은 원핵세포의 DNA에만 작용한다.

① ㄱ ② ㄴ ③ ㄱ, ㄷ ④ ㄴ, ㄷ ⑤ ㄱ, ㄴ, ㄷ

[24029-0257]

04 그림은 생명 공학 기술을 이용하여 양 D를 만드는 과정을 나타낸 것이다.

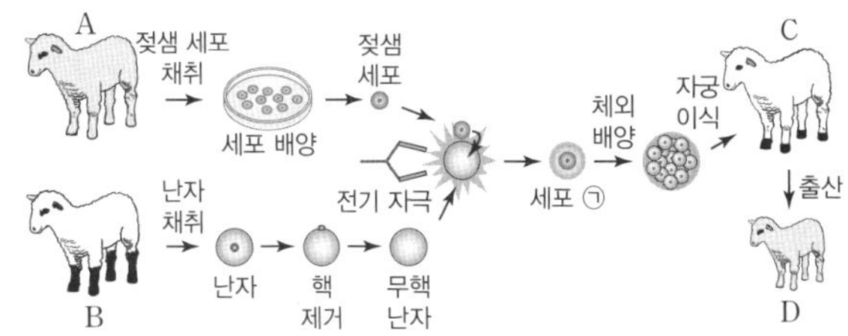

이에 대한 설명으로 옳은 것만을 〈보기〉에서 있는 대로 고른 것은?

보기

ㄱ. ㉠을 만드는 과정에서 핵치환 기술이 사용되었다.
ㄴ. D는 A와 C로부터 유전 정보를 절반씩 물려받았다.
ㄷ. 이 기술은 우수한 형질을 가진 동물을 보존하는 데 사용될 수 있다.

① ㄱ ② ㄴ ③ ㄱ, ㄷ ④ ㄴ, ㄷ ⑤ ㄱ, ㄴ, ㄷ

[24029-0258]

05 표는 줄기세포 A~C를 얻는 방법을 나타낸 것이다. A~C는 배아 줄기세포, 성체 줄기세포, 유도 만능(역분화) 줄기세포를 순서 없이 나타낸 것이다.

줄기세포	얻는 방법
A	분화가 끝난 성체의 체세포를 역분화시켜 다양한 세포로 분화될 수 있도록 만든다.
B	수정란에서 유래한 배아의 배반포의 내세포 덩어리에서 얻는다.
C	탯줄 혈액이나 성체의 골수 등에서 얻는다.

이에 대한 설명으로 옳은 것만을 <보기>에서 있는 대로 고른 것은?

보기

ㄱ. A는 유도 만능(역분화) 줄기세포이다.
ㄴ. 생명 윤리에 대한 논란은 A가 B보다 적다.
ㄷ. 분화될 수 있는 세포의 종류는 B가 C보다 많다.

① ㄱ ② ㄴ ③ ㄱ, ㄷ ④ ㄴ, ㄷ ⑤ ㄱ, ㄴ, ㄷ

[24029-0259]

06 사람의 유전병 ㉠은 상염색체에 있는 정상 대립유전자 T와 ㉠ 발현 대립유전자 t에 의해 결정된다. T는 t에 대해 완전 우성이다. 그림은 ㉠이 발현된 환자에 대한 유전자 치료 과정을 나타낸 것이다.

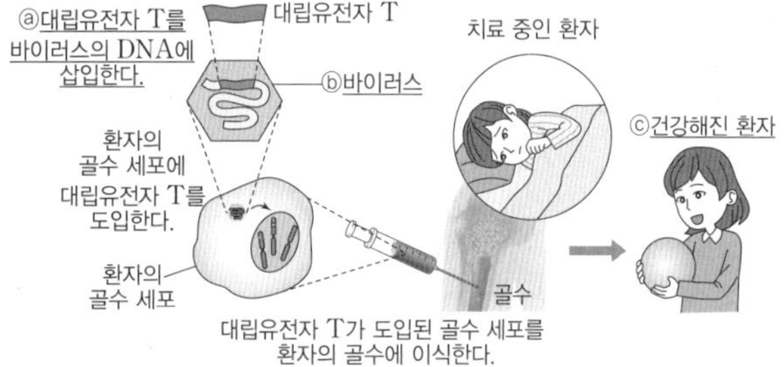

이에 대한 설명으로 옳은 것만을 <보기>에서 있는 대로 고른 것은? (단, 돌연변이는 고려하지 않는다.)

보기

ㄱ. ⓐ 과정에서 유전자 재조합 기술이 이용될 수 있다.
ㄴ. ⓑ는 T를 환자의 골수 세포로 운반한다.
ㄷ. ⓒ는 T를 갖는 생식세포를 생성한다.

① ㄱ ② ㄷ ③ ㄱ, ㄴ ④ ㄴ, ㄷ ⑤ ㄱ, ㄴ, ㄷ

[24029-0260]

07 그림은 생명 공학 기술을 이용한 농작물의 품종 개량 과정을 나타낸 것이다.

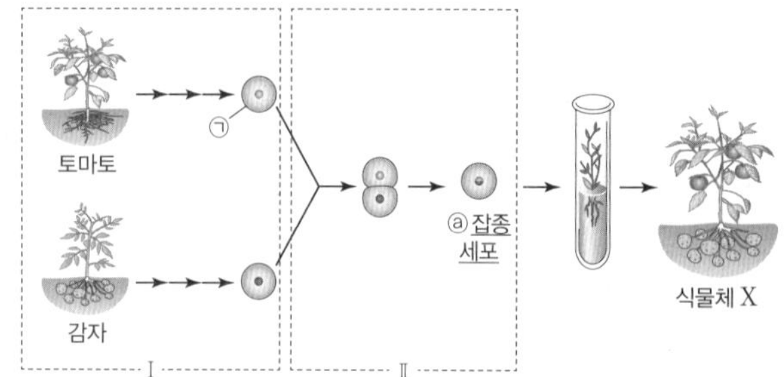

이에 대한 설명으로 옳은 것만을 <보기>에서 있는 대로 고른 것은?

보기

ㄱ. 과정 Ⅰ에서 토마토 세포와 감자 세포의 세포벽을 제거하는 과정을 거쳐야 한다.
ㄴ. 과정 Ⅱ에서 세포 융합 기술이 사용되었다.
ㄷ. ㉠과 ⓐ의 전체 DNA의 염기 서열은 동일하다.

① ㄱ ② ㄷ ③ ㄱ, ㄴ ④ ㄴ, ㄷ ⑤ ㄱ, ㄴ, ㄷ

[24029-0261]

08 표는 생명 공학 기술의 사례와 각 사례에 활용된 생명 공학 기술, 각 사례의 긍정적인 측면과 부정적인 측면을 나타낸 것이다. ㉠과 ㉡은 핵치환 기술과 유전자 재조합 기술을 순서 없이 나타낸 것이다.

사례	활용된 생명 공학 기술	긍정적인 측면	부정적인 측면
복제 양 돌리 탄생	조직 배양 기술, ㉠	멸종 위기 생물의 보존에 활용 가능	?
해충 저항성 옥수수 개발	조직 배양 기술, ㉡	식량 증산	ⓐ
줄기세포를 이용한 질병 치료	조직 배양 기술	난치병 치료	?

이에 대한 설명으로 옳은 것만을 <보기>에서 있는 대로 고른 것은?

보기

ㄱ. ㉠은 유전자 재조합 기술이다.
ㄴ. ㉡에는 DNA 연결 효소가 사용된다.
ㄷ. '사람이나 가축에 대한 안정성 문제가 지속적으로 제기됨'은 ⓐ에 해당한다.

① ㄱ ② ㄴ ③ ㄱ, ㄷ ④ ㄴ, ㄷ ⑤ ㄱ, ㄴ, ㄷ

정답과 해설 46쪽

[24029-0262]

01 다음은 유전자 재조합 기술을 이용하여 단백질 X를 생산하는 형질 전환된 대장균을 만들어 이 대장균만을 선별하려는 실험 중 일부이다.

재조합 플라스미드를 대장균에 도입하는 과정에서 플라스미드가 도입되지 않은 대장균, 재조합되지 않은 플라스미드가 도입된 대장균, 재조합된 플라스미드가 도입된 대장균이 생긴다.

- 그림 (가)는 플라스미드 P에 작용하는 제한 효소 Ⅰ~Ⅲ의 절단 위치와 항생제 A 저항성 유전자, 젖당 분해 효소 유전자의 위치를, (나)는 유전자 x가 포함된 외부 DNA와 Ⅰ~Ⅲ의 절단 위치를 나타낸 것이다. x는 X를 암호화하며, 젖당 분해 효소는 물질 Z를 분해하여 대장균 군체를 흰색에서 푸른색으로 변화시킨다.

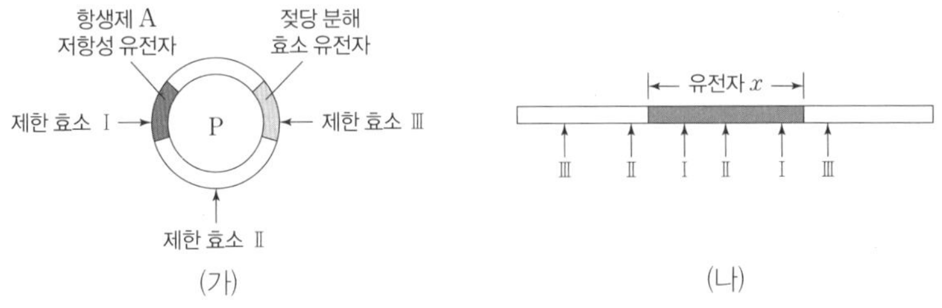

(가) (나)

[실험 과정]

(가) x가 포함된 외부 DNA와 P에 각각 제한 효소 ㉠을 처리한다. ㉠은 Ⅰ~Ⅲ 중 하나이다.

(나) ㉠이 처리된 외부 DNA와 P를 섞어 효소 ⓐ로 처리하고 이를 숙주 대장균과 섞어 항생제 A가 포함된 배지에서 배양한다.

[결과] ㉮35개의 대장균 군체를 얻었다.

이에 대한 설명으로 옳은 것만을 〈보기〉에서 있는 대로 고른 것은? (단, 실험에 사용된 숙주 대장균에는 유전자 x, 항생제 A 저항성 유전자, 젖당 분해 효소 유전자가 없으며, 돌연변이는 고려하지 않는다.)

보기

ㄱ. ㉠으로는 Ⅰ~Ⅲ 중 Ⅱ가 가장 적절하다.

ㄴ. ⓐ는 DNA 연결 효소이다.

ㄷ. X를 생산하는 형질 전환된 대장균만을 얻기 위해서는 Z가 포함된 배지에서 ㉮를 배양하여 푸른색 군체만을 선별하는 과정이 필요하다.

① ㄱ ② ㄴ ③ ㄱ, ㄷ ④ ㄴ, ㄷ ⑤ ㄱ, ㄴ, ㄷ

활성화된 B 림프구는 항체를 생성하지만, 수명이 짧고 계속 분열하지 않는다. 암세포는 반영구적으로 분열할 수 있다. 이들 두 세포가 융합된 잡종 세포는 항체를 생성하고, 반영구적으로 분열할 수 있다.

[24029-0263]

02 그림은 단일 클론 항체를 암 치료에 이용하는 방법을 나타낸 것이다. 표 (가)는 세포 ㉡~㉣에서 특징 ⓐ와 ⓑ의 유무를 나타낸 것이고, (나)는 ⓐ와 ⓑ를 순서 없이 나타낸 것이다.

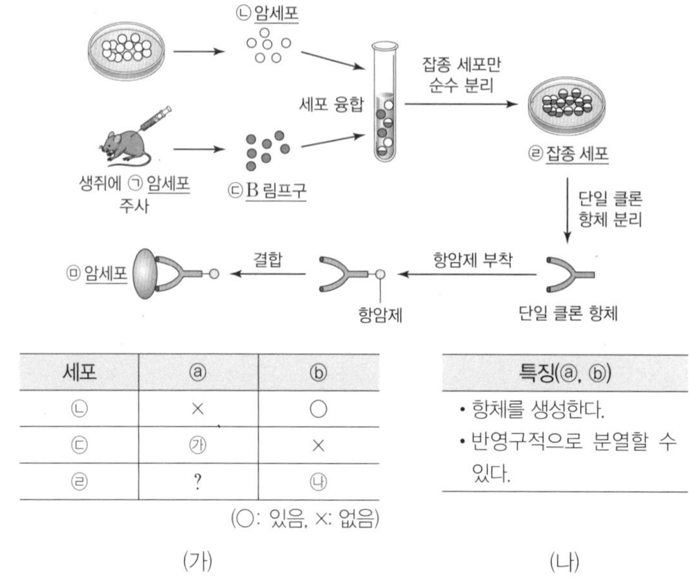

세포	ⓐ	ⓑ
㉡	×	○
㉢	㉮	×
㉣	?	㉯

(○: 있음, ×: 없음)

(가)

특징(ⓐ, ⓑ)
• 항체를 생성한다. • 반영구적으로 분열할 수 있다.

(나)

이에 대한 설명으로 옳은 것만을 〈보기〉에서 있는 대로 고른 것은?

보기

ㄱ. ⓐ는 '항체를 생성한다.'이다.

ㄴ. ㉮와 ㉯는 모두 '○'이다.

ㄷ. ㉠과 ㉤은 동일한 항원을 가지고 있다.

① ㄱ ② ㄴ ③ ㄱ, ㄷ ④ ㄴ, ㄷ ⑤ ㄱ, ㄴ, ㄷ

[24029-0264]

03 **다음은 플라스미드 P를 이용한 유전자 재조합 실험이다.**

• 그림은 제한 효소 ⓐ~ⓒ가 인식하는 염기 서열과 절단 위치를 나타낸 것이다.

ⓐ	ⓑ	ⓒ
5′-GGATCC-3′ 3′-CCTAGG-5′	5′-AGATCT-3′ 3′-TCTAGA-5′	5′-CTCGAG-3′ 3′-GAGCTC-5′

⋮: 절단 위치

• 그림은 ⓐ~ⓒ 중 하나 이상으로 잘라 생성된 DNA 조각 Ⅰ과 Ⅱ, 플라스미드 P를 나타낸 것이다. ㉠~㉣은 A, C, G, T을 순서 없이 나타낸 것이다.

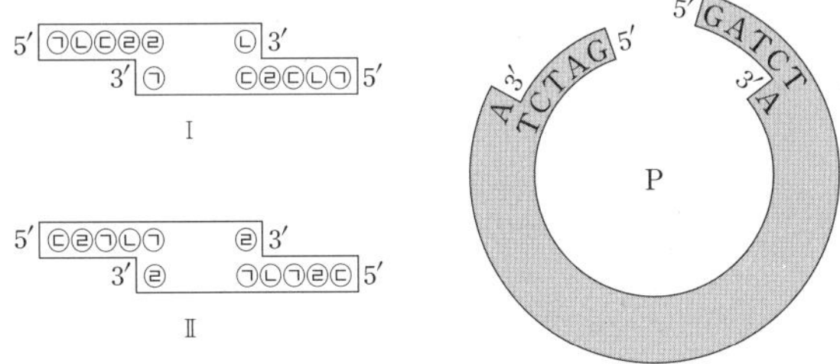

• P를 Ⅰ과 Ⅱ 중 하나와 DNA 연결 효소로 연결하여 재조합 플라스미드 Q를 만들었다.

이에 대한 설명으로 옳은 것만을 〈보기〉에서 있는 대로 고른 것은?

보기

ㄱ. ㉡은 T이다.
ㄴ. Ⅰ을 얻은 과정에서 2종류 이상의 제한 효소가 사용되었다.
ㄷ. Q는 Ⅱ를 포함한다.

① ㄱ ② ㄴ ③ ㄱ, ㄷ ④ ㄴ, ㄷ ⑤ ㄱ, ㄴ, ㄷ

제한 효소는 DNA의 특정 염기 서열을 인식하여 절단하는 효소이다. 제한 효소에 의해 잘린 두 DNA 조각이 서로 결합하기 위해서는 말단에서 노출된 단일 가닥 부위의 염기 서열이 서로 상보적이어야 한다.

병원체 X는 1개 이상의 항원을 가지고 있을 수 있으며, 각 항원에 대해 서로 다른 항체가 토끼의 체내에서 생성된다. 따라서 토끼의 혈청에는 여러 종류의 항체가 있을 수 있다.

[24029-0265]

04 **그림 (가)와 (나)는 병원체 X에 대한 항체를 생산하는 2가지 방법을 나타낸 것이다. 시험관 ⓐ와 ⓑ에는 모두 1종류 이상의 항체가 있다.**

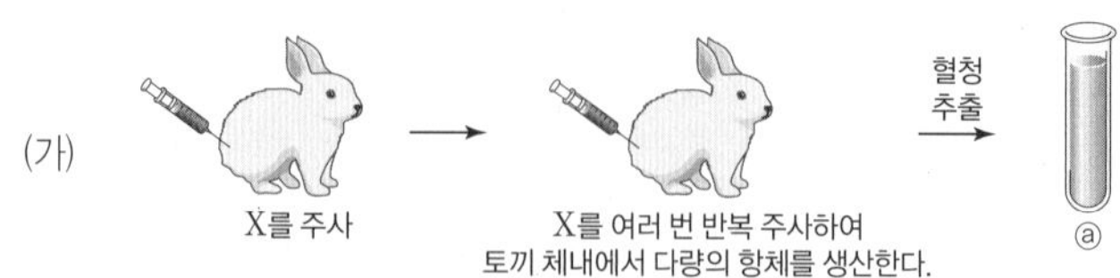

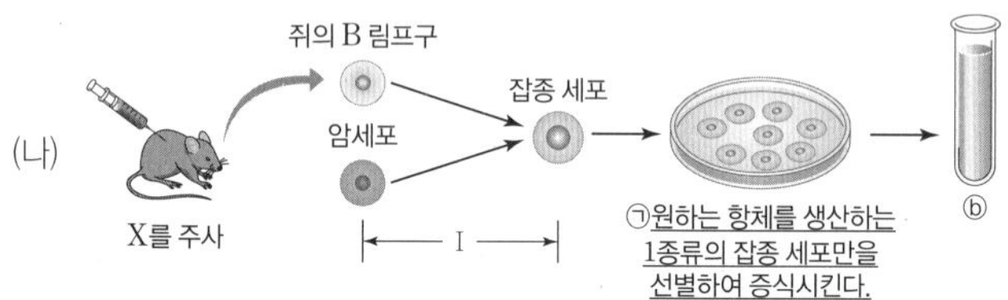

이에 대한 설명으로 옳은 것만을 ⟨보기⟩에서 있는 대로 고른 것은?

보기

ㄱ. ⓑ에는 ⓐ에서보다 다양한 종류의 항체가 있다.
ㄴ. 과정 Ⅰ에서 세포 융합 기술이 사용되었다.
ㄷ. ㉠에서 선별된 잡종 세포는 반영구적으로 세포 분열이 가능하다.

① ㄱ　② ㄴ　③ ㄱ, ㄷ　④ ㄴ, ㄷ　⑤ ㄱ, ㄴ, ㄷ

[24029-0266]

05 다음은 유전자 변형 생물체(LMO) X를 얻는 과정을 나타낸 것이다.

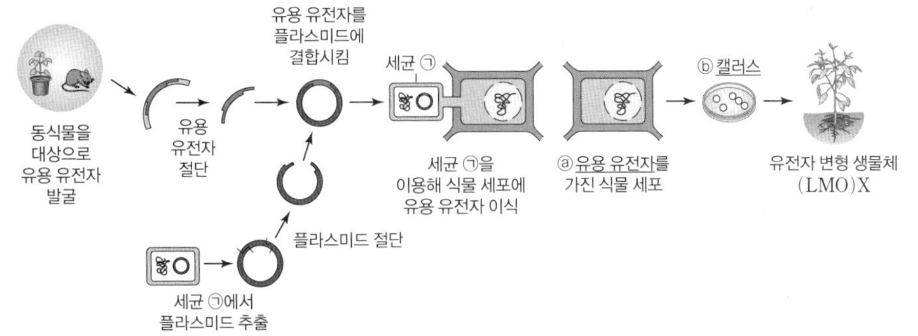

이에 대한 설명으로 옳은 것만을 〈보기〉에서 있는 대로 고른 것은?

보기

ㄱ. 이 과정에서 유전자 재조합 기술이 사용되었다.

ㄴ. ⓐ가 X에서 발현될 때 오페론에 의한 조절이 이루어진다.

ㄷ. ⓑ는 식물의 뿌리, 줄기, 잎으로 모두 분화할 수 있다.

① ㄱ ② ㄴ ③ ㄱ, ㄷ ④ ㄴ, ㄷ ⑤ ㄱ, ㄴ, ㄷ

재조합 플라스미드를 만드는 과정에는 유전자 재조합 기술이, 세포를 배지와 배양액에서 증식하여 유전자 변형 생물체를 얻는 과정에는 조직 배양 기술이 사용된다.

[24029-0267]

06 그림은 줄기세포 ⓐ를 얻는 과정을 나타낸 것이다. A와 B는 서로 다른 사람으로 일란성 쌍둥이가 아니다.

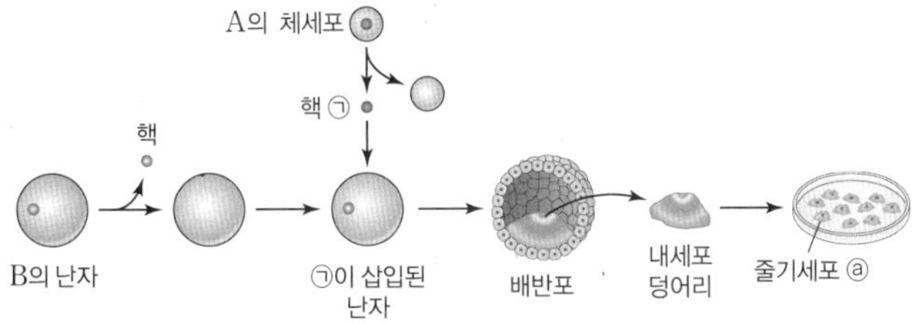

이에 대한 설명으로 옳은 것만을 〈보기〉에서 있는 대로 고른 것은? (단, 돌연변이는 고려하지 않는다.)

보기

ㄱ. ⓐ는 배아 줄기세포에 해당한다.

ㄴ. ⓐ에 있는 모든 유전자는 B의 체세포에 있는 모든 유전자와 염기 서열이 동일하다.

ㄷ. ⓐ를 A와 B에 각각 이식하면 면역 거부 반응은 A에서가 B에서보다 크게 나타난다.

① ㄱ ② ㄴ ③ ㄱ, ㄷ ④ ㄴ, ㄷ ⑤ ㄱ, ㄴ, ㄷ

그림은 무핵 난자에 A의 핵이 치환된 세포를 분열하게 하여 배아 줄기세포를 만드는 방법으로 줄기세포에 있는 핵 속의 유전체와 A의 체세포에 있는 핵 속의 유전체는 동일하다.

제한 효소는 DNA의 특정 염기 서열을 인식하여 절단하며, 선형 DNA에서 제한 효소에 의해 절단되어 생성된 DNA 조각 수가 2이면 절단 위치는 1곳이고, 생성된 DNA 조각 수가 3이면 절단 위치는 2곳이다.

[24029-0268]

07 **다음은 이중 가닥 DNA x와 제한 효소에 대한 자료이다.**

- x는 33개의 염기쌍으로 이루어져 있고, x 중 한 가닥의 염기 서열은 다음과 같다.
  3′−TAGATCTTCTAGATCTTAAGCCTAGGGGCCCGA−5′
- 그림은 제한 효소 BamHⅠ, XmaⅠ, BglⅡ, EcoRⅠ, XbaⅠ이 인식하는 염기 서열과 절단 위치를 나타낸 것이다.

BamHⅠ	XmaⅠ	BglⅡ	EcoRⅠ	XbaⅠ
5′−G¦GATCC−3′ 3′−CCTAG¦G−5′	5′−C¦CCGGG−3′ 3′−GGGCC¦C−5′	5′−A¦GATCT−3′ 3′−TCTAG¦A−5′	5′−G¦AATTC−3′ 3′−CTTAA¦G−5′	5′−T¦CTAGA−3′ 3′−AGATC¦T−5′

¦ : 절단 위치

- x를 시험관 Ⅰ~Ⅴ에 넣고 제한 효소를 첨가하여 완전히 자른 결과 생성된 DNA 조각 수와 각 DNA 조각의 염기 수는 표와 같다. ㉠~㉢은 XmaⅠ, BglⅡ, XbaⅠ을 순서 없이 나타낸 것이다.

시험관	Ⅰ	Ⅱ	Ⅲ	Ⅳ	Ⅴ
첨가한 제한 효소	BamHⅠ	㉠+BamHⅠ	㉡+㉢	㉢+EcoRⅠ	㉠+㉢
생성된 DNA 조각 수	2	4	3	3	?
생성된 각 DNA 조각의 염기 수	20, 46	8, 18, 20, 20	10, 20, 36	10, 22, 34	?

이에 대한 설명으로 옳은 것만을 〈보기〉에서 있는 대로 고른 것은?

보기

ㄱ. ㉠은 BglⅡ이다.
ㄴ. Ⅲ에서 생성된 가장 많은 수의 염기를 갖는 DNA 조각에는 EcoRⅠ이 인식하여 절단하는 염기 서열 부위가 있다.
ㄷ. Ⅴ에서 생성된 DNA 조각 중 가장 적은 수의 염기를 갖는 DNA 조각에서 퓨린 계열 염기 개수는 4개이다.

① ㄱ ② ㄴ ③ ㄱ, ㄷ ④ ㄴ, ㄷ ⑤ ㄱ, ㄴ, ㄷ

[24029-0269]

08 다음은 이중 가닥 DNA x와 제한 효소에 대한 자료이다.

- x는 40개의 염기쌍으로 이루어져 있고, x 중 한 가닥의 염기 서열은 다음과 같다.
  5′−AGGTTCTAGAAAAGCGATCGCTCCCGGGAATCTAGATCAA−3′
- 그림은 제한 효소 (가)~(다)가 인식하는 염기 서열과 절단 위치를 나타낸 것이다. ㉠~㉣은 A, C, G, T을 순서 없이 나타낸 것이다.

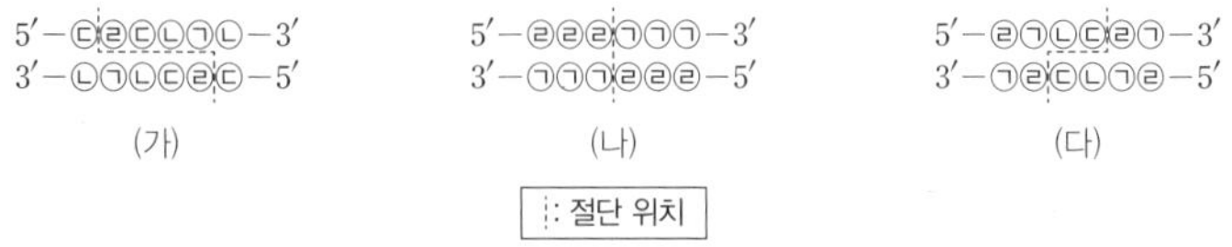

(가)	(나)	(다)
5′−㉢¦㉣㉢㉡㉠㉡−3′ 3′−㉡㉠㉡㉢㉣¦㉢−5′	5′−㉣㉣㉣¦㉠㉠㉠−3′ 3′−㉠㉠㉠¦㉣㉣㉣−5′	5′−㉣㉠㉡㉢¦㉣㉠−3′ 3′−㉠㉣¦㉢㉡㉠㉣−5′

¦: 절단 위치

- x를 시험관 Ⅰ~Ⅳ에 넣고 제한 효소를 첨가하여 완전히 자른 결과 생성된 DNA 조각 수와 각 DNA 조각의 염기 수는 표와 같다.

시험관	Ⅰ	Ⅱ	Ⅲ	Ⅳ
첨가한 제한 효소	(나)+(다)	(가)+(나)	(가)+(다)	(가)+(나)+(다)
생성된 DNA 조각 수	3	4	4	?
생성된 각 DNA 조각의 염기 수	16, 30, 34	14, 14, 16, 36	14, 14, 20, 32	?

이에 대한 설명으로 옳은 것만을 〈보기〉에서 있는 대로 고른 것은?

보기

ㄱ. ㉡은 T이다.
ㄴ. x에서 (가)의 절단 위치는 2곳이다.
ㄷ. Ⅳ에서 생성된 DNA 조각 중 가장 큰 조각이 갖는 염기의 개수는 20개이다.

① ㄱ ② ㄴ ③ ㄱ, ㄷ ④ ㄴ, ㄷ ⑤ ㄱ, ㄴ, ㄷ

주어진 한 가닥의 염기 서열에 상보적인 염기 서열을 적어 이중 가닥 DNA의 염기 서열을 완성하면 각 제한 효소에 의해 절단되는 위치를 알 수 있다.

고1~2 내신 중점 로드맵

과목	고교 입문		기초	기본	특화	+ 단기
국어	고등 예비 과정	내 등급은?	윤혜정의 개념의 나비효과 입문편/워크북 어휘가 독해다!	기본서 올림포스 올림포스 전국연합 학력평가 기출문제집	국어 특화 국어 독해의 원리 / 국어 문법의 원리	단기 특강
영어			정승익의 수능 개념 잡는 대박구문 주혜연의 해석공식 논리 구조편		영어 특화 Grammar POWER / Reading POWER Listening POWER / Voca POWER	
수학			기초 50일 수학 매쓰 디렉터의 고1 수학 개념 끝장내기	유형서 올림포스 유형편	고급 올림포스 고난도 수학 특화 수학의 왕도	
한국사 사회		인공지능 수학과 함께하는 고교 AI 입문 수학과 함께하는 AI 기초		기본서 개념완성 개념완성 문항편	고등학생을 위한 多담은 한국사 연표	
과학						

과목	시리즈명	특징	수준	권장 학년
전과목	고등예비과정	예비 고등학생을 위한 과목별 단기 완성	●	예비 고1
국/수/영	내 등급은?	고1 첫 학력평가+반 배치고사 대비 모의고사	●	예비 고1
	올림포스	내신과 수능 대비 EBS 대표 국어·수학·영어 기본서	●	고1~2
	올림포스 전국연합학력평가 기출문제집	전국연합학력평가 문제 + 개념 기본서	●	고1~2
	단기 특강	단기간에 끝내는 유형별 문항 연습	●	고1~2
한/사/과	개념완성 & 개념완성 문항편	개념 한 권+문항 한 권으로 끝내는 한국사·탐구 기본서	●	고1~2
국어	윤혜정의 개념의 나비효과 입문편/워크북	윤혜정 선생님과 함께 시작하는 국어 공부의 첫걸음	●	예비 고1~고2
	어휘가 독해다!	학평·모평·수능 출제 필수 어휘 학습	●	예비 고1~고2
	국어 독해의 원리	내신과 수능 대비 문학·독서(비문학) 특화서	●	고1~2
	국어 문법의 원리	필수 개념과 필수 문항의 언어(문법) 특화서	●	고1~2
영어	정승익의 수능 개념 잡는 대박구문	정승익 선생님과 CODE로 이해하는 영어 구문	●	예비 고1~고2
	주혜연의 해석공식 논리 구조편	주혜연 선생님과 함께하는 유형별 지문 독해	●	예비 고1~고2
	Grammar POWER	구문 분석 트리로 이해하는 영어 문법 특화서	●	고1~2
	Reading POWER	수준과 학습 목적에 따라 선택하는 영어 독해 특화서	●	고1~2
	Listening POWER	수준별 수능형 영어듣기 모의고사	●	고1~2
	Voca POWER	영어 교육과정 필수 어휘와 어원별 어휘 학습	●	고1~2
수학	50일 수학	50일 만에 완성하는 중학~고교 수학의 맥	●	예비 고1~고2
	매쓰 디렉터의 고1 수학 개념 끝장내기	스타강사 강의, 손글씨 풀이와 함께 고1 수학 개념 정복	●	예비 고1~고1
	올림포스 유형편	유형별 반복 학습을 통해 실력 잡는 수학 유형서	●	고1~2
	올림포스 고난도	1등급을 위한 고난도 유형 집중 연습	●	고1~2
	수학의 왕도	직관적 개념 설명과 세분화된 문항 수록 수학 특화서	●	고1~2
한국사	고등학생을 위한 多담은 한국사 연표	연표로 흐름을 잡는 한국사 학습	●	예비 고1~고2
기타	수학과 함께하는 고교 AI 입문/AI 기초	파이선 프로그래밍, AI 알고리즘에 필요한 수학 개념 학습	●	예비 고1~고2

고2~N수 수능 집중 로드맵

수능 입문 > 기출 / 연습 > 연계+연계 보완 > 심화 / 발전 > 모의고사

수능 입문
- 윤혜정의 개념/패턴의 나비효과
- 하루 6개 1등급 영어독해
- 수능 감(感)잡기
- 수능특강 Light
- 강의노트 수능개념

기출 / 연습
- 윤혜정의 기출의 나비효과
- 수능 기출의 미래
- 수능 기출의 미래 미니모의고사
- 수능특강Q 미니모의고사

연계+연계 보완
- 수능연계교재의 VOCA 1800
- 수능연계 기출 Vaccine VOCA 2200
- 연계: 수능특강
- 연계: 수능완성
- 수능특강 사용설명서
- 수능특강 연계 기출
- 수능 영어 간접연계 서치라이트
- 수능완성 사용설명서

심화 / 발전
- 수능연계완성 3주 특강
- 박봄의 사회 · 문화 표 분석의 패턴

모의고사
- FINAL 실전모의고사
- 만점마무리 봉투모의고사
- 만점마무리 봉투모의고사 시즌2

구분	시리즈명	특징	수준	영역
수능 입문	윤혜정의 개념/패턴의 나비효과	윤혜정 선생님과 함께하는 수능 국어 개념/패턴 학습		국어
	하루 6개 1등급 영어독해	매일 꾸준한 기출문제 학습으로 완성하는 1등급 영어 독해		영어
	수능 감(感) 잡기	동일 소재 · 유형의 내신과 수능 문항 비교로 수능 입문		국/수/영
	수능특강 Light	수능 연계교재 학습 전 연계교재 입문서		영어
	수능개념	EBSi 대표 강사들과 함께하는 수능 개념 다지기		전 영역
기출/연습	윤혜정의 기출의 나비효과	윤혜정 선생님과 함께하는 까다로운 국어 기출 완전 정복		국어
	수능 기출의 미래	올해 수능에 딱 필요한 문제만 선별한 기출문제집		전 영역
	수능 기출의 미래 미니모의고사	부담없는 실전 훈련, 고품질 기출 미니모의고사		국/수/영
	수능특강Q 미니모의고사	매일 15분으로 연습하는 고품격 미니모의고사		전 영역
연계 + 연계 보완	수능특강	최신 수능 경향과 기출 유형을 분석한 종합 개념서		전 영역
	수능특강 사용설명서	수능 연계교재 수능특강의 지문 · 자료 · 문항 분석		국/영
	수능특강 연계 기출	수능특강 수록 작품 · 지문과 연결된 기출문제 학습		국어
	수능완성	유형 분석과 실전모의고사로 단련하는 문항 연습		전 영역
	수능완성 사용설명서	수능 연계교재 수능완성의 국어 · 영어 지문 분석		국/영
	수능 영어 간접연계 서치라이트	출제 가능성이 높은 핵심만 모아 구성한 간접연계 대비 교재		영어
	수능연계교재의 VOCA 1800	수능특강과 수능완성의 필수 중요 어휘 1800개 수록		영어
	수능연계 기출 Vaccine VOCA 2200	수능-EBS 연계 및 평가원 최다 빈출 어휘 선별 수록		영어
심화/발전	수능연계완성 3주 특강	단기간에 끝내는 수능 1등급 변별 문항 대비서		국/수/영
	박봄의 사회 · 문화 표 분석의 패턴	박봄 선생님과 사회 · 문화 표 분석 문항의 패턴 연습		사회탐구
모의고사	FINAL 실전모의고사	EBS 모의고사 중 최다 분량, 최다 과목 모의고사		전 영역
	만점마무리 봉투모의고사	실제 시험지 형태와 OMR 카드로 실전 훈련 모의고사		전 영역
	만점마무리 봉투모의고사 시즌2	수능 완벽대비 최종 봉투모의고사		국/수/영

memo

EBS

문제를 사진 찍고
해설 강의 보기
Google Play | App Store

EBSi 사이트
무료 강의 제공

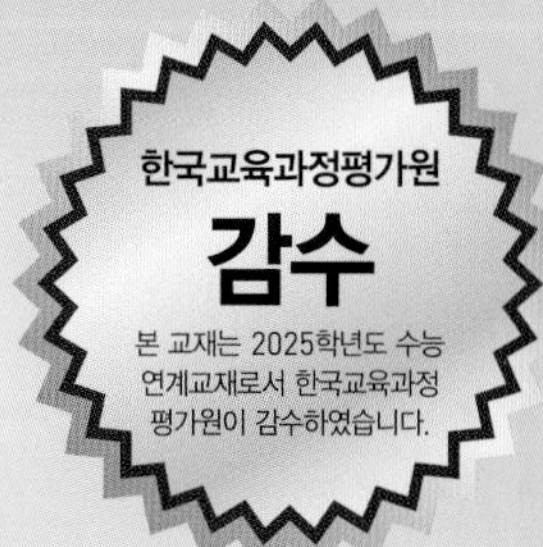

정답과 해설

수능특강

과학탐구영역

생명과학Ⅱ

2025학년도 수능 연계교재

본 교재는 대학수학능력시험을 준비하는 데 도움을 드리고자 과학과 교육과정을 토대로 제작된 교재입니다.
학교에서 선생님과 함께 교과서의 기본 개념을 충분히 익힌 후 활용하시면 더 큰 학습 효과를 얻을 수 있습니다.

수능특강

과학탐구영역 **생명과학Ⅱ**

정답과 해설

01 생명 과학의 역사

수능 2점 테스트 본문 8쪽

01 ① 02 ③ 03 ② 04 ⑤

01 생명 과학자들의 주요 성과

A는 제너, B는 레이우엔훅, C는 다윈이다.

ㄱ. 천연두를 예방할 수 있는 종두법을 개발한 A는 제너이다.

ㄴ. 레이우엔훅(B)은 자신이 만든 광학 현미경으로 미생물을 관찰하였다. ㉠은 전자 현미경이 아니다.

ㄷ. (나)는 1600년대, (다)는 1800년대에 이룬 성과이다. 따라서 (나)가 (다)보다 먼저 이룬 성과이다.

02 생명 과학자들의 주요 성과

A는 멘델, B는 플레밍이다.

ㄱ. 완두 교배 실험을 통해 유전의 기본 원리를 발견한 A는 멘델이다.

ㄴ. 유전자 재조합 기술(㉠)에는 제한 효소, DNA 연결 효소, 플라스미드 등이 이용된다.

ㄷ. (가)는 1900년대 말, (나)는 1800년대, (다)는 1900년대 초에 이룬 성과이다. (가)~(다)를 시대 순으로 배열하면 (나) → (다) → (가)이다.

03 생명 과학자들의 주요 성과

(가)는 혈액 순환 원리 발견, (나)는 생물 속생설 입증이다.

ㄱ. 이명법 고안(㉠)은 린네가 이룬 성과이다.

ㄴ. (가)는 혈액 순환 원리 발견이다.

ㄷ. 플레밍의 페니실린 발견은 1900년대 초, 생물 속생설 입증은 1800년대에 이룬 성과이다. 따라서 (나)는 플레밍의 페니실린 발견보다 먼저 이룬 성과이다.

04 생명 과학자들의 주요 성과

㉠은 슈반, ㉡은 훅, ㉢은 아리스토텔레스, ㉣은 다윈이다.

ㄱ. 동물 세포설을 주장한 ㉠은 슈반이다.

ㄴ. 훅(㉡)은 현미경으로 코르크에서 작은 벌집 모양의 구조가 배열된 것을 관찰하여 이를 세포라고 명명하였다.

ㄷ. 아리스토텔레스(㉢)가 주장한 자연 발생설이 다윈(㉣)이 주장한 자연 선택설보다 먼저 이룬 성과이다.

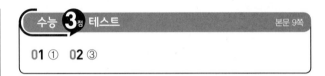

수능 3점 테스트 본문 9쪽

01 ① 02 ③

01 생명 과학자들의 주요 성과

A는 모건, B는 멀리스이다. 사람 유전체 사업을 통해 사람 유전체의 염기 서열을 밝힌 것은 2000년대, 모건이 유전자가 염색체의 일정한 위치에 존재한다는 것을 밝혀낸 것은 1900년대 초, 멀리스가 DNA를 대량으로 복제하는 기술을 개발한 것은 1900년대 말이다.

ㄱ. 유전자설을 발표한 사람은 모건(A)이다.

ㄴ. ㉠(DNA 이중 나선 구조를 밝힘)은 왓슨과 크릭이 이룬 성과이다.

ㄷ. Ⅰ은 'A는 유전자가 염색체의 일정한 위치에 존재한다는 것을 밝혀냄'이고, Ⅱ는 'B는 DNA를 대량으로 복제하는 기술을 개발함'이며, Ⅲ은 '사람 유전체 사업을 통해 사람 유전체의 염기 서열을 밝힘'이다.

02 생명 과학자들의 주요 성과

ⓐ는 자연 발생설, ⓑ는 생물 속생설이다.

ㄱ. ⓐ는 자연 발생설이다.

ㄴ. 플레밍은 푸른곰팡이에서 세균의 증식을 억제하는 물질을 발견하였으므로 세균이 ㉠에 해당하고, 그리피스는 실험을 통해 폐렴 쌍구균(세균)의 형질 전환을 확인하였으므로 세균이 ㉡에 해당한다. 따라서 바이러스는 ㉠과 ㉡ 모두에 해당하지 않는다.

ㄷ. 유전부호를 해독한 것은 1960년대, (나)는 1900년대 초에 이룬 성과이다. 따라서 (나)는 유전부호의 해독보다 먼저 이룬 성과이다.

02 세포의 특성

수능 2점 테스트

본문 18~20쪽

01 ④ 02 ④ 03 ⑤ 04 ④ 05 ⑤ 06 ② 07 ①
08 ⑤ 09 ⑤ 10 ③ 11 ④ 12 ⑤

01 생명체의 유기적 구성

동물에서는 세포가 모여 조직을, 조직이 모여 기관을, 기관이 모여 기관계를, 기관계가 모여 하나의 개체를 이룬다. 식물에서는 세포가 모여 조직을, 조직이 모여 조직계를, 조직계가 모여 기관을, 기관이 모여 하나의 개체를 이룬다.

㉠. 식물의 구성 단계에는 있지만, 동물의 구성 단계에는 없는 단계는 조직계(A)이다.

㉡. 물관은 식물의 구성 단계 중 조직의 예이므로 B는 조직이다. 따라서 '여러 조직이 모여 특정한 형태와 기능을 나타낸다.'는 ㉠에 해당하지 않는다.

㉢. 꽃은 식물의 구성 단계 중 기관의 예이므로 C는 기관이다. 심장은 동물의 구성 단계 중 기관의 예이므로 C에 해당한다.

02 동물의 유기적 구성

뇌는 동물의 구성 단계 중 기관의 예에, 상피 조직은 조직의 예이므로 (가)는 기관, (나)는 조직, (다)는 기관계이다.

㉠. 뇌(ⓐ)는 동물의 기관계 중 신경계에 속한다.

㉡. 근육 세포는 근육 조직을 이룬다.

㉢. (다)는 기관계이다.

03 생명체를 구성하는 물질

(가)는 인지질, (나)는 셀룰로스, (다)는 DNA이다.

㉠. 인지질(가)은 세포막의 구성 성분이다.

㉡. 셀룰로스(나)는 식물 세포벽의 구성 성분이다.

㉢. 인지질(가)과 DNA(다)의 구성 원소에는 모두 인(P)이 있다.

04 생명체를 구성하는 물질

㉠은 단백질, ㉡은 과당, ㉢은 스테로이드이다.

㉠. 항체는 면역 단백질로, 단백질(㉠)은 항체의 주성분이다.

㉡. 과당(㉡)은 단당류에 해당한다.

㉢. 콜레스테롤은 동물 세포막의 구성 성분이며, 스테로이드(㉢)에 속한다.

05 생명체를 구성하는 물질

(가)는 녹말, (나)는 중성 지방이다.

㉠. 녹말(가)은 탄수화물에 속하며 다당류이다. 아미노산이 기본 단위인 물질은 단백질이다.

㉡. 중성 지방(나)은 유기 용매에 잘 녹는다.

㉢. 녹말(가)과 중성 지방(나)의 구성 원소에는 모두 탄소(C)가 있다.

06 동물 세포의 구조

A는 골지체, B는 리보솜, C는 미토콘드리아이다.

㉠. 골지체(A)는 납작한 주머니 모양의 구조물인 시스터나가 층층이 쌓인 형태이며, 크리스타는 미토콘드리아에 나타나는 구조이다.

㉡. 리보솜(B)은 리보솜 RNA(rRNA)와 단백질로 구성된 2개의 단위체(대단위체와 소단위체)로 이루어져 있으며, rRNA가 합성되는 장소는 핵 속의 인이다.

㉢. 미토콘드리아(C)는 핵산을 갖는다.

07 식물 세포의 구조

A는 엽록체, B는 액포, C는 세포벽이다.

㉠. 엽록체(A)는 빛에너지를 화학 에너지로 전환하여 포도당을 합성하는 광합성이 일어나는 장소이다.

㉡. 액포(B)는 물을 흡수하여 세포의 수분량과 삼투압을 조절하며, 영양소나 노폐물을 저장하는 장소이다. 세포 호흡이 일어나는 장소는 미토콘드리아이다.

㉢. 세포벽(C)의 주성분은 셀룰로스이며, 인지질로 이루어져 있지 않다.

08 세포 소기관

A는 거친면 소포체, B는 골지체, C는 리소좀이다.

㉠. A는 거친면 소포체이다.

㉡. 골지체(B)는 소포체에서 이동해 온 단백질이나 지질을 가공(변형)하고 포장하여 세포 밖으로 분비하거나 세포의 다른 부위로 이동시키며, 소화샘 세포, 내분비샘 세포와 같은 분비 작용이 활발한 세포에 발달되어 있다.

㉢. 리소좀(C)에는 다양한 가수 분해 효소가 들어 있어 세포내 소화를 담당한다.

09 세포내 소화

A는 리보솜, B는 골지체, C는 리소좀이다.

㉠. 리보솜(A)은 막으로 싸여 있지 않다.

㉡. 골지체(B)는 납작한 주머니 모양의 구조물인 시스터나가 층층이 쌓인 형태이고, 단일막으로 되어 있다.

ⓒ. 리소좀(C)은 세포 내부로 들어온 세균과 같은 이물질, 손상된 세포 소기관과 노폐물을 분해한다.

10 현미경

(가)는 투과 전자 현미경, (나)는 주사 전자 현미경이다.

ⓐ. 투과 전자 현미경(가)은 광학 현미경에 비해 해상력이 높다.

X. (나)는 주사 전자 현미경이다.

ⓒ. 전자 현미경은 광원으로 전자선을 이용한다. 따라서 투과 전자 현미경(가)과 주사 전자 현미경(나)은 모두 전자선을 광원으로 이용한다.

11 원핵세포와 진핵세포

(가)는 대장균, (나)는 사람의 신경 세포이다.

X. 대장균(가)은 히스톤 단백질을 갖지 않는다.

ⓑ. 사람의 신경 세포(나)는 진핵세포에 해당하므로 핵을 갖는다.

ⓒ. 대장균(가)과 사람의 신경 세포(나)는 모두 rRNA를 갖는다.

12 세포의 연구 방법

(가)는 광학 현미경을 이용한 연구 방법, (나)는 세포 분획법, (다)는 자기 방사법을 이용한 연구 방법이다.

ⓐ. 광학 현미경을 이용한 연구 방법(가)은 가시광선을 광원으로 하여 시료를 관찰한다.

ⓑ. 세포 분획법으로 세포를 연구할 때 세포를 균질기로 부순 다음 원심 분리기를 이용하여 세포 소기관을 크기와 밀도에 따라 분리한다. 따라서 세포 분획법(나)으로 동물 세포로부터 리보솜을 분리할 수 있다.

ⓒ. 방사성 동위 원소로 표지된 아미노산이 들어 있는 배양액에 세포를 배양하면서 시간 경과에 따라 방사선을 방출하는 세포 소기관을 조사하면 세포 내에서 단백질이 합성되어 이동하는 경로를 알 수 있다. 따라서 자기 방사법을 이용한 연구 방법(다)으로 방사성 동위 원소로 표지된 단백질의 세포 내 이동 경로를 알 수 있다.

수능 3점 테스트

본문 21~25쪽

01 ③ 02 ① 03 ① 04 ① 05 ⑤ 06 ③ 07 ⑤ 08 ④ 09 ⑤ 10 ⑤

01 생명체의 유기적 구성

A는 울타리 조직, B는 표피 조직, C는 신경 조직이다.

ⓐ. 울타리 조직(A)은 양분의 합성과 저장 기능을 하는 기본 조직계에 속한다.

ⓑ. 표피 조직(B)은 분열 조직에서 만들어진 세포들이 분화한 영구 조직에 해당한다.

X. 신경 조직(C)은 동물의 구성 단계 중 조직에 해당하며, 뉴런은 세포에 해당한다.

02 생명체의 유기적 구성

A는 결합 조직, B는 순환계, C는 통도 조직이다.

ⓐ. 혈액은 결합 조직(A)에 해당한다.

X. 순환계(B)는 동물의 구성 단계 중 기관계에 해당하며, 기본 조직계는 식물의 구성 단계 중 조직계에 해당한다. 따라서 순환계(B)와 기본 조직계는 생물의 구성 단계 중 서로 다른 구성 단계에 해당한다.

X. 공변세포는 표피 조직을 구성하며, 통도 조직(C)을 구성하는 세포에는 물관 세포와 체관 세포 등이 있다.

03 생명체를 구성하는 물질

A는 리보스, B는 글리코젠, C는 DNA이며, ㉠과 ㉡은 각각 '구성 원소에 인(P)이 있다', '구성 원소에 질소(N)가 있다.' 중 하나이며, ㉢은 '다당류이다.'이다.

구분	㉠	㉡	㉢ (다당류이다.)
A(리보스)	×	?(×)	×
B(글리코젠)	?(×)	ⓐ(×)	○
C(DNA)	○	○	?(×)

(○: 있음, ×: 없음)

X. 글리코젠(B)은 구성 원소에 인(P)과 질소(N)가 모두 없으므로, ⓐ는 '×'이다.

ⓑ. 뉴클레오타이드를 기본 단위로 하는 물질은 핵산(DNA, RNA)이다.

X. ㉢은 '다당류이다.'이다.

04 생명체를 구성하는 물질

㉠은 곁사슬, ㉡은 아미노기, ㉢은 카복실기이다.

ⓐ. 곁사슬(㉠)은 아미노산의 종류에 따라 다르다.

X. ㉡은 아미노기이다.

X. 2개의 아미노산이 펩타이드 결합으로 연결될 때 물이 생성된다. 따라서 펩타이드 결합의 형성 과정에 가수 분해 효소가 관여하지 않는다.

05 핵의 구조

A는 인, B는 핵공, C는 외막이다.

X. 인(A)은 단백질과 RNA가 많이 모여 있는 부분이며, 막 구조가 아니다.

ㄴ. 핵공(B)을 통해 핵에서 합성된 mRNA가 세포질로 이동한다.
ㄷ. 외막(C)의 일부는 소포체 막과 연결되어 있다.

06 세포 골격

(가)는 중간 섬유, (나)는 미세 소관, (다)는 미세 섬유이다.
ㄱ. (가)는 중간 섬유이다.
ㄴ. 진핵세포에서 편모와 섬모는 미세 소관(나)으로 이루어진 세포의 운동 기관이다.
ㄷ. 중심체는 직각으로 배열된 중심립 2개로 구성되며, 중심립은 미세 소관(나)으로 이루어져 있다.

07 원핵세포와 진핵세포

A는 시금치에서 광합성이 일어나는 세포, B는 대장균, C는 토끼의 간세포이고, ㉠은 엽록체, ㉡은 세포벽이다.

구분	A (시금치에서 광합성이 일어나는 세포)	B (대장균)	C (토끼의 간세포)
핵	○	×	ⓐ(○)
㉠(엽록체)	○	×	×
㉡(세포벽)	?(○)	ⓑ(○)	×

(○: 있음, ×: 없음)

ㄱ. 엽록체(㉠)는 외막과 내막의 2중막 구조로 되어 있다.
ㄴ. ⓐ와 ⓑ는 모두 '○'이다.
ㄷ. 대장균(B)은 원형 DNA를 가진다.

08 원핵세포와 진핵세포

'리보솜이 있다.'는 특징을 갖는 것은 대장균, 사람의 상피 세포, 장미에서 광합성이 일어나는 세포이고, '세포벽에 셀룰로스 성분이 있다.'는 특징을 갖는 것은 장미에서 광합성이 일어나는 세포이며, '핵에 존재하는 유전자의 경우 전사가 일어나는 장소와 번역이 일어나는 장소가 2중막으로 분리되어 있다.'는 특징을 갖는 것은 사람의 상피 세포, 장미에서 광합성이 일어나는 세포이다. 따라서 A는 장미에서 광합성이 일어나는 세포, B는 사람의 상피 세포, C는 대장균이다.
ㄱ. 대장균(C)은 '리보솜이 있다.'는 특징만 가지므로 ⓐ는 1이다.
ㄴ. A는 장미에서 광합성이 일어나는 세포이다.
ㄷ. 대장균(C)의 세포벽에는 펩티도글리칸 성분이 있다.

09 세포 분획법

세포 분획법은 세포의 성분 분석과 세포 소기관의 구조와 기능 연구를 위해 이용된다. 느린 회전 속도에서는 비교적 크고 무거운 핵 등이 가라앉아 분리되고, 회전 속도가 빨라질수록 점차 작은 세포 소기관이 가라앉아 분리된다. 따라서 A는 핵, B는 미토콘드리아, C는 리보솜이다.
ㄱ. A는 핵이다.
ㄴ. 상층액 ㉠을 이전보다 빠른 속도로 원심 분리했을 때 소포체와 리보솜(C)이 침전되므로 ㉠에는 리보솜(C)이 있다.
ㄷ. 미토콘드리아(B)에서 세포 호흡을 통해 유기물의 화학 에너지가 ATP의 화학 에너지로 전환된다.

10 식물 세포의 구조

세포벽은 식물 세포에서 세포를 보호하고 형태를 유지, 지지하는 등의 기능을 한다. 식물 세포에서 세포벽의 주성분은 셀룰로스이며, 어린 식물 세포에서는 비교적 얇은 1차 세포벽이 형성되고, 세포가 성숙하면서 1차 세포벽과 세포막 사이에 두껍고 단단한 2차 세포벽이 형성된다. 따라서 ㉠은 1차 세포벽, ㉡은 2차 세포벽이다. A는 미토콘드리아, B는 엽록체이다.
ㄱ. 엽록체에서 광합성에 필요한 효소는 틸라코이드 막과 스트로마에 있다. 따라서 엽록체(B)의 틸라코이드 막에는 광합성에 필요한 효소가 있다.
ㄴ. 미토콘드리아(A)와 엽록체(B)는 모두 독자적인 DNA와 리보솜이 있어서 복제하여 증식할 수 있다.
ㄷ. 1차 세포벽(㉠)은 2차 세포벽(㉡)보다 먼저 형성되었다.

03 세포막과 효소

수능 2점 테스트

본문 35~38쪽

01 ② 02 ⑤ 03 ④ 04 ④ 05 ① 06 ④ 07 ②
08 ③ 09 ③ 10 ② 11 ① 12 ⑤ 13 ① 14 ②
15 ④ 16 ①

01 세포막의 구조

A는 탄수화물, B는 인지질, C는 단백질이다.

ㄱ. 리보솜에서 합성되는 물질은 단백질(C)이다.

ㄴ. 인지질(B)에서 머리 부분은 친수성, 꼬리 부분은 소수성이므로 B에는 친수성 부위와 소수성 부위가 모두 있다.

ㄷ. 단백질(C)의 기본 단위는 아미노산이고, 탄수화물(A)의 기본 단위가 단당류이다.

02 세포막의 특성

세포막의 인지질과 막단백질은 모두 특정 위치에 고정되어 있지 않고 유동성을 가진다.

ㄱ. 초록색 형광 물질로 표지된 막단백질 일부는 A에서 A가 아닌 곳으로 이동하고, 붉은색 형광 물질로 표지된 막단백질 일부는 A가 아닌 곳에서 A로 이동하므로 A에서 초록색 형광 세기는 감소한다.

ㄴ. 막단백질(㉠, ㉡)은 특정 위치에 고정되어 있지 않고 유동성을 가진다.

ㄷ. 세포막의 인지질은 친수성인 머리 부분은 양쪽 바깥으로, 소수성인 꼬리 부분은 서로 마주보며 안쪽으로 배열되어 2중층을 형성한다.

03 리포솜

A는 소수성 물질, B는 친수성 물질이다.

ㄱ. A는 소수성 물질이다.

ㄴ. 세포막 구조는 인지질 2중층이다. 인지질 2중층으로 이루어진 구형의 구조물은 (가)와 (나) 중 (나)이다.

ㄷ. 리포솜은 내부에 담긴 물질을 세포 내로 전달해 주는 운반체로 이용될 수 있다.

04 세포막을 통한 물질 출입

물질 ㉠이 첨가된 배양액에 세포를 넣은 후 세포 안과 밖에서 ㉠의 농도가 같아진 이후에도 세포 안 농도는 증가하고 세포 밖 농도는 감소하므로 ㉠의 이동 방식은 능동 수송이다.

ㄱ. ㉠의 농도가 세포 밖에서는 감소하고 세포 안에서는 증가하므로 t_2일 때 ㉠은 세포 밖에서 안으로 능동 수송된다.

ㄴ. t_3일 때 세포 호흡 저해제를 처리하면 ATP가 생성되지 못해 능동 수송이 억제되므로 세포 안과 밖의 ㉠의 농도 차는 증가하지 않는다.

ㄷ. t_2일 때가 t_3일 때보다 ㉠의 농도 변화가 크므로 세포막을 통한 ㉠의 이동 속도는 t_2일 때가 t_3일 때보다 빠르다.

05 세포막을 통한 물질 출입

Ⅰ은 단순 확산, Ⅱ는 능동 수송이고, ATP 농도 증가에 따라 X의 이동 속도는 증가 후 일정해지고, Y는 변화가 없으므로 X의 이동 방식은 능동 수송, Y의 이동 방식은 단순 확산이다.

ㄱ. X의 농도가 일정할 때 ATP 농도 증가에 따라 X의 이동 속도가 증가 후 일정해지므로 X의 이동 방식은 능동 수송(Ⅱ)이다.

ㄴ. Y의 이동 방식은 단순 확산(Ⅰ)이므로 Y의 이동에는 ATP가 사용되지 않는다.

ㄷ. 세포막에서 K^+ 통로를 통해 이동하는 K^+의 이동 방식은 촉진 확산이다.

06 세포막을 통한 물질 출입

특징 '인지질 2중층을 직접 통과하여 이동한다.'를 갖는 물질의 이동 방식은 단순 확산이고, '저농도에서 고농도로 물질이 이동한다.'를 갖는 물질의 이동 방식은 능동 수송이며, '물질 이동에 ATP가 사용된다.'를 갖는 물질의 이동 방식은 능동 수송이다. 따라서 A는 촉진 확산, B는 능동 수송, C는 단순 확산이다.

ㄱ. 특징 ㉠~㉢ 중 촉진 확산(A)이 갖는 특징의 수(ⓐ)는 0이다.

ㄴ. Na^+-K^+ 펌프를 통한 Na^+의 이동은 능동 수송(B)에 의해 일어난다.

ㄷ. 폐포와 모세 혈관 사이에서 일어나는 O_2와 CO_2의 기체 교환의 방식은 단순 확산(C)에 해당한다.

07 세포막을 통한 물질 출입

Ⅰ은 능동 수송, Ⅱ는 촉진 확산이고, 그림에서 ㉠의 세포 안 농도가 증가하여 세포 밖 농도(C)와 같아지므로 ㉠은 세포 밖에서 세포 안으로 촉진 확산되고 있다.

ㄱ. 그림에서 ㉠의 세포 안 농도가 C가 되면 더 이상 증가하지 않으므로 ㉠의 이동 방식은 촉진 확산(Ⅱ)이다.

ㄴ. ㉠의 세포 안 농도는 t_2일 때가 t_1일 때보다 C에 가까우므로 ㉠의 세포 안과 밖의 농도 차는 t_1일 때가 t_2일 때보다 크다.

ㄷ. 인슐린이 세포 밖으로 이동하는 방식은 세포외 배출에 해당한다.

08 삼투

A는 삼투압, B는 흡수력이고, (나)는 원형질 분리의 상태이다.

ㄱ. (나)는 원형질 분리 상태의 모습이므로 X의 부피가 V_1일 때의 상태이다.

ㄴ. V_2일 때가 V_3일 때보다 팽압은 작고, 삼투압은 크다. 따라서 X의 $\frac{삼투압}{팽압}$은 V_2일 때가 V_3일 때보다 크다.

ㄷ. V_3일 때 흡수력이 0이므로 최대 팽윤 상태이다. 이때 X의 안과 밖으로의 물의 이동은 있으며, 유입량과 유출량은 같다.

09 세포막을 통한 물질 출입

A는 촉진 확산, B는 능동 수송, C는 세포외 배출이다.

ㄱ. 신경 세포에서 Na^+ 통로를 통한 Na^+의 이동은 촉진 확산(A)에 의해 일어난다.

ㄴ. 능동 수송(B)과 세포외 배출(C)은 모두 에너지를 사용하는 물질 이동 방식이다.

ㄷ. 세포외 배출 과정에서 분비 소낭이 세포막과 융합하므로 세포막의 표면적이 증가한다.

10 효소의 작용

㉠은 효소 X와 결합하므로 기질이고, ㉡은 생성물이다. (나)에서 반응의 진행에 따라 농도가 증가하는 ⓐ는 생성물이고, 농도가 감소하는 ⓑ는 기질이다.

ㄱ. 효소 X와 기질(㉠)이 반응하여 생성물(㉡)과 H_2O이 만들어지므로 X는 가수 분해 반응을 촉매하지 않는다.

ㄴ. ⓑ(기질)는 ㉠이다.

ㄷ. 생성물 농도 그래프의 기울기가 t_1일 때가 t_2일 때보다 더 크므로 X에 의한 반응 속도는 t_1일 때가 t_2일 때보다 빠르다.

11 효소와 활성화 에너지

A는 기질, B는 효소, C는 효소·기질 복합체이다.

ㄱ. 효소에서 기질과 결합하는 부위를 활성 부위라고 한다. 따라서 기질(A)은 효소(B)의 활성 부위에 결합한다.

ㄴ. ㉠은 반응물과 생성물의 에너지 차이이므로 반응열이다. 효소·기질 복합체(C)의 농도가 증가해도 반응열(㉠)은 변하지 않는다.

ㄷ. (나)에서 효소(B)가 있을 때 이 반응의 활성화 에너지는 ㉢이고, 효소(B)가 없을 때의 활성화 에너지는 ㉡이다.

12 효소의 활성에 영향을 미치는 요인

(가)에서 A의 최적 온도는 약 37 ℃, B의 최적 온도는 약 73 ℃이고, (나)에서 A의 최적 pH는 7이다.

ㄱ. A의 최적 온도는 약 37 ℃이므로 A는 사람의 소화 효소이다.

ㄴ. (나)에서 A의 최적 pH는 7이다. 따라서 단위 시간당 형성되는 효소·기질 복합체의 양은 pH 7일 때가 pH 6일 때보다 많다.

ㄷ. (가)에서 A의 반응 속도가 최대일 때의 온도는 약 37 ℃이고, B의 반응 속도가 최대일 때의 온도는 약 73 ℃이다.

13 효소의 구조

이 효소 반응에서 ㉡은 ㉠과 ㉢이 결합한 전효소의 활성 부위에 결합하고 생성물로 전환되므로 ㉠은 주효소, ㉡은 기질, ㉢은 보조 인자이다.

ㄱ. 기질(㉡)은 전효소(㉠+㉢)의 활성 부위에 결합한다.

ㄴ. 주효소(㉠)는 단백질 성분으로 이루어져 있고, 보조 인자(㉢)는 비단백질 성분으로 이루어져 있다.

ㄷ. 활성화 에너지는 보조 인자(㉢)가 있을 때가 없을 때보다 작다.

14 효소와 저해제

㉠은 효소의 활성 부위에 기질과 경쟁적으로 결합하여 효소의 활성을 저해하므로 경쟁적 저해제이고, ㉡은 효소의 활성 부위가 아닌 다른 부위에 결합하여 활성 부위의 구조를 변형시켜 기질이 결합하지 못하게 하므로 비경쟁적 저해제이다. A가 있는 경우 기질의 농도가 높아지면 저해 효과가 감소하므로 A는 ㉠이고, B가 있는 경우 기질의 농도가 높아지더라도 저해 효과는 감소하지 않으므로 B는 ㉡이다.

ㄱ. B는 비경쟁적 저해제(㉡)에 해당하며 효소의 활성 부위가 아닌 다른 부위에 결합한다.

ㄴ. 활성화 에너지는 기질 농도에 따라 변하지 않으므로 A가 있는 경우 반응의 활성화 에너지는 S_1일 때와 S_2일 때가 같다.

ㄷ. 효소·기질 복합체의 농도는 초기 반응 속도가 빠른 A가 있는 경우의 S_2일 때가 B가 있는 경우의 S_1일 때보다 높다.

15 효소의 종류와 특성

A는 산화 환원 효소, B는 이성질화 효소이다.

ㄱ. 수소나 산소 원자 또는 전자를 다른 분자에 전달하는 효소는 산화 환원 효소이다.

ㄴ. 효소는 활성 부위와 입체 구조가 맞는 특정 기질에만 결합하여 작용하는데, 이를 기질 특이성이라고 한다.

ㄷ. 가수 분해 효소는 물 분자를 첨가하여 기질을 분해한다.

16 효소와 저해제

(나)에서 A~C 중 적어도 하나는 저해제가 있는 경우인데 기질의 농도가 높아져도 저해 효과가 줄어들지 않으므로 X는 비경쟁적 저해제이다. ㉠이 1이라면 Ⅰ과 Ⅱ의 결과가 같아야 하는데 Ⅰ~Ⅱ의 결과(A~C)가 다르므로 ㉠은 2, ㉡은 1이다. A의 최고 속도는 B의 2배, C의 4배이므로 ⓐ는 '없음'이고, A는 Ⅰ, B는 Ⅱ, C는 Ⅲ의 결과이다.

ㄱ. A~C 중 기질의 농도가 높아져도 저해 효과가 줄어드는 경우가 없으므로 X는 효소의 활성 부위가 아닌 다른 부위에 결합하여 효소의 활성 부위의 구조를 변형시키는 비경쟁적 저해제이다.

ㄴ. S_1일 때 $\frac{\text{기질과 결합한 E의 수}}{\text{E의 총수}}$는 Ⅰ에서와 Ⅱ에서가 같다.

ㄷ. 효소 E에 의한 반응의 활성화 에너지는 저해제의 유무와 관계없이 일정하므로 S_2일 때 E에 의한 반응의 활성화 에너지는 Ⅱ에서와 Ⅲ에서가 같다.

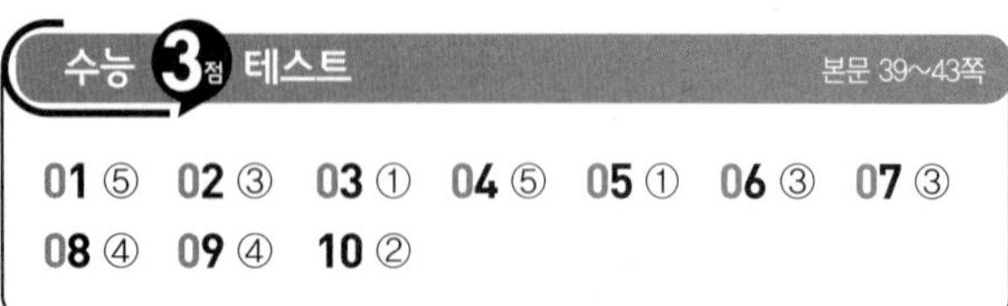

01 ⑤ 02 ③ 03 ① 04 ⑤ 05 ① 06 ③ 07 ③ 08 ④ 09 ④ 10 ②

01 세포막을 통한 물질 출입

Ⅰ은 촉진 확산, Ⅱ는 단순 확산, Ⅲ은 능동 수송이다. (나)에서 세포 호흡 저해제 처리 전 A의 이동 방식은 능동 수송이고, B의 이동 방식은 단순 확산이다.

ㄱ. Na^+ 통로를 통한 Na^+의 이동은 고농도에서 저농도로 막단백질을 통해 이동하므로 Na^+의 이동 방식은 촉진 확산(Ⅰ)에 해당한다.

ㄴ. t_3 시점에 세포 호흡 저해제를 처리했을 때 A의 세포 내 물질 농도가 감소하므로 t_1일 때 A의 세포막을 통한 이동 방식은 능동 수송(Ⅲ)에 해당한다.

ㄷ. t_2일 때 그래프의 기울기가 A에서가 B에서보다 크므로 세포막을 통한 A의 이동 속도는 B의 이동 속도보다 빠르다.

02 동물 세포의 삼투

세포 X를 용액 A에 넣었을 때 세포액의 삼투압이 증가하므로 A는 고장액이고, 세포 Y를 용액 B에 넣었을 때 세포액의 삼투압이 감소하므로 B는 저장액이다.

ㄱ. 실험 결과 세포 X의 삼투압은 증가하므로 용액 A의 농도는 X의 내액의 농도보다 높고, 세포 Y의 삼투압은 감소하므로 용액 B의 농도는 Y의 내액의 농도보다 낮다. 따라서 용액의 농도는 A가 B보다 높다.

ㄴ. 세포 X는 용액 A에서 물의 유출량이 물의 유입량보다 많다. 따라서 X의 부피는 t_1일 때가 t_2일 때보다 크다.

ㄷ. t_2일 때 X와 Y의 내액의 삼투압이 모두 일정하므로 세포막을 통한 물의 유입량과 유출량이 같다. 따라서 t_2일 때 세포막을 통한 $\frac{\text{물의 유입량}}{\text{물의 유출량}}$은 1로 X와 Y가 같다.

03 식물 세포의 삼투

식물 세포 X를 NaCl 농도가 C_1인 용액 ㉠에서 NaCl 농도가 C_2인 용액 ㉡으로 옮겼을 때 세포의 부피가 증가하므로 NaCl의 농도는 C_1이 C_2보다 높다.

ㄱ. 식물 세포 X를 용액 ㉠에서 용액 ㉡으로 옮긴 후 세포의 부피가 증가하였으므로 NaCl 농도는 ㉠에서가 ㉡에서보다 높다. 따라서 $C_1 > C_2$이다.

ㄴ. X의 흡수력은 세포의 부피가 상대적으로 작은 t_1일 때가 상대적으로 큰 t_2일 때보다 크다.

ㄷ. 구간 Ⅰ에서 세포의 부피가 증가하고 있으므로 세포 안으로 유입되는 물의 양은 세포 밖으로 유출되는 물의 양보다 많다.

04 세포막의 특성

구역 ㉡의 단백질이 구역 ㉠으로 이동하여 ㉠에서의 형광 세기가 증가하게 된다.

ㄱ. 단백질을 구성하는 기본 단위는 아미노산이다.

ㄴ. 세포막을 구성하는 막단백질은 유동성을 가지므로 ㉡의 막단백질이 ㉠으로 이동한다.

ㄷ. ㉡의 막단백질이 ㉠으로 이동하여 ㉠에서의 형광 세기가 증가하였다.

05 세포막을 통한 물질 출입

Ⅰ은 촉진 확산, Ⅱ는 능동 수송이고, 그림에서 ㉠의 세포 안 농도가 세포 밖 농도 이상으로 계속해서 증가하므로 ㉠은 세포 밖에서 세포 안으로 능동 수송되고 있다.

ㄱ. ㉠의 세포 안 농도와 세포 밖 농도가 같아진 이후에도 ㉠의 세포 안 농도는 계속해서 증가하므로 ㉠의 이동 방식은 능동 수송(Ⅱ)이다.

ㄴ. t_1일 때 그래프의 기울기는 t_2일 때 그래프의 기울기보다 크다. 따라서 ㉠의 세포막을 통한 이동 속도는 t_1일 때가 t_2일 때보다 빠르다.

ㄷ. 인슐린이 세포 밖으로 이동하는 방식은 세포외 배출에 해당한다.

06 효소의 활성에 영향을 미치는 요인

㉠은 보조 인자, ㉡은 기질, ㉢은 주효소, ㉣은 효소·기질 복합체, ㉤은 생성물이다. (나)에서 시간에 따라 ⓐ의 총량이 증가하다가 일정해지므로 ⓐ는 생성물이고, ⓑ를 추가하면 ⓐ의 총량이 증가하므로 ⓑ는 기질이다.

ㄱ. ⓑ를 추가하면 생성물(ⓐ)의 총량이 증가하므로 ⓑ는 기질(㉡)이다.

ㄴ. 효소·기질 복합체(㉣)의 농도는 반응 속도에 비례하고, 반응 속도는 기울기에 비례한다. 따라서 ㉣의 농도는 t_1일 때가 t_3일 때보다 높다.

ㄷ. 효소에 의한 반응의 활성화 에너지는 동일하므로 X에 의한

반응의 활성화 에너지는 t_1일 때와 t_2일 때가 같다.

07 효소의 작용

효소 E의 농도는 시험관 Ⅱ가 Ⅰ의 2배이므로 Ⅱ에서 반응이 더 빠르게 일어난다. 따라서 ㉠은 Ⅱ, ㉡은 Ⅰ에서의 측정 결과이다.

ⓞ. ㉡은 ㉠보다 반응이 천천히 일어나므로 효소 E의 농도가 1인 Ⅰ에서의 측정 결과이다.

ⓛ. 효소 E에 의한 반응 속도는 생성물의 농도 그래프에서 기울기에 비례한다. Ⅱ에서의 측정 결과(㉠)에서 t_1일 때의 기울기가 t_2일 때의 기울기보다 크므로 반응 속도는 t_1일 때가 t_2일 때보다 빠르다.

ⓧ. 효소 E에 의한 반응의 활성화 에너지는 효소의 농도와 상관이 없으므로 ㉠에서와 ㉡에서가 같다.

08 효소의 종류와 특성

A는 전이 효소, B는 가수 분해 효소이므로 C는 이성질화 효소이다. 효소 X에 의해 NAD^+가 NADH로 환원되므로 X는 산화 환원 효소이다.

ⓧ. 효소 X는 산화 환원 효소이고, A는 전이 효소이다.

ⓛ. 리소좀의 세포내 소화에서 다양한 가수 분해 효소(B)가 작용한다.

ⓒ. 이성질화 효소(C)는 기질 내의 원자 배열을 바꾸어 이성질체로 전환시킨다.

09 효소의 기능과 특성

보조 인자가 없으면 전효소가 형성되지 않아 X에 의한 반응이 일어나지 않으므로 기질의 농도는 줄어들지 않는다. 따라서 ㉠은 기질이고, A는 보조 인자가 없는 경우이며, B는 보조 인자가 있는 경우이다.

ⓧ. ㉠은 기질이다.

ⓛ. B에서 효소·기질 복합체의 농도는 기울기의 절댓값에 비례하므로 효소·기질 복합체의 농도는 t_1일 때가 t_2일 때보다 높다.

ⓒ. Ⅰ은 주효소와 보조 인자가 모두 있으므로 전효소가 형성되어 X가 기질과 결합하고, Ⅱ는 보조 인자가 없어서 전효소가 형성되지 않아 X가 기질과 결합하지 못한다. 따라서 t_1일 때 기질과 결합한 X의 수는 Ⅰ에서가 Ⅱ에서보다 많다.

10 효소와 저해제

㉠이 4라면 ㉡은 2, ㉢은 1이고, 각각 경쟁적 저해제와 비경쟁적 저해제 중 하나를 갖게 되는데 이때 주어진 자료를 만족하지 못한다. ㉠이 2라면 ㉡은 4, ㉢은 1이고, 각각 경쟁적 저해제와 비경쟁적 저해제 중 하나를 갖게 되는데 이때 주어진 자료를 만족하지 못한다. 따라서 ㉠은 1, ㉡은 4, ㉢은 2이다. ㉮는 '있음', ㉯는 '없음'이다.

ⓧ. Ⅲ에서 ⓐ의 농도는 1이고, 저해제가 없으므로 C는 Ⅲ의 결과이다. 따라서 D와 E는 Ⅰ과 Ⅳ의 결과 중 하나이다. Ⅴ에서 ⓐ의 농도는 2이고, Y는 '있음'인데 Ⅴ의 결과는 A와 B 중 하나이므로 Y는 경쟁적 저해제이다. 따라서 X는 비경쟁적 저해제이므로 ⓐ의 활성 부위가 아닌 다른 부위에 결합한다.

ⓛ. Ⅲ의 결과는 C, Ⅰ에서 ⓐ의 농도는 1, 경쟁적 저해제(Y)는 '있음'이므로 Ⅰ의 결과는 D이다. S_1일 때 초기 반응 속도는 C(Ⅲ)에서가 D(Ⅰ)에서보다 크므로 $\frac{\text{기질과 결합하지 않은 ⓐ의 수}}{\text{기질과 결합한 ⓐ의 수}}$는 Ⅰ에서가 Ⅲ에서보다 크다.

ⓧ. Ⅳ의 결과는 E, Ⅴ에서 ⓐ의 농도는 2, 경쟁적 저해제(Y)는 '있음'이므로 Ⅴ의 결과는 B이다. 따라서 S_2일 때 초기 반응 속도는 Ⅳ에서가 Ⅴ에서보다 느리다.

04 세포 호흡과 발효

수능 2점 테스트 본문 54~57쪽

01 ② 02 ⑤ 03 ④ 04 ④ 05 ⑤ 06 ① 07 ②
08 ⑤ 09 ⑤ 10 ⑤ 11 ③ 12 ② 13 ③ 14 ⑤
15 ⑤ 16 ①

01 해당 과정과 피루브산의 산화

A는 막 사이 공간, B는 미토콘드리아 기질이다. 과정 Ⅰ은 해당 과정이고, 과정 Ⅱ는 피루브산의 산화 과정이다.

ㄱ. 포도당이 2분자의 피루브산으로 분해되는 해당 과정(Ⅰ)은 세포질에서 일어난다.

ㄴ. 피루브산의 산화 과정(Ⅱ)에서는 ATP가 생성되지 않는다.

ㄷ. 과정 Ⅰ은 1분자의 포도당이 2분자의 피루브산으로 되는 과정으로 탈수소 반응이 일어나 2분자의 NADH가 생성되고, 과정 Ⅱ는 1분자의 피루브산이 1분자의 아세틸 CoA로 되는 과정으로 탈수소 반응이 일어나 1분자의 NADH가 생성된다.

02 해당 과정

해당 과정은 1분자의 포도당이 여러 단계의 화학 반응을 거쳐 2분자의 피루브산으로 분해되는 과정이다.

ㄱ. 과정 Ⅰ은 포도당이 과당 2인산으로 전환되며 ATP가 소모되는 단계로 탈탄산 반응이 일어나지 않는다.

ㄴ. 과정 Ⅱ에서 탈수소 효소의 작용으로 NAD^+가 NADH로 환원된다.

ㄷ. 과정 Ⅲ에서 기질 수준 인산화에 의해 ATP가 생성된다.

03 기질 수준 인산화와 해당 과정

(가)는 기질 수준 인산화로 효소에 의해 기질에 있던 인산기가 ADP로 전달되어 ATP가 합성되는 과정이다. 해당 과정은 포도당이 피루브산으로 분해되는 과정으로 ㉠은 포도당, ㉡은 피루브산이다. 과정 Ⅰ은 ATP가 소모되는 단계이고, 과정 Ⅱ는 ATP가 생성되는 단계이다.

ㄱ. 과정 Ⅰ은 ATP가 소모되는 단계로, 기질 수준 인산화(가)가 일어나지 않는다.

ㄴ. 과정 Ⅱ에서 탈수소 효소의 작용으로 산화 환원 반응이 일어나 NADH가 생성된다.

ㄷ. 1분자당 포도당(㉠)의 탄소 수는 6, 피루브산(㉡)의 탄소 수는 3이므로 1분자당 $\frac{㉡의\ 탄소\ 수}{㉠의\ 탄소\ 수}=\frac{1}{2}$이다.

04 해당 과정과 피루브산의 산화

과정 Ⅰ과 Ⅱ는 해당 과정이고, 과정 Ⅲ은 피루브산의 산화 과정이다.

ㄱ. 과정 Ⅰ은 ATP가 소모되는 단계로 탈수소 효소가 관여하지 않는다.

ㄴ. 과정 Ⅱ와 Ⅲ에서 모두 탈수소 효소의 작용으로 산화 환원 반응이 일어나 NADH가 생성된다.

ㄷ. 과정 Ⅲ은 피루브산의 산화 과정으로 탈탄산 반응이 일어나 CO_2가 생성된다.

05 TCA 회로

4탄소 화합물이 옥살아세트산으로 전환될 때 생성되는 ㉠은 NADH이고, 시트르산이 5탄소 화합물로 전환될 때 생성되는 ㉡은 CO_2이다. 5탄소 화합물이 4탄소 화합물로 전환될 때 생성되는 ㉢은 ATP이고, ㉣은 $FADH_2$이다.

ㄱ. 시트르산이 5탄소 화합물로 전환될 때와 5탄소 화합물이 4탄소 화합물로 전환될 때 공통적으로 생성되는 ㉡은 CO_2이다.

ㄴ. TCA 회로에서 ATP(㉢)는 기질 수준 인산화에 의해 생성된다.

ㄷ. 산화적 인산화에서 1분자의 NADH(㉠)가 산화되어 약 2.5분자의 ATP가, 1분자의 $FADH_2$(㉣)가 산화되어 약 1.5분자의 ATP가 생성된다.

06 해당 과정, 피루브산의 산화, TCA 회로

과정 (가)에서는 ATP와 NADH가 생성되고, (나)에서는 CO_2와 NADH가 생성되며, (다)에서는 ATP, CO_2, NADH가 생성된다. 과정 Ⅰ에서 ATP가 생성되지 않고, Ⅲ에서 CO_2가 생성되지 않으므로 Ⅰ은 (나), Ⅱ는 (다), Ⅲ은 (가)이다.

ㄱ. 과정 Ⅱ는 TCA 회로인 (다)이고, ATP, CO_2, NADH가 모두 생성된다.

ㄴ. 피루브산이 아세틸 CoA로 전환되는 과정(Ⅰ)에서 CO_2와 NADH가 생성되고, TCA 회로(Ⅱ)에서 ATP, CO_2, NADH가 생성되므로 ⓐ와 ⓑ는 모두 '○'이다.

ㄷ. 1분자의 피루브산이 1분자의 아세틸 CoA로 전환될 때 생성되는 NADH의 분자 수는 1이므로 2분자의 피루브산이 2분자의 아세틸 CoA로 전환되는 과정 Ⅰ에서 생성되는 NADH의 분자 수는 2이다.

07 전자 전달계

㉠은 NADH, ㉡은 $FADH_2$, ㉢은 H_2O이다. 미토콘드리아 내막을 경계로 H^+이 미토콘드리아 기질에서 막 사이 공간으로 능동 수송되므로 Ⅰ은 막 사이 공간, Ⅱ는 미토콘드리아 기질이다.

ㄱ. ㉠은 NADH이다.

ㄴ. H^+의 농도는 막 사이 공간에서가 미토콘드리아 기질에서보다

높다. 따라서 pH는 미토콘드리아 기질(Ⅱ)에서가 막 사이 공간(Ⅰ)에서보다 높다.

ㄷ. NADH(㉠)와 $FADH_2$(㉡) 1분자당 방출되는 전자는 각각 $2e^-$이며, $2e^-$가 $\frac{1}{2}O_2$에 전달되어 1분자의 H_2O(㉢)이 생성된다. 따라서 2분자의 $FADH_2$(㉡)가 산화될 때 2분자의 H_2O(㉢)이 생성된다.

08 TCA 회로

5탄소 화합물이 4탄소 화합물로 전환되는 과정에서 ATP, CO_2, NADH가 모두 생성되므로 B는 5탄소 화합물, C는 4탄소 화합물이다. 따라서 A는 시트르산, D는 옥살아세트산이다. 과정 Ⅱ에서만 생성되는 ㉠은 ATP이고, 과정 Ⅰ~Ⅲ에서 모두 생성되는 ㉡은 NADH이다. 따라서 ㉢은 CO_2이다.

ㄱ. 1분자당 시트르산(A)의 탄소 수는 6, 5탄소 화합물(B)의 탄소 수는 5, 4탄소 화합물(C)의 탄소 수는 4, 옥살아세트산(D)의 탄소 수는 4이므로 1분자당 $\frac{\text{B의 탄소 수}+\text{D의 탄소 수}}{\text{A의 탄소 수}+\text{C의 탄소 수}}=\frac{9}{10}<1$이다.

ㄴ. 시트르산이 5탄소 화합물로 전환되는 과정(Ⅰ)과 5탄소 화합물이 4탄소 화합물로 전환되는 과정(Ⅱ) 모두에서 탈탄산 반응이 일어나 CO_2가 생성된다.

ㄷ. 1분자의 포도당이 해당 과정과 피루브산의 산화와 TCA 회로를 거치면 총 10분자의 NADH(㉡)가 생성된다.

09 산화적 인산화

H^+이 ATP 합성 효소를 통해 막 사이 공간에서 미토콘드리아 기질로 확산될 때 미토콘드리아 기질 쪽에서 ATP가 합성되므로 (가)는 막 사이 공간, (나)는 미토콘드리아 기질이다.

ㄱ. 피루브산은 미토콘드리아 내막에 있는 운반체 단백질에 의해 미토콘드리아 기질로 이동하고 피루브산 탈수소 효소 복합체에 의해 아세틸 CoA로 산화된다. 따라서 피루브산의 산화는 미토콘드리아 기질(나)에서 일어난다.

ㄴ. 미토콘드리아 기질(나)에서 피루브산의 산화와 TCA 회로가 진행되면서 탈탄산 반응이 일어난다.

ㄷ. 해당 과정, 피루브산의 산화, TCA 회로에서 생성된 NADH와 $FADH_2$가 산화되어 고에너지 전자와 H^+을 방출한다. 고에너지 전자가 전자 전달계에서 차례로 전달되는 과정에서 단계적으로 방출되는 에너지를 이용해 미토콘드리아 기질(나)에서 막 사이 공간(가)으로 H^+이 능동 수송된다.

10 피루브산의 산화

㉠은 피루브산, ㉡은 아세틸 CoA이고, ⓐ는 CO_2, ⓑ는 NAD^+, ⓒ는 NADH이다.

ㄱ. 피루브산(㉠)은 3탄소 화합물이고, CO_2(ⓐ)는 1탄소 화합물이므로 피루브산(㉠)과 CO_2(ⓐ)의 1분자당 탄소 수의 합은 4이다.

ㄴ. 탈수소 효소의 작용으로 NAD^+(ⓑ)가 NADH(ⓒ)로 환원된다.

ㄷ. TCA 회로에서 시트르산이 5탄소 화합물로 전환될 때, 5탄소 화합물이 4탄소 화합물로 전환될 때, 4탄소 화합물이 옥살아세트산으로 전환될 때 각각 1분자의 NADH가 생성되므로 1분자의 아세틸 CoA(㉡)가 TCA 회로를 통해 완전 분해될 때 3분자의 NADH(ⓒ)가 생성된다.

11 세포 호흡 저해제

Ⅰ은 막 사이 공간, Ⅱ는 미토콘드리아 기질이고, X와 Y를 처리하면 미토콘드리아 내막을 경계로 H^+의 농도 차이가 감소하여 ATP 합성이 억제된다.

ㄱ. NADH와 $FADH_2$에서 방출된 고에너지 전자는 전자 전달계를 통해 이동한 후 O_2와 결합한다. 따라서 X를 첨가하면 O_2의 소모가 억제된다.

ㄴ. Y는 미토콘드리아 내막에 있는 인지질을 통해 H^+을 새어 나가게 하므로 Y를 처리하면 막 사이 공간(Ⅰ)의 H^+ 농도가 감소한다. 따라서 Ⅰ의 pH는 Y를 처리하기 전이 처리한 후보다 낮다.

ㄷ. X와 Y를 각각 처리했을 때 미토콘드리아 내막을 경계로 H^+의 농도 차이가 감소하므로 모두 ATP 합성이 억제된다.

12 호흡 기질에 따른 세포 호흡 경로

지방은 지방산과 글리세롤로 분해되어 세포 호흡에 이용되고, 단백질은 아미노산으로 분해되어 세포 호흡에 이용된다. 글리세롤은 해당 과정의 중간 산물을 거쳐 피루브산으로 전환된다. 따라서 (가)는 지방, (나)는 단백질이고, ㉠은 글리세롤, ㉡은 지방산, ㉢은 아미노산이다.

ㄱ. 호흡률은 지방(가)이 약 0.7이고, 탄수화물이 1이다.

ㄴ. 지방산은 아세틸 CoA로 분해된 후 TCA 회로를 거쳐 산화적 인산화에 이용되므로 지방산(㉡)이 세포 호흡에 이용되는 과정에서 기질 수준 인산화가 일어난다.

ㄷ. 아미노산(㉢)은 탈아미노 과정으로 아미노기가 제거된 후 세포 호흡에 이용된다.

13 발효와 산소 호흡

시간 경과에 따라 ㉠의 농도는 감소하고, 일정 시간 후 ㉡의 농도는 증가하므로 ㉠은 포도당, ㉡은 젖산이다.

ㄱ. 1분자당 탄소 수가 포도당(㉠)은 6이고, 젖산(㉡)은 3이므로 1분자당 탄소 수는 ㉠이 ㉡의 2배이다.

ㄴ. 구간 Ⅰ에서 해당 과정, TCA 회로, 산화적 인산화가 모두 일어나며 산화적 인산화 과정에서 NADH가 산화된다.

ㄷ. 젖산(㉡)의 농도가 증가하는 구간 Ⅱ에서는 젖산 발효가 일어나고 있으며, 젖산 발효에서는 CO_2가 생성되지 않는다. 따라서

단위 시간당 생성되는 CO_2의 양은 구간 Ⅱ에서가 구간 Ⅰ에서보다 적다.

14 발효와 산소 호흡

과정 Ⅰ은 해당 과정, 과정 Ⅱ는 알코올 발효, 과정 Ⅲ은 피루브산의 산화 과정, 과정 Ⅳ는 젖산 발효이다.

ㄱ. 포도당이 피루브산으로 분해되는 과정 Ⅰ에서는 NAD^+가 NADH로 환원되지만 피루브산이 에탄올로 전환되는 과정 Ⅱ에서는 NADH가 NAD^+로 산화된다.

ㄴ. 피루브산이 에탄올로 전환되는 과정 Ⅱ와 피루브산이 산화되는 과정 Ⅲ에서 모두 탈탄산 반응으로 CO_2가 생성된다.

ㄷ. 포도당이 피루브산으로 분해되는 과정 Ⅰ과 피루브산이 젖산으로 전환되는 과정 Ⅳ는 모두 세포질에서 일어난다.

15 발효와 산소 호흡

알코올 발효에서 피루브산이 에탄올로 전환될 때 탈탄산 반응에 의해 CO_2가 생성되고, 피루브산의 산화 과정에서 피루브산이 아세틸 CoA로 전환될 때 탈탄산 반응에 의해서는 CO_2가, 탈수소 반응에 의해서는 NADH가 생성되므로 A는 피루브산, B는 에탄올, C는 아세틸 CoA이고, ㉠은 CO_2, ㉡은 NADH이다.

ㄱ. 알코올 발효 과정(Ⅰ)과 피루브산의 산화 과정(Ⅱ)에서 모두 CO_2가 생성되고, 피루브산의 산화 과정에서만 NADH가 생성되므로 ㉠은 CO_2, ㉡은 NADH이다.

ㄴ. 피루브산이 에탄올로 전환되는 과정(Ⅰ)에서 탈탄산 반응이 일어난다.

ㄷ. 피루브산(A) 1분자의 탄소 수는 3, 에탄올(B) 1분자의 탄소 수는 2이므로 1분자당 $\frac{\text{B의 탄소 수}}{\text{A의 탄소 수}}=\frac{2}{3}$이다.

16 알코올 발효와 젖산 발효

알코올 발효에서 피루브산은 아세트알데하이드를 거쳐 에탄올로 전환되고, 젖산 발효에서 피루브산은 젖산으로 전환되므로 (가)는 알코올 발효, (나)는 젖산 발효이고, ㉠은 에탄올, ㉡은 아세트알데하이드, ㉢은 젖산이다.

ㄱ. 아세트알데하이드(㉡) 1분자의 탄소 수는 2, 젖산(㉢) 1분자의 탄소 수는 3이므로 1분자당 탄소 수는 젖산(㉢)이 아세트알데하이드(㉡)보다 많다.

ㄴ. 사람의 근육 세포에서 알코올 발효(가)는 일어나지 않는다. 격렬한 운동을 할 때 사람의 근육 세포에서 젖산 발효(나)가 일어난다.

ㄷ. 과정 Ⅰ은 포도당이 피루브산으로 분해되는 해당 과정으로 기질 수준 인산화에 의해 ATP가 생성된다. 과정 Ⅱ는 피루브산이 젖산으로 전환되는 과정으로 ATP가 생성되지 않는다.

수능 3점 테스트

본문 58~63쪽

01 ② 02 ② 03 ① 04 ② 05 ④ 06 ① 07 ④
08 ⑤ 09 ③ 10 ② 11 ⑤ 12 ①

01 호흡 기질에 따른 세포 호흡 경로

(가)는 단백질, (나)는 탄수화물이고, ㉠은 아미노산, ㉡은 아세틸 CoA이다.

ㄱ. 단백질(가)의 호흡률은 약 0.8이고, 탄수화물(나)의 호흡률은 1이므로 호흡률은 (가)가 (나)보다 작다.

ㄴ. 아미노산(㉠)이 세포 호흡에 이용될 때 피루브산, 아세틸 CoA, TCA 회로의 중간 산물로 전환되어 피루브산의 산화와 TCA 회로, 산화적 인산화를 통해 ATP를 생성하므로 ㉠이 세포 호흡에 이용될 때 산화적 인산화가 일어난다.

ㄷ. 1분자의 아세틸 CoA(㉡)가 TCA 회로를 통해 완전 분해될 때 2분자의 CO_2가 생성된다.

02 해당 과정과 피루브산의 산화

과정 Ⅲ에서만 CO_2가 생성되므로 ㉡은 Ⅲ이다. 과정 Ⅱ와 Ⅲ에서 NAD^+가 NADH로 환원되므로 ㉠은 Ⅱ이다. 따라서 ㉢은 Ⅰ이다.

특징	㉠(Ⅱ)	㉡(Ⅲ)	㉢(Ⅰ)
CO_2가 생성된다.	?(×)	○	?(×)
NAD^+가 환원된다.	○	?(○)	ⓐ(×)
기질 수준 인산화가 일어난다.	ⓑ(○)	?(×)	×

(○: 있음, ×: 없음)

ㄱ. 포도당이 과당 2인산으로 전환되는 과정 Ⅰ(㉢)에서는 NAD^+가 환원되지 않으므로 ⓐ는 '×'이다. 과당 2인산이 피루브산으로 전환되는 과정 Ⅱ(㉠)에서 기질 수준 인산화에 의해 ATP가 생성되므로 ⓑ는 '○'이다.

ㄴ. 과당 2인산이 피루브산으로 전환되는 과정(㉠)은 세포질에서 일어난다.

ㄷ. 피루브산이 아세틸 CoA로 전환되는 과정(㉡)에서 탈수소 효소의 작용으로 NAD^+가 NADH로 환원된다.

03 전자 전달계

Ⅰ은 미토콘드리아 기질, Ⅱ는 막 사이 공간이다. (가)는 O_2가 전자와 H^+을 받아 H_2O로 환원되는 반응이고, (나)는 NADH가 NAD^+로 산화되어 고에너지 전자와 H^+을 방출하는 반응이며, (다)는 FAD가 $FADH_2$로 환원되는 반응이다.

ㄱ. 전자 전달계에서 2분자의 H_2O이 생성될 때 1분자의 O_2가 사용되므로 ㉠은 1이고, NADH가 NAD^+로 산화될 때 2개의 H^+과 2개의 전자(e^-)가 방출되므로 ㉡과 ㉢은 모두 2이다. FAD가 $FADH_2$로 환원될 때 2개의 H^+과 2개의 전자(e^-)가 사용되므로

㉣과 ㉤은 모두 2이다. 따라서 ㉠+㉡+㉢+㉣+㉤=9이다.

✗. (가)가 억제되면 NADH와 $FADH_2$로부터의 전자 전달이 억제되므로 Ⅰ에서 (나)의 반응이 감소한다.

✗. TCA 회로에서 $FADH_2$가 생성되므로 (다)는 막 사이 공간(Ⅱ)에서 일어나지 않는다.

04 산화적 인산화와 세포 호흡 저해제

㉠은 막 사이 공간, ㉡은 미토콘드리아 기질이고, ⓐ는 O_2, ⓑ는 ATP이다.

✗. 미토콘드리아 내막에 있는 인지질을 통해 H^+을 새어 나가게 하면 H^+ 농도 기울기가 감소하여 ATP 합성이 감소하나, 전자 전달계에서 전자의 이동은 감소하지 않는다. 따라서 ⓐ는 O_2, ⓑ는 ATP이다.

㉡. 소비된 O_2의 총량 변화는 구간 Ⅰ에서가 구간 Ⅱ에서보다 크므로 단위 시간당 세포 호흡에 의해 생성되는 H_2O의 분자 수는 구간 Ⅰ에서가 구간 Ⅱ에서보다 크다.

✗. Y를 첨가하면 막 사이 공간(㉠)에서의 pH는 증가하고, 미토콘드리아 기질(㉡)에서의 pH는 감소하므로 $\frac{\text{㉠에서의 pH}}{\text{㉡에서의 pH}}$는 구간 Ⅱ에서가 구간 Ⅲ에서보다 작다.

05 TCA 회로

연속된 과정인 Ⅳ와 Ⅰ에서 모두 ㉡이 생성되므로 ㉡은 CO_2와 NADH 중 하나이다. 만약 ㉡이 CO_2라면 D는 시트르산, A는 5탄소 화합물, B는 4탄소 화합물, C는 옥살아세트산이므로 ㉣이 NADH인데 Ⅱ에서 ㉣이 생성되지 않으므로 ㉡은 NADH, ㉣은 CO_2이다. 5탄소 화합물이 4탄소 화합물로 전환되는 과정 Ⅰ에서 ATP가 생성되므로 ㉢은 ATP, ㉠은 $FADH_2$이다.

구분	㉠($FADH_2$)	㉡(NADH)	㉢(ATP)	㉣(CO_2)
Ⅰ	×	○	ⓐ(○)	?(○)
Ⅱ	○	?(○)	×	×
Ⅲ	ⓑ(×)	×	×	?(×)
Ⅳ	?(×)	○	×	ⓒ(○)

(○: 생성됨, ×: 생성 안 됨)

✗. 5탄소 화합물(A)이 4탄소 화합물(B)로 전환되는 과정 Ⅰ에서는 ATP(㉢)가 생성되므로 ⓐ는 '○'이고, 옥살아세트산(C)이 시트르산(D)으로 전환되는 과정 Ⅲ에서는 $FADH_2$(㉠)가 생성되지 않으므로 ⓑ는 '×'이며, 시트르산(D)이 5탄소 화합물(A)로 전환되는 과정 Ⅳ에서는 CO_2(㉣)가 생성되므로 ⓒ는 '○'이다.

㉡. 1분자의 아세틸 CoA가 TCA 회로에서 완전히 분해될 때 3분자의 NADH(㉡)와 2분자의 CO_2(㉣)가 생성된다.

㉢. 1분자당 $\frac{\text{4탄소 화합물(B)의 탄소 수}}{\text{옥살아세트산(C)의 탄소 수}}=\frac{4}{4}=1$이다.

06 산화적 인산화와 세포 호흡 저해제

㉠은 O_2, ㉡은 H_2O, ㉢은 $FADH_2$, ㉣은 NADH이다.

㉠. 미토콘드리아 내막에 있는 인지질을 통해 H^+이 막 사이 공간에서 미토콘드리아 기질로 새어 나가게 되면 H^+ 농도 기울기가 감소하여 ATP 합성 효소를 통한 H^+의 이동이 감소하므로 ATP 합성이 감소하나, 전자 전달계에서 전자의 이동은 증가한다. 따라서 단위 시간당 O_2(㉠)의 소모량은 X를 처리한 후가 처리하기 전보다 많다.

✗. $FADH_2$(㉢)와 NADH(㉣) 1분자당 방출되는 전자는 각각 $2e^-$이며, $2e^-$가 $\frac{1}{2}O_2$에 전달되어 1분자의 H_2O(㉡)이 생성된다. 따라서 1분자의 H_2O(㉡)을 생성하는 데 필요한 분자 수는 $FADH_2$(㉢)와 NADH(㉣)가 모두 1로 같다.

✗. 전자 전달 효소 복합체에서 O_2(㉠)로의 전자 전달을 억제하면 전자 전달계에서 전자의 이동도 점점 감소하고 미토콘드리아 기질에서 막 사이 공간으로 H^+의 능동 수송도 감소한다. 따라서 막 사이 공간의 pH는 증가한다.

07 TCA 회로, 산화적 인산화

2분자의 아세틸 CoA가 세포 호흡에 이용될 때 TCA 회로에서 6분자의 NADH, 2분자의 $FADH_2$가 생성된다. 산화적 인산화를 통해 1분자의 NADH로부터 2.5분자의 ATP가, 1분자의 $FADH_2$로부터 1.5분자의 ATP가 생성된다고 하였으므로 산화적 인산화로 18ATP가 생성된다. TCA 회로에서 기질 수준 인산화로 2ATP가 생성되므로 ㉣은 20이다. 6분자의 NADH와 2분자의 $FADH_2$가 산화될 때 4분자의 O_2가 사용되고 8분자의 H_2O이 생성되므로 ㉠은 4, ㉢은 8이다. 2분자의 아세틸 CoA가 분해되면 4분자의 CO_2가 생성되므로 ㉡은 4이다.

㉠. ㉠은 4, ㉡은 4, ㉢은 8, ㉣은 20이다. 따라서 $\frac{\text{㉡+㉢}}{\text{㉠+㉣}}=\frac{1}{2}$이다.

✗. (가)의 CO_2는 TCA 회로에서 생성되며, TCA 회로는 미토콘드리아 기질(Ⅰ)에서 진행된다.

㉢. H^+ 농도가 높은 막 사이 공간(Ⅱ)에서 H^+ 농도가 낮은 미토콘드리아 기질(Ⅰ)로 막단백질에 해당하는 ATP 합성 효소를 통한 H^+의 이동은 촉진 확산에 해당한다.

08 TCA 회로

㉠+㉡, ㉠+㉢, ㉢+㉣의 값이 2 이하이므로 과정 Ⅰ~Ⅲ은 각각 시트르산이 5탄소 화합물로 전환되는 과정, 5탄소 화합물이 4탄소 화합물로 전환되는 과정, 4탄소 화합물이 옥살아세트산으로 전환되는 과정 중 하나이다. ㉠+㉡+㉢+㉣의 값이 시트르산이 5탄소 화합물로 전환될 때는 2, 5탄소 화합물이 4탄소 화합물로 전환될 때는 3, 4탄소 화합물이 옥살아세트산으로 전환될 때는 2이다. Ⅱ에서 ㉠+㉡+㉢+㉣=3이므로 B는 5탄소 화합

물, C는 4탄소 화합물이다. 따라서 A는 시트르산, D는 옥살아세트산이다. Ⅰ에서 ㉠+㉡=0이므로 ㉠과 ㉡은 각각 ATP와 $FADH_2$ 중 하나이고, ㉢과 ㉣은 각각 CO_2와 NADH 중 하나이다. Ⅱ에서 ㉠+㉡=1, ㉠+㉢=2이므로 ㉠은 ATP이고, Ⅲ에서 ㉠+㉢=0이므로 ㉢은 CO_2이다. 따라서 ㉡은 $FADH_2$, ㉣은 NADH이다.

㉠. 1분자당 시트르산(A)의 탄소 수는 6, 4탄소 화합물(C)의 탄소 수는 4이므로 1분자당 $\frac{\text{C의 탄소 수}}{\text{A의 탄소 수}}=\frac{2}{3}$이다.

㉡. TCA 회로에서 1분자의 5탄소 화합물(B)이 옥살아세트산(D)으로 전환될 때 1분자의 ATP(㉠)와 2분자의 NADH(㉣)가 생성된다.

㉢. 1분자의 포도당이 세포 호흡을 통해 완전 분해될 때 6분자의 CO_2(㉢)가 생성된다.

09 해당 과정과 발효

'CO_2가 발생한다.'는 과정 Ⅱ의 특징이고, 'NADH가 산화된다.'는 과정 Ⅱ와 Ⅲ의 특징이며, '산소가 소모되지 않는다.'는 과정 Ⅰ~Ⅲ의 특징이다. 따라서 ㉠은 Ⅰ, ㉡은 Ⅲ, ㉢은 Ⅱ이다.

㉠. 피루브산이 에탄올로 전환되는 과정(Ⅱ)은 (가)의 특징 3가지를 모두 가지므로 ⓐ는 3이다.

㉡. 해당 과정(Ⅰ)에서 탈수소 효소의 작용으로 NAD^+가 NADH로 환원된다.

~~㉢~~. 피루브산이 젖산으로 전환되는 과정(Ⅲ)에서는 기질 수준 인산화가 일어나지 않는다.

10 알코올 발효

포도당 용액이나 설탕 용액을 효모액과 함께 발효관에 넣고 일정 시간이 지나면 효모의 알코올 발효에 의해 에탄올과 CO_2가 생성된다. 따라서 맹관부에 모인 기체는 CO_2이다.

~~㉠~~. CO_2(㉠)는 피루브산이 아세트알데하이드로 전환될 때 생성된다.

~~㉡~~. C에 첨가한 물질에는 효모액이 없으므로 알코올 발효가 일어나지 않는다. 따라서 구간 Ⅰ의 C에서는 NADH의 산화가 일어나지 않는다.

㉢. 효모의 알코올 발효를 통한 에탄올의 농도는 기체 발생량에 비례한다. t_2일 때 발효관 내 에탄올의 농도는 KOH 용액을 넣기 전의 기체 부피에 비례하므로 t_2일 때 B에서 에탄올의 농도는 t_1일 때 A에서 에탄올의 농도보다 높다.

11 발효와 산소 호흡

피루브산의 산화에서는 피루브산이 아세틸 CoA로 전환되고, 알코올 발효에서는 피루브산이 에탄올로 전환되고, 젖산 발효에서는 피루브산이 젖산으로 전환되므로 ㉠은 피루브산이다. NADH는 피루브산의 산화 과정에서만 생성되므로 ⓐ는 NADH이고, ㉡은 아세틸 CoA이다. 피루브산의 산화 과정에서 CO_2가 생성되므로 ⓑ는 CO_2이다. 알코올 발효 과정에서 CO_2가 생성되므로 ㉢은 에탄올이다. 따라서 ⓒ는 NAD^+이고, ㉣은 젖산이다.

~~㉠~~. 피루브산(㉠)의 탄소 수는 3, 수소 수는 4이고, 에탄올(㉢)의 수소 수는 6, 탄소 수는 2이며, 젖산(㉣)의 탄소 수는 3, 수소 수는 6이므로 1분자당 $\frac{\text{㉠의 탄소 수}+\text{㉢의 수소 수}+\text{㉣의 탄소 수}}{\text{㉠의 수소 수}+\text{㉢의 탄소 수}+\text{㉣의 수소 수}}$ $=\frac{12}{12}=1$이다.

㉡. 피루브산이 아세틸 CoA로 전환되는 과정(Ⅰ)에서 탈탄산 반응에 의해 CO_2가 생성된다.

㉢. 피루브산이 젖산으로 전환되는 과정(Ⅲ)에서 탈수소 효소의 작용으로 NADH(ⓐ)가 NAD^+(ⓒ)로 산화된다.

12 발효와 산소 호흡

1분자의 포도당이 2분자의 피루브산으로 분해되고, 피루브산은 산소 호흡에서는 아세틸 CoA로, 알코올 발효에서는 아세트알데하이드로, 젖산 발효에서는 젖산으로 전환되므로 A는 피루브산, F는 포도당이다. 아세트알데하이드는 에탄올로 전환되므로 C는 아세트알데하이드, D는 에탄올이다. 피루브산이 젖산으로 전환될 때 NAD^+가 생성되고, 아세틸 CoA로 전환될 때는 CO_2와 NADH가 생성되므로 B는 젖산, E는 아세틸 CoA이다. 따라서 ㉠은 NAD^+, ㉡은 NADH, ㉢은 CO_2이다.

과정	물질 전환	생성되는 물질
(가)	A(피루브산) → B(젖산)	㉠(NAD^+)
(나)	C(아세트알데하이드) → D(에탄올)	㉠(NAD^+)
(다)	A(피루브산) → C(아세트알데하이드)	㉢(CO_2)
(라)	A(피루브산) → E(아세틸 CoA)	㉡(NADH), ㉢(CO_2)
(마)	F(포도당) → 2A(피루브산)	㉡(NADH)

㉠. 포도당이 피루브산으로 분해되는 해당 과정(마)에서는 기질 수준 인산화에 의해 ATP가 합성된다.

~~㉡~~. 1분자의 포도당이 세포 호흡에 의해 완전 분해될 때 10분자의 NADH(㉡)가 생성된다.

~~㉢~~. 피루브산(A)의 탄소 수는 3, 젖산(B)의 탄소 수는 3, 아세트알데하이드(C)의 탄소 수는 2, 에탄올(D)의 탄소 수는 2이다. 따라서 1분자당 $\frac{\text{C의 탄소 수}+\text{D의 탄소 수}}{\text{A의 탄소 수}+\text{B의 탄소 수}}=\frac{2}{3}$이다.

05 광합성

수능 2점 테스트

본문 74~77쪽

01 ① 02 ⑤ 03 ② 04 ④ 05 ② 06 ② 07 ④
08 ③ 09 ① 10 ④ 11 ① 12 ⑤ 13 ⑤ 14 ③
15 ③ 16 ③

01 광합성

광합성은 빛에너지를 이용하여 이산화 탄소와 물로 포도당을 합성하는 반응으로 전체 반응식은 아래와 같다.

$$6CO_2+12H_2O \longrightarrow C_6H_{12}O_6+6O_2+6H_2O$$

Ⓐ. 광합성은 빛에너지를 포도당의 화학 에너지로 전환하는 과정으로 물질대사 중 동화 작용에 해당한다.

Ⓑ. 식물의 잎에 존재하는 광합성 색소 중 엽록소 a와 b는 가시광선 중 청자색광과 적색광은 잘 흡수하는데 반해 녹색광은 대부분을 반사 혹은 통과시킨다. 이때 반사 혹은 통과된 빛이 우리 눈에 들어와 잎이 녹색으로 보이는 것이다.

Ⓒ. 녹색 식물에서 포도당 1분자가 합성되기 위해서는 12분자의 H_2O이 광분해되고, 그 결과 6분자의 O_2가 생성된다.

02 엥겔만과 루벤의 실험

엥겔만의 실험을 통해서는 광합성에 주로 이용되는 빛의 파장은 청자색광과 적색광이라는 것을 알게 되었고, 루벤의 실험을 통해서는 광합성 결과 생성된 O_2의 기원은 H_2O임을 알게 되었다.

㉠. 호기성 세균은 세포 호흡 시 산소를 사용하는 세균으로 산소(㉠)가 풍부한 곳으로 모여든다.

㉡. (나)에서 ㉠은 O_2로 광합성의 명반응 중 비순환적 전자 흐름에서 전자 공여체인 H_2O의 광분해로 O_2(㉠)가 생성된다.

㉢. 산소는 광합성의 산물이고, 호기성 세균은 산소가 풍부한 곳으로 모여든다. (가)에서 프리즘을 통해 분광된 서로 다른 파장의 빛을 해캄에 비추었을 때 해캄 주변에 모여든 호기성 세균의 밀도는 적색광이 비추는 부위에서가 황색광이 비추는 부위에서보다 높다. 따라서 해캄은 적색광에서가 황색광에서보다 활발하게 광합성을 한다.

03 엽록체의 구조

A는 엽록체 내막, B는 틸라코이드 내부, C는 스트로마이다.

㉠. 엽록체 내막(A)에는 엽록소가 없다. 엽록소를 비롯한 광합성 색소는 틸라코이드 막에 있다.

㉡. 포도당 합성에 필요한 여러 가지 효소들은 스트로마(C)에 있어 포도당 합성은 스트로마(C)에서 일어나며, 틸라코이드 내부(B)에서는 포도당 합성이 일어나지 않는다.

㉢. 스트로마(C)에는 자체 DNA와 리보솜이 있다.

04 광합성 색소 추출과 흡수 스펙트럼

크로마토그래피법으로 광합성 색소를 전개시키면 위에서부터 카로틴, 잔토필, 엽록소 a, 엽록소 b 순서로 분리된다. 따라서 ㉠은 카로틴이고, ㉡은 엽록소 a이다.

㉠. X는 엽록소 a의 흡수 스펙트럼이고, Y는 카로티노이드의 흡수 스펙트럼이다. 카로틴(㉠)은 카로티노이드(Y)에 속하는 색소이다.

㉡. 카로티노이드(Y)는 보조 색소로 엽록소에서 잘 흡수하지 못하는 파장의 빛을 흡수하여 엽록소에 전달하고, 과도한 빛에 의해 엽록소가 손상되는 것을 막아준다.

㉢. 광합성 색소(엽록소, 카로티노이드)는 모두 틸라코이드 막에 존재한다.

05 엽록체의 구조와 광계

A는 엽록체 외막, B는 엽록체 내막, C는 틸라코이드 막이다.

㉠. 광계 Ⅰ과 Ⅱ는 광합성 색소와 단백질로 이루어진 복합체로 모두 틸라코이드 막(C)에 있다.

㉡. 반응 중심 색소(㉠)에서 방출된 전자가 또 다른 광계를 거치지 않고, 최종 전자 수용체인 $NADP^+$를 환원시키는 광계 ⓐ는 광계 Ⅰ이다.

㉢. 광계 Ⅰ에 있는 반응 중심 색소(㉠)는 P_{700}으로 700 nm 파장의 빛을 680 nm 파장의 빛보다 잘 흡수한다.

06 순환적 전자 흐름과 비순환적 전자 흐름

전자 흐름이 일어날 때 비순환적 전자 흐름에서만 O_2가 생성되므로 A는 비순환적 전자 흐름이고, 나머지 B는 순환적 전자 흐름이다.

㉠. 광계 Ⅰ의 반응 중심 색소인 P_{700}에서 방출된 전자가 전자 전달계를 거쳐 다시 P_{700}으로 되돌아오는 전자 흐름은 순환적 전자 흐름(B)에 해당한다. 비순환적 전자 흐름(A)에서는 P_{700}에서 방출된 전자가 최종 전자 수용체인 $NADP^+$를 환원시켜 NADPH로 전환시킨다.

㉡. 비순환적 전자 흐름(A)에는 광계 Ⅰ과 Ⅱ가 모두 관여하지만, 순환적 전자 흐름(B)에는 광계 Ⅰ만 관여한다.

㉢. 순환적 전자 흐름(B)에서는 물의 광분해가 일어나지 않으므로 O_2가 생성되지 않는다. 그러므로 ㉠은 '×'이다. 그리고 반응 중심 색소인 P_{700}에서 방출된 전자는 $NADP^+$를 환원시키는 것이 아니라 전자 전달계를 따라 다시 P_{700}을 환원시키므로 NADPH를 생성하지 못한다. 따라서 ㉢도 '×'이다.

비순환적 전자 흐름(A)에서는 물의 광분해로부터 기원한 전자가 전자 전달계를 따라 이동하여 최종 전자 수용체인 $NADP^+$를 환원시키므로 NADPH가 생성되고, 이러한 전자 흐름 과정에서 H^+은 스트로마에서 틸라코이드 내부로 능동 수송되어 H^+ 농도 기울기가 형성되므로 ㉢과 ㉣은 모두 'O'이다. 따라서 ㉠~㉣ 중 'O'인 것은 ㉢과 ㉣로 2개이다.

07 틸라코이드 막의 전자 전달계

물의 광분해로 방출된 전자가 전자 전달계를 따라 이동하는 과정에서 H^+이 (나)에서 (가)로 능동 수송되고 있으므로 (가)는 틸라코이드 내부이고, (나)는 스트로마이다.

ㄱ. 엽록체는 스트로마(나)에 자체 DNA를 가지고 있다.

ㄴ. ㉠은 $NADP^+$, ㉡은 NADPH이다. $NADP^+$(㉠)는 전자를 받아 NADPH(㉡)로 환원되므로 최종 전자 수용체이다.

ㄷ. 스트로마(나)에서 틸라코이드 내부(가)로의 H^+ 이동에는 고에너지 전자가 전자 전달계를 따라 이동하는 과정에서 방출되는 에너지가 사용되며, 이때의 H^+ 이동 방식은 능동 수송에 해당한다.

08 탄소 고정 반응

1분자의 RuBP는 1분자의 CO_2와 결합하여 2분자의 3PG를 생성한다. 그러므로 ⓐ와 ⓑ는 모두 3이다.

12분자의 PGAL 중 10분자는 6분자의 RuBP를 재생하고, 나머지 2분자의 PGAL은 1분자의 포도당을 합성하므로 ⓒ는 12이다.

ㄱ. ⓐ는 3, ⓑ는 3, ⓒ는 12이므로 ⓐ+ⓑ+ⓒ=18이다.

ㄴ. ㉠에서 CO_2가 RuBP와 결합하여 고정될 때 루비스코라는 효소가 작용한다.

ㄷ. PGAL로부터 RuBP 1분자가 재생될 때 1분자의 ATP가 소모된다. 따라서 6분자의 RuBP가 재생되는 과정에서는 6분자의 ATP가 사용된다.

09 광합성 전 과정

(가)는 명반응, (나)는 탄소 고정 반응이고, ㉠은 H_2O, ㉡은 CO_2, ㉢은 NADPH, ㉣은 $NADP^+$이다.

ㄱ. 비순환적 전자 흐름에서 H_2O(㉠)은 광분해되어 전자를 방출하고, 이때 방출된 전자는 전자 전달계를 따라 이동하여 $NADP^+$(㉣)를 NADPH(㉢)로 환원시킨다.

ㄴ. 3PG가 NADPH(㉢)에 의해 환원된 결과 PGAL이 생성된다.

ㄷ. 명반응(가)에서 생성된 ATP가 탄소 고정 반응(나)에 사용되며, 탄소 고정 반응(나)에서는 ATP가 생성되지 않는다.

10 순환적 전자 흐름과 비순환적 전자 흐름

경로 1은 비순환적 전자 흐름이고, 경로 2는 순환적 전자 흐름이다.

ㄱ. (나)는 H_2O이 광분해되는 반응이다. (나)에서 방출된 전자는 경로 1에 공급되어 광계 Ⅱ(ⓐ)를 환원시킨다.

ㄴ. 비순환적 전자 흐름(경로 1)에만 관여하는 ⓐ는 광계 Ⅱ이고, 비순환적 전자 흐름(경로 1)과 순환적 전자 흐름(경로 2)에 모두 관여하는 ⓑ는 광계 Ⅰ이다.

ㄷ. (가)에서 $NADP^+$는 최종 전자 수용체로, $NADP^+$가 NADPH로 환원되는 반응은 비순환적 전자 흐름에서만 일어나는 반응이다. X를 처리하여 ㉠에서 전자 전달이 차단되면 최종 전자 수용체인 $NADP^+$까지 전자가 전달되지 못하므로 (가)는 억제되며, 전자 전달이 차단되면 광계 Ⅱ(ⓐ)의 반응 중심 색소는 산화되지 못하기 때문에 (나)도 억제된다.

11 탄소 고정 반응

㉠은 PGAL, ㉡은 RuBP, ㉢은 3PG이다.

ㄱ. 과정 Ⅰ은 3PG(㉢)가 PGAL(㉠)로 전환되는 과정으로 이 과정에서 NADPH가 사용되는 산화 환원 반응이 일어난다.

ㄴ. 과정 Ⅱ는 RuBP(㉡)가 3PG(㉢)로 전환되는 과정으로 이 과정에서는 ATP가 사용되지 않고, CO_2가 고정되는 반응이 일어난다.

ㄷ. 1분자당 PGAL(㉠)의 탄소 수는 3이고, RuBP(㉡)의 인산기 수는 2이며, 3PG(㉢)의 인산기 수는 1이다. 따라서 1분자당 $\frac{\text{㉡의 인산기 수}+\text{㉢의 인산기 수}}{\text{㉠의 탄소 수}}=1$이다.

12 캘빈의 실험

CO_2가 고정되어 가장 먼저 생성된 물질은 3PG이므로 ㉠은 3PG이고, ㉡은 PGAL, ㉢은 RuBP이다.

ㄱ. 이 실험에서는 방사성 동위 원소인 ^{14}C를 이용하여 고정된 탄소가 포도당으로 합성되기까지 생성되는 중간 생성물을 추적하였으므로 자기 방사법이 이용되었다.

ㄴ. 1분자의 3PG(㉠)가 PGAL(㉡)로 전환되는 과정에서 소모되는 ATP와 NADPH의 수는 모두 1이다. 따라서 $\frac{\text{소모되는 NADPH 분자 수}}{\text{소모되는 ATP 분자 수}}=1$이다.

ㄷ. 1분자당 3PG(㉠)의 탄소 수는 3, RuBP(㉢)의 인산기 수는 2이며, RuBP(㉢)의 탄소 수는 5이다. 따라서 $\frac{\text{㉠의 탄소 수}+\text{㉢의 인산기 수}}{\text{㉢의 탄소 수}}=\frac{3+2}{5}=1$이다.

13 미토콘드리아와 엽록체의 구조

(가)에서 ㉠은 미토콘드리아 내막, ㉡은 막 사이 공간, ㉢은 미토콘드리아 기질이며, (나)에서 ⓐ는 틸라코이드 막, ⓑ는 틸라코이드 내부, ⓒ는 스트로마이다.

ㄱ. 미토콘드리아 내막(㉠)과 엽록체의 틸라코이드 막(ⓐ)에는 모두 전자 전달계와 ATP 합성 효소가 존재한다.

ㄴ. 미토콘드리아 내막(㉠)의 전자 전달계를 따라 고에너지 전자가 이동하면 H^+은 미토콘드리아 기질(㉢)에서 막 사이 공간(㉡)

으로 이동하여 막 사이 공간(㉡)의 pH가 낮아진다. 틸라코이드 막(ⓐ)의 전자 전달계를 따라 고에너지 전자가 이동하면 H^+은 스트로마(ⓒ)에서 틸라코이드 내부(ⓑ)로 이동하여 틸라코이드 내부(ⓑ)의 pH가 낮아진다.

ㄷ. 미토콘드리아 기질(㉢)에서 TCA 회로가 일어날 때 NADH와 $FADH_2$가 생성되는 과정에서 산화 환원 반응이 일어나며, 스트로마(ⓒ)에서 캘빈 회로가 일어날 때 NADPH가 사용되는 과정에서 산화 환원 반응이 일어난다.

14 광인산화와 산화적 인산화

'화학 삼투가 일어난다.'는 광인산화와 산화적 인산화가 모두 가지는 특징이고, '광계가 관여한다.'는 광인산화만의 특징이다. 따라서 A는 광인산화, B는 산화적 인산화이고, 표 (가)를 완성하면 아래와 같다.

구분	㉠ (광계가 관여한다.)	㉡ (화학 삼투가 일어난다.)
A(광인산화)	?(○)	?(○)
B(산화적 인산화)	×	?(○)

(○: 있음, ×: 없음)

ㄱ. ㉠은 '광계가 관여한다.'이고, ㉡은 '화학 삼투가 일어난다.'이다.

ㄴ. O_2는 산화적 인산화(B)가 일어나는 과정에서 사용되는 최종 전자 수용체이다.

ㄷ. 광인산화(A)와 산화적 인산화(B) 모두 H^+ 농도 기울기에 따라 H^+이 ATP 합성 효소를 통해 촉진 확산될 때 ATP가 생성된다.

15 순환적 전자 흐름

순환적 전자 흐름에는 광계 Ⅰ과 Ⅱ 중 광계 Ⅰ만 관여한다. 따라서 A는 광계 Ⅰ이다.

ㄱ. 광계 Ⅰ(A)의 반응 중심 색소는 P_{700}이다.

ㄴ. 비순환적 전자 흐름에는 광계 Ⅰ과 Ⅱ가 모두 관여한다.

ㄷ. 순환적 전자 흐름이 일어날 때 고에너지 전자가 방출하는 에너지를 이용하여 H^+을 스트로마(㉠)에서 틸라코이드 내부(㉡)로 능동 수송하여 H^+ 농도 기울기를 형성한다. 따라서 ㉠은 스트로마이다.

16 ATP 합성

H^+ 농도 기울기에 따라 H^+이 ATP 합성 효소를 통해 이동하는 방향은 미토콘드리아에서는 막 사이 공간에서 미토콘드리아 기질이고, 엽록체에서는 틸라코이드 내부에서 스트로마이다. 따라서 ㉠은 막 사이 공간, ㉡은 미토콘드리아 기질이고, ㉢은 틸라코이드 내부, ㉣은 스트로마이다.

ㄱ. TCA 회로에 관여하는 효소들은 미토콘드리아 기질(㉡)에 있다.

ㄴ. 미토콘드리아 기질(㉡)에서 막 사이 공간(㉠)으로 H^+이 농도 기울기를 거슬러 이동할 때에는 에너지가 필요하며, 이때 사용되는 에너지는 고에너지 전자가 방출하는 에너지이다.

ㄷ. H^+이 ATP 합성 효소를 통해 촉진 확산될 때 H^+의 농도가 낮은 ㉣은 스트로마이다.

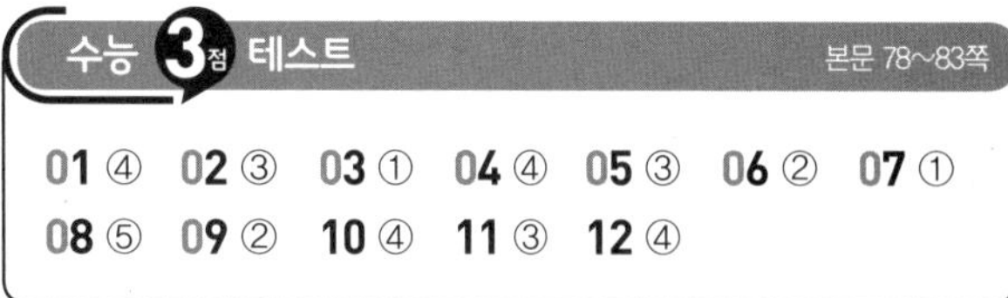
수능 3점 테스트 본문 78~83쪽

01 ④ 02 ③ 03 ① 04 ④ 05 ③ 06 ② 07 ①
08 ⑤ 09 ② 10 ④ 11 ③ 12 ④

01 광합성 색소 추출 실험

크로마토그래피법을 이용하여 시금치 잎의 광합성 색소를 추출하는 실험이 이루어졌다.

ㄱ. 크로마토그래피 과정에서 광합성 색소를 전개시킬 때 시료가 묻어 있는 원점이 전개액보다 위에 오도록 하며, 원점이 전개액에 직접 닿거나 잠기지 않도록 해야 한다. 따라서 '원점이 전개액에 잠기도록 넣는다.'는 ⓐ로 적절한 방법이 아니다.

ㄴ. ㉡의 전개율은 $\frac{\text{원점에서 ㉡까지의 거리}}{\text{원점에서 용매 전선까지의 거리}}=\frac{16}{20}=0.8$이다.

ㄷ. 색소의 종류에 따라 전개율이 다른 까닭은 각 색소의 분자량 차이, 전개액에 대한 용해도의 차이, 크로마토그래피 용지에 대한 흡착력 차이 때문이다.

02 미토콘드리아와 엽록체의 공통점과 차이점

A는 미토콘드리아, B는 엽록체이다.

ㄱ. A는 유기물을 분해하면서 산소를 소모하는 세포 소기관이라고 하였으므로 A는 세포 호흡이 일어나는 미토콘드리아이다.

ㄴ. 미토콘드리아(A)에서는 유기물에 있는 화학 에너지가 열에너지와 ATP의 화학 에너지로 전환되고, 엽록체(B)에서는 빛에너지가 유기물의 화학 에너지로 전환된다. 따라서 '에너지 전환이 일어난다.'는 A와 B의 공통점인 ⓐ에 해당한다.

ㄷ. 미토콘드리아(A)는 진핵세포에는 있지만 원핵세포에는 없다. 따라서 '원핵세포와 진핵세포에서 모두 관찰된다.'는 미토콘드리아(A)만의 특징인 ⓑ에 해당하지 않는다.

03 힐의 실험과 명반응

힐의 실험을 통해서 광합성 과정에서 생성된 O_2는 H_2O에서 유래된 것임을 알 수 있다.

ㄱ. (가)에서 엽록체가 든 시험관에 빛을 비추면 기체인 ⓐ가 발생

하였으므로 ⓐ는 O_2이고, O_2는 비순환적 전자 흐름(경로 ㉠)에서 H_2O의 광분해 결과로 생성된다.

ㄴ. 힐의 실험에서 O_2(ⓐ)가 발생할 때 옥살산 철(Ⅲ)이 옥살산 철(Ⅱ)로 환원되는 것으로 보아 광합성의 명반응이 일어날 때 전자를 받아 환원되는 물질이 있다는 것을 알 수 있으며, 엽록체에서 옥살산 철(Ⅲ)처럼 환원되는 물질은 $NADP^+$이다.

ㄷ. 명반응에서 생성되는 ATP에 저장된 에너지는 빛에너지로부터 유래한 것이다.

04 캘빈 회로

A는 3PG, B는 PGAL, C는 RuBP이다.

ㄱ. 3PG(A)와 PGAL(B)은 1분자당 탄소 수가 3이므로 ㉢은 3이고, (나)와 (다)는 각각 3PG와 PGAL 중 하나이다. 그리고 3PG와 PGAL은 모두 1분자당 인산기 수가 1이므로 ㉣은 1이다. 나머지 (가)는 RuBP이고, RuBP는 1분자당 탄소 수가 5, 인산기 수가 2이므로 ㉠은 5이고, ㉡은 2이다. 그러므로 $\frac{㉣}{㉠}=\frac{1}{5}$이고, $\frac{㉡}{㉢}=\frac{2}{3}$이므로 $\frac{㉣}{㉠}<\frac{㉡}{㉢}$이다.

ㄴ. (가)는 RuBP(C)이다.

ㄷ. 3PG(A)가 PGAL(B)로 전환되는 과정에서 NADPH가 $NADP^+$로 산화된다.

05 화학 삼투

틸라코이드 내부의 pH가 틸라코이드 외부의 pH보다 낮은 상태에서만 ATP가 합성된다.

ㄱ. C에서 ATP가 합성되었으므로 이때 틸라코이드 내부의 pH는 틸라코이드 외부의 pH보다 낮은 상태이다. 따라서 ㉠은 4이고, ㉡은 8이다.

ㄴ. 틸라코이드 내부와 외부 사이에 pH 차이가 없거나 틸라코이드 내부의 pH가 틸라코이드 외부의 pH보다 높은 상태에서는 ATP가 합성되지 않는다. 따라서 틸라코이드 내부와 외부의 pH가 8(㉡)로 동일한 상태에서는 ATP가 합성되지 않으므로 ⓐ는 '×'이다.

ㄷ. ATP 합성 효소를 통해 H^+이 틸라코이드 내부에서 외부로의 방향으로 이동할 때 ATP가 합성된다. 따라서 C와 같이 틸라코이드 내부의 pH가 4(㉠)이고, 틸라코이드 외부의 pH가 8(㉡)인 상태에서는 H^+ 농도 기울기에 의해 H^+이 틸라코이드 내부에서 외부로 이동하게 되고, 이 과정에서 ATP가 합성된다.

06 명반응의 비순환적 전자 흐름과 산화적 인산화

'막을 경계로 H^+ 농도 기울기가 형성된다.'와 '고에너지 전자의 이동이 일어난다.'는 광합성 명반응에서의 비순환적 전자 흐름과 산화적 인산화 과정에서의 전자 흐름 모두에 해당되는 특징이고, '물의 광분해가 일어난다.'는 광합성 명반응에서의 비순환적 전자 흐름에만 해당되는 특징이다. 따라서 3가지 특징을 모두 가지는 B는 광합성 명반응에서의 비순환적 전자 흐름이고, 나머지 A는 산화적 인산화 과정에서의 전자 흐름이다.

ㄱ. 산화적 인산화 과정에서의 전자 흐름은 '막을 경계로 H^+ 농도 기울기가 형성된다.'와 '고에너지 전자의 이동이 일어난다.'의 2가지 특징을 가지므로 ㉠은 2이다.

ㄴ. 산화적 인산화 과정에서의 전자 흐름(A)이 일어날 때 NADH가 소모되고, 광합성 명반응에서의 비순환적 전자 흐름(B)에서는 NADH가 소모되지 않는다.

ㄷ. 산화적 인산화 과정에서의 전자 흐름(A)과 광합성 명반응에서의 비순환적 전자 흐름(B)에서 생성되는 ATP는 모두 화학 삼투에 의한 것이다.

07 벤슨의 실험과 탄소 고정 반응

탄소 고정 반응에 투입되는 ㉠은 CO_2이므로 ㉡은 빛이고, 탄소 고정 반응에 두 차례 투입되는 ㉢은 ATP이므로 ㉣은 NADPH이다.

ㄱ. ㉠과 ㉡ 중 탄소 고정 반응에 투입되는 ㉠은 CO_2이다.

ㄴ. NADPH(㉣)는 명반응에서 합성된다. 그런데 t_1일 때에는 빛(㉡)이 없는 상태이기 때문에 NADPH(㉣)가 생성되지 않는다. 그리고 t_2일 때에는 빛(㉡)이 있는 상태이므로 NADPH(㉣)가 생성된다.

ㄷ. CO_2(㉠)가 결합하는 B는 RuBP이고, CO_2(㉠)가 RuBP(B)와 결합하여 생성된 C는 3PG이며, 나머지 A는 PGAL이다. PGAL(A)의 1분자당 인산기 수는 1이고, RuBP(B)의 1분자당 인산기 수는 2이다. 따라서 PGAL(A)의 1분자당 인산기 수는 RuBP(B)의 1분자당 인산기 수보다 적다.

08 광계와 광합성 색소의 흡수 스펙트럼

㉠은 반응 중심 색소, ㉡은 보조 색소(안테나 색소)이며, ⓐ는 엽록소 a, ⓑ는 엽록소 b이다.

ㄱ. 광계 Ⅱ의 반응 중심 색소(㉠)에서 방출된 전자는 전자 전달계를 따라 광계 Ⅰ로 이동하여 산화된 상태의 광계 Ⅰ의 반응 중심 색소를 환원시킨다.

ㄴ. 광합성을 하는 모든 식물은 광합성 색소로서 엽록소 a(ⓐ)를 공통적으로 가지고 있다.

ㄷ. 반응 중심 색소(㉠)는 엽록소 a로 구성되며, 엽록소 b는 보조 색소(안테나 색소, ㉡)에 해당한다.

09 명반응

(가)는 명반응의 비순환적 전자 흐름을 나타낸 것이고, A는 광계 Ⅱ, B는 광계 Ⅰ이다.

ㄱ. 엽록체에 빛이 비추어지면 H^+은 스트로마에서 틸라코이드 내부로 능동 수송되면서 틸라코이드 내부의 pH는 낮아진다. 따라서 ㉠은 틸라코이드 내부이다.

ㄴ. 구간 Ⅰ에서 H^+이 틸라코이드 내부(㉠)로 이동하는 것은 능동 수송에 의한 것이며, 이때 H^+의 이동에는 과정 ⓐ에서 고에너지 전자가 방출하는 에너지가 사용된다.

ㄷ. 광계 Ⅱ(A)의 반응 중심 색소가 가장 잘 흡수하는 빛의 파장은 680 nm이고, 광계 Ⅰ(B)의 반응 중심 색소가 가장 잘 흡수하는 빛의 파장은 700 nm이다. 그러므로 반응 중심 색소가 가장 잘 흡수하는 빛의 파장은 A에서가 B에서보다 짧다.

10 광합성 반응

광합성에서 일어나는 반응 ㉠~㉤ 중 명반응에서 일어나는 반응은 ㉠, ㉣이고, 캘빈 회로에서 일어나는 반응은 ㉡, ㉢, ㉤이다.

ㄱ. ⓐ는 2이고, ⓑ는 3이므로 ⓐ<ⓑ이다.

ㄴ. 틸라코이드 막에서 비순환적 전자 흐름이 일어날 때 전자 공여체인 H_2O의 광분해 반응(㉠)과 화학 삼투에 의해서 ATP가 합성되는 반응(㉣)이 모두 일어난다.

ㄷ. 3PG가 PGAL로 전환되는 반응(㉡)에서 NADPH가 $NADP^+$로 산화되는 반응(㉢)이 함께 일어난다.

11 캘빈의 실험

캘빈의 실험에서 맨 처음 검출되는 ^{14}C 포함 유기물인 ㉠은 3PG이고, 나머지 ㉡은 RuBP이다.

ㄱ. (가)에서 t_1일 때 ^{14}C를 포함하는 RuBP(㉡)의 생성량은 0이므로 t_1일 때 얻은 세포 추출물의 크로마토그래피 전개 결과는 B이다.

ㄴ. $^{14}CO_2$가 고정되어 생성된 물질은 3PG(㉠)이다.

ㄷ. 3PG(㉠)의 1분자당 탄소 수는 3이고, RuBP(㉡)의 1분자당 탄소 수는 5이다. 따라서 1분자당 $\frac{㉡의\ 탄소\ 수}{㉠의\ 탄소\ 수}=\frac{5}{3}$로 1보다 크다.

12 세포 호흡과 광합성

(가)는 캘빈 회로, (나)는 TCA 회로이며, ㉠은 H_2O, ㉡은 O_2, ㉢은 CO_2이다.

ㄱ. 과정 ⓐ에서 생성되는 ATP는 화학 삼투에 의한 것이고, 과정 ⓑ에서 생성되는 ATP는 기질 수준 인산화 반응에 의한 것이다.

ㄴ. 포도당 1분자가 생성될 때 분해되는 H_2O(㉠)의 분자 수는 12이고, 캘빈 회로(가)에서 고정되는 CO_2(㉢)의 분자 수는 6이다. 따라서 포도당 1분자가 생성될 때 $\frac{(가)에서\ 고정되는\ ㉢의\ 분자\ 수}{분해되는\ ㉠의\ 분자\ 수}=\frac{1}{2}$이다.

ㄷ. 산화적 인산화 과정에서 1분자의 NADH가 산화될 때 최종 전자 수용체인 O_2(㉡)는 $\frac{1}{2}$분자가 소모된다. 따라서 10분자의 NADH가 산화되면 5분자의 O_2(㉡)가 소모된다.

06 유전 물질

수능 2점 테스트

본문 90~94쪽

01 ⑤ 02 ⑤ 03 ⑤ 04 ① 05 ④ 06 ① 07 ⑤
08 ③ 09 ③ 10 ⑤ 11 ⑤ 12 ⑤ 13 ① 14 ③
15 ①

01 원핵세포와 진핵세포의 유전체

(가)는 사람, (나)는 대장균이다.

ㄱ. 선형 DNA를 갖는 (가)는 사람이다.

ㄴ. 대장균(나)의 유전체는 핵막으로 둘러싸여 있지 않고 세포질에 퍼져 있다.

ㄷ. 사람의 유전체 DNA에는 인트론이 있으므로 ㉠은 'O'이다. 대장균은 젖당 오페론 등 오페론이 있으므로 ㉡은 'O'이다.

02 허시와 체이스의 실험

원심 분리 후 시험관의 상층액에는 파지의 단백질 껍질이 있고, 시험관의 침전물에는 파지의 DNA가 들어간 대장균이 있다. ^{32}P은 DNA를 표지하고, ^{35}S은 단백질을 표지한다. ㉠으로 표지된 파지를 이용한 실험 결과 상층액 Ⅰ에서 방사선이 검출되었으므로 ㉠은 ^{35}S, ㉡은 ^{32}P이다.

ㄱ. ㉠은 ^{35}S이다.

ㄴ. ^{32}P(㉡)으로 파지의 DNA를 표지한 후 원심 분리한 결과 파지의 DNA가 들어간 대장균이 있는 침전물 Ⅳ에서는 방사선이 검출된다.

ㄷ. 침전물 Ⅱ에는 대장균 내부로 들어간 파지의 DNA가 있으므로 Ⅱ에는 대장균과 파지의 DNA가 모두 있다.

03 에이버리의 실험

열처리로 죽은 S형 균의 추출물에 DNA 분해 효소를 처리한 후 살아 있는 R형 균과 혼합하여 배양하면 형질 전환이 일어나지 않으므로 살아 있는 R형 균만 관찰된다. 따라서 ㉠은 R형 균, ㉡은 S형 균이다.

ㄱ. ㉠은 R형 균이다.

ㄴ. 열처리로 죽은 S형 균의 추출물에 단백질 분해 효소를 처리한 후 살아 있는 R형 균과 혼합하여 배양하는 과정에서 S형 균의 DNA에 의해 살아 있는 R형 균이 S형 균으로 형질 전환이 일어나 살아 있는 S형 균(㉡)이 관찰되었다. 과정 Ⅰ에서 형질 전환이 일어났다.

ㄷ. RNA 분해 효소를 처리한 경우 S형 균의 DNA는 분해되지 않으므로 형질 전환 물질인 DNA에 의해 형질 전환이 일어나 살

아 있는 S형 균(㉡)이 관찰된다. 따라서 '살아 있는 ㉡이 관찰됨'은 ⓐ에 해당한다.

04 그리피스의 실험

살아 있는 ㉠을 주사한 쥐가 죽었으므로 폐렴을 유발하는 ㉠은 S형 균이고, 나머지 폐렴을 유발하지 않는 ㉡은 R형 균이다.

ㄱ. ㉠은 S형 균이다.

ㄴ. 열처리로 죽은 S형 균(㉠)에 있던 형질 전환 물질이 살아 있는 R형 균(㉡)으로 이동하여 R형 균이 S형 균으로 형질 전환이 일어나 Ⅰ이 죽은 것이다. 따라서 Ⅰ에서 살아 있는 S형 균(㉠)이 발견되었다.

ㄷ. 이 실험에서는 형질 전환 물질이 유전 물질이라고 결론을 내렸지만 유전 물질이 DNA라고 결론을 내리지 않았다.

05 DNA의 구조

㉠은 DNA를 구성하는 당인 디옥시리보스이다. 염기 간 결합에 해당하는 ㉡은 수소 결합이다. ㉢은 퓨린 계열 염기이고, 염기 사이에 2개의 수소 결합을 형성하므로 아데닌(A)이다.

ㄱ. 디옥시리보스(㉠)의 구성 원소에는 탄소(C), 수소(H), 산소(O)가 있고, 질소(N)는 없다.

ㄴ. 염기 간 형성된 ㉡은 수소 결합에 해당한다.

ㄷ. X는 100개의 뉴클레오타이드로 구성되므로 50개의 염기쌍으로 구성된다. A과 T의 염기쌍 개수를 x, G과 C의 염기쌍 개수를 y라고 할 때, $x+y=50$이다. X에서 수소 결합(㉡)의 총개수는 120개이므로 $2x+3y=120$이다. x는 30, y는 20이므로 A(㉢)과 T의 염기쌍 개수는 30개이다. 따라서 X에서 A(㉢)의 개수는 30개이다.

06 DNA 복제

DNA 복제 과정에서 새로 합성되는 가닥은 5′ → 3′ 방향으로 합성이 진행된다. 복제 주형 가닥 (나)에 프라이머 ㉢이 결합하여 Ⅰ이 5′ → 3′ 방향으로 합성되었으므로 복제 주형 가닥 (나)의 ⓐ는 5′ 말단이다.

ㄱ. ⓐ는 5′ 말단이다.

ㄴ. 복제 주형 가닥 (가)로부터 새로 합성된 가닥은 불연속적으로 합성되므로 지연 가닥에 해당하고, (나)로부터 새로 합성되는 가닥은 연속적으로 합성되므로 Ⅰ은 선도 가닥에 해당한다.

ㄷ. (가)로부터 새로 합성되는 가닥은 지연 가닥으로 복제 진행 방향과 반대 방향으로 합성된다. 복제 진행 방향은 왼쪽 방향이므로 ㉡이 ㉠보다 먼저 합성되었다.

07 메셀슨과 스탈의 실험

모든 DNA가 ㉠으로 표지된 대장균(G_0)은 상층과 하층 중 하나에만 DNA가 존재하므로 G_0은 Ⅱ와 Ⅲ 중 하나이다. G_0이 Ⅲ이라면 ㉠은 ^{14}N이고, G_1에서 DNA 상대량이 상층 : 중층 : 하층=0 : 8 : 0인 것을 만족하는 Ⅳ가 있으나, G_2에서 DNA 상대량이 상층 : 중층 : 하층=8 : 8 : 0인 것을 만족하는 것이 없다. 따라서 G_0은 Ⅱ이고, 하층의 DNA 상대량이 2이므로 ㉠은 ^{15}N이다. G_1은 DNA 상대량이 상층 : 중층 : 하층=0 : 4 : 0이고, G_2는 DNA 상대량아 상층 : 중층 : 하층=0 : 4 : 4이며, G_3은 DNA 상대량이 상층 : 중층 : 하층=4 : 12 : 0이다. 따라서 G_1은 Ⅳ, G_2는 Ⅰ, G_3은 Ⅲ이다. 표를 정리하면 다음과 같다.

구분	DNA 상대량				
	Ⅰ(G_2)	Ⅱ(G_0)	Ⅲ(G_3)	Ⅳ(G_1)	G_4
상층	0	?(0)	4	0	?(20)
중층	4	?(0)	?(12)	ⓑ(4)	?(12)
하층	ⓐ(4)	2	0	0	?(0)

ㄱ. ㉠은 ^{15}N이다.

ㄴ. ⓐ는 4, ⓑ는 4이므로 ⓐ+ⓑ=8이다.

ㄷ. G_4는 DNA 상대량이 상층 : 중층 : 하층=20 : 12 : 0이다. 따라서 G_4의 DNA 상대량은 상층이 중층보다 많다.

08 DNA의 구조

X에서 ㉠은 퓨린 계열 염기이고, 염기 사이에 3개의 수소 결합을 형성하므로 ㉠은 G이다. ㉡이 A이면 ㉠과 ㉡은 모두 퓨린 계열 염기이고, 이중 나선 DNA에서 퓨린 계열 염기의 개수와 피리미딘 계열 염기의 개수가 같으므로 Ⅰ과 Ⅱ에서 모두 $\frac{㉠+㉡}{㉢+㉣}=1$이어야 하나 그렇지 않다. 따라서 ㉡은 A이 아니다. X에는 A과 T이 각각 4개, G과 C이 각각 2개가 있다. ㉡이 T이면 $\frac{㉠+㉡}{㉢+㉣}=1$이지만 Ⅰ과 Ⅱ는 모두 만족하지 않으므로 ㉡은 C이다. X에서 $\frac{㉠+㉡}{㉢+㉣}=\frac{G+C}{A+T}=\frac{4}{8}=\frac{1}{2}$이므로 X는 Ⅰ이고, Y는 Ⅱ이다.

ㄱ. ㉡은 사이토신(C)이다.

ㄴ. Y(Ⅱ)에서 $\frac{㉠+㉡}{㉢+㉣}=\frac{G+C}{A+T}=2$이므로 Y에는 G과 C이 각각 4개, A과 T이 각각 2개가 있다. Y에서 $\frac{㉠}{㉣}=\frac{G}{T}$(또는 $\frac{G}{A}$) $=\frac{4}{2}=2$이다.

ㄷ. 염기 간 수소 결합의 총개수는 Ⅰ에서 $(2\times4)+(3\times2)=14$개이고, Ⅱ에서 $(2\times2)+(3\times4)=16$개이다. 따라서 염기 간 수소 결합의 총개수는 Ⅰ에서가 Ⅱ에서보다 2개 적다.

09 DNA 복제

㉠은 DNA 연결 효소, ㉡과 ㉢은 모두 DNA 중합 효소이다.

ㄱ. ㉠은 DNA 연결 효소이다.

ㄴ. DNA 중합 효소(㉡)는 주형 가닥과 상보적인 염기를 갖는 뉴

클레오타이드를 결합시키면서 새로운 가닥을 합성한다. ⓒ은 지연 가닥을 합성한다.

ⓒ. 선도 가닥을 합성하는 DNA 중합 효소(ⓒ)는 복제 진행 방향과 같은 방향으로 이동한다.

10 DNA 복제

㉡의 5′ 말단의 염기가 유라실(U)이므로 ㉡은 프라이머이다. 새로 합성된 가닥인 Ⅲ은 5′ → 3′ 방향으로 합성이 일어나므로 Ⅰ의 ⓐ는 3′ 말단이다.

ㄱ. ⓐ는 3′ 말단이다.

ㄴ. Ⅱ와 Ⅲ은 지연 가닥이다. 복제 진행 방향은 Ⅰ의 5′ 말단에서 3′ 말단 방향이므로 Ⅱ가 먼저 합성되고, Ⅲ이 나중에 합성되었다.

ㄷ. Ⅱ에서 $\frac{G+C}{A+T}=\frac{2}{3}$이므로 G+C은 6개, A+T은 9개이다. Ⅲ에서 $\frac{G+C}{A+T}=\frac{3}{4}$이므로 G+C은 6개, A+T은 8개, U은 1개이다. 따라서 염기 간 수소 결합의 총개수는 Ⅰ과 Ⅱ 사이에서와 Ⅰ과 Ⅲ 사이에서가 36개로 서로 같다.

11 샤가프의 법칙

X는 150개의 염기쌍으로 구성되므로 X_1과 X_2에서 염기 개수는 각각 150개이다. A+T의 함량이 X_1에서 42 %이므로 X_2에서도 42 %이다. 따라서 X_1과 X_2에서 각각 A과 T의 개수를 더한 값은 63개이고, G과 C의 개수를 더한 값은 87개이다. ㉠과 ㉡은 모두 피리미딘 계열 염기이고, X_2에서 $\frac{㉡}{㉠}=\frac{3}{5}$이므로 ㉠과 ㉡은 서로 다르며, 각각 T과 C 중 하나이다. ㉠이 T이면 X_1에서 $\frac{㉠(T)}{A}=\frac{3}{4}$이므로 A의 개수는 36개, T의 개수는 27개이고, 상보적인 가닥인 X_2에서 T의 개수는 36개이지만 X_2에서 $\frac{㉡(C)}{㉠(T)}=\frac{3}{5}$인 조건에서 T의 개수가 5의 배수인 것과 모순이다. 따라서 ㉠은 C이고, ㉡은 T이다. X_1에서 $\frac{㉠(C)}{A}=\frac{3}{4}$이므로 A의 개수를 $4k$, C의 개수를 $3k$로 하면 T의 개수는 $63-4k$, G의 개수는 $87-3k$이다. X_1과 상보적인 X_2에서 ㉠(C)의 개수는 $87-3k$, ㉡(T)의 개수는 $4k$이다. X_2에서 $\frac{㉡(T)}{㉠(C)}=\frac{3}{5}$이므로 $\frac{4k}{87-3k}=\frac{3}{5}$이고, $k=9$이다. 따라서 X_1에서 A은 36개, T은 27개, G은 60개, C은 27개이고, X_2에서 A은 27개, T은 36개, G은 27개, C은 60개이다.

ㄱ. ㉠은 사이토신(C)이다.

ㄴ. X_1에서 ㉡(T)의 개수는 27개이고, X_2에서 G의 개수는 27개이다.

ㄷ. X_1에서 $\frac{A+G}{C+T}=\frac{87+k}{63-k}\left(=\frac{36+60}{27+27}\right)$이므로 1보다 크고, X_2에서 $\frac{A+G}{C+T}=\frac{63-k}{87+k}\left(=\frac{27+27}{60+36}\right)$이므로 1보다 작다. 따라서 $\frac{A+G}{C+T}$은 X_1에서가 X_2에서보다 크다.

12 샤가프의 법칙

A과 T 사이에서 2개의 수소 결합이, G과 C 사이에서 3개의 수소 결합이 형성되고, X_1과 X_2 사이에서 A과 T 간 수소 결합의 총개수와 G과 C 간 수소 결합의 총개수가 같으므로 X에서 A+T의 개수는 G+C의 개수의 1.5배이다. X에서 ㉠과 ㉡이 수소 결합을 형성하고, ㉢과 ㉣이 수소 결합을 형성하므로 X_1에서 ㉠과 ㉡의 개수는 각각 X_2에서 ㉡과 ㉠의 개수와 같고, X_1에서 ㉢과 ㉣의 개수는 각각 X_2에서 ㉣과 ㉢의 개수와 같다. X_2에서 $\frac{㉡}{㉢}=\frac{4}{7}$이므로 X_1에서 $\frac{㉠}{㉣}=\frac{4}{7}$이다. X_1에서 $\frac{㉠}{㉡}=\frac{2}{3}$이므로 X_1에서 ㉠의 개수는 $2k$, ㉡의 개수는 $3k$, ㉣의 개수는 $3.5k$이다. X_1에서 ㉠+㉡의 개수는 $5k$이고, ㉢+㉣의 개수의 1.5배가 $5k$가 될 수 없으므로 ㉢+㉣의 개수는 ㉠+㉡의 개수($5k$)의 1.5배인 $7.5k$이다. 따라서 X_1에서 ㉢의 개수는 $4k$이다. X_1에서 $\frac{C}{T}=\frac{3}{4}$이므로 ㉡은 사이토신(C), ㉢은 타이민(T)이고, ㉡에 상보적인 ㉠은 구아닌(G), ㉢에 상보적인 ㉣은 아데닌(A)이다. X_2에서 ㉢의 개수는 $3.5k$이고, ㉣의 개수는 $4k$이다. X_2에서 ㉢의 개수는 ㉣의 개수보다 3개 적으므로 $4k-3.5k=3$에서 $k=6$이다. X_1과 X_2에서 염기 수는 표와 같다.

구분	염기 수(개)			
	A(㉣)	C(㉡)	G(㉠)	T(㉢)
X_1	21	18	12	24
X_2	24	12	18	21

ㄱ. ㉣은 아데닌(A)이다.

ㄴ. X_1에서 ㉠(G)의 개수는 12개이다.

ㄷ. X에서 A과 T의 염기쌍 수는 45, G과 C의 염기쌍 수는 30이므로 X에서 염기 간 수소 결합의 총개수는 $(45\times2)+(30\times3)=180$개이다.

13 샤가프의 법칙

Ⅰ에서 유라실(U)이 20개이므로 Ⅰ은 mRNA인 y이다. Ⅱ에서 ㉠의 염기 개수가 60개이지만 Ⅰ(y)에서 ㉠을 제외하고 염기 개수가 60개인 경우가 없으므로 y는 Ⅱ로부터 전사되지 않고 Ⅲ으로부터 전사되었다. Ⅲ에서 타이민(T)이 60개이므로 Ⅰ(y)에서 아데닌(A)도 60개이다. 따라서 ㉠은 아데닌(A)이다. Ⅲ에서 ㉠(A)은 20개, ㉢은 50개이므로 $\frac{\text{피리미딘 계열 염기의 개수}}{\text{퓨린 계열 염기의 개수}}$

$=\frac{9}{11}$인 조건을 만족하지 못한다. 따라서 Ⅲ은 x_2이고, Ⅱ는 x_1이다. Ⅰ과 Ⅱ에서 ㉠~㉢의 염기 수는 같으므로 x_1(Ⅱ)에서 $\frac{\text{피리미딘 계열 염기의 개수}}{\text{퓨린 계열 염기의 개수}}=\frac{9}{11}$인 조건을 만족하는 ㉡은 구아닌(G), ㉢은 사이토신(C)이다. 표를 정리하면 다음과 같다.

구분	염기 수(개)				
	㉠(A)	㉡(G)	㉢(C)	T	U
Ⅰ(y)	?(60)	50	70	?(0)	20
Ⅱ(x_1)	60	?(50)	?(70)	?(20)	?(0)
Ⅲ(x_2)	?(20)	70	?(50)	60	?(0)

㉠. ㉢은 사이토신(C)이다.

✕. y(Ⅰ)는 x_2(Ⅲ)로부터 전사되었다.

✕. x_1, x_2, y를 구성하는 염기의 개수는 각각 200개이다. x_1과 x_2로 구성된 x를 구성하는 염기의 개수는 400개이다.

14 DNA 중합 효소

DNA 중합 효소는 이미 만들어져 있는 폴리뉴클레오타이드의 3′ 말단에 새로운 뉴클레오타이드를 결합시키므로 DNA 복제는 5′ → 3′ 방향으로 일어난다. 프라이머가 있는 가닥이 새로 합성된 가닥이며, 상보적인 가닥은 주형 가닥이다.

㉠. DNA 중합 효소는 주형 가닥을 따라 3′ → 5′ 방향으로 이동하므로 ⓐ는 5′ 말단이다.

㉡. ㉠의 상보적인 염기는 아데닌(A)이므로 ㉠은 타이민(T)이다. ㉠(T)은 피리미딘 계열 염기이다.

✕. ㉡은 프라이머를 구성하는 뉴클레오타이드의 당이다. RNA 프라이머이므로 ㉡은 리보스이다. ㉢은 DNA를 구성하는 뉴클레오타이드의 당이므로 디옥시리보스이다.

15 DNA 복제

Ⅱ에서 $\frac{G+C}{A+T}=\frac{2}{3}$이므로 Ⅱ에는 A+T이 15개, G+C이 10개 있다. Ⅱ에서 $\frac{A}{T}=\frac{2}{3}$이므로 A은 6개, T은 9개이다. X의 염기 서열은 5′−UUAAA−3′이고 Ⅰ에서 $\frac{G+C}{A+T}=\frac{5}{11}$이므로 Ⅰ에는 A+T이 33개, G+C이 15개, U이 2개 있다. Ⅰ은 Ⅱ와 Ⅲ과 각각 상보적이므로 Ⅰ에서 A+T+U의 개수(35개)는 Ⅱ와 Ⅲ에서 A+T의 개수와 같으므로 Ⅲ에서 A+T은 20개이다. Ⅲ에서 나머지 G+C은 5개이다. Ⅲ에서 Z에는 G+C이 5개 있으므로 Z를 제외한 나머지 부분에는 A+T이 20개 있다.

㉠. Ⅰ은 선도 가닥이다.

✕. (가)의 5′ 말단 염기는 Z의 5′ 말단 염기와 같다. Z의 염기 서열이 5′−GCCCC−3′이므로 (가)의 5′ 말단 염기는 G이고 퓨린 계열 염기이다. (나)의 5′ 말단 염기는 (가)의 3′ 말단 염기와 상보적이다. X의 염기 서열이 5′−UUAAA−3′이므로 (가)의 3′ 말단 염기는 A이다. 따라서 (나)의 5′ 말단 염기는 T이고, 피리미딘 계열 염기이다.

✕. Ⅰ에서 G+C이 15개이고, $\frac{G}{C}=\frac{1}{2}$이므로 G은 5개, C은 10개이다. 따라서 Ⅱ와 Ⅲ에는 C이 5개, G이 10개 있다. Z에 C이 4개 있으므로 Ⅱ에서 Y를 제외한 나머지 부분에 C이 1개 있다. Ⅱ에 G+C이 10개이고, Y의 염기 서열은 5′−AAAAG−3′이므로 Ⅱ에서 Y를 제외한 나머지 부분에서 G은 8개이다. Ⅲ에서 Z를 제외한 나머지 부분에서 A+T은 20개이고, Z에서 C이 4개, G이 1개이다. A의 개수가 T의 개수보다 많고, 피리미딘 계열 염기(T, C)의 개수가 퓨린 계열 염기(A, G)의 개수보다 많은 조건을 동시에 만족하는 경우는 Ⅲ에서 Z를 제외한 나머지 부분에서 A은 11개, T은 9개인 경우이다. 따라서 Ⅱ에서 Y를 제외한 나머지 부분에서 G의 개수(8개)와 Ⅲ에서 Z를 제외한 나머지 부분에서 T의 개수(9개)는 서로 다르다.

수능 3점 테스트

본문 95~99쪽

01 ③ 02 ⑤ 03 ① 04 ② 05 ⑤ 06 ② 07 ⑤

01 유전 물질 연구 관련 실험

(가)는 허시와 체이스의 실험, (나)는 메셀슨과 스탈의 실험, (다)는 그리피스의 실험이다.

㉠. 허시와 체이스의 실험에서 상층액에는 박테리오파지의 단백질이 있고, 침전물에는 박테리오파지의 DNA가 들어간 대장균이 있다. (가)의 결과 상층액에서 방사선이 검출되었으므로 ㉠으로 박테리오파지의 단백질을 표지한 것이다. ㉠은 ^{35}S이다.

㉡. (나)에서 2세대 대장균(G_2)의 DNA를 추출하고 원심 분리한 결과 상층(^{14}N−^{14}N)에 DNA가 존재하였으므로 ㉢은 ^{14}N이고, 나머지 ㉡은 ^{15}N이다.

✕. (가)는 유전 물질이 DNA임을 밝힌 실험(1952년)이고, (나)는 DNA의 반보존적 복제를 증명한 실험(1958년)이며, (다)는 형질 전환을 일으킨 물질이 유전 물질이라고 결론을 내린 실험(1928년)이다. (가)~(다) 중 가장 먼저 실시된 실험은 (다)이다.

02 샤가프의 법칙

x_2에서 $\frac{A}{T}=\frac{2}{5}$, $\frac{C}{G}=\frac{3}{4}$인 조건에서 A의 개수를 $2k$, T의 개수를 $5k$, C의 개수를 $3l$, G의 개수를 $4l$로 하면 x에서 $\frac{G+C}{A+T}$

$=\frac{14l}{14k}=\frac{2}{3}$이고, $2k=3l$이다. x_2에서 A의 개수는 $3l$, T의 개수는 $7.5l$, C의 개수는 $3l$, G의 개수는 $4l$이고, x에서 염기 간 수소 결합의 총개수는 $(10.5l\times2)+(7l\times3)=168$개이므로 l은 4이다. 따라서 x_1과 x_2의 염기 수는 표와 같다. y_1에서 G의 개수는 30개이므로 y_2에서 C의 개수는 30개이고, y_2에서 T의 개수는 12개이므로 y_1에서 A의 개수는 12개이다. y_1에서 $\frac{C}{A}=\frac{3}{4}$이므로 C의 개수는 9개이다. 염기 개수는 x와 y에서 서로 같으므로 y_1에서 T의 개수는 19개이다. 나머지를 표에 정리하면 다음과 같다.

구분	염기 수(개)			
	A	T	C	G
x_1	30	12	16	12
x_2	12	30	12	16
y_1	12	19	9	30
y_2	19	12	30	9

ㄱ. x_1에서 뉴클레오타이드의 총개수는 염기의 개수의 합과 같으므로 70개이다.

ㄴ. y_2에서 아데닌(A)의 개수는 y_1에서 타이민(T)의 개수와 같으므로 19개이다.

ㄷ. y에서 염기 간 수소 결합의 총개수는 $(31\times2)+(39\times3)=179$개이다. 염기 간 수소 결합의 총개수는 179개인 y에서가 168개인 x에서보다 11개 많다.

03 형질 전환 실험

첨가한 추출물이 X인 Ⅰ과 Ⅱ에서 생쥐가 모두 살았으므로 살아 있는 R형 균이 S형 균으로 형질 전환이 일어나지 않았고, X는 단백질이다. 나머지 Y는 DNA이다. DNA(Y)와 효소 ⓑ를 첨가한 Ⅳ에서 생쥐가 죽었으므로 살아 있는 R형 균이 S형 균으로 형질 전환되었고, ⓑ는 DNA 분해 효소가 아니라 단백질 분해 효소이다. 나머지 ⓐ는 DNA 분해 효소이다.

ㄱ. DNA 분해 효소(ⓐ)의 기질은 DNA(Y)이다.

ㄴ. Ⅲ에는 DNA(Y)와 DNA 분해 효소(ⓐ)를 첨가하였으므로 DNA가 분해되어 살아 있는 R형 균이 S형 균으로 형질 전환이 일어나지 않는다. 따라서 생쥐의 생존 여부(㉠)는 '산다'이다. Ⅵ에는 단백질(X), DNA(Y), 단백질 분해 효소(ⓑ)를 첨가하였으므로 DNA가 분해되지 않아 살아 있는 R형 균이 S형 균으로 형질 전환이 일어난다. 따라서 생쥐의 생존 여부(㉢)는 '죽는다'이다.

ㄷ. (다)의 Ⅳ에는 DNA(Y)와 단백질 분해 효소(ⓑ)를 첨가하였으므로 DNA에 의해 살아 있는 R형 균이 S형 균으로 형질 전환되었고, (라)에서 생쥐가 죽은 것이다. (다)의 Ⅳ에서 살아 있는 S형 균이 관찰된다. (다)의 Ⅴ에는 단백질(X), DNA(Y), DNA 분해 효소(ⓐ)를 첨가하였고, ㉡은 '산다'이므로 DNA가 분해되어 살아 있는 R형 균이 S형 균으로 형질 전환이 일어나지 않는다. 따라서 (다)의 Ⅴ에서 살아 있는 S형 균이 관찰되지 않는다.

04 DNA의 구조

정상적인 이중 가닥 DNA 모형인 X는 5회전하였으므로 50개 염기쌍으로 이루어져 있다. X를 구성하는 수소 결합 막대 부품의 총개수는 129개이므로 X에서 A과 T의 염기쌍은 21개, G과 C의 염기쌍은 29개이다. X를 만들기 위해 필요한 부품은 디옥시리보스가 100개, 인산이 100개, A이 21개, T이 21개, G이 29개, C이 29개이다. 남은 부품으로 Y를 만들고 남은 인산 부품이 38개이므로 인산 부품은 62개 사용하였고, Y는 31개 염기쌍으로 이루어져 있다. Y를 만들고 남은 부품으로 이중 가닥 DNA 모형을 만들 수 없으므로 남은 수소 결합 막대 부품은 0개와 1개 중 하나이다. 남은 수소 결합 막대 부품이 0개인 경우 Y를 구성하는 수소 결합 막대 부품의 총개수가 71개이고, Y에서 A과 T의 염기쌍은 22개, G과 C의 염기쌍은 9개이다. 이때 Y를 만들고 남은 A이 4개이므로 준비한 A의 개수(ⓐ)는 47개이고, Y를 만들고 남은 C이 4개이므로 준비한 C의 개수(ⓑ)는 42개이다. ⓐ−ⓑ=5이므로 조건을 만족시키지 못한다. 따라서 남은 수소 결합 막대 부품은 1개이고, Y를 구성하는 수소 결합 막대 부품의 총개수가 70개이며, Y에서 A과 T의 염기쌍은 23개, G과 C의 염기쌍은 8개이다. 이때 Y를 만들고 남은 A이 4개이므로 준비한 A의 개수(ⓐ)는 48개이고, Y를 만들고 남은 C이 4개이므로 준비한 C의 개수(ⓑ)는 41개이다. 남은 G과 T은 각각 2개이므로 처음 준비한 G의 개수(ⓒ)는 39개, T의 개수(ⓓ)는 46개이다.

ㄱ. ⓓ는 46이다.

ㄴ. Y를 만드는 데 사용한 인산 부품이 62개이므로 디옥시리보스 부품도 62개 사용한 것이고, Y는 뉴클레오타이드 62개로 구성된다.

ㄷ. X를 만드는 데 필요한 G과 C의 개수는 모두 29개이다. X를 만들고 남은 G의 개수는 39−29=10개이고, C의 개수는 41−29=12개이다. 따라서 X를 만들고 남은 부품의 개수는 구아닌(G)이 사이토신(C)보다 적다.

05 DNA 복제 가설과 DNA 복제

실험 결과에서 Ⅰ이 중층이면 Ⅰ의 DNA 상대량이 G_2에서가 G_1에서의 2배일 수 없으므로 Ⅰ은 하층, Ⅱ는 중층이다. Ⅰ(하층)의 DNA 상대량이 G_2에서가 G_1에서의 2배이므로 G_0은 모든 DNA가 ^{15}N로 표지되어 있고, ㉠은 ^{15}N가 들어 있는 배지이며, ㉡은 ^{14}N가 들어 있는 배지이다. ⓐ가 ㉠(^{15}N가 들어 있는 배지)이면 Ⅱ(중층)의 DNA 상대량은 G_3과 G_5에서 서로 같으므로 ⓐ는 ㉠이 아니다. ⓐ는 ㉡이고, Ⅱ(중층)의 DNA 상대량이 G_5에서가 G_3에서의 3배인 조건을 만족한다.

ㄱ. ⓐ는 ㉡이다.

ㄴ. 가설 1은 보존적 복제 가설, 가설 2는 반보존적 복제 가설이

다. 모든 DNA가 ^{15}N로 표지된 G_0을 ㉠(^{15}N가 들어 있는 배지)에서 배양하여 얻은 G_2에서는 모든 DNA가 하층에 있다. G_2를 ㉡(^{14}N가 들어 있는 배지)에서 배양하여 얻은 G_3에서는 모든 DNA가 중층에 있다. 따라서 G_3의 결과는 반보존적 복제 가설인 가설 2를 만족시킨다.

ⓒ. G_5를 ㉠(^{15}N가 들어 있는 배지)에서 배양하여 얻은 6세대 대장균(G_6)으로부터 DNA를 추출하고 원심 분리한 결과 DNA 상대량의 비는 상층 : 중층 : 하층=0 : 5 : 3이다. 따라서 $\frac{\text{Ⅰ(하층)의 DNA 상대량}}{\text{Ⅱ(중층)의 DNA 상대량}}=\frac{3}{5}$이다.

06 DNA 복제

t_2일 때 ㉣에 Z가 있으므로 ㉣이 지연 가닥이다. Z의 염기 서열은 Ⅰ의 5′ 말단에서 4번째까지 염기 서열인 5′−CAAG−3′과 같다. 따라서 Z의 염기 서열은 5′−CAAG−3′이고, ㉣에 있는 다른 프라이머(X와 Y 중 하나)의 염기 서열은 5′−UGCC−3′이다. 선도 가닥인 ㉢에 있는 프라이머(X와 Y 중 하나)의 염기 서열은 5′−CGUA−3′이다. 피리미딘 계열 염기의 개수는 X가 Y보다 많으므로 ㉣에 있는 프라이머가 X이고, X의 염기 서열은 5′−UGCC−3′이다. 나머지 ㉢에 있는 프라이머가 Y이고 Y의 염기 서열은 5′−CGUA−3′이다.

ⓧ. ㉢에 Y가 있다.

ⓛ. ㉠의 3′ 말단에서 2번째 염기는 Ⅰ의 3′ 말단에서 19번째 염기인 G과 상보적인 염기이므로 C이다. Z의 염기 서열은 5′−CAAG−3′이므로 Z의 5′ 말단 염기는 C이다.

ⓧ. ⓐ에 속하는 Ⅰ의 일부와 Ⅱ의 일부는 서로 상보적이므로 퓨린 계열 염기의 개수와 피리미딘 계열 염기의 개수가 서로 같다. ⓐ에서 $\frac{\text{피리미딘 계열 염기의 개수}}{\text{퓨린 계열 염기의 개수}}=1$이다. ㉡은 Ⅰ과 상보적인 Ⅱ로부터 새로 합성된 가닥이므로 ㉡의 염기 서열은

5′−UGCCAAGGTTCAGGCTTACG−3′이다.

㉡에서 $\frac{\text{피리미딘 계열 염기의 개수}}{\text{퓨린 계열 염기의 개수}}=\frac{10}{10}=1$이다.

따라서 $\frac{\text{피리미딘 계열 염기의 개수}}{\text{퓨린 계열 염기의 개수}}$는 ⓐ에서가 ㉡에서와 같다.

07 DNA 복제

(가)의 염기 개수는 240개이고 복제가 80 % 진행된 상태이므로 새로 합성된 가닥 ㉠~㉢의 염기 개수를 더한 값은 192개이다. ㉠~㉢의 염기 개수 비는 ㉠ : ㉡ : ㉢=3 : 4 : 5이므로 ㉠의 염기 개수는 48개, ㉡의 염기 개수는 64개, ㉢의 염기 개수는 80개이다. (가)와 ㉠ 사이의 염기 간 수소 결합의 총개수는 116개이므로 ㉠에서 G+C은 20개, A+T+U은 28개이다. ㉠에서 $\frac{G+C}{A+T}=\frac{4}{5}$이므로 A+T은 25개이고, U의 개수는 3개이다. X의 염기 서열은 5′−UAGUUG−3′이다. ㉡에서 $\frac{G+C}{A+T}=1$이고, Y에서 U의 개수가 4개와 5개 중 하나이므로 이를 만족하는 ㉡에서 G+C은 30개, A+T은 30개, Y에서 U의 개수는 4개이다. Y의 염기 서열은 5′−UUGAUU−3′이고, 나머지 Z의 염기 서열은 5′−UUUUUA−3′이다. ㉡에서 $\frac{G}{C}=\frac{2}{3}$이므로 G의 개수는 12개, C의 개수는 18개이다. ㉡에서 G의 개수는 ㉠에서 C의 개수와 같으므로 ㉠에서 C의 개수는 12개, G의 개수는 8개이다. ㉠에서 $\frac{T}{G}=\frac{3}{4}$이므로 T의 개수는 6개이고, A의 개수는 19개이다. (가)와 ㉢ 사이의 염기 간 수소 결합의 총개수는 205개이므로 ㉢에서 G+C은 45개, A+T+U은 35개이다. Z에서 U의 개수는 5개이므로 ㉢에서 A+T은 30개이다. ㉢에서 $\frac{T}{A}=\frac{1}{2}$이므로 A의 개수는 20개, T의 개수는 10개이다. ㉡에서 G의 개수와 ㉢에서 C의 개수는 같으므로 ㉢에서 C의 개수는 12개, G의 개수는 33개이다. (가)에서 G+C 함량은 50 %이므로 G+C은 120개이고, ㉠~㉢에서 G+C이 95개이므로 (가)의 복제되지 않은 부분에서 G+C은 25개이다.

ⓧ. ㉠에서 A의 개수는 19개이다.

ⓛ. ㉡에서 G+C은 30개, A+T+U은 34개이므로 (가)와 ㉡ 사이의 수소 결합의 총개수는 (30×3)+(34×2)=158개이다.

ⓒ. (가)에서 G+C 함량은 50 %이므로 G+C은 120개이고, ㉠~㉢에서 G+C이 95개이므로 (가)의 복제되지 않은 부분에서 G+C은 25개, 나머지 A+T은 23개이다. (가)의 복제되지 않은 부분에서 G+C 함량은 $\frac{25}{48}$이고, ㉢에서 A+T 함량은 $\frac{30}{80}$이다. 따라서 (가)의 복제되지 않은 부분에서 G+C 함량은 ㉢에서 A+T 함량보다 크다.

07 유전자 발현

수능 2점 테스트

본문 109~113쪽

01 ④ 02 ⑤ 03 ⑤ 04 ④ 05 ① 06 ⑤ 07 ⑤
08 ② 09 ③ 10 ③ 11 ② 12 ② 13 ⑤ 14 ④
15 ③ 16 ③

01 유전자 발현 과정

㉠은 인트론이고, 과정 Ⅰ은 RNA 가공 과정이다.

ㄱ. 전사 주형 가닥의 3′ → 5′ 방향으로 전사가 진행된다. 따라서 전사 진행 방향은 ⓐ이다.

ㄴ. RNA 가공 과정(Ⅰ)은 핵에서 일어난다.

ㄷ. 인트론(㉠)은 리보솜과 결합하지 않고, 성숙한 mRNA가 리보솜과 결합한다.

02 유전 정보의 중심 원리

Ⅰ은 DNA 복제, Ⅱ는 전사, Ⅲ은 번역이고, (가)는 DNA, (나)는 폴리펩타이드이다.

ㄱ. (가)는 DNA이다.

ㄴ. DNA 복제(Ⅰ)에 DNA 중합 효소, DNA 연결 효소가 관여하고, 전사(Ⅱ)에 RNA 중합 효소가 관여한다.

ㄷ. mRNA로부터 폴리펩타이드를 합성하는 번역(Ⅲ)은 세포질에서 일어난다.

03 번역

가능한 코돈을 정리하면 표와 같다.

인공 mRNA	반복되는 염기 서열	아미노산	가능한 코돈
Ⅰ	5′−GC−3′	㉠ 알라닌, 아르지닌	GCG, CGC
Ⅱ	5′−CA−3′	㉡ 트레오닌, 히스티딘	CAC, ACA
Ⅲ	5′−CCG−3′	㉢ 알라닌, ㉣ 프롤린, 아르지닌	CCG, CGC, GCC
Ⅳ	5′−CAC−3′	㉤ 프롤린, ㉥ 트레오닌, 히스티딘	CAC, ACC, CCA
Ⅴ	5′−CAGC−3′	(가)	CAG, AGC, GCC, CCA

㉠(알라닌)과 ㉢(알라닌)을 암호화하는 코돈의 염기 서열은 서로 다르므로 Ⅰ과 Ⅲ에서 아르지닌을 암호화하는 코돈의 염기 서열은 모두 CGC이고, ㉠을 암호화하는 코돈의 염기 서열은 GCG이다. ㉡과 ㉤을 암호화하는 코돈에서 5′ 말단 염기만 다른 경우는 ㉡(트레오닌)을 암호화하는 코돈의 염기 서열이 ACA, ㉤(프롤린)을 암호화하는 코돈의 염기 서열이 CCA인 경우이다. Ⅱ와 Ⅳ의 히스티딘을 암호화하는 코돈의 염기 서열은 모두 CAC이다. Ⅳ에서 나머지 트레오닌(㉥)을 암호화하는 코돈의 염기 서열은 ACC이다. ㉣과 ㉤을 암호화하는 코돈에서 3′ 말단 염기만 다르므로 Ⅲ에서 ㉣(프롤린)을 암호화하는 코돈의 염기 서열은 CCG이다. Ⅲ에서 나머지 알라닌(㉢)을 암호화하는 코돈의 염기 서열은 GCC이다.

ㄱ. ㉤(프롤린)을 암호화하는 코돈의 염기 서열은 CCA이다.

ㄴ. ㉡(트레오닌)을 암호화하는 코돈의 염기 서열이 ACA이고, ㉥(트레오닌)을 암호화하는 코돈의 염기 서열은 ACC이므로 서로 다르다.

ㄷ. Ⅴ에서 가능한 코돈은 CAG, AGC, GCC, CCA이다. 이 중 GCC는 알라닌으로, CCA는 프롤린으로 번역된다. 알라닌과 프롤린은 모두 (가)에 포함된다.

04 전사와 번역

mRNA의 5′ 말단이 사이토신(C)이므로 DNA 가닥 Ⅰ이 전사 주형 가닥이다. Ⅰ과 Ⅱ는 상보적이므로 Ⅰ의 염기 서열은 GGCGACCGG−ⓐ이다. mRNA의 염기 서열이 5′−CCG??CGCC−3′이므로 ⓐ는 3′ 말단이다.

ㄱ. ⓐ는 3′ 말단이다.

ㄴ. 리보솜이 mRNA의 5′ → 3′ 방향으로 이동하며 폴리펩타이드가 합성되므로 프롤린과 발린 사이의 펩타이드 결합 ㉮가 발린과 알라닌 사이의 펩타이드 결합 ㉯보다 먼저 형성되었다.

ㄷ. ㉠을 암호화하는 코돈의 염기 서열은 GUC이므로 ㉠을 운반하는 tRNA의 안티코돈에서 3′ 말단 염기는 사이토신(C)이다.

05 1유전자 1효소설

최소 배지에 시트룰린을 첨가한 배지에서 생장하지 못한 ㉠은 c에 돌연변이가 일어난 것이고, 생장한 ㉡은 a에 돌연변이가 일어난 것이다.

ㄱ. ㉡은 a에 돌연변이가 일어난 것이다.

ㄴ. 효소 B의 기질은 오르니틴이다.

ㄷ. c에 돌연변이가 일어난 ㉠은 효소 C를 합성하지 못하므로 아르지닌을 합성할 수 없다. ㉠은 최소 배지에 오르니틴을 첨가한 배지에서도 아르지닌을 합성할 수 없으므로 생장하지 못한다.

06 번역

㉠은 리보솜의 E 자리에서 방출되는 tRNA이고, ㉡은 리보솜의 A 자리로 들어오는 tRNA이다.

ㄱ. Ⅰ은 폴리펩타이드의 1번째 아미노산인 메싸이오닌이다. 새로 들어오는 아미노산 Ⅱ는 폴리펩타이드의 마지막 아미노산과 펩타이드 결합을 형성하여 폴리펩타이드를 신장시킨다. Ⅰ과 Ⅱ 사이에서 펩타이드 결합이 형성되지 않는다.

ⓛ. ㉠의 안티코돈과 상보적인 mRNA의 염기 서열은 5′−AAG−3′이므로 ㉠의 안티코돈은 3′−UUC−5′이다. ㉠의 안티코돈에서 3′ 말단 염기는 유라실(U)이다.
ⓒ. ㉡은 리보솜의 A 자리로 들어온다.

07 유전자 발현

X의 2번째 아미노산이 히스티딘이고, Y의 2번째 아미노산이 프롤린이므로 x로부터 전사된 mRNA의 2번째 코돈이 변하는 돌연변이가 일어난 것이다. X의 3번째 아미노산은 코돈이 GG○인 글리신이고, Y의 3번째 아미노산은 코돈이 UGG인 트립토판이므로 X의 2번째 아미노산인 히스티딘을 암호화하는 코돈은 CAU이다. x의 전사 주형 가닥에서 1개의 염기 ㉠(G)이 삽입되어 Y의 2번째 아미노산은 코돈이 CCA인 프롤린이 된 것이다. Y의 4번째 아미노산은 코돈이 AA○인 아스파라진이므로 X의 3번째 아미노산인 글리신(ⓐ)을 암호화하는 코돈은 GGA이다. X의 4번째 아미노산은 코돈이 AC○인 트레오닌이므로 Y의 4번째 아미노산인 아스파라진을 암호화하는 코돈은 AAC이다. Y는 4개의 아미노산으로 구성되므로 AAC 다음은 종결 코돈인 U○○이다. X의 4번째 아미노산인 트레오닌을 암호화하는 코돈은 ACU이다. X의 5번째 아미노산은 코돈이 AA○인 라이신이므로 Y가 합성될 때 사용된 종결 코돈은 UAA이다.
X. ㉠은 구아닌(G)이다.
ⓛ. 글리신(ⓐ)을 암호화하는 코돈의 염기 서열은 GGA이다.
ⓒ. Y가 합성될 때 사용된 종결 코돈의 염기 서열은 UAA이다.

08 mRNA와 tRNA

아미노산과 결합하는 ⓐ는 tRNA이고, 나머지 ⓑ는 mRNA이다. ㉠은 아미노산이 붙어 있는 tRNA이다.
X. DNA로부터 전사되어 처음 만들어진 RNA는 RNA 가공 과정(Ⅰ)을 거쳐 성숙한 mRNA인 ⓑ가 된다. 프로모터는 DNA 부위이므로 ⓑ에는 프로모터가 없다.
ⓛ. RNA 가공 과정인 Ⅰ은 핵에서 일어난다.
X. tRNA(ⓐ)의 3′ 말단 부위에 아미노산 결합 부위가 있다. ㉠에서 아미노산은 tRNA(ⓐ)의 3′ 말단의 아미노산 결합 부위에 결합되어 있다.

09 전사

㉠은 mRNA의 5′ 말단이다.
ⓞ. 전사 과정에서 mRNA는 5′ → 3′ 방향으로 합성되므로 ㉠은 5′ 말단이다.
ⓛ. RNA 중합 효소는 DNA의 전사 주형 가닥의 3′ → 5′ 방향으로 이동하면서 mRNA를 합성한다. 따라서 RNA 중합 효소는 ⓑ 방향으로 이동한다.
X. (가)는 DNA의 일부이므로 (가)를 구성하는 당은 디옥시리보스이다. (나)는 RNA를 합성하는 뉴클레오타이드이므로 (나)를 구성하는 당은 리보스이다.

10 번역

12개의 염기로 구성된 Ⅰ의 염기 서열은 5′−㉠㉡㉠㉡㉠㉡㉠㉡㉠㉡㉠㉡−3′이고, Ⅰ로부터 번역된 폴리펩타이드 중 하나가 4개의 아미노산(ⓐ−아이소류신−ⓐ−ⓑ)이며, 2번째 아미노산인 아이소류신의 코돈이 모두 AU로 시작하므로 ㉡은 A, ㉠은 U이다. 코돈이 ㉠㉡㉠(UAU)인 아미노산은 타이로신이므로 ⓐ는 타이로신, ⓑ는 아이소류신이다. 15개의 염기로 구성된 Ⅱ의 염기 서열은 5′−AU㉢AUAU㉢AUAU㉢AU−3′이고, Ⅱ로부터 번역된 폴리펩타이드 중 하나의 아미노산 서열이 ⓒ−ⓐ(타이로신)−ⓓ−아이소류신이다. 이때 2번째 아미노산이 타이로신인 경우는 Ⅱ의 2번째 염기부터 번역된 것이다. 따라서 코돈 U㉢A는 ⓒ를, ㉢AU는 ⓓ를 암호화한다. 이를 만족하는 ㉢은 C이고, ⓒ는 세린, ⓓ는 히스티딘이다.
ⓞ. ㉠(U)과 ㉢(C)은 모두 피리미딘 계열 염기이다.
X. 아이소류신(㉮)을 암호화하는 코돈의 염기 서열은 AUA이고, 아이소류신(㉯)을 암호화하는 코돈의 염기 서열은 AUC이다.
ⓒ. Ⅱ로부터 번역된 폴리펩타이드의 아미노산 서열로 가능한 것은 다음과 같다. 아이소류신−아이소류신−세린−타이로신−히스티딘, 세린−타이로신−히스티딘−아이소류신, 히스티딘−아이소류신−아이소류신−세린으로 총 3가지 경우이다. 이 중 2개의 ⓑ(아이소류신)를 갖는 것이 있다.

11 유전자 발현

X의 아미노산 서열은 다음과 같다.

메싸이오닌−트레오닌−아이소류신−아르지닌−타이로신−시스테인

㉠의 C이 G으로 치환되고 ㉡이 결실된다면 y로부터 합성된 Y에 류신이 없다. 따라서 ㉠은 결실되고 ㉡의 C이 G으로 치환된 것이다. Y의 아미노산 서열은 다음과 같다.

메싸이오닌−세린−히스티딘−타이로신−아이소류신−류신

X. ㉡의 C이 G으로 치환되었다.
X. 류신(ⓐ)을 암호화하는 코돈의 염기 서열은 CUU이다.
ⓒ. X의 3번째 아미노산이 아이소류신이고, Y의 5번째 아미노산이 아이소류신이다. X와 Y에는 모두 아이소류신이 있다.

12 번역

ⓐ는 리보솜 대단위체, ⓑ는 리보솜 소단위체이다.
X. 리보솜이 mRNA의 5′ → 3′ 방향으로 이동하면서 폴리펩타이드를 합성하므로 ㉠은 3′ 말단이다.
ⓛ. Ⅰ은 합성된 폴리펩타이드의 1번째 아미노산으로 메싸이오닌

이다.

✗. 폴리펩타이드 합성 과정에서 mRNA와 리보솜 소단위체가 결합하고, 개시 tRNA가 개시 코돈과 결합한 후, 리보솜 대단위체가 결합한다. mRNA에 리보솜 소단위체(ⓑ)가 리보솜 대단위체(ⓐ)보다 먼저 결합한다.

13 번역

tRNA ㉠은 리보솜의 A 자리에 위치하고, tRNA ㉡은 리보솜의 P 자리에 위치한다. Ⅰ을 암호화하는 코돈의 염기 서열은 CGG이므로 Ⅰ은 아르지닌이다.

✗. Ⅰ은 아르지닌이다.

㉡. ㉠은 리보솜의 A 자리에 위치한다.

㉢. ㉡의 안티코돈과 상보적으로 결합하는 코돈의 염기 서열은 GUC이고, ㉡의 안티코돈의 염기 서열은 3′−CAG−5′이다. ㉡의 안티코돈에서 3′ 말단 염기는 사이토신(C)이다.

14 유전자 발현

제시된 x의 전사 주형 가닥으로부터 합성된 X는 6개의 아미노산으로 구성되어 있다. Y는 5개의 아미노산으로 구성되어 있으므로 x로부터 전사된 mRNA의 6번째 코돈(UGU)이 종결 코돈(UGA)으로 바뀐 것이다. x의 전사 주형 가닥의 5′ 말단에서 8(ⓐ)번째 염기인 A이 T(㉠)으로 치환된 것이다. x의 전사 주형 가닥의 5′ 말단에서 16번째 염기인 G이 A으로 치환되면, x로부터 전사된 mRNA의 4번째 코돈(CAA)이 종결 코돈(UAA)으로 바뀌고 3(ⓑ)개의 아미노산으로 구성된 Z가 합성된다.

㉠. ㉠은 타이민(T)이다.

✗. ⓐ는 8, ⓑ는 3이므로 ⓐ+ⓑ=11이다.

㉢. Y가 합성될 때 사용된 종결 코돈의 염기 서열은 UGA이고, Z가 합성될 때 사용된 종결 코돈의 염기 서열은 UAA이므로 서로 다르다.

15 번역

X가 7개의 아미노산으로 구성되므로 x에서 개시 코돈부터 종결 코돈까지 24개의 염기가 있다. Ⅰ~Ⅲ은 총 30개의 염기로 구성되므로 개시 코돈 이전의 염기 개수와 종결 코돈 이후의 염기의 개수를 더한 값은 6개이다. 개시 코돈은 AUG이므로 Ⅰ에는 없다. ㉢이 U이면 Ⅱ의 5′ 말단으로부터 2~4번째 염기(A㉢G)가 개시 코돈 AUG이지만, Ⅰ의 5′ 말단으로부터 3~5번째 염기(AUU)와 Ⅲ의 5′ 말단으로부터 3~5번째 염기(㉡㉣㉡)가 종결 코돈이 될 수 없다. 따라서 Ⅲ의 5′ 말단으로부터 5~7번째 염기(㉡㉣G)가 개시 코돈 AUG이고, Ⅱ의 5′ 말단으로부터 6~8번째 염기(㉣A㉠)가 종결 코돈 UAG이다. (가)는 Ⅲ, (나)는 Ⅰ, (다)는 Ⅱ이고, ㉠은 G, ㉡은 A, ㉢은 C, ㉣은 U이다.

㉠. (나)는 Ⅰ이다.

㉡. ㉢은 사이토신(C)이다.

✗. X가 합성될 때 사용된 종결 코돈의 염기 서열은 UAG이다.

16 유전자 발현

㉠이 전사 주형 가닥이고 ⓐ가 3′ 말단이면 개시 코돈은 있지만 종결 코돈은 없으므로 조건에 맞지 않는다. ㉠이 전사 주형 가닥이고 ⓐ가 5′ 말단이면 개시 코돈이 없으므로 조건에 맞지 않는다. ㉠은 전사 주형 가닥이 아니다. ⓐ가 5′ 말단이면 개시 코돈은 있지만 종결 코돈은 없으므로 조건에 맞지 않는다. 따라서 ⓐ는 3′ 말단, ⓑ는 5′ 말단이다. x로부터 전사된 mRNA의 염기 서열은 다음과 같다.

5′−CCUU**AUG**AGGUCCAUCCGUGUAACC**UAA**CACU−3′

✗. ㉠은 전사 주형 가닥이 아니다.

✗. X는 7개의 아미노산으로 구성된다.

㉢. X의 4번째 아미노산을 암호화하는 코돈의 염기 서열은 AUC이므로 X의 4번째 아미노산을 운반하는 tRNA의 안티코돈은 3′−UAG−5′이다. X의 4번째 아미노산을 운반하는 tRNA의 안티코돈에서 3′ 말단 염기는 유라실(U)이다.

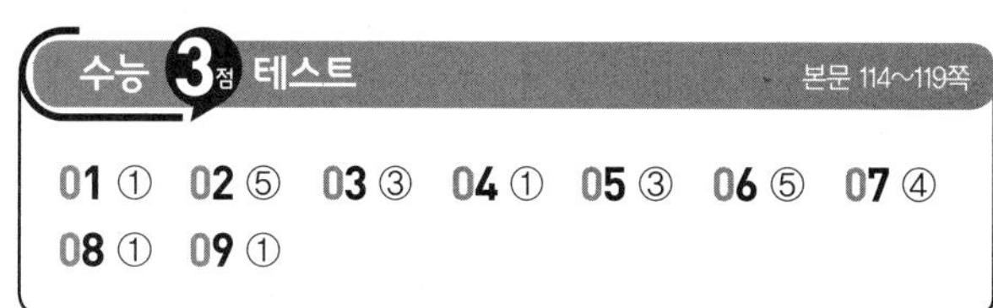

수능 3점 테스트
본문 114~119쪽
01 ① 02 ⑤ 03 ③ 04 ① 05 ③ 06 ⑤ 07 ④
08 ① 09 ①

01 원핵세포와 진핵세포에서 유전자 발현

(가)에서 전사와 번역 과정이 함께 일어나고 있으므로 (가)는 원핵세포에서 일어나는 유전자 발현 과정의 일부이다. (나)에서 전사가 일어난 후 번역이 일어나므로 진핵세포에서 일어나는 유전자 발현 과정의 일부이다. Ⅰ은 원핵세포, Ⅱ는 진핵세포이다.

㉠. Ⅰ은 원핵세포이다.

✗. (가)에서 리보솜은 mRNA의 5′ → 3′ 방향으로 이동하므로 ⓐ는 5′ 말단이다. (나)에서 ㉡은 DNA 이중 가닥 중 전사 주형 가닥의 3′ → 5′ 방향으로 이동하므로 전사 주형 가닥과 상보적인 가닥에서 ⓑ는 3′ 말단이다.

✗. ㉠과 ㉡은 모두 DNA로부터 RNA를 합성하는 전사 과정에 관여하므로 DNA 중합 효소가 아니고, RNA 중합 효소이다.

02 번역

x로부터 번역이 시작될 때 1번째 코돈의 염기 서열로 가능한 경우는 CCU, CUG, UGC이고, 각각에서 번역되는 부분의 염기 서열(코돈) Ⅰ~Ⅲ은 표와 같다.

구분	1번째 코돈	번역되는 부분의 염기 서열(코돈)
Ⅰ	CCU	CCU－GCC－UGG－UUC－GUU
Ⅱ	CUG	CUG－CCU－GGU－UCG－UUC
Ⅲ	UGC	UGC－CUG－GUU－CGU

(나)는 4개의 아미노산으로 구성되므로 Ⅲ이 번역되어 (나)가 합성된다. (나)를 구성하는 발린을 암호화하는 코돈의 염기 서열은 GUU이고, Ⅰ에서 5번째 코돈이 GUU로 발린이므로 Ⅰ이 번역되어 (다)가 합성된다. 나머지 Ⅱ가 번역되어 (가)가 합성된다.

㉠. (가)를 구성하는 1번째 아미노산(㉠)을 암호화하는 코돈의 염기 서열은 CUG이다. Ⅲ에서 2번째 코돈의 염기 서열이 CUG이고, (나)를 구성하는 2번째 아미노산은 류신이므로 ㉠은 류신이다.

㉡. ㉮에 해당하는 아미노산으로 번역되는 부분의 염기 서열(코돈)은 GCC－UGG－UUC이다. (가)를 구성하는 페닐알라닌을 암호화하는 코돈의 염기 서열은 UUC이므로 ㉮에는 페닐알라닌이 있다.

㉢. ⓐ(세린)를 암호화하는 코돈의 염기 서열은 UCG이고, ⓑ(아르지닌)를 암호화하는 코돈의 염기 서열은 CGU이다. 각 코돈은 3종류의 염기로 구성된다.

03 유전자 발현

전사 주형 가닥 X와 처음 만들어진 RNA Y는 상보적이다. Ⅰ에서 ㉠~㉢ 중 ㉢만 없으므로 ㉢은 T과 U 중 하나이고, Ⅱ에서 ㉢의 개수(25개)와 Ⅰ에서 A의 개수(15개)가 다르므로 Ⅰ과 Ⅱ는 상보적이지 않다. Ⅰ을 구성하는 염기의 개수 중 Ⅲ에서 A의 개수(25개), C의 개수(14개)와 동시에 같은 개수의 염기가 없으므로 Ⅰ과 Ⅲ은 상보적이지 않다. 따라서 Ⅱ와 Ⅲ이 상보적이고, 각각 X와 Y 중 하나이며, Ⅰ은 Z이다. Z(Ⅰ)는 mRNA이어서 T이 없으므로 ㉢은 T이다. Ⅱ는 T(㉢)이 있으므로 DNA인 X이고, Ⅲ은 Y이다. DNA인 Ⅱ에서 ㉠의 개수가 0이므로 ㉠은 U이다. 나머지 ㉡은 G이다. Ⅲ에서 $\frac{A+T}{G+C}=\frac{5}{8}$이므로 $\frac{25+0}{G+14}=\frac{5}{8}$에서 G의 개수는 26개이다. Ⅰ에서 $\frac{G+C}{A+T}=2$이므로 $\frac{20+C}{15+0}=2$에서 C의 개수는 10개이다. Ⅰ의 염기 개수는 총 60개이고 ⓐ의 염기 개수는 35개이므로 Ⅱ와 Ⅲ의 염기 개수는 모두 95개이다. 따라서 Ⅱ에서 A의 개수와 Ⅲ에서 U의 개수는 모두 30개이다. 표를 정리하면 다음과 같다.

구분	염기 수(개)				
	A	C	㉠(U)	㉡(G)	㉢(T)
Ⅰ(Z)	15	?(10)	15	20	0
Ⅱ(X)	?(30)	?(26)	0	?(14)	25
Ⅲ(Y)	25	14	?(30)	?(26)	?(0)

㉠. x로부터 전사된 Ⅰ(Z)은 성숙한 mRNA이고, 번역 과정을 통해 폴리펩타이드를 합성하는 과정에 관여한다. 따라서 Ⅰ에는 개시 코돈이 있다.

㉡. Ⅱ(X)에서 아데닌(A)의 개수는 30개이다.

㉢. 구아닌(G)의 개수는 Ⅰ(Z)에서 20개, Ⅱ(X)에서 14개, Ⅲ(Y)에서 26개이다. 따라서 구아닌(G)의 개수는 Y>Z>X이다.

04 번역

x로부터 합성되는 X는 5개의 아미노산으로 구성되고, y로부터 합성되는 Y는 4개의 아미노산으로 구성된다. 그림의 ㉠의 번역 과정에서 아미노산 5개가 있으므로 ㉠은 x이다. X의 아미노산 서열은 메싸이오닌－발린－류신－세린－히스티딘이고, Y의 아미노산 서열은 메싸이오닌－발린－류신－트레오닌이다.

㉠. ㉠은 x이다.

㉡. Ⅰ은 X의 5번째 아미노산인 히스티딘이고, 코돈의 염기 서열은 CAU이다. Ⅰ을 암호화하는 코돈의 3′ 말단 염기는 유라실(U)이다.

㉢. 표의 아미노산(류신, 발린, 세린, 트레오닌, 히스티딘, 메싸이오닌) 중 X와 Y를 공통으로 구성하는 아미노산은 메싸이오닌, 발린, 류신이므로 3가지이다.

05 유전자 발현

Ⅰ이 전사 주형 가닥이 아니면 전사 주형 가닥으로부터 전사된 mRNA에는 개시 코돈(AUG)이 없으므로 Ⅰ은 전사 주형 가닥이다. Ⅰ로부터 전사된 mRNA의 염기 서열은 다음과 같다.

5′－UAGG**AUG**GCCUCGCUUGGC**UAG**CUACUGACU－3′

X는 5개의 아미노산으로 구성되며, X가 합성될 때 사용된 종결 코돈의 염기 서열은 UAG이다. x에서 결실된 연속된 4개의 염기쌍(㉠)에서 염기 간 수소 결합의 총개수는 10개이므로 ㉠에는 G과 C의 염기쌍이 2개, A과 T의 염기쌍이 2개 있다. ㉠ 중 Ⅰ은 2종류의 염기로 구성되므로 ㉠ 중 Ⅰ에는 A과 T 중 하나만, G과 C 중 하나만 있다. 이 조건을 만족하는 결실된 ㉠을 Ⅰ에 표시(취소선 표시한 것)하면 다음과 같다.

5′－AGTCAGTAGCTAG~~CCAA~~GCGAGGCCATCCTA－3′

y로부터 전사된 mRNA의 염기 서열은 다음과 같다.

5′－UAGG**AUG**GCCUCGCCUAGCUAC**UGA**CU－3′

Y는 6개의 아미노산으로 구성되며, Y가 합성될 때 사용된 종결 코돈의 염기 서열은 UGA이다.

㉠. Ⅰ은 전사 주형 가닥이다.

ㄴ. X가 합성될 때 사용된 종결 코돈의 염기 서열은 UAG이고, Y가 합성될 때 사용된 종결 코돈의 염기 서열은 UGA이므로 서로 다르다.

ㄷ. X를 구성하는 아미노산 개수는 5개이고, Y를 구성하는 아미노산 개수는 6개이다. $\frac{\text{X를 구성하는 아미노산 개수}}{\text{Y를 구성하는 아미노산 개수}}=\frac{5}{6}<1$이다.

06 유전자 발현

제시된 가닥이 x의 전사 주형 가닥이면 전사되었을 때 개시 코돈은 있지만 종결 코돈이 없으므로 조건에 맞지 않는다. 제시된 가닥과 상보적인 염기 서열을 갖는 가닥이 x의 전사 주형 가닥이다. x의 전사 주형 가닥의 염기 서열과 전사된 mRNA의 염기 서열은 각각 다음과 같다.

5′−CATCACTTATGGGAGACAGTGCCGGCTCATGGCTA−3′

5′−UAGCC **AUG** AGC CGG CAC UGU CUC CCA **UAA** GUGAUG−3′

X를 구성하는 아미노산 개수는 7개이고, 종결 코돈의 염기 서열은 UAA이다.

㉠이 1개의 아데닌(A) 결실이면 y로부터 합성된 Y를 구성하는 아미노산 개수가 8개이므로 조건에 맞지 않는다. 따라서 ㉠은 1개의 염기 치환이고, ㉡은 1개의 아데닌(A) 결실이다. ㉠이 일어난 y의 전사 주형 가닥의 염기 서열과 전사된 mRNA의 염기 서열은 각각 다음과 같다.

5′−CATCACTTATGGGAG**T**CAGTGCCGGCTCATGGCTA−3′

5′−UAGCC **AUG** AGC CGG CAC **UGA** CUCCCAUAAGUGAUG−3′

㉠은 x의 전사 주형 가닥에서 A이 T으로 치환(점선 표시한 것)된 것이고 Y를 구성하는 아미노산 개수는 4개, 종결 코돈의 염기 서열은 UGA이다. ㉡이 일어난 z의 전사 주형 가닥의 염기 서열과 전사된 mRNA의 염기 서열은 각각 다음과 같다.

5′−CATCACTTATGGGAGTCAGTGCCGGCTCATGGCTA−3′

5′−UAGCC **AUG** AGC CGG CAC GAC UCC CAU AAG **UGA** UG−3′

㉡은 y의 전사 주형 가닥에서 1개의 A이 결실(취소선 표시한 것)된 것이고, Z를 구성하는 아미노산 개수는 8개, 종결 코돈의 염기 서열은 UGA이다.

㉠. ㉠은 1개의 염기 치환이다.

㉡. X가 합성될 때 사용된 종결 코돈의 염기 서열은 UAA, Y가 합성될 때 사용된 종결 코돈의 염기 서열은 UGA이므로 서로 다르다.

㉢. Z에서 5번째 아미노산을 암호화하는 코돈의 염기 서열은 GAC이다.

07 1유전자 1효소설

최소 배지에 ㉠이 첨가된 배지에서 Ⅰ이 생장하지 못하였으므로 ㉠은 아르지닌이 아니고, Ⅱ는 생장하였지만 ㉢이 합성되지 않았으므로 ㉢은 아르지닌이 아니다. 따라서 ㉡이 아르지닌이다. 최소 배지에 ㉠이 첨가된 배지에서 Ⅲ에서는 ㉢이 합성되었으므로 Ⅲ은 a~c 모두가 결실된 돌연변이가 일어난 것이 아니고, Ⅱ는 생장하고 아르지닌(㉡)이 합성되었으므로 Ⅱ는 a~c 모두가 결실된 돌연변이가 일어난 것이 아니다. 따라서 Ⅰ은 a~c 모두가 결실된 돌연변이가 일어난 것이므로 Ⅰ은 Z이다. ㉠이 오르니틴, ㉢이 시트룰린이라면 Ⅱ에서 시트룰린(㉢)이 합성되지 않으면서 아르지닌(㉡)이 합성되어 생장할 수 없으므로 ㉠은 시트룰린, ㉢은 오르니틴이다. 최소 배지에 시트룰린(㉠)이 첨가된 배지에서 Ⅱ에서는 오르니틴(㉢)이 합성되지 못하므로 a가 결실된 돌연변이가 일어난 것이고, 아르지닌(㉡)이 합성되므로 c가 결실된 돌연변이가 일어난 것이 아니다. 최소 배지에 시트룰린(㉠)이 첨가된 배지에서 Ⅲ에서는 오르니틴(㉢)이 합성되었으므로 a가 결실된 돌연변이가 일어난 것이 아니고, 아르지닌(㉡)이 합성되지 못하였으므로 c가 결실된 돌연변이가 일어난 것이다. 최소 배지에 아르지닌(㉡)이 첨가된 배지에서 Ⅲ에서는 시트룰린(㉠)이 합성되었으므로 b가 결실된 돌연변이가 일어난 것이 아니다. 따라서 Ⅲ은 c만 결실된 돌연변이가 일어난 것이고, 나머지 Ⅱ는 a와 b만 결실된 돌연변이가 일어난 것이다. Ⅱ는 Y이고, Ⅲ은 X이다.

㉠. Ⅱ는 Y이다.

ㄴ. Ⅲ은 c만 결실된 돌연변이가 일어났으므로 최소 배지에서 시트룰린(㉠)이 합성된다. ⓐ는 'O'이다. 최소 배지에 시트룰린(㉠)이 첨가된 배지에서 Ⅱ는 생장하였으므로 아르지닌(㉡)이 합성된다. ⓑ는 'O'이다. Ⅱ는 a와 b만 결실된 돌연변이가 일어났으므로 최소 배지에 아르지닌(㉡)이 첨가된 배지에서 시트룰린(㉠)이 합성되지 않는다. ⓒ는 '×'이다.

㉢. 최소 배지에 오르니틴(㉢)을 첨가하여 배양하였을 때 Ⅰ과 Ⅱ는 b가 결실된 돌연변이가 일어났으므로 시트룰린(㉠)이 합성되지 않는다. Ⅲ은 c만 결실된 돌연변이가 일어났으므로 시트룰린(㉠)이 합성된다. 따라서 Ⅰ~Ⅲ 중 최소 배지에 오르니틴(㉢)을 첨가하여 배양하였을 때 시트룰린(㉠)이 합성되는 돌연변이주의 수는 1이다.

08 유전자 발현

x의 전사 주형 가닥의 염기 서열은 다음과 같고, X가 합성될 때 사용된 종결 코돈의 염기 서열은 UGA이다.

5′−ACA**TCA**CTTGGATCTACCGATGGCTAA**CAT**CGGA−3′

Y에 있는 트립토판의 코돈은 UGG이고, x의 전사 주형 가닥의 5′ 말단으로부터 18번째 염기와 19번째 염기 사이에 A(㉠)이 삽

입(점선 표시한 것)되면 가능하다. y의 전사 주형 가닥의 염기 서열은 다음과 같다.

5′–ACATCACTTGGAT**CTA**CC**A**GATGGCTAA**CAT**CGGA–3′

Y가 합성될 때 사용된 종결 코돈의 염기 서열은 UAG이다. 따라서 Z가 합성될 때 사용된 종결 코돈의 염기 서열은 UAA이다. Z에 있는 아스파트산의 코돈은 GAU와 GAC 중 하나이다. x의 전사 주형 가닥의 5′ 말단으로부터 9번째 염기와 10번째 염기 사이에 AA(㉢)가 삽입(점선 표시한 것)되고, 5′ 말단에서 15번째 염기인 T(㉡)이 결실(취소선 표시한 것)되는 경우에 가능하다. z의 전사 주형 가닥의 염기 서열은 다음과 같다.

5′–ACATCAC**TTAA**GGATC~~T~~ACCGATGGCTAA**CAT**CGGA–3′

ㄱ. ㉡은 타이민(T)이다.
ㄴ. Y에서 트립토판(ⓐ)은 마지막에 결합한 아미노산이고, Z에서 아스파트산(ⓑ)은 마지막에 결합한 아미노산이 아니다. Z에서 마지막에 결합한 아미노산은 프롤린이다.
ㄷ. ㉠은 x의 전사 주형 가닥의 5′ 말단으로부터 18번째 염기와 19번째 염기 사이에 삽입된 것이다. ㉢은 x의 전사 주형 가닥의 5′ 말단으로부터 9번째 염기와 10번째 염기 사이에 삽입된 것이다. 따라서 ㉠과 ㉢ 중 x의 전사 주형 가닥의 5′ 말단 염기로부터 더 가까운 곳에 삽입된 것은 ㉢이다.

09 유전자 발현

제시된 가닥이 전사 주형 가닥이 아니면 X의 합성이 개시 코돈에서 시작하여 종결 코돈에서 끝나는 조건을 만족하지 않는다. 따라서 제시된 가닥은 전사 주형 가닥이고, x로부터 전사된 mRNA의 염기 서열과 X의 아미노산 서열은 다음과 같다.

5′–UUAC **AUG** CCG AGG UUC UAC AGU AAC **UGA** CGUUA–3′
메싸이오닌–프롤린–아르지닌–페닐알라닌–타이로신–세린–아스파라진

X~Z에는 모두 프롤린이 있다. x의 전사 주형 가닥의 3′ 말단으로부터 12, 13번째 염기인 CC가 결실될 경우, ⓐ로부터 합성되는 아미노산 서열은 메싸이오닌–프롤린–아이소류신–류신–글루타민이고, x의 전사 주형 가닥의 3′ 말단으로부터 14, 15번째 염기인 AA가 결실될 경우, ⓐ로부터 합성되는 아미노산 서열은 메싸이오닌–프롤린–아르지닌–류신–글루타민이다. ⓐ로부터 합성된 폴리펩타이드에는 글루탐산이 없으므로 ⓐ는 z이고, 나머지 ⓑ는 y이다. Z에는 타이로신이 없으므로 X와 Y에 모두 타이로신이 있다. x의 전사 주형 가닥의 3′ 말단으로부터 19번째 염기 다음에 C이 삽입(점선 표시한 것)된 경우 y로부터 전사된 mRNA의 염기 서열과 Y의 아미노산 서열은 다음과 같다.

5′–UUAC **AUG** CCG AGG UUC UAC GAG **UAA** CUGACGUUA–3′
메싸이오닌–프롤린–아르지닌–페닐알라닌–타이로신–글루탐산

Y가 글루탐산과 타이로신이 있는 조건을 만족한다. X와 Y에 아르지닌이 있으므로 Z에는 아르지닌이 없다. 따라서 z(ⓐ)는 x의 전사 주형 가닥에서 CC가 결실(취소선 표시한 것)된 경우로 Z의 아미노산 서열은 메싸이오닌–프롤린–아이소류신–류신–글루타민이다.

ㄱ. ㉠과 ㉡은 모두 사이토신(C)으로 서로 같다.
ㄴ. ⓐ(z)로부터 전사된 mRNA의 염기 서열은 다음과 같다.

5′–UUAC **AUG** CCG **AGGUU** CUA CAG **UAA** CUGACGUUA–3′

ⓐ로부터 합성된 폴리펩타이드(Z)의 3번째 아미노산을 암호화하는 코돈의 염기 서열은 AUU이고, 3′ 말단 염기는 유라실(U)이다.
ㄷ. ⓑ로부터 합성된 폴리펩타이드(Y)를 구성하는 아미노산 개수는 6개이고, X를 구성하는 아미노산 개수는 7개이다.

08 유전자 발현의 조절

수능 2점 테스트

본문 129~132쪽

01 ② 02 ① 03 ⑤ 04 ⑤ 05 ① 06 ② 07 ①
08 ④ 09 ③ 10 ④ 11 ③ 12 ⑤ 13 ③ 14 ④
15 ⑤ 16 ⑤

01 원핵생물의 유전자 발현 조절

㉠은 젖당 오페론을 조절하는 조절 유전자, ㉡은 젖당 오페론의 작동 부위, ㉢은 젖당 오페론의 구조 유전자이다.

ㄱ. ㉠(젖당 오페론을 조절하는 조절 유전자)은 젖당 오페론에 포함되지 않는다.

ㄴ. ㉠(젖당 오페론을 조절하는 조절 유전자)으로부터 젖당 오페론의 작동에 관여하는 억제 단백질이 생성된다.

ⓒ. 대장균 A를 포도당은 없고 젖당이 있는 배지에서 배양하면 억제 단백질이 젖당 유도체와 결합하여 구조가 변형되어 작동 부위에 결합하지 못하게 되므로 ㉢(젖당 오페론의 구조 유전자)이 발현된다.

02 진핵생물의 유전자 발현 조절

진핵생물에서는 전사 전 단계, 전사와 전사 후 단계, 번역 단계 등 유전자 발현의 전체 과정에서 조절이 일어난다.

ㄱ. 전사 전 단계에서는 염색질의 응축 정도를 변화시켜 유전자 발현을 조절한다. 염색질이 응축되면 전사가 잘 일어나지 않게 된다. 따라서 ㉡ 과정이 일어나면 유전자 a의 전사가 억제된다.

ⓛ. 전사 후 RNA 가공 과정인 ㉢에서 인트론이 제거된다.

ㄷ. 전사 개시 복합체는 전사의 시작에 관여한다. 따라서 ㉣ 과정에서 전사 개시 복합체가 형성되지 않는다.

03 원핵생물의 유전자 발현 조절

㉠은 젖당 오페론을 조절하는 조절 유전자, ㉡은 젖당 오페론의 프로모터, ㉢은 젖당 오페론의 작동 부위, ㉣은 젖당 오페론의 구조 유전자이고, ⓐ는 억제 단백질, ⓑ는 RNA 중합 효소이다.

ㄱ. ㉠(젖당 오페론을 조절하는 조절 유전자)은 젖당의 유무와 관계없이 발현된다.

ⓛ. ㉣은 젖당 오페론의 구조 유전자이며, 구조 유전자(㉣) 중에 젖당 분해 효소 유전자가 있다.

ⓒ. 포도당은 없고 젖당이 있을 때 억제 단백질은 젖당 유도체와 결합하여 구조가 변형되므로 작동 부위에 결합하지 못한다. 이로 인해 RNA 중합 효소(ⓑ)는 젖당 오페론의 프로모터(㉡)에 결합하여 젖당 오페론의 구조 유전자를 전사한다.

04 원핵생물의 유전자 발현 조절

포도당과 젖당이 모두 있을 때 대장균은 포도당을 먼저 에너지원으로 이용하여 증식한다.

ⓖ. 구간 Ⅰ에서 대장균은 주로 포도당을 에너지원으로 이용하여 증식한다.

ⓛ. 젖당 오페론을 조절하는 조절 유전자는 젖당의 유무와 관계없이 발현되므로 구간 Ⅱ에서 젖당 오페론을 조절하는 조절 유전자가 발현된다.

ⓒ. 구간 Ⅲ에서는 젖당 분해 효소가 작용하여 대장균이 젖당을 에너지원으로 이용하여 증식한다.

05 원핵생물의 유전자 발현 조절

Ⅰ에서 억제 단백질이 생성되고, Ⅱ에서 억제 단백질이 생성되지 않았으므로 Ⅰ은 젖당 오페론의 작동 부위가 결실된 돌연변이이며, Ⅱ는 젖당 오페론을 조절하는 조절 유전자가 결실된 돌연변이이다. 야생형 대장균에서 젖당의 유무와 관계없이 억제 단백질이 생성되므로 ㉠은 '○'이며, 억제 단백질과 젖당(젖당 유도체)이 결합하지 않았으므로 A는 포도당과 젖당이 모두 없는 배지이다. 포도당과 젖당이 모두 없는 배지에서 젖당 오페론의 작동 부위가 결실된 돌연변이(Ⅰ)는 억제 단백질과 젖당(젖당 유도체)이 결합하지 못하므로 ㉡은 '×'이다.

ⓖ. A는 포도당과 젖당이 모두 없는 배지이다.

ㄴ. ㉠은 '○'이고, ㉡은 '×'이다.

ㄷ. Ⅰ은 젖당 오페론의 작동 부위가 결실된 돌연변이이다.

06 초파리의 발생과 혹스 유전자

혹스 유전자는 초파리에서 처음 발견되었으며, 배아에서 몸의 각 체절에 만들어질 기관을 결정하는 핵심 조절 유전자들이다.

A. 혹스 유전자는 다양한 생물의 염색체에서 발견된다.

ⓑ. 혹스 유전자의 중요성은 다양한 혹스 유전자 돌연변이 연구로 밝혀졌으며, 혹스 유전자에 이상이 생기면 돌연변이 개체가 발생할 수 있다.

C. 초파리의 염색체에는 여러 개의 혹스 유전자들이 있는데, 각각이 발현되는 체절의 배열 순서와 같은 순서로 배열되어 있다.

07 원핵생물의 유전자 발현 조절

젖당 오페론의 구조 유전자로부터 전사가 일어나 mRNA가 형성되고 이후 번역이 일어나 젖당 분해 효소가 생성되므로, A는 젖당 분해 효소, B는 젖당 오페론의 구조 유전자로부터 전사된 mRNA이다.

ㄱ. B는 젖당 오페론의 구조 유전자로부터 전사된 mRNA이다.

ⓛ. 젖당 오페론의 구조 유전자로부터 전사된 mRNA의 양은 t_2일 때가 t_1일 때보다 많다.

ㄷ. t_2는 배지에서 젖당이 고갈된 시점이므로 젖당 오페론의 작동

부위에 결합한 억제 단백질의 양은 t_3일 때가 t_1일 때보다 많다.

08 세포 분화와 유전자 발현 조절

세포에 따른 전사 인자의 차이와 유전자에 따른 조절 부위의 차이로 유전자 발현이 조절된다.

㉠. 한 개체의 체세포는 동일한 유전자를 갖는다. 따라서 간세포에도 인슐린 유전자가 있다.

~~㉡~~. 세포에 따른 전사 인자의 차이와 유전자에 따른 원거리 조절 부위의 차이로 인해, 알부민 유전자는 간세포에서는 발현되고 이자 세포에서는 발현되지 않는다.

㉢. 진핵생물에서 전사는 핵에서 일어나므로 인슐린 유전자가 발현되는 과정에 핵에서 전사 인자가 인슐린 유전자의 조절 부위에 결합한다.

09 진핵생물의 유전자 발현 조절

진핵생물의 유전자에는 RNA 가공 후에도 남아 있는 부위인 엑손과 RNA 가공 과정에서 잘려나가는 부위인 인트론이 존재한다. 전사 후 RNA 가공 과정에서 인트론은 제거되고 엑손만 남게 되므로, ⓐ는 mRNA, ⓑ는 DNA이다.

㉠. ⓐ는 mRNA이다.

㉡. mRNA와 결합하지 못한 DNA 부위가 두 군데이므로, x에서 인트론의 수는 2이다.

~~㉢~~. ⓐ(mRNA)를 구성하는 뉴클레오타이드의 당은 리보스이며, ⓑ(DNA)를 구성하는 뉴클레오타이드의 당은 디옥시리보스이다.

10 근육 세포의 분화

근육 모세포에서는 마이오디 유전자(유전자 a)가 발현되어 세포 분화의 운명이 결정된다. 마이오디 유전자는 전사 인자인 마이오디 단백질을 암호화한다.

㉠. A는 마이오디 단백질(MyoD)이다.

~~㉡~~. 한 개체의 체세포는 동일한 유전자를 가지므로 마이오신 유전자와 액틴 유전자는 근육 세포뿐만 아니라 다른 체세포에도 존재한다.

㉢. 과정 Ⅰ은 번역 과정으로 세포질에서 일어난다.

11 진핵생물의 유전자 발현 조절

ⓐ는 원거리 조절 부위, ⓑ는 프로모터이며, ㉠은 전사 인자, ㉡은 RNA 중합 효소이다.

㉠. 진핵생물에서는 RNA 중합 효소 단독으로 전사를 시작할 수 없으며, 여러 전사 인자들과 함께 프로모터에 결합하여 전사 개시 복합체가 형성되어야 전사가 개시된다. 전사는 핵에서 일어나므로 과정 Ⅰ은 핵에서 일어난다.

㉡. ⓐ는 원거리 조절 부위이다.

~~㉢~~. RNA 중합 효소(㉡)는 전사 개시에 프라이머를 필요로 하지 않는다.

12 세포의 분화 과정

하나의 수정란이 분열하여 분화된 세포는 수정란과 동일한 유전체를 갖지만, 세포에 따라 특정 유전자만 발현시켜 고유한 형태와 기능을 갖는다.

~~㉠~~. 모근 세포는 수정란의 분열 결과 형성된 세포이며, 하나의 수정란에서 분화된 체세포의 유전체는 같다. 따라서 모근 세포에도 인슐린 유전자가 있다.

㉡. 이자 세포에는 인슐린 유전자의 발현에 필요한 전사 인자가 있어서 인슐린 유전자가 발현된다.

㉢. 모근 세포와 이자 세포는 모두 수정란과 동일한 유전체를 가진다.

13 초파리의 발생과 혹스 유전자

혹스 유전자는 배아에서 몸의 각 체절에 만들어질 기관을 결정하는 핵심 조절 유전자들이다. 초파리의 발생 과정에서 혹스 유전자는 각 체절에서 어떤 기관이 형성되는지를 결정하는 데 중요한 역할을 한다.

㉠. b는 T_2에서 발현된다.

㉡. 혹스 유전자인 a~c는 모두 핵심 조절 유전자이다.

~~㉢~~. c는 배 부분의 체절에서 기관 형성에 관여한다.

14 분화된 세포의 유전체

분화된 세포의 핵에는 하나의 개체를 형성할 수 있는 완전한 유전체가 있다.

㉠. 무핵 난자에 핵을 이식하는 핵치환 기술이 사용되었다.

~~㉡~~. B에서 핵 속의 유전체는 핵을 제공한 A와 동일하다.

㉢. 세포 분화를 거쳐도 유전체의 유전 정보는 보존되므로 분화된 대부분의 세포는 하나의 개체를 형성할 수 있는 완전한 유전체를 가지고 있다.

15 진핵생물의 유전자 발현 조절

Ⅰ에서 (나)가 발현되고, (다)가 발현되지 않았으므로, Ⅰ에서 a가 발현되고 b와 c 중 하나가 발현되지 않는다. Ⅱ에서 (가)가 발현되고 (나)가 발현되지 않았으므로 Ⅱ에서는 a~c 중 b와 c만 발현된다.

~~㉠~~. Ⅰ에서는 a와 함께 b와 c 중 하나만 발현되고, Ⅱ에서는 b와 c만 발현되므로 ⓐ는 '×', ⓑ는 '○'이다.

㉡. (다)의 전사는 (가)가 발현되어야 촉진된다고 하였으므로 Ⅰ에서 (가)를 인위적으로 발현시킬 경우 (다)가 발현된다.

㉢. Ⅱ에서 a~c 중 b와 c만 발현된다.

16 근육 세포의 분화

세포 분화가 일어나기 위해서는 전구 세포로부터 특정 세포로의 결정이 일어나야 하며, 근육 세포는 배아 전구 세포로부터 분화한다. ⓐ는 배아 전구 세포이고, ⓑ는 근육 모세포이다.

ㄱ. 과정 Ⅰ에서 근육 세포로의 분화가 결정되고, 근육 세포 형성에 관여하는 유전자의 발현이 일어나기 시작한다.

ㄴ. 과정 Ⅱ에서 근육 모세포가 융합하여 다핵 세포가 형성된다. 다핵 세포는 근육 세포로 성장한다.

ㄷ. 배아 전구 세포(ⓐ)와 근육 모세포(ⓑ)의 유전체 구성은 서로 동일하다.

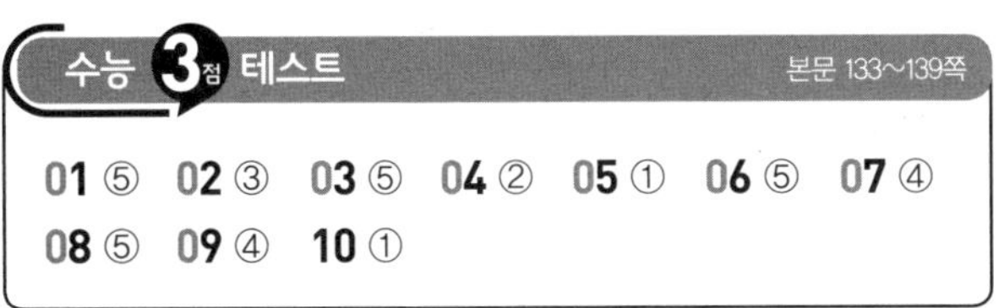

01 원핵생물의 유전자 발현 조절

㉡에서 야생형 대장균의 구조 유전자가 발현되지 않으므로, ㉠은 포도당은 없고 젖당이 있는 배지이며, ㉡은 포도당과 젖당이 모두 없는 배지이다. ㉠(포도당은 없고 젖당이 있는 배지)에서 Ⅰ의 구조 유전자는 발현되지 않고, Ⅱ의 구조 유전자는 발현되므로 Ⅰ은 젖당 오페론의 프로모터가 결실된 돌연변이이고, Ⅱ는 젖당 오페론의 작동 부위가 결실된 돌연변이이다.

ㄱ. ㉠은 포도당은 없고 젖당이 있는 배지이다.

ㄴ. 야생형 대장균은 포도당은 없고 젖당이 있는 배지(㉠)에서 억제 단백질이 작동 부위에 결합하지 않으므로 ⓐ는 '×'이며, 젖당 오페론의 작동 부위가 결실된 돌연변이(Ⅱ)는 억제 단백질이 작동 부위에 결합하지 않으므로 ⓑ는 '×'이다.

ㄷ. Ⅰ(젖당 오페론의 프로모터가 결실된 돌연변이)은 ㉠(포도당은 없고 젖당이 있는 배지)에서 젖당 오페론을 조절하는 조절 유전자의 전사가 일어난다.

02 원핵생물의 유전자 발현 조절

야생형 대장균은 ⓐ에서 젖당 오페론의 프로모터와 RNA 중합 효소가 결합하므로 ⓐ는 포도당은 없고 젖당이 있는 배지이며, ⓑ는 포도당과 젖당이 모두 없는 배지이다. Ⅰ은 ⓑ(포도당과 젖당이 모두 없는 배지)에서 젖당 분해 효소가 생성된다고 하였으므로 Ⅰ은 젖당 오페론을 조절하는 조절 유전자가 결실된 돌연변이이고, Ⅱ는 젖당 오페론의 구조 유전자가 결실된 돌연변이이다.

ㄱ. Ⅱ는 젖당 오페론의 구조 유전자가 결실된 돌연변이이다.

ㄴ. Ⅰ은 젖당 오페론을 조절하는 조절 유전자가 결실된 돌연변이이므로 억제 단백질이 생성되지 않는다.

ㄷ. ⓑ는 포도당과 젖당이 모두 없는 배지이므로 Ⅱ(젖당 오페론의 구조 유전자가 결실된 돌연변이)는 ⓑ에서 억제 단백질과 젖당(젖당 유도체)이 결합하지 않는다.

03 원핵생물의 유전자 발현 조절

야생형 대장균은 포도당은 없고 젖당이 있는 배지에서 젖당 오페론의 프로모터와 RNA 중합 효소가 결합하고 억제 단백질이 생성되지만 억제 단백질과 작동 부위는 결합하지 않으므로 ㉡은 억제 단백질과 작동 부위의 결합이다. Ⅱ에서 억제 단백질과 작동 부위가 결합하지 않았으므로 Ⅱ는 젖당 오페론의 작동 부위에 결합하지 않는 억제 단백질을 생성하는 돌연변이이고, Ⅰ은 젖당(젖당 유도체)이 결합하지 않는 억제 단백질을 생성하는 돌연변이이다. 젖당(젖당 유도체)이 결합하지 않는 억제 단백질을 생성하는 돌연변이(Ⅰ)는 포도당은 없지만 젖당이 있는 배지에서 젖당 오페론의 프로모터와 RNA 중합 효소의 결합이 일어나지 않으므로 ㉠은 젖당 오페론의 프로모터와 RNA 중합 효소의 결합이고, ㉢은 억제 단백질의 생성이다.

ㄱ. ㉠은 '젖당 오페론의 프로모터와 RNA 중합 효소의 결합'이다.

ㄴ. 야생형 대장균에서 억제 단백질은 젖당의 유무와 관계없이 생성되므로 ⓐ는 '○'이며, Ⅱ(젖당 오페론의 작동 부위에 결합하지 않는 억제 단백질을 생성하는 돌연변이)는 포도당은 없고 젖당이 있는 배지에서 ㉠(젖당 오페론의 프로모터와 RNA 중합 효소의 결합)이 일어나므로 ⓑ는 '○'이다. 따라서 ⓐ와 ⓑ는 모두 '○'이다.

ㄷ. Ⅱ(젖당 오페론의 작동 부위에 결합하지 않는 억제 단백질을 생성하는 돌연변이)는 포도당과 젖당이 모두 없는 배지에서 젖당 분해 효소를 생성한다.

04 초파리의 형태 형성

초파리의 앞쪽과 뒤쪽의 형태 형성은 유전자의 선택적 발현을 통한 단백질의 불균등한 분포에 의해 일어난다.

ㄱ. (가)의 초파리의 난자에서 d가 전사된 mRNA의 농도는 앞쪽이 뒤쪽에 비해 낮다.

ㄴ. (나)의 초파리의 초기 배아에서 앞쪽은 뒤쪽에 비해 단백질 A와 C가 많이 발현된다.

ㄷ. (가)의 초파리의 난자에서 b가 전사된 mRNA의 농도가 앞쪽과 뒤쪽에 걸쳐 일정하므로, (나)의 초파리의 초기 배아에서 단백질 B의 농도가 뒤쪽이 앞쪽에 비해 높은 것은 (가)의 초파리의 난자에서 b가 전사된 mRNA 농도가 뒤쪽이 앞쪽에 비해 높았기 때문이 아니다.

05 진핵생물의 유전자 발현 조절

(가)에서 a와 c 또는 c와 d의 발현을 억제했을 때 모두 x가 발현되므로, 전사 인자 C의 결합 부위는 Ⅳ이다. a와 c의 발현을 억제했을 때 y가 발현되지 않으며, c와 d의 발현을 억제했을 때 y가 발현되므로 전사 인자 A의 결합 부위는 Ⅱ이다.

ㄱ. A의 결합 부위는 Ⅱ이다.

ㄴ. y의 전사를 촉진하는 전사 인자는 A와 C이다.

ㄷ. (가)에서 b와 c의 발현을 억제할 때 x와 y가 모두 발현된다.

06 진핵생물의 유전자 발현 조절

(나)가 w라면 ㉠이 발현된 세포에서 (가), (나), (라)가, ㉡이 발현된 세포에서 (가), (나)가, ㉢이 발현된 세포에서 (다), (라)가 발현되어야 하는데 주어진 표에 부합하지 않으므로 (나)는 w가 아니다. (라)가 w라면 ㉠이 발현된 세포에서 (가), (나), (라)가, ㉡이 발현된 세포에서 (가), (나)가, ㉢이 발현된 세포에서 (가), (다), (라)가 발현되어야 하는데 주어진 표에 부합하지 않으므로 (라)는 w가 아니다. 따라서 (다)가 w이며, (나)는 z, (가)와 (라)는 x와 y 중 서로 다른 하나이다.

ㄱ. ㉠이 발현되는 세포에서는 (나)와 (라), ㉡이 발현되는 세포에서는 (가)와 (나)가 발현된다. 따라서 ⓐ와 ⓑ는 모두 '×'이다.

ㄴ. Ⅱ와 Ⅲ에서 z가 모두 발현되었으므로 (나)는 전사 인자 결합 부위 B와 C가 모두 있는 z이다.

ㄷ. Ⅳ에서 w, x, y가 발현되었으므로 Ⅳ는 ㉢이 발현된 세포이다.

07 생쥐의 혹스 유전자

야생형 생쥐 (가)에서는 가슴 부위에만 갈비뼈가 형성되었지만, 돌연변이 생쥐 (나)에서는 허리 부위까지 갈비뼈가 형성되었다.

ㄱ. 혹스 *b6* 유전자의 발현 산물은 전사 인자이다.

ㄴ. 야생형 생쥐 (가)의 허리 부위에도 혹스 *b6* 유전자는 있지만 발현이 되지 않는다.

ㄷ. 야생형 생쥐 (가)와 돌연변이 생쥐 (나)의 가슴 부위에서 모두 혹스 *b6* 유전자가 발현되어 갈비뼈가 형성되었다.

08 원핵생물의 유전자 발현 조절

포도당과 젖당이 모두 있는 배지에서 대장균을 배양하면 대장균은 포도당을 에너지원으로 먼저 사용하므로, 구간 Ⅰ에서 대장균은 포도당과 젖당 중 포도당을 에너지원으로 사용하여 증식하고, 구간 Ⅱ에서 대장균은 젖당을 에너지원으로 사용하여 증식한다.

ㄱ. ㉡보다 ㉠의 농도가 먼저 감소하므로 ㉠은 포도당이다.

ㄴ. 젖당 오페론을 조절하는 조절 유전자는 포도당과 젖당의 유무와 상관없이 항상 발현된다. 따라서 구간 Ⅰ에서 젖당 오페론을 조절하는 조절 유전자가 발현된다.

ㄷ. 구간 Ⅱ에서 대장균은 젖당을 에너지원으로 이용하여 증식한다.

09 진핵생물의 유전자 발현 조절

핵심 조절 유전자는 다른 유전자의 발현을 조절하는 전사 인자를 암호화한다. Ⅰ에서는 꽃받침과 꽃잎이, Ⅱ에서는 수술과 암술이 정상적으로 형성되었으므로, Ⅰ은 c가, Ⅱ는 a가, Ⅲ은 b가 발현되지 않은 돌연변이이다.

ㄱ. 꽃잎 세포에서는 a와 b가, 수술 세포에서는 b와 c가 발현되므로 꽃잎과 수술의 형성에 필요한 유전자의 전사에는 B가 필요하다.

ㄴ. Ⅰ에서 꽃받침이 형성되었으므로 Ⅰ의 꽃받침 세포에는 A의 전사 인자 결합 부위가 있다.

ㄷ. Ⅲ은 b가 발현되지 않은 돌연변이므로 Ⅲ의 꽃에서는 꽃받침과 암술이 모두 정상적으로 형성된다.

10 진핵생물의 유전자 발현 조절

Ⅲ에서 유전자 x를 제거했을 때 (가)가 발현되었으므로 X는 C에 결합한다. Ⅰ에서 제거된 유전자가 없을 때 (다)가 발현되었으므로 Ⅰ에서 발현되는 전사 인자는 B에 결합한다. Ⅰ에서 유전자 z가 제거되었을 때 (다)가 발현되지 않으므로 Z는 B에 결합한다. 따라서 Ⅰ에서 발현되는 전사 인자는 Z이며, Y는 A에 결합한다. Ⅱ에서 유전자 x를 제거했을 때 (가)가 발현되었으므로 Ⅱ에서 발현되는 전사 인자는 A와 B에 결합한다. 따라서 Ⅱ에서 발현되는 전사 인자는 Y와 Z이다.

ㄱ. Z는 B에 결합한다.

ㄴ. ⓐ는 '○'이며, ⓑ는 '×'이다.

ㄷ. Ⅱ에서 발현되는 전사 인자는 Y와 Z이다.

09 생명의 기원

수능 2점 테스트

본문 147~150쪽

01 ② 02 ⑤ 03 ③ 04 ⑤ 05 ③ 06 ④ 07 ②
08 ④ 09 ① 10 ① 11 ① 12 ② 13 ⑤ 14 ③
15 ④ 16 ②

01 화학적 진화설과 심해 열수구설

화학적 진화설은 원시 지구의 환경에서 무기물로부터 간단한 유기물이 합성되고, 간단한 유기물이 농축되어 복잡한 유기물이 생성되며, 복잡한 유기물로부터 형성된 유기물 복합체가 최초의 생명체가 되었다는 학설이다. 심해 열수구설은 화산 활동으로 에너지가 풍부하고, 간단한 유기물 합성에 필요한 물질이 높은 농도로 존재하는 심해 열수구에서 최초의 생명체가 탄생했다는 가설이다.

A. 화학적 진화설에서 원시 지구 대기의 성분은 환원성 기체로 메테인(CH_4), 암모니아(NH_3), 수증기(H_2O), 수소(H_2)가 포함되어 있다.

B. 화학적 진화설에서 유기물의 합성 장소는 대기와 바다이고, 심해 열수구설에서 유기물의 합성 장소는 해저이다.

C. 화학적 진화설과 심해 열수구설 모두에서 유기물 합성에는 에너지가 필요하다.

02 밀러와 유리의 실험

밀러와 유리는 원시 지구의 환경과 비슷한 조건을 조성하여 혼합 기체로부터 간단한 유기물이 합성됨을 확인하였다.

㉠. 혼합 기체에는 메테인(CH_4), 암모니아(NH_3), 수증기(H_2O), 수소(H_2)가 모두 포함된다.

㉡. U자관에 고인 물은 원시 지구의 바다를 재현한 것이다.

㉢. 전기 방전은 물질 합성에 필요한 에너지를 공급한다.

03 밀러와 유리의 실험

밀러와 유리의 실험에서 U자관 내의 아미노산의 농도는 증가했고, 암모니아의 농도는 감소했다.

㉠. A는 암모니아, B는 아미노산이다.

㉡. 아미노산(B)은 단백질의 기본 단위이다.

ㄷ. 암모니아(A)는 무기물에, 아미노산(B)은 간단한 유기물에 해당한다.

04 화학적 진화설

화학적 진화설에 의하면 무기물로부터 간단한 유기물이 합성되고, 간단한 유기물이 농축되어 복잡한 유기물이 생성되며, 복잡한 유기물로부터 유기물 복합체가 형성된다.

㉠. 화학적 진화설에 따르면 원시 대기(㉠)에는 환원성 기체 성분이 있다.

㉡. 폭스는 간단한 유기물인 아미노산의 혼합물을 고압 상태에서 가열하여 복잡한 유기물인 아미노산 중합체를 만들어 (가) 과정을 증명하였다.

㉢. 코아세르베이트는 유기물 복합체(㉡)에 해당한다.

05 코아세르베이트와 마이크로스피어

오파린은 복잡한 유기물의 혼합물로부터 액상의 막에 둘러싸인 작은 액체 방울 형태의 유기물 복합체인 코아세르베이트를 만들었다. 폭스는 아미노산 용액에 높은 열을 가해 아미노산 중합체를 만든 후, 이것을 물에 넣어 서서히 식혀 작은 액체 방울 형태의 유기물 복합체인 마이크로스피어를 만들었다.

㉠. A는 코아세르베이트, B는 마이크로스피어이다.

㉡. 코아세르베이트(A)와 마이크로스피어(B) 모두 일정 크기 이상이 되면 스스로 분열한다.

ㄷ. 코아세르베이트(A)는 물로 구성된 막을, 마이크로스피어(B)는 단백질로 구성된 막을 갖는다.

06 유기물 복합체

리포솜, 마이크로스피어, 코아세르베이트는 모두 주변 환경으로부터 물질을 흡수하면서 커진다. 마이크로스피어와 리포솜은 모두 탄소 화합물로 된 막을 갖는다. 리포솜은 물속의 인지질이 뭉쳐 만들어졌다. 따라서 ㉠은 코아세르베이트, ㉡은 마이크로스피어, ㉢은 리포솜이다.

㉠. 코아세르베이트(㉠)는 탄소가 포함된 물질인 탄수화물, 단백질, 핵산의 혼합물로부터 만들어진다.

ㄴ. ㉡은 마이크로스피어, ㉢은 리포솜이다.

㉢. 코아세르베이트(㉠), 마이크로스피어(㉡), 리포솜(㉢) 중 현재의 세포막과 가장 유사한 막 구조인 인지질 2중층을 갖는 것은 리포솜(㉢)이다.

07 DNA, 단백질, 리보자임

단백질은 아미노산으로 구성되고 촉매 기능을 할 수 있다. 리보자임은 촉매 기능을 할 수 있고, 유전 정보를 저장할 수 있다. DNA는 유전 정보를 저장할 수 있다.

ㄱ. A는 리보자임, B는 단백질, C는 DNA이다.

ㄴ. DNA(C)를 구성하는 당은 디옥시리보스이다.

㉢. ㉠은 '유전 정보를 저장할 수 있다.'이고, ㉡은 '촉매 기능을 할 수 있다.'이며, ㉢은 '아미노산으로 구성된다.'이다.

08 리보자임

리보자임은 RNA 단일 가닥을 구성하는 염기들끼리 상보적 결합을 하여 복잡한 모양으로 접힐 수 있어 다양한 입체 구조를 갖는다. 리보자임은 단백질로 구성된 효소 없이도 스스로 효소 작용을 하기도 한다.

ㄱ. 타이민(T)은 RNA ㉠을 구성하는 염기가 아니다. RNA를 구성하는 염기는 아데닌(A), 유라실(U), 구아닌(G), 사이토신(C)이 있다.

ㄴ. X는 RNA ㉠을 분해하므로 촉매로 작용한다.

ㄷ. 리보자임은 RNA이므로 X를 구성하는 기본 단위는 뉴클레오타이드이다.

09 생명체의 유전 정보 체계

(가)는 RNA 기반의 유전 정보 체계이고, (나)는 RNA와 단백질 기반의 유전 정보 체계이고, (다)는 DNA 기반의 유전 정보 체계이다.

ㄱ. RNA 우선 가설에 의하면 최초의 생명체의 유전 정보 체계는 RNA 기반의 유전 정보 체계(가)이다.

ㄴ. RNA와 단백질 기반의 유전 정보 체계(나)와 DNA 기반의 유전 정보 체계(다) 모두에서 단백질은 효소 기능을 담당한다.

ㄷ. ㉠은 DNA, ㉡은 RNA이다. DNA(㉠)는 RNA(㉡)보다 화학적으로 안정하므로 유전 정보 저장에 더 유리하다.

10 생명체의 진화

최초의 생명체는 무산소 호흡하는 종속 영양 생물이었고, 이후 광합성하는 독립 영양 생물과 산소 호흡하는 종속 영양 생물이 순차적으로 출현하였다.

A. 최초의 생명체는 무산소 호흡을 했다.

B. 최초의 광합성을 하는 독립 영양 생물이 출현한 후 최초의 산소 호흡을 하는 종속 영양 생물이 출현했다.

C. 최초의 진핵생물은 단세포 생물이다.

11 생명체의 진화

최초의 다세포 진핵생물의 출현 시기는 최초의 단세포 진핵생물 출현 이후이고, 세포내 공생설에 따르면 미토콘드리아의 기원은 산소 호흡 세균이고, 엽록체의 기원은 광합성 세균이다. 따라서 A는 다세포 진핵생물, B는 산소 호흡 세균, C는 광합성 세균이다.

ㄱ. 다세포 진핵생물(A)은 핵막을 갖는다.

ㄴ. 광합성 세균(C)은 독립 영양 생물이다.

ㄷ. 최초의 산소 호흡 세균(B)은 최초의 광합성 세균(C)보다 나중에 출현했다.

12 생명체의 진화와 대기 성분의 변화

무산소 호흡 종속 영양 생물의 무산소 호흡 결과 대기에는 이산화 탄소가 증가하였다. 대기 중 이산화 탄소 농도의 증가와 유기물 양의 감소로 유기물을 스스로 합성하는 광합성 세균이 출현하였으며, 대기에는 산소의 농도가 증가하였다. 산소의 농도와 유기물의 양 증가로 산소를 이용하여 호흡하는 산소 호흡 세균이 출현하였다. 따라서 ㉠은 무산소 호흡 종속 영양 생물, ㉡은 광합성 세균, ㉢은 산소 호흡 세균이다.

ㄱ. 세포내 공생설에 따르면 미토콘드리아의 기원은 산소 호흡 세균(㉢)이다.

ㄴ. 광합성 세균(㉡)은 빛에너지를 화학 에너지로 전환한다.

ㄷ. 육상 생물 출현 시기에 산소 호흡 세균(㉢)은 존재했다.

13 진핵생물의 출현

막 진화설은 생명체가 가진 세포막이 세포 안으로 함입되어 막성 세포 소기관으로 분화되었다는 가설이고, 세포내 공생설은 독립적으로 생활하던 산소 호흡 세균과 광합성 세균이 숙주 세포와 공생하다가 각각 미토콘드리아와 엽록체로 분화되었다는 가설이다.

ㄱ. (가)는 세포내 공생설, (나)는 막 진화설이다.

ㄴ. 산소 호흡 세균(㉠)의 세포막은 미토콘드리아의 내막 구조와 유사하고, 산소 호흡 세균(㉠)과 미토콘드리아는 유사한 자체 DNA와 리보솜을 가지고 있다.

ㄷ. 막 진화설(나)에 따르면 세포막이 세포 안으로 함입되어 분화된 막성 세포 소기관에는 핵, 소포체, 골지체 등이 있다.

14 세포내 공생설

세포내 공생설에 따르면 산소 호흡 세균은 미토콘드리아로, 광합성 세균은 엽록체로 분화되었다.

ㄱ. ㉠은 산소 호흡 세균이고, ㉡은 광합성 세균이다.

ㄴ. 광합성 세균(㉡)은 독립 영양 생물에 속한다.

ㄷ. 산소 호흡 세균(㉠)과 광합성 세균(㉡)은 모두 유전 물질을 갖는다.

15 다세포 진핵생물의 출현

독립된 단세포 진핵생물이 모여 군체를 이룬 후, 환경에 적응하는 과정에서 세포의 형태와 기능이 분화되어 다세포 진핵생물로 진화하였다.

ㄱ. (가)는 단세포 진핵생물의 군체, (나)는 초기 다세포 진핵생물이다.

ㄴ. 단세포 진핵생물(㉠)과 초기 다세포 진핵생물(나)을 이루는 모든 세포는 모두 핵막을 갖는다.

ⓒ. 최초의 광합성을 하는 원핵생물은 초기 다세포 진핵생물(나)보다 먼저 출현했다.

16 생명체의 진화

광합성 세균이 산소 호흡 세균과 단세포 진핵생물보다 먼저 출현했으며, 이후 산소 호흡 세균과 단세포 진핵생물이 순차적으로 출현했다.

X. ㉠은 광합성 세균, ㉡은 산소 호흡 세균, ㉢은 단세포 진핵생물이다.

X. 산소 호흡 세균(㉡)은 원핵생물로 미토콘드리아를 갖지 않는다.

ⓒ. 단세포 진핵생물(㉢)은 단백질을 갖는다.

01 ② 02 ④ 03 ④ 04 ⑤ 05 ① 06 ③

01 화학적 진화설

화학적 진화설에 의하면 무기물로부터 간단한 유기물이 합성되고, 간단한 유기물이 농축되어 복잡한 유기물이 생성되며, 복잡한 유기물로부터 유기물 복합체가 형성된다. 폭스는 간단한 유기물인 아미노산의 혼합물을 고압 상태에서 가열하여 복잡한 유기물인 아미노산 중합체를 만들었다.

X. 핵산은 복잡한 유기물에 해당한다.

X. 폭스의 실험은 (나) 과정을 증명한 실험이다.

ⓒ. ⓐ는 폭스이다.

02 밀러와 유리의 실험

밀러와 유리는 화학적 진화설의 원시 지구 환경과 비슷한 조건을 조성하여 혼합 기체로부터 간단한 유기물이 합성됨을 확인하였다.

X. 혼합 기체에는 메테인(CH_4), 암모니아(NH_3), 수증기(H_2O), 수소(H_2)가 포함되지만 이산화 탄소(CO_2)는 포함되지 않는다.

ⓛ. (나) 과정은 수증기를 공급하고, 화산 폭발 등의 에너지로 인한 고온 상태를 재현한 것이다.

ⓒ. 밀러와 유리의 실험 결과 U자관 내 용액 속 암모니아의 농도는 감소하였고, 아미노산의 농도는 증가하였으므로 A는 암모니아, B는 아미노산이다.

03 유기물 복합체

리포솜, 마이크로스피어, 코아세르베이트는 모두 일정 크기 이상이 되면 분열할 수 있다. 리포솜과 마이크로스피어는 모두 탄소 화합물로 구성된 막을 가지고 있다. 리포솜은 물속에서 인지질이 뭉쳐 만들어졌다. 따라서 A는 코아세르베이트, B는 리포솜, C는 마이크로스피어이다.

ⓖ. ⓐ와 ⓑ는 모두 '○'이다.

X. ㉠은 '탄소 화합물로 구성된 막을 가지고 있다.'이고, ㉡은 '물속에서 인지질이 뭉쳐 만들어졌다.'이며, ㉢은 '일정 크기 이상이 되면 분열할 수 있다.'이다.

ⓒ. 코아세르베이트(A), 리포솜(B), 마이크로스피어(C) 중 인지질 2중층의 막 구조를 갖는 것은 리포솜(B)이다.

04 DNA, 단백질, 리보자임

단백질과 리보자임은 모두 효소 기능을 할 수 있다. DNA와 리보자임은 유전 정보를 저장할 수 있으며, 기본 단위가 뉴클레오타이드이다.

ⓖ. C는 DNA이고, ⓐ는 2이다.

ⓛ. A는 단백질이다.

ⓒ. B는 리보자임이다. 리보자임(B)의 구성 성분에는 리보스가 있고, DNA의 구성 성분에는 디옥시리보스가 있다.

05 생명체의 진화

최초의 생명체는 무산소 호흡 종속 영양 생물이었고, 이후 광합성하는 독립 영양 생물과 산소 호흡하는 종속 영양 생물이 순차적으로 출현하였다.

ⓖ. A는 최초의 무산소 호흡 종속 영양 생물, B는 최초의 광합성 세균, C는 최초의 산소 호흡 세균이다.

X. 최초의 광합성 세균(B)은 독립 영양을 한다.

X. 최초의 무산소 호흡 종속 영양 생물(A)과 최초의 산소 호흡 세균(C)은 모두 빛에너지를 화학 에너지로 전환하지 못한다.

06 세포내 공생설

세포내 공생설에 따르면 산소 호흡 세균은 미토콘드리아로, 광합성 세균은 엽록체로 분화되었으므로 ⓐ는 미토콘드리아, ⓑ는 엽록체이다. 단백질과 리보자임 중 리보자임만 유전 정보를 저장할 수 있다. 단백질과 리보자임은 모두 촉매 기능을 할 수 있다. 따라서 ㉠은 리보자임, ㉡은 단백질이다.

ⓖ. 엽록체(ⓑ)는 단백질(㉡)을 갖는다.

ⓛ. 원시 원핵세포에서 세포막이 세포 안으로 함입되어 핵, 소포체, 골지체 등으로 분화된 이후 산소 호흡 세균과 광합성 세균이 각각 미토콘드리아와 엽록체로 분화되었다. 따라서 (가)와 (나)는 모두 핵막을 갖는다.

X. 리보자임(㉠)의 기본 단위는 뉴클레오타이드이다.

10 생물의 분류와 다양성

수능 2점 테스트 본문 161~164쪽

01 ③ 02 ⑤ 03 ⑤ 04 ④ 05 ③ 06 ④ 07 ①
08 ② 09 ② 10 ④ 11 ⑤ 12 ③ 13 ⑤ 14 ③
15 ② 16 ①

01 학명

학명은 속명과 종소명으로 구성된다. A와 D는 모두 *Juniperus* 속에 속하고, B와 C는 모두 *Pinus* 속에 속한다.

ㄱ. C의 학명에서 *densiflora*(㉠)는 종소명이다.

ㄴ. 생물의 분류 단계에서 강은 목보다 상위 분류 단계이다. A와 B는 모두 구과목에 속하므로 같은 강에 속한다.

ㄷ. A와 B는 종소명이 같지만 속명이 다르고, A와 D는 속명이 같다. 따라서 A와 B의 유연관계는 A와 D의 유연관계보다 멀다.

02 학명과 계통수

A와 C는 *Bos* 속에 속한다. 생물의 분류 단계에서 과는 속보다 상위 분류 단계이므로 C는 소과에 속한다.

ㄱ. C의 학명은 속명과 종소명으로 나타내었으므로 이명법을 사용하였다.

ㄴ. B만 사슴과에 속하므로 ㉠은 C, ㉡은 D, ㉢은 B이다.

ㄷ. 생물의 분류 단계에서 목은 과보다 상위 분류 단계에 해당하며 ㉠과 ㉡은 모두 소과에 속하므로 같은 목에 속한다.

03 계통수와 분류 단계

계통수에서 최근의 공통 조상을 공유할수록 생물종 사이의 유연관계가 가깝다.

ㄱ. ㉠과 ㉡의 유연관계가 ㉠과 ㉢의 유연관계보다 가깝다. ㉠과 ㉢은 ⓐ가 같고, ⓑ는 다르다. 생물의 분류 단계에서 목은 과보다 상위 분류 단계에 해당하므로 ⓐ는 목, ⓑ는 과이다.

ㄴ. ㉠과 ㉡은 같은 A과에 속하므로 같은 Ⅰ목에 속한다. 따라서 ㉡과 ㉢은 같은 Ⅰ목에 속한다.

ㄷ. ㉠과 ㉡의 유연관계는 ㉠과 ㉣의 유연관계보다 가깝다.

04 계통수

비슷한 특징을 많이 공유한 생물일수록 유연관계가 가깝고 계통수에서 최근의 공통 조상을 공유한다. 따라서 A~E가 가지는 특징을 기준으로 계통수를 나타내면 그림과 같다.

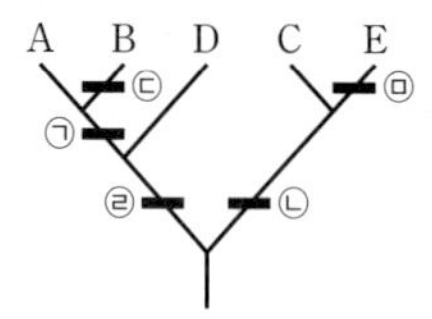

05 계통수

꿀풀, 뽕나무, 양지꽃, 찔레, 해당화에서 더 최근의 공통 조상을 공유하는 뽕나무, 양지꽃, 찔레, 해당화가 하나의 목에 속하고, 나머지 꿀풀이 또 다른 하나의 목에 속한다. 또한 뽕나무, 양지꽃, 찔레, 해당화에서 더 최근의 공통 조상을 공유하는 양지꽃, 찔레, 해당화가 하나의 과에 속한다.

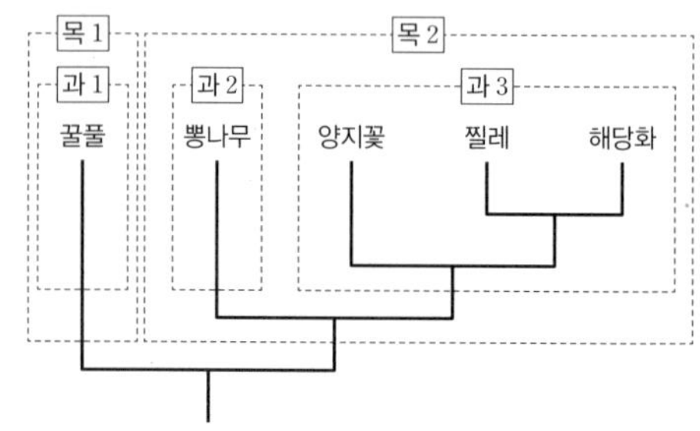

ㄱ. 생물의 분류 단계에서 강은 목보다 상위 분류 단계이므로 뽕나무와 해당화는 같은 강에 속한다.

ㄴ. 양지꽃과 찔레는 같은 과에 속한다.

ㄷ. 뽕나무와 꿀풀의 유연관계는 뽕나무와 해당화의 유연관계보다 멀다.

06 특징에 따른 분류

A과에 속하는 (가), (나), (다)는 모두 꽃잎이 4장이고, B과에 속하는 (라)는 꽃잎이 5장이다. ㉠속에 속하는 (가)와 (다)는 가는 뿌리와 타원 모양의 잎을 가지고 있고, ㉡속에 속하는 (나)는 굵은 뿌리와 토끼풀 모양의 잎을 가지고 있다.

ㄱ. 꽃잎의 수가 과를 분류하는 특징이다.

ㄴ. 생물의 분류 단계에서 목은 과보다 상위 분류 단계이고, (가)와 (나)는 같은 A과에 속하므로 같은 목에 속한다.

ㄷ. (가)는 (다)와 같은 과이고 (라)와는 다른 과이므로 (가)와 (다)의 유연관계는 (가)와 (라)의 유연관계보다 가깝다.

07 3역 6계 분류 체계

진정세균계는 세균역에, 고세균계는 고세균역에 속한다. 원생생물계, 식물계, 균계, 동물계는 모두 진핵생물역에 속한다.

ㄱ. ㉠은 세균역에 속하므로 진정세균계이다.

ㄴ. ㉡은 식물계, ㉢은 동물계이다. 식물계(㉡)와 동물계(㉢)에 속하는 생물은 모두 진핵생물이므로 핵막을 가지고 있다.

ㄷ. 고세균계와 진정세균계(㉠)의 유연관계는 고세균계와 식물계(㉡)의 유연관계보다 멀다.

08 3역 6계 분류 체계

민들레는 진핵생물역의 식물계에, 붉은빵곰팡이는 진핵생물역의 균계에, 메테인 생성균은 고세균역의 고세균계에 속한다.

ㄱ. 민들레와 붉은빵곰팡이는 모두 미토콘드리아를 가지고 있다.

ㄴ. 메테인 생성균은 (나)의 특징 중 1가지(리보솜이 있다.)만 갖는다.

ⓒ. 민들레와 붉은빵곰팡이는 모두 진핵생물역에 속한다.

09 3역 6계 분류 체계

균계와 동물계의 유연관계는 균계와 식물계의 유연관계보다 가까우므로 A는 동물계, B는 식물계, C는 진정세균계이다.

ㄱ. 동물계(A)에 속하는 생물은 DNA가 있지만 세포벽이 없으며, 종속 영양 생물이다.

ⓛ. 식물계(B)에 속하는 생물은 세포벽이 있다.

ㄷ. 식물계(B)에 속하는 생물은 진핵생물로 핵막이 있지만 진정세균계(C)에 속하는 생물은 원핵생물로 핵막이 없다.

10 식물의 분류

소나무와 옥수수는 모두 관다발을 가지고 있지만 우산이끼는 관다발을 가지고 있지 않다. 소나무는 겉씨식물에 속하고, 옥수수는 속씨식물에 속한다.

ⓞ. A는 소나무, B는 옥수수, C는 우산이끼이다.

ㄴ. 옥수수(B)는 종자로 번식하고, 우산이끼(C)는 포자로 번식한다.

ⓒ. 소나무(A), 옥수수(B), 우산이끼(C)는 모두 식물계에 속하므로 셀룰로스 성분의 세포벽이 있다.

11 식물의 분류

장미, 뿔이끼, 쇠뜨기는 모두 엽록소 a를 가지고 있다. 장미는 종자식물, 쇠뜨기는 비종자 관다발 식물이므로 장미와 쇠뜨기는 모두 관다발을 가지고 있다. 장미는 종자로 번식한다.

ⓞ. A는 쇠뜨기, B는 뿔이끼, C는 장미이다.

ⓛ. ⓐ와 ⓑ는 모두 '○'이다.

ⓒ. ㉠은 '종자로 번식한다.', ㉡은 '관다발을 가지고 있다.', ㉢은 '엽록소 a를 가지고 있다.'이다.

12 식물의 분류

벼와 은행나무는 모두 종자로 번식하고, 벼에는 씨방이 있다.

ⓞ. A는 벼, B는 은행나무, C는 석송이다.

ⓛ. 석송(C)은 포자로 번식한다.

ㄷ. 벼(A), 은행나무(B), 석송(C)은 모두 식물계에 속하고, 세포벽을 가지고 있다.

13 동물의 분류

달팽이, 예쁜꼬마선충, 지렁이는 모두 선구동물에 속하고, 불가사리는 후구동물에 속하므로 ㉠은 선구동물, ㉡은 후구동물이다. 달팽이와 예쁜꼬마선충은 모두 체절이 없지만 지렁이는 체절이 있다. 달팽이와 지렁이는 모두 촉수담륜동물에 속한다. 따라서 A는 달팽이, B는 예쁜꼬마선충, C는 지렁이, D는 불가사리이다.

ㄱ. 선구동물(㉠)은 원구가 입이 되는 동물이다.

ⓛ. 예쁜꼬마선충(B)은 선형동물로 탈피동물에 속한다.

ⓒ. 달팽이(A)와 지렁이(C)는 선구동물(㉠)에 속하고, 불가사리(D)는 후구동물(㉡)에 속한다. 따라서 달팽이(A)와 지렁이(C)의 유연관계는 달팽이(A)와 불가사리(D)의 유연관계보다 가깝다.

14 동물의 분류

고양이, 오징어, 우렁쉥이, 지네는 모두 중배엽을 형성하고, 해파리는 중배엽을 형성하지 않는다. 오징어와 지네는 모두 원구가 입이 되는 선구동물에 속하고, 고양이와 우렁쉥이는 모두 원구가 항문이 되는 후구동물에 속한다. 지네는 탈피동물에 속하고, 오징어는 촉수담륜동물에 속한다. 따라서 A는 오징어, B는 지네, C는 우렁쉥이, D는 해파리이다.

ⓞ. 지네(B)는 절지동물에 속하므로 외골격을 가지고 있다.

ⓛ. 우렁쉥이(C)는 유생 시기에만 척삭이 나타났다가 없어지므로 척삭동물에 속한다.

ㄷ. ㉠은 '촉수담륜동물에 속한다.', ㉡은 '원구가 항문이 된다.', ㉢은 '중배엽을 형성한다.'이다.

15 동물의 분류

오징어, 회충, 해삼은 모두 기관이 분화되어 있고, 3배엽성 동물에 속한다. 해면은 기관이 분화되어 있지 않고 배엽을 형성하지 않는다. 오징어와 회충은 모두 원구가 입이 되는 선구동물이고, 해삼은 원구가 항문이 되는 후구동물이다. 오징어는 촉수담륜동물에 속하고, 회충은 탈피동물에 속한다. 따라서 A는 해면, B는 해삼, C는 오징어, D는 회충이다.

ㄱ. 해면(A)은 (가)의 특징을 모두 가지고 있지 않으므로 ⓐ는 0이다.

ㄴ. 해삼(B)은 후구동물에 속하므로 ㉠(원구가 입이 된다.)을 가지고 있지 않다.

ⓒ. 오징어(C)는 촉수담륜동물에 속한다.

16 동물의 분류

게와 지렁이는 모두 선구동물에 속하고, 창고기는 후구동물에 속한다. A와 B의 유연관계는 A와 C의 유연관계보다 가까우므로 C는 창고기이다. 게는 외골격을 가지고 있지만 지렁이는 외골격을 가지고 있지 않으므로 A는 지렁이, B는 게이다.

ⓞ. ㉠은 '외골격을 가지고 있다.', ㉡은 '척삭을 가지고 있다.'이다.

~~ㄴ~~. ⓐ는 '×'이다.
~~ㄷ~~. 지렁이(A)와 게(B)는 선구동물에 속하고, 창고기(C)는 후구동물에 속한다.

01 학명과 계통수

A와 F는 모두 *Panthera* 속에 속하므로 A는 고양이과이고, B와 D는 모두 *Canis* 속에 속하므로 D는 개과이다.
㉠. A, E, F는 고양이과에 속하는데, 이중 A와 F는 동일한 *Panthera* 속에 속하므로 더 최근에 공통 조상을 공유하고, *Felis* 속에 속하며 더 이전 시기에 분기한 ㉠이 E이다.
~~ㄴ~~. 생물의 분류 단계에서 강은 목보다 상위 분류 단계인데 A와 B는 모두 식육목에 속하므로 A와 B는 같은 강에 속한다.
㉢. C와 F의 공통 조상이 C와 D의 공통 조상보다 더 최근에 존재하므로 C와 F의 유연관계는 C와 D의 유연관계보다 가깝다.

02 계통수

계통수에서 (가)는 공통 조상의 아미노산으로부터 아미노산 치환이 1회만 일어난 종이므로 B이다. 아미노산 치환이 3회 일어난 (나)와 (라)는 각각 C와 D 중 하나이다. A와 C는 아미노산 서열이 유사하므로 (나)는 C이다. 따라서 (다)는 E, (라)는 D이다. 표의 아미노산 치환을 계통수에 나타내면 그림과 같다.

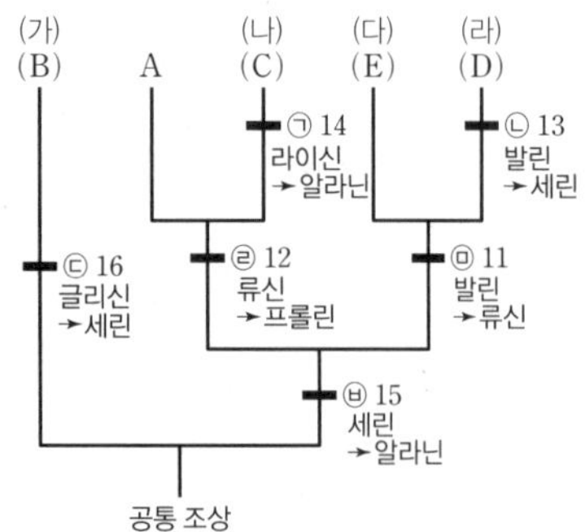

㉠. (다)는 E이다.
~~ㄴ~~. ㉤은 아미노산 자리 11에서 일어난 아미노산 치환(발린 → 류신)이다.
~~ㄷ~~. A~E는 3개의 과로 분류되므로 A와 C(나)가 같은 과에 속하고, D(라)와 E(다)는 같은 과에 속하므로 A와 E(다)는 같은 과에 속하지 않는다.

03 3역 6계 분류 체계

A는 진정세균계, B는 고세균계, C는 식물계, D는 동물계이다. (나)는 고세균계(B)에 속하므로 메테인 생성균이고, (다)는 밑씨가 있으므로 소나무이며, (라)는 기관계가 있으므로 지렁이이다. 따라서 (가)는 남세균이다.
~~ㄱ~~. 소나무(다)는 식물계(C)에 속한다.
㉡. 메테인 생성균(나)과 소나무(다)는 모두 세포벽을 가지고 있다.
~~ㄷ~~. 남세균(가)은 진정세균계(A)에 속하고, 메테인 생성균(나)은 고세균계(B)에 속하며, 지렁이(라)는 동물계(D)에 속한다. 따라서 남세균(가)과 메테인 생성균(나)의 유연관계는 메테인 생성균(나)과 지렁이(라)의 유연관계보다 멀다.

04 식물의 분류

민들레, 석송, 소나무, 솔이끼는 모두 셀룰로스 성분의 세포벽이 있다. 민들레, 석송, 소나무는 모두 관다발이 있지만 솔이끼는 관다발이 없다. 민들레와 소나무는 종자를 만들어 번식하고, 민들레는 밑씨가 씨방 안에 들어 있다.
㉠. ⓐ는 3이다.
㉡. A는 소나무, B는 솔이끼, C는 석송, D는 민들레이다.
㉢. 민들레(D)는 모두 뿌리, 줄기, 잎의 구별이 뚜렷하다.

05 동물의 분류

벌과 오징어는 모두 중배엽을 형성하지만 말미잘은 중배엽을 형성하지 않는다. 벌에는 체절이 있지만 말미잘과 오징어에는 체절이 없다. 따라서 (가)는 벌, (나)는 오징어, (다)는 말미잘이다.
㉠. 벌(가)은 탈피동물에 속한다.
~~ㄴ~~. 새우는 절지동물이므로 새우와 유연관계가 가장 가까운 A는 벌(가)이고, 다음으로 유연관계가 가까운 B는 오징어(나)이며, C는 말미잘(다)이다.
㉢. 오징어(나)는 외투막을 가지고 있고, 벌(가)과 말미잘(다)은 모두 외투막을 가지고 있지 않으므로 '외투막을 가지고 있다.'는 ㉠에 해당한다.

06 동물의 분류

갯지렁이와 꽃게는 모두 선구동물이지만 창고기는 후구동물이다. 꽃게는 탈피를 하며, 창고기는 척삭을 가지고 있다. 따라서 A는 꽃게, B는 갯지렁이, C는 창고기이다.
㉠. ⓐ는 '×'이다.
㉡. ㉠은 '척삭을 가지고 있다.'이고, ㉡은 '탈피를 한다.'이고, ㉢은 '선구동물이다.'이다.
㉢. 꽃게(A)와 갯지렁이(B)의 유연관계는 꽃게(A)와 창고기(C)의 유연관계보다 가깝다.

11 생물의 진화

수능 2점 테스트

본문 175~178쪽

01 ③ 02 ③ 03 ① 04 ④ 05 ⑤ 06 ① 07 ④
08 ② 09 ③ 10 ⑤ 11 ④ 12 ⑤ 13 ③ 14 ⑤
15 ② 16 ②

01 생물 진화의 증거

생물 진화의 증거에는 화석상의 증거, 비교해부학적 증거, 진화발생학적 증거, 생물지리학적 증거, 분자진화학적 증거가 있다.

Ⓐ. DNA 염기 서열을 비교하면 생물 간의 진화적 유연관계를 알 수 있으며, 이는 분자진화학적 증거에 해당한다.

Ⓑ. 상동 형질(상동 기관)은 공통 조상으로부터 물려받은 형태적 특징이고, 상사 형질(상사 기관)은 공통 조상으로부터 물려받지 않았지만 서로 형태적으로 유사해진 특징이다. 상동 형질과 상사 형질은 비교해부학적 증거에 해당한다.

Ⓒ. 화석을 연구하면 지층이 형성될 당시의 생물 다양성과 환경의 특성을 알 수 있다.

02 비교해부학적 증거

비교해부학적 증거에는 상동 형질(상동 기관), 상사 형질(상사 기관), 흔적 기관이 있다.

㉠. 잠자리의 날개와 박쥐의 날개는 공통 조상으로부터 물려받지 않았지만 서로 형태적으로 유사해진 특징이므로 상사 형질(상사 기관)의 예에 해당한다.

㉡. 박쥐의 날개와 사자의 앞다리는 해부학적 구조와 발생 기원이 같은 상동 형질(상동 기관)의 예에 해당한다.

㉢. 사자의 앞다리와 박쥐의 날개는 상동 형질(상동 기관)의 예에, 박쥐의 날개와 잠자리의 날개는 상사 형질(상사 기관)의 예에 해당하므로 박쥐와 사자의 유연관계는 박쥐와 잠자리의 유연관계보다 가깝다.

03 생물 진화의 증거

돼지의 배아와 쥐의 배아에서 초기 배아의 형태가 유사한 것은 진화발생학적 증거의 예에, 유대류가 오스트레일리아에 대부분 분포하는 것은 생물지리학적 증거의 예에, 참새의 날개와 나비의 날개는 발생 기원이 다르지만 기능이 유사한 것은 비교해부학적 증거의 예에 해당한다.

㉠. (가)는 진화발생학적 증거, (나)는 생물지리학적 증거, (다)는 비교해부학적 증거이다.

㉡. '그랜드 캐니언 협곡의 남쪽과 북쪽에는 서로 다른 종의 영양 다람쥐가 살고 있다.'는 생물지리학적 증거(나)의 예에 해당한다.

㉢. 참새의 날개와 나비의 날개는 발생 기원이 다르므로 ㉠은 상사 형질(상사 기관)의 예에 해당한다.

04 화석상의 증거

현생 고래는 뒷다리가 흔적으로만 남아 있지만 고래 조상 종의 화석에서는 온전한 뒷다리가 발견된다. 이는 육상 생활을 하던 포유류의 일부가 고래로 진화하였음을 보여준다.

㉠. A가 B보다 먼저 출현했으므로 A의 화석은 B의 화석보다 오래된 지층에서 발견되었다.

㉡. 고래 조상 종의 화석과 오늘날의 고래를 통해 고래의 진화 과정을 알 수 있는 것은 생물 진화의 증거 중 화석상의 증거에 해당한다.

㉢. 고래의 가슴지느러미는 고래 조상 종의 앞다리에서 변화된 것이다. 고래의 가슴지느러미(㉠)와 침팬지의 앞다리는 상동 형질(상동 기관)의 예에 해당한다.

05 분자진화학적 증거

DNA 염기 서열이나 단백질의 아미노산 서열과 같은 분자생물학적 특징을 비교하면 생물 간의 진화적 유연관계를 알 수 있다.

㉠. 여러 생물의 단백질 사이토크롬 c의 아미노산 서열에서 사람의 단백질 사이토크롬 c의 아미노산 서열과 차이 나는 아미노산의 수를 비교하는 것은 분자진화학적 증거에 해당한다.

㉡. 사람의 단백질 사이토크롬 c의 아미노산 서열과 차이 나는 아미노산의 수가 적을수록 사람과 유연관계가 가깝다. 따라서 사람과 개의 유연관계는 사람과 거북의 유연관계보다 가깝다.

㉢. 공통 조상이 존재했던 시기가 가까울수록 DNA 염기 서열이나 단백질의 아미노산 서열이 유사하다. 따라서 공통 조상에서 분화한 지 오래될수록 아미노산 서열에서 차이 나는 아미노산 수가 많아진다.

06 돌연변이, 병목 효과, 유전자 흐름

돌연변이는 DNA의 염기 서열에 변화가 생겨 새로운 대립유전자가 나타나는 현상이고, 병목 효과는 자연재해 등으로 집단의 크기가 급격히 감소할 때 유전자풀이 달라지는 현상이며, 유전자 흐름은 두 집단 사이에서 개체의 이주나 배우자의 이동으로 두 집단의 유전자풀이 달라지는 현상이다.

07 창시자 효과

창시자 효과는 원래의 집단에서 일부 개체들이 모여 새로운 집단을 형성할 때 나타나는 현상이다.

㉠. 과정 Ⅰ과 Ⅱ에서 모두 딱정벌레 집단의 개체 수가 증가하였으므로 딱정벌레 집단의 크기가 증가하였다.

㉡. (가)에서 (나)가 형성되는 과정에서 창시자 효과가 일어났다.

ㄷ. (가)와 (다)는 대립유전자 빈도가 서로 다르므로 (가)와 (다)의 유전자풀은 서로 다르다.

08 돌연변이, 자연 선택

돌연변이는 DNA 염기 서열에 변화가 생겨 새로운 대립유전자가 나타나는 현상이고, 자연 선택은 생존율과 번식률을 높이는 데 유리한 어떤 형질을 가진 개체가 다른 개체보다 이 형질에 대한 대립유전자를 더 많이 남겨 대립유전자의 빈도가 변화하는 현상이다.

ㄱ. Ⅰ과 Ⅲ에서 P의 빈도와 P^*의 빈도가 각각 다르므로 유전자풀은 Ⅰ과 Ⅲ에서 서로 다르다.

ㄴ. Ⅰ에서는 P^*가 없고 Ⅱ에서는 P^*가 있으므로 (가)는 돌연변이이다.

ㄷ. (나)는 자연 선택이고, 자연 선택은 환경 변화에 대한 개체의 적응 능력과 관계가 있다.

09 자연 선택

Ⅰ에서 Ⅱ로 시간이 지나는 동안 자연 선택이 일어나 환경 변화에 적합한 대립유전자를 가진 개체의 비율이 증가했다.

ㄱ. P에서 부리 크기에 대한 변이는 Ⅰ에서가 Ⅱ에서보다 크다.

ㄴ. 부리 크기가 ㉠인 개체 수는 Ⅰ에서가 Ⅱ에서보다 많다.

ㄷ. Ⅰ에서 Ⅱ로 시간이 지나는 동안 자연 선택을 통해 부리 크기에 따른 개체 수가 변했으므로 Ⅰ에서 Ⅱ로 되는 과정에서 P의 유전자풀은 변하였다.

10 병목 효과와 유전자 흐름

(가)에서 개체의 이주로 인해 유전자풀이 달라졌으므로 (가)는 유전자 흐름이고, (나)는 병목 효과이다.

ㄱ. (가)는 유전자 흐름이다.

ㄴ. 병목 효과(나)에 의해 대립유전자 빈도가 변화될 수 있다.

ㄷ. 인간의 남획으로 인한 북방코끼리물범(바다표범) 집단의 유전자풀의 변화는 병목 효과(나)의 예에 해당한다.

11 종분화

첫 번째 섬 분리 이후 A에서 B로의 종분화가 일어났고, 두 번째 섬 분리 이후 A에서 C로의 종분화가 일어났다.

ㄱ. 지리적 격리는 종분화가 일어나는 요인 중 하나이다.

ㄴ. A와 C는 서로 다른 생물학적 종이므로 섬 Ⅰ의 A와 C 사이에서 생식 능력이 있는 자손이 태어나지 않는다.

ㄷ. A와 C의 유연관계는 A와 B의 유연관계보다 가깝다.

12 종분화

바다에 의해 지리적 격리가 생긴 이후 A에서 B로의 종분화가 일어났다.

ㄱ. A와 B는 서로 다른 생물학적 종이므로 A와 B는 생식적으로 격리되어 있다.

ㄴ. A로부터 새로운 종인 B가 분화하는 과정에는 돌연변이를 비롯한 여러 가지 진화 요인이 작용한다.

ㄷ. 바다가 생긴 이후 A가 B로 분화되는 과정이 일어났다.

13 하디 · 바인베르크 평형

Ⅰ은 하디·바인베르크 평형이 유지되는 집단이므로 Ⅰ에서 A의 빈도를 p, a의 빈도를 q라 하면, 유전자형이 AA인 개체의 비율은 p^2, Aa인 개체의 비율은 $2pq$, aa인 개체의 비율은 q^2이다. $q^2=\frac{3600}{10000}$이므로 q는 $\frac{3}{5}$이다.

ㄱ. ㉠$=10000\times 2pq=4800$이다.

ㄴ. $p+q=1$이므로 Ⅰ에서 A의 빈도는 $\frac{2}{5}$이다.

ㄷ. Ⅰ은 하디·바인베르크 평형이 유지되는 집단이므로 세대가 거듭되더라도 짧은 날개를 가진 개체의 비율은 변하지 않는다.

14 하디·바인베르크 평형

A의 빈도를 p, a의 빈도를 q라 하자. 하디·바인베르크 평형이 유지되는 집단이라면 유전자형이 AA인 개체의 비율은 p^2, Aa인 개체의 비율은 $2pq$, aa인 개체의 비율은 q^2이다.

ㄱ. Ⅰ~Ⅴ에서 유전자형 AA, Aa, aa인 개체의 비율은 표와 같다.

유전자형 \ 집단	Ⅰ	Ⅱ	Ⅲ	Ⅳ	Ⅴ
AA	0.70	0.49	0.36	0.36	0.64
Aa	0.20	0.42	0.48	0.28	0.32
aa	0.10	0.09	0.16	0.36	0.04

따라서 Ⅱ, Ⅲ, Ⅴ는 모두 하디·바인베르크 평형이 유지되는 집단이다.

ㄴ. 집단에서 AA, Aa, aa인 개체의 비율이 각각 ㉠, ㉡, ㉢이라면 A의 빈도는 $\frac{2㉠+㉡}{2㉠+2㉡+2㉢}$이고, a의 빈도는 $\frac{㉡+2㉢}{2㉠+2㉡+2㉢}$이다. 따라서 Ⅰ~Ⅴ에서 A와 a의 빈도는 표와 같다.

대립유전자 \ 집단	Ⅰ	Ⅱ	Ⅲ	Ⅳ	Ⅴ
A	0.8	0.7	0.6	0.5	0.8
a	0.2	0.3	0.4	0.5	0.2

따라서 $\frac{\text{Ⅰ과 Ⅱ에서 A 빈도의 합}}{\text{Ⅲ과 Ⅳ에서 a 빈도의 합}}=\frac{0.8+0.7}{0.4+0.5}=\frac{5}{3}$이다.

ⓒ. Ⅴ에서 유전자형이 AA인 개체의 비율이 0.64이다. 따라서 Ⅴ에서 유전자형이 AA인 개체 수는 aa인 개체 수의 16배이다.

15 하디·바인베르크 평형

Ⅰ에서 A의 빈도를 p, A*의 빈도를 q라 하자. A가 A*에 대해 완전 열성이라면 $\frac{\text{갈색 꼬리털 대립유전자 수}}{\text{갈색 꼬리털을 갖는 개체 수}}=\frac{2p^2+2pq}{p^2}=\frac{2}{p}=\frac{5}{3}$이므로 $p=\frac{6}{5}$이다. p는 1보다 클 수가 없으므로 A가 A*에 대해 완전 우성이다.

X. 유전자형이 AA*인 개체의 꼬리털 색은 갈색이다.

ⓛ. $\frac{\text{A의 수}}{\text{갈색 꼬리털을 갖는 개체 수}}=\frac{2p^2+2pq}{p^2+2pq}=\frac{2}{1+q}=\frac{5}{3}$이므로 p는 $\frac{4}{5}$, q는 $\frac{1}{5}$이다.

X. F_1이 유전자형이 AA*인 암컷에게서 A와 A*를 물려받을 확률은 각각 $\frac{1}{2}$이고, 임의의 수컷에게서 A를 물려받을 확률은 $\frac{4}{5}$, A*를 물려받을 확률은 $\frac{1}{5}$이다. 따라서 F_1이 갈색 꼬리털을 가질 확률은 $1-$(F_1이 흰색 꼬리털을 가질 확률)$=1-\frac{1}{2}\times\frac{1}{5}=\frac{9}{10}$이다.

16 하디·바인베르크 평형

Ⅰ에서 A의 빈도를 p_1, A*의 빈도를 q_1이라 하고, Ⅱ에서 A의 빈도를 p_2, A*의 빈도를 q_2라 하자. Ⅰ에서 유전자형이 AA*인 개체의 비율은 $2p_1q_1$, AA인 개체의 비율은 p_1^2이다. Ⅰ에서 $\frac{\text{유전자형이 AA*인 개체의 비율}}{\text{유전자형이 AA인 개체의 비율}}=\frac{2p_1q_1}{p_1^2}=\frac{2q_1}{p_1}=\frac{1}{2}$이므로 p_1은 0.8, q_1은 0.2이다. Ⅰ과 Ⅱ의 개체 수를 각각 N이라고 하면 Ⅰ에서 긴 날개를 가진 개체 수는 $0.96N$이고, Ⅱ에서 긴 날개를 가진 개체 수는 $(1-q_2^2)N$이다. Ⅰ과 Ⅱ의 개체들을 모두 합쳐서 긴 날개를 가진 개체의 비율을 구하면 $\frac{0.96N+(1-q_2^2)N}{2N}=\frac{1.96-q_2^2}{2}=\frac{9}{10}$이므로 p_2는 0.6, q_2는 0.4이다. Ⅱ의 긴 날개 수컷 집단에서 A의 빈도는 $\frac{2p_2^2+2p_2q_2}{2p_2^2+4p_2q_2}=\frac{p_2+q_2}{p_2+2q_2}=\frac{1}{1+q_2}=\frac{5}{7}$, A*의 빈도는 $1-$(A의 빈도)$=1-\frac{5}{7}=\frac{2}{7}$이다. Ⅱ에서 임의의 짧은 날개 암컷의 유전자형은 A*A*이므로 Ⅱ에서 임의의 긴 날개 수컷과 임의의 짧은 날개 암컷과 교배하여 자손(F_1)을 낳을 때, 이 F_1이 긴 날개를 가질 확률은 Ⅱ의 긴 날개 수컷 집단에서 A의 빈도인 $\frac{5}{7}$이다.

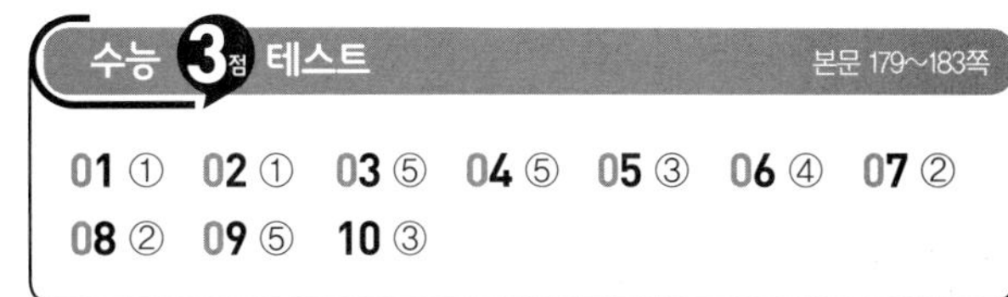

수능 3점 테스트 본문 179~183쪽

01 ① 02 ① 03 ⑤ 04 ⑤ 05 ③ 06 ④ 07 ② 08 ② 09 ⑤ 10 ③

01 생물 진화의 증거

현존하는 여러 생물의 해부학적 특징을 비교해 보면 이들이 공통 조상을 갖는지, 서로 다른 조상으로부터 진화했는지를 알 수 있다. DNA 염기 서열이나 단백질의 아미노산 서열과 같은 분자생물학적 특징을 비교해 보면 생물 간의 진화적 유연관계를 알 수 있다.

ⓞ. 바다사자와 침팬지의 앞다리는 공통 조상으로부터 물려받은 형태적 특징으로 상동 형질(상동 기관)의 예에 해당한다.

X. (나)에서 공통 조상에서 분화한 지 오래될수록 아미노산 서열 차이가 커진다.

X. (가)는 비교해부학적인 증거에, (나)는 분자진화학적 증거에 해당한다.

02 유전자풀의 변화 요인

자연 선택, 창시자 효과, 병목 효과 모두 대립유전자 빈도를 변화시키는 요인이다.

ⓞ. 창시자 효과는 원래의 집단에서 적은 수의 개체들이 다른 지역으로 이주하여 새로운 집단을 형성할 때 나타나는 현상이다. 따라서 A는 창시자 효과, B는 자연 선택이다.

X. ㉠은 '원래의 집단에서 적은 수의 개체들이 다른 지역으로 이주하여 새로운 집단을 형성할 때 나타나는 현상이다.'이고, ㉡은 '대립유전자 빈도를 변화시키는 요인이다.'이다.

X. 두 집단 사이에서 개체의 이주나 배우자의 이동으로 두 집단의 유전자풀이 달라지는 현상은 유전자 흐름이다.

03 유전자풀의 변화 요인

돌연변이와 유전자 흐름은 모두 집단에 없던 새로운 대립유전자를 제공할 수 있다.

ⓞ. (가)는 방사선, 화학 물질, 바이러스 등으로 DNA의 염기 서열에 변화가 생겨 새로운 대립유전자가 나타나 대립유전자의 빈도가 달라지는 현상이므로 돌연변이이다. 따라서 (나)는 유전자 흐름, (다)는 자연 선택이다.

ⓛ. 유전자 흐름(나)은 두 집단 사이에서 개체의 이주나 배우자의 이동으로 두 집단의 유전자풀이 달라지는 현상이다.

ⓒ. 자연 선택(다)이 일어나면 환경에 적합한 형질을 가진 개체의 비율이 증가한다.

04 병목 효과와 유전자 흐름

유전자 흐름은 두 집단 사이에서 개체의 이주나 배우자의 이동으로 두 집단의 유전자풀이 달라지는 현상이다.

ⓞ. ⓐ에서 가뭄으로 인해 개구리의 개체 수가 크게 감소하여 대립유전자 빈도가 변하였으므로 병목 효과가 일어났다.

ⓞ. ⓑ에서 다른 지역으로부터 B를 가진 개구리가 이주해 와 대립유전자의 빈도가 변하였으므로 유전자 흐름이 일어났다.

ⓞ. Ⅰ에서 Ⅲ으로 되는 과정에서 대립유전자의 빈도가 변하였으므로 P의 유전자풀은 변하였다.

05 종분화

산맥 형성 후에 A에서 B로의 종분화가 일어났고, 섬의 분리 후에 A에서 C로의 종분화가 일어났다.

ⓞ. A로부터 C가 분화되는 과정이 가장 최근에 일어난 종분화이므로 ㉠은 B이다.

X. A와 C는 서로 다른 생물학적 종이므로 A의 유전자풀은 C의 유전자풀과 다르다.

ⓞ. A에서 B로의 종분화가 일어나고, A에서 C로의 종분화가 일어나는 과정에서 돌연변이를 비롯한 여러 가지 진화 요인이 작용한다.

06 종분화

고리종은 종분화를 위한 생식적 격리가 연속적이며, 점진적으로 일어나고 있음을 보여주는 사례이다.

ⓞ. 코르테즈무지개놀래기와 파란머리놀래기의 종소명은 다르다.

X. (가)의 종분화 과정에서 파나마 지협의 생성으로 대서양과 태평양의 연결이 끊어졌으므로 지리적 격리는 있었다.

ⓞ. 엔사티나도롱뇽 7개 집단(A~G)은 고리종이므로 (나)는 종분화가 점진적인 변화에 의해 일어날 수 있음을 보여주는 사례이다.

07 하디 · 바인베르크 평형

Ⅰ에서 A의 빈도를 p, A^*의 빈도를 q라 하자. ㉠이 AA라면 Ⅰ에서 유전자형이 AA인 개체들을 제외한 나머지 개체들을 합친 집단에서는 A^*가 A보다 많으므로 A^*의 빈도는 $\frac{1}{2}$보다 크다. 따라서 ㉠은 AA^*이다. Ⅰ에서 유전자형이 AA^*인 개체들을 제외한 나머지 개체들을 합쳐서 구한 A^*의 빈도는 $\frac{2q^2}{2p^2+2q^2}$ $=\frac{q^2}{2q^2-2q+1}=\frac{1}{17}$이다. 따라서 p는 $\frac{4}{5}$, q는 $\frac{1}{5}$이다. Ⅰ에서 (가)가 발현된 개체 수는 (가)가 발현되지 않은 개체 수보다 적으므로 A는 (가) 미발현 대립유전자이고, A^*는 (가) 발현 대립유전자이며, A^*는 A에 대해 완전 우성이다. F_1이 유전자형이 AA^*(㉠)인 암컷에게서 A와 A^*를 물려받을 확률은 각각 $\frac{1}{2}$이고, 임의의 수컷에게서 A를 물려받을 확률은 $\frac{4}{5}$이며, A^*를 물려받을 확률은 $\frac{1}{5}$이다. 따라서 F_1에게서 (가)가 발현될 확률은 $1-$(F_1에서 (가)가 발현되지 않을 확률)$=1-\frac{1}{2}\times\frac{4}{5}=\frac{3}{5}$이다.

08 하디 · 바인베르크 평형

Ⅰ에서 A의 빈도를 p_1, A^*의 빈도를 q_1, Ⅱ에서 A의 빈도를 p_2, A^*의 빈도를 q_2라 하자. A는 A^*에 대해 완전 우성이므로 Ⅰ에서 유전자형이 AA^*인 암컷이 임의의 수컷과 교배하여 자손(F_1)을 낳을 때, 이 F_1이 회색 몸일 확률은 (암컷에서 A^*를 물려받을 확률)×(수컷에서 A^*를 물려받을 확률)이다. $\frac{1}{2}\times q_1=\frac{3}{8}$이므로 p_1은 $\frac{1}{4}$, q_1은 $\frac{3}{4}$이다. $\frac{\text{Ⅰ에서 검은색 몸 개체 수}}{\text{Ⅱ에서 회색 몸 개체 수}}=\frac{1-q_1^2}{q_2^2}=\frac{7}{4}$이므로 p_2와 q_2는 모두 $\frac{1}{2}$이다.

X. A^*의 빈도는 Ⅰ$\left(\frac{3}{4}\right)$에서가 Ⅱ$\left(\frac{1}{2}\right)$에서보다 크다.

X. Ⅰ에서 $\frac{\text{검은색 몸 대립유전자 수}}{\text{회색 몸 개체 수}}=\frac{2p_1^2+2p_1q_1}{q_1^2}=\frac{8}{9}$이다.

ⓞ. Ⅱ에서 유전자형이 AA인 개체와 AA^*인 개체를 합쳐서 A의 빈도를 구하면

$$\frac{2\times\text{유전자형이 AA인 개체의 비율}+\text{유전자형이 }AA^*\text{인 개체의 비율}}{2\times\text{유전자형이 AA인 개체의 비율}+2\times\text{유전자형이 }AA^*\text{인 개체의 비율}}$$
$$=\frac{2p_2^2+2p_2q_2}{2p_2^2+4p_2q_2}=\frac{1}{1+q_2}=\frac{2}{3}\text{이다.}$$

09 하디 · 바인베르크 평형

A^*의 빈도가 0인 집단에서는 모두 ㉠이 발현되지 않으므로 A는 ㉠ 미발현 대립유전자이고, A^*는 ㉠ 발현 대립유전자이다. A와 A^*의 빈도가 각각 $\frac{1}{2}$인 집단에서 $\frac{1}{4}$은 ㉠이 발현되고 $\frac{3}{4}$은 ㉠이 발현되지 않으므로 A는 A^*에 대해 완전 우성이다.

X. 유전자형이 AA^*인 개체에게서 ㉠이 발현되지 않는다.

ⓞ. p가 0.7인 집단에서 ㉠이 발현된 개체 수는 10000×0.7^2 $=4900$이다.

ⓞ. $\frac{\text{유전자형이 }AA^*\text{인 개체 수}}{\text{㉠이 발현된 개체 수}}=\frac{2pq}{p^2}=\frac{4}{3}$이므로 p는 $\frac{3}{5}$이다.

10 하디 · 바인베르크 평형

Ⅰ에서 A의 빈도를 p, A^*의 빈도를 q라고 하면 Ⅰ에서 A의 빈도와 B의 빈도의 합은 1이므로 B의 빈도는 q, B^*의 빈도는 p이다. Ⅰ의 개체 수를 N이라고 하면 A는 A^*에 대해 완전 우성이므로 검은색 몸 암컷의 개체 수는 $\frac{(1-q^2)N}{2}$이다. B^*가 B

에 대해 완전 우성이라면 긴 날개 수컷의 개체 수는 $\frac{q^2N}{2}$이다. $\frac{\text{긴 날개 수컷의 개체 수}}{\text{검은색 몸 암컷의 개체 수}}=\frac{q^2}{1-q^2}=\frac{16}{21}$이므로 $q=\frac{4}{\sqrt{37}}$이다. $\frac{4}{\sqrt{37}}$는 $\frac{1}{2}$보다 크므로 B가 B^*에 대해 완전 우성이고, 긴 날개 수컷의 개체 수는 $\frac{(1-p^2)N}{2}$이다. $\frac{\text{긴 날개 수컷의 개체 수}}{\text{검은색 몸 암컷의 개체 수}}=\frac{1-p^2}{1-q^2}=\frac{16}{21}$이므로 p는 $\frac{3}{5}$, q는 $\frac{2}{5}$이다.

ㄱ. 긴 날개 대립유전자 B가 짧은 날개 대립유전자 B^*에 대해 완전 우성이므로 유전자형이 BB^*인 개체는 긴 날개를 갖는다.

ㄴ. Ⅰ에서 A의 빈도는 0.6이다.

ㄷ. F_1이 유전자형이 AA^*인 암컷에게서 A와 A^*를 물려받을 확률은 각각 $\frac{1}{2}$이고, 임의의 수컷에게서 A를 물려받을 확률은 $\frac{3}{5}$, A^*를 물려받을 확률은 $\frac{2}{5}$이다. F_1이 검은색 몸을 가질 확률은 $1-(F_1$이 회색 몸을 가질 확률$)=1-\frac{1}{2}\times\frac{2}{5}=\frac{4}{5}$이다.

F_1이 유전자형이 BB^*인 암컷에게서 B와 B^*를 물려받을 확률은 각각 $\frac{1}{2}$이고, 임의의 수컷에게서 B를 물려받을 확률은 $\frac{2}{5}$, B^*를 물려받을 확률은 $\frac{3}{5}$이다. 따라서 F_1이 짧은 날개일 확률은 $\frac{1}{2}\times\frac{3}{5}=\frac{3}{10}$이다. 몸 색과 날개 길이를 결정하는 유전자는 서로 다른 상염색체에 있으므로 F_1이 검은색 몸에 짧은 날개일 확률은 $\frac{4}{5}\times\frac{3}{10}=\frac{6}{25}$이다.

12 생명 공학 기술과 인간 생활

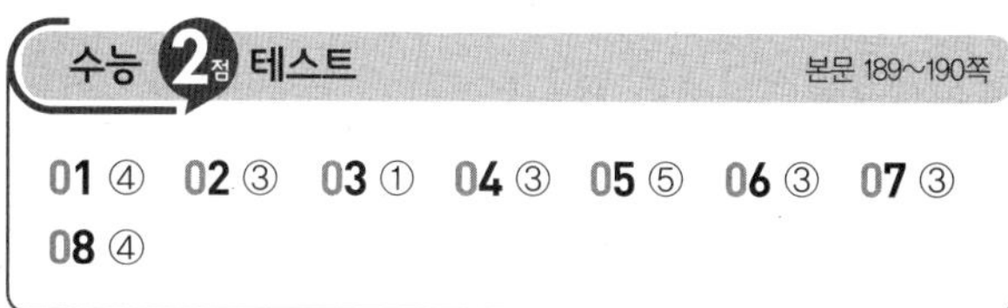

01 제한 효소

X로 잘린 부위의 5′ 말단 부위에는 4개의 염기로 이루어진 단일 가닥 부위를 갖는다.

ㄱ. X가 인식하는 염기 서열에서의 DNA 염기 순서는 5′ → 3′ 방향으로 읽을 때 양쪽 가닥의 염기 서열이 동일하다고 하였으므로 ㉠은 C과 상보적 염기쌍을 이루는 G이고, ㉡은 X의 인식 부위 중 5′으로부터 4번째 염기이므로 T이고, ㉢은 G과 상보적 염기쌍을 이루는 C이다.

ㄴ. X는 DNA의 특정 염기 서열을 인식하여 자르며, 잘린 부위는 단일 가닥 부위를 가지므로 X로 잘려져 생긴 단일 가닥 부위는 서로 상보적으로 결합할 수 있다.

ㄷ. X로 잘려 생긴 단일 가닥 부위끼리는 염기 사이의 수소 결합으로 이어질 수 있지만 DNA의 당－인산 골격의 연결은 DNA 연결 효소에 의해서 연결될 수 있다.

02 조직 배양

조직 배양 기술을 활용하면 어버이와 똑같은 형질을 가지고 있는 식물체를 만들 수 있다.

ㄱ. 캘러스(㉠)는 미분화 상태의 세포 덩어리로 세포 분열을 통해 다양한 기관으로 분화한다.

ㄴ. 과정 Ⅰ에서는 조직 배양 기술이 사용되었다. 조직 배양 기술은 생물체에서 떼어낸 세포나 조직을 배양액(영양 배지)에서 체세포 분열을 통해 증식시키는 기술이다. 따라서 과정 Ⅰ에서 감수 분열이 일어나지 않는다.

ㄷ. 조직 배양 기술을 활용하면 유전 형질이 동일한 식물을 대량으로 생산할 수 있어 번식 능력이 약하거나 멸종 위기의 식물을 인공적으로 증식시킬 수 있다.

03 유전자 재조합 모의 실험

가위는 DNA의 특정 염기 서열을 인식하여 자르는 제한 효소의 역할을, 셀로판테이프는 잘린 DNA를 붙이는 DNA 연결 효소의 역할을 한다.

ㄱ. 유전자 재조합 모의 실험에서 가위는 제한 효소를, 셀로판테이프는 DNA 연결 효소를 의미한다.

ㄴ. 재조합 DNA에는 인슐린 유전자가 포함되어 있으므로 인슐

린 유전자가 플라스미드에 부착된 2곳이 모두 제한 효소의 절단 위치가 된다.

ㄷ. ㉠은 플라스미드뿐만 아니라 ㉠의 인식 서열을 갖는 원핵세포와 진핵세포의 DNA 모두에 작용할 수 있다.

04 핵치환

복제 동물을 만드는 과정에는 핵치환 기술이 사용된다.

ㄱ. ㉠은 핵이 제거된 무핵 난자에 젖샘 세포(체세포)의 핵을 이식하는 핵치환 기술로 만들어진 것이다.

ㄴ. D는 A의 젖샘 세포(체세포)가 가진 핵으로 치환된 ㉠의 발생으로 태어났으므로 A의 핵에 있는 유전 정보를 물려받았다. C는 세포 ㉠으로부터 유래한 배아가 자랄 자궁만을 제공했을 뿐 D에게 유전 정보를 물려주지 않았다.

ㄷ. 핵치환 기술을 이용하여 동물을 복제하면 한 개체의 유전 정보가 그대로 복제된 동물에게 전달되므로 우수한 형질을 가진 동물을 보존하는 데 이 기술이 사용될 수 있다.

05 줄기세포

A는 유도 만능(역분화) 줄기세포, B는 배아 줄기세포, C는 성체 줄기세포이다.

ㄱ. 분화가 끝난 체세포를 다시 역분화시켜 얻은 줄기세포는 유도 만능(역분화) 줄기세포(A)이다.

ㄴ. 배아 줄기세포(B)는 장차 태아로 발생할 잠재성을 가진 배아를 이용해 줄기세포를 만들기 때문에 생명 윤리에 대한 논란이 크다. 반면에 유도 만능(역분화) 줄기세포(A)는 분화가 끝난 성체의 체세포를 역분화시켜 만들기 때문에 배아 줄기세포보다 생명 윤리 논란이 적다.

ㄷ. 배아 줄기세포(B)는 신체를 이루는 모든 세포와 조직으로 분화할 수 있지만, 성체 줄기세포(C)는 분화될 수 있는 세포의 종류가 한정되어 있다.

06 유전자 치료

ㄱ. ⓐ는 대립유전자 T를 바이러스의 DNA에 삽입하여 재조합 DNA를 만드는 과정으로 대립유전자 T만을 잘라내고, 이를 바이러스 DNA에 삽입할 때 유전자 재조합 기술이 이용될 수 있다.

ㄴ. 바이러스(ⓑ)는 정상 대립유전자 T를 환자의 골수 세포로 운반하는 DNA 운반체로 작용한다.

ㄷ. 건강해진 환자(ⓒ)에게 이식된 골수 세포만 정상 대립유전자 T를 가지며, 이 환자의 생식 기관에서 생식세포를 생성하는 모세포는 대립유전자 T를 가지고 있지 않으므로 이 환자의 생식세포는 T를 가지고 있지 않다.

07 세포 융합

세포 융합으로 만들어진 잡종 세포는 융합된 두 세포의 특징을 모두 가지게 된다.

ㄱ. 과정 Ⅰ에서 세포 융합이 이루어지려면 세포막의 바깥쪽을 둘러싸고 있는 단단한 세포벽이 제거되어야 한다.

ㄴ. 과정 Ⅱ에서 세포벽이 제거된 토마토 세포(㉠)와 감자 세포가 하나의 잡종 세포(ⓐ)로 융합되는 세포 융합 기술이 사용되었다.

ㄷ. 잡종 세포(ⓐ)는 토마토 세포(㉠)와 감자 세포가 융합되어 생성된다. 잡종 세포(ⓐ)는 토마토 세포(㉠) 이외에 감자 세포에서 유래한 DNA 염기 서열도 가지고 있으므로 토마토 세포(㉠)와 잡종 세포(ⓐ)의 전체 DNA 염기 서열은 동일하지 않다.

08 생명 공학 기술의 활용 사례

복제 양 돌리를 탄생시키는 데 사용된 생명 공학 기술에는 핵치환 기술, 조직 배양 기술이 있으며, 해충 저항성 옥수수 개발에 사용된 생명 공학 기술에는 유전자 재조합 기술, 조직 배양 기술이 있고, 줄기세포를 이용한 질병 치료에 사용된 생명 공학 기술에는 조직 배양 기술이 있다.

ㄱ. ㉠은 핵치환 기술, ㉡은 유전자 재조합 기술이다.

ㄴ. 유전자 재조합 기술(㉡)에는 DNA 운반체와 유용한 유전자가 들어 있는 DNA를 연결시키기 위한 DNA 연결 효소가 사용된다.

ㄷ. 유전자 재조합 기술에 의해 탄생한 해충 저항성 옥수수와 같은 LMO는 식량 증산이라는 긍정적인 측면에도 불구하고, 사람이나 가축에 대한 안정성 문제가 지속적으로 제기되고 있다는 부정적인 측면이 부각되고 있다.

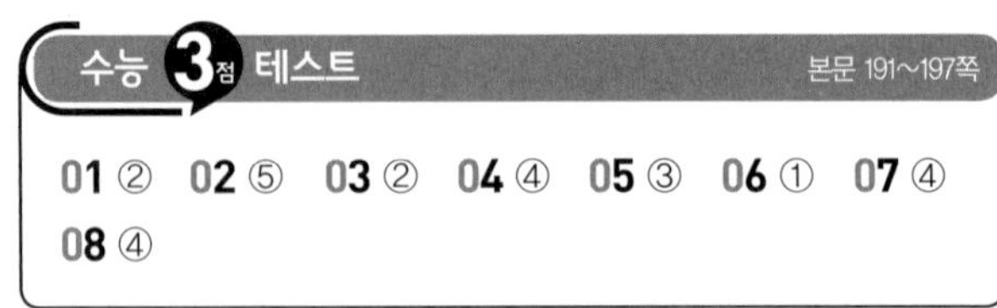

수능 3점 테스트 본문 191~197쪽

01 ② 02 ⑤ 03 ② 04 ④ 05 ③ 06 ① 07 ④ 08 ④

01 유전자 재조합 기술

재조합 플라스미드를 생성할 때 재조합되지 않은 플라스미드도 함께 존재하며, 재조합 플라스미드를 대장균에 도입하는 과정에서 플라스미드가 도입되지 않은 대장균도 생긴다. 따라서 재조합 플라스미드를 가진 대장균만을 선별하기 위해 플라스미드에 있는 항생제 A 저항성 유전자와 젖당 분해 효소 유전자가 사용된다.

ㄱ. 어떤 생물의 유전체 DNA에서 유용한 유전자를 잘라낼 때 유용한 유전자의 모든 부분을 온전한 상태로 잘라낼 수 있는 절단

위치를 가진 제한 효소를 사용해야 한다. 따라서 제한 효소 Ⅰ과 Ⅱ는 적절하지 않다. 따라서 ㉠으로는 Ⅲ이 가장 적절하다.
ⓛ. 상보적인 염기 간에 수소 결합으로 일시적으로 결합된 외부 DNA와 플라스미드 P를 DNA 연결 효소(ⓐ)로 연결해야 한다.
ⓧ. ㉮에는 재조합 플라스미드를 가진 대장균도 있지만, 재조합되지 않은 플라스미드를 가진 대장균도 존재할 수 있다. 재조합 플라스미드의 경우 x가 젖당 분해 효소 유전자 사이에 삽입되므로 재조합 플라스미드를 가진 대장균은 젖당 분해 효소를 생성할 수 없다. 따라서 재조합 플라스미드를 갖는 대장균만을 얻기 위해서는 ㉮를 Z가 포함된 배지에서 배양하여 흰색의 군체만을 선별하는 과정이 필요하다.

02 단일 클론 항체

암세포(㉡)는 반영구적으로 분열할 수 있는 특징을 가지고 있고, B 림프구(㉢)는 항체를 생성하는 특징을 가지고 있으며, 잡종 세포(㉣)는 이 2가지 특징을 모두 가지고 있다. 따라서 표를 완성하면 아래와 같다.

세포	ⓐ (항체를 생성한다.)	ⓑ (반영구적으로 분열할 수 있다.)
㉡	×	○
㉢	㉮(○)	×
㉣	?(○)	㉯(○)

(○: 있음, ×: 없음)

ⓖ. ⓐ는 B 림프구(㉢)가 가지는 특징이므로 '항체를 생성한다.'이다.
ⓛ. B 림프구는 특징 ⓐ(항체를 생성한다.)를 가지므로 ㉮는 '○'이고, 암세포(㉡)와 B 림프구(㉢)가 세포 융합되어 생성된 잡종 세포(㉣)는 암세포(㉡)와 B 림프구(㉢)가 가진 두 특징을 모두 가지므로 ㉯도 '○'이다.
ⓒ. 잡종 세포(㉣)를 만드는 데 암세포 ㉠에 대한 항체를 생성하는 B 림프구가 사용되었고, 잡종 세포(㉣)에서 만들어지는 단일 클론 항체는 암세포 ㉤과 항원 항체 반응을 하기 때문에 암세포 ㉠과 ㉤은 동일한 항원을 가지고 있다.

03 유전자 재조합

DNA 조각 Ⅰ에서 제한 효소에 의해 잘려져 생긴 5′ 말단 단일 가닥 부위의 염기 서열을 보면 네 번째 염기와 다섯 번째 염기가 ㉣로 같다. 이처럼 제한 효소가 인식하는 부위에서 동일한 염기가 반복되는 경우는 제한 효소 ⓐ뿐이다. 따라서 ㉠은 G, ㉡은 A, ㉢은 T, ㉣은 C이다.
ⓧ. ㉠은 G, ㉡은 A, ㉢은 T, ㉣은 C이다.
ⓛ. Ⅰ에서 왼쪽 말단 부위는 제한 효소 ⓐ에 의해 잘렸고, 오른쪽 말단 부위는 제한 효소 ⓑ에 의해 잘렸다.
ⓧ. Ⅱ의 5′ 말단 단일 가닥 부위의 염기 서열은 5′－TCGA⋯－3′으로, 잘려진 플라스미드 P의 5′ 말단 단일 가닥 부위의 염기와는 상보적 결합을 할 수 없다. 따라서 재조합 플라스미드 Q는 Ⅰ을 포함한다.

04 단일 클론 항체

(가)는 항체가 있는 혈청을 얻는 방법이고, (나)는 세포 융합 기술을 이용하여 단일 클론 항체를 생산하는 방법이다.
ⓧ. ⓐ에는 한 종류 이상의 항체가 존재하며, ⓑ에는 한 종류의 항체만 존재한다.
ⓛ. 과정 Ⅰ은 B 림프구와 암세포를 융합시켜 잡종 세포를 만드는 과정으로 세포 융합 기술이 사용된다.
ⓒ. ㉠에서 선별된 잡종 세포는 암세포의 특징을 가지고 있어 반영구적으로 세포 분열을 할 수 있다.

05 유전자 변형 생물체 생산

재조합 플라스미드는 세균 ㉠에 의해 식물 세포의 유전체로 이식된다.
ⓖ. 유용 유전자를 절단하고, 이 유전자를 절단된 플라스미드에 끼워 연결하여 재조합 플라스미드를 만드는 과정에서 유전자 재조합 기술이 사용되었다.
ⓧ. 유용 유전자(ⓐ)는 진핵생물인 X의 유전체에 존재하므로 X에서 ⓐ가 발현될 때에는 원핵세포의 유전자 발현에 관여하는 오페론의 조절을 받지 않는다.
ⓒ. 캘러스(ⓑ)는 미분화된 세포 덩어리로 캘러스로부터 뿌리, 줄기, 잎 등 모든 기관이 분화되어 독립된 개체가 생성된다.

06 줄기세포

ⓐ가 만들어지는 과정에서 무핵 난자에 A의 체세포의 핵을 이식하는 핵치환 기술이 사용되었다. 따라서 ⓐ의 핵이 가진 유전 정보는 A의 체세포의 핵이 가지는 유전 정보와 일치한다.
ⓖ. ⓐ는 배반포의 내세포 덩어리에서 얻었으므로 배아 줄기세포에 해당한다.
ⓧ. ⓐ는 A의 체세포의 핵을 이식받은 난자로부터 유래하였으므로 ⓐ의 핵 속에 존재하는 모든 유전자는 A의 체세포의 핵에 있는 모든 유전자와 염기 서열이 같으며, B의 체세포의 핵에 있는 모든 유전자와는 염기 서열이 같지 않다.
ⓧ. ⓐ의 핵에 있는 유전 정보는 A의 체세포의 핵에 있는 유전 정보와 일치하므로 ⓐ를 A와 B에 각각 이식하면 면역 거부 반응은 A에서가 B에서보다 작게 나타난다.

07 유전자 재조합

x는 서로 상보적인 가닥으로 이루어진 DNA이므로, 제시된 염기 서열을 통해 나머지 한 가닥의 염기 서열을 알 수 있다. DNA x의 염기 서열과 제한 효소 BamHⅠ, XmaⅠ, BglⅡ, EcoRⅠ, XbaⅠ에 의해 절단되는 위치는 그림과 같다.

BglⅡ EcoRⅠ BamHⅠ XmaⅠ

5′－ATCTAGAAGATCTAGAATTCGGATCCCCGGGCT－3′

3′－TAGATCTTCTAGATCTTAAGCCTAGGGGCCCGA－5′

XbaⅠ XbaⅠ

ㄱ. x에서 BamHⅠ의 절단 위치는 1곳이다. 그런데 시험관 Ⅱ에서 생성된 DNA 조각 수는 4이므로 ㉠은 x에서 절단 위치가 2곳이어야 한다. 따라서 ㉠은 XbaⅠ이다.

시험관 Ⅳ에서 x가 EcoRⅠ에 의해 절단되면 염기 개수가 34개인 DNA 조각과 32개인 DNA 조각이 만들어진다. 그런데 EcoRⅠ과 ㉢을 함께 처리하면 염기 개수가 32개인 DNA 조각이 ㉢에 의해 절단되어 염기 개수가 10개인 DNA 조각과 22개인 DNA 조각이 더 생성되므로 ㉢은 XmaⅠ이다. 나머지 ㉡은 BglⅡ이다.

ㄴ. 시험관 Ⅲ에서 x를 BglⅡ(㉡)와 XmaⅠ(㉢)로 절단했을 때 생성된 DNA 조각 중 가장 많은 수의 염기를 갖는 DNA 조각은 염기 개수가 36개인 조각이므로 이 조각에는 EcoRⅠ이 인식하여 절단하는 염기 서열 부위가 있다.

ㄷ. 시험관 Ⅴ에서 XbaⅠ(㉠)과 XmaⅠ(㉢)에 의해 x가 절단되면 4개의 DNA 조각이 생성되며, 이때 생성된 각 DNA 조각의 염기 개수는 8개, 10개, 18개, 30개이다. 이때 가장 적은 수의 염기를 갖는 DNA 조각에는 A이 3개, G이 1개 존재하므로 퓨린 계열 염기의 개수는 4개이다.

08 유전자 재조합

Ⅰ에서 (나)와 (다)에 의해 3개의 DNA 조각이 생성되었으므로 x는 2곳이 절단되었다. Ⅱ에서 (가)와 (나)에 의해 4개의 DNA 조각이 생성되었으므로 x는 3곳이 절단되었다. Ⅲ에서 (가)와 (다)에 의해 4개의 DNA 조각이 생성되었으므로 x는 3곳이 절단되었다. 따라서 x는 (가)의 절단 위치를 2곳, (나)의 절단 위치를 1곳, (다)의 절단 위치를 1곳 가지고 있다.

x는 서로 상보적인 가닥으로 이루어진 DNA이므로, 제시된 염기 서열을 통해 나머지 한 가닥의 염기 서열을 알 수 있다. 따라서 DNA x의 염기 서열은 다음과 같다.

5′－AGGTTCTAGAAAAGCGATCGCTCCCGGGAATCTAGATCAA－3′

3′－TCCAAGATCTTTTCGCTAGCGAGGGCCCTTAGATCTAGTT－5′

(나)는 x에 1곳의 인식 부위를 가지므로 연속된 염기가 반복되는 패턴으로 분석하면 다음과 같다.

5′－AGGTTCTAGAAAAGCGATCGCTCCCGGGAATCTAGATCAA－3′

3′－TCCAAGATCTTTTCGCTAGCGAGGGCCCTTAGATCTAGTT－5′

(나)

그러므로 ㉠은 G이고, ㉣은 C이며, 이를 바탕으로 (다)의 인식 부위를 분석하면 다음과 같다.

5′－AGGTTCTAGAAAAGCGATCGCTCCCGGGAATCTAGATCAA－3′

3′－TCCAAGATCTTTTCGCTAGCGAGGGCCCTTAGATCTAGTT－5′

(다) (나)

그러므로 ㉡은 A, ㉢은 T이다. 이를 바탕으로 (가)~(다)에 의해 절단되는 위치를 표기하면 다음과 같다.

5′－AGGTTCTAGAAAAGCGATCGCTCCCGGGAATCTAGATCAA－3′

3′－TCCAAGATCTTTTCGCTAGCGAGGGCCCTTAGATCTAGTT－5′

(가) (다) (나) (가)

ㄱ. ㉠은 G, ㉡은 A, ㉢은 T, ㉣은 C이다.

ㄴ. x는 (가)의 절단 위치를 2곳, (나)의 절단 위치를 1곳, (다)의 절단 위치를 1곳 가지고 있다.

ㄷ. Ⅳ에서 생성되는 각 DNA 조각의 염기 개수는 14개, 14개, 16개, 16개, 20개이다. 따라서 생성된 DNA 조각 중 가장 큰 조각이 갖는 염기의 개수는 20개이다.

[인용 사진 출처]

돼지 배아 ©Universal Images Group North America LLC / Alamy Stock Photo

쥐 배아 ©SINCLAIR STAMMERS / SCIENCE PHOTO LIBRARY